概率计量逻辑及其应用

周红军　著

科学出版社

北　京

内 容 简 介

本书系统介绍概率计量逻辑的基本理论及其应用，主要是作者十余年来研究工作的系统总结，同时也兼顾国际上有关此领域中的主要研究成果. 全书共十章，具体内容包括逻辑公式的概率真度理论、逻辑公式的 Choquet 积分真度理论、概率计量逻辑推理系统、逻辑理论的相容度及程度化推理方法、极大相容逻辑理论的结构及其拓扑刻画、R_0-代数中的三值 Stone 拓扑表示定理、逻辑代数上的态理论、逻辑代数上的内部态理论与剩余格上的广义态理论等.

本书可作为非经典数理逻辑、不确定性推理等基础数学和人工智能专业的研究生教材，也可供数学与计算机等相关专业的高年级本科生、教师与科研人员阅读参考.

图书在版编目(CIP)数据

概率计量逻辑及其应用/周红军著. —北京：科学出版社，2015.6

ISBN 978-7-03-044528-5

Ⅰ. ①概… Ⅱ. ①周… Ⅲ. ①概率逻辑 Ⅳ. ①O211

中国版本图书馆 CIP 数据核字(2015) 第 121995 号

责任编辑：李静科 赵彦超／责任校对：张凤琴
责任印制：徐晓晨／封面设计：陈 敬

科学出版社出版
北京东黄城根北街 16 号
邮政编码：100717
http://www.sciencep.com

北京京华虎彩印刷有限公司印刷

科学出版社发行 各地新华书店经销

*

2015 年 6 月第 一 版 开本：720 × 1000 B5
2018 年 1 月第三次印刷 印张：24
字数：479 000

定价：128.00 元

(如有印装质量问题，我社负责调换)

前　言

数理逻辑是一门推理艺术[1], 它提供了一种如何从已知前提推出所需结论的途径与方法, 这种逻辑推理是从两个角度来具体展开的, 一个是语构的角度, 另一个是语义的角度, 并最终通过完备性定理将这两个层次的推理和谐地统一起来[2−5]. 不管哪种层次的推理, 已知前提所使用的概念和提供的信息都是绝对精确的, 不存在任何的模棱两可, 从而所推得的结论也是完全精确的、可靠的. 这种精确的、严格的逻辑推理是人工智能学科及相关研究中所普遍采用的方法[6−8], 并在诸如逻辑程序设计[9]、定理自动证明[10−13]、非单调逻辑 [14] 乃至知识推理[15,16] 等多个领域中都得到了大量的应用, 形成了现代计算机的理论基础[17]. 然而我们所处的现实世界并不像数学王国中的理想世界那样严格, 我们所能掌握的概念和信息往往是模糊的、不确定的. 若忽略这些概念和信息的不确定性而简单地认为它们是绝对精确的, 将推出令人无法接受的谬论, 如秃头悖论[3].

为避免产生上述或其他类似的谬论, 通常所采取的方法就是扩大命题的真值域, 这是多值逻辑和模糊逻辑的基本做法. 值得注意的是, 模糊逻辑是在美国加利福尼亚大学伯克利分校的控制论专家、模糊集合创始人 Zadeh 教授提出模糊集[18] 之后才形成的. 它 (本书指狭义模糊逻辑) 其实是一种真值域为 $[0,1]$ 的多值逻辑系统, 而多值逻辑系统早在 20 世纪 20 年代就已被波兰逻辑学家 Łukasiewicz 所提出[19]. 时至今日, 多值逻辑, 特别是模糊逻辑已发展得相当成熟, 参阅本书 1.2 节或文献 [20], [21]. 模糊逻辑将命题的真值域扩大为单位区间 $[0,1]$, 从而命题有了除 0 和 1 之外的真值, 这确实能反映出命题的不确定性, 但模糊逻辑所使用的基本概念, 如定理、重言式、可驳公式、矛盾式、可证等价、逻辑等价以及理论的相容性等仍是分明的、非此即彼式的. 从这一层意义上讲, 模糊逻辑仍属于二值逻辑的范畴, 这也是模糊逻辑一直遭到质疑和批评的原因之一[22−26]. 捷克逻辑学家 Pavelka 在将基本逻辑概念程度化方面做出了出色的工作[27], 他把基本概念甚至推理过程全盘程度化的思想引入到了 Łukasiewicz 命题逻辑中建立了完整的理论框架, 并证明了诸多深刻而漂亮的结果. 捷克另外三位逻辑学家 Novák、Perfilieva 和 Močkoř 在文献 [28] 中对这一工作做了系统总结, 但这一理论框架似乎显得过于宽泛和抽象而无法找到其实际的应用背景.

概率论是处理随机现象的一个常用且行之有效的工具. 那么能否将概率的思想引入到逻辑中, 以使逻辑推理更好地符合人脑的思维模式和推理方法呢? 这一思想早在 1926 年在英国剑桥大学的 Ramsey 教授的著名工作 *Truth and Probability*[29] 中就已被提出, 只是没有得到系统的理论研究. 直到 1984 年, 美国理海大学的 Hailperin 教授才首次正式把概率的思想引入到二值命题逻辑中来反映逻辑公式为真的程度, 并形成了概率逻辑 (Probability Logic)[30]. 1986 年, 美国斯坦福大学的 Nilsson 教授也独立地发表了这一思想[31], 随后又撰文做了补充说明[32]. 概率逻辑已被成功应用到了人工智能领域, 请参阅 IBM Almaden 研究中心的 Halpern 教授等、美国伊利诺伊大学的 Frisch 教授等、意大利萨勒诺大学的 Gerla 教授, 以及美国斯坦福大学的 Adam 教授的系统工作[33−37]. 概率逻辑中最核心的概念就是公式的概率. 一个公式的概率是由它的状态描述 (state-description) 上的概率分布所唯一决定的. 一个公式的状态描述上的概率分布是可以任意给定的, 只要各状态描述的概率之和为 1 即可. 当给定不同的概率分布时就得到了该公式的不同概率, 这固然很好地反映了概念和信息的不确定性, 但一个公式的状态描述总是有限个的, 并且不同公式的状态描述也未必相同. 可见概率逻辑中的概率分布总是定义在有限集合上的, 不同有限集合上的概率分布自然也未必一致, 所以概率逻辑中公式的概率只是针对具体公式而言的, 不同公式的概率也因此没有了可比性.

概率逻辑中的基本理论也是针对具体的有效推理展开的, 这种有效推理也只涉及有限多个公式, 而二值命题逻辑中的公式却是无限多的, 所以从概率逻辑理论的整体性上看, 其似乎只具有局部性而缺乏整体性. 此外, 概率逻辑是基于二值命题逻辑展开讨论的, 即只是在二值命题逻辑中定义了公式的概率, 并未在多值命题逻辑或模糊逻辑中定义所谓的公式的概率. Halpern 教授尝试在一阶谓词逻辑中引入了谓词公式的概率[38], 但这仍是基于二值逻辑的框架建立的, 并未涉及多值或 $[0,1]$-值逻辑中的公式.

捷克逻辑学家 Hájek 以及西班牙逻辑学家 Esteva 与 Godo 在模糊 Łukasiewicz 命题逻辑中通过引入一个新的模态词 P, 从形式上定义了 Boole 公式 (即由原子公式仅通过 $\neg$, $\vee$ 和 $\wedge$ 等逻辑连接词连接而成的公式) 的概率, 并把 $P(\varphi)$ 在 Kripke 型语义理论中解释为 Boole 公式 φ 的概率[39,40], 证明了所得逻辑系统 (实为二值命题逻辑与模糊 Łukasiewicz 命题逻辑相结合的模态逻辑) 的 Kripke 型完备性. 随后, 文献 [41] 对这一工作做了推广, 允许模态词 P 定义在 n-值 Łukasiewicz 命题逻辑的公式上, 也得到了相应的 Kripke 型完备性. 可见文献 [39]—[41] 只是从形式上定义了有限值 Łukasiewicz 命题逻辑中公式的概率, 这并未与概率逻辑联系起来, 尽管文献 [42] 把这些工作冠名为模糊概率逻辑 (Fuzzy Probability Logic).

另外, 我国学者王国俊教授利用均匀概率测度空间的无穷可数乘积分别在二值命题逻辑和 n-值 Łukasiewicz 命题逻辑中从整体上引入了公式的真度概念[43,44]; 随后又在 $[0,1]$-值 Łukasiewicz 命题逻辑中利用 McNaughton 函数的 Lebesgue 积分引入了公式的积分真度[45,46]. 从 (积分) 真度的定义方式上可以看出它们确实反映了公式为真的程度, 随后便引发了一系列相关研究[47−51]. 文献 [52], [53] 对这方面的研究成果作了初步总结, 并建立了计量逻辑. 在计量逻辑中, 诸如定理、重言式、可证等价与逻辑等价等基本逻辑概念都被程度化了, 其目的就是在数理逻辑与数值计算理论间架起沟通的桥梁, 这种程度化的思想也是文献 [27], [28], [54]—[56] 中方法的继续与发挥, 但又不同于文献 [27],[28] 中的方法, 这是因为一个公式的真度完全由其自身的逻辑结构决定而不是像文献 [27],[28] 中那样可以给其任意地赋予一个隶属度. 例如, 任一原子公式的真度都为 $\frac{1}{2}$ 而不是其他值. 计量逻辑一方面具有了整体性的优点, 但另一方面又有缺少随机性的不足. 事实上, 正如前面所说, 在计量逻辑中每个公式都被赋予了一个真度, 但在该真度意义下, 每个原子公式都有相同的真度 $\frac{1}{2}$, 并且可以验证在二值情形任意两个不同原子公式的合取的真度恰等于这两个原子公式的真度的乘积. 用概率的观点来考察, 即每个原子公式为真的概率为 $\frac{1}{2}$, 并且原子公式都是独立的 (这里把每个原子公式视为赋值空间上的随机变量, 进而每个复合逻辑公式都是该概率空间上的随机变量函数). 这种把原子公式为真的概率等同看待并且要求各随机变量 (即原子公式) 都独立的观点, 与现实生活中各简单命题成立的概率不尽相同也未必独立的事实相悖.

事实上, 各简单命题是否为真以及在多大程度上为真是不确定的、随机的、不独立的, 所以赋予不同原子公式不同的概率可以使由此产生的公式更具有实用性. 基于这样的考虑, 文献 [57] 利用单位开区间 $(0,1)$ 上的随机数列在二值命题逻辑中提出了公式的随机真度概念, 从而在二值情形弥补了公式的真度理论缺乏随机性的不足, 这可以说是一个非常大的进步, 但它仍要求原子公式是彼此独立的, 即任意两个不同原子公式的合取的随机真度等于它们随机真度的乘积, 进而任意两个不含相同原子公式的复合公式的合取的随机真度也恰等于它们随机真度的乘积. 这种随机真度独立的根源在于每个随机数列都唯一地生成了整个赋值空间上的一个乘积概率测度, 这种生成方式就决定了随机真度的独立性[58]. 正如前面所说, 现实生活中大量实际命题都不是独立的, 对于这一问题, 文献 [37] 也专门设置章节进行了讨论. 其实, 在概率逻辑中原子公式一般也不是独立的. 那么能否同时取概率逻辑和计量逻辑的优点而又能弥补它们各自的不足从而使它们达到融合和统一呢?

以上述问题为基本切入点, 作者经过十余年的研究取得了如下 6 方面的研究成果: ① 概率计量逻辑. 通过在标准完备的多值命题逻辑中的全体赋值集上引入通常乘积拓扑, 利用真值函数关于该空间上的 Borel 型概率测度的 Lebesgue 积分定义了公式的概率真度概念. 该方法既克服了计量逻辑中的真度理论与随机真度理论分别要求赋值集上的概率测度必须均匀和独立的局限, 又弥补了概率逻辑只讲局部而缺乏整体性的不足. 结果表明计量逻辑中的真度、随机真度概念以及概率逻辑中的公式的概率概念都是所引入的概率真度的特例, 从而实现了计量逻辑和概率逻辑的融合与统一，系统地建立了较为宽泛的概率计量逻辑理论. 主要成果发表在*Information Sciences*, 2009, 179(3): 226, 247;《中国科学：信息科学》, 2011, 41(11): 1328–1342; *Science China: Information Sciences*, 2011, 54(9): 1843–1854;《软件学报》, 2012, 23(9): 2235–2247;《电子学报》, 2011, 39(12): 2895–2899, 以及《模式识别与人工智能》, 2013, 26(6): 521–528 上. ② Łukasiewicz 命题逻辑中公式的 Choquet 积分型真度理论. 在 Łukasiewicz 命题逻辑系统中利用 McNaughton 函数关于赋值空间上的一般模糊测度的 Choquet 积分引入了公式的 Choquet 积分型真度, 证明了当赋值空间上的模糊测度满足有限可加性 (即为有限可加概率测度) 时, Choquet 积分真度函数就具有良好性质, 由此可自然诱导出公式集上的一个伪距离. 特别是证明了当赋值空间上的模糊测度取为 Borel 型概率测度时 Choquet 积分真度函数就退化为概率计量逻辑中的概率真度函数. 本工作是概率计量逻辑工作的继续与深入, 为表示命题间不确定性的非线性关系提供了一种推理框架. 该成果发表在《电子学报》, 2013, 41(12): 2327–2333 上. ③ 逻辑理论的相容度及程度化推理算法. 在计量逻辑框架下利用公式的真度理论解决了国际上认为较难解决的逻辑理论的相容程度问题, 提出了逻辑理论的相容度、广义相容度理论以及程度化推理算法. 该成果发表在*Fuzzy Sets and Systems*, 2006, 157(3): 427–443; 2006, 157(15): 2058–2073 及*International Journal of Approximate Reasoning*, 2006, 43(2): 117–132 上. ④ 极大相容逻辑理论的结构及其拓扑刻画. 由于基于计量逻辑中的真度理论引入的逻辑理论的相容度概念无法区分极大相容理论与不相容理论，我们又另辟蹊径清楚地给出了形式系统 $\mathscr{L}^*$(NM 逻辑) 以及 NMG 等中的极大相容理论的结构刻画和拓扑刻画, 证明了每一极大相容理论必是, 也只能是一组特定的简单复合公式的逻辑闭包; 全体极大相容理论之集带上 Stone 拓扑是一 Cantor 空间. 该成果发表在*Fuzzy Sets and Systems*, 2007, 158(23): 2591–2604; 2008, 159(22): 2970–2982;《软件学报》, 2009, 20(3): 515–523, 以及《电子学报》, 2011, 39(12): 2895–2899 上. ⑤ R_0-代数的 Stone 拓扑表示. 将 ④ 中的工作推广到了 R_0-代数中, 深入研究了 R_0-代数的代数和拓扑结构, 在全体极大滤子之集上分别引入了 Stone 拓扑及三值 Stone 拓扑, 证明了 R_0-代数的 Boole 框架代数同构于其 Stone 拓扑空间中的开闭集代数, 而 MV 框架代数同构于三值 Stone 空间中的开闭集代数. 此外, 还证明了 Boole 滤子一一对应于全体超滤子构成的 Stone 拓扑子空间中的拓扑闭集, 而 MV-滤子对应于 Stone 空间中的拓扑闭集, 从而系统地建立了 R_0-代数的 Stone 拓扑表示定理, 推广了著名的 Boole 代数的 Stone 拓扑表示定理. 该研究成果发表在*Fuzzy Sets and Systems*, 2011, 162(1): 1–26 上. ⑥ 剩余格中的广义态理论. 解决了剩余格上广义态理论中的若干公开问题, 通过引入相对否定的概念, 系统地建立了符合一般随机试验规则的广义态理论框架. 该成果发表在*Archive for Mathematical Logic*, 2013, 52(7, 8): 689–706; *Fuzzy Sets and Systems*, 2012, 187(1): 33–57 及*Journal of Multiple-Valued*

Logic and Soft Computing, 2014, 22(1–2): 123–132 上. 上述研究工作得到了国家自然科学基金 (项目编号: 61005046, 11171200, 61473336)、教育部博士点基金 (项目编号: 20100202120012)、陕西省自然科学基础研究计划 (项目编号: 2010JQ8020)、中央高校基本科研业务费 (项目编号: GK200902048, GK201403001, GK201503013) 以及陕西师范大学优秀博士学位论文基金 (项目编号: S2006YB06) 等项目的资助. 另外, 作者的博士学位论文《概率计量逻辑》[59] 入选了陕西省 2012 年度优秀博士学位论文.

本书将分 10 章对上述研究成果进行系统介绍, 同时也将梳理国际上此领域中的主要研究成果, 以保证全书理论体系的自封性和逻辑严密性.

第 1 章首先扼要介绍命题逻辑系统及其语构理论和语义理论, 同时针对最基本的逻辑概念简要分析把它们进行程度化的必要性, 从而使我们看到建立概率计量逻辑理论便是顺理成章的事情了. 然后主要介绍几种常用的命题逻辑系统, 为后面章节的研究作必要的准备.

第 2 章详细介绍概率逻辑中公式的概率概念以及计量逻辑中公式的真度和随机真度概念, 并分析它们之间的区别与联系以及各自存在的不足, 这是本书的基本出发点.

第 3 章首先通过视全体赋值之集为通常乘积拓扑空间, 利用该空间上的 Borel 型概率测度在二值命题逻辑中引入公式的概率真度概念. 该方法既克服了计量逻辑要求赋值集上的概率测度必须均匀或独立的局限, 又弥补了概率逻辑只讲局部而缺乏整体性的不足. 详细讨论公式的概率真度与计量逻辑中公式的真度、随机真度以及概率逻辑中公式的概率等概念间的联系, 结果表明公式的真度、随机真度以及公式的概率均可作为概率真度的特例而纳入到统一的框架中, 从而实现计量逻辑与概率逻辑的融合和统一. 讨论逻辑闭理论与赋值空间中拓扑闭集间的一一对应关系以及概率真度函数与赋值空间上的 Borel 型概率测度间的一一对应关系. 其次利用概率论中的 Kolmogorov 公理给出概率真度函数的公理化定义, 讨论其基本性质及等价刻画条件, 并最终证明公式集上任一满足 Kolmogorov 公理的 $[0,1]$-值函数均可由赋值空间上的唯一 Borel 型概率测度按上述方法所表出, 从而建立二值命题逻辑框架下的概率计量逻辑理论. 再次, 本章把上述思想推广到 n-值和 $[0,1]$-值命题逻辑中引入公式的概率真度概念, 得到与二值情形相类似的结论. 特别地, 证明概率真度函数的一个极限定理, 从而将 n-值 Łukasiewicz 命题逻辑中公式的概率真度和 $[0,1]$-值 Łukasiewicz 命题逻辑中公式的概率真度和谐地统一起来. 然后, 讨论用赋值空间上的内外测度、概率测度以及常用的模糊测度来定义逻辑公式的真度的可行方法. 最后, 在 $[0,1]$-值 Łukasiewicz 命题逻辑中利用 McNaughton 函数关于赋值空间上的模糊测度的 Choquet 积分建立 Choquet 积分型真度理论.

第 4 章通过把第 3 章在 n-值 Łukasiewicz 命题逻辑中定义的公式的概率真度

函数抽象为模态词, 把关于概率真度函数基本性质的恒等式抽象为公理建立一种概率计量逻辑推理系统 PQ($Ł_n$, Ł), 证明其关于概率真度函数的完备性定理, 并讨论 PQ($Ł_n$, Ł) 的 Pavelka 型扩张及其完备性. 为进一步增强 PQ($Ł_n$, Ł) 的语言表达能力和逻辑推理能力, 本章建立另一种逻辑推理系统 $\mathrm{PQ}\left(Ł_2, ŁΠ\frac{1}{2}\right)$, 并证明关于概率真度函数的完备性. 该系统虽然只是针对二值命题逻辑中的公式建立的, 但它能表示关于公式概率真度的线性不等式性质, 因而具有较强的语言表达能力和逻辑推理能力.

第 5 章首先回忆关于逻辑理论相容度问题的已有研究成果, 并分析这些研究成果存在的局限和不足, 然后对逻辑理论的不相容性作深入分析, 在此基础上运用逻辑系统的演绎定理和公式的概率真度理论从逻辑的角度提出一个新的理论相容性指标, 利用该指标重新定义理论的相容度. 接着, 本章进一步把这一思想进行推广, 提出理论的语义蕴涵度概念, 利用语义蕴涵度取代发散度指标可以定义更为合理的理论的相容度. 出乎意料的是, 在二值命题逻辑系统、Łukasiewicz 模糊命题逻辑系统以及形式系统 $\mathscr{L}^*$ 中理论的语义蕴涵度恰等于该理论的发散度, 从而论证已有研究成果在这三个逻辑系统中定义的理论相容度的合理性. 理论的语义蕴涵度除具有较强的逻辑背景外, 还有较易推广的优点, 即只需把定义中的矛盾式换为一般的逻辑公式便可得一种语义与语构相结合的程度化推理方法. 此外, 也可用语义蕴涵度定义理论关于一般逻辑公式的广义相容度. 最后, 本章利用语义蕴涵度的思想提出一种三 I 算法, 其求解机制与模糊推理中三 I 算法的求解机制完全一致, 从而进一步从语义和语构相结合的角度为模糊推理奠定逻辑基础.

第 6 章给出几种常用命题逻辑系统中极大相容理论的结构刻画和拓扑刻画. 尽管第 5 章定义了理论的相容度并给出理论相容的若干充要条件, 但这些结果, 包括参考文献中的研究成果, 仍无法刻画极大相容理论, 因为极大相容理论和不相容理论的相容度都为 $\frac{1}{2}$. 为刻画极大相容理论的极大性, 本章先利用二值命题逻辑、形式系统 $\mathscr{L}^*$ 及系统 NMG 的强完备性定理和标准完备性定理, 分别在这三个逻辑系统中给出极大相容理论结构的清楚刻画, 并在全体极大相容理论之集上引入 Stone 拓扑, 证明所得空间均是 Cantor 空间. 在这三个逻辑系统中给出不依赖强完备性定理的极大相容理论结构刻画的归纳证法, 但这些方法均不适用于 Łukasiewicz 模糊命题逻辑系统, 该系统中极大相容理论的结构要复杂得多. 然后, 本章在深入研究 Łukasiewicz 模糊命题逻辑中极大相容理论基本性质的基础上证明极大相容理论与赋值是一一对应的, 从而给出该系统中全体极大相容理论的表示, 但其具体结构还远不如上述三个逻辑系统中极大相容理论的结构清楚. 利用 Łukasiewicz 蕴涵算子的连续性, 在全体极大相容理论之集上引入一种模糊拓扑并研究了其性质及截拓扑的性质. 最后, 本章证明 Gödel 和乘积命题逻辑系统中的极大相容理论与引入的 MV-赋值是一一对应的.

第 7 章首先研究 R_0-代数中极大滤子的结构性质, 在全体极大滤子之集上引入 Stone 拓扑和三值 Stone 拓扑, 相应的拓扑空间分别称为该 R_0-代数的 Stone 空间和三值 Stone 空间. 其次, 为研究 R_0-代数中元素与其 (三值) Stone 空间中既开又闭集间的对应关系, 本章引入 Boole-元和 MV-元的概念, 并证明全体 Boole-元作为 Boole 代数同构于相应 Stone 空间中的开闭集代数; 全体 MV-元作为 MV-代数同构于相应三值 Stone 空间中的开闭集代数. 该表示定理 (称为 R_0-代数的三值 Stone 拓扑表示定理) 是 Boole 代数中 Stone 拓扑表示定理的推广. 最后, 为进一步研究 R_0-代数中滤子与其 Stone 空间中拓扑闭集间的对应关系, 本章引入 Boole-滤子和 MV-滤子的概念, 证明 MV-滤子和 Stone 空间中的拓扑闭集是一一对应的; Boole-滤子和 Stone 空间的由全体超滤子构成的子空间中的拓扑闭集是一一对应的. 至于 R_0-代数的三值 Stone 空间中拓扑闭集的对应物, 目前尚无定论, 是值得进一步研究的课题.

第 8 章介绍逻辑代数上的态理论. MV-代数上的态算子是由意大利学者 Mundici 在 1995 年引入的, 其目的是寻求 Łukasiewicz 命题逻辑中公式的各个真值的某种平均, 因而与概率计量逻辑中的程度化思想具有异曲同工之妙, 是经典概率论中的 Kolmogorov 公理在多值逻辑代数中的公理化推广. 在第 3 章我们将看到 Łukasiewicz 命题逻辑中公式的概率真度函数与 Lindenbaum 代数上的态算子是一一对应的, 因而态理论与概率计量逻辑是密切联系的, 前者可看成后者在语义代数上的一般化和公理化, 后者是前者的语义分析版本. 但二者又有区别, 因为形式系统 $\mathscr{L}^*$ 中的概率真度函数不是 $\mathscr{L}^*$-Lindenbaum 代数上 Mundici 意义下的态算子. 此外, 概率计量逻辑重在基本逻辑概念的程度化, 可用来解决逻辑理论的相容度问题. 态理论在近十年内得到了迅速发展, 取得了诸多重要而深刻的结论. 本章系统地梳理此方面的研究成果, 并给出相应的证明. 由于个别结论的证明超出了本书的范围, 我们仅列出结论及其出处, 有兴趣的读者可进一步查阅相关参考文献. 作为预备知识, 本章先介绍剩余格, 包括常见的各种逻辑代数, 如 MTL-代数、BL-代数、MV-代数, 以及它们的基本代数性质. 然后在剩余格上引入 Bosbach 与 Riečan 态算子, 研究它们的性质与存在性, 并应用到各逻辑代数. 最后构造 MV-代数关于态算子的 Cauchy 度量完备.

第 9 章介绍逻辑代数上的内部态理论. 由于逻辑代数带上第 8 章介绍的态算子不再是一个泛代数, 因为态算子总在单位区间 $[0,1]$ 中取值, 所以逻辑代数带上其态算子不能再构成 Blok 与 Pigozzi 可代数化逻辑意义下的逻辑代数. 另外, 类似第 4 章的做法也可把逻辑代数中的态算子抽象为模态词, 把态算子定义中的等式抽象为模态公理, 进而建立相应的逻辑推理系统, 但此类模态化的推理系统不能表达形

如 $\varphi \to P(\varphi)$ 的公式. 为提供从代数及逻辑两角度处理态算子的统一方法, 意大利学者 Flaminio 与 Montagna 于 2009 年在 MV-代数上提出了内部态算子, 并建立了相应的概率模糊逻辑. 内部态理论现已被推广到其他逻辑代数上. 鉴于第 10 章介绍的广义态理论是内部态理论的进一步推广, 那里允许广义态算子的定义域与取值域可以为任意两个剩余格, 本章仅以 MV-代数与 BL-代数为例介绍内部态理论.

第 10 章介绍由罗马尼亚学者 Georgescu 与 Mureşan 在剩余格上建立的广义态理论以及作者在其中的若干工作. 第 8 章介绍的态算子是经典概率论中的 Kolmogorov 公理在多值逻辑代数中的形式化推广, 是多值概率论的基本模型. 经研究发现, 不同逻辑代数上的态算子的取值域 $[0,1]$ 具有标准 MV-代数的代数结构, 10.1 节开始也将详细说明这一点. 由此, 第 8 章中的态理论要求不同逻辑系统中的事件的概率具有相同的 MV-代数结构, 而第 9 章介绍的内部态理论则要求多值事件的概率值具有与事件相同的代数结构. 本章在第 8 章与第 9 章的基础上更进一步, 允许态算子的定义域与取值域可以为任意两个剩余格, 建立符合一般逻辑规则的广义态理论. 具体为, 首先介绍剩余格上的三类广义态算子: Ⅰ-型 Bosbach 态、Ⅱ- 型 Bosbach 态和广义 Riečan 态, 以及它们的基本性质. 其次介绍剩余格中的相似收敛理论与广义态算子的连续性, 进而构造剩余格关于保序 Ⅰ-型 Bosbach 态的 Cauchy 相似完备. 然后介绍作者引入的分别基于相对否定与核算子的广义态理论. 最后是有关广义态理论的逻辑基础的思考.

本书的第 1–7 章主要是对作者的博士学位论文[59] 进行整理和补充最新研究成果而来的, 侧重命题逻辑的语义计量化模型及其应用, 而第 8–10 章侧重介绍与概率计量逻辑密切联系的逻辑代数上的态理论、内部态理论和广义态理论, 它们是概率计量逻辑中概率真度函数的公理化和代数化版本. 本书是科学出版社出版的系列著作《数理逻辑引论与归结原理》[2]、*Introduction to Mathematical Logic and Resolution Principle*[53]、《非经典数理逻辑与近似推理》[126]、《基于三角模的模糊逻辑理论及其应用》[20], 以及《模糊逻辑及其代数分析》[21] 的续篇与提高篇, 是王国俊教授创立的计量逻辑理论的深化与系统化. 在介绍具体内容前本书对必要的预备知识都做了简单介绍, 保证了全书整个内容体系的完整性和自封性, 所以稍微具有点逻辑基础的读者都可直接阅读本书. 最后指出的是, 限于篇幅, 本书只是介绍命题逻辑的概率计量化研究成果, 不含谓词逻辑与模态逻辑的概率计量化, 感兴趣的读者可参阅文献 [38], [60]–[63].

在本书即将出版之际, 作者要特别感谢于 2013 年年底因病医治无效而离开我们的恩师王国俊教授, 感谢他对作者自研究生求学以来多年的淳淳教诲及细心指导, 书中许多新思想都直接源于恩师极具启发性的讲授和指点. 恩师渊博的学科知识、严谨的治学态度、敏锐的学术思维、深刻的洞察见解、"勤和恒乃成功之本" 的信条以及为人处世的宽大胸怀是作者不断努力进取的力量源泉和终身受益的宝贵财富. 同时要特别感谢师母何老师对作者多年来在生活及家庭上的热情关心和无私帮助, 愿师母保重身体, 健康长寿.

在本书的撰写过程中, 作者得到了许多老师、同事、同仁及研究生的关心和帮助, 在此特别感谢陕西师范大学的赵彬教授、李永明教授、李生刚教授和吴洪博教授, 西安电子科技大学的高新波教授, 四川大学的张德学教授, 西南交通大学的徐扬教授、秦克云教授和潘小东副教授, 华东师范大学的陈仪香教授, 西安邮电大学的范九伦教授, 山东大学的刘华文教授, 浙江理工大学的裴道武教授和王三民教授, 西北大学的辛小龙教授, 江南大学的刘练珍教授, 江西师范大学的覃锋教授, 甘肃理工大学的李骏教授, 上海海事大学的张小红教授, 湖北民族学院的詹建明教授, 湖南大学的周湘南副教授, 西安石油大学的折延宏副教授以及西安财经学院的罗清君副教授等, 他们阅读了部分书稿, 提出了诸多有益建议. 作者还要感谢陕西师范大学的马丽娜副教授、汪开云副教授、时慧娴博士、郑慕聪博士、段景瑶博士、吴苏朋博士以及硕士研究生马琴和兰淑敏, 西北大学的贺鹏飞博士和王军涛博士, 他们承担了部分书稿的 Latex 打印排版及校对工作. 感谢陕西师范大学数学与信息科学学院院长吉国兴教授和副院长唐三一教授等的关心以及学院提供的经费支持. 感谢科学出版社数理分社赵彦超社长与李静科编辑高效而细致的工作, 使得本书如期出版.

最后感谢陕西师范大学优秀著作出版基金为本书的出版所提供的资助.

本书是作者十余年研究工作的系统总结, 尽管书中的大部分内容都已正式发表, 在 “不确定性推理” 讨论班上也报告过, 但限于作者的水平, 书中的不妥之处在所难免, 恳请各位专家与读者不吝赐教. 另外, 概率计量逻辑作为一门十分年轻的交叉学科也需要各位同仁共同努力使之不断发展完善.

周红军

2015 年 3 月于陕西师范大学

目　录

第 1 章　多值命题逻辑简介

由于本书将要建立的概率计量逻辑理论是在多值命题逻辑框架下展开的, 所以为了顺利阅读并领会概率计量逻辑的基本思想, 本章介绍有关多值命题逻辑的一些预备知识. 1.1 节简要介绍命题逻辑系统及其语构理论、语义理论和完备性, 同时针对最基本的逻辑概念简要分析把它们进行程度化的必要性, 从而使我们看到建立概率计量逻辑理论便是顺理成章的事情. 1.2 节介绍若干常用的命题逻辑系统, 包括二值命题逻辑系统 L、多值 Łukasiewicz 命题逻辑系统 Ł 与 $Ł_n$、Gödel 模糊命题逻辑系统 G、乘积模糊命题逻辑系统 Π、R_0-型多值命题逻辑系统 $\mathscr{L}^*$ 与 $\mathscr{L}_n^*$、模糊命题逻辑系统 NMG 以及模糊命题逻辑系统 ŁΠ 和 ŁΠ$\frac{1}{2}$, 也可参阅文献 [2], [20], [21].

有关概率论、测度论以及拓扑空间论的预备知识将在具体用到时再作进一步的介绍, 参见 3.3.1 节和 6.1.3 节.

1.1　命题逻辑系统及其完备性

1.1.1　命题逻辑系统

一个命题逻辑系统一般由 5 部分组成:

(i) **符号表**　包括原子命题符号: $p_1, p_2, \cdots$ (有个别命题逻辑系统还可能把常值公式 $\overline{0}$ 作为原子公式), 其全体构成一个可数集 $S = \{p_1, p_2, \cdots\}$; 逻辑连接词: $\neg, \rightarrow, \vee, \wedge, \&, \cdots$; 标点符号: 逗号 “,”, 左括号 “(” 以及右括号 “)”.

(ii) **公式集**　原子命题 $p_1, p_2, \cdots$ 也称为**原子公式**, 它们都是**公式**. 又将原子公式用逻辑连接词恰当连接所得的表达式都称为**公式**(或**命题**), 其全体之集记作 $F(S)$. 不同的逻辑系统可以使用不同的逻辑连接词. 如果所使用的连接词之集是 $\{\neg, \vee, \rightarrow\}$, 则 $F(S)$ 是由 S 生成的 $(\neg, \vee, \rightarrow)$ 型自由代数, 即

(1) $S \subseteq F(S)$,

(2) 若 $\varphi, \psi \in F(S)$, 则 $\neg\varphi, \varphi \vee \psi, \varphi \rightarrow \psi \in F(S)$,

(3) $F(S)$ 中的成员均可由以上规则 (1) 和 (2) 在有限步之内生成.

例如, $\varphi = p_1 \rightarrow \neg(\neg p_2 \vee p_3)$ 就是一个公式, 而 $\rightarrow p_1 \vee p_2$ 就不是公式. $F(S)$ 中的公式是将 S 中的原子公式用逻辑连接词按规则 (2) 恰当地连接而成, 所以也称为**合式公式**. 本书将 $F(S)$ 中的成员简称为公式, 有时也称为命题.

(iii) **公理集** 在 $F(S)$ 中挑选出一批好公式, 称为**公理**, 其全体之集记为 $\mathscr{A}$. 不同逻辑系统使用不同的公理集.

(iv) **推理规则集** 一个推理规则指定了从哪几个 (一般为有限个) 公式可以推得哪一个公式. 一个逻辑系统可以有许多推理规则, 但本书涉及的命题逻辑系统均只有一条推理规则, 即从 φ 和 $\varphi \to \psi$ 可得 ψ, 这可以写作 $\{\varphi, \varphi \to \psi\} \vdash \psi$ 或

$$\begin{array}{ccc} \varphi & \longrightarrow & \psi \\ \varphi & & \\ \hline & & \psi \end{array} \tag{1.1.1}$$

这条推理规则称为**MP 规则**, 也称为**分离规则**.

(v) **赋值域** 它是一个带有代数结构的集合 W, 比如, 与逻辑连接词 $\neg, \vee, \to$ 等相对应, W 上有一元运算 $\neg$(有时也简记为 $'$)、并运算 $\vee$ 和蕴涵运算 $\to$. 不同的逻辑系统中蕴涵运算是不同的. 本书中的赋值域 W 通常取为单位区间 $[0,1]$ 或其子集, 如 $W = W_2 = \{0,1\}$, $W = W_n = \left\{0, \dfrac{1}{n-1}, \cdots, \dfrac{n-2}{n-1}, 1\right\}$, $W = \overline{W} = [0,1]$ 等.

1.1.2 语构理论

所谓逻辑系统的**语构理论**是指不涉及赋值域, 仅从公理集 $\mathscr{A}$ 出发 (有时再附加一个假设集 Γ), 使用推理规则进行形式推理的理论. 确切地说, 从 $\mathscr{A}$ 出发运用 MP 规则在有限步内可以推出的公式称为这个逻辑系统中的**定理**. 如果 $\varphi \in F(S)$ 且 φ 是定理, 则将 φ 的否定 $\neg\varphi$ 称为**可驳公式**. 常用 $\overline{0}$ 表示可驳公式.

通俗地说, $F(S)$ 中的定理是形式上很好的公式, 因为它是由大家公认的好公式 (即公理) 运用合理的推理规则推出来的. 定理可以表示完全真的概念或信息. 相反, 定理的否定就是坏公式, 它可以表示完全假的概念或信息. 但值得指出的是, $F(S)$ 中的绝大多数公式既不是好公式, 也不是坏公式. 应当怎样去评价这些公式的好坏呢? 这是概率逻辑和计量逻辑, 从而也是本书将要建立的概率计量逻辑所关心的基本问题之一.

1.1.3 语义理论

所谓逻辑系统的**语义理论**是指借助赋值域 W 以及赋值 $v: F(S) \to W$(即 v 是从 $F(S)$ 到 W 的同态) 来评价 $F(S)$ 中公式好坏 (真假) 的方法. $F(S)$ 的赋值有很多, 其全体之集记为 Ω. 由于 $F(S)$ 是 S 生成的自由代数, 所以任一赋值 v 都可由其在 S 上的限制 $v|_S$ 唯一决定, 而 $v|_S$ 是从 S 到 W 的一个映射. 为简单起见, 对 v 与 $v|_S$ 不加区分, 从而可以把 Ω 与 W^S 等同起来, 即 $\Omega = W^S$. 设 φ 是一个公式, 如果 φ 在 Ω 中的任一赋值 v 下都得满分 (通常为 W 中的最大值 1), 则称 φ 为**重言式**. 相反地, 若公式 ψ 在 Ω 中的任一赋值 v 之下都得零分, 则称 ψ 为**矛盾式**.

值得注意的是, 无论是重言式还是矛盾式, 其定义中均要求 "对任一赋值 $v \in \Omega$", $v(\varphi)=1$ 或 $v(\psi)=0$. 如果把赋值域通俗地称为 "打分表", 把赋值 v 称为 "裁判", 那么 Ω 就是 "裁判团". 可见重言式就是全体裁判一致行动都给它打满分的公式, 而矛盾式则是全体裁判一致行动给它打零分的公式. 这就产生了一个自然的问题: 设 $\chi \in F(S)$, 有一部分裁判给 χ 打分满分, 而另一部分裁判则给 χ 打零分, 应当如何评价 χ 的好坏呢? 这一问题和语构部分的问题一样, 是概率计量逻辑要回答的问题.

设 $\varphi=\varphi(p_1,\cdots,p_m) \in F(S)$ 是由原子公式 $p_1,\cdots,p_m$ 经逻辑连接词连接而成的公式, $u,v \in \Omega$. 若 u,v 满足 $u(p_i)=v(p_i), i=1,\cdots,m$, 则不难验证 $u(\varphi)=v(\varphi)$. 这一基本事实告诉我们: 公式 φ 在 v 下的赋值 $v(\varphi)$ 只取决于其中原子公式 $p_1,\cdots,p_m$ 的赋值 $v(p_1),\cdots,v(p_m)$, 从而 φ 可以诱导出一 m 元函数 $\overline{\varphi}: W^m \to W$:

$$\overline{\varphi}(x_1,\cdots,x_m)=v(\varphi), \tag{1.1.2}$$

这里 $x_i=v(p_i), i=1,\cdots,m, v \in \Omega$. 称 $\overline{\varphi}$ 为 φ 诱导的**真函数**. 比如, 设 $\varphi=(p_1 \to \neg p_2) \vee \neg p_3$, 则 $\overline{\varphi}(x_1,x_2,x_3)=(x_1 \to \neg x_2) \vee \neg x_3=\max\{x_1 \to \neg x_2, \neg x_3\}$, 其中 $\overline{\varphi}$ 中出现的 $\neg,\vee,\to$ 分别是与 φ 中的逻辑连接词 $\neg,\vee,\to$ 相对应的赋值域 W 的运算. 此外 φ 还可以极其自然的方式诱导出赋值集 Ω 上的一个函数 (在不致混淆的情况下, 仍记为 φ), 即 $\varphi: \Omega \to W$:

$$\varphi(v)=v(\varphi), \quad v \in \Omega. \tag{1.1.3}$$

显然, 对任一赋值 $v \in \Omega$, $\varphi(v)=v(\varphi)=\overline{\varphi}(v(p_1),\cdots,v(p_m))$.

最后需要指出的是, 本书中命题逻辑系统的赋值域 W 取为单位闭区间 $[0,1]$ 或其真子集, 与之相对应的语义理论常称为**标准代数语义**. 除标准代数语义外，还有更一般的代数语义, 即赋值域 W 为与公式集 $F(S)$ 同型号的一般逻辑代数时建立的语义理论, 详见文献 [2], [3], [20], [21]. 本书第 2–6 章将要讨论的概率计量逻辑理论及其应用是基于标准代数语义建立的, 但第 8–10 章讲的态理论则是建立在一般逻辑代数上的, 有关一般逻辑代数的基本知识将在 8.1 节介绍.

1.1.4 逻辑系统的完备性

在语构理论中按形式推理推出的定理如果是重言式, 即凡是形式上好的公式都能获得全体裁判的一致认可, 则称此语构理论是**可靠**的, 有时也称这个逻辑系统是可靠的. 一般说来, 可靠性是容易达到的. 反过来, 获得全体裁判一致认可的重言式是不是可以从公理出发利用推理规则形式化地推出来呢? 即重言式是否是定理呢? 如果重言式是定理, 则称此语构理论是**充足**的, 也称此逻辑系统是充足的. 既可靠又充足的逻辑系统称为**完备**的. 完备性标志着语构理论和语义理论的和谐统一, 所以具有完备性的逻辑系统才是好的逻辑系统. 此外还有一种更强形式的完备性. 设 $\Gamma \subseteq F(S)$, 则称 Γ 为 **逻辑理论**, 简称**理论**. 如果公式 φ 能从 $\mathscr{A} \cup \Gamma$ 出发利用推理规则在有限步之内被推出来, 则称 φ 为 Γ 的**推论**, 记为 $\Gamma \vdash \varphi$. Γ 的全体推论之集记为 $D(\Gamma)$. 显然, $D(\varnothing)$ 就是全体定理之集. 在语义部分, 若 Ω 中的某赋值 v 给 Γ 中的每个公式都打满分 (此时称 v 为 Γ 的**模型**), 则 v 一定也给 φ 打满分, 即 Γ 的模型都是 φ(即 $\{\varphi\}$) 的模型, 则称 Γ **语义蕴涵** φ, 记为 $\Gamma \models \varphi$. **强完备性**是指

$$\Gamma \vdash \varphi \ \text{ iff } \Gamma \models \varphi, \quad \varphi \in F(S),\ \Gamma \subseteq F(S). \tag{1.1.4}$$

显然, 逻辑系统的完备性定理是强完备性定理式 (1.1.4) 在 $\Gamma = \varnothing$ 时的特殊情形. 具有强完备性的逻辑系统当然更好一些. 一个自然的问题: φ 是 Γ 的推论这一事实是否可以程度化? 如果 $\Gamma \vdash \varphi$ 不成立, 那么是否可以在某种程度上把 φ 视为 Γ 的推论? 这也是概率计量逻辑要回答的问题.

1.2 若干常用的命题逻辑系统

二值命题逻辑又称为 Boole 命题逻辑, 形成于 19 世纪上半叶, 而多值命题逻辑则问世较晚些, 它诞生于 20 世纪 20 年代[19]. 随后便发展较慢, 只是提出了多值 Łukasiewicz 命题逻辑[64,65], 以及多值 Gödel 命题逻辑[66]. 多值命题逻辑直到 Zadeh 教授提出模糊集[18], 特别是在 1993 年爆发了一场关于模糊逻辑的论战[22,23]之后才得到真正的快速发展, 其中最具代表性的研究成果有 Esteva 与 Godo 提出的旨在刻画左连续三角模的 MTL 逻辑[67], Hájek 提出的刻画连续三角模的 BL 逻辑[68] 和刻画乘积三角模的乘积命题逻辑[69], 以及 MTL 逻辑和 BL 逻辑的模式扩张[70,71], 如 NM 逻辑[67,72]、NMG 逻辑[73]、$\text{Ł}\Pi\frac{1}{2}$ 逻辑[74]. 事实上, 模糊 Łukasiewicz 命题逻辑、Gödel 命题逻辑以及乘积命题逻辑都是 MTL 和 BL 的模式扩张. 国内的主要研究成果有王国俊教授提出的形式系统 $\mathscr{L}^*$[75], 徐扬教授提出的格蕴涵逻辑[76], 以及裴道武教授和王三民教授等的一些出色工作[77−80]. 本节将依次介绍后面章节直接用到的几种多值命题逻辑系统: 二值命题逻辑系统 L、多值 Łukasiewicz 命题逻辑系统 Ł_n 和 Ł、Gödel 命题逻辑系统 G、乘积命题逻辑系统 Π、R_0-型多值命题逻辑系统 $\mathscr{L}^*$ 与 $\mathscr{L}_n^*$、系统 NMG 以及 $\text{Ł}\Pi\frac{1}{2}$.

1.2.1 二值命题逻辑系统 L

(i) L 中共有如下三条公理模式:

(L1) $\varphi \to (\psi \to \varphi)$,

(L2) $(\varphi \to (\psi \to \chi)) \to ((\varphi \to \psi) \to (\varphi \to \chi))$,

(L3) $(\neg\varphi \to \neg\psi) \to (\psi \to \varphi)$.

L 的全体公理之集记为 $\mathscr{A}$, L 只有式 (1.1.1) 表达的推理规则 MP.

设 $\Gamma \subseteq F(S)$, $\varphi \in F(S)$. **从理论 Γ 到公式 φ 的推理**是一个公式的有限序列 $\varphi_1, \cdots, \varphi_m$, 满足条件 $\varphi_m = \varphi$, 且对每个 i $(i \leqslant m)$, $\varphi_i \in \mathscr{A} \cup \Gamma$, 或者存在 $j, k < i$ 使得 φ_i 是从 φ_j 与 φ_k 运用 MP 所得的结果. 这时称 φ 为 Γ 的**推论**, 记为 $\Gamma \vdash \varphi$. Γ 的全体推论之集记为 $D(\Gamma)$, 即 $D(\Gamma) = \{\varphi \in F(S) \mid \Gamma \vdash \varphi\}$, 称 m 为**推理长度**. 当 $\Gamma = \varnothing$ 时, 把 $\varnothing \vdash \varphi$ 简记为 $\vdash \varphi$, 并称 φ 为**定理**. 称定理的否定为**可驳公式**, 常用 $\bar{0}$ 表示可驳公式.

(ii) 基于公理 (L2) 运用关于推理长度的归纳法可以证明 L 有如下**演绎定理**: 设 $\Gamma \subseteq F(S)$, $\varphi, \psi \in F(S)$, 则

$$\Gamma \cup \{\varphi\} \vdash \psi \text{ iff } \Gamma \vdash \varphi \to \psi. \tag{1.2.1}$$

由演绎定理式 (1.2.1) 易证**三段论规则 HS** 成立, 即

$$\{\varphi \to \psi, \psi \to \chi\} \vdash \varphi \to \chi.$$

(iii) 设 $\varphi, \psi \in F(S)$. 若 $\vdash \varphi \to \psi$ 与 $\vdash \psi \to \varphi$ 都成立, 则称 φ 与 ψ **可证等价**, 记为 $\varphi \sim \psi$. 不难验证:

(1) $\neg\varphi \sim \varphi \to \bar{0}$.

(2) $\neg\neg\varphi \sim \varphi$.

(3) $\neg\varphi \to \neg\psi \sim \psi \to \varphi$.

(4) $\varphi \to (\psi \to \chi) \sim \psi \to (\varphi \to \chi)$.

(5) $\varphi \to (\varphi \to \psi) \sim \varphi \to \psi$.

(6) $\varphi \to (\psi \vee \chi) \sim (\varphi \to \psi) \vee (\varphi \to \chi)$; $(\varphi \vee \psi \to \chi) \sim (\varphi \to \chi) \wedge (\psi \to \chi)$.

(7) $\varphi \to (\psi \wedge \chi) \sim (\varphi \to \psi) \wedge (\varphi \to \chi)$; $(\varphi \wedge \psi \to \chi) \sim (\varphi \to \chi) \vee (\psi \to \chi)$.

这里 $\varphi \vee \psi = \neg\varphi \to \psi$; $\varphi \wedge \psi = \neg(\varphi \to \neg\psi)$.

(iv) 设 Γ 是一个理论. 如果 $\Gamma \vdash \bar{0}$, 则称 Γ 是**不相容**的, 否则称 Γ 是**相容**的. 可以证明 $\Gamma_1 = \{\varphi, \neg\varphi\}$ 是不相容的, 而 $\Gamma_2 = \mathscr{A}$, $\Gamma_3 = \{p_1, p_2\}$ 与 $\Gamma_4 = S = \{p_1, p_2, \cdots\}$ 都是相容的. 我们看到, Γ_2, Γ_3 和 Γ_4 虽然都是相容的, 但 $D(\Gamma_2)$, $D(\Gamma_3)$ 和 $D(\Gamma_4)$ 却大不相同. 比如, $D(\Gamma_2)$ 中所含的公式都是定理, 它们只是 $F(S)$ 中很小的一部分, 而我们在后面将证明 $D(\Gamma_4)$ 是极大的, 即 $D(\Gamma_4)$ 不能真包含于任一相容理论之中. 可见很有必要对相容理论的相容程度进行区分, 这也是概率计量逻辑要解决的问题.

(v) L 的赋值域为 $W = W_2 = \{0, 1\}$, 其中的非运算 $\neg$ 和蕴涵运算 $\to$ 定义为: $\neg 0 = 1, \neg 1 = 0$; $x \to y = 0$ iff $x = 1$ 且 $y = 0$, $x, y \in \{0, 1\}$. 由此易证 $\neg x = x \to 0 = 1 - x$. 以下常把 $\neg x$ 记为 x'. 在 W_2 还可以定义 $\vee$ 和 $\wedge$ 如下

$$x \vee y = \max\{x, y\}; \quad x \wedge y = \min\{x, y\}, \quad x, y \in W_2,$$

则 $x \vee y = x' \to y$, $x \wedge y = (x \to y')'$, 且

$$x \wedge y \leqslant z \text{ iff } x \leqslant y \to z, \quad x, y, z \in W_2. \tag{1.2.2}$$

(vi) 因为 $F(S)$ 中也有运算 $\neg, \to, \vee$ 与 $\wedge$, 所以 $F(S)$ 也是 $(\neg, \to)$ 型代数和 $(\neg, \vee, \to)$ 型代数. 称 $(\neg, \to)$ 型同态 $v: F(S) \to W_2$ 为 $F(S)$ 在 W_2 中的**赋值**, $F(S)$ 的全体赋值记为 Ω_2. 由于 $F(S)$ 中的运算 $\vee$ 和 $\wedge$ 可用 $\neg$ 与 $\to$ 来表达, W_2 中的 $\vee$ 和 $\wedge$ 也可通过相同的方式用 $\neg$ 与 $\to$ 表达, 所以赋值 v 也是 $(\neg, \vee, \to)$ 型同态和 $(\neg, \vee, \wedge, \to)$ 型同态, 所以 $v(\varphi \vee \psi) = v(\varphi) \vee v(\psi)$, $v(\varphi \wedge \psi) = v(\varphi) \wedge v(\psi)$. 注意, 由于 $F(S)$ 是由 S 生成的自由代数, 所以 v 完全由它在 S 上的限制 $v|_S$ 决定. 为简单起见, 对 v 与 $v|_S$ 不加区分, 从而把 Ω_2 与 $\{0,1\}^w$ 等同起来, 即 $\Omega_2 = \{0,1\}^w$.

(vii) 设 $\varphi \in F(S)$, 若对任一 $v \in \Omega_2$ 均有 $v(\varphi) = 1$, 则称 φ 为 L 中的**重言式**, 记为 $\models \varphi$. 若对任一 $v \in \Omega$, $v(\varphi) = 0$, 则称 φ 为 L 中的**矛盾式**. 设 $\varphi, \psi \in F(S)$, 若对任一 $v \in \Omega_2$ 均有 $v(\varphi) = v(\psi)$, 则称 φ 与 ψ **逻辑等价**, 记为 $\varphi \approx \psi$. 在 L 中完备性定理成立, 即

$$\vdash \varphi \text{ iff } \models \varphi, \ \varphi \in F(S). \tag{1.2.3}$$

事实上, 在 L 中由式 (1.1.4) 表达的强完备性定理成立, 从而式 (1.2.3) 只是式 (1.1.4) 在 $\Gamma = \varnothing$ 时的特殊情形. 由完备性定理知定理与重言式、可驳公式与矛盾式、可证等价与逻辑等价等都分别是一回事.

(viii) 设 $\varphi = \varphi(p_1, \cdots, p_m) \in F(S)$, 则 φ 按式 (1.1.2) 诱导出一 m 元函数 $\overline{\varphi}: \{0,1\}^m \to \{0,1\}$. 称 $\overline{\varphi}$ 为 φ 诱导的**Boole 函数**[2]. 反过来, 设 $f: \{0,1\}^m \to \{0,1\}$ 是一 m 元函数, 则存在一公式 $\varphi = \varphi(p_1, \cdots, p_m)$ 使得 $\overline{\varphi} = f$[2].

1.2.2　多值 Łukasiewicz 命题逻辑系统 Ł 与 $Ł_n$

(i) 我们分别用 $Ł_n$ 与 Ł 表示赋值域为 $W = W_n = \left\{0, \dfrac{1}{n-1}, \cdots, \dfrac{n-2}{n-1}, 1\right\}$ 和 $W = \overline{W} = [0,1]$ 的 Łukasiewicz 命题逻辑系统. 在 Ł 和 $Ł_n$ 中由初始连接词 $\neg$ 和 $\to$ 可引入新的连接词如下

$$\varphi \vee \psi = (\varphi \to \psi) \to \psi, \quad \varphi \wedge \psi = \neg(\neg\varphi \vee \neg\psi), \quad \varphi \oplus \psi = \neg\varphi \to \psi,$$
$$\varphi \& \psi = \neg(\varphi \to \neg\psi), \quad \varphi \equiv \psi = (\varphi \to \psi) \& (\psi \to \varphi).$$

Ł 有如下 4 条公理模式[81]:

(Ł1) $\varphi \to (\psi \to \varphi)$,

(Ł2) $(\varphi \to \psi) \to ((\psi \to \chi) \to (\varphi \to \chi))$,

(Ł3) $((\varphi \to \psi) \to \psi) \to ((\psi \to \varphi) \to \varphi)$,

(Ł4) $(\neg\varphi \to \neg\psi) \to (\psi \to \varphi)$.

$Ł_n$ 中的公理集是在 (Ł1)–(Ł4) 的基础上再添加如下两条[82]:

(Ł5) $(n-1)\varphi \equiv n\varphi$,

(Ł6) $(k\varphi^{k-1})^n \equiv n\varphi^k$,

这里 $k = 2, \cdots, n-2$ 且 k 不能整除 $n-1$. 其中 $k\varphi$ 与 φ^k 分别是 $\underbrace{\varphi \oplus \cdots \oplus \varphi}_{k}$ 和 $\underbrace{\varphi \& \cdots \& \varphi}_{k}$ 的简写, $k = 1, 2, \cdots$.

Ł 与 $Ł_n$ 中的推理规则均为 MP, 见式 (1.1.1).

在系统 Ł 和 $Ł_n$ 中, 定理、Γ 推论、可证等价以及理论的相容性定义均与 L 中相同, 同时三段论规则 HS 成立. 注意: $Ł_2$ 是和二值逻辑系统 L 等价的, 即它们有完全相同的定理, 所以今后有时也把 L 记为 $Ł_2$.

(ii) 在 Ł 中由式 (1.2.1) 表达的演绎定理不再成立, 但有如下弱化形式的演绎定理:

$$\Gamma \cup \{\varphi\} \vdash \psi \text{ iff 存在} m \in \mathbb{N},\ \Gamma \vdash \varphi^m \to \psi, \quad \Gamma \subseteq F(S), \quad \varphi, \psi \in F(S). \tag{1.2.4}$$

在 $Ł_n$ 中式 (1.2.4) 中的参数 m 可确定为 n[83]. 弱化了的演绎定理自然不理想, 因为形式推理的一个重要手段是在已知 $\Gamma \vdash \varphi$ 时设法把 Γ 中的公式逐一地移到 $\vdash$ 的右侧, 而弱演绎定理却使这一重要手段的使用遇到了麻烦: 当把 $\Gamma \cup \{\varphi\}$ 中的 φ 移向推理符号 $\vdash$ 的右侧时出现了不确定的参数 m, 或涉及了公式的 n 次迭代运算. 这不能不说是 Łukasiewicz 系统的一个明显缺陷.

(iii) 在 $\overline{W}$ 与 W_n 中, 运算 $\neg$ 和 $\to$ 分别定义为

$$\neg x = 1 - x; \quad x \to y = (1 - x + y) \wedge 1, \quad x, y \in W. \tag{1.2.5}$$

由式 (1.2.5) 还可在 $W(= \overline{W}$ 或 $W_n)$ 中引入与 $F(S)$ 中的连接词相对应的运算:

$$\begin{aligned} x \vee y &= (x \to y) \to y = \max\{x, y\}, \\ x \wedge y &= \neg(\neg x \vee \neg y) = \min\{x, y\}, \\ x \oplus y &= \neg x \to y = (x + y) \wedge 1, \\ x \otimes y &= \neg(x \to \neg y) = (x + y - 1) \vee 0. \end{aligned} \tag{1.2.6}$$

则 $(W, \wedge, \vee, \otimes, \to, 0, 1)$ 构成 MV-代数 (关于 MV- 代数, 可参阅文献 [81] 或本书 8.1 节), 称 $([0,1], \wedge, \vee, \otimes, \to 0, 1)$ 为**标准 MV-代数**, 记为 $[0,1]_{\mathrm{MV}}$. 在 Ł 和 $Ł_n$ 中还可像 L 中那样定义 $F(S)$ 的赋值, 全体赋值之集分别记为 Ω 与 Ω_n, 则由简单记法知 $\Omega = [0,1]^w$, $\Omega_n = W_n^w$. 有了赋值就可定义重言式及逻辑等价等概念, 其方式与 L 完全类似. 现已证明这两个系统都是完备的, 即式 (1.2.3) 成立. 在模糊逻辑中通常把式 (1.2.3) 称为**标准完备性定理**. 值得指出的是强完备性定理式 (1.1.4) 在 Ł 中不

成立, 但在 $Ł_n$ 中成立, 请参阅文献 [3], [68], [81]. 设 $\varphi \in F(S)$, 则 φ 按式 (1.1.2) 诱导的真函数 $\overline{\varphi}$ 称为 **McNaughton 函数**[84].

(iv) 称由式 (1.2.6) 表达的运算 $\otimes$ 为 Łukasiewicz t-模. 一般地, 设 L 是一个完备格, 称 L 上的二元运算 $\otimes : L^2 \to L$ 为 L 上的 **t-模**[85], 若 $\otimes$ 满足以下 4 个条件:

(1) $x \otimes y = y \otimes x$,

(2) $(x \otimes y) \otimes z = x \otimes (y \otimes z)$,

(3) $x \otimes 1 = x$,

(4) 若 $x \leqslant y$, 则 $x \otimes z \leqslant y \otimes z$.

若 $\otimes$ 还满足:

$$x \otimes \left(\bigvee_{i \in I} y_i \right) = \bigvee_{i \in I} (x \otimes y_i), \tag{1.2.7}$$

则称 $\otimes$ 是**左连续**的①, 此时 L 上有一二元运算 $\to$:

$$x \to y = \sup\{z \in L \mid x \otimes z \leqslant y\}, \tag{1.2.8}$$

满足 $x \otimes y \leqslant z$ iff $x \leqslant y \to z$, $x, y, z \in L$. 称 $\to$ 为**与 $\otimes$ 相伴随的蕴涵算子**. 本书只考虑 $L = W_n$ 或 $L = [0,1]$ 的情形. 研究表明, 与左连续 t-模相伴随的蕴涵算子有较好的性质. 不难验证由式 (1.2.5) 定义的 $\to$ 与式 (1.2.6) 中的 $\otimes$ 相伴随, 称 $(\otimes, \to)$ 为 **Łukasiewicz 伴随对**. 后面还要给出几个常用的 t-模及其伴随蕴涵算子.

1.2.3 模糊命题逻辑系统 G 与 Π

(i) Gödel 模糊命题逻辑 G 要把 & 也作为初始连接词, 并使用常值公式 $\overline{0}$, 但不用否定连接词 $\neg$, $\neg\varphi$ 可由 $\varphi \to \overline{0}$ 来定义. G 有一条推理规则 MP 式 (1.1.1) 和 9 条公理模式[68]:

(G1) $(\varphi \to \psi) \to ((\psi \to \chi) \to (\varphi \to \chi))$,

(G2) $\varphi \& \psi \to \varphi$,

(G3) $\varphi \& \psi \to \psi \& \varphi$,

(G4) $\varphi \& (\varphi \to \psi) \to (\psi \& (\psi \to \varphi))$,

(G5) $(\varphi \to (\psi \to \chi)) \to ((\varphi \& \psi) \to \chi)$,

(G6) $((\varphi \& \psi) \to \chi) \to (\varphi \to (\psi \to \chi))$,

(G7) $((\varphi \to \psi) \to \chi) \to (((\psi \to \varphi) \to \chi) \to \chi)$,

(G8) $\overline{0} \to \varphi$,

(G9) $\varphi \to \varphi \& \varphi$.

Goguen 模糊命题逻辑系统也称为乘积系统, 记为 Π. 其公理模式包括 (G1)–(G8), 再加上以下两条:

---

①当 $L = [0,1]$ 时, 由式 (1.2.7) 刻画的左连续性恰是数学分析中讲的左连续性.

(Π1) $\neg\neg\chi \to ((\varphi\&\chi \to \psi\&\chi) \to (\varphi \to \psi))$,

(Π2) $\varphi \wedge \neg\varphi \to \overline{0}$.

Π 也只用 MP 推理规则.

注意, G 有演绎定理式 (1.2.1), 但 Π 只有如式 (1.2.4) 的弱化演绎定理[68].

(ii) 分别在 [0,1] 上定义 $\otimes_{\rm G}$ 和 $\otimes_\Pi$ 如下

$$x \otimes_{\rm G} y = x \wedge y, \quad x, y \in [0,1], \tag{1.2.9}$$

$$x \otimes_\Pi y = xy, \quad x, y \in [0,1]. \tag{1.2.10}$$

可以验证 $\otimes_{\rm G}$ 和 $\otimes_\Pi$ 都是 t-模, 且都是连续的. 分别与式 (1.2.9) 和式 (1.2.10) 相伴随的蕴涵算子是

$$x \to_{\rm G} y = \begin{cases} 1, & x \leqslant y, \\ y, & x > y, \end{cases} \quad x, y \in [0,1], \tag{1.2.11}$$

$$x \to_\Pi y = \begin{cases} 1, & x \leqslant y, \\ \dfrac{y}{x}, & x > y, \end{cases} \quad x, y \in [0,1]. \tag{1.2.12}$$

式 (1.2.11) 和式 (1.2.12) 分别是与 G 和 Π 相对应的语义理论中的蕴涵算子, 分别称 $([0,1], \min, \max, \otimes_{\rm G}, \to_{\rm G}, 0, 1)$ 与 $([0,1], \min, \max, \otimes_\Pi, \to_\Pi, 0, 1)$ 为**标准 Gödel 代数与标准乘积代数**. 赋值和重言式、矛盾式等概念可以像对 Łukasiewicz 命题逻辑系统或二值命题系统一样去论述, 而且关于 G 与 Π 标准完备性定理式 (1.2.3) 都成立[68], 这是它们的优点. 但它们共同的缺陷似乎是语义理论中的否定运算太强. 事实上, 由 $\neg x = x \to 0$ 和式 (1.2.11) 或式 (1.2.12) 都可推出只要 $x > 0$, 则 $\neg x = 0$. 比如, $\neg 1 = 0$, $\neg 0.5 = 0$, 甚至 $\neg 0.001 = 0$, 这将导致两个系统均不适用展开模糊推理, 参阅文献 [86].

1.2.4 R_0-型多值命题逻辑系统 $\mathscr{L}^*$ 与 $\mathscr{L}_n^*$

(i) 形式系统 $\mathscr{L}^*$ 的推理规则为 MP, 它共有 10 条公理模式[2]:

(L*1) $\varphi \to (\psi \to \varphi \wedge \psi)$,

(L*2) $(\neg\varphi \to \neg\psi) \to (\psi \to \varphi)$,

(L*3) $(\varphi \to (\psi \to \chi)) \to (\psi \to (\varphi \to \chi))$,

(L*4) $(\psi \to \chi) \to ((\varphi \to \psi) \to (\varphi \to \chi))$,

(L*5) $\varphi \to \neg\neg\varphi$,

(L*6) $\varphi \to \varphi \vee \psi$,

(L*7) $\varphi \vee \psi \to \psi \vee \varphi$,

(L*8) $(\varphi \to \chi) \wedge (\psi \to \chi) \to (\varphi \vee \psi \to \chi)$,

(L*9) $(\varphi \wedge \psi \to \chi) \to (\varphi \to \chi) \vee (\psi \to \chi)$,

(L*10) $(\varphi \to \psi) \vee ((\varphi \to \psi) \to \neg\varphi \vee \psi)$,

以上 $\varphi \wedge \psi$ 为 $\neg(\neg\varphi \vee \neg\psi)$ 的简写.

值得注意的是, 文献 [80] 已证明在 $\mathscr{L}^*$ 中逻辑连接词 $\vee$ 可由 $\neg$ 与 $\to$ 表示出来, 但表达式相当复杂. 为简单起见, 这里我们仍把 $\vee$ 作为 $\mathscr{L}^*$ 的初始连接词. 还可进一步引入强合取连接词 $\&: \varphi\&\psi = \neg(\varphi \to \neg\psi)$, 并用 φ^k 简记 $\underbrace{\varphi\&\cdots\&\varphi}_{k}, k = 1, 2, \cdots$.

n-值系统 $\mathscr{L}_n^*$ 是由 $\mathscr{L}^*$ 添加公理扩张而得的[79,87]: 当 $n = 2m+1$ 时, $\mathscr{L}_n^*$ 的公理是在 (L*1) – (L*10) 的基础上再添加 (L*11); 当 $n = 2m$ 时, $\mathscr{L}_n^*$ 的公理是在 (L*1) – (L*10) 的基础上再添加 (L*11) 和 (L*12), 其中

(L*11) $\bigwedge\limits_{i<m} ((\varphi_i \to \varphi_{i+1}) \to \varphi_{i+1}) \to \bigvee\limits_{i<m+1} \varphi_i$,

(L*12) $\neg(\neg\varphi^2)^2 \equiv (\neg(\neg\varphi)^2)^2$,

这里 $\varphi \equiv \psi$ 是 $(\varphi \to \psi)\&(\psi \to \varphi)$ 的简写.

(ii) $\mathscr{L}^*$ 和 $\mathscr{L}_n^*$ 中的基本逻辑概念, 如定理、Γ 推论和可证等价与前面讨论的各系统相同, 以后不再细述. 不难验证, $\mathscr{L}_3^*$ 与 $Ł_3$ 是等价的, $\mathscr{L}_2^*$ 与 $Ł_2$ 是等价的. 但当 $n > 3$ 时, $\mathscr{L}_n^*$ 不同于 $Ł_n$. 在 $\mathscr{L}^*$ 和 $\mathscr{L}_n^*$ 中有以下重要的基本事实:

(1) $\neg\varphi \sim \varphi \to \bar{0}$; $\neg\neg\varphi \sim \varphi$; $\varphi \to \psi \sim \neg\psi \to \neg\varphi$.

(2) $\neg(\varphi \vee \psi) \sim \neg\varphi \wedge \neg\psi$; $\neg(\varphi \wedge \psi) \sim (\neg\varphi \vee \neg\psi)$.

(3) $\varphi\&\psi \sim \psi\&\varphi$.

(4) $\varphi \to (\psi \to \chi) \sim \psi \to (\varphi \to \chi) \sim (\varphi\&\psi) \to \chi$.

(5) $\varphi^n \sim \varphi^2$, $n \geqslant 2$.

(6) $(\varphi \vee \psi)^2 \sim \varphi^2 \vee \psi^2$; $(\varphi \wedge \psi)^2 \sim \varphi^2 \wedge \psi^2$.

(7) $\vdash (\varphi^2 \to (\psi \to \chi)) \to ((\varphi^2 \to \psi) \to (\varphi^2 \to \chi))$.

(iii) 系统 $\mathscr{L}^*$ 与 $\mathscr{L}_n^*$ 有如下形式的广义演绎定理[2]: $\Gamma \subseteq F(S), \varphi, \psi \in F(S)$,

$$\Gamma \cup \{\varphi\} \vdash \psi \text{ iff } \Gamma \vdash \varphi^2 \to \psi. \tag{1.2.13}$$

与 Łukasiewicz 命题逻辑相比较, 那里弱化形式的演绎定理式 (1.2.4) 中不确定的参数 m 现已被确定为 2 了, 这是 $\mathscr{L}^*$ 的重要优点.

(iv) 与系统 $\mathscr{L}^*$ 相对应的 t-模及其伴随的蕴涵算子如下

$$x \otimes_0 y = \begin{cases} x \wedge y, & x + y > 1, \\ 0, & x + y \leqslant 1, \end{cases} \quad x, y \in [0,1], \tag{1.2.14}$$

$$x \to_0 y = \begin{cases} 1, & x \leqslant y, \\ (1-x) \vee y, & x > y, \end{cases} \quad x, y \in [0,1] \tag{1.2.15}$$

分别称由式 (1.2.14) 和式 (1.2.15) 定义的 t-模和蕴涵算子为 $\boldsymbol{R}_0$ **t-模**和 $\boldsymbol{R}_0$**-蕴涵算子**. 文献 [88] 称 R_0 t-模为**幂零极小 t-模**. 在 $[0,1]$ 中还可定义 $\neg x = x \to 0 = 1-x$, $x \vee y = \max\{x,y\}$, $x \wedge y = \min\{x,y\}$ 等. 称 $([0,1],\neg,\vee,\to,0,1)$ 为**标准** $\boldsymbol{R}_0$**-代数**, 记为 $[0,1]_{R_0}$.

现已证明系统 $\mathscr{L}^*$ 和 $\mathscr{L}_n^*$ 都是标准完备的[77,80], 并且都是强完备的[89], 即式 (1.1.4) 成立.

1.2.5 模糊命题逻辑系统 NMG

王国俊教授等在文献 [90] 中引入了一种新的 t-模及其伴随的蕴涵算子:

$$x \otimes y = \begin{cases} x \wedge y, & x+y > \dfrac{1}{2}, \\ 0, & x+y \leqslant \dfrac{1}{2}, \end{cases} \quad x,y \in [0,1], \tag{1.2.16}$$

$$x \to y = \begin{cases} 1, & x \leqslant y, \\ \left(\dfrac{1}{2} - x\right) \vee y, & x > y, \end{cases} \quad x,y \in [0,1]. \tag{1.2.17}$$

王三民教授等在文献 [73] 中给出上述 t-模式 (1.2.16) 和蕴涵算子式 (1.2.17) 的公理化, 引入了一种新的模糊命题系统 NMG, 并证明了其标准完备性. 由于系统 NMG 有很多类似于 $\mathscr{L}^*$ 的良好性质, 所以它也备受关注[91−93].

(i) 系统 NMG 的公理集是在 Gödel 命题逻辑的公理 (G1)−(G3) 和 (G5)−(G8) 的基础上再添加以下公理而得来的[73]:

(NMG1) $\varphi \wedge \psi \to \varphi$,

(NMG2) $\varphi \wedge \psi \to \psi \wedge \varphi$,

(NMG3) $\varphi \& (\varphi \to \psi) \to \varphi \wedge \psi$,

(NMG4) $(\varphi \& \psi \to \overline{0}) \vee (\varphi \wedge \psi \to \varphi \& \psi)$,

(NMG5) $(\neg\neg\varphi \to \varphi) \vee (\varphi \wedge \psi \to \varphi \& \psi)$.

NMG 也只有推理规则 MP.

(ii) 在 1.2.4 节 (ii) 中列出的基本事实在系统 NMG 中也都成立, 比如, 公式 $(\varphi^2 \to (\psi \to \chi)) \to ((\varphi^2 \to \psi) \to (\varphi^2 \to \chi))$ 是定理. 特别是由式 (1.2.13) 表述的广义演绎定理也成立. 在 $W = [0,1]$ 中除按式 (1.2.16) 和式 (1.2.17) 定义 $\otimes$ 和 $\to$ 外还可定义 $\neg x = x \to 0$, $x \vee y = \max\{x,y\}$, $x \wedge y = \min\{x,y\}$. 称 $([0,1],\wedge,\vee,\otimes,\to,0,1)$ 为**标准 NMG-代数**, 记为 $[0,1]_{\mathrm{NMG}}$. 现已证明系统 NMG 关于该语义是标准完备的[73].

1.2.6　模糊命题逻辑系统 $Ł\Pi\frac{1}{2}$

Esteva 等把 Łukasiewicz 命题逻辑 Ł 与乘积命题逻辑 Π 相结合提出了系统 ŁΠ[74]. 在 ŁΠ 中添加常值公式 $\overline{\frac{1}{2}}$ 就得到系统 $Ł\Pi\frac{1}{2}$. 基于系统 $Ł\Pi\frac{1}{2}$ 可以展开关于后面引入的公式的概率真度的逻辑推理.

与之前讨论的命题逻辑系统不同, ŁΠ 的初始逻辑连接词为 $\to_Ł, \to_\Pi$ 和 $\odot$ (在语义理论中分别解释为 Łukasiewicz 蕴涵式 (1.2.5), 乘积蕴涵式 (1.2.12) 和乘积 t-模式 (1.2.10)), 此外 ŁΠ 还要借助常值公式 $\overline{0}$ 来生成其公式集, 仍记为 $F(S)$. 在 $F(S)$ 中可引入新的逻辑连接词如下

$$
\begin{aligned}
\neg_Ł\varphi &= \varphi \to_Ł \overline{0},\\
\varphi \oplus \psi &= \neg_Ł\varphi \to_Ł \psi,\\
\varphi \& \psi &= \neg_Ł(\neg_Ł\varphi \oplus \neg_Ł\psi),\\
\varphi^k &= \underbrace{\varphi\& \cdots \&\varphi}_{k}, \quad k = 1, 2, \cdots,\\
\varphi \ominus \psi &= \varphi \& \neg_Ł\psi,\\
\varphi \equiv \psi &= (\varphi \to_Ł \psi)\&(\psi \to_Ł \varphi),\\
\varphi \wedge \psi &= \varphi\&(\varphi \to_Ł \psi),\\
\varphi \vee \psi &= \neg_Ł(\neg_Ł\varphi \wedge \neg_Ł\psi),\\
\neg_\Pi\varphi &= \varphi \to_\Pi \overline{0},\\
\Delta\varphi &= \neg_\Pi\neg_Ł\varphi,\\
\nabla\varphi &= \neg_Ł\neg_\Pi\varphi.
\end{aligned}
$$

系统 ŁΠ 的公理集由 Łukasiewicz 命题逻辑系统的公理 (Ł1) – (Ł2)(把其中的连接词 $\neg$ 和 $\to$ 替换为 $\neg_Ł$ 和 $\to_Ł$) 和乘积命题逻辑系统的公理 (G1) – (G8), (Π1), (Π2)(把其中的连接词 $\to, \&$ 和 $\neg$ 分别替换为 $\to_\Pi, \odot$ 和 $\neg_\Pi$) 以及下面三条公理组成:

(ŁΠ1) $\neg_\Pi\varphi \to_Ł \neg_Ł\varphi$,

(ŁΠ2) $\Delta(\varphi \to_Ł \psi) \equiv \Delta(\varphi \to_\Pi \psi)$,

(ŁΠ3) $\varphi \odot (\psi \ominus \chi) \equiv (\varphi \odot \psi) \ominus (\varphi \odot \chi)$.

在单位区间 $[0,1]$ 中, 分别按式 (1.2.5)、式 (1.2.12) 及式 (1.2.10) 定义运算 $\to_Ł$, $\to_\Pi$ 与 $\odot$, 则系统 ŁΠ 关于其代数语义 $W = ([0,1], \to_Ł, \to_\Pi, \odot)$ 是标准完备的[74].

系统 $Ł\Pi\frac{1}{2}$ 是在 ŁΠ 中添加常值公式 $\overline{\frac{1}{2}}$ 和公理 $\overline{\frac{1}{2}} \equiv_Ł \neg_Ł\overline{\frac{1}{2}}$ 而得[74], 且对任一赋值 $v : F(S) \to [0,1]$ 规定 $v\left(\overline{\frac{1}{2}}\right) = \frac{1}{2}$. 系统 $Ł\Pi\frac{1}{2}$ 关于其代数语义 $W =$

$([0,1], \to_{\text{Ł}}, \to_{\Pi}, \odot)$ 也是标准完备的.

在系统 $\text{Ł}\Pi\frac{1}{2}$ 中, 有理常值公式 $\overline{r}$ $(r \in [0,1] \cap Q)$ 均可作为定理推出来[98]:

$$\overline{\frac{1}{2^n}} \text{ 是 } \underbrace{\overline{\frac{1}{2}} \odot \cdots \odot \overline{\frac{1}{2}}}_{n} \text{ 的简写},$$

$$\overline{\frac{m}{2^n}} \text{ 是 } \underbrace{\overline{\frac{1}{2^n}} \oplus \cdots \oplus \overline{\frac{1}{2^n}}}_{m} \text{ 的简写},$$

$$\overline{\frac{1}{n}} \text{ 是 } \overline{\frac{n}{2^n}} \to_{\Pi} \overline{\frac{1}{2^n}} \text{ 的简写},$$

$$\overline{\frac{m}{n}} \text{ 是 } \overline{\frac{1}{m}} \to_{\Pi} \overline{\frac{1}{n}} \text{ 的简写}.$$

本章为后面建立概率计量逻辑理论, 只是介绍了若干常用的命题逻辑系统及其标准代数语义. 关于其他命题逻辑系统及其一般代数语义, 参阅文献 [2], [3], [20], [21], 或本书第 8 章.

第 2 章　概率逻辑与计量逻辑

本章介绍概率逻辑中公式的概率概念与计量逻辑中公式的真度及随机真度概念, 分析这三个不同概念间的区别与联系, 并指出它们各自的局限和不足, 从而为第 3 章建立概率计量逻辑理论做好准备. 2.1 节用通俗的语言介绍概率逻辑中公式的概率概念及其性质. 由于概率逻辑只是基于二值命题逻辑系统建立的, 即概率逻辑只是定义了二值命题逻辑中公式的概率, 所以为分析清楚公式的概率、真度及随机真度间的区别与联系; 2.2 节先介绍二值命题逻辑框架下的计量逻辑理论; 2.3 节介绍 n-值及 $[0,1]$-值命题逻辑框架下的计量逻辑理论; 2.4 节给出计量逻辑中关于相似度和伪距离的一些结论的更正. 注意, 本书始终把一个赋值 v 与其在原子公式集 S 上的限制 $v|_S$ 不加区分, 从而 $\Omega_2=\{0,1\}^\omega$, $\Omega_n=W_n^\omega$ 或 $\Omega=[0,1]^\omega$, 见 1.2.1 节 (vi).

2.1　概率逻辑中公式的概率

定义 2.1.1[30]　设 $\varphi=\varphi(p_1,\cdots,p_m)$ 是由原子公式 $p_1,\cdots,p_m$ 经逻辑连接词 $\neg,\vee,\wedge$ 或 $\to$ 连接而成的公式. 规定

$$p_i^1=p_i,\quad p_i^0=\neg p_i,\quad i=1,\cdots,m.$$

设 $(x_1,\cdots,x_m)\in\{0,1\}^m$, 则称基本合取范式 $p_1^{x_1}\wedge\cdots\wedge p_m^{x_m}$ 为公式 φ 的一个**状态描述**.

易见公式 $\varphi=\varphi(p_1,\cdots,p_m)$ 共有 2^m 个不同的状态描述, 记为 $\mathrm{SD}_1,\cdots,\mathrm{SD}_{2^m}$.

定义 2.1.2[30]　设 P 是公式 $\varphi=\varphi(p_1,\cdots,p_m)$ 的状态描述集 $\{\mathrm{SD}_1,\cdots,\mathrm{SD}_{2^m}\}$ 上的概率分布, 即 P 是一个映射 $P:\{\mathrm{SD}_1,\cdots,\mathrm{SD}_{2^m}\}\to[0,1]$ 且满足 $\sum\limits_{i=1}^{2^m}P(\{\mathrm{SD}_i\})=1$, 则 φ 的**概率** $P(\varphi)$ 定义为

$$P(\varphi)=\sum\{P(\{\mathrm{SD}_i\})\mid\varphi\text{ 在状态 }\mathrm{SD}_i\text{下为真}\},\tag{2.1.1}$$

这里 "φ 在状态 SD_i 下为真" 是指当 $v(\mathrm{SD}_i)=1$ 时 $v(\varphi)=1$, $v\in\Omega=\{0,1\}^w$, 即 SD_i 语义蕴涵 φ.

由状态描述的定义知, $v(p_1^{x_1}\wedge\cdots\wedge p_m^{x_m})=1$ iff $v(p_i)=x_i, i=1,\cdots,m, v\in\Omega$, 从而状态描述 $p_1^{x_1}\wedge\cdots\wedge p_m^{x_m}$ 与 n 维 0-1 向量 $(x_1,\cdots,x_m)$ 是唯一对应的. 为简单起见, 我们把 $p_1^{x_1}\wedge\cdots\wedge p_m^{x_m}$ 与 $(x_1,\cdots,x_m)$ 不加区分, 即直接把 $(x_1,\cdots,x_m)$ 称为公式 $\varphi=\varphi(p_1,\cdots,p_m)$ 的一个状态描述. 这时 φ 的状态描述集 $\{\mathrm{SD}_1,\cdots,\mathrm{SD}_{2^m}\}$ 上的概率分布 P 就自然地转化为 $\{0,1\}^m$ 上的概率分布 P, 且 φ 在状态 $(x_1,\cdots,x_m)$ 下为真就是指 $\overline{\varphi}(x_1,\cdots,x_m)=1$, 即 $(x_1,\cdots,x_m)\in\overline{\varphi}^{-1}(1)$, 这里 $\overline{\varphi}(x_1,\cdots,x_m)$ 为公式 φ 诱导的 Boole 函数. 所以式 (2.1.1) 可化为

$$\begin{aligned}P(\varphi)&=\sum\{P(\{(x_1,\cdots,x_m)\})\mid(x_1,\cdots,x_m)\in\overline{\varphi}^{-1}(1)\}\\&=P(\overline{\varphi}^{-1}(1)).\end{aligned}\tag{2.1.2}$$

例 2.1.3[30] 设 $\varphi=p_1\vee p_2$, 则 φ 有 4 个状态描述 $(1,1),(1,0),(0,1),(0,0)$.

(i) 设 $P(\{(1,1)\})=0.1, P(\{(1,0)\})=0.6, P(\{(0,1)\})=0.2, P(\{(0,0)\})=0.1$ (通常简记为 $P=(0.1,0.6,0.2,0.1)$), 则 P 是状态描述集 $\{0,1\}^2$ 上的概率分布. 所以 $P(\varphi)=P(\overline{\varphi}^{-1}(1))=P(\{(1,1),(1,0),(0,1)\})=0.1+0.6+0.2=0.9$.

(ii) 设 $P=(0.25,0.25,0.25,0.25)$, 则 $P(\varphi)=P(\overline{\varphi}^{-1}(1))=0.25\times3=0.75$.

(iii) 一般地, 设 $P=(a,b,c,d)$, 这里要求 $a+b+c+d=1$, 则 P 是 $\{0,1\}^2$ 上的概率分布, 此时 $P(\varphi)=a+b+c$.

例 2.1.4 设 $\psi=p_1$, 则 ψ 有两个状态描述 (1), (0). 设 $P=(0.8,0.2)$ 是 $\{0,1\}$ 上的一个概率分布. 此时 $P(\psi)=P(\{(1)\})=0.8$.

注 2.1.5 (i) 虽然 0.9 与 0.8 作为实数是可以比较的, 但当它们分别作为公式 φ 和 ψ 的概率时二者就没有了可比性, 这是因为 φ 与 ψ 的状态描述集不同, 其上的概率分布自然也不同. 为了弥补这一缺憾, 概率逻辑又做了如下约定: 当只涉及有限个公式 $\varphi_1,\cdots,\varphi_k$ 时把每个 φ_i 都转化为与其逻辑等价的公式 $\varphi_i^*(i=1,\cdots,k)$ 使得 $\varphi_1^*,\cdots,\varphi_k^*$ 均由前 m 个原子公式 $p_1,\cdots,p_m$ 经连接词连接而成. 这样 $\varphi_1,\cdots,\varphi_k$ 就具有相同的状态描述集 $\{0,1\}^m$ 了, 从而对于 $\{0,1\}^m$ 上的同一概率分布 P, 公式 $\varphi_1,\cdots,\varphi_k$ 的概率 $P(\varphi_1),\cdots,P(\varphi_k)$ 就可以比较了. 比如, 若同时考虑例 2.1.3 中的公式 $\varphi=p_1\vee p_2$ 和例 2.1.4 中的公式 $\psi=p_1$ 时就把 ψ 转化为 $\psi^*=p_1\wedge(\neg p_2\vee p_2)$, 则 ψ^* 与 ψ 逻辑等价. 这时 ψ (即 ψ^*) 就具有与 φ 相同的状态描述 (1,1), (1,0), (0,1), (0,0). 设 $P=(a,b,c,d)$ 是 $\{0,1\}^2$ 上的概率分布, 则 $P(\varphi)=a+b+c$, $P(\psi)=P(\psi^*)=P(\overline{\psi^*}^{-1}(1))=P(\{(1,1),(1,0)\})=a+b$. 所以 $P(\psi)\leqslant P(\varphi)$.

(ii) 注意: 上述转换只适合有限个公式的情形, 所以概率逻辑中的所有推理只能针对有限个具体公式来展开[30], 而无法为二值逻辑中的全体公式 (无限多) 的概率提供统一框架. 所以就从概率逻辑理论的整体性看, 其似乎只具有局部性而缺乏整体性.

2.2 二值命题逻辑中公式的真度及随机真度

因为概率逻辑中公式的概率只是针对二值命题逻辑中的公式定义的, 所以为分析清楚计量逻辑中公式的真度、随机真度与概率逻辑中公式的概率间的区别与联系, 本节先介绍二值命题逻辑中的计量逻辑理论, 然后 2.3 节再介绍 n-值及 $[0,1]$-值命题逻辑中的计量逻辑理论.

先介绍概率测度论中关于乘积概率测度的一个结论, 或参见 3.3.1 节.

定义 2.2.1[58] 设 $(X_k, \mathscr{A}_k, \mu_k)$ 是概率测度空间, 即 X_k 是一非空集, $\mathscr{A}_k$ 是 X_k 上的 σ-代数, μ_k 是定义在 $\mathscr{A}_k$ 上的概率测度, $k=1,2,\cdots$. 设 $X=\prod\limits_{k=1}^{\infty} X_k$, $\mathscr{A}$ 是 X 中全体形如 $A_1\times\cdots\times A_m\times X_{m+1}\times X_{m+2}\times\cdots\,(A_k\in\mathscr{A}_k, k=1,\cdots,m; m=1,2,\cdots)$ 的子集生成的 (最小) σ-代数, 称 $\mathscr{A}$ 为由 $\mathscr{A}_1,\mathscr{A}_2,\cdots$ 生成的**乘积 σ-代数**, 则 $\mathscr{A}$ 上存在唯一的概率测度 μ 满足: 对于 $\prod\limits_{k=1}^{m}\mathscr{A}_k$① 中的任一可测集 E, $E\times\prod\limits_{k=m+1}^{\infty}X_k$ 都是 μ-可测的 $\left(\text{即 } E\times\prod\limits_{k=m+1}^{\infty}X_k\in\mathscr{A}\right)$ 且

$$\mu\left(E\times\prod_{k=m+1}^{\infty}X_k\right)=(\mu_1\times\cdots\times\mu_m)(E). \tag{2.2.1}$$

特别地, 当 $E=A_1\times\cdots\times A_m$ 时

$$\begin{aligned}\mu\left(E\times\prod_{k=m+1}^{\infty}X_k\right)&=(\mu_1\times\cdots\times\mu_m)(E)\\&=\mu_1(A_1)\times\cdots\times\mu_m(A_m),\end{aligned} \tag{2.2.2}$$

这里 $A_k\in\mathscr{A}_k, k=1,\cdots,m; m=1,2,\cdots$. 称 μ 为 $\mu_1,\mu_2,\cdots$ 生成的**乘积概率测度**, 记为 $\mu=\mu_1\times\mu_2\times\cdots$.

定义 2.2.2[43] 设 $X_k=\{0,1\}$, $\mathscr{A}_k=\mathscr{P}(X_k)$ 为 X_k 上的最大 σ-代数, μ_k 为定义在 $\mathscr{A}_k$ 上的均匀概率测度, 即对任一 $A_k\in\mathscr{A}_k$, $\mu_k(A_k)=\dfrac{1}{2}|A_k|$. 设 $X=\prod\limits_{k=1}^{\infty}X_k$(即 $X=\Omega_2$), $\mathscr{A}$ 为 $\mathscr{A}_1,\mathscr{A}_2,\cdots$ 生成的乘积 σ-代数, $\mu=\mu_1\times\mu_2\times\cdots$. 设 $\varphi\in F(S)$, 定义

$$\tau_2(\varphi)=\mu(\varphi^{-1}(1)), \tag{2.2.3}$$

① $\prod\limits_{k=1}^{m}\mathscr{A}_k$ 表示由 $\{A_1\times\cdots\times A_m | A_i\in\mathscr{A}_i, i=1,2,\cdots,m\}$ 生成的 $\prod\limits_{k=1}^{m}X_k$ 上的 σ-代数.

这里视公式 φ 为函数 $\varphi: \Omega_2 \to \{0,1\}$: $\varphi(v) = v(\varphi), v \in \Omega_2$, 见式 (1.1.3). 称 $\tau_2(\varphi)$ 为 φ 的**真度**.

注 2.2.3 (i) 设 $\varphi = \varphi(p_1, \cdots, p_m)$. 由于对任一赋值 $v \in \Omega_2$, 有 $\varphi(v) = v(\varphi) = \overline{\varphi}(v(p_1), \cdots, v(p_m))$, 所以 $\varphi^{-1}(1)$ 必具有形式 $\overline{\varphi}^{-1}(1) \times \prod\limits_{k=m+1}^{\infty} X_k$, 即 $\varphi^{-1}(1) = \overline{\varphi}^{-1}(1) \times \prod\limits_{k=m+1}^{\infty} X_k$, 从而 $\varphi^{-1}(1) \in \mathscr{A}$ 是 μ-可测的, 所以式 (2.2.3) 是定义好的, 且可化为

$$\begin{aligned}
\tau_2(\varphi) &= \mu(\varphi^{-1}(1)) = \mu\left(\overline{\varphi}^{-1}(1) \times \prod_{k=m+1}^{\infty} X_k\right) \\
&= (\mu_1 \times \cdots \times \mu_m)(\overline{\varphi}^{-1}(1)) \\
&= (\mu_1 \times \cdots \times \mu_m)(\{(x_1, \cdots, x_m) \mid (x_1, \cdots, x_m) \in \overline{\varphi}^{-1}(1)\}) \\
&= \sum\{(\mu_1 \times \cdots \times \mu_m)(\{(x_1, \cdots, x_m)\}) \mid (x_1, \cdots, x_m) \in \overline{\varphi}^{-1}(1)\} \\
&= \sum\{\mu_1(\{x_1\}) \times \cdots \times \mu_m(\{x_m\}) \mid (x_1, \cdots, x_m) \in \overline{\varphi}^{-1}(1)\} \\
&= \sum\left\{\frac{1}{2} \times \cdots \times \frac{1}{2} \middle| (x_1, \cdots, x_m) \in \overline{\varphi}^{-1}(1)\right\} \\
&= \frac{1}{2^m}|\overline{\varphi}^{-1}(1)|.
\end{aligned} \tag{2.2.4}$$

式 (2.2.4) 恰是文献 [2], [52] 给出的表达式.

(ii) 比较式 (2.2.4) 与式 (2.1.2) 知, 对具体的公式 $\varphi = \varphi(p_1, \cdots, p_m)$ 而言, 当式 (2.1.2) 中的概率分布 P 为均匀分布 (即 $P(\{(x_1, \cdots, x_m)\}) = \frac{1}{2^m}, (x_1, \cdots, x_m) \in \{0,1\}^m$) 时,

$$\begin{aligned}
P(\varphi) = P(\overline{\varphi}^{-1}(1)) &= \sum\{P(\{(x_1, \cdots, x_m)\}) \mid (x_1, \cdots, x_m) \in \overline{\varphi}^{-1}(1)\} \\
&= \frac{1}{2^m}|\overline{\varphi}^{-1}(1)| = \tau_2(\varphi),
\end{aligned}$$

如在例 2.1.3 中, 当 $P = (0.25, 0.25, 0.25, 0.25)$ 时, $P(\varphi) = 0.75 = \tau_2(\varphi)$. 所以就局部的具体公式 φ 而言, $\tau_2(\varphi)$ 只是 $P(\varphi)$ 在 P 为均匀概率分布时的特例. 但值得注意的是, τ_2 是定义在全体公式集 $F(S)$ 上的, 而 P 只是针对具体公式 φ 定义的, 因而不能简单地说计量逻辑是概率逻辑的特殊情形, 二者各有优缺点.

(iii) 由式 (2.2.3) 或 (ii) 知, τ_2 是定义在全体公式集 $F(S)$ 上的, 从而 $F(S)$ 中的公式都有统一框架下的真度, 所以不同 (甚至无限多个) 公式间的真度是可比较的. 从这一层意义上讲, 计量逻辑弥补了概率逻辑只讲局部性而缺乏整体性的不足. 但另外, 计量逻辑也有缺少随机性的不足. 事实上, 由式 (2.2.4) 知任一原子公式 p 的真度都为 $\frac{1}{2}$, 即 $\tau_2(p) = \frac{1}{2}$, 且由式 (2.2.2) 不难验证任意两个 (或有限多个) 不

同原子公式的合取的真度恰等于它们真度的乘积. 比如,$\tau_2(q\wedge r)=\dfrac{1}{4}=\dfrac{1}{2}\times\dfrac{1}{2}=\tau_2(q)\times\tau_2(r), q,r\in S$. 用概率的观点来考察, 即每个原子公式为真的概率均为 $\dfrac{1}{2}$, 并且各原子公式都是独立的 (这里把每个原子公式视为概率空间 $(\Omega_2,\mathscr{P}(\Omega_2),\mu)$ 上的随机变量, 见注 3.1.2(i)). 这种把原子公式为真的概率等同看待, 并且要求各随机变量 (即原子公式) 的取值概率独立的观点与现实世界中命题成立的概率不尽相同, 也未必独立的事实相悖. 事实上, 各简单命题是否为真以及在多大程度上为真是不确定的、随机的、不独立的. 所以赋予不同原子公式不同的概率可以使由此产生的公式更具有实用性. 基于这样的考虑, 文献 [57] 利用单位开区间 $(0,1)$ 上的随机数列在二值命题逻辑中提出了公式的随机真度概念 (见定义 2.2.8), 从而弥补了计量逻辑缺乏随机性的不足, 但它仍要求原子公式是独立的, 即任意两个不同原子公式合取的随机真度等于它们随机真度的乘积, 进而任意两个不含相同原子公式的合取的随机真度, 也等于这两个公式的随机真度的乘积.

再介绍计量逻辑中公式真度的一些基本性质.

命题 2.2.4[2,52] 设 $\varphi,\psi,\chi\in F(S)$, 则

(i) $\models\varphi$ iff $\tau_2(\varphi)=1$.

(ii) $\models\neg\varphi$ iff $\tau_2(\varphi)=0$.

(iii) $\tau_2(\neg\varphi)=1-\tau_2(\varphi)$.

(iv) $\tau_2(\varphi)+\tau_2(\psi)=\tau_2(\varphi\vee\psi)+\tau_2(\varphi\wedge\psi)$.

(v) 若 $\models\varphi\to\psi$, 则 $\tau_2(\varphi)\leqslant\tau_2(\psi)$.

(vi) $\tau_2(\psi)\leqslant\tau_2(\varphi\to\psi)$.

(vii) $\tau_2(\psi)\geqslant\tau_2(\varphi)+\tau_2(\varphi\to\psi)-1$.

(viii) $\tau_2(\varphi\to\chi)\geqslant\tau_2(\varphi\to\psi)+\tau_2(\psi\to\chi)-1$.

定理 2.2.5[2,52] 设 $H_2=\{\tau_2(\varphi)\mid\varphi\in F(S)\}$, 则

$$H_2=\left\{\frac{k}{2^m}\middle|k=0,1,\cdots,2^m;m=1,2,\cdots\right\}. \tag{2.2.5}$$

由定理 2.2.5 知 H_2 是 $[0,1]$ 中的可数稠密子集.

定义 2.2.6[2,52] 设 $\varphi,\psi\in F(S),\Gamma\subseteq F(S)$.

(i) 称 $\xi_2(\varphi,\psi)=\tau_2((\varphi\to\psi)\wedge(\psi\to\varphi))$ 为公式 φ 与 ψ 间的**相似度**.

(ii) 称 $\rho_2(\varphi,\psi)=1-\xi_2(\varphi,\psi)$ 为 $F(S)$ 上的**伪距离**.

(iii) 称 $\mathrm{div}_2(\Gamma)=\sup\{\rho_2(\varphi,\psi)\mid\varphi,\psi\in D(\Gamma)\}$ 为理论 Γ 的**发散度**. 若 $\mathrm{div}_2(\Gamma)=1$, 则称 Γ 是**全发散**的.

命题 2.2.7[2,52] 设 $\varphi,\psi,\chi\in F(S)$, 则

(i) $\xi_2(\varphi,\psi)=1$ iff $\rho_2(\varphi,\psi)=0$ iff $\varphi\approx\psi$.

(ii) $\xi_2(\varphi,\psi)=0$ iff $\rho_2(\varphi,\psi)=1$ iff $\varphi\approx\neg\psi$.

(iii) $\rho_2(\varphi,\overline{0})=\tau_2(\varphi)$.

(iv) $F(S)$ 中的连接词 $\neg,\vee,\wedge$ 及 $\rightarrow$ 等在逻辑度量空间 $(F(S),\rho_2)$ 中都是连续的.

(v) $(F(S),\rho_2)$ 中没有孤立点.

下面介绍文献 [57] 提出的公式的随机真度概念.

定义 2.2.8[57] 设 $D=(P_1,P_2,\cdots)$ 是 (0,1) 中的随机数列, $x=(x_1,x_2,\cdots)\in\Omega_2=\{0,1\}^\omega$. 对每个 $k=1,2,\cdots$, 规定

$$P_k^{x_k}=\begin{cases}P_k, & x_k=1,\\ 1-P_k, & x_k=0.\end{cases}$$

设 $\varphi=\varphi(p_1,\cdots,p_m)\in F(S)$, 定义

$$\tau_D(\varphi)=\sum\{P_1^{x_1}\times\cdots\times P_m^{x_m}\mid(x_1,\cdots,x_m)\in\overline{\varphi}^{-1}(1)\},\tag{2.2.6}$$

称 $\tau_D(\varphi)$ 为公式 φ 的**随机真度**.

注 2.2.9 (i) 仅从式 (2.2.6) 的定义看不出 $\tau_D(\varphi)$ 与 $\tau_2(\varphi)$ 的区别与联系, 因为提出 $\tau_D(\varphi)$ 的背景不明确, 但它确实把 $\tau_2(\varphi)$ 随机化了. 事实上, 对于随机数列 D 中的任一坐标 P_k, 可生成 $X_k=\{0,1\}$ 的幂集 $\mathscr{A}_k=\mathscr{P}(X_k)$ 上的一个概率测度 μ_k, 且满足 $\mu_k(\varnothing)=0,\mu_k(X_k)=1,\mu_k(\{0\})=1-P_k=P_k^0,\mu_k(\{1\})=P_k=P_k^1,k=1,2,\cdots$. 设 μ 是 $\mu_1,\mu_2,\cdots$ 按定义 2.2.1 生成的乘积概率测度, 则由 $\mathscr{A}_1,\mathscr{A}_2,\cdots$ 生成的乘积 σ-代数 $\mathscr{A}$ 恰是全体 μ-可测集之集且式 (2.2.1) 和式 (2.2.2) 成立. 所以

$$\begin{aligned}\tau_D(\varphi)&=\sum\{P_1^{x_1}\times\cdots\times P_m^{x_m}\mid(x_1,\cdots,x_m)\in\overline{\varphi}^{-1}(1)\}\\&=\sum\{\mu_1(\{x_1\})\times\cdots\times\mu_m(\{x_m\})\mid(x_1,\cdots,x_m)\in\overline{\varphi}^{-1}(1)\}\\&=\sum\{(\mu_1\times\cdots\times\mu_m)(\{(x_1,\cdots,x_m)\})\mid(x_1,\cdots,x_m)\in\overline{\varphi}^{-1}(1)\}\\&=(\mu_1\times\cdots\times\mu_m)(\overline{\varphi}^{-1}(1))\\&=\mu\left(\overline{\varphi}^{-1}(1)\times\prod_{k=m+1}^{\infty}X_k\right)\\&=\mu(\varphi^{-1}(1)).\end{aligned}\tag{2.2.7}$$

从式 (2.2.7) 和式 (2.2.4) 可以看出, $\tau_D(\varphi)$ 与 $\tau_2(\varphi)$ 的定义方式本质上是一致的, 都是利用了赋值集 $\Omega_2=X=\prod\limits_{k=1}^{\infty}X_k=\{0,1\}^\omega$ 上的乘积概率测度 μ, 但式 (2.2.7) 中的 μ 未必是均匀的. 特别是当式 (2.2.7) 中的 $\mu_1,\mu_2,\cdots$ 都取为均匀概率测度时, 便有 $\tau_D(\varphi)=\tau_2(\varphi)$. 这可以说是文献 [57] 较文献 [2], [52] 迈出的一大步, 但遗憾的是它仍要求 μ 是乘积测度, 因而原子公式是独立的, 即对任意两个原子公式 p 和

$q, \tau_D(p \wedge q) = \tau_D(p) \times \tau_D(q)$. 原子公式独立的根源在于 μ 是乘积测度, μ 的生成方式就决定了其独立性. 正如前面所说, 现实生活中大量实际命题都不是独立的, 对这一问题文献 [37] 也专门独设章节进行了讨论. 其实, 概率逻辑中原子公式一般也不是独立的. 那么能否同时取概率逻辑和计量逻辑的优点而又能弥补它们各自的不足从而使二者达到融合和统一呢? 答案是肯定的, 我们将在第 3 章通过视全体赋值之集 Ω_2 为通常乘积拓扑意义下的拓扑空间, 利用空间 Ω_2 上的 Borel 型概率测度在二值命题逻辑系统中引入公式的概率真度概念. 该方法既克服了计量逻辑要求赋值集 Ω_2 上的概率测度必须均匀或独立的局限, 又弥补了概率逻辑只讲局部性而缺乏整体性的不足, 并把公式的真度、随机真度, 以及公式的概率均作为概率真度的特例纳入到统一的框架中, 从而建立起二值命题逻辑框架下的概率计量逻辑理论体系. 此外, 该方法还易推广至 n-值乃至 $[0,1]$-值命题逻辑系统中建立相应的概率计量逻辑理论.

(ii) 不难验证随机真度函数 τ_D 也满足命题 2.2.4 中的各条性质. 基于 τ_D, 还可像定义 2.2.6 那样引入相似度、伪距离、发散度等概念并证明类似的结论, 参阅文献 [57]. 例如, 令

$$H_D = \{\tau_D(\varphi) \mid \varphi \in F(S)\},$$

则 H_D 是 $[0,1]$ 中的可数稠密子集. 再比如, 令

$$\rho_D(\varphi, \psi) = 1 - \tau_D((\varphi \to \psi) \wedge (\psi \to \varphi)),$$

则 ρ_D 是 $F(S)$ 上的伪距离, 并称 $(F(S), \rho_D)$ 为 D-逻辑度量空间. 还可证明 $(F(S), \rho_D)$ 中没有孤立点. 以上 D 是 $(0,1)$ 中的随机数列.

2.3 多值命题逻辑中的计量逻辑理论

本节介绍 n-值 Łukasiewicz 命题逻辑系统 $Ł_n$、n-值 R_0-型形式系统 $\mathscr{L}_n^*$(统称为 n-值命题系统) 以及 $[0,1]$-值 Łukasiewicz 命题逻辑系统 Ł 和形式系统 $\mathscr{L}^*$(统称为$[0,1]$-值命题系统) 中的计量逻辑理论. 正如在二值命题逻辑情形那样, 我们把 n-值命题系统中的赋值集 Ω_n 和 $[0,1]$-值命题系统中的赋值集 Ω 分别与 $W_n^\omega = \left\{0, \frac{1}{n-1}, \cdots, \frac{n-2}{n-1}, 1\right\}^\omega$ 和 $\overline{W}^\omega = [0,1]^\omega$ 等同起来, 即 $\Omega_n = W_n^\omega, \Omega = \overline{W}^\omega = [0,1]^\omega$.

定义 2.3.1[44] 设 $X_k = W_n = \left\{0, \frac{1}{n-1}, \cdots, \frac{n-2}{n-1}, 1\right\}$, $\mathscr{A}_k = \mathscr{P}(X_k)$ 是 X_k 上的最大 σ-代数, μ_k 是定义在 $\mathscr{A}_k$ 上的均匀概率测度, 即对任一 $A_k \in \mathscr{A}_k$,

$\mu_k(A_k)=\dfrac{1}{n}|A_k|$, $k=1,2,\cdots$. 设 $\Omega_n=X=\prod\limits_{k=1}^{\infty}X_k$, $\mathscr{A}$ 是由 $\mathscr{A}_1,\mathscr{A}_2,\cdots$ 生成的 Ω_n 上的乘积 σ-代数, μ 是由 $\mu_1,\mu_2,\cdots$ 生成的 $\mathscr{A}$ 上的乘积概率测度. 设 $\varphi\in F(S)$, 定义

$$\tau_n(\varphi)=\sum_{i=0}^{n-1}\frac{i}{n-1}\mu\left(\varphi^{-1}\left(\frac{i}{n-1}\right)\right),\tag{2.3.1}$$

这里仍视公式 φ 为函数 $\varphi:\Omega_n\to W_n$, $\varphi(v)=v(\varphi),v\in\Omega_n$, 见式 (1.1.3). 称 $\tau_n(\varphi)$ 为 φ 的**真度**.

注 2.3.2 (i) 显然, 当 $n=2$ 时, $\tau_n(\varphi)=\tau_2(\varphi)$. 可见式 (2.3.1) 是式 (2.2.3) 的推广.

(ii) 设 $\varphi=\varphi(p_1,\cdots,p_m)\in F(S)$, 类似于 $n=2$ 的情形, 不难验证对每个 $i=0,1,\cdots,n-1$, $\varphi^{-1}\left(\dfrac{i}{n-1}\right)=\overline{\varphi}^{-1}\left(\dfrac{i}{n-1}\right)\times\prod\limits_{k=m+1}^{\infty}X_k$. 从而由式 (2.2.2), $\mu\left(\varphi^{-1}\left(\dfrac{i}{n-1}\right)\right)=\mu\left(\overline{\varphi}^{-1}\left(\dfrac{i}{n-1}\right)\times\prod\limits_{k=m+1}^{\infty}X_k\right)=(\mu_1\times\cdots\times\mu_m)\left(\overline{\varphi}^{-1}\left(\dfrac{i}{n-1}\right)\right)$.
所以式 (2.3.1) 可化为

$$\begin{aligned}
\tau_n(\varphi)&=\sum_{i=0}^{n-1}\frac{i}{n-1}\mu\left(\varphi^{-1}\left(\frac{i}{n-1}\right)\right)\\
&=\sum_{i=0}^{n-1}\frac{i}{n-1}\mu\left(\overline{\varphi}^{-1}\left(\frac{i}{n-1}\right)\times\prod_{k=m+1}^{\infty}X_k\right)\\
&=\sum_{i=0}^{n-1}\frac{i}{n-1}(\mu_1\times\cdots\times\mu_m)\left(\overline{\varphi}^{-1}\left(\frac{i}{n-1}\right)\right)\\
&=\sum_{i=0}^{n-1}\frac{i}{n-1}(\mu_1\times\cdots\times\mu_m)\left(\left\{(x_1,\cdots,x_m)\middle|(x_1,\cdots,x_m)\in\overline{\varphi}^{-1}\left(\frac{i}{n-1}\right)\right\}\right)\\
&=\sum_{i=0}^{n-1}\frac{i}{n-1}\Bigg(\sum\Bigg\{(\mu_1\times\cdots\times\mu_m)(\{(x_1,\cdots,x_m)\})\\
&\qquad\Bigg|(x_1,\cdots,x_m)\in\overline{\varphi}^{-1}\left(\frac{i}{n-1}\right)\Bigg\}\Bigg)\\
&=\sum_{i=0}^{n-1}\frac{i}{n-1}\Bigg(\sum\Bigg\{\mu_1(\{x_1\})\times\cdots\times\mu_m(\{x_m\})\\
&\qquad\Bigg|(x_1,\cdots,x_m)\in\overline{\varphi}^{-1}\left(\frac{i}{n-1}\right)\Bigg\}\Bigg)
\end{aligned}$$

$$
\begin{aligned}
&= \sum_{i=0}^{n-1} \frac{i}{n-1} \left(\sum \left\{ \frac{1}{n} \times \cdots \times \frac{1}{n} \middle| (x_1, \cdots, x_m) \in \overline{\varphi}^{-1} \left(\frac{i}{n-1} \right) \right\} \right) \\
&= \sum_{i=0}^{n-1} \frac{i}{n-1} \left(\frac{1}{n^m} \left| \overline{\varphi}^{-1} \left(\frac{i}{n-1} \right) \right| \right) \\
&= \frac{1}{n^m} \sum_{i=0}^{n-1} \frac{i}{n-1} \left| \overline{\varphi}^{-1} \left(\frac{i}{n-1} \right) \right|.
\end{aligned} \tag{2.3.2}
$$

式 (2.3.2) 正是文献 [2], [52] 给出的 $\tau_n(\varphi)$ 的表达式.

定义 2.3.3[45,46]　设 $\varphi = \varphi(p_1, \cdots, p_m)$ 是 $[0,1]$-值命题逻辑系统 Ł 或 $\mathscr{L}^*$ 中的公式, $\overline{\varphi} : [0,1]^m \to [0,1]$ 是 φ 按式 (1.1.2) 诱导的真函数. 定义

$$
\tau_\infty(\varphi) = \int_{[0,1]^m} \overline{\varphi}(x_1, \cdots, x_m) \mathrm{d}x_1 \cdots \mathrm{d}x_m, \tag{2.3.3}
$$

称 $\tau_\infty(\varphi)$ 为 φ 的**积分真度**.

在 Ł 中, 真函数 $\overline{\varphi}$ 称为 McNaughton 函数[84], 关于 $\mathscr{L}^*$ 中真函数的刻画参阅文献 [94].

文献 [44], [46] 建立了 n-值命题逻辑中公式的真度式 (2.3.1) 与 $[0,1]$-值情形的积分真度式 (2.3.3) 间的联系.

定理 2.3.4(极限定理)[44,46]　在多值 Łukasiewicz 命题逻辑系统和多值 R_0-型命题逻辑系统中,

$$
\lim_{n\to\infty} \tau_n(\varphi) = \tau_\infty(\varphi), \quad \varphi \in F(S). \tag{2.3.4}
$$

基于 τ_n 和 τ_∞, 可以像定义 2.2.6 那样分别在 n-值命题逻辑系统和 $[0,1]$-值命题逻辑系统中引入公式间的相似度、伪距离及理论的发散度等概念, 并通过极限定理将这两种系统中的相应概念和谐地统一起来. 关于计量逻辑的基本理论, 参阅文献 [2], [52]. 需要特别指出的是命题 2.2.7 (ii) 对 ξ_n 以及 ρ_n 已不再成立. 文献 [2] 给出了如下结论:

$$
\xi_n(\varphi, \psi) = 0 \text{ iff } \rho_n(\varphi, \psi)) = 1 \text{ iff } \varphi \text{ 与 } \psi \text{ 之一为重言式, 另一个为矛盾式}. \tag{2.3.5}
$$

我们将在 2.4 节构造适当的 φ 和 ψ, 证明式 (2.3.5) 在 $Ł_n$ 或 $\mathscr{L}_n^*$ 中都是错误的①.

2.4　关于相似度和伪距离的一些结论的更正

本节将在 $Ł_n$ 和 $\mathscr{L}^*$ 中构造具体公式 φ 和 ψ 说明式 (2.3.5) 是错误的. 由相似度和伪距离的定义知式 (2.3.5) 的前半部分是正确的, 我们指的是式 (2.3.5) 的后半

①时慧娴博士首次指出当 $n = 2$ 时式 (2.3.5) 是错误的.

部分, 即

$$\xi_n(\varphi,\psi)=0 \text{ iff } \varphi \text{ 与 } \psi \text{ 之一为重言式, 另一个为矛盾式.} \tag{2.4.1}$$

命题 2.4.1 式 (2.4.1) 在 $\mathscr{L}_n^*$ $(n\geqslant 2)$ 中不成立.

证明 首先注意式 (2.4.1) 在 $\mathscr{L}^*$ 中不成立是指把 ξ_n 换为 ξ_∞ 时式 (2.4.1) 不成立. 任取一原子公式 $p\in S$, 构造公式 φ 如下:

$$\varphi=(\neg p^2)^2,$$

则 $\overline{\varphi}(x)=(\neg x^2)^2$, 这里 x^2 是 $x\otimes_0 x$ 的简写, $\otimes_0$ 为式 (1.2.14) 定义的 R_0 t-模. 所以由式 (1.2.14) 知

$$\overline{\varphi}(x)=\begin{cases}1, & x\leqslant\dfrac{1}{2},\\[2mm] 0, & x>\dfrac{1}{2}.\end{cases} \tag{2.4.2}$$

令 $\psi=\neg\varphi$, 则由式 (2.4.2) 知

$$\overline{\psi}(x)=\begin{cases}0, & x\leqslant\dfrac{1}{2},\\[2mm] 1, & x>\dfrac{1}{2}.\end{cases} \tag{2.4.3}$$

由式 (2.4.2) 和式 (2.4.3) 知

$$\overline{(\varphi\to\psi)\wedge(\psi\to\varphi)}(x)=(\overline{\varphi}(x)\to\overline{\psi}(x))\wedge(\overline{\psi}(x)\to\overline{\varphi}(x))\equiv 0.$$

所以 $\xi_n(\varphi,\psi)=\tau_n((\varphi\to\psi)\wedge(\psi\to\varphi))=0$, 但 φ 和 ψ 都既非重言式也非矛盾式, 所以式 (2.4.1) 在 $\mathscr{L}_n^*$ 中不成立.

命题 2.4.2 式 (2.4.1) 在 Ł_n $(n\geqslant 2)$ 中也不成立.

证明 任取原子公式 $p\in S$, 构造公式

$$\begin{aligned}&\varphi_1=(n-1)p,\\ &\varphi_2=p^2\oplus(p\&(2p))\oplus\cdots\oplus(p\&(n-2)p),\end{aligned}$$

这里 $kp=\underbrace{p\oplus\cdots\oplus p}_{k}$, $p^k=\underbrace{p\&\cdots\&p}_{k}$, $k=1,2,\cdots$, 见 1.2.2 节 (i).

易见 McNaughton 函数 $\overline{\varphi_1}(x):W_n\to W_n$ 满足

$$\overline{\varphi_1}(0)=0,\quad \overline{\varphi_1}(x)=1,\quad x\in W_n-\{0\}. \tag{2.4.4}$$

下面证明 $\overline{\varphi_2}(x):W_n\to W_2$ 满足:

$$\overline{\varphi_2}(0)=\overline{\varphi_2}\left(\frac{1}{n-1}\right)=0,\quad \overline{\varphi_2}(x)=1,\quad x\in W_n-\left\{0,\frac{1}{n-1}\right\}. \tag{2.4.5}$$

显然 $\overline{\varphi_2}(0)=0$. 又, 用归纳法可验证

$$\overline{kp}(x)=(kx)\wedge 1,\quad k=1,\cdots,n-2. \tag{2.4.6}$$

由式 (2.4.6) 知

$$\begin{aligned}\overline{p\&kp}(x)&=x\otimes((kx)\wedge 1)\\&=(x+kx\wedge 1-1)\vee 0.\end{aligned}$$

当 $x=\dfrac{1}{n-1}$ 时,

$$\begin{aligned}\overline{p\&(kp)}\left(\frac{1}{n-1}\right)&=\left(\frac{1}{n-1}+\left(\frac{k}{n-1}\wedge 1\right)-1\right)\vee 0\\&=\left(\frac{1}{n-1}+\frac{k}{n-1}-1\right)\vee 0\\&\leqslant\left(\frac{1}{n-1}+\frac{n-2}{n-1}-1\right)\vee 0\\&=0.\end{aligned}$$

所以 $\overline{\varphi_2}\left(\dfrac{1}{n-1}\right)=0$.

设 $x\in W_n-\left\{0,\dfrac{1}{n-1}\right\}$, 不妨设 $x=\dfrac{i}{n-1}(i\geqslant 2)$. 令 $l=\min\left\{k\middle|\dfrac{ki}{n-1}>1\right\}$, 则当 $k<l-1$ 时, $\overline{p\&(kp)}\left(\dfrac{i}{n-1}\right)=\left(\dfrac{i}{n-1}+\dfrac{ki}{n-1}-1\right)\vee 0=\left(\dfrac{(k+1)i}{n-1}-1\right)\vee 0=0$; 当 $k=l-1$ 时, $\overline{p\&(kp)}\left(\dfrac{i}{n-1}\right)=\left(\dfrac{i}{n-1}+\dfrac{ki}{n-1}-1\right)\vee 0=\left(\dfrac{(k+1)i}{n-1}-1\right)\vee 0=\dfrac{li}{n-1}-1$; 当 $k>l-1$ 时, $\overline{p\&(kp)}\left(\dfrac{i}{n-1}\right)=\left(\dfrac{i}{n-1}+\dfrac{ki}{n-1}\wedge 1-1\right)\vee 0=\dfrac{i}{n-1}$. 所以

$$\begin{aligned}\overline{\varphi_2}\left(\frac{i}{n-1}\right)&=\left(\sum_{k=1}^{n-2}\overline{p\&(kp)}\left(\frac{i}{n-1}\right)\right)\wedge 1\\&=\left(\frac{li}{n-1}-1+\underbrace{\frac{i}{n-1}+\cdots+\frac{i}{n-1}}_{n-l-1}\right)\wedge 1\\&=(i-1)\wedge 1=1.\end{aligned}$$

这就是证得了式 (2.4.5). 令

$$\varphi=\varphi_1\&(\neg\varphi_2),\quad \psi=\neg\varphi.$$

则由式 (2.4.4) 和式 (2.4.5) 知

$$\overline{\varphi}\left(\frac{1}{n-1}\right)=1,\quad \overline{\varphi}(x)=0,\quad x\in W_n-\left\{\frac{1}{n-1}\right\},$$
$$\overline{\psi}\left(\frac{1}{n-1}\right)=0,\quad \overline{\psi}(x)=1,\quad x\in W_n-\left\{\frac{1}{n-1}\right\}.$$

所以 $\overline{(\varphi\to\psi)\wedge(\psi\to\varphi)}(x)\equiv 0$, 从而 $\xi_n(\varphi,\psi)=0$, 但 φ 与 ψ 都既非重言式也非矛盾式.

尽管式 (2.4.1) 在 $Ł_n$ 中不成立, 但它在 Ł 成立, 即得如下命题.

命题 2.4.3[2] 式 (2.4.1) 在 Ł 中成立.

证明 见文献 [2] 中的命题 9.2.7.

文献 [95] 将式 (2.4.1) 更正如下.

命题 2.4.4[95] 在 $Ł_n$ 与 $\mathscr{L}_n^*$ 中, $\xi_n(\varphi,\psi)=0$ iff $\varphi\approx\neg\psi$, 且对任一 $v\in\Omega=\Omega_n$, $v(\varphi),v(\psi)\in\{0,1\}$.

证明 (i) 在 $Ł_n$ 中,

$$\begin{aligned}
&\xi_n(\varphi,\psi)=0 \text{ iff } \tau_n((\varphi\to\psi)\wedge(\psi\to\varphi))=0\\
\text{iff}\quad &\text{对任一}v\in\Omega,\\
&v((\varphi\to\psi)\wedge(\psi\to\varphi))=(1-v(\varphi)+v(\psi))\wedge(1-v(\psi)+v(\varphi))\wedge 1=0\\
\text{iff}\quad &\text{对任一}v\in\Omega, v(\varphi)-v(\psi)=1\text{或}v(\psi)-v(\varphi)=1\\
\text{iff}\quad &\text{对任一}v\in\Omega, (v(\varphi)=1,v(\psi)=0)\text{或}(v(\varphi)=0,v(\psi)=1)\\
\text{iff}\quad &\varphi\approx\neg\psi\text{且对任一}v\in\Omega, v(\varphi),v(\psi)\in\{0,1\}.
\end{aligned}$$

(ii) 在 $\mathscr{L}_n^*$ 中,

$$\begin{aligned}
&\xi_n(\varphi,\psi)=0 \text{ iff } \tau_n((\varphi\to\psi)\wedge(\psi\to\varphi))=0\\
\text{iff}\quad &\text{对任一}v\in\Omega, v((\varphi\to\psi)\wedge(\psi\to\varphi))=0\\
\text{iff}\quad &\text{对任一}v\in\Omega, v(\varphi)\to v(\psi)=0\text{或}v(\psi)\to v(\varphi)=0\\
\text{iff}\quad &\text{对任一}v\in\Omega, (1-v(\varphi))\vee v(\psi)=0\text{或}(1-v(\psi))\vee v(\varphi)=0\\
\text{iff}\quad &\text{对任一}v\in\Omega, (v(\varphi)=1,v(\psi)=0)\text{或}(v(\varphi)=0,v(\psi)=1)\\
\text{iff}\quad &\varphi\approx\neg\psi\text{且对任一}v\in\Omega, v(\varphi),v(\psi)\in\{0,1\}.
\end{aligned}$$

命题 2.4.5[95] 在 $\mathscr{L}^*$ 中, 设 $\varphi=\varphi(p_1,\cdots,p_m),\psi=\psi(p_1,\cdots,p_m)$, 则 $\xi_\infty(\varphi,\psi)=0$ iff $\overline{\varphi}(x),\overline{\psi}(x)\in\{0,1\}$ 且 $\overline{\varphi}(x)+\overline{\psi}(x)=1$ 在 $[0,1]^m$ 上几乎处处成立.

证明 证明留给读者.

第 3 章　公式的概率真度理论

针对概率逻辑和计量逻辑存在的局限和不足, 本章首先通过视全体赋值之集为通常乘积拓扑空间, 利用该空间上的 Borel 型概率测度在二值命题逻辑中引入公式的概率真度概念. 该方法既克服了计量逻辑中公式的真度理论与随机真度理论分别要求赋值集上的概率测度必须均匀和独立的局限, 又弥补了概率逻辑只讲局部而缺乏整体性的不足. 公式的真度、随机真度及概率均可作为本章提出的概率真度的特例而纳入到统一的框架中, 从而实现了计量逻辑和概率逻辑的融合与统一. 然后, 本章将该方法推广至 n-值乃至 $[0,1]$-值命题逻辑系统中并最终建立完整的概率计量逻辑理论. 本章是这样安排的: 3.1 节先在二值命题逻辑系统中定义公式的概率真度概念, 并讨论其与公式的真度、随机真度及概率间的关系, 把这些概念纳入到统一的框架中, 从而实现计量逻辑与概率逻辑间的融合和统一. 证明逻辑闭理论与赋值空间中拓扑闭集间的一一对应关系以及概率真度函数与赋值空间上的 Borel 型概率测度间的一一对应关系. 此外, 3.1 节还将给出概率真度函数的公理化定义, 并证明公式集上满足 Kolmogorov 公理的任一 $[0,1]$-值函数均可由赋值集空间上的某 Borel 型概率测度按本节给出的定义方法所表出, 从而建立了二值命题逻辑框架下的概率计量逻辑理论体系; 3.2 节把 3.1 节中的思想推广至 n-值和 $[0,1]$-值命题逻辑中提出了公式的概率真度概念, 得到了与二值情形相类似的结论并证明了概率真度的一个极限定理, 从而把 n-值命题逻辑框架下的公式的概率真度与 $[0,1]$-值命题逻辑框架下的概率真度和谐地统一起来; 3.3 节仿照 3.1 节和 3.2 节的做法讨论了定义公式真度的其他可行方法及它们间的关系; 3.4 节在 $[0,1]$-值 Łukasiewicz 命题逻辑系统中利用 McNaughton 函数关于赋值空间上的一般模糊测度的 Choquet 积分定义了命题的 Choquet 积分真度概念. 证明了赋值空间上的有限可加概率测度定义的 Choquet 积分真度函数实为 3.2 节中的概率真度函数, 特别是证明了赋值空间上的 Borel 型概率测度对应的公式的 Choquet 积分真度就等于公式关于该 Borel 型概率测度的 Lebesgue 积分所定义的概率真度. 3.4 节是 3.1~3.3 节关于命题逻辑概率计量化工作的继续与深入, 为表示逻辑命题间不确定性的非线性关系提供了一种推理框架.

3.1　二值命题逻辑中公式的概率真度

在不致混淆的情况下, 本节把全体赋值之集 Ω_2 简记为 Ω.

3.1.1 公式的概率真度及其性质

设 $X_k=\{0,1\}$ 是离散拓扑 $\mathscr{T}_k$ (即 $\mathscr{T}_k=\mathscr{P}(X_k)=\{\varnothing,X_k,\{0\},\{1\}\}$) 意义下的拓扑空间, $k=1,2,\cdots,\Omega=\{0,1\}^w=\prod\limits_{k=1}^{\infty}X_k$是乘积拓扑意义下的乘积空间 (即其上的拓扑 $\mathscr{T}$ 由子集族 $\mathscr{U}=\{A_1\times\cdots\times A_m\times X_{m+1}\times X_{m+2}\times\cdots\mid A_k\in\mathscr{T}_k,k=1,\cdots,m;m=1,2,\cdots\}$ 作为拓扑基生成). 称 $(\Omega,\mathscr{T})$ 为**赋值集空间**, 简称**赋值空间**. 设 $\mathscr{B}(\Omega)$ 与 $\mathscr{B}(X_k)$ 分别是赋值空间 Ω 和子空间 $X_k\,(k=1,2,\cdots)$ 上的全体 Borel 集之集, 即由相应空间中的全体拓扑闭集生成的 (最小) σ-代数. 易见 $\mathscr{B}(X_k)=\mathscr{P}(X_k),k=1,2,\cdots$. 由文献 [96] 中的命题 8.1.5 知 $\mathscr{B}(\Omega)$ 恰是赋值空间 Ω 的拓扑基 $\mathscr{U}$ 生成的 σ-代数, 即 $\mathscr{B}(\Omega)=\mathscr{A}$, 这里 $\mathscr{A}$ 由定义 2.2.1 定义. 赋值空间 Ω 上的一个 Borel 型概率测度 μ 是指定义在 $\mathscr{B}(\Omega)$ 上的概率测度, 即 $\mu(\varnothing)=0,\ \mu(\Omega)=1,\ \mu\left(\bigcup\limits_{k=1}^{\infty}E_k\right)=\sum\limits_{k=1}^{\infty}\mu(E_k)$, 这里 $E_k\in\mathscr{B}(\Omega)$ 且当 $i\neq j$ 时, $E_i\cap E_j=\varnothing,i,j,k=1,2,\cdots$. 类似地可定义空间 $X_k=\{0,1\}$ 或有限乘积空间 $\{0,1\}^m$ 上的 Borel 型概率测度, 则 $(\Omega,\mathscr{B}(\Omega),\mu)$是一个 Borel 型概率测度空间[96], 且对任一子集 $E\in\mathscr{B}(\{0,1\}^m)=\mathscr{P}(\{0,1\}^m)$, $E\times\prod\limits_{k=m+1}^{\infty}X_k$ 都可是 μ-可测的, 即 $E\times\prod\limits_{k=m+1}^{\infty}X_k\in\mathscr{B}(\Omega)$. 由定义及以上分析知, 式 (2.2.3) 和式 (2.2.7) 中的概率测度 μ 都是 Borel 的.

定义 3.1.1 设 $\varphi\in F(S)$, μ 是赋值空间 Ω 上的 Borel 型概率测度, 定义

$$\tau_{2,\mu}(\varphi)=\mu(\varphi^{-1}(1)).\tag{3.1.1}$$

称 $\tau_{2,\mu}(\varphi)$ 为公式 φ 的 **μ-概率真度**, 简称 **μ-真度**. 在不致混淆的情况下, 也把 $\tau_{2,\mu}(\varphi)$ 简记为 $\tau_\mu(\varphi)$.

注 3.1.2 (i) 正像在定义 2.2.2 中那样, 这里仍把每个公式 φ 视为函数 $\varphi:\Omega\to\{0,1\}$, $\varphi(v)=v(\varphi),v\in\Omega$. 注意, 对任一公式 φ, $\varphi:\Omega\to\{0,1\}$ 是从乘积空间 Ω 到离散拓扑空间 $\{0,1\}$ 的连续函数, 从而 φ 是 Ω 上的 Borel 可测函数[96]. 所以公式 φ 也可视为 Borel 型概率测度空间 $(\Omega,\mathscr{B}(\Omega),\mu)$ 上的一个仅取 0 和 1 两个值的离散型随机变量 (函数). 具体地讲, 若 φ 是某原子公式 p, 则 φ, 即 p 是 Ω 上的随机变量; 若 φ 是一个复合公式, 则 φ 是 Ω 上的随机变量函数. 又 $\tau_\mu(\varphi)=\mu(\varphi^{-1}(1))=1\cdot\mu(\varphi^{-1}(1))+0\cdot\mu(\varphi^{-1}(0))=\int_\Omega\varphi(v)\mathrm{d}\mu$ 恰是随机变量 (函数) φ 的数学期望, 它是随机变量 φ 在 Ω 中随机取值时的一个平均值. 由于 φ 只

取 0 和 1 两个值, 且取值为 1 时表示公式 φ 为真, 因此 $\tau_\mu(\varphi)$ 反映了公式 φ (关于 μ) 为真的程度, 所以称 $\tau_\mu(\varphi)$ 为 φ 的真度是合理的.

(ii) 由式 (3.1.1) 知两个逻辑等价 (或可证等价) 的公式有相同的 μ-真度. 设 $\varphi = \varphi(p_{i_1}, \cdots, p_{i_k})$ 是由原子公式 $p_{i_1}, \cdots, p_{i_k}$ 构成的公式, 令 $m = \max\{i_j \mid j = 1, \cdots, k\}$, 构造公式 $\psi = \psi(p_1, \cdots, p_m) = \varphi \wedge \left(\bigwedge_{i=1}^{m}(p_i \vee \neg p_i)\right)$, 则 ψ 与 φ 逻辑等价, 从而 $\tau_\mu(\psi) = \tau_\mu(\varphi)$. 在计算公式的 μ-真度时, 像 ψ 那样由前 m 个原子公式 $p_1, \cdots, p_m$ 构成的公式有其方便之处, 所以在不影响公式 φ 的 μ-真度且又方便计算时总假定 φ 由 $p_1, \cdots, p_m$ 构成, 即 $\varphi = \varphi(p_1, \cdots, p_m)$. 在第 1 章和第 2 章我们也是这么做的, 后面仍这么做.

(iii) 设 $\varphi = \varphi(p_1, \cdots, p_m)$ 是由原子公式 $p_1, \cdots, p_m$ 构成的公式, 则由式 (1.1.2) 和式 (1.1.3) 知 $\varphi^{-1}(1) = \overline{\varphi}^{-1}(1) \times \prod_{k=m+1}^{\infty} X_k$. 从而 $\tau_\mu(\varphi) = \mu\left(\overline{\varphi}^{-1}(1) \times \prod_{k=m+1}^{\infty} X_k\right)$. 对任一 $m = 1, 2, \cdots$, 若定义 $\mu(m) : \mathscr{P}(\{0,1\}^m) \to [0,1]$:

$$\mu(m)(E) = \mu\left(E \times \prod_{k=m+1}^{\infty} X_k\right), \quad E \in \mathscr{P}(\{0,1\}^m), \tag{3.1.2}$$

则 $\mu(m)$ 是有限乘积空间 $\{0,1\}^m$ 上的 Borel 型概率测度, 称为 μ 在 $\{0,1\}^m$ 上的**限制**. 显然, $\mu(m)(\varnothing) = \mu\left(\varnothing \times \prod_{k=m+1}^{\infty} X_k\right) = \mu(\varnothing) = 0$, $\mu(m)(\{0,1\}^m) = \mu\left(\{0,1\}^m \times \prod_{k=m+1}^{\infty} X_k\right) = \mu(\Omega) = 1$. 设 $\{E_i\}$ 是 $\{0,1\}^m$ 中的两两不交的子集族. 由于 $\{0,1\}^m$ 是有限集, 则 $\{E_i\}$ 必有限, 不妨设 $\{E_i\} = \{E_i\}_{i=1}^{l}$, 则

$$\begin{aligned}
\mu(m)\left(\bigcup_{i=1}^{l} E_i\right) &= \mu\left(\left(\bigcup_{i=1}^{l} E_i\right) \times \prod_{k=m+1}^{\infty} X_k\right) \\
&= \mu\left(\bigcup_{i=1}^{l}\left(E_i \times \prod_{k=m+1}^{\infty} X_k\right)\right) \\
&= \sum_{i=1}^{l} \mu\left(E_i \times \prod_{k=m+1}^{\infty} X_k\right) \\
&= \sum_{i=1}^{l} \mu(m)(E_i).
\end{aligned}$$

所以 $\mu(m)$ 确实是 $\{0,1\}^m$ 上的概率测度. 又由 $\mu(m)$ 是定义在 $\mathscr{P}(\{0,1\}^m) =$

$\mathscr{B}(\{0,1\}^m)$ 上的, 从而它也是 Borel 的. 所以式 (3.1.1) 可简化为

$$\begin{aligned}\tau_\mu(\varphi) &= \mu(\varphi^{-1}(1)) = \mu\left(\overline{\varphi}^{-1}(1) \times \prod_{k=m+1}^{\infty} X_k\right) \\ &= \mu(m)(\overline{\varphi}^{-1}(1)),\end{aligned} \tag{3.1.3}$$

这里 $\varphi = \varphi(p_1, \cdots, p_m) \in F(S)$.

上面的转化说明赋值空间 Ω 上的任一 Borel 型概率测度 μ 都可按式 (3.1.2) 诱导出有限乘积空间 $\{0,1\}^m$ 上的一个 Borel 型概率测度 $\mu(m)$ $(m = 1, 2, \cdots)$. 反过来, 设 P 是 $\{0,1\}^m$ 上的任一 Borel 型概率测度, 即 P 是定义在 $\mathscr{B}(\{0,1\}^m) = \mathscr{P}(\{0,1\}^m)$ 上的概率测度. 由于 $\mathscr{P}(\{0,1\}^m)$ 有限, 所以对任一子集 $E \in \mathscr{B}(\{0,1\}^m)$, $P(E) = \sum\{P(\{(x_1, \cdots, x_m)\}) \mid (x_1, \cdots, x_m) \in E\}$. 所以 P 是一映射 $P : \mathscr{P}(\{0,1\}^m) \to [0,1]$ 满足

$$\sum\{P(\{(x_1, \cdots, x_m)\}) \mid (x_1, \cdots, x_m) \in \{0,1\}^m\} = 1. \tag{3.1.4}$$

反之, 满足式 (3.1.4) 的任一映射 $P : \mathscr{P}(\{0,1\}^m) \to [0,1]$ 也是 $\{0,1\}^m$ 上的 Borel 型概率测度. 经常把满足式 (3.1.4) 的 P 称为 $\{0,1\}^m$ 上一个**概率分布**. 由以上分析知 $\{0,1\}^m$ 上的 Borel 型概率测度与其上的概率分布是一回事, 因此式 (2.1.2) 中的概率分布就是这里讲的 Borel 型概率测度, 以后对这两个术语不加区别, 有时甚至交互使用. 现设 μ_k 是子空间 $X_k = \{0,1\}$ 上的 Borel 型概率测度 $(k = m+1, m+2, \cdots)$. 由于 Ω 也可视为空间 $\{0,1\}^m, X_{m+1}, X_{m+2}, \cdots$ 的可数乘积空间, 所以 $P, \mu_{m+1}, \mu_{m+2}, \cdots$ 也可按定义 2.2.1 生成 Ω 上唯一的 Borel 乘积概率测度 $\mu = P \times \mu_{m+1} \times \mu_{m+2} \times \cdots$, 并满足: 对任一子集 $E \in \mathscr{B}(\{0,1\}^l)$, $E \times \prod\limits_{k=l+1}^{\infty} X_k$ 都是 μ-可测的且

$$\mu\left(E \times \prod_{k=l+1}^{\infty} X_k\right) = (P \times \mu_{m+1} \times \cdots \times \mu_l)(E),$$

$l = m, m+1, \cdots$. 特别地, 当 $l = m$ 时, $P(E) = \mu\left(E \times \prod\limits_{k=m+1}^{\infty} X_k\right) = \mu(m)(E)$. 这说明 P 恰好等于按定义 2.2.1 生成的 Ω 上的 Borel 乘积概率测度 μ 在 $\{0,1\}^m$ 上的限制 $\mu(m)$. 这种限制是非常有好处的: 第一, 对于具体公式 $\varphi = \varphi(p_1, \cdots, p_m)$ 而言, 由式 (3.1.3) 知其 μ-真度 $\tau_\mu(\varphi)$ 只取决于 $\mu(m)$ 在 $\overline{\varphi}^{-1}(1) \subseteq \{0,1\}^m$ 上的概率; 第二, 整个赋值空间 Ω 上的 Borel 型概率测度总是抽象的, 而有限乘积空间 $\{0,1\}^m$ 上的 Borel 型概率测度是具体的, 它可通过给 $\{0,1\}^m$ 中的每一点随意赋予概率而

给出, 只要所有单点集的概率之和为 1 就行 (见式 (3.1.4)), 因而有其方便之处; 第三, 正是由于这种限制才让我们将清楚地看到 $\tau_\mu(\varphi)$ 与概率逻辑中公式 φ 的概率 $P(\varphi)$(见式 (2.1.2)) 间的区别与联系, 并将 $P(\varphi)$ 纳入到统一的概架中从而弥补概率逻辑缺乏整体性的不足. 今后, 我们总用 $\mu(m)$ 表示有限乘积空间 $\{0,1\}^m$ 上的任一 Borel 型概率测度 (分布), 且设 $\mu(m)$ 是 Ω 上的 Borel 型概率测度 μ 在 $\{0,1\}^m$ 上的限制.

(iv) 设 $\varphi=\varphi(p_1,\cdots,p_m)\in F(S)$, $\mu(m)$ 是 (状态描述集)$\{0,1\}^m$ 上的 Borel 型概率测度, 则 $\mu(m)$ 自然是 $\{0,1\}^m$ 上的概率分布, 所以

$$\tau_\mu(\varphi)=\mu(m)(\overline{\varphi}^{-1}(1))=\sum\{\mu(m)(\{(x_1,\cdots,x_m)\})\mid(x_1,\cdots,x_m)\in\overline{\varphi}^{-1}(1)\}.$$

由式 (2.1.2) 知 $\tau_\mu(\varphi)$ 正是概率逻辑中讲的公式 φ 的概率. 但与式 (2.1.2) 不同的是, 这里的 τ_μ 是定义在全体公式集 $F(S)$ 上的, 从而是具有整体性的. 又由 (iii) 知当 μ 取遍 Ω 上的 Borel 概率测度时 $\mu(m)$ 也可取遍 $\{0,1\}^m$ 上的概率分布, 所以式 (2.1.2) 中公式 φ 的概率 $P(\varphi)$ 总可用 $\tau_\mu(\varphi)$ 来表示.

(v) 设 $\varphi=\varphi(p_1,\cdots,p_m)\in F(S)$, μ 是赋值空间 Ω 的每个因子空间 $X_k=\{0,1\}$ 上的 Borel 型概率测度 μ_k $(k=1,2,\cdots)$ 按定义 2.2.1 生成的 Borel 乘积概率测度 $\mu=\mu_1\times\mu_2\times\cdots$, 则

$$\begin{aligned}\tau_\mu(\varphi)&=\mu(m)(\overline{\varphi}^{-1}(1))\\&=(\mu_1\times\cdots\times\mu_m)(\overline{\varphi}^{-1}(1))\\&=\sum\{(\mu_1\times\cdots\times\mu_m)(\{(x_1,\cdots,x_m)\})\mid(x_1,\cdots,x_m)\in\overline{\varphi}^{-1}(1)\}\\&=\sum\{\mu_1(\{x_1\})\times\cdots\times\mu_m(\{x_m\})\mid(x_1,\cdots,x_m)\in\overline{\varphi}^{-1}(1)\}.\end{aligned}\tag{3.1.5}$$

式 (3.1.5) 恰是式 (2.2.7). 可见文献 [57] 定义的随机真度只是本书定义的 μ-真度在 μ 为乘积概率测度时的特例. 特别地, 当式 (3.1.5) 的每个 μ_k 都是均匀概率测度时, 由式 (3.1.5) 知 $\tau_\mu(\varphi)=\sum\left\{\frac{1}{2}\times\cdots\times\frac{1}{2}\Big|(x_1,\cdots,x_m)\in\overline{\varphi}^{-1}(1)\right\}=\frac{1}{2^m}|\overline{\varphi}^{-1}(1)|$, 即得式 (2.2.4).

(vi) 设 μ 是 (v) 中的乘积概率测度, 即 $\mu=\mu_1\times\mu_2\times\cdots$, 且对每一个 μ_k, $\mu_k(\{1\})=1,\mu_k(\{0\})=0$, 则对任一原子公式 $p_k\in S$,

$$\tau_\mu(p_k)=\mu_k(\overline{p_k}^{-1}(1))=\mu_k(\{1\})=1.$$

所以对任一 $p\in S,\tau_\mu(p)=v(p)=1$, 这里 $v=(1,1,\cdots)\in\Omega$. 不难验证, 对任一公式 $\varphi\in F(S)$, 均有 $\tau_\mu(\varphi)=v(\varphi)$. 所以 τ_μ 是 $F(S)$ 的一个赋值且 $\tau_\mu=v$. 一般地, 设 $v=(v_1,v_2,\cdots)\in\Omega$ 是一个赋值, 令 $\mu_k(\varnothing)=0,\mu_k(X_k)=1,\mu_k(\{v_k\})=1,\mu_k(\{1-v_k\})=$

$0\ (k=1,2,\cdots)$, 则 τ_μ 也是 $F(S)$ 的一个赋值且 $\tau_\mu=v$. 此时若 $\tau_\mu(p)=v(p)=1$, 则指原子命题 p 一定发生, 其发生的概率自然为 1; 若 $\tau_\mu(p)=v(p)=0$, 则指 p 一定不发生, 其发生的概率自然为 0. $\tau_\mu(\varphi)$ 则代表当 φ 中的原子命题发生 (或不发生) 的情况下 φ 发生的概率.

从注 3.1.2 (iii)−(vi) 可以看出, 本节讨论的公式的 μ-真度理论比概率逻辑研究的公式的概率理论和计量逻辑研究的真度理论都要宽泛得多.

例 3.1.3 设 $\varphi_1=p_1$, $\varphi_2=p_2\to p_3$, $\varphi_3=p_1\vee p_2\vee p_3$, $\varphi_4=p_1\wedge p_2\wedge p_3$. 求 $\tau_\mu(\varphi_1)$, $\tau_\mu(\varphi_2)$, $\tau_\mu(\varphi_3)$ 和 $\tau_\mu(\varphi_4)$.

解 因为公式 $\varphi_1,\varphi_2,\varphi_3,\varphi_4$ 只涉及 3 个原子公式 p_1,p_2 和 p_3, 所以由式 (3.1.3) 知它们的 μ-真度只和 $\{0,1\}^3$ 上的 Borel 型概率测度 (分布) 有关, 因此我们不必关心整个 μ, 只考虑其限制 $\mu(3)$ 即可.

(i) 设 $\mu(3)=(0.2,0.2,0.1,0.1,0.1,0.1,0.1,0.1)$, 即 $\mu(3)(\{(1,1,1)\})=\mu(3)(\{(1,1,0)\})=0.2$, $\mu(3)(\{(x_1,x_2,x_3)\})=0.1$, $(x_1,x_2,x_3)\in\{0,1\}^3-\{(1,1,1),(1,1,0)\}$, 则

$$\begin{aligned}\tau_\mu(\varphi_1)&=\mu(3)(\overline{\varphi}^{-1}(1))\\&=\mu(3)(\{(1,1,1),(1,1,0),(1,0,1),(1,0,0)\})\\&=0.2+0.2+0.1+0.1=0.6;\\\tau_\mu(\varphi_2)&=\mu(3)(\{(1,1,1),(1,0,1),(1,0,0),(0,1,1),(0,0,1),(0,0,0)\})\\&=0.2+0.1\times 5=0.7;\\\tau_\mu(\varphi_3)&=\mu(3)(\{0,1\}^3-\{(0,0,0)\})=1-0.1=0.9;\\\tau_\mu(\varphi_4)&=\mu(3)(\{(1,1,1)\})=0.2,\end{aligned}$$

这里我们把 φ_1 和 φ_2 分别转化为与之逻辑等价且含原子公式 p_1,p_2 和 p_3 的公式 φ_1^* 和 φ_2^*. 在不致混淆的情况下, 仍用 φ_1 记 φ_1^*, φ_2 记 φ_2^*. 注意, 本例给定的 $\mu(3)$ 就不是乘积概率分布, 从而 μ 不是注 3.1.2 (v) 所述的乘积概率测度. 事实上, 设 $\varphi_5=p_2$, $\varphi_6=p_1\wedge p_2$, 则

$$\begin{aligned}\tau_\mu(\varphi_5)&=\mu(3)(\{(1,1,1),(1,1,0),(0,1,1),(0,1,0)\})=0.6,\\\tau_\mu(\varphi_6)&=\mu(3)(\{(1,1,1),(1,1,0)\})=0.4.\end{aligned}$$

显然, $\tau_\mu(\varphi_6)\neq\tau_\mu(\varphi_1)\times\tau_\mu(\varphi_5)$.

(ii) 设 $\mu(3)$ 是 $\{0,1\}^3$ 上的均匀概率分布. 不难验证, $\tau_\mu(\varphi_1)=0.5$, $\tau_\mu(\varphi_2)=0.75$, $\tau_\mu(\varphi_3)=0.875$, $\tau_\mu(\varphi_4)=0.125$, 这与文献 [2], [52] 中的相应结果一致.

命题 3.1.4 设 μ 是赋值空间 Ω 上的 Borel 型概率测度, 则

(i) 设 $\varphi\in F(S)$. 若 φ 是重言式 (矛盾式), 则 $\tau_\mu(\varphi)=1\ (\tau_\mu(\varphi)=0)$.

(ii) 设 $\varphi=\varphi(p_1,\cdots,p_m)\in F(S)$, 并假定 μ 是 ***m*-原子**的, 即对任一 $(x_1,\cdots,x_m)\in\{0,1\}^m$, $\mu(m)(\{(x_1,\cdots,x_m)\})\neq 0$. 若 $\tau_\mu(\varphi)=1\ (\tau_\mu(\varphi)=0)$, 则 φ 是重言式 (矛盾式).

(iii) 设 μ 是**有限原子**的, 即对任意 $m \in \mathbb{N}$ 及 $(x_1, \cdots, x_m) \in \{0,1\}^m$, $\mu(m)(\{(x_1, \cdots, x_m)\}) \neq 0$. 对任一 $\varphi \in F(S)$, 若 $\tau_\mu(\varphi) = 1$ $(\tau_\mu(\varphi) = 0)$, 则 φ 是重言式 (矛盾式).

证明　(i) 不妨设 $\varphi = \varphi(p_1, \cdots, p_m)$, 由 φ 是重言式知 $\overline{\varphi}^{-1}(1) = \{0,1\}^m$, 所以 $\tau_\mu(\varphi) = \mu(m)(\overline{\varphi}^{-1}(1)) = \mu(m)(\{0,1\}^m) = 1$. 类似可证若 φ 是矛盾式, 则 $\tau_\mu(\varphi) = 0$.

(ii) 设 $\varphi = \varphi(p_1, \cdots, p_m)$ 且 $\tau_\mu(\varphi) = 1$, 即 $\mu(m)(\overline{\varphi}^{-1}(1)) = 1$. 为证 φ 为重言式, 只需证 $\overline{\varphi}^{-1}(1) = \{0,1\}^m$. 假设 $\overline{\varphi}^{-1}(1) \neq \{0,1\}^m$, 则存在 $(x_1, \cdots, x_m) \in \{0,1\}^m$ 使得 $(x_1, \cdots, x_m) \notin \overline{\varphi}^{-1}(1)$. 从而 $\tau_\mu(\varphi) = \mu(m)(\overline{\varphi}^{-1}(1)) \leqslant \mu(m)(\{0,1\}^m - \{(x_1, \cdots, x_m)\}) = 1 - \mu(m)(\{(x_1, \cdots, x_m)\}) < 1$, 矛盾! 所以 $\overline{\varphi}^{-1}(1) = \{0,1\}^m$, 从而 φ 是重言式. 类似可证 $\tau_\mu(\varphi) = 0$ 的情形.

(iii) (ii) 的直接推论.

定理 3.1.5　设 μ 是 Ω 上的 Borel 型概率测度, 令 $H_\mu = \{\tau_\mu(\varphi) \mid \varphi \in F(S)\}$, 则

(i)

$$H_\mu = \{\mu(m)(E) \mid E \subseteq \{0,1\}^m, m = 1, 2, \cdots\}. \tag{3.1.6}$$

(ii) 当 μ 是**非原子**的, 即对任一 $v \in \Omega, \mu(\{v\}) = 0$ 时, H_μ 是 $[0,1]$ 中的可数稠密子集.

(iii) 当 μ 是按式 (2.2.3) 由 Ω 的各因子空间 $\{0,1\}$上的均匀概率测度生成的乘积概率测度时,

$$H_\mu = \left\{ \frac{k}{2^m} \middle| k = 0, 1, \cdots, 2^m; m = 1, 2, \cdots \right\}, \tag{3.1.7}$$

即式 (2.2.5) 成立.

证明　(i) 设 $G = \{\mu(m)(E) \mid E \subseteq \{0,1\}^m, m = 1, 2, \cdots\}$. 任取 $\varphi \in F(S)$, 不妨设 $\varphi = \varphi(p_1, \cdots, p_m)$, 则 $\overline{\varphi}^{-1}(1) \subseteq \{0,1\}^m$, $\tau_\mu(\varphi) = \mu(m)(\overline{\varphi}^{-1}(1))$, 所以 $H_\mu \subseteq G$. 为证 $G \subseteq H_\mu$, 只需证对任一 $m \in \mathbb{N}$ 及任一 $E \subseteq \{0,1\}^m$, 存在公式 $\varphi = \varphi(p_1, \cdots, p_m) \in F(S)$, 使得 $\overline{\varphi}^{-1}(1) = E$. 若 $E = \varnothing$, 令 $\varphi = \bigwedge_{i=1}^{m} (p_i \wedge \neg p_i)$, 则 $\overline{\varphi}^{-1}(1) = \varnothing = E$. 下设 $E \neq \varnothing$. 对任一原子公式 $p \in S$, 约定

$$p^1 = p, \quad p^0 = \neg p. \tag{3.1.8}$$

令

$$\varphi_E = \vee\{p_1^{x_1} \wedge \cdots \wedge p_m^{x_m} \mid (x_1, \cdots, x_m) \in E\}.$$

任取 $(x_1, \cdots, x_m) \in E$, 若 $x_i = 1$, 则 $\overline{p_i^{x_i}}(x_i) = \overline{p_i}(x_i) = x_i = 1$; 若 $x_i = 0$, 则 $\overline{p_i^{x_i}}(x_i) = \overline{\neg p_i}(x_i) = 1 - x_i = 1$, 所以 $\overline{p_1^{x_1} \wedge \cdots \wedge p_m^{x_m}}(x_1, \cdots, x_m) = \min\{\overline{p_i^{x_i}}(x_i) \mid$

$i=1,\cdots,m\}=1$, 从而 $\overline{\varphi_E}(x_1,\cdots,x_m)=1$. 再任取 $(y_1,\cdots,y_m)\in\{0,1\}^m-E$. 则对任一 $(x_1,\cdots,x_m)\in E$, $(y_1,\cdots,y_m)\neq(x_1,\cdots,x_m)$, 从而存在 i, $y_i\neq x_i$. 若 $y_i=0$, 则 $x_i=1$, $\overline{p_i^{x_i}}(y_i)=\overline{p_i}(y_i)=y_i=0$; 若 $y_i=1$, 则 $x_i=0$, $\overline{p_i^{x_i}}(y_i)=\overline{\neg p_i}(y_i)=1-y_i=0$. 所以 $\overline{p_1^{x_1}\wedge\cdots\wedge p_m^{x_m}}(y_1,\cdots,y_m)=\min\{\overline{p_i^{x_i}}(y_i)\mid i=1,\cdots,m\}=0$. 由于 $(x_1,\cdots,x_m)$ 是 E 中任一点, 所以 $\overline{\varphi_E}(y_1,\cdots,y_m)=0$. 这就证得 $\overline{\varphi_E}^{-1}(1)=E$, 所以式 (3.1.6) 成立.

(ii) 任取 $\varepsilon>0$. 由 μ 是非原子的知, 存在 $m\in\mathbb{N}$ 使得对任一 $(x_1,\cdots,x_m)\in\{0,1\}^m$, $\mu\left((x_1,\cdots,x_m)\times\prod\limits_{k=m+1}^{\infty}X_k\right)=\mu(m)(\{(x_1,\cdots,x_m)\})<\varepsilon$. 任取 $E\subseteq\{0,1\}^m$, 如上构造公式 φ_E. 由 $\{\tau_\mu(\varphi_E)\mid E\subseteq\{0,1\}^m\}\subseteq H_\mu$ 知 H_μ 在 $[0,1]$ 中稠密.

(iii) 当 μ 为式 (2.2.3) 中的乘积概率测度时, $\mu(m)(E)=\dfrac{1}{2^m}|E|$. 又对任一 $k=0,1,\cdots,2^m$, 存在 $E\subseteq\{0,1\}^m$ 使得 $|E|=k$, 所以式 (3.1.7), 即式 (2.2.5) 成立.

在下面的命题中罗列 τ_μ 的基本性质. 为便于集中比较, 把命题 3.1.4 (i) 也列了出来.

命题 3.1.6 设 $\varphi,\psi\in F(S)$, μ 是 Ω 上的 Borel 型概率测度, 则

(i) $0\leqslant\tau_\mu(\varphi)\leqslant1$.

(ii) 若 φ 是重言式 (矛盾式), 则 $\tau_\mu(\varphi)=1(\tau_\mu(\varphi)=0)$.

(iii) 若 φ 与 ψ 逻辑等价, 则 $\tau_\mu(\varphi)=\tau_\mu(\psi)$.

(iv) $\tau_\mu(\varphi)+\tau_\mu(\neg\varphi)=1$.

(v) $\tau_\mu(\varphi)+\tau_\mu(\psi)=\tau_\mu(\varphi\vee\psi)+\tau_\mu(\varphi\wedge\psi)$.

(vi) $\tau_\mu(\varphi)=\tau_\mu(\varphi\wedge\psi)+\tau_\mu(\varphi\wedge\neg\psi)$.

(vii) $1+\tau_\mu(\varphi\wedge\psi)=\tau_\mu(\varphi)+\tau_\mu(\varphi\to\psi)$.

(viii) $\tau_\mu(\varphi)+\tau_\mu(\varphi\to\psi)=\tau_\mu(\psi)+\tau_\mu(\psi\to\varphi)$.

(ix) 若 $\models\varphi\to\psi$, 则 $\tau_\mu(\varphi)\leqslant\tau_\mu(\psi)$.

(x) $\tau_\mu(\psi)\leqslant\tau_\mu(\varphi\to\psi)$.

(xi) $\tau_\mu(\varphi\wedge\psi)\leqslant\min\{\tau_\mu(\varphi),\tau_\mu(\psi)\}\leqslant\max\{\tau_\mu(\varphi),\tau_\mu(\psi)\}\leqslant\tau_\mu(\varphi\vee\psi)\leqslant\tau_\mu(\varphi)+\tau_\mu(\psi)$.

(xii) $\tau_\mu(\varphi\wedge\psi)\geqslant\tau_\mu(\varphi)+\tau_\mu(\psi)-1$.

证明 (i) 是显然的, (ii) 已在命题 3.1.4 中证过.

(iii) 设 φ 与 ψ 逻辑等价, 任取 $v\in\Omega$, 则 $v(\varphi)=v(\psi)$, 从而 $\varphi^{-1}(1)=\psi^{-1}(1)$, 所以 $\tau_\mu(\varphi)=\mu(\varphi^{-1}(1))=\mu(\psi^{-1}(1))=\tau_\mu(\psi)$.

(iv) 设 $\varphi\in F(S)$, 显然 $(\neg\varphi)^{-1}(1)=\Omega-\varphi^{-1}(1)$, 所以 $\tau_\mu(\neg\varphi)=\mu((\neg\varphi)^{-1}(1))=\mu(\Omega-\varphi^{-1}(1))=1-\mu(\varphi^{-1}(1))=1-\tau_\mu(\varphi)$.

(v) $(\varphi \vee \psi)^{-1}(1) = \{v \in \Omega \mid v(\varphi \vee \psi) = 1\} = \{v \in \Omega \mid v(\varphi) = 1$ 或 $v(\psi) = 1\} = \{v \in \Omega \mid v(\varphi) = 1\} \cup \{v \in \Omega \mid v(\psi) = 1\} = \varphi^{-1}(1) \cup \psi^{-1}(1)$. 类似地, $(\varphi \wedge \psi)^{-1}(1) = \varphi^{-1}(1) \cap \psi^{-1}(1)$. 所以

$$\begin{aligned}\tau_\mu(\varphi \vee \psi) &= \mu((\varphi \vee \psi)^{-1}(1)) \\ &= \mu(\varphi^{-1}(1) \cup \psi^{-1}(1)) \\ &= \mu(\varphi^{-1}(1)) + \mu(\psi^{-1}(1)) - \mu(\varphi^{-1}(1) \cap \psi^{-1}(1)) \\ &= \tau_\mu(\varphi) + \tau_\mu(\psi) - \mu((\varphi \wedge \psi)^{-1}(1)) \\ &= \tau_\mu(\varphi) + \tau_\mu(\psi) - \tau_\mu(\varphi \wedge \psi).\end{aligned}$$

(vi) 由于 φ 与 $(\varphi \wedge \psi) \vee (\varphi \wedge \neg\psi)$ 逻辑等价, 所以由 (iii) 和 (v) 得

$$\begin{aligned}\tau_\mu(\varphi) &= \tau_\mu((\varphi \wedge \psi) \vee (\varphi \wedge \neg\psi)) \\ &= \tau_\mu(\varphi \wedge \psi) + \tau_\mu(\varphi \wedge \neg\psi) - \tau_\mu(\varphi \wedge \psi \wedge \varphi \wedge \neg\psi) \\ &= \tau_\mu(\varphi \wedge \psi) + \tau_\mu(\varphi \wedge \neg\psi).\end{aligned}$$

(vii) 由 $\varphi \to \psi$ 与 $\neg\varphi \vee \psi$ 逻辑等价, ψ 与 $(\varphi \wedge \psi) \vee (\neg\varphi \wedge \psi)$ 逻辑等价以及 (iii)–(vi) 得

$$\begin{aligned}\tau_\mu(\varphi) + \tau_\mu(\varphi \to \psi) &= \tau_\mu(\varphi) + \tau_\mu(\neg\varphi \vee \psi) \\ &= \tau_\mu(\varphi) + \tau_\mu(\neg\varphi) + \tau_\mu(\psi) - \tau_\mu(\neg\varphi \wedge \psi) \\ &= 1 + \tau_\mu(\psi) - \tau_\mu(\neg\varphi \wedge \psi) \\ &= 1 + \tau_\mu(\varphi \wedge \psi) + \tau_\mu(\neg\varphi \wedge \psi) - \tau_\mu(\neg\varphi \wedge \psi) \\ &= 1 + \tau_\mu(\varphi \wedge \psi).\end{aligned}$$

(viii) 由 (vii) 知 $\tau_\mu(\varphi) + \tau_\mu(\varphi \to \psi) = 1 + \tau_\mu(\varphi \wedge \psi) = 1 + \tau_\mu(\psi \wedge \varphi) = \tau_\mu(\psi) + \tau_\mu(\psi \to \varphi)$.

(ix) 设 $\models \varphi \to \psi$, 则对任一 $v \in \Omega, v(\varphi) \to v(\psi) = v(\varphi \to \psi) = 1$, 从而 $v(\varphi) \leqslant v(\psi)$, 所以 $\varphi^{-1}(1) \subseteq \psi^{-1}(1)$. 因此 $\tau_\mu(\varphi) = \mu(\varphi^{-1}(1)) \leqslant \mu(\psi^{-1}(1)) = \tau_\mu(\psi)$.

(x) 由于 $\varphi \to (\psi \to \varphi)$ 是重言式, 所以由 (ix) 知 $\tau_\mu(\varphi) \leqslant \tau_\mu(\psi \to \varphi)$.

(xi) 由于 $\varphi \wedge \psi \to \varphi, \varphi \wedge \psi \to \psi$ 以及 $\varphi \to \varphi \vee \psi$ 与 $\psi \to \varphi \vee \psi$ 为重言式, 所以由 (ix) 和 (v) 得 (xi).

(xii) 由 (v) 即得 (xii).

命题 3.1.6 (v) 可推广至含有三个公式 φ, ψ 和 χ 的情形. 不难验证

$$\begin{aligned}\tau_\mu(\varphi) + \tau_\mu(\psi) + \tau_\mu(\chi) = \tau_\mu(\varphi \vee \psi \vee \chi) &+ \tau_\mu(\varphi \wedge \psi) + \tau_\mu(\varphi \wedge \chi) \\ &+ \tau_\mu(\psi \wedge \chi) - \tau_\mu(\varphi \wedge \psi \wedge \chi).\end{aligned}$$

同理,

$$\begin{aligned}\tau_\mu(\varphi \wedge \psi) + \tau_\mu(\varphi \wedge \chi) + \tau_\mu(\psi \wedge \chi) = \tau_\mu((\varphi \wedge \psi) &\vee (\varphi \wedge \chi) \vee (\psi \wedge \chi)) \\ &+ \tau_\mu(\varphi \wedge \psi \wedge \varphi \wedge \chi) + \tau_\mu(\varphi \wedge \psi \wedge \psi \wedge \chi)\end{aligned}$$

$$+\tau_\mu(\varphi\wedge\chi\wedge\psi\wedge\chi)-\tau_\mu(\varphi\wedge\psi\wedge\varphi\wedge\chi\wedge\psi\wedge\chi)$$
$$=\tau_\mu((\varphi\wedge\psi)\vee(\varphi\wedge\chi)\vee(\psi\wedge\chi))+2\tau_\mu(\varphi\wedge\psi\wedge\chi).$$

所以

$$\begin{aligned}&\tau_\mu(\varphi)+\tau_\mu(\psi)+\tau_\mu(\chi)\\=&\tau_\mu(\varphi\vee\psi\vee\chi)+\tau_\mu((\varphi\wedge\psi)\vee(\varphi\wedge\chi)\vee(\psi\wedge\chi))+\tau_\mu(\varphi\wedge\psi\wedge\chi).\end{aligned}\tag{3.1.9}$$

下面把式 (3.1.9) 推广至含有有限个公式的情形. 设 $\varphi_1,\cdots,\varphi_l\in F(S)$, $k\in\mathbb{N}\ (0\leqslant k\leqslant l+1)$, 构造公式 $C^k(\varphi_1,\cdots,\varphi_l)$ 如下

$$C^k(\varphi_1,\cdots,\varphi_l)=\begin{cases}T, & k=0,\\ \vee\{\varphi_{i_1}\wedge\cdots\wedge\varphi_{i_k}\mid i_1,\cdots,i_k\text{两两不同}\}, & 0<k\leqslant l,\end{cases}\tag{3.1.10}$$

其中 T 为定理, 且约定 $C^{l+1}(\varphi_1,\cdots,\varphi_l)=C^{l+1}(\varphi,\cdots,\varphi_l,\bar{0})=\bar{0}$.

显然 $C^k(\varphi_1,\cdots,\varphi_l)\to C^{k-1}(\varphi_1,\cdots,\varphi_l)\ (1\leqslant k\leqslant l)$ 是重言式, 且

$$C^1(\varphi_1,\cdots,\varphi_l)=\varphi_1\vee\cdots\vee\varphi_l,\quad C^l(\varphi_1,\cdots,\varphi_l)=\varphi_1\wedge\cdots\wedge\varphi_l.$$

命题 3.1.7 设 μ 是 Ω 上的 Borel 型概率测度, 任取 $\varphi_1,\cdots,\varphi_l\in F(S)$, 则

$$\tau_\mu(\varphi_1)+\cdots+\tau_\mu(\varphi_l)=\tau_\mu(C^1(\varphi_1,\cdots,\varphi_l))+\cdots+\tau_\mu(C^l(\varphi_1,\cdots,\varphi_l)).\tag{3.1.11}$$

证明 用关于 l 的归纳法进行证明式 (3.1.11).

(i) 若 $l=1$, 则式 (3.1.11) 显然成立.

(ii) 假设 $l\leqslant m$ 时式 (3.1.11) 成立, 现设 $l=m+1$.

注意, 对任一 $k\in\mathbb{N}\ (1\leqslant k\leqslant l)$, $C^k(\varphi_1,\cdots,\varphi_l)$ 与下面的公式逻辑等价:

$$(\varphi_l\wedge C^{k-1}(\varphi_1,\cdots,\varphi_{l-1}))\vee C^k(\varphi_1,\cdots,\varphi_{l-1}).$$

所以由命题 3.1.6 (v) 知

$$\begin{aligned}\tau_\mu(C^k(\varphi_1,\cdots,\varphi_l))=&\tau_\mu(\varphi_l\wedge C^{k-1}(\varphi_1,\cdots,\varphi_{l-1}))\\&+\tau_\mu(C^k(\varphi_1,\cdots,\varphi_{l-1}))-\tau_\mu(\varphi_l\wedge C^k(\varphi_1,\cdots,\varphi_{l-1})).\end{aligned}$$

从而

$$\begin{aligned}\sum_{k=1}^{l}\tau_\mu(C^k(\varphi_1,\cdots,\varphi_l))=&\sum_{k=1}^{l}\tau_\mu(\varphi_l\wedge C^{k-1}(\varphi_1,\cdots,\varphi_{l-1}))\\&+\sum_{k=1}^{l}\tau_\mu(C^k(\varphi_1,\cdots,\varphi_{l-1}))\end{aligned}$$

$$
\begin{aligned}
&-\sum_{k=1}^{l}\tau_\mu(\varphi_l\wedge C^k(\varphi_1,\cdots,\varphi_{l-1}))\\
&=\tau_\mu(\varphi_l)+\sum_{k=1}^{l}\tau_\mu(C^k(\varphi_1,\cdots,\varphi_{l-1}))\\
&=\tau_\mu(\varphi_l)+\sum_{k=1}^{l-1}\tau_\mu(C^k(\varphi_1,\cdots,\varphi_{l-1})).
\end{aligned}
$$

由归纳假设知

$$
\sum_{k=1}^{l-1}\tau_\mu(C^k(\varphi_1,\cdots,\varphi_{l-1}))=\sum_{k=1}^{l-1}\tau_\mu(\varphi_k).
$$

这就证得了式 (3.1.11).

显然, 命题 3.1.6 (v) 是式 (3.1.11) 在 $l=2$ 时的特例, 式 (3.1.9) 是 $l=3$ 时的特例.

下面再给出 τ_μ 的一个性质. 因为对任一公式 $\varphi, \tau_\mu(\varphi)\in[0,1]$, 所以自然可以在 $H_\mu=\{\tau_\mu(\varphi)\mid\varphi\in F(S)\}$ 中引入 Łukasiewicz t-模运算式 (1.2.6) 和 Łukasiewicz 蕴涵运算式 (1.2.5).

任取 $\varphi,\psi\in F(S)$, 定义 $\otimes_{\text{Ł}}: H_\mu^2\to H_\mu$ 和 $\to_{\text{Ł}}$: $H_\mu^2\to H_\mu$ 如下

$$
\tau_\mu(\varphi)\otimes_{\text{Ł}}\tau_\mu(\psi)=(\tau_\mu(\varphi)+\tau_\mu(\psi)-1)\vee 0, \tag{3.1.12}
$$

$$
\tau_\mu(\varphi)\to_{\text{Ł}}\tau_\mu(\psi)=(1-\tau_\mu(\varphi)+\tau_\mu(\psi))\wedge 1. \tag{3.1.13}
$$

命题 3.1.8　设 μ 是 Ω 上的 Borel 型概率测度, $\varphi,\psi\in F(S)$, 则

(i) $(\tau_\mu(\varphi)\otimes_{\text{Ł}}\tau_\mu(\varphi\to\psi))\to_{\text{Ł}}\tau_\mu(\psi)=1$.

(ii) $\tau_\mu(\neg\varphi)=\neg_{\text{Ł}}\tau_\mu(\varphi)=1-\tau_\mu(\varphi)$.

(iii) $\tau_\mu(\varphi\vee\psi)=(\tau_\mu(\varphi)\to_{\text{Ł}}\tau_\mu(\varphi\wedge\psi))\to_{\text{Ł}}\tau_\mu(\psi)$.

证明　(ii) 就是命题 3.1.6 中的 (iv), 所以只需证 (i) 和 (iii).

(i) 由式 (3.1.12) 和式 (3.1.13) 知, 为证 (i) 可等价地证明

$$
\tau_\mu(\psi)\geqslant\tau_\mu(\varphi)+\tau_\mu(\varphi\to\psi)-1. \tag{3.1.14}
$$

由命题 3.1.6 (viii) 知式 (3.1.14) 是显然的, 所以 (i) 成立.

(iii) 由式 (3.1.13) 及命题 3.1.6 (v) 知

$$
\begin{aligned}
&(\tau_\mu(\varphi)\to_{\text{Ł}}\tau_\mu(\varphi\wedge\psi))\to_{\text{Ł}}\tau_\mu(\psi)\\
&=((1-\tau_\mu(\varphi)+\tau_\mu(\varphi\wedge\psi))\wedge 1)\to_{\text{Ł}}\tau_\mu(\psi)
\end{aligned}
$$

$$
\begin{aligned}
&= (1-\tau_\mu(\varphi)+\tau_\mu(\varphi\wedge\psi)) \to_{\text{Ł}} \tau_\mu(\psi)\\
&= (1-(1-\tau_\mu(\varphi)+\tau_\mu(\varphi\wedge\psi))+\tau_\mu(\psi))\wedge 1\\
&= (\tau_\mu(\varphi)+\tau_\mu(\psi)-\tau_\mu(\varphi\wedge\psi))\wedge 1\\
&= \tau_\mu(\varphi\vee\psi)\wedge 1\\
&= \tau_\mu(\varphi\vee\psi).
\end{aligned}
$$

所以 (iii) 成立.

由式 (3.1.14) 可得如下推论.

推论 3.1.9 设 $\varphi,\psi,\chi\in F(S)$, μ 是 Ω 上的 Borel 型概率测度, $\alpha,\beta\in[0,1]$, 则

(i) 若 $\tau_\mu(\varphi)\geqslant\alpha, \tau_\mu(\varphi\to\psi)\geqslant\beta$, 则 $\tau_\mu(\psi)\geqslant\alpha\otimes_{\text{Ł}}\beta$.

(ii) 若 $\tau_\mu(\varphi\to\psi)\geqslant\alpha, \tau_\mu(\psi\to\chi)\geqslant\beta$, 则 $\tau_\mu(\varphi\to\chi)\geqslant\alpha\otimes_{\text{Ł}}\beta$.

分别把规则 (i) 和 (ii) 称为关于 τ_μ 的**MP 规则**和**HS 规则**.

证明 由式 (3.1.14) 知 (i) 显然成立.

(ii) 由于 $(\varphi\to\psi)\to((\psi\to\chi)\to(\varphi\to\chi))$ 是重言式, 所以由命题 3.1.6 (ix) 知 $\tau_\mu((\psi\to\chi)\to(\varphi\to\chi))\geqslant\tau_\mu(\varphi\to\psi)\geqslant\alpha$. 再由 (i) 得

$$
\begin{aligned}
\tau_\mu(\varphi\to\chi) &\geqslant \tau_\mu(\psi\to\chi)+\tau_\mu((\psi\to\chi)\to(\varphi\to\chi))-1\\
&\geqslant \beta+\alpha-1\\
&= \alpha+\beta-1.
\end{aligned}
$$

又 $\tau_\mu(\varphi\to\chi)\geqslant 0$, 所以 (ii) 成立.

推论 3.1.10 设 $\varphi,\psi\in F(S)$, μ 是 Ω 上的 Borel 型概率测度, 则:

(i) 若 $\tau_\mu(\varphi\to\psi)=1$, 则 $\tau_\mu(\varphi)\leqslant\tau_\mu(\psi)$.

(ii) 若 $\tau_\mu(\varphi)=\tau_\mu(\varphi\to\psi)=1$, 则 $\tau_\mu(\psi)=1$.

(iii) 若 $\tau_\mu(\varphi\to\psi)=\tau_\mu(\psi\to\chi)=1$, 则 $\tau_\mu(\varphi\to\chi)=1$.

3.1.2 逻辑闭理论与拓扑闭集

在本节我们研究二值命题逻辑中逻辑闭理论与赋值空间 $\Omega=\{0,1\}^\omega$ 中拓扑闭集间的联系, 证明二者是一一对应的. 基于此, 我们还要证明相容的逻辑闭理论与概率真度函数 τ_μ 的核 $\text{Ker}(\tau_\mu)=\{\varphi\in F(S)\mid\tau_\mu(\varphi)=1\}$ 是一一对应的.

定义 3.1.11 设 μ 是 Ω 上的 Borel 型概率测度, 定义

$$
\text{Ker}(\tau_\mu)=\{\varphi\in F(S)\mid\tau_\mu(\varphi)=1\}. \tag{3.1.15}
$$

称 $\text{Ker}(\tau_\mu)$ 为 τ_μ 的**核**.

定理 3.1.12　设 μ 是 Ω 上的 Borel 型概率测度, 则 $\mathrm{Ker}(\tau_\mu)$ 是二值命题逻辑中相容的逻辑闭理论, 即

$$\mathrm{Ker}(\tau_\mu) = D(\mathrm{Ker}(\tau_\mu)) \quad \text{且} \quad \overline{0} \notin \mathrm{Ker}(\tau_\mu).$$

证明　(i) 设 $\varphi \in F(S)$. 若 φ 是公理或 $\varphi \in \mathrm{Ker}(\tau_\mu)$, 则显然有 $\varphi \in \mathrm{Ker}(\tau_\mu)$.

(ii) 设 $\varphi, \varphi \to \psi \in \mathrm{Ker}(\tau_\mu)$, 则 $\tau_\mu(\varphi) = \tau_\mu(\varphi \to \psi) = 1$. 由推论 3.1.10 (ii) 知 $\tau_\mu(\psi) = 1$, 从而 $\psi \in \mathrm{Ker}(\tau_\mu)$. 这说明 $\mathrm{Ker}(\tau_\mu)$ 关于 MP 规则封闭.

由以上 (i) 和 (ii) 知 $\mathrm{Ker}(\tau_\mu)$ 是逻辑闭的, 即 $\mathrm{Ker}(\tau_\mu) = D(\mathrm{Ker}(\tau_\mu))$. 又显然矛盾式 $\overline{0} \notin \mathrm{Ker}(\tau_\mu)$, 所以 $\mathrm{Ker}(\tau_\mu)$ 是相容的.

下面讨论定理 3.1.12 的逆问题, 即二值命题逻辑中相容的逻辑闭理论是否都是某个概率真度函数 τ_μ 的核 $\mathrm{Ker}(\tau_\mu)$? 为回答上述问题, 我们先研究逻辑理论的模型的性质.

定义 3.1.13　设 $\Sigma \subseteq \Omega = \{0,1\}^\omega$. 若 Σ 满足: 对任一 $u = (u_1, u_2, \cdots) \in \Omega - \Sigma$, 存在 $m \in \mathbb{N}$, 使得对任意 $v = (v_1, v_2, \cdots) \in \Sigma$ 都有 $(u_1, \cdots, u_m) \neq (v_1, \cdots, v_m)$, 则称 Σ 具有**有限截断一致分离性质**, 简称**有限分离性质**.

例如, $\Sigma = \varnothing$, $\Sigma = \{(1, 1, \cdots)\}$ 以及 $\Sigma = \Omega$ 等都具有有限分离性质, 然而 $\Sigma = \Omega - \{(1, 1, \cdots)\}$ 不具有此性质. 我们将通过具有有限分离性质的 Ω 的子集建立逻辑闭理论和乘积拓扑空间 Ω 中拓扑闭集间的一一对应关系, 并最终证明二值命题逻辑中相容的逻辑闭理论都是某 τ_μ 的核 $\mathrm{Ker}(\tau_\mu)$.

定理 3.1.14　设 Γ 是一理论, Σ 是 Γ 的模型之集, 即 $\Sigma = \{v \in \Omega \mid v(\varphi) = 1, \varphi \in \Gamma\}$, 则 Σ 具有有限分离性质.

证明　用反证法. 假设 Σ 不具有此性质, 则存在 $u = (u_1, u_2, \cdots) \in \Omega - \Sigma$, 使得对任何 $m \in \mathbb{N}$, 都存在 $v = (v_1, v_2, \cdots) \in \Sigma$ 使得 $(u_1, \cdots, u_m) = (v_1, \cdots, v_m)$. 任取 $\varphi \in \Gamma$, 不妨设 $\varphi = \varphi(p_1, \cdots, p_m)$ 是由前 m 个原子公式 $p_1, \cdots, p_m$ 构成的公式, 则

$$\begin{aligned} 1 = v(\varphi) &= \overline{\varphi}(v(p_1), \cdots, v(p_m)) \\ &= \overline{\varphi}(u(p_1), \cdots, u(p_m)) \\ &= u(\varphi). \end{aligned}$$

由 φ 的任意性知 $u \in \Sigma$, 矛盾!

定理 3.1.15　设 $\Sigma \subseteq \Omega$ 具有有限分离性质, 则存在理论 Γ 使得 Σ 恰是 Γ 的模型之集.

证明　若 $\Sigma = \varnothing$, 取 $\Gamma = \{p_1, \neg p_1\}$ 即可. 下设 $\Sigma \neq \varnothing$. 对任一 $m \in \mathbb{N}$, 令 $\Sigma(m) = \{(v_1, \cdots, v_m) \mid v = (v_1, v_2, \cdots) \in \Sigma\}$, 并约定式 (3.1.8) 成立, 即

$$p^1 = p, \quad p^0 = \neg p, \quad p \in S.$$

定义

$$\Gamma = \{\vee\{p_1^{v_1} \wedge \cdots \wedge p_m^{v_m} \mid (v_1, \cdots, v_m) \in \Sigma(m)\} \mid m \in \mathbb{N}\}. \tag{3.1.16}$$

注意, 由于对任一 $m \in \mathbb{N}$, $\Sigma(m)$ 都是有限集, 所以式 (3.1.16) 中的每个公式都是定义好的, 从而 Γ 是一个理论. 下证 Σ 是 Γ 的模型之集. 为此, 只需证:

(i) 对任一 $v \in \Sigma, v(\Gamma) = \{v(\varphi) \mid \varphi \in \Gamma\} = \{1\}$.

(ii) 对任一 $u \in \Omega - \Sigma, u(\Gamma) \neq \{1\}$.

先证 (i). 任取 $v = (v_1, v_2, \cdots) \in \Sigma$. 对任一 $m \in \mathbb{N}$, $p_1^{v_1} \wedge \cdots \wedge p_m^{v_m}$ 是 Γ 的第 m 个公式 $\varphi_m = \vee\{p_1^{v_1} \wedge \cdots \wedge p_m^{v_m} \mid (v_1, \cdots, v_m) \in \Sigma(m)\}$ 的析取项. 任取 $v_i, i \leqslant m$. 若 $v_i = 1$, 则 $v(p_i^{v_i}) = v(p_i) = v_i = 1$; 若 $v_i = 0$, 则 $v(p_i^{v_i}) = v(\neg p_i) = \neg v_i = 1$. 所以, $v(p_1^{v_1} \wedge \cdots \wedge p_m^{v_m}) = 1 \wedge \cdots \wedge 1 = 1$, 进而 $v(\varphi_m) = 1$. 所以 (i) 成立.

下证 (ii). 设 $u = (u_1, u_2, \cdots) \in \Omega - \Sigma$, 由 Σ 具有有限分离性质知存在 $m_0 \in \mathbb{N}$, 使得对任一 $v = (v_1, v_2, \cdots) \in \Sigma$, $(u_1, \cdots, u_{m_0}) \neq (v_1, \cdots, v_{m_0})$. 取 Γ 中的第 m_0 个公式 $\varphi_{m_0} = \vee\{p_1^{v_1} \wedge \cdots \wedge p_{m_0}^{v_{m_0}} \mid (v_1, \cdots, v_{m_0}) \in \Sigma(m_0)\}$, 并任取该公式的一个析取项 $p_1^{v_1} \wedge \cdots \wedge p_{m_0}^{v_{m_0}}$. 由于 $(u_1, \cdots, u_{m_0}) \neq (v_1, \cdots, v_{m_0})$, 则存在 $i \leqslant m_0$ 使得 $u_i \neq v_i$. 若 $v_i = 1$, 则 $u_i = 0$, $p_i^{v_i} = p_i$, 从而 $u(p_i^{v_i}) = u(p_i) = u_i = 0$; 若 $v_i = 0$, 则 $u_i = 1$, $p_i^{v_i} = \neg p_i$, 从而 $u(p_i^{v_i}) = u(\neg p_i) = \neg u_i = 0$. 总之, $u(p_i^{v_i}) = 0$, 所以 $u(p_1^{v_1} \wedge \cdots \wedge p_{m_0}^{v_{m_0}}) = 0$. 由于 $p_1^{v_1} \wedge \cdots \wedge p_{m_0}^{v_{m_0}}$ 是 φ_{m_0} 的任一析取项, 所以有 $u(\varphi_{m_0}) = 0$. 所以 $u(\Gamma) \neq \{1\}$.

定理 3.1.14 说明二值命题逻辑中的每个逻辑理论的模型之集都具有有限分离性质, 从而逻辑闭理论的模型之集当然也具有有限分离性质. 定理 3.1.15 对于给定的具有有限分离性质的 Σ 构造出了 Γ, 其模型之集恰为 Σ. 值得指出的是, 模型之集为 Σ 的理论是非常多的, 比如满足 $\Gamma \subseteq \Gamma' \subseteq D(\Gamma)$ 的理论 Γ' 的模型之集都是 Σ. 但模型之集为 Σ 的逻辑闭理论只有一个, 即为 $D(\Gamma)$, 这里的 Γ 由式 (3.1.16) 定义, 这是因为下面的定理.

定理 3.1.16 设 Γ_1, Γ_2 是两个不同的理论, Σ_1, Σ_2 分别是 Γ_1 和 Γ_2 的模型之集, 则

$$D(\Gamma_1) = D(\Gamma_2) \quad \text{iff} \quad \Sigma_1 = \Sigma_2.$$

证明 由二值命题逻辑的强完备性定理式 (1.1.4) 知这是显然的.

由定理 3.1.14– 定理 3.1.16 知下面的推论.

推论 3.1.17 $\Gamma \mapsto \Sigma = \{v \in \Omega \mid v(\varphi) = 1, \varphi \in \Gamma\}$ 是逻辑闭理论与 Ω 中具有有限分离性质的子集间的一一对应.

下面证明 Ω 中具有有限分离性质的子集与 Ω 作为乘积拓扑空间中的拓扑闭

集也是一一对应的. 注意 Ω 作为乘积拓扑空间是可度量化的, 其度量 ρ[97] 为

$$\rho(u,v)=\max\left\{\frac{|u_i-v_i|}{i}\middle|i=1,2,\cdots\right\}, \tag{3.1.17}$$

$u=(u_1,u_2,\cdots),v=(v_1,v_2,\cdots)\in\Omega$.

定理 3.1.18　设 $\Sigma\subseteq\Omega$, 则 Σ 具有有限分离性质 iff Σ 是 (Ω,ρ) 中的拓扑闭集.

证明　设 Σ 具有有限分离性质. 为证明 Σ 是拓扑闭的, 只需证对任一 $u\in\Omega-\Sigma$, 存在 $\varepsilon>0$ 使得 $\rho(u,\Sigma)>\varepsilon$. 为此, 任取 $u\in\Omega-\Sigma$, 则存在 $m\in\mathbb{N}$ 使得对任一 $v=(v_1,v_2,\cdots)\in\Sigma,(u_1,\cdots,u_m)\neq(v_1,\cdots,v_m)$. 取 $\varepsilon=\dfrac{1}{m+1}$, 则对任一 $v=(v_1,v_2,\cdots)\in\Sigma$, $\rho(u,v)\geqslant\dfrac{1}{m}>\dfrac{1}{m+1}=\varepsilon$, 从而 $\rho(u,\Sigma)\geqslant\dfrac{1}{m}>\varepsilon$, 所以 Σ 是拓扑闭的.

反过来, 设 Σ 是拓扑闭的, 则对任一 $u\in\Omega-\Sigma$, 存在 ε $(0<\varepsilon<1)$ 使得 $\rho(u,\Sigma)>\varepsilon$. 取 $m=\left[\dfrac{1}{\varepsilon}\right]+1$, 则 $\varepsilon>\dfrac{1}{m}$. 所以对任一 $v\in\Sigma$, $\rho(u,v)\geqslant\rho(u,\Sigma)>\dfrac{1}{m}$. 由式 (3.1.17) 知 $(u_1,\cdots,u_m)\neq(v_1,\cdots,v_m)$. 这便证得 Σ 具有有限分离性质.

由推论 3.1.17 和定理 3.1.18 知下面的定理.

定理 3.1.19　二值命题逻辑系统中逻辑闭理论和赋值空间 Ω 中的拓扑闭集是一一对应的.

由定理 3.1.19 知 Ω 中最小的拓扑闭集 $\varnothing$ 与最大的 (不相容) 逻辑闭理论 $F(S)$ 相对应; 最大的拓扑闭集 Ω 与最小的 (相容) 逻辑闭理论 $D(\varnothing)$ 相对应. 自然地, Ω 中极小拓扑闭集 (即单点集) 必与极大相容理论①相对应. 由此一一对应可将空间 Ω 上的度量 ρ 转移到全体极大相容理论之集上而给出其拓扑刻画. 再由式 (3.1.16) 便可给出极大相容理论的结构刻画.

定理 3.1.20　设 $v=(v_1,v_2,\cdots)\in\Omega$, 定义

$$\Gamma_v=D(\{p_1^{v_1},p_1^{v_1}\wedge p_2^{v_2},\cdots\}), \tag{3.1.18}$$

则:

(i) $M_2=\{\Gamma_v\mid v\in\Omega\}$ 是二值命题逻辑中全体极大相容理论之集.

(ii) 在 M_2 上规定

$$d(\Gamma_u,\Gamma_v)=\rho(u,v),\quad u,v\in\Omega,$$

这里 ρ 由式 (3.1.17) 定义, 则 (M_2,d) 是一 Cantor 空间[97].

①极大相容理论一定是逻辑闭的. 第 6 章将专门讨论极大相容理论的结构及其拓扑刻画.

不难验证, 对任一 $v \in \Omega$, 式 (3.1.18) 中的极大相容理论 Γ_v 可简化为 $\Gamma_v = D(\{p_1^{v_1}, p_2^{v_2}, \cdots\})$, 这便与文献 [99] 给出的结构相一致. 我们将在第 6 章再给出极大相容理论刻画的其他证法, 并研究其他命题逻辑系统中的极大相容理论的结构及拓扑刻画.

下面证明定理 3.1.12 的逆定理.

定理 3.1.21 设 Γ 是二值命题逻辑中的相容逻辑闭理论, 则存在 Ω 上的 Borel 型概率测度 μ 使得

$$\Gamma = \mathrm{Ker}(\tau_\mu).$$

证明 设 Γ 是相容逻辑闭理论, 令 Σ 是 Γ 的全体模型之集, 则由定理 3.1.14 及定理 3.1.18 知 Σ 是 Ω 中的非空拓扑闭集. 视 Σ 为 Ω 的拓扑子空间, 则 $\mathscr{B}(\Sigma) = \mathscr{B}(\Omega) \cap \Sigma = \{\Delta \cap \Sigma \mid \Delta \in \mathscr{B}(\Omega)\}$[96]. 任取 Σ 上满足 $\mu_0(\Lambda) = 1$ iff $\Lambda = \Sigma$(这里 Λ 为 Σ 中的拓扑闭集) 的 Borel 型概率测度 μ_0. 定义 $\mu : \mathscr{B}(\Omega) \to [0, 1]$:

$$\mu(\Delta) = \mu_0(\Delta \cap \Sigma), \quad \Delta \in \mathscr{B}(\Omega),$$

则 μ 是 Ω 上的 Borel 型概率测度. 任取 $\varphi \in \Gamma$, 则 $\Sigma \subseteq \varphi^{-1}(1)$, 所以 $\tau_\mu(\varphi) = \mu(\varphi^{-1}(1)) = \mu(\Sigma) = 1$, 从而 $\Gamma \subseteq \mathrm{Ker}(\tau_\mu)$. 反过来, 由于 Γ 和 $\mathrm{Ker}(\tau_\mu)$ 都是逻辑闭的, 所以由强完备性定理知, 为证 $\mathrm{Ker}(\tau_\mu) \subseteq \Gamma$, 只需证 Γ 的每个模型 $v \in \Sigma$ 都是 $\mathrm{Ker}(\tau_\mu)$ 的模型, 即证 $\Sigma \subseteq \psi^{-1}(1), \psi \in \mathrm{Ker}(\tau_\mu)$. 假设存在公式 $\psi \in \mathrm{Ker}(\tau_\mu), \Sigma \not\subseteq \psi^{-1}(1)$, 则 $\psi^{-1}(1) \cap \Sigma$ 是比 Σ 真小的拓扑闭集. 从而 $\tau_\mu(\psi) = \mu(\psi^{-1}(1)) = \mu_0(\psi^{-1}(1) \cap \Sigma) \neq 1$, 矛盾!

定理 3.1.12 证明了每个 $\mathrm{Ker}(\tau_\mu)$ 都是相容的逻辑闭理论, 而定理 3.1.21 说明每个相容的逻辑闭理论都是某 τ_μ 的核 $\mathrm{Ker}(\tau_\mu)$, 从而相容的逻辑闭理论和概率真度函数的核是一一对应的. 注意, 这里并未说相容的逻辑闭理论和概率真度函数是一一对应的. 事实上, 具有相同核的概率真度函数有很多. 下面给出具有相同核的概率真度函数的刻画.

定理 3.1.22 设 μ, ν 是 Ω 上的两个 Borel 型概率测度, 则 $\mathrm{Ker}(\tau_\mu) = \mathrm{Ker}(\tau_\nu)$ iff $\mu(\Sigma) = \nu(\Sigma) = 1$ 且对任一比 Σ 真小的拓扑闭集 $\Delta, \mu(\Delta) < 1, \nu(\Delta) < 1$, 这里 Σ 为理论 $\mathrm{Ker}(\tau_\mu)$ 的模型之集. 特别地, 当 $\mathrm{Ker}(\tau_\mu)$ 为极大相容理论时,

$$\mathrm{Ker}(\tau_\mu) = \mathrm{Ker}(\tau_\nu) \quad \text{iff} \quad \tau_\mu = \tau_\nu.$$

证明 设 $\Gamma = \mathrm{Ker}(\tau_\mu)$, Σ 为 Γ 的模型之集. 由于 Γ 是至多可数集, 所以可设 $\Gamma = \{\varphi_1, \varphi_2, \cdots\}$. 由 $\tau_\mu(\varphi_i) = 1 (i = 1, 2, \cdots)$ 及命题 3.1.6 (xii) 知 $\tau_\mu(\varphi_1 \wedge \cdots \wedge \varphi_m) = 1$, $m \in \mathbb{N}$. 显然, $\varphi_1^{-1}(1) \supseteq (\varphi_1 \wedge \varphi_2)^{-1}(1) \supseteq \cdots \supseteq (\varphi_1 \wedge \cdots \wedge \varphi_m)^{-1}(1) \supseteq \cdots$, 且 $\Sigma = \bigcap\limits_{m=1}^{\infty} (\varphi_1 \wedge \cdots \wedge \varphi_m)^{-1}(1)$. 所以 $\mu(\Sigma) = \lim\limits_{m \to \infty} \mu((\varphi_1 \wedge \cdots \wedge \varphi_m)^{-1}(1)) = 1$.

现设 Δ 是比 Σ 真小的拓扑闭集且 $\mu(\Delta)=1$. 设 $u\in\Sigma-\Delta$. 由于 Δ 是闭集, 所以由定理 3.1.18 知 Δ 具有有限分离性质. 从而存在 $m_0\in\mathbb{N}$ 使得对任何 $v\in\Delta,(u_1,\cdots,u_{m_0})\neq(v_1,\cdots,v_{m_0})$. 利用式 (3.1.16) 构造公式

$$\varphi_{m_0}=\vee\{p_1^{v_1}\wedge\cdots\wedge p_{m_0}^{v_{m_0}}\mid(v_1,\cdots,v_{m_0})\in\Delta(m_0)\},$$

则由定理 3.1.15 的证明知 $u(\varphi_{m_0})=0$. 由于 $u\in\Sigma$, 所以由强完备性定理知 $\varphi_{m_0}\notin\Gamma$, 从而 $\tau_\mu(\varphi_{m_0})\neq1$. 但另外, 由于 $\varphi_{m_0}^{-1}(1)=\Delta(m_0)\times\prod\limits_{k=m_0+1}^{\infty}X_k\supseteq\Delta$, 所以 $\tau_\mu(\varphi_{m_0})=\mu(\varphi_{m_0}^{-1}(1))\geqslant\mu(\Delta)=1$, 矛盾! 所以 $\mu(\Delta)<1$. 由以上证明知定理前半部分的必要性成立. 反过来, 假设 $\mu(\Sigma)=1$ 且对任一比 Σ 真小的拓扑闭集 Δ 都有 $\mu(\Delta)<1$. 由于 Σ 是 $\mathrm{Ker}(\tau_\mu)$ 的模型之集, 从而 Σ 具有有限分离性质. 由 Σ 可按式 (3.1.16) 构造理论 Γ. 易证 $D(\Gamma)=\mathrm{Ker}(\tau_\mu)$. 由于 Γ 的构造只与 Σ 有关, 所以 $D(\Gamma)=\mathrm{Ker}(\tau_\nu)$. 这就证明了充分性.

当 $\mathrm{Ker}(\tau_\mu)$ 为极大相容理论时, 由定理 3.1.20 知存在 $u\in\Omega$ 使得 $\Sigma=\{u\}$. 从而 $\mu(\{u\})=\nu(\{u\})=1$, 所以 $\tau_\mu=u=\tau_\nu$.

但当 $\tau_\mu=\tau_\nu$ 时有 $\mu=\nu$, 即得下面的定理.

定理 3.1.23　设 μ,ν 是 Ω 上的两个 Borel 型概率测度, 则

$$\tau_\mu=\tau_\nu \text{ iff } \mu=\nu.$$

为证明定理 3.1.23, 需要一个引理.

引理 3.1.24[58]　设 μ,ν 是 Ω 上的两个 Borel 型概率测度. 若对 Ω 中的任一拓扑闭集 $\Sigma\subseteq\Omega$ 都有 $\mu(\Sigma)=\nu(\Sigma)$, 则 $\mu=\nu$, 即 $\mu(\Delta)=\nu(\Delta),\Delta\in\mathscr{B}(\Omega)$.

定理 3.1.23 的证明　设 $\tau_\mu=\tau_\nu$. 由引理 3.1.24, 只需证对任一拓扑闭集 Σ, $\mu(\Sigma)=\nu(\Sigma)$. 假设存在拓扑闭集 $\Sigma_0\subseteq\Omega$ 使得 $\mu(\Sigma_0)\neq\nu(\Sigma_0)$, 则存在 $m_0\in\mathbb{N}$, 使得 $\mu\left(\Sigma_0(m_0)\times\prod\limits_{k=m_0+1}^{\infty}X_k\right)\neq\nu\left(\Sigma_0(m_0)\times\prod\limits_{k=m_0+1}^{\infty}X_k\right)$. 若不然, 由 $\Sigma_0(1)\times\prod\limits_{k=2}^{\infty}X_k\supseteq\Sigma_0(2)\times\prod\limits_{k=3}^{\infty}X_k\supseteq\cdots$, 且 $\Sigma_0=\bigcap\limits_{m=1}^{\infty}\left(\Sigma_0(m)\times\prod\limits_{k=m+1}^{\infty}X_k\right)$ 知

$$\begin{aligned}\mu(\Sigma_0)&=\lim_{m\to\infty}\mu\left(\Sigma_0(m)\times\prod_{k=m+1}^{\infty}X_k\right)\\&=\lim_{m\to\infty}\nu\left(\Sigma_0(m)\times\prod_{k=m+1}^{\infty}X_k\right)\\&=\nu(\Sigma_0),\end{aligned}$$

矛盾! 类似于式 (3.1.16), 构造一公式 $\varphi_{m_0} = \vee\{p_1^{v_1} \wedge \cdots \wedge p_{m_0}^{v_{m_0}} \mid (v_1, \cdots, v_{m_0}) \in \Sigma_0(m_0)\}$. 显然, $\overline{\varphi_{m_0}}^{-1}(1) = \Sigma_0(m_0)$, 所以 $\tau_\mu(\varphi_{m_0}) = \mu\left(\Sigma_0(m_0) \times \prod\limits_{k=m_0+1}^{\infty} X_k\right) \neq \nu\left(\Sigma_0(m_0) \times \prod\limits_{k=m_0+1}^{\infty} X_k\right) = \tau_\nu(\varphi_{m_0})$, 矛盾! 这便证得 $\mu = \nu$.

反过来, 若 $\mu = \nu$, 则显然有 $\tau_\mu = \tau_\nu$. 所以定理 3.1.23 成立.

定理 3.1.23 告诉我们二值命题逻辑中按式 (3.1.1) 定义的概率真度函数 τ_μ 与赋值空间上的 Borel 型概率测度是一样多的. 3.2 节我们将利用概率论中的 Kolmogorov 公理给出概率真度函数的公理化定义, 并证明公式集上满足 Kolmogorov 公理的任一 $[0,1]$-值函数都可由赋值空间上的 Borel 型概率测度按式 (3.1.1) 导出, 从而在二值命题逻辑中只有形如式 (3.1.1) 的概率真度函数.

3.1.3　概率真度函数的公理化定义及其表示定理

在本节给出 $F(S)$ 上的概率真度函数的公理化定义, 研究其性质及等价刻画条件, 最后证明任一概率真度函数都由 Ω 上的 Borel 型概率测度按式 (3.1.1) 表出.

定义 3.1.25 (Kolmogorov 公理)　设 $\varphi, \psi \in F(S)$, $\tau : F(S) \to [0,1]$ 是一映射且满足:

(K1) $0 \leqslant \tau(\varphi) \leqslant 1$,

(K2) 若 φ 是公理, 则 $\tau(\varphi) = 1$,

(K3) 若 $\varphi \to \psi$ 是定理, 则 $\tau(\varphi) \leqslant \tau(\psi)$,

(K4) 若 $\{\varphi, \psi\}$ 作为理论不相容 (简称 φ 与 ψ 不相容), 则 $\tau(\varphi \vee \psi) = \tau(\varphi) + \tau(\psi)$,

则称 τ 为 $F(S)$ 的一个**概率真度函数**.

例 3.1.26　(i) 设 μ 是赋值空间 Ω 上的 Borel 型概率测度, 则由式 (3.1.1) 定义的 τ_μ 是定义 3.1.25 意义下的概率真度函数.

(ii) 设 $v \in \Omega$ 是一个赋值, 则 v 是定义 3.1.25 意义下的概率真度函数.

(iii) 设 τ 是一个概率真度函数且 $\tau(\varphi) \neq 0$ $(\varphi \in F(S))$. 令

$$\tau'(\psi) = \frac{\tau(\varphi \wedge \psi)}{\tau(\varphi)}, \quad \psi \in F(S), \tag{3.1.19}$$

则不难验证 τ' 也是 $F(S)$ 的一个概率真度函数.

下面考察概率真度函数 τ 的基本性质.

命题 3.1.27　(i) 若 $\vdash \varphi$, 则 $\tau(\varphi) = 1$.

(ii) 若 φ 与 ψ 可证等价, 则 $\tau(\varphi) = \tau(\psi)$.

(iii) $\tau(\neg\varphi) = 1 - \tau(\varphi)$.

(iv) 若 φ 是可驳公式, 则 $\tau(\varphi) = 0$.

(v) $\tau(\varphi) = \tau(\varphi \wedge \psi) + \tau(\varphi \wedge \neg\psi)$.

(vi) $\tau(\varphi) + \tau(\psi) = \tau(\varphi \vee \psi) + \tau(\varphi \wedge \psi)$.

(vii) $\tau(\varphi_1)+\cdots+\tau(\varphi_l) = \tau(C^1(\varphi_1, \cdots, \varphi_l))+\cdots+\tau(C^l(\varphi_1, \cdots, \varphi_l)), l = 1, 2, \cdots$.

(viii) $\tau(\varphi \leftrightarrow \psi) = \tau(\varphi \to \psi) + \tau(\psi \to \varphi) - 1$.

(ix) $1 + \tau(\varphi \wedge \psi) = \tau(\varphi) + \tau(\varphi \to \psi)$.

(x) $\tau(\varphi) + \tau(\varphi \to \psi) = \tau(\psi) + \tau(\psi \to \varphi)$.

(xi) $\tau(\psi) \leqslant \tau(\varphi \to \psi)$.

(xii) $\tau(\varphi \wedge \psi) \leqslant \min\{\tau(\varphi), \tau(\psi)\} \leqslant \max\{\tau(\varphi), \tau(\psi)\} \leqslant \tau(\varphi \vee \psi) \leqslant \tau(\varphi) + \tau(\psi)$.

(xiii) $\tau(\varphi \wedge \psi) \geqslant \tau(\varphi) + \tau(\psi) - 1$.

(xiv) $\tau(\psi) \geqslant \tau(\varphi) + \tau(\varphi \to \psi) - 1$.

(xv) 若 $\tau(\varphi \to \psi) = 1$, 则 $\tau(\varphi) \leqslant \tau(\psi)$.

(xvi) $\tau(\varphi \to \chi) \geqslant \tau(\varphi \to \psi) + \tau(\psi \to \chi) - 1$.

证明　(i) 由于定理是从公理出发利用 MP 规则得来的, 所以由 (K2) 和 (K3) 知 (i) 成立.

(ii) 设 φ 与 ψ 可证等价, 则 $\varphi \to \psi$ 与 $\psi \to \varphi$ 都是定理, 从而由 (K3) 知 $\tau(\varphi) \leqslant \tau(\psi)$ 且 $\tau(\psi) \leqslant \tau(\varphi)$, 所以 $\tau(\varphi) = \tau(\psi)$.

(iii) 由于 φ 与 $\neg\varphi$ 不相容, 所以由 (K4) 知 $\tau(\varphi \vee \neg\varphi) = \tau(\varphi) + \tau(\neg\varphi)$. 又 $\varphi \vee \neg\varphi$ 是定理, 所以由 (i) 知 $\tau(\varphi \vee \neg\varphi) = 1$, 故 (iii) 成立.

(iv) 若 φ 是可驳公式, 则 $\neg\varphi$ 是定理, 所以由 (iii) 及 (i) 知 $\tau(\varphi) = 0$.

(v) 由于 φ 与 $(\varphi \wedge \psi) \vee (\varphi \wedge \neg\psi)$ 可证等价, 且 $\varphi \wedge \psi$ 与 $\varphi \vee \neg\psi$ 不相容, 所以 $\tau(\varphi) = \tau((\varphi \wedge \psi) \vee (\varphi \wedge \neg\psi)) = \tau(\varphi \wedge \psi) + \tau(\varphi \wedge \neg\psi)$.

(vi) 由 $\varphi \vee \psi$ 与 $(\varphi \wedge \neg\psi) \vee \psi$ 可证等价以及 $\varphi \wedge \neg\psi$ 与 ψ 不相容知 $\tau(\varphi \vee \psi) = \tau(\varphi \wedge \neg\psi) + \tau(\psi)$. 所以再由 (v) 知 $\tau(\varphi) + \tau(\psi) = \tau(\varphi \vee \psi) + \tau(\varphi \wedge \psi)$.

(vii) 类似于命题 3.1.7 的证明.

(viii) 由于 $\varphi \leftrightarrow \psi = (\varphi \to \psi) \wedge (\psi \to \varphi)$ 以及 $(\varphi \to \psi) \vee (\psi \to \varphi)$ 为定理知 (viii) 成立.

(ix)

$$\begin{aligned}
\tau(\varphi) + \tau(\varphi \to \psi) &= \tau(\varphi) + \tau(\neg\varphi \vee \psi) \\
&= \tau(\varphi) + \tau(\neg\varphi) + \tau(\psi) - \tau(\neg\varphi \wedge \psi) \\
&= 1 + \tau(\psi) - \tau(\neg\varphi \wedge \psi) \\
&= 1 + \tau((\varphi \vee \neg\varphi) \wedge \psi) - \tau(\neg\varphi \wedge \psi) \\
&= 1 + \tau((\varphi \wedge \psi) \vee (\neg\varphi \vee \psi)) - \tau(\neg\varphi \vee \psi) \\
&= 1 + \tau(\varphi \wedge \psi) + \tau(\neg\varphi \vee \psi) - \tau(\neg\varphi \vee \psi) \\
&= 1 + \tau(\varphi \wedge \psi).
\end{aligned}$$

(x) $\tau(\varphi)+\tau(\varphi\to\psi)=1+\tau(\varphi\wedge\psi)=1+\tau(\psi\wedge\varphi)=\tau(\psi)+\tau(\psi\to\varphi)$.

(xi) 由于 $\psi\to(\varphi\to\psi)$ 为定理知 $\tau(\psi)\leqslant\tau(\varphi\to\psi)$.

(xii) 由 $\varphi\wedge\psi\to\varphi$, $\varphi\wedge\psi\to\psi$, $\varphi\to\varphi\vee\psi$, $\psi\to\varphi\vee\psi$ 均为定理以及 (K3) 和 (vi) 知 (xii) 成立.

(xiii) 由 (vi) 知 $\tau(\varphi\wedge\psi)=\tau(\varphi)+\tau(\psi)-\tau(\varphi\vee\psi)\geqslant\tau(\varphi)+\tau(\psi)-1$.

(xiv) $\tau(\psi)=\tau(\varphi)+\tau(\varphi\to\psi)-\tau(\psi\to\varphi)\geqslant\tau(\varphi)+\tau(\varphi\to\psi)-1$.

(xv) 设 $\tau(\varphi\to\psi)=1$, 则由 (xiv) 知 $\tau(\psi)\geqslant\tau(\varphi)+1-1=\tau(\varphi)$.

(xvi) 由 $\tau((\varphi\to\psi)\to((\psi\to\chi)\to(\varphi\to\chi)))=1$ 知 $\tau((\psi\to\chi)\to(\varphi\to\chi))\geqslant\tau(\varphi\to\psi)$. 所以

$$\begin{aligned}\tau(\varphi\to\chi)&\geqslant\tau(\psi\to\chi)+\tau((\psi\to\chi)\to(\varphi\to\chi))-1\\&\geqslant\tau(\psi\to\chi)+\tau(\varphi\to\psi)-1.\end{aligned}$$

可像式 (3.1.12) 和式 (3.1.13) 那样在 $H_\tau=\{\tau(\varphi)\mid\varphi\in F(S)\}$ 上引入 Łukasiewicz t-模 $\otimes_{\text{Ł}}$ 和蕴涵算子 $\to_{\text{Ł}}$, 并可证明命题 3.1.8 成立, 即得下面的命题.

命题 3.1.28 设 $\varphi,\psi\in F(S)$, τ 是 $F(S)$ 上的概率真度函数, 则

(i) $\tau(\varphi)\otimes_{\text{Ł}}\tau(\varphi\to\psi)\to_{\text{Ł}}\tau(\psi)=1$.

(ii) $\tau(\neg\varphi)=\neg_{\text{Ł}}\tau(\varphi)=1-\tau(\varphi)$.

(iii) $\tau(\varphi\vee\psi)=(\tau(\varphi)\to_{\text{Ł}}\tau(\varphi\wedge\psi))\to_{\text{Ł}}\tau(\psi)$.

由命题 3.1.28 知推论 3.1.9 和推论 3.1.10 对 τ 也成立.

下面考察概率真度函数的等价刻画.

命题 3.1.29 设 $\tau: F(S)\to[0,1]$ 是映射, 则 τ 是 $F(S)$ 的概率真度函数 iff 对任意两个公式 $\varphi,\psi\in F(S)$, τ 满足:

(i) 若 $\vdash\varphi$, 则 $\tau(\varphi)=1$,

(ii) 若 $\vdash\neg\varphi$, 则 $\tau(\varphi)=0$,

(iii) $\tau(\varphi)+\tau(\psi)=\tau(\varphi\vee\psi)+\tau(\varphi\wedge\psi)$.

证明 由命题 3.1.27 (i), (iv) 和 (vi) 知必要性成立. 下证充分性. (K1) 和 (K2) 显然成立. 又当 φ 与 ψ 不相容时, $\varphi\wedge\psi$ 为可驳公式, 所以由 (ii) 及 (iii) 知 (K4) 成立. 证 (K3) 前先证 $\tau(\neg\varphi)=1-\tau(\varphi)$. 事实上, 由 $\varphi\vee\neg\varphi$ 为定理, $\varphi\wedge\neg\varphi$ 为可驳公式及 (i) 和 (iii) 知 $1=\tau(\varphi\vee\neg\varphi)=\tau(\varphi)+\tau(\neg\varphi)-\tau(\varphi\wedge\neg\varphi)=\tau(\varphi)+\tau(\neg\varphi)$, 所以 $\tau(\neg\varphi)=1-\tau(\varphi)$. 现设 $\vdash\varphi\to\psi$, 则 $\vdash\neg\varphi\vee\psi$. 从而由 (i) 和 (iii) 知 $1=\tau(\neg\varphi\vee\psi)=\tau(\neg\varphi)+\tau(\psi)-\tau(\neg\varphi\wedge\psi)=1-\tau(\varphi)+\tau(\psi)-\tau(\neg\varphi\wedge\psi)$, 所以 $\tau(\varphi)\leqslant\tau(\psi)$.

命题 3.1.30 设 $\tau: F(S)\to[0,1]$ 是映射, 则 τ 是 $F(S)$ 的概率真度函数 iff 对任意公式 $\varphi,\varphi_1,\cdots,\varphi_l\in F(S)$ $(l=1,2,\cdots)$, τ 满足:

(i) 若 $\vdash\varphi$, 则 $\tau(\varphi)=1$,

(ii) 若 $\vdash \neg\varphi$, 则 $\tau(\varphi)=0$,

(iii) $\tau(\varphi_1)+\cdots+\tau(\varphi_l)=\tau(C^1(\varphi_1,\cdots,\varphi_l))+\cdots+\tau(C^l(\varphi_1,\cdots,\varphi_l))$.

这里 $C^k(\varphi_1,\cdots,\varphi_l)$ 由式 (3.1.10) 定义, $k=1,\cdots,l$.

证明　由命题 3.1.27 (i), (iv) 和 (vii) 知必要性成立. 反过来, 当 $l=2$ 时, τ 就满足命题 3.1.29 (iii), 所以由命题 3.1.29 知充分性也成立.

命题 3.1.31　设 $\tau: F(S)\to[0,1]$ 是映射, 则 τ 是 $F(S)$ 的概率真度函数 iff 对任意两个公式 $\varphi,\psi\in F(S)$, τ 满足:

(i) 若 φ 是公理, 则 $\tau(\varphi)=1$,

(ii) $\tau(\neg\varphi)=1-\tau(\varphi)$,

(iii) $\tau(\varphi)+\tau(\varphi\to\psi)=\tau(\psi)+\tau(\psi\to\varphi)$.

证明　由命题 3.1.27 (i), (iii) 和 (x) 知也只需证充分性. 由 (iii) 知若 $\tau(\varphi)=\tau(\varphi\to\psi)=1$, 则 $\tau(\psi)=1$. 由 (i) 和这一事实知对任一定理 φ, $\tau(\varphi)=1$. 设 $\vdash\varphi\to\psi$, 则 $\tau(\varphi\to\psi)=1$. 由 (iii) 知 $\tau(\varphi)=\tau(\psi)+\tau(\psi\to\varphi)-\tau(\varphi\to\psi)=\tau(\psi)+\tau(\psi\to\varphi)-1\leqslant\tau(\psi)$, 这就证得 (K3) 成立. 从而对于可证等价的公式 φ,ψ, 有 $\tau(\varphi)=\tau(\psi)$. 下证 (K4). 由 (ii) 和 (iii) 知,

$$\begin{aligned}\tau(\varphi\vee\psi)&=\tau(\neg\varphi\to\psi)\\&=\tau(\psi)+\tau(\psi\to\neg\varphi)-\tau(\neg\varphi)\\&=\tau(\psi)+\tau(\varphi)-1+\tau(\psi\to\neg\varphi)\\&=\tau(\varphi)+\tau(\psi)-1+\tau(\neg\psi\vee\neg\varphi)\\&=\tau(\varphi)+\tau(\psi)-\tau(\varphi\wedge\psi).\end{aligned}$$

所以 $\tau(\varphi\vee\psi)=\tau(\varphi)+\tau(\psi)-\tau(\varphi\wedge\psi)$. 当 φ 与 ψ 不相容时, $\tau(\varphi\wedge\psi)=0$. 所以 $\tau(\varphi\vee\psi)=\tau(\varphi)+\tau(\psi)$.

由命题 3.1.31 知本节定义的概率真度函数 τ 与文献 [100] 引入的语构真度函数 τ^* 等价, 但本节最后将证明每个这样的 τ (或 τ^*) 都可由式 (3.1.1) 表示. 下面再给出 τ 的一个等价刻画条件.

命题 3.1.32　设 $\tau: F(S)\to[0,1]$ 是映射, 则 τ 是 $F(S)$ 的概率真度函数 iff 对任意两个公式 $\varphi,\psi\in F(S),\tau$ 满足:

(i) 若 $\vdash\varphi$, 则 $\tau(\varphi)=1$,

(ii) 若 $\vdash\neg\varphi$, 则 $\tau(\varphi)=0$,

(iii) $\tau(\varphi)+\tau(\varphi\to\psi)=\tau(\psi)+\tau(\psi\to\varphi)$.

证明　由命题 3.1.27 知只需证充分性. 由命题 3.1.31 知只需证 $\tau(\neg\varphi)=1-\tau(\varphi)$, $\varphi\in F(S)$. 由 (i) 和 (iii) 知若 φ 与 ψ 可证等价, 则 $\tau(\varphi)=\tau(\psi)$. 在 (iii) 中

令 $\psi=\bar{0}$ 为可驳公式, 则 $\varphi\to\bar{0}$ 与 $\neg\varphi$ 可证等价, $\bar{0}\to\varphi$ 与定理 T 可证等价, 从而 $\tau(\varphi)+\tau(\neg\varphi)=\tau(\varphi)+\tau(\varphi\to\bar{0})=\tau(\bar{0})+\tau(\bar{0}\to\varphi)=0+1=1$. 所以命题 3.1.32 成立.

现在讨论 $F(S)$ 的概率真度函数与文献 [101] 中的 Boole 代数上的有限可加测度间的关系. 值得指出的是, 在那里进行深入研究的 Boole 代数 X 上的有限可加测度 μ 都满足条件 $\mu(x)=0$ iff $x=0, x\in X$, 而本节的概率真度函数所诱导的有限可加测度一般不满足这一条件. 此外, 文献 [101] 也未能与概率逻辑或计量逻辑联系起来.

定义 3.1.33[101] 设 $X=(X,\leqslant,{}',0,1)$ 是 Boole 代数, $s:X\to[0,1]$ 满足:

(i) $s(0)=0, s(1)=1$,

(ii) 若 $x\wedge y=0$, 则 $s(x\vee y)=s(x)+s(y)$,

称 s 为 X 上的**有限可加测度**.

命题 3.1.34 设 s 是 Boole 代数 X 上的有限可加测度, 则 s 是单调不减的, 即当 $x\leqslant y$ 时, $s(x)\leqslant s(y)$, $x,y\in X$.

证明 任取 $x,y\in X$ 且 $x\leqslant y$, 令 $z=x'\wedge y$, 则 $x\wedge z=x\wedge(x'\wedge y)=0$, $x\vee z=x\vee(x'\wedge y)=(x\vee x')\wedge(x\vee y)=x\vee y=y$. 所以 $s(y)=s(x\vee z)=s(x)+s(z)\geqslant s(x)$.

命题 3.1.35 (i) 设 s 是 Boole Lindenbaum 代数 $[F]=(F(S)/\sim,\leqslant,{}',[\bar{0}],[T])$, 即 $F(S)$ 关于可证等价关系 $\sim$ 的商代数上的有限可加测度. 定义 $\tau_s:F(S)\to[0,1]$:

$$\tau_s(\varphi)=s([\varphi]),$$

则由定义 3.1.33 知 τ_s 是定义 3.1.25 意义下的 $F(S)$ 的概率真度函数.

(ii) 设 τ 是 $F(S)$ 上的概率真度函数, 定义 $s_\tau:[F]\to[0,1]$:

$$s_\tau([\varphi])=\tau(\varphi),$$

则由命题 3.1.29 知 s_τ 是 $[F]$ 上的有限可加测度.

在证明 $F(S)$ 上的概率真度函数的表示定理 (即 $F(S)$ 上的任一概率真度函数 τ 都由赋值空间 Ω 上的 Borel 型概率测度 μ 按式 (3.1.1) 表出) 之前, 再做些准备工作.

任取 $m\in\mathbb{N}$, 任取 $(x_1,\cdots,x_m)\in\{0,1\}^m$, 并约定式 (3.1.8) 成立, 以 $\delta_{(x_1,\cdots,x_m)}$ 简记 $p_1^{x_1}\wedge\cdots\wedge p_m^{x_m}$, 即

$$\delta_{(x_1,\cdots,x_m)}=p_1^{x_1}\wedge\cdots\wedge p_m^{x_m}.$$

定理 3.1.36 设 τ 是 $F(S)$ 的概率真度函数, $(x_1,\cdots,x_m)\in\{0,1\}^m$, 则

(i) $0\leqslant\tau(\delta_{(x_1,\cdots,x_m)})\leqslant 1$.

(ii) $\sum\{\tau(\delta_{(x_1,\cdots,x_m)}) \mid (x_1,\cdots,x_m)\in\{0,1\}^m\}=1$.

(iii) $\tau(\delta_{(x_1,\cdots,x_m,0)})+\tau(\delta_{(x_1,\cdots,x_m,1)})=\tau(\delta_{(x_1,\cdots,x_m)})$.

证明 (i) 由 (K1) 知 (i) 成立.

(ii) 令 $l=2^m$, $\varphi_1=\delta_{(1,\cdots,1)},\cdots,\varphi_{2^m}=\delta_{(0,\cdots,0)}$. 所以由命题 3.1.30 知

$$\tau(\varphi_1)+\cdots+\tau(\varphi_{2^m})=\tau(C^1(\varphi_1,\cdots,\varphi_{2^m}))+\cdots+\tau(C^{2^m}(\varphi_1,\cdots,\varphi_{2^m})).$$

任取 $(x_1,\cdots,x_m),(y_1,\cdots,y_m)\in\{0,1\}^m$ 使得 $(x_1,\cdots,x_m)\neq(y_1,\cdots,y_m)$, 则不难验证 $\delta_{(x_1,\cdots,x_m)}\wedge\delta_{(y_1,\cdots,y_m)}$ 为可驳公式. 从而当 $i\neq j$ 时, $\varphi_i\wedge\varphi_j$ 为可驳公式, 所以对任一 $k>1$, $C^k(\varphi_1,\cdots,\varphi_{2^m})$ 也为可驳公式, 因而 $\tau(C^k(\varphi_1,\cdots,\varphi_{2^m}))=0$. 所以 $\tau(\varphi_1)+\cdots+\tau(\varphi_{2^m})=\tau(C^1(\varphi_1,\cdots,\varphi_{2^m}))=\tau(\varphi_1\vee\cdots\vee\varphi_{2^m})$. 又 $\varphi_1\vee\cdots\vee\varphi_{2^m}$ 为定理, 所以 $\tau(\varphi_1)+\cdots+\tau(\varphi_{2^m})=1$, 即式 (ii) 成立.

(iii) 因为 $\delta_{(x_1,\cdots,x_m,0)}\vee\delta_{(x_1,\cdots,x_m,1)}$ 与 $\delta_{(x_1,\cdots,x_m)}$ 可证等价, 而 $\delta_{(x_1,\cdots,x_m,0)}\wedge\delta_{(x_1,\cdots,x_m,1)}$ 为可驳公式, 所以

$$\tau(\delta_{(x_1,\cdots,x_m)})=\tau(\delta_{(x_1,\cdots,x_m,0)}\vee\delta_{(x_1,\cdots,x_m,1)})=\tau(\delta_{(x_1,\cdots,x_m,0)})+\tau(\delta_{(x_1,\cdots,x_m,1)}).$$

定理 3.1.37 设 τ 是 $F(S)$ 的概率真度函数, $\varphi=\varphi(p_1,\cdots,p_m)\in F(S)$, 则

$$\tau(\varphi)=\sum\{\tau(\delta_{(x_1,\cdots,x_m)}) \mid (x_1,\cdots,x_m)\in\overline{\varphi}^{-1}(1)\}. \tag{3.1.20}$$

证明 由命题 3.1.27 知, 若 φ 与 ψ 可证等价, 则 $\tau(\varphi)=\tau(\psi)$. 所以在不影响 $\tau(\varphi)$ 的值时, 可设 φ 为析取范式 $\varphi=\vee\{\delta_{(x_1,\cdots,x_m)} \mid (x_1,\cdots,x_m)\in\overline{\varphi}^{-1}(1)\}$. 由定理 3.1.36 (ii) 的证明知 $\tau(\varphi)=\tau(\vee\{\delta_{(x_1,\cdots,x_m)} \mid (x_1,\cdots,x_m)\in\overline{\varphi}^{-1}(1)\})=\sum\{\tau(\delta_{(x_1,\cdots,x_m)}) \mid (x_1,\cdots,x_m)\in\overline{\varphi}^{-1}(1)\}$, 所以式 (3.1.20) 成立.

定理 3.1.38 (表示定理) 设 τ 是 $F(S)$ 的概率真度函数, 则在 Ω 上存在唯一 Borel 型概率测度 μ 使得对任一公式 $\varphi\in F(S)$,

$$\tau(\varphi)=\mu(\varphi^{-1}(1)). \tag{3.1.21}$$

证明 下面构造 μ 满足式 (3.1.21). 任取 $m\in\mathbb{N}$, 令

$$\mu\left((x_1,\cdots,x_m)\times\prod_{k=m+1}^{\infty}X_k\right)=\tau(\delta_{(x_1,\cdots,x_m)}). \tag{3.1.22}$$

任取 Ω 中的拓扑闭集 Σ, 令

$$\mu\left(\Sigma(m)\times\prod_{k=m+1}^{\infty}X_k\right)=\sum\{\tau(\delta_{(x_1,\cdots,x_m)}) \mid (x_1,\cdots,x_m)\in\Sigma(m)\}, \tag{3.1.23}$$

$$\mu(\Sigma) = \lim_{m \to \infty} \mu\left(\Sigma(m) \times \prod_{k=m+1}^{\infty} X_k\right). \tag{3.1.24}$$

任取 Ω 的一 Borel 集 $\Delta \in \mathscr{B}(\Omega)$, 令

$$\mu(\Delta) = \sup\{\mu(\Sigma) \mid \Sigma \subseteq \Delta \text{为拓扑闭集}\}. \tag{3.1.25}$$

由式 (3.1.22)– 式 (3.1.25) 可验证 μ 是 Ω 上的 Borel 型概率测度. 任取 $\varphi \in F(S)$, 则由定理 3.1.37 知

$$\begin{aligned}\tau(\varphi) &= \sum\{\tau(\delta_{(x_1,\cdots,x_m)}) \mid (x_1,\cdots,x_m) \in \overline{\varphi}^{-1}(1)\} \\ &= \mu\left(\overline{\varphi}^{-1}(1) \times \prod_{k=m+1}^{\infty} X_k\right) \\ &= \mu(\varphi^{-1}(1)),\end{aligned}$$

即式 (3.1.21) 成立. 设 ν 是满足式 (3.1.21) 的 Ω 上的 Borel 型概率测度, 则 ν 也满足式 (3.1.22)– 式 (3.1.25), 所以由引理 3.1.24 知 $\mu = \nu$.

由定理 3.1.38 知二值命题逻辑系统中只有形如式 (3.1.1) 表达的概率真度函数. 再由式 (3.1.21) 中 Borel 型概率测度的唯一性 (或定理 3.1.23) 知该系统中概率真度函数与赋值空间 Ω 上的 Borel 型概率测度是一样多的. 这也是 3.1.1 节开始就用拓扑空间 Ω 上的 Borel 概率测度而不用其上的一般概率测度来定义公式的概率真度的原因之一 (最根本的原因在于用 Borel 概率测度定义公式的概率真度可将概率逻辑中公式的概率、计量逻辑中公式的真度及随机真度均可作为概率真度的特例而纳入到统一的框架中, 进而实现概率逻辑与计量逻辑的融合和统一).

3.1.4 逻辑度量空间

基于概率真度函数 τ_μ (即 $\tau_{2,\mu}$), 可以像在计量逻辑中那样引入公式间的相似度及伪距离, 进而建立相应的概率计量逻辑度量空间.

定义 3.1.39 设 μ 是 Ω 上的 Borel 型概率测度, $\tau_{2,\mu}$ 是由式 (3.1.1) 或式 (3.1.21) 定义的概率真度函数, $\varphi, \psi \in F(S)$.

(i) 称 $\xi_{2,\mu}(\varphi,\psi) = \tau_{2,\mu}((\varphi \to \psi) \wedge (\psi \to \varphi))$ 为公式 φ 与 ψ 间的 **μ-相似度**.

(ii) 称 $\rho_{2,\mu}(\varphi,\psi) = 1 - \xi_{2,\mu}(\varphi,\psi)$ 为 φ 与 ψ 间的 **μ-伪距离**, 称 $(F(S), \rho_{2,\mu})$ 为 **μ-概率计量逻辑度量空间**.

(iii) 设 $\Gamma \subseteq F(S)$, 称 $\mathrm{div}_{2,\mu}(\Gamma) = \sup\{\rho_{2,\mu}(\varphi,\psi) \mid \varphi,\psi \in D(\Gamma)\}$ 为理论 Γ 的 **μ-发散度**. 若 $\mathrm{div}_{2,\mu}(\Gamma) = 1$, 称 Γ 是 **μ-全发散**的.

在不致混淆时, 分别把 $\xi_{2,\mu}, \rho_{2,\mu}$ 及 $\mathrm{div}_{2,\mu}$ 简记为 ξ_μ, ρ_μ 及 div_μ.

命题 3.1.40 设 $\varphi, \psi, \chi \in F(S)$, 则

(i) $\xi_\mu(\varphi,\varphi)=1$, $\rho_\mu(\varphi,\varphi)=0$.

(ii) $\xi_\mu(\varphi,\psi)=\xi_\mu(\psi,\varphi)$, $\rho_\mu(\varphi,\psi)=\rho_\mu(\psi,\varphi)$.

(iii) $\xi_\mu(\varphi,\psi)+\xi_\mu(\psi,\chi)\leqslant 1+\xi_\mu(\varphi,\chi)$.

(iv) $\rho_\mu(\varphi,\psi)+\rho_\mu(\psi,\chi)\geqslant \rho(\varphi,\chi)$.

证明　(i) 和 (ii) 是显然的, (iv) 是 (iii) 的直接推论, 所以只证 (iii).

令 $\varphi_1=(\varphi\to\psi)\wedge(\psi\to\varphi)$, $\varphi_2=(\psi\to\chi)\wedge(\chi\to\psi)$, 则由命题 3.1.6 (v)(或命题 3.1.27 (vi)) 知, $\xi_\mu(\varphi,\psi)+\xi_\mu(\psi,\chi)=\tau_\mu(\varphi_1)+\tau_\mu(\varphi_2)=\tau_\mu(\varphi_1\vee\varphi_2)+\tau_\mu(\varphi_1\wedge\varphi_2)\leqslant 1+\tau_\mu(\varphi_1\wedge\varphi_2)$. 又 $(\varphi\to\psi)\wedge(\psi\to\chi)\to(\varphi\to\chi)$ 以及 $(\psi\to\varphi)\wedge(\chi\to\psi)\to(\chi\to\varphi)$ 都是重言式, 所以 $\varphi_1\wedge\varphi_2\to(\varphi\to\chi)\wedge(\chi\to\varphi)$ 也是重言式. 由命题 3.1.6 (ix) 知 $\tau_\mu(\varphi_1\wedge\varphi_2)\leqslant\tau_\mu((\varphi\to\chi)\wedge(\chi\to\varphi))=\xi_\mu(\varphi,\chi)$. 所以 $\xi_\mu(\varphi,\psi)+\xi_\mu(\psi,\chi)\leqslant 1+\xi_\mu(\varphi,\chi)$. 这就得了 (iii).

由命题 3.1.40 (i)−(iii) 知 ξ_μ 确实是 $F(S)$ 上的一个相似度, 从而 ρ_μ 是 $F(S)$ 上的伪距离, 所以定义 3.1.39 (i) 和 (ii) 是合理的.

命题 3.1.41　设 $\varphi,\psi\in F(S)$, 则:

(i)

$$\begin{aligned}\xi_\mu(\varphi,\psi)=0 \quad &\text{iff} \quad \rho_\mu(\varphi,\psi)=1\\ &\text{iff} \quad \mu(\{v\in\Omega\mid v(\varphi)=v(\neg\psi)\})=1.\end{aligned}\tag{3.1.26}$$

若 μ 是有限原子的 (见命题 3.1.4), 则

$$\begin{aligned}\xi_\mu(\varphi,\psi)=0 \quad &\text{iff} \quad \rho_\mu(\varphi,\psi)=1\\ &\text{iff} \quad \varphi\approx\neg\psi.\end{aligned}\tag{3.1.27}$$

特别地, 当 μ 是式 (2.2.3) 或式 (2.2.7) 中的乘积概率测度时, 式 (3.1.27) 成立.

(ii) $\xi_\mu(\varphi,\psi)=1$ iff $\rho_\mu(\varphi,\psi)=0$ iff $\mu(\{v\in\Omega\mid v(\varphi)=v(\psi)\})=1$. 特别地, 当 μ 是有限原子的时, $\xi_\mu(\varphi,\psi)=1$ iff $\varphi\approx\psi$.

证明　(i)

$$\begin{aligned}\xi_\mu(\varphi,\psi)=0 \text{ iff } &\tau_\mu((\varphi\to\psi)\wedge(\psi\to\varphi))=0\\ \text{iff } &\mu(\{v\in\Omega\mid v((\varphi\to\psi)\wedge(\psi\to\varphi))=1\})=0\\ \text{iff } &\mu(\{v\in\Omega\mid v(\varphi)=v(\psi)\})=0\\ \text{iff } &\mu(\{v\in\Omega\mid v(\varphi)\neq v(\psi)\})=1\\ \text{iff } &\mu(\{v\in\Omega\mid v(\varphi)=v(\neg\psi)\})=1.\end{aligned}$$

这就证得式 (3.1.26).

设 μ 是有限原子的. 不失一般性, 可设 φ 和 ψ 都是由原子公式 $p_1,\cdots,p_m$ 构成的, 则由式 (3.1.26),

$$\begin{aligned}
\xi_\mu(\varphi,\psi)=0 \quad &\text{iff} \quad \mu\left(\overline{(\varphi\to\psi)\wedge(\psi\to\varphi)}^{-1}(1)\times\prod_{k=m+1}^{\infty}X_k\right)=0\\
&\text{iff} \quad \mu(m)(\overline{((\varphi\to\psi)\wedge(\psi\to\varphi)}^{-1}(1))=0\\
&\text{iff} \quad \overline{(\varphi\to\psi)\wedge(\psi\to\varphi)}^{-1}(1)=\varnothing\\
&\text{iff} \quad \overline{\varphi}^{-1}(1)=\overline{\neg\psi}^{-1}(1)\\
&\text{iff} \quad \varphi\approx\neg\psi.
\end{aligned}$$

所以式 (3.1.27) 成立. 显然, 式 (2.2.3) 和式 (2.2.7) 中的乘积概率测度都是有限原子的, 所以, 此时式 (3.1.27) 也成立.

(ii) 类似可证 (ii).

可见命题 2.2.7 是命题 3.1.41 的特殊情形.

定理 3.1.42 设 μ 是赋值空间 Ω 上的 Borel 型概率测度. 若 μ 是非原子的 (见定理 3.1.5), 则 μ-逻辑度量空间 $(F(S),\rho_\mu)$ 中没有孤立点.

证明 设 μ 是非原子的, $\varphi=\varphi(p_1,\cdots,p_m)\in F(S)$, $\varepsilon>0$. 由于 μ 是非原子的, 则存在充分大的 $k\in\mathbb{N}$ 使得对任一 $(x_1,\cdots,x_m,x_{m+1},\cdots,x_{m+k})\in\{0,1\}^{m+k}$,

$$\mu\left((x_1,\cdots,x_m,x_{m+1},\cdots,x_{m+k})\times\prod_{l=m+k+1}^{\infty}X_l\right)<\frac{1}{2^m}\varepsilon.$$

从而

$$\begin{aligned}
&\mu\left(\{0,1\}^m\times(x_{m+1},\cdots,x_{m+k})\times\prod_{l=m+k+1}^{\infty}X_l\right)\\
&=\sum\left\{\mu\left((x_1,\cdots,x_m,x_{m+1},\cdots,x_{m+k})\times\prod_{l=m+k+1}^{\infty}X_l\right)\middle|(x_1,\cdots,x_m)\in\{0,1\}^m\right\}\\
&<\frac{\varepsilon}{2^m}\times 2^m=\varepsilon.
\end{aligned}$$

令

$$\delta_{(x_{m+1},\cdots,x_{m+k})}=p_{m+1}^{x_{m+1}}\wedge\cdots\wedge p_{m+k}^{x_{m+k}},$$

则 $\tau_\mu(\delta_{(x_{m+1},\cdots,x_{m+k})})=\mu\left(\{0,1\}^m\times(x_{m+1},\cdots,x_{m+k})\times\prod_{l=m+k+1}^{\infty}X_l\right)<\varepsilon.$

令 $\psi=\varphi\wedge\neg\delta_{(x_{m+1},\cdots,x_{m+k})}$, 则以下各式成立:

$$
\begin{aligned}
(\varphi\to\psi)\wedge(\psi\to\varphi)\approx\varphi\to\psi\ &\approx\ \varphi\to\neg\delta_{(x_{m+1},\cdots,x_{m+k})},\\
\xi_\mu(\varphi,\psi)&=\tau_\mu(\varphi\to\neg\delta_{(x_{m+1},\cdots,x_{m+k})})\geqslant\tau_\mu(\neg\delta_{(x_{m+1},\cdots,x_{m+k})}),\\
\rho_\mu(\varphi,\psi)&=1-\xi_\mu(\varphi,\psi)\\
&\leqslant 1-\tau_\mu(\neg\delta_{(x_{m+1},\cdots,x_{m+k})})\\
&=\tau_\mu(\delta_{(x_{m+1},\cdots,x_{m+k})})\\
&<\varepsilon.
\end{aligned}
$$

这就证明了定理 3.1.42.

定理 3.1.43　设 μ 是 Ω 上的 Borel 型概率测度, 则在 μ-逻辑度量空间 $(F(S),\rho_\mu)$ 中, 逻辑连接词 $\neg,\vee,\wedge$ 和 $\to$ 关于 ρ_μ 都是连续的.

为证明定理 3.1.43, 需要一个引理.

引理 3.1.44　设 μ 是 Ω 上的 Borel 型概率测度, $\varphi,\psi,\chi\in F(S)$, 则

$$\rho_\mu(\varphi\to\psi,\varphi\to\chi)\leqslant\rho_\mu(\psi,\chi),\tag{3.1.28}$$

$$\rho_\mu(\psi\to\varphi,\chi\to\varphi)\leqslant\rho(\psi,\chi).\tag{3.1.29}$$

证明　先证式 (3.1.28). 由 $(\psi\to\chi)\to((\varphi\to\psi)\to(\varphi\to\chi))$ 以及 $(\chi\to\psi)\to((\varphi\to\chi)\to(\varphi\to\psi))$ 均为定理知

$$\tau_\mu((\psi\to\chi)\wedge(\chi\to\psi))\leqslant\tau_\mu(((\varphi\to\psi)\to(\varphi\to\chi))\wedge((\varphi\to\chi)\to(\varphi\to\psi))),$$

即 $\xi_\mu(\psi,\chi)\leqslant\xi_\mu(\varphi\to\psi,\varphi\to\chi)$, 从而 $\rho_\mu(\varphi\to\psi,\varphi\to\chi)\leqslant\rho_\mu(\psi,\chi)$, 即式 (3.1.28) 成立. 类似可证式 (3.1.29).

定理 3.1.43 的证明　(i) 先证否定连接词 $\neg$ 的连续性. 由 $\rho_\mu(\neg\varphi,\neg\psi)=\rho_\mu(\varphi,\psi)$ 知

$$\lim_{m\to\infty}\rho_\mu(\varphi_m,\varphi)=0\ \text{iff}\ \lim_{m\to\infty}\rho_\mu(\neg\varphi_m,\neg\varphi)=0,$$

所以 $\neg$ 关于 ρ_μ 是连续的.

(ii) 现证蕴涵连接词 $\to$ 的连续性. 设 $\lim\limits_{m\to\infty}\rho_\mu(\varphi_m,\varphi)=\lim\limits_{m\to\infty}\rho_\mu(\psi_m,\psi)=0$, 则由式 (3.1.28) 和式 (3.1.29) 知

$$
\begin{aligned}
\rho_\mu(\varphi_m\to\psi_m,\varphi\to\psi)&\leqslant\rho_\mu(\varphi_m\to\psi_m,\varphi_m\to\psi)+\rho_\mu(\varphi_m\to\psi,\varphi\to\psi)\\
&\leqslant\rho_\mu(\psi_m,\psi)+\rho_\mu(\varphi_m,\varphi)\\
&\to 0\ (m\to 0).
\end{aligned}
$$

所以 $\lim\limits_{m\to\infty}\rho_\mu(\varphi_m\to\psi_m,\varphi\to\psi)=0$, 这就证得了 $\to$ 的连续性.

(iii) 由于 $\vee$ 和 $\wedge$ 都可由 $\neg$ 和 $\to$ 来表达, 所以由 $\neg$ 和 $\to$ 的连续性知 $\vee$ 和 $\wedge$ 关于 ρ_μ 也是连续的.

3.2 多值命题逻辑中公式的概率真度

在 3.1 节我们在二值命题逻辑中提出了的公式的概率真度概念, 把概率逻辑中公式的概率以及计量逻辑中公式的真度、随机真度均作为概率真度的特例纳入到了统一的框架中, 从而实现了概率逻辑和计量逻辑的融合和统一. 本节把该方法推广至 n-值和 $[0,1]$-值命题逻辑中建立相应的概率计量逻辑理论.

3.2.1 n-值命题逻辑中公式的概率真度

本节主要以 n-值 Łukasiewicz 命题逻辑系统 $Ł_n$ 和 n-值 R_0-型命题逻辑 $\mathscr{L}_n^*$ 为例在这两个 n-值系统中定义公式的概率真度. 注意, 这两个 n-值系统的赋值域的支撑集都是 $W_n = \left\{0, \frac{1}{n-1}, \cdots, \frac{n-2}{n-1}, 1\right\}$ (在不同系统中 W_n 中的运算不同, 参见 1.2.2 节和 1.2.4 节), 赋值集 Ω_n 都可记为 W_n^{ω}. 在不致混淆时仍把 Ω_n 简记为 Ω.

与二值情形一样, 令 $X_k = W_n$ 是离散拓扑意义下的拓扑空间 $(k = 1, 2, \cdots)$, $\Omega = X = \prod\limits_{k=1}^{\infty} X_k$ 是乘积拓扑意义下的拓扑空间, 称为**赋值空间**. 设 $\mathscr{B}(X_k)$ 和 $\mathscr{B}(\Omega)$ 分别是空间 X_k 和 Ω 中的 Borel 集之集, 则易见 $\mathscr{B}(\Omega)$ 也是由乘积空间 Ω 的拓扑基

$$\mathscr{U} = \{A_1 \times \cdots \times A_m \times X_{m+1} \times X_{m+2} \times \cdots \mid A_k \in \mathscr{P}(X_k), k = 1, \cdots, m; m \in \mathbb{N}\}$$

生成的 σ-代数. 再设 μ 是定义在 $\mathscr{B}(\Omega)$ 上的 Borel 型概率测度, 则 $(\Omega, \mathscr{B}(\Omega), \mu)$ 是一 Borel 型概率测度空间.

定义 3.2.1 在 $Ł_n$ 和 $\mathscr{L}_n^*$ 中, 设 $\varphi \in F(S)$, 定义

$$\tau_{n,\mu}(\varphi) = \sum_{i=0}^{n-1} \frac{i}{n-1} \mu\left(\varphi^{-1}\left(\frac{i}{n-1}\right)\right). \tag{3.2.1}$$

称 $\tau_{n,\mu}(\varphi)$ 为 φ 的 **μ-真度**. 这里仍把公式 φ 视为函数 $\varphi: \Omega \to W_n, \varphi(v) = v(\varphi), v \in \Omega$. 在不致混淆时, 把 $\tau_{n,\mu}(\varphi)$ 简记为 $\tau_\mu(\varphi)$.

注 3.2.2 (i) 显然, 当 $n = 2$ 时, $\tau_{n,\mu}(\varphi) = \tau_{2,\mu}(\varphi)$, 即式 (3.1.1) 是式 (3.2.1) 的特殊情形.

(ii) 当 μ 为 Ω 上由各因子空间 W_n 上的均匀概率测度生成的乘积概率测度时, 式 (3.2.1) 就退化为式 (2.3.1).

(iii) 由式 (3.2.1) 知逻辑等价的公式也有相同的 μ-真度. 为方便计算, 我们仍总假设公式 φ 由前 m 个原子公式 $p_1, \cdots, p_m$ 构成, 即 $\varphi = \varphi(p_1, \cdots, p_m)$.

(iv) 设 $\varphi=\varphi(p_1,\cdots,p_m)\in F(S)$. 对每个 $i=0,\cdots,n-1$, $\varphi^{-1}\left(\frac{i}{n-1}\right)=\overline{\varphi}^{-1}\left(\frac{i}{n-1}\right)\times\prod\limits_{k=m+1}^{\infty}X_k$, 这里 $\overline{\varphi}$ 是由 φ 诱导的真函数, 见式 (1.1.2). 在 Ł_n 中, $\overline{\varphi}$ 就是 McNaughton 函数. 由于对任一子集 $E\subseteq W_n^m$, $E\times\prod\limits_{k=m+1}^{\infty}X_k$ 都是 Borel 集, 即 $E\times\prod\limits_{k=m+1}^{\infty}X_k\in\mathscr{B}(\Omega)$, 所以不论在 Ł_n 中还是在 $\mathscr{L}_n^*$ 中, φ 都是从乘积空间 Ω 到离散空间 W_n 的连续函数, 从而是 Borel 可测的. 所以 φ 可视为概率测度空间 $(\Omega,\mathscr{B}(\Omega),\mu)$ 上的随机变量函数. 从而

$$\tau_{n,\mu}(\varphi)=\sum_{i=0}^{n-1}\frac{i}{n-1}\mu\left(\varphi^{-1}\left(\frac{i}{n-1}\right)\right)=\int_{\mathscr{B}(\Omega)}\varphi(v)\mathrm{d}\mu$$

是随机变量函数 φ 的数学期望.

(v) 设 μ 是 Ω 上的 Borel 型概率测度. 对任一 $m\in\mathbb{N}$, 定义 $\mu(m):\mathscr{B}(W_n^m)\to[0,1]$:

$$\mu(m)(E)=\mu\left(E\times\prod_{k=m+1}^{\infty}X_k\right),\quad E\in\mathscr{B}(W_n^m),\tag{3.2.2}$$

则 $\mu(m)$ 是 W_n^m 上的 Borel 型概率测度. 设 $\varphi=\varphi(p_1,\cdots,p_m)$, 则式 (3.2.1) 也可简化为

$$\begin{aligned}\tau_\mu(\varphi)&=\sum_{i=0}^{n-1}\frac{i}{n-1}\mu\left(\varphi^{-1}\left(\frac{i}{n-1}\right)\right)\\&=\sum_{i=0}^{n-1}\frac{i}{n-1}\mu\left(\overline{\varphi}^{-1}\left(\frac{i}{n-1}\right)\times\prod_{k=m+1}^{\infty}X_k\right)\\&=\sum_{i=0}^{n-1}\frac{i}{n-1}\mu(m)\left(\overline{\varphi}^{-1}\left(\frac{i}{n-1}\right)\right).\end{aligned}\tag{3.2.3}$$

(vi) 式 (3.2.3) 还可进一步化为

$$\begin{aligned}\tau_\mu(\varphi)&=\sum_{i=0}^{n-1}\frac{i}{n-1}\mu(m)\left(\overline{\varphi}^{-1}\left(\frac{i}{n-1}\right)\right)\\&=\sum_{i=0}^{n-1}\frac{i}{n-1}\left(\sum\left\{\mu(m)(\{(x_1,\cdots,x_m)\})\,\middle|\,(x_1,\cdots,x_m)\in\overline{\varphi}^{-1}\left(\frac{i}{n-1}\right)\right\}\right)\\&=\sum_{i=0}^{n-1}\left(\sum\left\{\frac{i}{n-1}\mu(m)(\{(x_1,\cdots,x_m)\})\,\middle|\,(x_1,\cdots,x_m)\in\overline{\varphi}^{-1}\left(\frac{i}{n-1}\right)\right\}\right)\end{aligned}$$

$$
\begin{aligned}
&= \sum_{i=0}^{n-1} \left(\sum \left\{ \overline{\varphi}(x_1, \cdots, x_m)\mu(m)(\{(x_1, \cdots, x_m)\}) \right.\right. \\
&\left.\left. \middle| (x_1, \cdots, x_m) \in \overline{\varphi}^{-1}\left(\frac{i}{n-1}\right) \right\} \right) \\
&= \sum \{\overline{\varphi}(x_1, \cdots, x_m)\mu(m)(\{(x_1, \cdots, x_m)\}) \mid (x_1, \cdots, x_m) \in W_n^m\}.
\end{aligned} \tag{3.2.4}
$$

(vii) 当 μ 是 Ω 上由各因子空间 W_n 上的均匀概率测度生成的乘积概率测度时, $\mu(m)$ 也是 W_n^m 上的均匀概率分布. 此时, 式 (3.2.3) 可化为

$$
\begin{aligned}
\tau_\mu(\varphi) &= \sum_{i=0}^{n-1} \frac{i}{n-1}\mu(m)\left(\overline{\varphi}^{-1}\left(\frac{i}{n-1}\right)\right) \\
&= \sum_{i=0}^{n-1} \frac{i}{n-1} \cdot \frac{\left|\overline{\varphi}^{-1}\left(\frac{i}{n-1}\right)\right|}{n^m} \\
&= \frac{1}{n^m}\sum_{i=0}^{n-1} \frac{i}{n-1}\left|\overline{\varphi}^{-1}\left(\frac{i}{n-1}\right)\right|.
\end{aligned} \tag{3.2.5}
$$

式 (3.2.5) 即为式 (2.3.2).

(viii) 设 $v = (v_1, v_2, \cdots) \in \Omega = W_n^\omega$. 取 $X_k = W_n$ 上的 Borel 型概率测度 μ_k, 其中 μ_k 满足 $\mu_k(\varnothing) = 0, \mu_k(X_k) = 1$,

$$
\mu_k(\{x_k\}) = \begin{cases} 1, & x_k = v_k, \\ 0, & x_k \neq v_k, \end{cases} \qquad k = 1, 2, \cdots.
$$

设 μ 是由 $\mu_1, \mu_2, \cdots$ 按定义 2.2.1 生成的乘积概率测度, 则不难验证 $\tau_\mu = v$. 这说明每个赋值 $v \in \Omega$ 也是定义 3.2.1 意义下的概率真度函数.

例 3.2.3 设 $\varphi_1 = p_1, \varphi_2 = p_2 \to p_3, \varphi_3 = p_1 \vee p_2 \vee p_3, \varphi_4 = p_1 \wedge p_2 \wedge p_3$ 分别在 $Ł_3$ 和 $\mathscr{L}_3^*$ 中求 $\tau_\mu(\varphi_i), i = 1, \cdots, 4$.

解 由于公式 φ_i $(i = 1, \cdots, 4)$ 只涉及 3 个原子公式 p_1, p_2 和 p_3, 所以由式 (3.2.3) 我们可以只考虑 $W_3^3 = \left\{0, \frac{1}{2}, 1\right\}^3$ 上的 Borel 型概率测度 $\mu(3)$. 又由于 $\mathscr{L}_3^*$ 与 $Ł_3$ 等价, 所以同一公式在这两个系统中具有相同的 μ-真度.

(i) 设 $\mu(3)\{(1,1,1)\} = 0.3$, $\mu(3)\left(\left\{\left(\frac{1}{2}, \frac{1}{2}, \frac{1}{2}\right)\right\}\right) = 0.2, \mu(3)(\{(x_1, x_2, x_3)\}) = 0.02$ iff $(x_1, x_2, x_3) \in W_3^3 - \left\{(1,1,1), \left(\frac{1}{2}, \frac{1}{2}, \frac{1}{2}\right)\right\}$.

$\overline{p_1}^{-1}(1) = \{(1, x_2, x_3) \mid x_2, x_3 \in W_3\}$, $\overline{p_1}^{-1}\left(\frac{1}{2}\right) = \left\{\left(\frac{1}{2}, x_2, x_3\right) \middle| x_2, x_3 \in W_3\right\}$.
所以

$$\begin{aligned}\tau_\mu(p_1) &= \mu(3)(\overline{p_1}^{-1}(1)) + \frac{1}{2}\mu(3)\left(\overline{p_1}^{-1}\left(\frac{1}{2}\right)\right)\\ &= 0.3 + 0.02 \times 8 + \frac{1}{2} \times (0.2 + 0.02 \times 8)\\ &= 0.64;\end{aligned}$$

$\overline{\varphi_2}^{-1}(1) = \{(x_1, x_2, x_3) \mid x_1, x_2, x_3 \in W_3, x_2 \leqslant x_3\}$, $\overline{\varphi_2}^{-1}\left(\frac{1}{2}\right) = \left\{(x_1, x_2, x_3) \middle| x_2 = x_3 + \frac{1}{2}\right\}$. 所以

$$\begin{aligned}\tau_\mu(\varphi_2) &= \mu(3)(\overline{\varphi_2}^{-1}(1)) + \frac{1}{2}\mu(3)\left(\overline{\varphi_2}^{-1}\left(\frac{1}{2}\right)\right)\\ &= (0.3 + 0.2 + 0.02 \times 16) + \frac{1}{2} \times (0.02 \times 6)\\ &= 0.88;\end{aligned}$$

$\overline{\varphi_3}(1) = \{(x_1, x_2, x_3) \mid x_1, x_2, x_3$至少有其一为$1\}$, $\overline{\varphi_3}^{-1}\left(\frac{1}{2}\right) = \left\{(x_1, x_2, x_3) \middle| \max\{x_1, x_2, x_3\} = \frac{1}{2}\right\} = \left\{0, \frac{1}{2}\right\}^3 - \{(0,0,0)\}$. 所以

$$\begin{aligned}\tau_\mu(\varphi_3) &= \mu(3)(\overline{\varphi_3}^{-1}(1)) + \frac{1}{2}\mu(3)\left(\overline{\varphi_3}^{-1}\left(\frac{1}{2}\right)\right)\\ &= (0.3 + 0.02 \times 18) + \frac{1}{2} \times (0.2 + 0.02 \times 6)\\ &= 0.82;\end{aligned}$$

$\overline{\varphi_4}^{-1}(1) = \{(1,1,1)\}, \overline{\varphi_4}^{-1}\left(\frac{1}{2}\right) = \left\{\frac{1}{2}, 1\right\}^3 - \{(1,1,1)\}$, 所以

$$\begin{aligned}\tau_\mu(\varphi_4) &= \mu(3)(\overline{\varphi_4}^{-1}(1)) + \frac{1}{2}\mu(3)\left(\overline{\varphi_4}^{-1}\left(\frac{1}{2}\right)\right)\\ &= 0.3 + \frac{1}{2} \times (0.2 + 0.02 \times 6)\\ &= 0.46.\end{aligned}$$

(ii) 设 $\mu(3)$ 是 $\left\{0, \frac{1}{2}, 1\right\}^3$ 上的均匀概率分布, 则 $\tau_\mu(\varphi_1) = \frac{1}{2}$, $\tau_\mu(\varphi_2) = \frac{7}{9}$,

$\tau_\mu(\varphi_3)=\dfrac{5}{6}$, $\tau_\mu(\varphi_4)=\dfrac{1}{6}$.

例 3.2.4 设 μ 是 Ω 上由各因子空间 W_n 上的均匀概率测度生成的乘积概率测度, 分别在 Ł_n 和 $\mathscr{L}_n^*$ 中求 $p_1, p_2\to p_3, p_1\vee p_2$ 及 $p_1\wedge\cdots\wedge p_m$ 的 μ-真度.

(i) 在 Ł_n 中,

$$
\begin{aligned}
\tau_\mu(p_1)&=\frac{1}{n^1}\sum_{i=0}^{n-1}\frac{i}{n-1}\left|\overline{p_1}^{-1}\left(\frac{i}{n-1}\right)\right|\\
&=\frac{1}{n}\sum_{i=1}^{n-1}\frac{i}{n-1}\\
&=\frac{1}{n(n-1)}\sum_{i=1}^{n-1}i\\
&=\frac{1}{n(n-1)}\cdot\frac{n(n-1)}{2}=\frac{1}{2};\\
\tau_\mu(p_2\to p_3)&=\frac{1}{n^2}\sum_{i=0}^{n-1}\frac{i}{n-1}\left|\overline{p_2\to p_3}^{-1}\left(\frac{i}{n-1}\right)\right|\\
&=\frac{1}{n^2(n-1)}\left(\frac{n(n+1)(n-1)}{2}+\sum_{i=1}^{n-2}i(i+1)\right)\\
&=\frac{1}{6n^2(n-1)}(5n^2-n)(n-1)\\
&=\frac{5n-1}{6n};\\
\tau_\mu(p_1\vee p_2)&=\frac{1}{n^2}\sum_{i=0}^{n-1}\frac{i}{n-1}(2i+1)\\
&=\frac{4n+1}{6n};\\
\tau_\mu(p_1\wedge\cdots\wedge p_m)&=\frac{1}{n^m}\sum_{i=0}^{n-1}\frac{i}{n-1}\left|\overline{p_1\wedge\cdots\wedge p_m}^{-1}\left(\frac{i}{n-1}\right)\right|\\
&=\frac{1}{n^m}\sum_{i=1}^{n-1}\frac{i}{n-1}[(n-i)^m-(n-i-1)^m]\\
&=\frac{1}{n^m(n-1)}[(n-1)^m+(n-2)^m+\cdots+1^m]\\
&=\frac{1}{n^m(n-1)}\sum_{k=1}^{n-1}k^m.
\end{aligned}
$$

(ii) 在 $\mathscr{L}_n^*$ 中, 由于 $p_1, p_1\vee p_2, p_1\wedge\cdots\wedge p_m$ 不涉及蕴涵连接词, 所以它们在 $\mathscr{L}_n^*$

的 μ-真度与在 Ł_n 中的值相等, 即 $\tau_\mu(p_1)=\dfrac{1}{2}$, $\tau_\mu(p_1\vee p_2)=\dfrac{4n+1}{6n}$, $\tau_\mu(p_1\wedge\cdots\wedge p_m)=\dfrac{1}{n^m(n-1)}\sum\limits_{k=1}^{n-1}k^m$, 所以只需求 $\tau_\mu(p_2\to p_3)$. 由于 $\overline{p_2\to p_3}(x_2,x_3)=1$ iff $x_2\leqslant x_3$, 所以 $|\overline{p_2\to p_3}^{-1}(1)|=n+(n-1)+\cdots+1=\dfrac{n(n+1)}{2}$. 令 $\overline{p_2\to p_3}(x_2,x_3)=\dfrac{i}{n-1}(1\leqslant i\leqslant n-2)$. 不难验证:

$$\left|\overline{p_2\to p_3}^{-1}\left(\frac{i}{n-1}\right)\right|=\begin{cases}n-1, & i=\dfrac{n-1}{2}\text{且}n\text{为奇数},\\ 2i+1, & i<\dfrac{n-1}{2}\text{且}n\text{为奇数},\\ 2(n-1-i), & i>\dfrac{n-1}{2}\text{且}n\text{为奇数},\\ 2i+1, & i\leqslant\dfrac{n-1}{2}\text{且}n\text{为偶数},\\ 2(n-1-i), & i>\dfrac{n-1}{2}\text{且}n\text{为偶数}.\end{cases}$$

所以, 当 n 为奇数时,

$$\begin{aligned}\tau_\mu(p_2\to p_3)&=\frac{1}{n^2}\times\frac{n(n+1)}{2}+\frac{1}{2}\times\frac{n-1}{n^2}+\sum_{i=1}^{\frac{n-1}{2}-1}\frac{i}{n-1}\cdot\frac{2i+1}{n^2}\\&\quad+\sum_{i=\frac{n-1}{2}+1}^{n-2}\frac{i}{n-1}\cdot\frac{2(n-1-i)}{n^2}\\&=\frac{6n^2+n-1}{8n^2};\end{aligned}$$

当 n 为偶数时,

$$\begin{aligned}\tau_\mu(p_2\to p_3)&=\frac{1}{n^2}\times\frac{n(n+1)}{2}+\sum_{i=1}^{\frac{n}{2}-1}\frac{i}{n-1}\cdot\frac{2i+1}{n^2}+\sum_{i=\frac{n}{2}}^{n-2}\frac{i}{n-1}\cdot\frac{2(n-1-i)}{n^2}\\&=\frac{6n^2-5n-2}{8n(n-1)}.\end{aligned}$$

所以

$$\tau_\mu(p_2\to p_3)=\begin{cases}\dfrac{6n^2+n-1}{8n^2}, & n\text{为奇数},\\ \dfrac{6n^2-5n-2}{8n(n-1)}, & n\text{为偶数}.\end{cases}$$

下面研究 τ_μ 的基本性质. 可以验证命题 3.1.4— 命题 3.1.8 中的部分结论在 Ł_n 或 $\mathscr{L}_n^*$ 已不再成立. 这里我们罗列那些在 Ł_n 和 $\mathscr{L}_n^*$ 中仍成立的基本性质, 其证明请参看前面相关命题或定理的证明. 定理 3.1.5 中的 (ii) 在 $Ł_n$ 也成立, 但需要做一些准备工作, 稍后我们再讨论.

命题 3.2.5 设 μ 是 $\Omega = W_n^\omega$ 上的 Borel 型概率测度, 则

(i) $0 \leqslant \tau_\mu(\varphi) \leqslant 1$.

(ii) 若 φ 是重言式 (矛盾式), 则 $\tau_\mu(\varphi) = 1$ ($\tau_\mu(\varphi) = 0$).

(iii) 若 φ 与 ψ 逻辑等价, 则 $\tau_\mu(\varphi) = \tau_\mu(\psi)$.

(iv) 设 $\varphi = \varphi(p_1, \cdots, p_m) \in F(S)$, μ 是 m-原子的; 若 $\tau_\mu(\varphi) = 1\,(\tau_\mu(\varphi) = 0)$, 则 φ 是重言式 (矛盾式).

(v) 设 μ 是有限原子的, 则对任一公式 $\varphi \in F(S)$, 若 $\tau_\mu(\varphi) = 1\,(\tau_\mu(\varphi) = 0)$, 则 φ 是重言式 (矛盾式).

(vi) $\tau_\mu(\varphi) + \tau_\mu(\neg\varphi) = 1$.

(vii) $\tau_\mu(\varphi) + \tau_\mu(\psi) = \tau_\mu(\varphi \vee \psi) + \tau_\mu(\varphi \wedge \psi)$.

(viii) $\tau_\mu(\varphi) + \tau_\mu(\varphi \to \psi) = \tau_\mu(\psi) + \tau_\mu(\psi \to \varphi)$ 仅在 $Ł_n$ 中成立.

(ix) 若 $\vdash \varphi \to \psi$, 则 $\tau_\mu(\varphi) \leqslant \tau_\mu(\psi)$.

(x) $\tau_\mu(\varphi \wedge \psi) \geqslant \tau_\mu(\varphi) + \tau(\psi) - 1$.

(xi) $\tau_\mu(\psi) \leqslant \tau_\mu(\varphi \to \psi)$.

(xii) $\tau_\mu(\varphi_1) + \cdots + \tau_\mu(\varphi_l) = \tau_\mu(C^1(\varphi_1, \cdots, \varphi_l)) + \cdots + \tau_\mu(C^l(\varphi_1, \cdots, \varphi_l))$, $l = 1, 2, \cdots$.

命题 3.2.6 设 μ 是 Ω 上的 Borel 型概率测度, 则在 $Ł_n$ 中下式成立:

$$\tau_\mu(\varphi) + \tau_\mu(\psi) = \tau_\mu(\varphi \oplus \psi) + \tau_\mu(\varphi \& \psi), \tag{3.2.6}$$

其中 $\varphi \oplus \psi = \neg\varphi \to \psi, \varphi\&\psi = \neg(\varphi \to \neg\psi)$, 见 1.2.2 节.

证明 由命题 3.2.5 (vi) 和 (viii) 知

$$\begin{aligned}
&\tau_\mu(\varphi \oplus \psi) + \tau_\mu(\varphi\&\psi)\\
=\ &\tau_\mu(\neg\varphi \to \psi) + \tau_\mu(\neg(\varphi \to \neg\psi))\\
=\ &\tau_\mu(\neg\varphi \to \psi) + 1 - \tau_\mu(\varphi \to \neg\psi)\\
=\ &\tau_\mu(\neg\varphi) + \tau_\mu(\neg\varphi \to \psi) - \tau_\mu(\varphi \to \neg\psi) + 1 - \tau_\mu(\neg\varphi)\\
=\ &\tau_\mu(\psi) + \tau_\mu(\psi \to \neg\varphi) - \tau_\mu(\varphi \to \neg\psi) + \tau_\mu(\varphi)\\
=\ &\tau_\mu(\varphi) + \tau_\mu(\psi) + \tau_\mu(\varphi \to \neg\psi) - \tau_\mu(\varphi \to \neg\psi)\\
=\ &\tau_\mu(\varphi) + \tau_\mu(\psi).
\end{aligned}$$

命题 3.1.8 在 $Ł_n$ 和 $\mathscr{L}_n^*$ 中也成立, 即有下面的命题.

命题 3.2.7 设 μ 是 Ω 上的 Borel 型概率测度, 则在 $Ł_n$ 和 $\mathscr{L}_n^*$ 中:

(i) $(\tau_\mu(\varphi) \otimes_Ł \tau_\mu(\varphi \to \psi)) \to_Ł \tau_\mu(\psi) = 1$.

(ii) $\tau_\mu(\neg\varphi) = \neg_Ł \tau_\mu(\varphi)$.

(iii) $\tau_\mu(\varphi \vee \psi) = (\tau_\mu(\varphi) \to_{\text{Ł}} \tau_\mu(\varphi \wedge \psi)) \to_{\text{Ł}} \tau_\mu(\psi)$.

其中 $\otimes_{\text{Ł}}$ 和 $\to_{\text{Ł}}$ 分别由式 (3.1.12) 和式 (3.1.13) 定义.

命题 3.2.7 (iii) 中的析取 $\vee$ 和合取 $\wedge$ 分别换成强析取 $\oplus$ 和强合取 & 在 Ł_n 中也成立, 即得下面的命题.

命题 3.2.8　设 μ 是 Ω 上的 Borel 型概率测度, 则在 Ł_n 中下式成立:

$$\tau_\mu(\varphi \oplus \psi) = (\tau_\mu(\varphi) \to_{\text{Ł}} \tau_\mu(\varphi \& \psi)) \to_{\text{Ł}} \tau_\mu(\psi). \tag{3.2.7}$$

证明　由式 (3.2.6) 得

$$\begin{aligned}
&(\tau_\mu(\varphi) \to_{\text{Ł}} \tau_\mu(\varphi \& \psi)) \to_{\text{Ł}} \tau_\mu(\psi) \\
=& (1 - \tau_\mu(\varphi) + \tau_\mu(\varphi \& \psi)) \to_{\text{Ł}} \tau_\mu(\psi) \\
=& (1 - (1 - \tau_\mu(\varphi) + \tau_\mu(\varphi \& \psi)) + \tau_\mu(\psi)) \wedge 1 \\
=& (\tau_\mu(\varphi) - \tau_\mu(\varphi \& \psi) + \tau_\mu(\psi)) \wedge 1 \\
=& \tau_\mu(\varphi \oplus \psi) \wedge 1 \\
=& \tau_\mu(\varphi \oplus \psi).
\end{aligned}$$

这就证得式 (3.2.7).

3.2.2　n-值命题逻辑系统中公式概率真度的积分表示

从本节开始也把 $[0,1]^\omega$ 视为通常乘积拓扑意义下的拓扑空间, 这样自然可以利用其上的 Borel 型概率测度在 $[0,1]$-值命题逻辑中引入公式的积分真度, 这一问题我们留到 3.2.3 节再研究. 本节先考虑 $[0,1]^\omega$ 上的一种特殊的 Borel 型概率测度, 从而给出 $\tau_{n,\mu}$ 的积分表示. 下面以 Ł_n 中的 $\tau_{n,\mu}$ 为例.

因为 $W_n = \left\{0, \dfrac{1}{n-1}, \cdots, \dfrac{n-2}{n-1}, 1\right\}$, 所以 W_n^m 是一个由 n^m 个元素组成的均匀分布的 m 维点阵, 即

$$W_n^m = \{x = (x_1, \cdots, x_m) \mid x_k \in W_n, 1 \leqslant k \leqslant m\}.$$

以下的关键技巧在于将 W_n^m 中的每个点转化为一个 m 维 Borel 可测的小方体. 为此, 可在 $[0,1]$ 中加入 $n-1$ 个等分点 $\dfrac{1}{n}, \cdots, \dfrac{n-1}{n}$, 则 $[0,1]$ 被分成 n 等份, 这些点自然不属于 W_n. 设 $\alpha_k \in \left\{0, \dfrac{1}{n}, \cdots, \dfrac{n-1}{n}\right\}$ $(k = 1, \cdots, m)$, 则

$$\frac{n}{n-1}(\alpha_1, \cdots, \alpha_m) = \left(\frac{n}{n-1}\alpha_1, \cdots, \frac{n}{n-1}\alpha_m\right) \in W_n^m.$$

引入一个符号:

$$\left[\alpha_k,\alpha_k+\frac{1}{n}\right|=\begin{cases}\left[\alpha_k,\alpha_k+\dfrac{1}{n}\right), & \alpha_k\neq\dfrac{n-1}{n},\\ \left[\alpha_k,\alpha_k+\dfrac{1}{n}\right], & \alpha_k=\dfrac{n-1}{n},\end{cases}\tag{3.2.8}$$

$\alpha_k\in\left\{0,\frac{1}{n},\cdots,\frac{n-1}{n}\right\}(k=1,\cdots,m)$.

定义

$$\mathrm{cube}(\alpha_1,\cdots,\alpha_m)=\left\{(x_1,\cdots,x_m)\in[0,1]^m\,\middle|\,x_k\in\left[\alpha_k,\alpha_k+\frac{1}{n}\right|,k=1,\cdots,m\right\},\tag{3.2.9}$$

则容易看出$\left\{\mathrm{cube}(\alpha_1,\cdots,\alpha_m)\,\middle|\,\frac{n}{n-1}(\alpha_1,\cdots,\alpha_m)\in W_n^m\right\}$ 是 n^m 个两两不交的 Borel 可测之集, 且

$$\cup\left\{\mathrm{cube}(\alpha_1,\cdots,\alpha_m)\,\middle|\,\frac{n}{n-1}(\alpha_1,\cdots,\alpha_m)\in W_n^m\right\}=[0,1]^m.\tag{3.2.10}$$

设$\Omega_n=W_n^\omega=\left\{0,\frac{1}{n-1},\cdots,\frac{n-2}{n-1},1\right\}^\omega$, μ 是 Ω_n 上的 Borel 型概率测度, 则 Ω_n 是乘积空间 $\Omega=[0,1]^\omega$ 的子空间. 设 μ^* 是 Ω 上的一个 Borel 型概率测度 $\mu^*:\mathscr{B}([0,1]^\omega)\to[0,1]$ 满足: 对任意 $m\in\mathbb{N}$ 及 $\alpha_1,\cdots,\alpha_m\in\left\{0,\frac{1}{n},\cdots,\frac{n-1}{n}\right\}$,

$$\mu(m)\left(\left\{\left(\frac{n}{n-1}\alpha_1,\cdots,\frac{n}{n-1}\alpha_m\right)\right\}\right)=\mu^*(m)(\mathrm{cube}(\alpha_1,\cdots,\alpha_m)).\tag{3.2.11}$$

这样的 μ^* 是存在的, 如令

$$\mu^*(\Sigma)=\mu(\Sigma\cap\Omega_n),\quad \Sigma\in\mathscr{B}([0,1]^\omega),$$

则 μ^* 就满足式 (3.2.11). 本节用到的 $[0,1]^\omega$ 上的 Borel 型概率测度恒指式 (3.2.11) 意义下的 μ^*. 在不致混淆时, 把 μ^* 简记为 μ.

设 $\varphi=\varphi(p_1,\cdots,p_m)$ 是 Ł_n 中含有 m 个原子公式 $p_1,\cdots,p_m$ 的公式, 则 φ 按式 (1.1.2) 诱导一个 McNaughton 函数 $\overline{\varphi}:W_n^m\to W_n$. 为给出 φ 的 μ-真度的积分表示, 需要引入 φ 在 $[0,1]^m$ 上诱导的**阶梯函数**$\overline{\overline{\varphi}}$.

定义 3.2.9 设 $\varphi=\varphi(p_1,\cdots,p_m)\in F(S)$. 定义 $\overline{\overline{\varphi}}:[0,1]^m\to[0,1]$ 如下

$$\overline{\overline{\varphi}}(x_1,\cdots,x_m)=\frac{i}{n-1}\ \text{iff}\ (x_1,\cdots,x_m)\in\mathrm{cube}(\alpha_1,\cdots,\alpha_m),\tag{3.2.12}$$

这里$\overline{\varphi}\left(\frac{n}{n-1}\alpha_1,\cdots,\frac{n}{n-1}\alpha_m\right)=\frac{i}{n-1}, i=0,1,\cdots,n-1$. 称 $\overline{\overline{\varphi}}$ 为 φ 在 $[0,1]^m$ 上诱导的**阶梯函数**.

定理 3.2.10　在 $\mathrm{Ł}_n$ 中, 设 $\varphi=\varphi(p_1,\cdots,p_m),\mu$ 是 $\Omega_n=W_n^{\omega}$ 上的 Borel 型概率测度, 则按式 (3.2.11) 可诱导出 $[0,1]^{\omega}$ 上的一个 Borel 型概率测度 μ, 且

$$\tau_{n,\mu}(\varphi)=\int_{[0,1]^m}\overline{\overline{\varphi}}(x_1,\cdots,x_m)\mathrm{d}\mu(m). \tag{3.2.13}$$

证明　对每个 $i=0,1,\cdots,n-1$, 令

$$\sigma_i=\bigcup\left\{\mathrm{cube}(\alpha_1,\cdots,\alpha_m)\middle|\overline{\varphi}\left(\frac{n}{n-1}\alpha_1,\cdots,\frac{n}{n-1}\alpha_m\right)=\frac{i}{n-1}\right\}, \tag{3.2.14}$$

则 $\sigma_0,\sigma_1,\cdots,\sigma_{n-1}$ 组成 $[0,1]^m$ 的一个分划 $\left(\text{即 } \sigma_0,\cdots,\sigma_{n-1} \text{ 两两不交且 } \bigcup\limits_{i=0}^{n-1}\sigma_i=[0,1]^m\right)$ 且

$$\mu(m)(\sigma_i)=\mu(m)\left(\overline{\overline{\varphi}}^{-1}\left(\frac{i}{n-1}\right)\right)=\mu\left(\varphi^{-1}\left(\frac{i}{n-1}\right)\right). \tag{3.2.15}$$

由式 (3.2.1) 或式 (3.2.3) 和式 (3.2.15) 得

$$\tau_{n,\mu}(\varphi)=\sum_{i=0}^{n-1}\frac{i}{n-1}\mu\left(\varphi^{-1}\left(\frac{i}{n-1}\right)\right)=\sum_{i=0}^{n-1}\frac{i}{n-1}\mu(m)(\sigma_i). \tag{3.2.16}$$

又由式 (3.2.12)– 式 (3.2.15) 知

$$\overline{\overline{\varphi}}(x_1,\cdots,x_m)=\frac{i}{n-1}\ \text{iff}\ (x_1,\cdots,x_m)\in\sigma_i, \tag{3.2.17}$$

$i=0,1,\cdots,n-1$. 所以由式 (3.2.15)– 式 (3.2.17) 得

$$\begin{aligned}\tau_{n,\mu}(\varphi)&=\sum_{i=0}^{n-1}\frac{i}{n-1}\mu(m)(\sigma_i)\\&=\sum_{i=0}^{n-1}\int_{\sigma_i}\overline{\overline{\varphi}}(x_1,\cdots,x_m)\mathrm{d}\mu(m)\\&=\int_{[0,1]^m}\overline{\overline{\varphi}}(x_1,\cdots,x_m)\mathrm{d}\mu(m)\\&=\int_{[0,1]^{\omega}}\overline{\overline{\varphi}}(x_1,\cdots,x_m)\mathrm{d}\mu.\end{aligned}$$

这就证明了式 (3.2.13).

利用式 (3.2.13) 可以很容易地证明 $Ł_n$ 中关于 $\tau_{n,\mu}$ 的一些结论, 比如式 (3.2.6). 事实上, 易见 $\overline{\overline{\varphi}}+\overline{\overline{\psi}}=\overline{\overline{\varphi\oplus\psi}}+\overline{\overline{\varphi\&\psi}}$, 所以由式 (3.2.13) 知

$$\begin{aligned}\tau_\mu(\varphi)+\tau_\mu(\psi)&=\int_{[0,1]^m}\overline{\overline{\varphi}}\mathrm{d}\mu(m)+\int_{[0,1]^m}\overline{\overline{\psi}}\mathrm{d}\mu(m)\\&=\int_{[0,1]^m}\overline{\overline{\varphi\oplus\psi}}\mathrm{d}\mu(m)+\int_{[0,1]^m}\overline{\overline{\varphi\&\psi}}\mathrm{d}\mu(m)\\&=\tau_\mu(\varphi\oplus\psi)+\tau_\mu(\varphi\&\psi).\end{aligned}$$

所以式 (3.2.6) 成立.

由于式 (3.2.6)— 式 (3.2.17) 并未涉及公式中的蕴涵连接词, 所以定义 3.2.9 和定理 3.2.10 在 $\mathscr{L}_n^*$ 中均成立, 即得下面的定理.

定理 3.2.11 在 $\mathscr{L}_n^*$ 中, 有

$$\tau_{n,\mu}(\varphi)=\int_{[0,1]^m}\overline{\overline{\varphi}}(x_1,\cdots,x_m)\mathrm{d}\mu(m).\tag{3.2.18}$$

3.2.3 [0,1]-值命题逻辑系统中公式的积分真度及极限定理

正如在 3.2.2 节所说, 利用乘积拓扑空间 $\Omega=[0,1]^\omega$ 上的 Borel 型概率测度 μ 可以在 Ł 和 $\mathscr{L}^*$ 中引入公式的 μ-积分真度. 此外, 我们还可以通过建立极限定理将 n-值情形的 μ-真度 $\tau_{n,\mu}$ 和 μ-积分真度和谐地统一起来.

定义 3.2.12 设 $\varphi=\varphi(p_1,\cdots,p_m)\in F(S)$, μ 是 $\Omega=[0,1]^\omega$ 上的 Borel 型概率测度, 定义

$$\begin{aligned}\tau_{\infty,\mu}(\varphi)&=\int_{[0,1]^\omega}\varphi(v)\mathrm{d}\mu\\&=\int_{[0,1]^m}\overline{\varphi_\infty}(x_1,\cdots,x_m)\mathrm{d}\mu(m),\end{aligned}\tag{3.2.19}$$

这里 $\overline{\varphi_\infty}:[0,1]^m\to[0,1]$ 为 φ 在 Ł(或 $\mathscr{L}^*$) 中诱导的真函数. 称 $\tau_{\infty,\mu}(\varphi)$ 为 φ 的 **μ-积分真度**.

利用式 (3.2.19) 可以直接验证 $\tau_{\infty,\mu}$ 也满足命题 3.2.5 和命题 3.2.7 中的各条性质, 特别地, 在 Ł 中, $\tau_{\infty,\mu}$ 还满足命题 3.2.6 和命题 3.2.8. 这也可从如下的极限定理直接得出.

定理 3.2.13 (极限定理) 设 $\varphi=\varphi(p_1,\cdots,p_m)\in F(S)$, μ 是 $\Omega_n=W_n^\omega$ 上的 Borel 型概率测度, μ 也是 $\Omega=[0,1]^\omega$ 上的按式 (3.2.11) 诱导的 Borel 型概率测度, 则在多值 Łukasiewicz 命题逻辑中,

$$\lim_{n\to\infty}\tau_{n,\mu}(\varphi)=\tau_{\infty,\mu}(\varphi).\tag{3.2.20}$$

证明 比较式 (3.2.13) 和式 (3.2.19) 知, 以下只需证当 $n\to\infty$ 时 $\overline{\overline{\varphi}}$ 在 $[0,1]^m$ 上关于 μ 一致收敛于 $\overline{\varphi_\infty}$.

事实上, 因为公式 $\varphi=\varphi(p_1,\cdots,p_m)$ 在 W_n 上所诱导的真函数 $\overline{\varphi}: W_n^m\to W_n$ 与它在 $[0,1]^m$ 上所诱导的真函数 $\overline{\varphi_\infty}:[0,1]^m\to[0,1]$ 的结构完全相同, 只不过 $\overline{\varphi}$ 的定义域 W_n^m 是 $\overline{\varphi_\infty}$ 的定义域 $[0,1]^m$ 的一部分而已, 所以

$$\overline{\varphi}\left(\frac{n}{n-1}\alpha_1,\cdots,\frac{n}{n-1}\alpha_m\right)=\overline{\varphi_\infty}\left(\frac{n}{n-1}\alpha_1,\cdots,\frac{n}{n-1}\alpha_m\right),\tag{3.2.21}$$

这里$\alpha_k\in\left\{0,\dfrac{1}{n},\cdots,\dfrac{n-1}{n}\right\}(k=1,\cdots,m)$, $\left(\dfrac{n}{n-1}\alpha_1,\cdots,\dfrac{n}{n-1}\alpha_m\right)\in W_n^m$. 以下称 W_n^m 中形如 $\left(\dfrac{n}{n-1}\alpha_1,\cdots,\dfrac{n}{n-1}\alpha_m\right)$ 的点为 $[0,1]^m$ 中的**格点**. 因为 $\overline{\varphi_\infty}$ 是从通常乘积空间 $[0,1]^\omega$ 到通常拓扑空间 $[0,1]$ 的连续函数, 所以 $\overline{\varphi_\infty}$ 在紧集 $[0,1]^m$ 上一致连续, 从而对任意给定的正数 ε, 取 n 充分大即可使 $\overline{\varphi_\infty}$ 在每个小方体 $\mathrm{cube}(\alpha_1,\cdots,\alpha_m)$ 的振幅都小于 ε. 又由定义 3.2.9 知阶梯函数 $\overline{\overline{\varphi}}$ 在每个 $\mathrm{cube}(\alpha_1,\cdots,\alpha_m)$ 上都取常值 $\overline{\varphi}\left(\dfrac{n}{n-1}\alpha_1,\cdots,\dfrac{n}{n-1}\alpha_m\right)$. 所以由式 (3.2.21) 知 $|\overline{\varphi_\infty}-\overline{\overline{\varphi}}|$ 在每个 cube, 从而在 $[0,1]^m$ 上处处小于 ε. 由 ε 的任意性知当 $n\to\infty$ 时 $\overline{\overline{\varphi}}$ 在 $[0,1]^m$ 以测度 μ 收敛于 $\overline{\varphi_\infty}$. 这就证得了式 (3.2.20).

注意式 (3.2.20) 在多值 R_0-型命题逻辑中一般不成立. 这是因为 R_0 型蕴涵算子 $\to$: $[0,1]^2\to[0,1]$ 在正方形 $[0,1]^2$ 的主对角线 $x=y$ 上除了 (0, 0) 和 (1, 1) 点外其余各点均不连续, 所以 $\overline{\varphi_\infty}:[0,1]^m\to[0,1]$ 在 $[0,1]^m$ 上不连续. 但对于 $[0,1]^2$ 而言, 若其对角线的测度为 0, 则可以用 $[0,1]^2$ 中测度任意小的开集所包含. 因为 $\overline{\varphi_\infty}:[0,1]^m\to[0,1]$ 只含有有限多个蕴涵算子, 所以对任意给定的正数 ε, 若 $[0,1]^m$ 中存在包含 $\overline{\varphi_\infty}$ 的所有不连续点且测度小于 ε 的开集 G. 令 $H=[0,1]^m-G$, 则 H 是 $[0,1]^m$ 的紧致子集, 所以 $\overline{\varphi_\infty}$ 在 H 一致连续. 由以上分析可得多值 R_0-型命题逻辑中的极限定理.

定理 3.2.14 设 $\varphi=\varphi(p_1,\cdots,p_m)\in F(S)$, 若 $\mu(\{(x_1,\cdots,x_m)\mid\overline{\varphi_\infty}$ 在 $(x_1,\cdots,x_m)$ 处不连续$\})=0$, 则在多值 R_0-型命题逻辑中仍有

$$\lim_{n\to\infty}\tau_{n,\mu}(\varphi)=\tau_{\infty,\mu}(\varphi).$$

有了 $\tau_{n,\mu}$ 和 $\tau_{\infty,\mu}$ 就可像定义 3.1.39 那样引入公式间的相似度、伪距离和理论的发散度概念, 并证明相应的性质. 注意, 定理 3.1.42 虽然在 $Ł_n$ 中仍成立, 但需要重新证明. 3.2.4 节我们通过研究一类特殊的公式给出其证明.

3.2.4 系统 $Ł_n$ 中的逻辑闭理论与赋值空间中的拓扑闭集

本节研究系统 $Ł_n$ 中逻辑闭理论与 $\Omega_n = W_n^\omega$ 中拓扑闭集间的关系, 但要比二值情形复杂得多. 在不致混淆时, 本节仍把 $\tau_{n,\mu}$ 简记为 τ_μ, Ω_n 简记为 Ω. 另外, 本节还要用到系统 $Ł_n$ 的强完备性定理[68,81]: 设 $\Gamma \subseteq F(S), \varphi \in F(S)$, 则

$$\Gamma \vdash \varphi \text{ iff } \Gamma \models \varphi, \tag{3.2.22}$$

这里 $\Gamma \models \varphi$ 仍指: 若 $v(\Gamma) \subseteq \{1\}$, 则 $v(\varphi) = 1, v \in \Omega$, 见式 (1.1.4).

以下定义和定理与二值情形完全类似, 见 3.1.2 节.

定义 3.2.15 设 μ 是 Ω 上的 Borel 型概率测度, 称

$$\mathrm{Ker}(\tau_\mu) = \{\varphi \in F(S) \mid \tau_\mu(\varphi) = 1\}$$

为 τ_μ 的**核**.

定理 3.2.16 设 μ 是 Ω 上的 Borel 型概率测度, 则 $\mathrm{Ker}(\tau_\mu)$ 是 $Ł_n$ 中相容的逻辑闭理论.

定义 3.2.17 设 $\Sigma \subseteq \Omega = W_n^\omega = \left\{0, \dfrac{1}{n-1}, \cdots, \dfrac{n-2}{n-1}, 1\right\}^\omega$. 若 Σ 满足: 对任一 $u = (u_1, u_2, \cdots) \in \Omega - \Sigma$, 存在 $m \in \mathbb{N}$, 使得对任意的 $v = (v_1, v_2, \cdots) \in \Sigma$, 都有 $(u_1, \cdots, u_m) \neq (v_1, \cdots, v_m)$, 则称 Σ 具有**有限截断一致分离性质**, 简称**有限分离性质**.

定理 3.2.18 设 Γ 是一理论, Σ 是 Γ 的模型之集, 即 $\Sigma = \{v \in \Omega \mid v(\varphi) = 1, \varphi \in \Gamma\}$, 则 Σ 具有有限分离性质.

证明 由 $Ł_n$ 的强完备性定理式 (3.2.22) 知与定理 3.1.14 完全类似.

但为证明定理 3.1.15 在 $Ł_n$ 中成立, 需要做一些准备工作, 参阅文献 [102], [103].

任取 $p \in S$, 构造如下公式

$$\Pi_0(p) = (n-1)p = \underbrace{p \oplus \cdots \oplus p}_{n-1},$$

$$\Pi_1(p) = \bigoplus_{k=1}^{n-2} F_{0,k}(p),$$

$$\cdots\cdots$$

$$\Pi_i(p) = \bigoplus_{k=i}^{n-2} F_{0,1,\cdots,i-1,k}(p),$$

$$\cdots\cdots$$

$$\Pi_{n-2}(p) = F_{0,1,\cdots,n-2}(p),$$

其中,

$$F_{0,k}(p) = p\&(kp), \quad k = 1, \cdots, n-2,$$

$$F_{0,1,k}(p) = (F_{0,1}(p) \oplus \cdots \oplus F_{0,k-1}(p))\&F_{0,k}(p), \quad k = 2, \cdots, n-2.$$

设 $i=1,\cdots,n-2$, $k=i+1,\cdots,n-2$, 归纳定义:

$$F_{0,1,\cdots,i,k}(p)=(F_{0,1,\cdots,i-1,k}(p)\oplus\cdots\oplus F_{0,1,\cdots,i-1,k-1}(p))\&F_{0,1,\cdots,i-1,k}(p).$$

令

$$\varphi_0(p)=\neg\Pi_0(p),$$
$$\varphi_1(p)=\Pi_{n-2}(p),$$
$$\varphi_{\frac{i}{n-1}}(p)=\Pi_{i-1}(p)\wedge\neg\Pi_i(p),\quad i=1,\cdots,n-2.$$

命题 3.2.19　设 $x\in W_n=\left\{0,\dfrac{1}{n-1},\cdots,\dfrac{n-2}{n-1},1\right\}$, 则

$$\overline{\varphi_x}(x)=1,\quad \overline{\varphi_x}(y)=0,\quad y\in W_n,\quad y\neq x. \tag{3.2.23}$$

证明　用关于 $\varphi_x(p)$ 的结构归纳证明即可.

命题 3.2.20　任取 $(x_1,\cdots,x_m)\in W_n^m$, 定义

$$\delta_{(x_1,\cdots,x_m)}=\varphi_{x_1}(p_1)\wedge\cdots\wedge\varphi_{x_m}(p_m), \tag{3.2.24}$$

则由式 (3.2.23) 知 $v(\delta_{(x_1,\cdots,x_m)})=1$ iff $v(p_k)=x_k$, $k=1,\cdots,m,v\in\Omega$.

定理 3.2.21　设 $\Sigma\subseteq\Omega$ 具有有限分离性质, 则在 Ł_n 中存在理论 Γ 使得 Σ 恰是 Γ 的模型之集, 即 $\Sigma=\{v\in\Omega\mid v(\varphi)=1,\varphi\in\Gamma\}$.

证明　若 $\Sigma=\varnothing$ ($\varnothing$ 具有有限分离性质), 取 $\Gamma=\{p_1,\neg p_1\}$ 即可. 下设 $\Sigma\neq\varnothing$. 对任一 $m\in\mathbb{N}$, 令 $\Sigma(m)=\{(v_1,\cdots,v_m)\mid v=(v_1,v_2,\cdots)\in\Sigma\}$, 定义

$$\Gamma=\{\vee\{\delta_{(v_1,\cdots,v_m)}\mid(v_1,\cdots,v_m)\in\Sigma(m)\}\mid m\in\mathbb{N}\}, \tag{3.2.25}$$

其中 $\delta_{(v_1,\cdots,v_m)}$ 由式 (3.2.24) 定义. 由 $\Sigma(m)$ 有限及式 (3.2.24) 知式 (3.2.25) 中的理论 Γ 是定义好的. 再由命题 3.2.20 知定理 3.2.21 成立.

注意满足定理 3.2.21 的理论 Γ 也是非常多的, 比如, 满足条件 $\Gamma\subseteq\Gamma'\subseteq D(\Gamma)$ 的理论 Γ' 也满足定理 3.2.21, 这里 Γ 由式 (3.2.25) 定义. 由于在 Ł_n 中强完备性定理式 (3.2.22) 也成立, 所以满足定理 3.2.21 的逻辑闭理论只有一个, 即为 $D(\Gamma)$. 从而有下面的定理.

定理 3.2.22　在 Ł_n 中, 逻辑闭理论和赋值集中具有有限分离性质的子集也是一一对应的.

证明　由定理 3.2.18, 定理 3.2.21 及以上分析便得.

下面讨论 Ł_n 中逻辑闭理论 (或等价地, Ω 中具有有限分离性质的子集) 与 Ω 作为乘积拓扑空间时其中的拓扑闭集间的联系. 注意, $\Omega=W_n^\omega$ 作为通常乘积拓扑空间也是可度量化的, 其度量 ρ 也由式 (3.1.17) 定义, 即

$$\rho(u,v)=\max\left\{\frac{|u_i-v_i|}{i}\middle|i=1,2,\cdots\right\}, \tag{3.2.26}$$

$u = (u_1, u_2, \cdots), v = (v_1, v_2, \cdots) \in \Omega$.

类似于定理 3.1.18, 我们有下面的定理.

定理 3.2.23 设 $\Sigma \subseteq \Omega$, 则 Σ 具有有限分离性质 iff Σ 是 (Ω, ρ) 中的拓扑闭集.

证明 设 Σ 具有有限分离性质. 为证明 Σ 是拓扑闭的, 只需证对任一 $u \in \Omega - \Sigma$, 存在 $\varepsilon > 0$ 使得 $\rho(u, \Sigma) > \varepsilon$. 现取 $u \in \Omega - \Sigma$, 则存在 $m \in \mathbb{N}$ 使得对任意的 $v = (v_1, v_2, \cdots) \in \Sigma, (u_1, \cdots, u_m) \neq (v_1, \cdots, v_m)$. 取 $\varepsilon = \dfrac{1}{mn}$, 则对任意 $v = (v_1, v_2, \cdots) \in \Sigma$, $\rho(u, v) \geqslant \dfrac{1}{m(n-1)} > \dfrac{1}{mn} = \varepsilon$, 从而 $\rho(u, \Sigma) = \inf\{\rho(u, v) \mid v \in \Sigma\} > \varepsilon$. 所以 Σ 是拓扑闭的.

反过来, 设 Σ 是拓扑闭的, 则对任一 $u \in \Omega - \Sigma$, 存在 $\varepsilon > 0$ $(0 < \varepsilon < 1)$ 使得 $\rho(u, \Sigma) > \varepsilon$. 任取 $m \in \mathbb{N}$ 使得 $\dfrac{1}{m(n-1)} < \varepsilon$, 则对任意 $v = (v_1, v_2, \cdots) \in \Sigma$ 都有 $\rho(u, v) = \max\left\{\dfrac{|u_i - v_i|}{i} \middle| i = 1, 2, \cdots\right\} > \dfrac{1}{m(n-1)}$, 所以 $(u_1, \cdots, u_m) \neq (v_1, \cdots, v_m)$. 这就证明了 Σ 具有有限分离性质.

由定理 3.2.22 和定理 3.2.23 知下面的定理.

定理 3.2.24 在 $Ł_n$ 中逻辑闭理论与赋值空间中的拓扑闭集是一一对应的.

由定理 3.2.24 我们就得到了 $Ł_n$ 中极大相容理论的结构与拓扑刻画.

定理 3.2.25 设 $v = (v_1, v_2, \cdots) \in \Omega = W_n^\omega$, 定义

$$\Gamma_v = D(\{\delta_{(v_1, \cdots, v_m)} \mid m = 1, 2, \cdots\}), \tag{3.2.27}$$

其中 $\delta_{(v_1, \cdots, v_m)}$ 由式 (3.2.24) 定义, 则:

(i) $M_n = \{\Gamma_v \mid v \in \Omega\}$ 是 $Ł_n$ 中全体极大相容理论之集,

(ii) 在 M_n 上规定

$$d(\Gamma_u, \Gamma_v) = \rho(u, v), \quad u, v \in \Omega,$$

这里 ρ 由式 (3.2.26) 定义, 则 (M_n, d) 是一 Cantor 空间.

有了以上结论, 还可证明定理 3.2.16 的逆.

定理 3.2.26 设 Γ 是 $Ł_n$ 中相容的逻辑闭理论, 则存在赋值空间 Ω 上的 Borel 型概率测度 μ 使得

$$\Gamma = \mathrm{Ker}(\tau_\mu).$$

证明 与定理 3.1.21 的证明类似.

定理 3.1.23 在 $Ł_n$ 中仍成立, 但其证明要比二值情形复杂. 将在 3.2.5 节给出概率真度函数的公理化定义后通过表示定理中 Borel 型概率测度的唯一性而给出

其证明. 下面讨论 3.2.1 节和 3.2.3 节提到但未能解决的问题, 即定理 3.1.5 (ii) 和定理 3.1.42 在 $Ł_n$ 中成立.

定理 3.2.27 设 μ 是 $\Omega = W_n^\omega$ 上的非原子的 Borel 型概率测度, 则

(i) 令

$$H_\mu = \{\tau_\mu(\varphi) \mid \varphi \in F(S)\},$$

则 H_μ 是 $[0,1]$ 的可数稠密子集.

(ii) 当 μ 是 Ω 的各因子空间 W_n 上的均匀概率测度生成的乘积概率测度时, $\left\{\dfrac{k}{n^m}\middle| k = 0, \cdots, n^m; m \in \mathbb{N}\right\} \subseteq H_\mu$.

(iii) μ-逻辑度量空间 $(F(S), \rho_\mu)$ 中没有孤立点.

证明 (i) 任取 $\varepsilon > 0$, 则由 μ 是非原子的知, 存在 $m \in \mathbb{N}$ 使得对任一点 $(x_1, \cdots, x_m) \in W_n^m$, $\mu(m)(\{(x_1, \cdots, x_m)\}) = \mu\left((x_1, \cdots, x_m) \times \prod\limits_{k=m+1}^{\infty} X_k\right) < \varepsilon$. 任取 $E \subseteq W_n^m$, 令

$$\varphi_E = \vee\{\delta_{(x_1,\cdots,x_m)} \mid (x_1, \cdots, x_m) \in E\},$$

这里 $\delta_{(x_1,\cdots,x_m)}$ 由式 (3.2.24) 定义, 则 $\overline{\varphi_E}^{-1}(1) = E$, $\overline{\varphi_E}^{-1}(0) = W_n^m - E$, 所以由式 (3.2.3) 知 $\tau_\mu(\varphi_E) = \mu(m)(\overline{\varphi_E}^{-1}(1)) = \mu(m)(E)$, 从而 $\{\mu(m)(E) \mid E \subseteq W_n^m\} \subseteq H_\mu$. 所以 H_μ 在 $[0,1]$ 中稠密. 又 H_μ 显然是可数的, 所以 (i) 成立.

(ii) 设 μ 为 Ω 的各因子空间 W_n 上的均匀概率测度生成的乘积概率测度. 任取 $m \in \mathbb{N}$ 及 $k \in \{0, \cdots, n^m\}$, 取 $E \subseteq W_n^m$ 满足 $|E| = k$. 由 (i) 知 $\tau_\mu(\varphi_E) = \mu(m)(E) = \dfrac{k}{n^m} \in H_\mu$.

(iii) 任取 $\varphi = \varphi(p_1, \cdots, p_m) \in F(S)$, $\varepsilon > 0$. 由 μ 是非原子的知, 存在充分大的 $k \in \mathbb{N}$ 使得对任一点 $(x_1, \cdots, x_m, x_{m+1}, \cdots, x_{m+k}) \in W_n^{m+k}$,

$$\mu(m+k)(\{(x_1, \cdots, x_m, x_{m+1}, \cdots, x_{m+k})\}) < \frac{1}{n^m}\varepsilon.$$

从而 $\mu(m+k)(W_n^m \times (x_{m+1}, \cdots, x_{m+k})) < \dfrac{\varepsilon}{n^m} \times n^m = \varepsilon$. 令

$$\delta_{(x_{m+1},\cdots,x_{m+k})} = \varphi_{x_{m+1}}(p_{m+1}) \wedge \cdots \wedge \varphi_{m+k}(p_{m+k}),$$

参见式 (3.2.24), 则 $\tau_\mu(\delta_{(x_{m+1},\cdots,x_{m+k})}) = \mu(m+k)(W_n^m \times (x_{m+1}, \cdots, x_{m+k})) < \varepsilon$. 令

$$\psi = \varphi \wedge \neg\delta_{(x_{m+1},\cdots,x_{m+k})},$$

则

$$\begin{aligned}
\rho_\mu(\varphi,\psi) &= 1-\xi_\mu(\varphi,\psi)\\
&= 1-\tau_\mu((\varphi\to\psi)\wedge(\psi\to\varphi))\\
&= 1-\tau_\mu(\varphi\to\psi)\\
&= 1-\tau_\mu(\varphi\to\neg\delta_{(x_{m+1},\cdots,x_{m+k})})\\
&\leqslant 1-\tau_\mu(\neg\delta_{(x_{m+1},\cdots,x_{m+k})})\\
&= \tau_\mu(\delta_{(x_{m+1},\cdots,x_{m+k})})\\
&< \varepsilon.
\end{aligned}$$

3.2.5 系统 Ł$_n$ 和 Ł 中概率真度函数的公理化定义及其表示定理

本节在 Ł$_n$ 和 Ł 中给出公式概率真度的公理化定义, 研究其性质, 最后也要证明这两个系统中的概率真度函数 τ_n 和 τ_∞ 也分别由赋值空间 Ω_n 和 Ω 上的 Borel 型概率测度按式 (3.2.1) 和式 (3.2.19) 表出. 有关形式系统 $\mathscr{L}^*$ 中的概率真度函数的公理化要更复杂些, 有兴趣的读者可参阅文献 [104].

定义 3.2.28 在 Ł$_n$ 或 Ł 中, 设 $\tau: F(S)\to[0,1]$ 是映射. 若 τ 满足:

(ŁK1) $0\leqslant\tau(\varphi)\leqslant 1$,

(ŁK2) 若 φ 是公理, 则 $\tau(\varphi)=1$,

(ŁK3) 若 $\vdash\varphi\to\psi$, 则 $\tau(\varphi)\leqslant\tau(\psi)$,

(ŁK4) 若 $\varphi\&\psi$ 为可驳公式, 则 $\tau(\varphi\oplus\psi)=\tau(\varphi)+\tau(\psi)$,

则称 τ 为 $F(S)$ 的**概率真度函数**. 当需要指明 τ 具体是哪个系统 (Ł$_n$ 或 Ł) 中的概率真度函数时, 我们将通过给 τ 加下标 n 或 ∞ 加以区分.

注 3.2.29 比较定义 3.2.28 和定义 3.1.25 知, (ŁK1)–(ŁK3) 分别与 (K1)–(K3) 在形式上完全相同, 但 (ŁK4) 不同于 (K4). 注意, 在 Ł$_n$ 或 Ł 中, $\varphi\&\psi$ 为可驳公式并不等同于说理论 $\{\varphi,\psi\}$ 不相容. 事实上, 若 $\varphi\&\psi$ 为可驳公式, 则 $\{\varphi,\psi\}$ 一定不相容, 但反之不对, 所以 (ŁK4) 不同于 (K4). 但在 Ł$_2$ (即二值命题) 中以上两种表述等价, 可见定义 3.1.25 只是定义 3.2.28 在二值命题逻辑中的特例.

例 3.2.30 (i) 由命题 3.2.5 (ii) 和式 (3.2.6) 知由式 (3.2.1) 定义的 $\tau_{n,\mu}$ 是 Ł$_n$ 中的概率真度函数; 再由极限定理式 (3.2.20) 知由式 (3.2.19) 定义的 $\tau_{\infty,\mu}$ 是 Ł中的概率真度函数.

(ii) 设 $v\in\Omega$ ($\Omega=W_n^\omega$ 或 $\Omega=[0,1]^\omega$), 则 v 是 $F(S)$ 的概率真度函数.

(iii) 设 τ 是 $F(S)$ 的一个概率真度函数, 且 $\tau(\varphi)\neq 0$ ($\varphi\in F(S)$). 令

$$\tau'(\psi)=\frac{\tau(\varphi\&\psi)}{\tau(\varphi)},\quad \psi\in F(S), \tag{3.2.28}$$

则 τ' 也是 $F(S)$ 的一个概率真度函数.

命题 3.2.31 设 τ 是 $F(S)$ 的概率真度函数, 则

(i) 若 $\vdash \varphi$, 则 $\tau(\varphi) = 1$.

(ii) 若 φ 与 ψ 可证等价, 则 $\tau(\varphi) = \tau(\psi)$.

(iii) $\tau(\neg\varphi) + \tau(\varphi) = 1$.

(iv) 若 φ 为可驳公式, 则 $\tau(\varphi) = 0$.

(v) $\tau(\varphi) + \tau(\psi) = \tau(\varphi \oplus \psi) + \tau(\varphi \& \psi)$.

(vi) $1 + \tau(\varphi \wedge \psi) = \tau(\varphi) + \tau(\varphi \to \psi)$.

(vii) $\tau(\varphi) + \tau(\varphi \to \psi) = \tau(\psi) + \tau(\psi \to \varphi)$.

(viii) $\tau(\varphi) + \tau(\psi) = \tau(\varphi \vee \psi) + \tau(\varphi \wedge \psi)$.

(ix) $\tau(\varphi) \otimes_{\text{Ł}} \tau(\varphi \to \psi) \to_{\text{Ł}} \tau(\psi) = 1$.

(x) $\tau(\varphi \oplus \psi) = (\tau(\varphi) \to_{\text{Ł}} \tau(\varphi \& \psi)) \to_{\text{Ł}} \tau(\psi)$.

(xi) 若 $\tau(\varphi \to \psi) = 1$, 则 $\tau(\varphi) \leqslant \tau(\psi)$.

(xii) $\tau(\varphi) \otimes_{\text{Ł}} \tau(\psi) \leqslant \tau(\varphi \& \psi) \leqslant \tau(\varphi \wedge \psi) \leqslant \min\{\tau(\varphi), \tau(\psi)\} \leqslant \max\{\tau(\varphi), \tau(\psi)\} \leqslant \tau(\varphi \vee \psi) \leqslant \tau(\varphi \oplus \psi) \leqslant \tau(\varphi) + \tau(\psi)$.

以上出现的 $\otimes_{\text{Ł}}$ 和 $\to_{\text{Ł}}$ 分别由式 (3.1.12) 和式 (3.1.13) 定义.

证明　由 (ŁK2) 和 (ŁK3) 知 (i) 和 (ii) 显然成立.

(iii) 由于 $\varphi \& \neg\varphi$ 为可驳公式, $\varphi \oplus \neg\varphi$ 为定理, 所以由 (ŁK4) 和 (i) 知 $1 = \tau(\varphi \oplus \neg\varphi) = \tau(\varphi) + \tau(\neg\varphi)$.

(iv) 设 φ 为可驳公式, 则 $\neg\varphi$ 为定理, 所以由 (iii) 知 $\tau(\varphi) = 1 - \tau(\neg\varphi) = 0$.

(v) 考虑以下事实:

$$\varphi \sim ((\varphi \oplus \psi) \& \neg\psi) \oplus (\varphi \& \psi); \quad (\varphi \oplus \psi) \& \neg\psi \& \varphi \& \psi \sim \overline{0}, \tag{3.2.29}$$

$$\psi \sim ((\varphi \oplus \psi) \& \neg\varphi) \oplus (\varphi \& \psi); \quad (\varphi \oplus \psi) \& \neg\varphi \& \varphi \& \psi \sim \overline{0}, \tag{3.2.30}$$

$$((\varphi \oplus \psi) \& \neg\psi) \& ((\varphi \oplus \psi) \& \neg\varphi) \sim \overline{0}, \tag{3.2.31}$$

$$(((\varphi \oplus \psi) \& \neg\psi) \oplus ((\varphi \oplus \psi) \& \neg\varphi)) \& (\varphi \& \psi) \sim \overline{0}, \tag{3.2.32}$$

$$\varphi \oplus \psi \sim (((\varphi \oplus \psi) \& \neg\psi) \oplus ((\varphi \oplus \psi) \& \neg\varphi)) \oplus (\varphi \& \psi). \tag{3.2.33}$$

由式 (3.2.29) 和 (ŁK4) 得 $\tau(\varphi) = \tau((\varphi \oplus \psi) \& \neg\psi) + \tau(\varphi \& \psi)$. 由式 (3.2.30) 和 (ŁK4) 得 $\tau(\psi) = \tau((\varphi \oplus \psi) \& \neg\varphi) + \tau(\varphi \& \psi)$. 再由式 (3.2.31)– 式 (3.2.33) 得

$$\begin{aligned}
\tau(\varphi) + \tau(\psi) &= \tau((\varphi \oplus \psi) \& \neg\psi) + \tau((\varphi \oplus \psi) \& \neg\varphi) + 2\tau(\varphi \& \psi) \\
&= \tau(((\varphi \oplus \psi) \& \neg\psi) \oplus ((\varphi \oplus \psi) \& \neg\varphi)) + 2\tau(\varphi \& \psi) \\
&= \tau(((\varphi \oplus \psi) \& \neg\psi) \oplus ((\varphi \oplus \psi) \& \neg\varphi) \oplus (\varphi \& \psi)) + \tau(\varphi \& \psi) \\
&= \tau(\varphi \oplus \psi) + \tau(\varphi \& \psi).
\end{aligned}$$

(vi) 由于 $\varphi \wedge \psi \sim (\neg\varphi \oplus \psi)\&\varphi$; $(\neg\varphi \oplus \psi) \oplus \varphi$ 为定理知

$$\begin{aligned}1+\tau(\varphi \wedge \psi) &= \tau((\neg\varphi \oplus \psi) \oplus \varphi)+\tau((\neg\varphi \oplus \psi)\&\varphi)\\ &= \tau(\varphi)+\tau(\neg\varphi \oplus \psi)\\ &= \tau(\varphi)+\tau(\varphi \to \psi).\end{aligned}$$

(vii) 由 (vi) 知 $\tau(\varphi)+\tau(\varphi \to \psi) = 1+\tau(\varphi\wedge\psi) = 1+\tau(\psi\wedge\varphi) = \tau(\psi)+\tau(\psi \to \varphi)$.

(viii) 由于 $\varphi \vee \psi \sim \neg(\neg\varphi \oplus \psi) \oplus \psi$, 而 $\neg(\neg\varphi \oplus \psi)\&\psi \sim \neg(\psi \to (\varphi \to \psi))$ 为可驳公式, 所以

$$\begin{aligned}\tau(\varphi \vee \psi) &= \tau(\neg(\neg\varphi \oplus \psi) \oplus \psi)\\ &= \tau(\neg(\neg\varphi \oplus \psi))+\tau(\psi)\\ &= 1-\tau(\neg\varphi \oplus \psi)+\tau(\psi)\\ &= 1-\tau(\varphi \to \psi)+\tau(\psi).\end{aligned}$$

另外, 由 (vi) 知 $\tau(\varphi \wedge \psi) = \tau(\varphi)+\tau(\varphi \to \psi)-1$, 所以 $\tau(\varphi \vee \psi)+\tau(\varphi \wedge \psi) = \tau(\varphi)+\tau(\psi)$.

(ix) 由 (vii) 得

$$\begin{aligned}\tau(\psi) &= \tau(\varphi)+\tau(\varphi \to \psi)-\tau(\psi \to \varphi)\\ &\geqslant (\tau(\varphi)+\tau(\varphi \to \psi)-1) \vee 0\\ &= \tau(\varphi) \otimes_{\text{Ł}} \tau(\varphi \to \psi).\end{aligned}$$

所以 $(\tau(\varphi) \otimes_{\text{Ł}} \tau(\varphi \to \psi)) \to_{\text{Ł}} \tau(\psi) = 1$.

(x)

$$\begin{aligned}&(\tau(\varphi) \to_{\text{Ł}} \tau(\varphi\&\psi)) \to_{\text{Ł}} \tau(\psi)\\ =\ &(1-\tau(\varphi)+\tau(\varphi\&\psi)) \wedge 1 \to_{\text{Ł}} \tau(\psi)\\ =\ &(1-\tau(\varphi)+\tau(\varphi\&\psi)) \to_{\text{Ł}} \tau(\psi)\\ =\ &(1-(1-\tau(\varphi)+\tau(\varphi\&\psi))+\tau(\psi)) \wedge 1\\ =\ &(\tau(\varphi)+\tau(\psi)-\tau(\varphi\&\psi)) \wedge 1\\ =\ &\tau(\varphi \oplus \psi) \wedge 1\\ =\ &\tau(\varphi \oplus \psi).\end{aligned}$$

(xi) 设 $\tau(\varphi \to \psi) = 1$, 则由 (ix) 知 $\tau(\varphi) \to_{\text{Ł}} \tau(\psi) = 1$, 所以 $\tau(\varphi) \leqslant \tau(\psi)$.

(xii) 显然成立.

下面研究 τ 的等价刻画.

命题 3.2.32 设 $\tau : F(S) \to [0,1]$ 是映射, 则 τ 是 $F(S)$ 的概率真度函数 iff τ 满足:

(i) 若 $\vdash \varphi$, 则 $\tau(\varphi) = 1$,

(ii) 若 $\vdash \neg\varphi$, 则 $\tau(\varphi)=0$,

(iii) $\tau(\varphi\oplus\psi)+\tau(\varphi\&\psi)=\tau(\varphi)+\tau(\psi)$.

证明　由命题 3.2.31 知必要性成立. 下证充分性, 由 (iii) 和 (ii) 知 (ŁK4) 成立, 所以只需证 (ŁK3). 先证 $\tau(\neg\varphi)=1-\tau(\varphi)$. 由 $\vdash \varphi\oplus\neg\varphi$ 及 $\varphi\&\neg\varphi$ 为可驳公式知 $\tau(\varphi)+\tau(\neg\varphi)=\tau(\varphi\oplus\neg\varphi)+\tau(\varphi\&\neg\varphi)=1$, 所以, $\tau(\neg\varphi)=1-\tau(\varphi)$. 设 $\vdash\varphi\to\psi$, 则 $\vdash\neg\varphi\oplus\psi$, 从而 $\tau(\neg\varphi)+\tau(\psi)=\tau(\neg\varphi\oplus\psi)+\tau(\neg\varphi\&\psi)=1+\tau(\neg\varphi\&\psi)$, 所以 $\tau(\psi)=1-\tau(\neg\varphi)+\tau(\neg\varphi\&\psi)=\tau(\varphi)+\tau(\neg\varphi\&\psi)\geqslant\tau(\varphi)$.

命题 3.2.33　设 $\tau: F(S)\to[0,1]$ 是映射, 则 τ 是 $F(S)$ 的概率真度函数 iff τ 满足:

(i) 若 φ 是公理, 则 $\tau(\varphi)=1$,

(ii) $\tau(\neg\varphi)=1-\tau(\varphi)$,

(iii) $\tau(\varphi)+\tau(\varphi\to\psi)=\tau(\psi)+\tau(\psi\to\varphi)$.

证明　只需证充分性. 由 (i) 和 (iii) 知, 若 $\vdash\varphi$, 则 $\tau(\varphi)=1$. 再由 (ii) 知, 若 $\vdash\neg\varphi$, 则 $\tau(\varphi)=0$. 由 (iii) 知, 若 $\varphi\sim\psi$, 则 $\tau(\varphi)=\tau(\psi)$. 所以

$$\begin{aligned}\tau(\varphi\oplus\psi)&=\tau(\neg\varphi\to\psi)\\&=\tau(\psi)+\tau(\psi\to\neg\varphi)-\tau(\neg\varphi)\\&=\tau(\varphi)+\tau(\psi)-1+\tau(\psi\to\neg\varphi)\\&=\tau(\varphi)+\tau(\psi)-\tau(\neg(\psi\to\neg\varphi))\\&=\tau(\varphi)+\tau(\psi)-\tau(\varphi\&\psi).\end{aligned}$$

这就证明了 τ 满足命题 3.2.32 (i)–(iii), 所以充分性成立.

命题 3.2.34　设 $\tau: F(S)\to[0,1]$ 是映射, 则 τ 是 $F(S)$ 的概率真度函数 iff τ 满足:

(i) 若 $\vdash\varphi$, 则 $\tau(\varphi)=1$,

(ii) $\tau(\neg\varphi)=1-\tau(\varphi)$,

(iii) $\tau(\varphi)\otimes_{\text{Ł}}\tau(\varphi\to\psi)\to_{\text{Ł}}\tau(\psi)=1$,

(iv) $\tau(\varphi\oplus\psi)=(\tau(\varphi)\to_{\text{Ł}}\tau(\varphi\&\psi))\to_{\text{Ł}}\tau(\psi)$.

证明　由命题 3.2.31 知也只需证充分性. 由 (ii) 知若 $\vdash\neg\varphi$, 则 $\tau(\varphi)=0$. 设 $\vdash\varphi\to\psi$, 则由 (i) 知 $\tau(\varphi\to\psi)=1$, 从而由 (iii) 知 $\tau(\varphi)\leqslant\tau(\psi)$. 由于 $\vdash\varphi\&\psi\to\varphi$, $\vdash\psi\to(\varphi\to\varphi\&\psi)$, 所以 $\tau(\varphi\&\psi)\leqslant\tau(\varphi)$, $\tau(\psi)\leqslant\tau(\varphi\to\varphi\&\psi)$. 再由 (iii) 知

$$\tau(\varphi\&\psi)\geqslant\tau(\varphi)\otimes_{\text{Ł}}\tau(\varphi\to\varphi\&\psi)\geqslant\tau(\varphi)\otimes_{\text{Ł}}\tau(\psi)\geqslant\tau(\varphi)+\tau(\psi)-1.$$

所以由 (iv) 知

$$\begin{aligned}\tau(\varphi\oplus\psi)&=(\tau(\varphi)\to_{\text{Ł}}\tau(\varphi\&\psi))\to_{\text{Ł}}\tau(\psi)\\&=(1-\tau(\varphi)+\tau(\varphi\&\psi))\wedge 1\to_{\text{Ł}}\tau(\psi)\\&=(1-\tau(\varphi)+\tau(\varphi\&\psi))\to_{\text{Ł}}\tau(\psi)\\&=(1-(1-\tau(\varphi)+\tau(\varphi\&\psi))+\tau(\psi))\wedge 1\\&=(\tau(\varphi)+\tau(\psi)-\tau(\varphi\&\psi))\wedge 1\\&=\tau(\varphi)+\tau(\psi)-\tau(\varphi\&\psi),\end{aligned}$$

所以 $\tau(\varphi\oplus\psi)=\tau(\varphi)+\tau(\psi)-\tau(\varphi\&\psi)$. 这就证明了 τ 满足命题 3.2.32 (i)–(iii), 所以充分性成立.

在系统 Ł_n 中, 命题 3.1.29 也成立, 即得下面的命题.

命题 3.2.35 设 $\tau: F(S)\to[0,1]$ 是映射, 则在 Ł_n 中 τ 是 $F(S)$ 的概率真度函数 iff τ 满足:

(i) 若 $\vdash\varphi$, 则 $\tau(\varphi)=1$,

(ii) 若 $\vdash\neg\varphi$, 则 $\tau(\varphi)=0$,

(iii) $\tau(\varphi\vee\psi)+\tau(\varphi\wedge\psi)=\tau(\varphi)+\tau(\psi)$.

为证明命题 3.2.35, 需要一个引理.

引理 3.2.36[105] 设 $\tau: F(S)\to[0,1]$ 是映射, 若 τ 满足命题 3.2.35 (i)–(iii), 则对任一公式 $\varphi\in F(S)$ (不妨设 $\varphi=\varphi(p_1,\cdots,p_m)$),

$$\tau(\varphi)=\sum\{\tau(\delta_{(x_1,\cdots,x_m)})\overline{\varphi}(x_1,\cdots,x_m)\mid(x_1,\cdots,x_m)\in W_n^m\},\tag{3.2.34}$$

其中 $\delta_{(x_1,\cdots,x_m)}$ 由式 (3.2.24) 定义.

命题 3.2.35 的证明 比较命题 3.2.35 与命题 3.2.32 知, 为证充分性只需证

$$\tau(\varphi\oplus\psi)+\tau(\varphi\&\psi)=\tau(\varphi)+\tau(\psi).\tag{3.2.35}$$

任取 $\varphi,\psi\in F(S)$, 不失一般性, 可设 φ 和 ψ 均由原子公式 $p_1,\cdots,p_m$ 构成. 由式 (3.2.34) 得

$$\begin{aligned}\tau(\varphi\oplus\psi)+\tau(\varphi\&\psi)&=\sum\{\tau(\delta_{(x_1,\cdots,x_m)})\overline{\varphi\oplus\psi}(x_1,\cdots,x_m)\mid(x_1,\cdots,x_m)\in W_n^m\}\\&\quad+\sum\{\tau(\delta_{(x_1,\cdots,x_m)})\overline{\varphi\&\psi}(x_1,\cdots,x_m)\mid(x_1,\cdots,x_m)\in W_n^m\}\\&=\sum\{\tau(\delta_{(x_1,\cdots,x_m)})(\overline{\varphi}+\overline{\psi})(x_1,\cdots,x_m)\mid(x_1,\cdots,x_m)\in W_n^m\}\\&=\sum\{\tau(\delta_{(x_1,\cdots,x_m)})\overline{\varphi}(x_1,\cdots,x_m)\mid(x_1,\cdots,x_m)\in W_n^m\}\\&\quad+\sum\{\tau(\delta_{(x_1,\cdots,x_m)})\overline{\psi}(x_1,\cdots,x_m)\mid(x_1,\cdots,x_m)\in W_n^m\}\\&=\tau(\varphi)+\tau(\psi),\end{aligned}$$

即证得式 (3.2.35). 所以命题 3.2.35 成立.

以下讨论前面定义的概率真度函数与文献 [106] 提出的 MV-代数上的**态算子**①间的联系.

定义 3.2.37[106] 设 $M=(M,\oplus,',0)$ 是 MV-代数, $s:M\to[0,1]$ 是映射. 若 s 满足:

(i) $s(0)=0$,

(ii) $s(1)=1$,

(iii) 任取 $x,y\in M$, 若 $x\otimes y=0$, 则 $s(x\oplus y)=s(x)+s(y)$,

则称 s 为 M 上的一个**态算子**.

命题 3.2.38 设 s 是 MV-代数 $M=(M,\oplus,',0)$ 上的态算子, 则 s 是单调递增的, 即若 $x,y\in M$ 且 $x\leqslant y$, 则 $s(x)\leqslant s(y)$.

证明 设 $x\leqslant y$, 令 $z=x'\otimes y$, 则 $x\otimes z=x\otimes x'\otimes y=0$, 而 $x\oplus z=x\oplus(x'\otimes y)=(x\oplus y')'\oplus x=(x'\oplus y)'\oplus y=1'\oplus y=y$. 所以 $s(y)=s(x\oplus z)=s(x)+s(z)\geqslant s(x)$.

命题 3.2.39 设 $[F]=(F(S)/\sim,\oplus,',[\overline{0}])$ 是 Ł_n (或 Ł)-Lindenbaum 代数.

(i) 设 s 是 $[F]$ 上的一个态算子. 令 $\tau_s:F(S)\to[0,1]$:

$$\tau_s(\varphi)=s([\varphi]),\quad \varphi\in F(S),$$

则 τ_s 是定义 3.2.28 意义下的 $F(S)$ 的概率真度函数.

(ii) 设 τ 是定义 3.2.28 意义下的 $F(S)$ 的概率真度函数, 令 $s_\tau:[F]\to[0,1]$:

$$s_\tau([\varphi])=\tau(\varphi),\quad \varphi\in F(S),$$

则 s_τ 是 $[F]$ 上的一个态算子.

证明 显然.

类似于二值情形, 可以证明在 Ł_n 和 Ł 中, $F(S)$ 上的概率真度函数均可由赋值空间 Ω 上的 Borel 型概率测度 μ 按式 (3.2.1) 和式 (3.2.19) 表出. Ł_n 中的表示定理是容易给出的.

定理 3.2.40 (表示定理) 设 τ 是 Ł_n 中的一个概率真度函数, 则存在赋值空间 $\Omega=W_n^\omega$ 上的唯一 Borel 型概率测度 μ 使得对任一公式 $\varphi\in F(S)$,

$$\tau(\varphi)=\sum_{i=0}^{n-1}\frac{i}{n-1}\mu\left(\varphi^{-1}\left(\frac{i}{n-1}\right)\right). \tag{3.2.36}$$

证明 构造 μ 满足式 (3.2.36). 任取 $m\in\mathbb{N}$, 令

$$\mu\left((x_1,\cdots,x_m)\times\prod_{k=m+1}^{\infty}X_k\right)=\tau(\delta_{(x_1,\cdots,x_m)}). \tag{3.2.37}$$

①MV-代数是 Łukasiewicz 命题逻辑的语义代数, 有关 MV-代数可参见 8.1 节或文献 [81]. 此外, 第 8 章也将系统论述一般逻辑代数, 包括 MV-代数上的态理论.

取 Ω 中的任一拓扑闭集 Σ, 令

$$\mu\left(\Sigma(m)\times\prod_{k=m+1}^{\infty}X_k\right)=\sum\{\tau(\delta_{(x_1,\cdots,x_m)})\mid(x_1,\cdots,x_m)\in\Sigma(m)\},\tag{3.2.38}$$

$$\mu(\Sigma)=\lim_{m\to\infty}\mu\left(\Sigma(m)\times\prod_{k=m+1}^{\infty}X_k\right),\tag{3.2.39}$$

其中 $\delta_{(x_1,\cdots,x_m)}$ 由式 (3.2.24) 定义.

任取 $\Delta\in\mathscr{B}(\Omega)$, 令

$$\mu(\Delta)=\Sigma\{\mu(\Sigma)\mid\Sigma\subseteq\Delta\text{为拓扑闭集}\},\tag{3.2.40}$$

则 μ 是 Ω 上的 Borel 型概率测度. 任取 $\varphi\in F(S)$, 由式 (3.2.34) 知

$$\begin{aligned}\tau(\varphi)&=\sum\{\tau(\delta_{(x_1,\cdots,x_m)})\overline{\varphi}(x_1,\cdots,x_m)\mid(x_1,\cdots,x_m)\in W_n^m\}\\&=\sum\left\{\mu\left((x_1,\cdots,x_m)\times\prod_{k=m+1}^{\infty}X_k\right)\overline{\varphi}(x_1,\cdots,x_m)\middle|(x_1,\cdots,x_m)\in W_n^m\right\}\\&=\sum_{i=0}^{n-1}\frac{i}{n-1}\mu\left(\overline{\varphi}^{-1}\left(\frac{i}{n-1}\right)\times\prod_{k=m+1}^{\infty}X_k\right)\\&=\sum_{i=0}^{n-1}\frac{i}{n-1}\mu\left(\varphi^{-1}\left(\frac{i}{n-1}\right)\right),\end{aligned}$$

即证得式 (3.2.36). 设 ν 也是满足式 (3.2.36) 的 Borel 型概率测度, 则由式 (3.2.34) 知 ν 也满足式 (3.2.37)– 式 (3.2.40), 所以必有 $\nu=\mu$, 证毕.

Ł 中概率真度函数的表示定理可通过文献 [107] 中关于半单 MV-代数上态的积分表示定理而给出. 用我们的语言表述如下.

定理 3.2.41(表示定理) 设 τ 是 Ł 中的概率真度函数, 则存在赋值空间 $\Omega=[0,1]^{\omega}$ 上的唯一 Borel 型概率测度 μ 使得式 (3.2.19) 成立, 即

$$\tau(\varphi)=\int_{\Omega}\varphi(v)\mathrm{d}\mu=\int_{[0,1]^m}\overline{\varphi}(x_1,\cdots,x_m)\mathrm{d}\mu(m),$$

$\varphi=\varphi(p_1,\cdots,p_m)\in F(S)$.

3.3 定义公式真度的其他方法

3.1 节 –3.2 节我们分别在二值、n-值和 $[0,1]$-值命题逻辑系统中利用赋值空间上的 Borel 型概率测度引入了公式的概率真度, 给出了其公理化定义并证明了表示

定理. 该表示定理表明在这些逻辑系统中, 公式集上满足 Kolmogorov 公理的概率真度函数和赋值空间上的 Borel 型概率测度是一一对应的, 每个这样的真度函数都可由唯一一个 Borel 型概率测度按文中给出的方法所表出. 那么进一步要问: 还有没有其他形式的概率真度函数? 更进一步, 是否可不用赋值集上的概率测度而采用其上的其他模糊测度, 如 Belief 测度[108]、Possibility 测度[109] 以及 Credibility 测度[110] 来定义公式的真度呢? 本节做一尝试.

3.3.1 常用的模糊测度

本节介绍一些常用的模糊测度, 如 Belief 测度、Possibility 测度, 以及 Credibility 测度, 为后面及 3.4 节用这些模糊测度定义公式的相应真度作准备. 值得指出的是, 我们已在第 2, 3 章用到了概率测度, 特别是 Borel 型概率测度, 但为了集中比较这些模糊测度, 也顺带介绍概率测度的一些基本知识.

定义 3.3.1[111]　设 $X \neq \varnothing, \mathscr{A}$ 是 X 的子集族. 若 $\varnothing \in \mathscr{A}, X \in \mathscr{A}$ 且 $\mathscr{A}$ 关于集合并和补运算封闭, 则称 $\mathscr{A}$ 为 X 上的一个**代数**. 若 $\mathscr{A}$ 还关于可数并封闭, 则称 $\mathscr{A}$ 为 X 上的一个 **σ-代数**, 称 $\mathscr{A}$ 中的元 A 为**可测集**, 称序对 $(X, \mathscr{A})$ 为**可测空间**. 设 $\mu : \mathscr{A} \to [0,1]$ 满足

(i) $\mu(\varnothing) = 0, \mu(X) = 1$,

(ii) 若 $A \subseteq B$, 则 $\mu(A) \leqslant \mu(B)$, $A, B \in \mathscr{A}$,

则称 μ 为可测空间 $(X, \mathscr{A})$ 上的**模糊测度**, 此时称 $\mathscr{A}$ 中的元为 **μ-可测**的.

定义 3.3.2[111]　设 μ 是 $(X, \mathscr{A})$ 上的模糊测度.

(i) 称 μ 是**下连续**的, 若对 $\mathscr{A}$ 中任一递增子集列 $\{A_k \mid k \in \mathbb{N}\}$ (即 $A_m \subseteq A_{m+1}, m \in \mathbb{N}$), 有

$$\mu\left(\bigcup_{k=1}^{\infty} A_k\right) = \lim_{k\to\infty} \mu(A_k). \tag{3.3.1}$$

对偶地, 称 μ 是**上连续**的, 若对 $\mathscr{A}$ 中的递减子集列 $\{A_k \mid k \in \mathbb{N}\}$, 有

$$\mu\left(\bigcap_{k=1}^{\infty} A_k\right) = \lim_{k\to\infty} \mu(A_k). \tag{3.3.2}$$

(ii) 称 μ 为**上模**的, 若对任意两个子集 $A, B \in \mathscr{A}$,

$$\mu(A \cup B) + \mu(A \cap B) \geqslant \mu(A) + \mu(B). \tag{3.3.3}$$

对偶地, 称 μ 为**下模**的, 若对任意两个子集 $A, B \in \mathscr{A}$,

$$\mu(A \cup B) + \mu(A \cap B) \leqslant \mu(A) + \mu(B). \tag{3.3.4}$$

(iii) 称 μ 为**上可加**的, 若式 (3.3.3) 对任意两个不交集恒成立, 即 $\mu(A\cup B)\geqslant\mu(A)+\mu(B)$, $A,B\in\mathscr{A}$, $A\cap B=\varnothing$. 称 μ 为**次可加**的, 若式 (3.3.4) 对任二不交集恒成立, 即 $\mu(A\cup B)\leqslant\mu(A)+\mu(B)$, $A,B\in\mathscr{A}$, $A\cap B=\varnothing$.

(iv) 称既上可加又次可加 (即 $\mu(A\cup B)=\mu(A)+\mu(B)$, $A,B\in\mathscr{A},A\cap B=\varnothing$) 的模糊测度为**有限可加**的, 简称**可加**的. 称 X 上可加的模糊测度为**有限可加概率测度**. 若对于 $\mathscr{A}$ 中的任一两两不交的子集列 $\{A_k\}_{k=1}^{\infty}$ (即当 $j\neq k$ 时, $A_j\cap A_k=\varnothing$),

$$\mu\left(\bigcup_{k=1}^{\infty}A_k\right)=\sum_{k=1}^{\infty}\mu(A_k), \tag{3.3.5}$$

则称 μ 为 **σ-可加**的. 称 X 上的 σ-可加的模糊测度为**概率测度**, 并称三元组 $(X,\mathscr{A},\mu)$ 为**概率测度空间**.

(v) 把式 (3.3.3) 和式 (3.3.4) 推到有限个子集 $A_1,\cdots,A_k\in\mathscr{A}$ 有如下概念. 称 μ 是 **k-阶单调**的, 如果对任意 $A_1,\cdots,A_k\in\mathscr{A}$,

$$\mu\left(\bigcup_{i=1}^{k}A_i\right)+\sum_{\varnothing\neq I\subseteq\{1,\cdots,k\}}(-1)^{|I|}\mu\left(\bigcap_{i\in I}A_i\right)\geqslant 0. \tag{3.3.6}$$

称 μ 是 **k-阶交错**的, 如果对任意 $A_1,\cdots,A_k\in\mathscr{A}$,

$$\mu\left(\bigcap_{i=1}^{k}A_i\right)+\sum_{\varnothing\neq I\subseteq\{1,\cdots,k\}}(-1)^{|I|}\mu\left(\bigcup_{i\in I}A_i\right)\leqslant 0. \tag{3.3.7}$$

称 μ 是**完全单调**的, 如果对任一 $k\in\mathbb{N}$, μ 是 k-阶单调的.

值得注意的是, 可测空间 $(X,\mathscr{A})$ 中的模糊测度 μ 是定义在 $\mathscr{A}$ 上的, 而 $\mathscr{A}$ 一般不等于 X 的幂集 $\mathscr{P}(X)$. 所以, 并非 X 的所有子集 A 都是 μ-可测的, 即 $A\notin\mathscr{A}$. 为定义这些不可测集的测度, 一个可行的办法就是用 μ 诱导的内 (外) 测度来定义.

定义 3.3.3[111] 设 μ 是可测空间 $(X,\mathscr{A})$ 上的模糊测度.

(1) 定义 $\mu_*:\mathscr{P}(X)\to[0,1]$:

$$\mu_*(B)=\sup\{\mu(A)\mid A\subseteq B,A\in\mathscr{A}\},\quad B\in\mathscr{P}(X). \tag{3.3.8}$$

称 μ_* 为 μ 诱导的**内测度**.

(ii) 定义 $\mu^*:\mathscr{P}(X)\to[0,1]$:

$$\mu^*(B)=\inf\{\mu(A)\mid B\subseteq A,A\in\mathscr{A}\},\quad B\in\mathscr{P}(X). \tag{3.3.9}$$

称 μ^* 为 μ 诱导的**外测度**.

显然, $\mu_*|_{\mathscr{A}}=\mu^*|_{\mathscr{A}}=\mu$. 可以验证当 μ 是上模 (上可加) 的, 则 μ_* 也是上模 (上可加) 的; 当 μ 是次模的, 则 μ^* 也是次模的. 另外, 当 μ 是 σ-可加的时, 可验证对

任一$B \in \mathscr{P}(X)$, 存在可测集 $A_1, A_2 \in \mathscr{A}$ 使得 $A_1 \subseteq B \subseteq A_2$ 且 $\mu(A_1) = \mu_*(B)$, $\mu(A_2) = \mu^*(B)$.

定义 3.3.4[108]　设 $\mathrm{Bel}: \mathscr{P}(X) \to [0,1]$ 是映射, 若 Bel 满足:

(i) $\mathrm{Bel}(\varnothing) = 0$,

(ii) $\mathrm{Bel}(X) = 1$,

(iii) Bel 是完全单调的, 即对任一 $k \in \mathbb{N}$ 及 $A_1, \cdots, A_k \subseteq X$, $\mathrm{Bel}(A_1 \cup \cdots \cup A_k) \geqslant \sum \left\{ (-1)^{|I|+1} \mathrm{Bel}\left(\bigcap_{i \in I} A_i\right) \middle| \varnothing \neq I \subseteq \{1, \cdots, k\} \right\}$,

则称 Bel 为 X 上的 **Dempster-Shafer Belief 测度**, 简称 **Belief 测度**, 称 $(X, \mathscr{P}(X), \mathrm{Bel})$ 为 **DS-空间**.

设 $A \subseteq B \subseteq X$, 则由 (iii) 知 $\mathrm{Bel}(A) \leqslant \mathrm{Bel}(B)$, 从而 Bel 是可测空间 $(X, \mathscr{P}(X))$ 上完全单调的模糊测度. 对 Belief 测度有如下等价刻画.

命题 3.3.5　设 μ 是 $(X, \mathscr{P}(X))$ 上的模糊测度, 对任意 $A, B \in \mathscr{P}(X)$, 定义 $(\Delta_A \mu)(B) = \mu(B) - \mu(A \cap B)$, 则 μ 是 X 上的 Belief 测度 iff 对任意 $k \in \mathbb{N}$ 及 $A_1, \cdots, A_k, B \in \mathscr{A}$,

$$(\Delta_{A_1} \cdots \Delta_{A_k} \mu)(B) \geqslant 0.$$

证明　由下式

$$(\Delta_{A_1} \cdots \Delta_{A_k} \mu)(B) = \mu(B) + \sum_{\varnothing \neq I \subseteq \{1, \cdots, k\}} (-1)^{|I|} \mu\left(B \cap \left(\bigcap_{i \in I} A_i\right)\right)$$

容易验证.

下面的命题揭示了概率测度与 Belief 测度间的关系.

命题 3.3.6　设 $(X, \mathscr{A}, \mu)$ 是一概率测度空间, 则内测度 μ_* 是 $(X, \mathscr{P}(X))$ 上的 Belief 测度.

证明　显然, μ_* 满足定义 3.3.4 中的 (i) 和 (ii). 下证 μ_* 也满足 (iii). 任取 $A_1, \cdots, A_m \in \mathscr{P}(X)$, 令 $B_1, \cdots, B_m$ 分别是满足 $B_k \subseteq A_k, \mu_*(A_k) = \mu(B_k)$ 的可测集 $(k = 1, \cdots, m)$. 下证对任一指标集 $I \subseteq \{1, \cdots, m\}$,

$$\mu_*\left(\bigcap_{k \in I} A_k\right) = \mu\left(\bigcap_{k \in I} B_k\right).$$

事实上, 由 $\bigcap_{k \in I} B_k \subseteq \bigcap_{k \in I} A_k$ 知 $\mu_*\left(\bigcap_{k \in I} A_k\right) \geqslant \mu\left(\bigcap_{k \in I} B_k\right)$. 取 $C \in \mathscr{A}$ 且满足 $C \subseteq \bigcap_{k \in I} A_k$, $\mu(C) = \mu_*\left(\bigcap_{k \in I} A_k\right)$. 不妨设 $\bigcap_{k \in I} B_k \subseteq C$ (否则, 用 $C \cup \left(\bigcap_{k \in I} B_k\right)$ 取代

C 即可). 令 $D=C\cap\left(X-\bigcap_{k\in I}B_k\right)$, 则易见 $D\in\mathscr{A}$. 固定 $k\in I$, 由 $D\subseteq C\subseteq A_k$ 知, 若 $\mu(D\cap(X-B_k))\neq 0$, 则 $\mu(B_k\cup D)>\mu(B_k)=\mu_*(A_k)$, 这与 $B_k\cup D$ 是 A_k 的子集 (所以 $\mu(B_k\cup D)\leqslant\mu_*(A_k)$) 相矛盾. 所以 $\mu(D\cap(X-B_k))=0$. 由 $D\subseteq X-\bigcap_{k\in I}B_k=\bigcup_{k\in I}(X-B_k)$ 知 $\mu(D)=\mu\left(D\cap\left(\bigcup_{k\in I}(X-B_k)\right)\right)=\mu\left(\bigcup_{k\in I}(D\cap(X-B_k))\right)\leqslant\sum_{k\in I}\mu(D\cap(X-B_k))=0$. 又因为 $\bigcap_{k\in I}B_k\subseteq C$ 且 $\mu\left(C\cap\left(X-\bigcap_{k\in I}B_k\right)\right)=\mu(D)=0$, 所以 $\mu(C)=\mu\left(\bigcap_{k\in I}B_k\right)$, 从而 $\mu_*\left(\bigcap_{k\in I}A_k\right)=\mu\left(\bigcap_{k\in I}B_k\right)$. 所以

$$\begin{aligned}\mu_*(A_1\cup\cdots\cup A_m)&\geqslant\mu(B_1\cup\cdots\cup B_m)\\&=\sum\left\{(-1)^{|I|+1}\mu\left(\bigcap_{k\in I}B_k\right)\middle|\varnothing\neq I\subseteq\{1,\cdots,m\}\right\}\\&=\sum\left\{(-1)^{|I|+1}\mu_*\left(\bigcap_{k\in I}A_k\right)\middle|\varnothing\neq I\subseteq\{1,\cdots,m\}\right\}.\end{aligned}$$

这就证明了 μ_* 满足定义 3.3.4 (iii), 从而 μ_* 是 $(X,\mathscr{P}(X))$ 上的 Belief 测度.

定义 3.3.7[109] 设 $X\neq\varnothing$, $\mathscr{A}=\mathscr{P}(X)$, $\Pi,\mathscr{N}:\mathscr{A}\to[0,1]$ 是 X 上的模糊测度. 若对 X 的任一子集族 $\{A_i\mid i\in I\}$, 有

$$\Pi\left(\bigcup_{i\in I}A_i\right)=\sup_{i\in I}\Pi(A_i),$$

则称 Π 为 X 上的 **Possibility 测度**. 对偶地, 若映射 $\mathscr{N}:\mathscr{A}\to[0,1]$ 满足

$$\mathscr{N}\left(\bigcap_{i\in I}A_i\right)=\inf_{i\in I}\mathscr{N}(A_i),$$

则称 $\mathscr{N}$ 为 X 上的 **Necessity 测度**.

引理 3.3.8[68] (i) 若 Π 是 X 上的 Possibility 测度, 则由 $\mathscr{N}(A)=1-\Pi(X-A)$ 定义的函数 $\mathscr{N}$ 是 X 上的 Necessity 测度; 反过来, X 上的每个 Necessity 测度 $\mathscr{N}$ 都定义一个 Possibility 测度 $\Pi(A)=1-\mathscr{N}(X-A)$.

(ii) X 上的每个 Possibility 测度由它在单点集上的值唯一决定. 具体地, 设 Π 是 X 上的 Possibility 测度, 令 $\pi(x)=\Pi(\{x\})$, 则 π 是 X 的一个正规模糊集 $\left(\text{即}\ \sup_{x\in X}\pi(x)=1\right)$, 且 $\Pi(A)=\sup_{x\in A}\pi(x)$; 反过来, 设 $\pi:X\to[0,1]$ 是正规模糊集, 则

$$\Pi(A)=\sup_{x\in A}\pi(x)$$

是 X 上的 Possibility 测度.

定义 3.3.9[110] 设 $X \neq \varnothing, \mathscr{A} = \mathscr{P}(X)$. 若 $\mathrm{Cr}: \mathscr{A} \to [0,1]$ 满足:

(i) $\mathrm{Cr}(X) = 1$,

(ii) 若 $A \subseteq B$, 则 $\mathrm{Cr}(A) \leqslant \mathrm{Cr}(B)$,

(iii) $\mathrm{Cr}(A) + \mathrm{Cr}(X - A) = 1$,

(iv) $\mathrm{Cr}\left(\bigcup_{i\in I} A_i\right) = \sup_{i\in I} \mathrm{Cr}(A_i)$, 这里要求 $\sup_{i\in I} \mathrm{Cr}(A_i) < 0.5$,

则称 Cr 为 X 上的 **Credibility 测度**.

命题 3.3.10[110] Credibility 测度 Cr 是次可加的, 即

$$\mathrm{Cr}(A \cup B) \leqslant \mathrm{Cr}(A) + \mathrm{Cr}(B), \quad A, B \in \mathscr{P}(X), \quad A \cap B = \varnothing.$$

3.3.2 逻辑公式的几种测度真度

利用 3.3.1 节介绍的模糊测度来尝试定义逻辑公式的真度, 为逻辑推理提供相应的可能框架. 我们以 $Ł_n$ 中的公式为例进行讨论.

先考虑仍用概率测度定义公式真度的可行方法.

正如本节开始所说, 在 3.1 节和 3.2 节中定义的公式的概率真度都使用的是赋值集 Ω 上的 (Borel) 概率测度, 那么能否使用 Ω 上一般的概率测度 (即 $\mathscr{A} \neq \mathscr{B}(\Omega)$), 或更一般地, 利用给定概率测度空间 $(X, \mathscr{A}, \mu)$ 来定义公式的真度呢? 这为我们提供了两种不同的新思路, 先考虑后一种方法.

定义 3.3.11 设 $(X, \mathscr{A}, \mu)$ 是一概率测度空间, $S = \{p_1, p_2, \cdots\}$ 是全体原子公式之集, $W_n = \left\{0, \frac{1}{n-1}, \cdots, \frac{n-2}{n-1}, 1\right\}$. 任取 $x \in X$, 定义 $\pi(x): S \to W_n$ 为一映射, 则 $\pi(x)$ 按如下方式唯一地扩张为 $F(S)$ 的一个赋值:

$$\pi(x)(\neg\varphi) = 1 - \pi(x)(\varphi), \tag{3.3.10}$$

$$\begin{aligned}\pi(x)(\varphi \to \psi) &= \pi(x)(\varphi) \to_{Ł} \pi(x)(\psi) \\ &= (1 - \pi(x)(\varphi) + \pi(x)(\psi)) \wedge 1.\end{aligned} \tag{3.3.11}$$

若 $\mathscr{A}$ 满足: 对任一 $\varphi \in F(S)$ 及 $i = 0, \cdots, n-1$, 都有

$$\pi(\varphi)^{-1}\left(\frac{i}{n-1}\right) = \left\{x \in X \,\middle|\, \pi(x)(\varphi) = \frac{i}{n-1}\right\} \in \mathscr{A}, \tag{3.3.12}$$

则称四元组 $(X, \mathscr{A}, \mu, \pi)$ 为 $F(S)$ 的一个**概率模型**.

注 3.3.12 (i) 由式 (3.3.10) 和式 (3.3.11), 不难验证:

$$\begin{aligned}
&\pi(x)(\varphi \vee \psi) = \max\{\pi(x)(\varphi), \pi(x)(\psi)\},\\
&\pi(x)(\varphi \wedge \psi) = \min\{\pi(x)(\varphi), \pi(x)(\psi)\},\\
&\pi(x)(\varphi \oplus \psi) = \pi(x)(\varphi) \oplus_{\text{Ł}} \pi(x)(\psi) = (\pi(x)(\varphi) + \pi(x)(\psi)) \wedge 1,\\
&\pi(x)(\varphi \,\&\, \psi) = \pi(x)(\varphi) \otimes_{\text{Ł}} \pi(x)(\psi) = (\pi(x)(\varphi) + \pi(x)(\psi) - 1) \vee 0.
\end{aligned}$$

(ii) 取 $X = \Omega = W_n^{\omega}, \mathscr{A} = \mathscr{B}(\Omega), \mu_0$ 为 X 上的 Borel 型概率测度. 对任一 $v \in X$, 定义 $\pi(v) : S \to W_n$ 为 $\pi(v)(p) = v(p)$, $p \in S$, 则 $(\Omega, \mathscr{B}(\Omega), \mu_0, \pi)$ 为 $F(S)$ 的一个概率模型, 称为 **Borel 型概率模型**.

定义 3.3.13 设 $(X, \mathscr{A}, \mu, \pi)$ 为 $F(S)$ 的一个概率模型. 定义 $\tau_{X,\mu,\pi} : F(S) \to [0, 1]$ 如下

$$\tau_{X,\mu,\pi}(\varphi) = \sum_{i=0}^{n-1} \frac{i}{n-1} \mu\left(\pi(\varphi)^{-1}\left(\frac{i}{n-1}\right)\right), \tag{3.3.13}$$

称 $\tau_{X,\mu,\pi}(\varphi)$ 为 φ 的 (X, μ, π)**-真度**.

当 $(X, \mathscr{A}, \mu, \pi)$ 为 $F(S)$ 的 Borel 型概率模型时, 由式 (3.3.13) 定义的 $\tau_{X,\mu,\pi}$ 等于式 (3.2.1) 定义的 $\tau_{n,\mu}(\varphi)$. 可见式 (3.3.13) 是式 (3.2.1) 的一种推广, 但我们将看到式 (3.3.13) 仍没有定义出新的概率真度函数.

定义 3.3.14 设 $(X, \mathscr{A}, \mu, \pi)$ 为 $F(S)$ 的概率模型, $(\Omega, \mathscr{B}(\Omega), \mu_0, \pi)$ 为 $F(S)$ 的 Borel 型概率模型. 若对任一 $\varphi \in F(S)$,

$$\tau_{X,\mu,\pi}(\varphi) = \tau_{\Omega,\mu_0,\pi}(\varphi) = \tau_{n,\mu_0}(\varphi), \tag{3.3.14}$$

其中 τ_{n,μ_0} 由式 (3.2.1) 定义, 则称 $(X, \mathscr{A}, \mu, \pi)$ 与 $(\Omega, \mathscr{B}(\Omega), \mu_0, \pi)$ **等价**.

命题 3.3.15 设 $(X, \mathscr{A}, \mu, \pi)$ 是 $F(S)$ 的任一概率模型, 则存在与之等价的 Borel 型概率模型 $(\Omega, \mathscr{B}(\Omega), \mu_0, \pi_0)$ 使式 (3.3.14) 成立.

证明 由表示定理 (定理 3.2.40) 知, 只需验证 $\tau_{X,\mu,\pi}$ 是定义 3.2.28 意义下的 $F(S)$ 的概率真度函数.

(i) 设 φ 是定理, 由 $\pi(x)$ 是赋值知, 对任一 $x \in X, \pi(x)(\varphi) = 1$, 从而 $\pi(\varphi)^{-1}(1) = X$, 所以 $\tau_{X,\mu,\pi}(\varphi) = \mu(\pi(\varphi)^{-1}(1)) = 1$.

(ii) 设 φ 为可驳公式, 则易证 $\tau_{X,\mu,\pi}(\varphi) = 0$.

(iii) 令 $\pi(\varphi) : X \to [0, 1]$ 为

$$\pi(\varphi)(x) = \pi(x)(\varphi), \tag{3.3.15}$$

则由式 (3.3.3) 知 $\pi(\varphi)$ 为 X 上的 μ-可测函数, 从而 $\tau_{X,\mu,\pi}(\varphi)$ 为函数 $\pi(\varphi)$ 在 X 上

的 μ-积分. 又因为对任一 $x \in X$,

$$\begin{aligned}(\pi(\varphi \oplus \psi) + \pi(\varphi \& \psi))(x) &= \pi(x)(\varphi \oplus \psi) + \pi(x)(\varphi \& \psi) \\ &= \pi(x)(\varphi) + \pi(x)(\psi) \\ &= \pi(\varphi)(x) + \pi(\psi)(x) \\ &= (\pi(\varphi) + \pi(\psi))(x),\end{aligned}$$

所以 $\pi(\varphi \oplus \psi) + \pi(\varphi \& \psi) = \pi(\varphi) + \pi(\psi)$, 从而

$$\begin{aligned}&\tau_{X,\mu,\pi}(\varphi \oplus \psi) + \tau_{X,\mu,\pi}(\varphi \& \psi) \\ =&\sum_{i=0}^{n-1} \frac{i}{n-1}\mu\left(\pi(\varphi \oplus \psi)^{-1}\left(\frac{i}{n-1}\right)\right) + \sum_{i=0}^{n-1} \frac{i}{n-1}\mu\left(\pi(\varphi \& \psi)^{-1}\left(\frac{i}{n-1}\right)\right) \\ =&\int_X \pi(\varphi \oplus \psi)(x)\mathrm{d}\mu + \int_X \pi(\varphi \& \psi)(x)\mathrm{d}\mu \\ =&\int_X (\pi(\varphi \oplus \psi) + \pi(\varphi \& \psi))(x)\mathrm{d}\mu \\ =&\int_X (\pi(\varphi) + \pi(\psi))(x)\mathrm{d}\mu \\ =&\int_X \pi(\varphi)(x)\mathrm{d}\mu + \int_X \pi(\psi)(x)\mathrm{d}\mu \\ =&\tau_{X,\mu,\pi}(\varphi) + \tau_{X,\mu,\pi}(\psi).\end{aligned}$$

所以由命题 3.2.32 知 $\tau_{X,\mu,\pi}$ 为 $F(S)$ 上的概率真度函数. 所以由表示定理知存在 Ω 上的 Borel 型概率测度 μ_0 使得 $\tau_{X,\mu,\pi} = \tau_{n,\mu_0}$, 证毕.

式 (3.3.13) 没有定义出新的概率真度函数的根本原因在于我们要求式 (3.3.12) 成立, 从而由式 (3.3.15) 诱导的 X 上的函数 $\pi(\varphi)$ 是可测函数. 下面放宽条件, 即不要求式 (3.3.12) 成立, 并以 $X = \Omega = W_n^\omega$ 为例, 利用 X 上的内 (外) 测度来定义公式的内 (外) 概率真度.

定义 3.3.16　设 $(\Omega, \mathscr{A}, \mu)$ 是一概率测度空间, μ_* 和 μ^* 分别是式 (3.3.8) 和式 (3.3.9) 中由 μ 诱导的内、外测度, $\varphi \in F(S)$. 定义

$$\tau_{\mu_*}(\varphi) = \sum_{i=0}^{n-1} \frac{i}{n-1}\mu_*\left(\varphi^{-1}\left(\frac{i}{n-1}\right)\right), \tag{3.3.16}$$

$$\tau_{\mu^*}(\varphi) = \sum_{i=0}^{n-1} \frac{i}{n-1}\mu^*\left(\varphi^{-1}\left(\frac{i}{n-1}\right)\right), \tag{3.3.17}$$

这里 $\varphi^{-1}\left(\dfrac{i}{n-1}\right) = \left\{v \in \Omega \,\middle|\, v(\varphi) = \dfrac{i}{n-1}\right\}$, 分别称 $\tau_{\mu_*}(\varphi)$ 和 $\tau_{\mu^*}(\varphi)$ 为公式 φ 的

内、外概率真度, 简称 $\boldsymbol{\mu_*}$**-真度**和 $\boldsymbol{\mu^*}$**-真度**.

命题 3.3.17 在二值命题逻辑 $Ł_2$ 中,

$$\tau_{\mu_*}(\varphi) = 1 - \tau_{\mu^*}(\neg\varphi).$$

证明 $\tau_{\mu_*}(\varphi) = \mu_*(\varphi^{-1}(1)) = 1 - \mu^*(\Omega - \varphi^{-1}(1)) = 1 - \mu^*(\varphi^{-1}(0)) = 1 - \mu^*((\neg\varphi)^{-1}(1)) = 1 - \tau_{\mu^*}(\neg\varphi)$.

下面讨论用 Ω 上的 Belief 测度、Possibility 测度、Necessity 测度以及 Credibility 测度定义公式的真度.

定义 3.3.18 设 $\Omega = W_n^\omega, \mathscr{A} = \mathscr{P}(\Omega)$, Bel 是 Ω 上的 Belief 测度, 定义

$$\tau_{\mathrm{Bel}}(\varphi) = \sum_{i=0}^{n-1} \frac{i}{n-1} \mathrm{Bel}\left(\varphi^{-1}\left(\frac{i}{n-1}\right)\right), \tag{3.3.18}$$

称 $\tau_{\mathrm{Bel}}(\varphi)$ 为 φ 的 **Belief 真度**.

由命题 3.3.6 知, 式 (3.3.14) 定义的 φ 的内概率真度 $\tau_{\mu_*}(\varphi)$ 是 φ 的 Belief 真度. 在二值命题逻辑中, 当仅限于讨论有限个原子公式 $p_1, \cdots, p_m$ 生成的公式集 $F_m(p_1, \cdots, p_m)$ 时, 文献 [112] 证明了每个 Belief 真度函数 τ_{Bel} 都可由 Ω 上某内测度导出, 即 $\tau_{\mathrm{Bel}} = \tau_{\mu_*}$.

命题 3.3.19[112] 设 $X = \{0, 1\}^m$, Bel 是 X 上的 Belief 测度, 则存在概率测度空间 $(X, \mathscr{A}, \mu)$ 使得对任一公式 $\varphi \in F_m(p_1, \cdots, p_m)$,

$$\tau_{\mathrm{Bel}}(\varphi) = \tau_{\mu_*}(\varphi).$$

定义 3.3.20 设 $\Pi, \mathscr{N}$ 分别是 $\Omega = W_n^\omega$ 上的 Possibility 和 Necessity 测度, 定义

$$\tau_{\Pi}(\varphi) = \sum_{i=0}^{n-1} \frac{i}{n-1} \Pi\left(\varphi^{-1}\left(\frac{i}{n-1}\right)\right), \tag{3.3.19}$$

$$\tau_{\mathscr{N}}(\varphi) = \sum_{i=0}^{n-1} \frac{i}{n-1} \mathscr{N}\left(\varphi^{-1}\left(\frac{i}{n-1}\right)\right), \quad \varphi \in F(S). \tag{3.3.20}$$

分别称 $\tau_{\Pi}(\varphi)$ 和 $\tau_{\mathscr{N}}(\varphi)$ 为 φ 的 **Possiility 真度**和 **Necessity 真度**, 简称为 $\boldsymbol{\Pi}$**-真度**和 $\mathscr{N}$**-真度**.

命题 3.3.21 设 $\varphi = \varphi(p_1, \cdots, p_m) \in F(S)$, 则

$$\tau_{\Pi}(\varphi) = \sum_{i=0}^{n-1} \frac{i}{n-1} \left\{\max\left\{\tau_{\Pi}(\delta_{(x_1, \cdots, x_m)}) \mid (x_1, \cdots, x_m) \in \overline{\varphi}^{-1}\left(\frac{i}{n-1}\right)\right\}\right\},$$

$$\tau_{\mathscr{N}}(\varphi) = \sum_{i=0}^{n-1} \frac{i}{n-1} \left\{\min\left\{\tau_{\mathscr{N}}(\delta_{(x_1, \cdots, x_m)}) \mid (x_1, \cdots, x_m) \in \overline{\varphi}^{-1}\left(\frac{i}{n-1}\right)\right\}\right\},$$

这里 $\delta_{(x_1,\cdots,x_m)}$ 由式 (3.2.24) 定义.

证明　由引理 3.3.8 (ii) 知这是显然的.

定义 3.3.22　设 $\mathrm{Cr}:\mathscr{P}(\Omega)\to[0,1]$ 是 Ω 上的 Credibility 测度, $\varphi\in F(S)$. 定义

$$\tau_{\mathrm{Cr}}(\varphi)=\sum_{i=0}^{n-1}\frac{i}{n-1}\mathrm{Cr}\left(\varphi^{-1}\left(\frac{i}{n-1}\right)\right), \tag{3.3.21}$$

称 $\tau_{\mathrm{Cr}}(\varphi)$ 为 φ 的 **Credibility 真度**.

例 3.3.23　设 $\mathrm{Cr}(\varnothing)=0,\mathrm{Cr}(\Omega)=1,\mathrm{Cr}(A)=\dfrac{1}{2},A\in\mathscr{P}(\Omega)-\{\varnothing,\Omega\}$, 则 Cr 是 Ω 上的 Credibility 测度. 从而由式 (3.3.21) 知, 对任一 $\varphi\in F(S)$,

(i) 若 φ 是矛盾式, 则 $\tau_{\mathrm{Cr}}(\varphi)=0$.

(ii) 若 φ 是重言式, 则 $\tau_{\mathrm{Cr}}(\varphi)=1$.

(iii) 若 $\varphi=p,p\in S$, 则

$$\begin{aligned}\tau_{\mathrm{Cr}}(\varphi)&=\sum_{i=0}^{n-1}\frac{i}{n-1}\mathrm{Cr}\left(p^{-1}\left(\frac{i}{n-1}\right)\right)\\&=\frac{1}{2(n-1)}\sum_{i=1}^{n-1}i\\&=\frac{1}{2(n-1)}\times\frac{(n-1)n}{2}\\&=\frac{n}{4}.\end{aligned}$$

3.4　[0, 1]-值 Łukasiewicz 命题逻辑中公式的 Choquet 积分真度

由于逻辑命题都是有限长的符号串, 且逻辑推论也不涉及可数多个命题的交或并, 所以赋值空间上的 Borel 型概率测度的可数可加性要求太强, 因而很多逻辑学家都不接受可数可加性[113]. 测度的有限可加性甚至都可以去掉, 因为现实生活中不确定性信息间的依赖关系并非是线性的, 所以仅用 Lebesgue 积分还不能准确地表示逻辑命题的不确定性. Choquet 积分[108,114] 作为 Lebesgue 积分的一种推广能有效地表示不确定性数据间的非线性关系, 因此若能通过命题真值函数关于赋值空间上的模糊测度的 Choquet 积分将多值命题逻辑中命题的各个真值聚合起来, 就能更准确地表示命题的不确定性, 从而为不确定性推理建立更为灵活、更为宽泛的计量化的推理框架.

文献 [115] 在 $[0,1]$-值 Łukasiewicz 命题逻辑中建立了给定有限变元的 McNaughton 函数关于有限维方体上的外正则 Belief 测度的 Choquet 积分, 但由于 Łukasiewicz 命题逻辑中的命题变元是无限多的, 而有限维方体上的 Belief 测度未必能被唯一地扩张到整个赋值空间上, 所以文献 [115] 未能给全体逻辑命题建立统一的计量化框架. 本节利用 McNaughton 函数关于赋值空间上的模糊测度的 Choquet 积分引入公式的 Choquet 积分型真度, 证明了有限可加概率测度定义的真度函数就是 3.2.5 节中的概率真度函数, 特别是证明了当赋值空间上的模糊测度为 Borel 型概率测度时 Choquet 积分真度就退化为 3.2.3 节中的 Borel 型概率真度, 从而为命题逻辑建立更为宽泛的计量化模型.

设 $X_k=[0,1]$ $(k=1,2,\cdots)$ 并赋予其通常拓扑, 则 Ł 中的全体赋值集 $\Omega=\prod\limits_{k=1}^{\infty}X_k$ 是通常乘积拓扑空间. 设 $\mathscr{B}=\mathscr{B}(\Omega)$, $\mathscr{B}_k=\mathscr{B}(X_k)$ 及 $\mathscr{B}(m)=\mathscr{B}([0,1]^m)$ 分别表示空间 Ω, X_k 与 m 维乘积空间 $[0,1]^m$ 中的全体 Borel 集之集, 则对任一 $E\in\mathscr{B}(m)$, $E\times\prod\limits_{k=m+1}^{\infty}X_k\in\mathscr{B}$, 以上出现的 $k,m\in\mathbb{N}$. 由此, $(\Omega,\mathscr{B})$ 上的任一给定模糊测度 μ 也可像式 (3.1.2) 和式 (3.2.2) 那样诱导出 $[0,1]^m$ 上的一个模糊测度 $\mu(m):\mathscr{B}(m)\to[0,1]$:

$$\mu(m)(E)=\mu\left(E\times\prod_{k=m+1}^{\infty}X_k\right),\quad E\in\mathscr{B}(m).$$

此外, $\mu(m)$ 的性质也由 μ 决定.

例 3.4.1 设 μ_k 是 $X_k=[0,1]$ 上的 Lebesgue 测度, $\mu=\mu_1\times\mu_2\times\cdots$ 是各 μ_k 在 $\Omega=[0,1]^\omega$ 上生成的乘积测度 $(k\in\mathbb{N})$, 则 $\mu(m)=\mu_1\times\cdots\times\mu_m$ 是 $[0,1]^m$ 上的 Lebesgue 测度.

设 μ 是赋值空间 $(\Omega,\mathscr{B})$ 上的模糊测度, 任取 $\varphi\in F(S)$, $\alpha\in[0,1]$. 由 $\varphi:\Omega\to[0,1]$ 的连续性知 $\varphi^{-1}([\alpha,1])\in\mathscr{B}$, 从而 $\mu(\varphi^{-1}([\alpha,1]))$ 有定义, 且关于 α 单调不增, 所以 $\mu(\varphi^{-1}([\alpha,1]))$ 在 $[0,1]$ 上 Riemann 可积, 记

$$(\mathrm{C})\int_\Omega\varphi\mathrm{d}\mu=\int_0^1\mu(\varphi^{-1}([\alpha,1]))\mathrm{d}\alpha.$$

该积分通常称为 Choquet 积分[114].

定义 3.4.2 设 μ 是 $(\Omega,\mathscr{B})$ 上的模糊测度, $\varphi\in F(S)$, 称

$$\tau_{\mu,C}(\varphi)=(\mathrm{C})\int_\Omega\varphi\mathrm{d}\mu=\int_0^1\mu(\varphi^{-1}([\alpha,1]))\mathrm{d}\alpha$$

为 φ 的 **μ-Choquet 积分真度**. 在不致混淆时把 $\tau_{\mu,C}$ 简记为 τ.

注 3.4.3　(i) 设 $\varphi=\varphi(p_1,\cdots,p_m)\in F(S)$, $\alpha\in[0,1]$, 则

$$\varphi^{-1}([\alpha,1])=\overline{\varphi}^{-1}([\alpha,1])\times\prod_{k=m+1}^{\infty}X_k.$$

从而

$$\begin{aligned}\mu(\varphi^{-1}([\alpha,1]))&=\mu\left(\overline{\varphi}^{-1}([\alpha,1])\times\prod_{k=m+1}^{\infty}X_k\right)\\&=\mu(m)(\overline{\varphi}^{-1}([\alpha,1])),\end{aligned}$$

所以 $\tau(\varphi)=(\mathrm{C})\int_{[0,1]^m}\overline{\varphi}\mathrm{d}\mu(m)=\int_0^1\mu(m)(\overline{\varphi}^{-1}([\alpha,1]))\mathrm{d}\alpha$. 上式说明针对具体的逻辑公式 (至多有限多个) 时, 其 μ-Choquet 积分真度只取决于有限维方体 $[0,1]^m$ 上的模糊测度 $\mu(m)$ 的 Choquet 积分, 因此为讨论方便我们可以只考虑 $[0,1]^m$ 上的模糊测度, 有时也把 $\mu(m)$ 简记为 μ.

(ii) 由文献 [114] 中的定理 11.1 知

$$\tau(\varphi)=(\mathrm{C})\int_{\Omega}\varphi\mathrm{d}\mu=\int_0^1\mu(\varphi^{-1}((\alpha,1]))\mathrm{d}\alpha.$$

例 3.4.4　设 λ 是 $[0,1]^2$ 上的 Lebesgue 测度, 则 $\mu(2)=\lambda^2$ 是 $[0,1]^2$ 上的模糊测度, 但其不具有可加性. 现计算 $\tau(p_1),\tau(p_1\wedge p_2),\tau(p_1\to p_2)$ 以及 $\tau((p_1\to p_2)\to\neg p_1\vee p_2)$.

解　注意 $\overline{p_1}$ 可以扩张为 $[0,1]^2$ 上的二元函数: $\overline{p_1}(x_1,x_2)=\overline{p_1}(x_1)$, $(x_1,x_2)\in[0,1]^2$.

$$\begin{aligned}\tau(p_1)&=(\mathrm{C})\int_{[0,1]^2}\overline{p_1}\mathrm{d}\mu=\int_0^1\mu(\{(x_1,x_2)\mid x_1\geqslant\alpha\})\mathrm{d}\alpha\\&=\int_0^1(\lambda(\{(x_1,x_2)\mid x_1\geqslant\alpha\}))^2\mathrm{d}\alpha\\&=\int_0^1(1-\alpha)^2\mathrm{d}\alpha\\&=\frac{1}{3};\end{aligned}$$

$$\begin{aligned}\tau(p_1\vee p_2)&=(\mathrm{C})\int_{[0,1]^2}\overline{p_1\vee p_2}\mathrm{d}\alpha\\&=\int_0^1\mu(\{(x_1,x_2)\mid x_1\geqslant\alpha\text{或}x_2\geqslant\alpha\})\mathrm{d}\alpha\end{aligned}$$

$$
\begin{aligned}
&=\int_0^1(\lambda(\{(x_1,x_2)\mid x_2\geqslant x_1,x_2\geqslant\alpha\}\cup\{(x_1,x_2)\mid x_1>x_2,x_1\geqslant\alpha\}))^2\mathrm{d}\alpha\\
&=\int_0^1(\lambda(\{(x_1,x_2)\mid x_2\geqslant x_1,x_2\geqslant\alpha\})+\lambda(\{(x_1,x_2)\mid x_1>x_2,x_1\geqslant\alpha\}))^2\mathrm{d}\alpha\\
&=\int_0^1(1-\alpha^2)^2\mathrm{d}\alpha\\
&=\frac{8}{15}.
\end{aligned}
$$

其他公式的真度计算留给读者: $\tau(p_1\wedge p_2)=\dfrac{1}{5}$, $\tau((p_1\to p_2)\to\neg p_2\vee p_2)=\dfrac{4}{15}$, $\tau(p_1\to p_2)=\dfrac{43}{60}$.

由 Choquet 积分的基本性质[114] 可得真度函数 τ 的如下性质.

命题 3.4.5 设 μ 是 $(\Omega,\mathscr{B})$ 上的模糊测度, 则 τ 具有如下性质:

(i) 若 φ 是 Boole 公式, 则 $\tau(\varphi)=\mu(\varphi^{-1}(1))$.

(ii) 若 φ 是重言式 (矛盾式), 则 $\tau(\varphi)=1$ ($\tau(\varphi)=0$).

(iii) 若 $\varphi\to\psi$ 是重言式, 则 $\tau(\varphi)\leqslant\tau(\psi)$, 因而逻辑等价的公式具有相同的真度.

(iv) 若 μ 是上模的, 则 τ 也是上模的, 即

$$\tau(\varphi\vee\psi)+\tau(\varphi\wedge\psi)\geqslant\tau(\varphi)+\tau(\psi).$$

(v) 若 μ 是次模的, 则 τ 也是次模的, 即

$$\tau(\varphi\vee\psi)+\tau(\varphi\wedge\psi)\leqslant\tau(\varphi)+\tau(\psi).$$

(vi) 若 μ 是上可加 (次可加) 的, 则 τ 也是上可加 (次可加) 的, 由此, 若 μ 是可加的, 则 τ 也是可加的.

(vii) 若 μ 是 k-阶单调的, 则 τ 也是 k-阶单调的, 即

$$\tau\left(\bigvee_{i=1}^k\varphi_i\right)+\sum_{\varnothing\neq I\subseteq\{1,\cdots,k\}}(-1)^{|I|}\tau\left(\bigwedge_{i\in I}\varphi_i\right)\geqslant 0.$$

(viii) 若 μ 是 k-阶交错的, 则 τ 也是 k-阶交错的, 即

$$\tau\left(\bigwedge_{i=1}^k\varphi_i\right)+\sum_{\varnothing\neq I\subseteq\{1,\cdots,k\}}(-1)^{|I|}\tau\left(\bigvee_{i\in I}\varphi_i\right)\leqslant 0.$$

(ix) 若 μ 是完全单调的, 则 τ 也是完全单调的, 即对任一 $k\in\mathbb{N}$, τ 是 k-阶单调的.

命题 3.4.6　设 μ 是上模的, $\varphi, \psi \in F(S)$, 则

(i) $\tau(\varphi \oplus \psi) \geqslant \tau(\varphi) + \tau(\psi)$, 这里 $\varphi \otimes \psi$ 为矛盾式.

(ii) $\tau(\varphi) + \tau(\neg\varphi) \leqslant 1$.

证明　(i) 设 $\varphi \otimes \psi$ 为矛盾式, 则 φ, ψ 及 $\varphi \oplus \psi$ 作为 Ω 上的函数满足 $\varphi \oplus \psi = \varphi + \psi$. 由 μ 是上模的知, 其内测度 μ_* 也是上模的, 从而由文献 [114] 中的推论 6.4 知

$$(\mathrm{C})\int_\Omega (\varphi+\psi)\mathrm{d}\mu_* \geqslant (\mathrm{C})\int_\Omega \varphi\mathrm{d}\mu_* + (\mathrm{C})\int_\Omega \psi\mathrm{d}\mu_*.$$

对任意 $\alpha \in [0,1]$, 由 $(\varphi+\psi)^{-1}([\alpha,1]), \varphi^{-1}([\alpha,1]), \psi^{-1}([\alpha,1]) \in \mathscr{B}$ 以及 $\mu_*|_{\mathscr{B}} = \mu$ 得

$$\begin{aligned}
\tau(\varphi\oplus\psi) &= (\mathrm{C})\int_\Omega (\varphi\oplus\psi)\mathrm{d}\mu = (\mathrm{C})\int_\Omega (\varphi+\psi)\mathrm{d}\mu \\
&= (\mathrm{C})\int_\Omega (\varphi+\psi)\mathrm{d}\mu_* \\
&\geqslant (\mathrm{C})\int_\Omega \varphi\mathrm{d}\mu_* + (\mathrm{C})\int_\Omega \psi\mathrm{d}\mu_* \\
&= (\mathrm{C})\int_\Omega \varphi\mathrm{d}\mu + (\mathrm{C})\int_\Omega \psi\mathrm{d}\mu \\
&= \tau(\varphi) + \tau(\psi).
\end{aligned}$$

(ii) 由 $\varphi \oplus \neg\varphi$ 为重言式及 $\varphi \otimes \neg\varphi$ 为矛盾式即得.

命题 3.4.7　设 μ 是 (有限) 可加的, $\varphi, \psi \in F(S)$, 则

(i) 命题 3.4.6 中的不等号都可改为等号.

(ii) $\tau(\varphi \oplus \psi) + \tau(\varphi \otimes \psi) = \tau(\varphi) + \tau(\psi)$.

(iii) $1 + \tau(\varphi \wedge \psi) = \tau(\varphi) + \tau(\varphi \to \psi)$.

(iv) $\tau(\varphi) + \tau(\varphi \to \psi) = \tau(\psi) + \tau(\psi \to \varphi)$.

(v) $\tau(\varphi) + \tau(\psi) = \tau(\varphi \vee \psi) + \tau(\varphi \wedge \psi)$.

(vi) 若 $\tau(\varphi \to \psi) = 1$, 则 $\tau(\varphi) \leqslant \tau(\psi)$.

证明　设 $\varphi \otimes \psi$ 为矛盾式, 则 φ, ψ 均为上 μ-可测的, 即对任意 $\alpha \in [0,1]$, $\mu_*(\varphi^{-1}([\alpha,1])) = \mu^*(\varphi^{-1}([\alpha,1])) = \mu(\varphi^{-1}([\alpha,1]))$, $\mu_*(\psi^{-1}([\alpha,1])) = \mu^*(\psi^{-1}([\alpha,1]))$ $= \mu(\psi^{-1}([\alpha,1]))$. 所以由文献 [114] 中的推论 6.5 知

$$(\mathrm{C})\int_\Omega (\varphi+\psi)\mathrm{d}\mu = (\mathrm{C})\int_\Omega \varphi\mathrm{d}\mu + (\mathrm{C})\int_\Omega \psi\mathrm{d}\mu,$$

即 $\tau(\varphi \oplus \psi) = \tau(\varphi) + \tau(\psi)$. 其余证明类似于命题 3.2.31.

注 3.4.8　由命题 3.4.5 (ii) 与命题 3.4.7 (i), (ii) 知 τ 是 Ł 中 $F(S)$ 的一个概率真度函数, 见定义 3.2.28, 所以再由定理 3.2.41 知 τ 可表示为 McNaughton 函数

关于赋值空间上 Borel 型概率测度的 Lebesgue 积分, 即在 Ł 中 McNaughton 函数关于赋值空间上的有限可加概率测度 μ 的 Choquet 积分也可表示为关于 (σ-可加的) Borel 型概率测度 μ' 的 Lebesgue 积分. 显然 μ' 一般是不同于 μ 的, 一个自然的问题是: 当 μ 也是 Borel 型概率测度时是否有 $\mu' = \mu$? 下面的命题将告诉我们答案是肯定的.

定理 3.4.9 设 μ 是 Ω 上的 Borel 型概率测度, 则

$$\tau(\varphi) = \int_0^1 \mu(\varphi^{-1}([\alpha, 1]))\mathrm{d}\alpha = \int_\Omega \varphi \mathrm{d}\mu.$$

证明 由注 3.4.3 (ii), 只需证

$$\int_\Omega \varphi \mathrm{d}\mu = \int_0^1 \mu(\varphi^{-1}((\alpha, 1]))\mathrm{d}\alpha = \int_0^1 \mu(\varphi > \alpha)\mathrm{d}\alpha.$$

由 $\varphi : \Omega \to [0,1]$ 的连续性知, φ 是 Borel 概率空间 $(\Omega, \mathscr{B}, \mu)$ 上的随机变量函数. 令 $F_\varphi(\alpha) = \mu(\varphi \leqslant \alpha)$ 为 φ 的分布函数, 则 $F_\varphi(\alpha)$ 关于 α 单调递增且左连续, 从而在 $[0,1]$ 上 Riemann 可积, 且

$$\int_0^1 \mu(\varphi > \alpha)\mathrm{d}\alpha = 1 - \int_0^1 F_\varphi(\alpha)\mathrm{d}\alpha.$$

由分部积分和随机变量函数的数学期望的定义知

$$\begin{aligned}\int_0^1 F_\varphi(\alpha)\mathrm{d}\alpha &= \alpha F_\varphi(\alpha)\mid_0^1 - \int_0^1 \alpha \mathrm{d}F_\varphi(\alpha)\\ &= 1 - \int_0^1 \alpha f_\varphi(\alpha)\mathrm{d}\alpha\\ &= 1 - \int_\Omega \varphi \mathrm{d}\mu,\end{aligned}$$

其中 $f_\varphi(\alpha)$ 为 φ 的概率密度函数, 从而定理得证.

设 μ 是 Ω 上的模糊测度, $\varphi, \psi \in F(S)$, 定义

$$\rho(\varphi, \psi) = 1 - \tau((\varphi \to \psi) \wedge (\psi \to \varphi)).$$

命题 3.4.10 若 μ 满足对偶定理, 即 $\mu(A) + \mu(\Omega - A) = 1, A \in \mathscr{B}$, 则

$$\rho(\varphi, \psi) = (\mathrm{C})\int_\Omega |\varphi - \psi|\mathrm{d}\mu.$$

证明 首先, 公式 φ, ψ 作为 Ω 上的函数满足:

$$(\varphi \to \psi) \wedge (\psi \to \varphi) = 1 - |\varphi - \psi|.$$

所以

$$\begin{aligned}
\rho(\varphi,\psi) &= 1-\tau((\varphi\to\psi)\wedge(\psi\to\varphi))\\
&= 1-\int_0^1 \mu(((\varphi\to\psi)\wedge(\psi\to\varphi))^{-1}([\alpha,1]))\mathrm{d}\alpha\\
&= 1-\int_0^1 \mu((1-|\varphi-\psi|)^{-1}([\alpha,1]))\mathrm{d}\alpha\\
&= 1-\int_0^1 \mu(|\varphi-\psi|^{-1}([0,1-\alpha]))\mathrm{d}\alpha\\
&= 1-\int_0^1 \mu(|\varphi-\psi|^{-1}([0,\beta]))\mathrm{d}\beta\\
&= \int_0^1 \mu(|\varphi-\psi|^{-1}((\beta,1]))\mathrm{d}\beta\\
&= (\mathrm{C})\int_\Omega |\varphi-\psi|\mathrm{d}\mu.
\end{aligned}$$

命题 3.4.11 设 μ 是次模的, $\varphi,\psi\in F(S)$, 则 $|\tau(\varphi)-\tau(\psi)|\leqslant (C)\int_\Omega|\varphi-\psi|\mathrm{d}\mu$.

证明 由文献 [114] 中的推论 6.6 可得.

设 μ 是可加的, 则由命题 3.4.7 知 ρ 是伪距离, 从而可建立逻辑度量空间, 并证明逻辑连接词的连续性, 不再赘述.

后记 本章的主要内容已发表在 *International Journal of Approximate Reasoning* (2006, 43(2): 117–132)、*Information Sciences* (2009, 179(3): 226–247)、《中国科学: 信息科学》(2011, 41(11): 1328–1342)、*Science China: Information Sciences* (2011, 54(9): 1843–1854)、《软件学报》(2012, 23(9): 2235–2247)、《电子学报》(2013, 41(12): 2327–2333) 等杂志上, 见文献 [46], [116]–[120].

第 4 章　概率计量逻辑推理系统

在第 3 章我们利用赋值集空间上的 Borel 型概率测度引入了逻辑公式的概率真度概念, 从而把数值计算引入到了数理逻辑中, 使数理逻辑具有了某种灵活性并为扩大其应用范围提供了一种可能框架. 把数值计算引入到数理逻辑中固然可以很好地将这两个原本并不相干的学科交叉结合起来, 形成一个崭新的学科 —— 概率计量逻辑. 但概率计量逻辑的基本任务主要在于数值计算, 即计算公式的概率真度、相似度, 以及第 5 章将讨论的逻辑理论的相容度, 而失去了数理逻辑的严格形式化特点, 所以概率计量逻辑不适于展开形式化的逻辑推理. 为弥补这一缺憾, 我们把 $Ł_n$ 中的概率真度函数 τ 抽象为一个模态词 P, 把关于 τ 的恒等式, 如 $\tau(\neg\varphi) = 1 - \tau(\varphi)$, 抽象为公理 $P(\neg\varphi) \equiv \neg P(\varphi)$, 建立一种概率计量逻辑推理系统 $\mathrm{PQ}(Ł_n, Ł)$, 并证明该系统关于概率真度函数 τ 是完备的. 这一思想最早是由 Hájek 等在文献 [39] 中提出的, 随后, 文献 [40]—[42] 又做了进一步讨论. 但需要强调的是, 文献 [39], [40] 只允许给 Boole 公式前加模态词 P, 也只证明了系统的 Kripke 型完备性. 尽管文献 [41] 做了进一步推广, 允许模态词 P 定义在 $Ł_n$ 中的公式上, 但也只是给出了系统的 Kripke 型语义及关于这一语义的完备性, 所用的证明也只是文献 [39], [40] 中相应证明的推广. 而本章将要建立的概率计量逻辑推理系统是针对第 3 章提出的公式的概率真度而设计的, 其背景是明确的, 并且系统的完备性也是针对概率真度函数而建立的. 为进一步增强系统 $\mathrm{PQ}(Ł_n, Ł)$ 的语言表达能力和逻辑推理能力, 我们将在 4.2 节建立另一种新的逻辑推理系统 $\mathrm{PQ}(Ł_2, ŁΠ\frac{1}{2})$. 该系统虽然只是针对二值命题逻辑中的 Boole 公式添加了模态词 P, 但它能表示形如 “$\tau(\varphi) \geqslant 0.4$” “$\tau(\varphi) \geqslant 2\tau(\psi)$” 等事实, 因而具有较强的语言表达能力和逻辑推理能力.

4.1　概率计量逻辑推理系统 $\mathrm{PQ}(Ł_n, Ł)$

4.1.1　语构理论

定义 4.1.1　系统 $\mathrm{PQ}(Ł_n, Ł)$ 的符号表包括命题符号: $p_1, p_2, \cdots$, 其全体之集记为 S, 即 $S = \{p_1, p_2, \cdots\}$; Łukasiewicz 逻辑连接词 $\neg$ 和 $\to$; 模态词 P 以及必要的标点符号: ,, (,). $\mathrm{PQ}(Ł_n, Ł)$ 的公式集包括两部分: $F(S)$ 和 $MF(S)$, 即

(i) $F(S)$ 是由 S 生成的 $(\neg, \to)$ 型自由代数, 亦即 $Ł_n$ 中的公式集. $F(S)$ 中的

元用小写希腊字母 $\varphi, \psi, \cdots$ 表示.

(ii) $MF(S)$ 是由 $\{P(\varphi) \mid \varphi \in F(S)\}$ 生成的 $(\neg, \rightarrow)$ 型自由代数, 即 $P(\varphi) \in MF(S)$ $(\varphi \in F(S))$; 若 $P(\varphi), P(\psi) \in MF(S)$, 则 $\neg P(\varphi), P(\varphi) \rightarrow P(\psi) \in MF(S)$. $MF(S)$ 中再没有其他形式的元. 称公式 $P(\varphi)$ 为**原子模态公式**, $MF(S)$ 中的元为**模态公式**. 用大写希腊字母 $\Phi, \Psi, \cdots$ 表示模态公式.

注 4.1.2 (i) $p_1, \neg p_2, p_3 \rightarrow p_4 \in F(S)$ 是通常公式, 从而是系统 $\mathrm{PQ}(Ł_n, Ł)$ 中的公式. $P(p_1), P(\neg p_2), P(p_1) \rightarrow P(p_3 \rightarrow p_4) \in MF(S)$ 是模态公式, 但 $P(P(p_1))$ 不是模态公式, $p_2 \rightarrow P(\neg p_2)$ 也不是模态公式.

(ii) 1.2.2 节引入的新连接词 $\vee, \wedge, \oplus, \&, \equiv$ 等在 $F(S)$ 中仍适用, 也可在 $MF(S)$ 中以相同的方式引入这些连接词.

定义 4.1.3 系统 $\mathrm{PQ}(Ł_n, Ł)$ 的公理集包括以下三部分:

(i) 系统 Ł的公理 (Ł1)–(Ł4) 及其关于模态公式的一致代换实例①,

(ii) 公理 (Ł5) 和 (Ł6),

(iii) 关于 P 的公理:

(PQ1) $P(\neg\varphi) \equiv \neg P(\varphi)$,

(PQ2) $P(\varphi \rightarrow \psi) \rightarrow (P(\varphi) \rightarrow P(\psi))$,

(PQ3) $P(\varphi \oplus \psi) \equiv (P(\varphi) \rightarrow P(\varphi \& \psi)) \rightarrow P(\psi)$.

推理规则有两条, 即 MP: 由 φ 和 $\varphi \rightarrow \psi$ 得 ψ, 由 Φ 和 $\Phi \rightarrow \Psi$ 得 Ψ 和推广规则 Gen: 由 φ 得 $P(\varphi)$.

系统 $\mathrm{PQ}(Ł_n, Ł)$ 中诸如证明、定理、可证等价等逻辑概念都可按通常方式去定义. 由公理 (Ł1)–(Ł6) 和 MP 规则知 $Ł_n$ 中的定理 φ 都是 $\mathrm{PQ}(Ł_n, Ł)$ 中的定理, 记为 $\mathrm{PQ}(Ł_n, Ł) \vdash \varphi$, 从而由推广规则知 $P(\varphi)$ 也是定理, 即 $\mathrm{PQ}(Ł_n, Ł) \vdash P(\varphi)$.

命题 4.1.4 设 φ, ψ 是 $Ł_n$ 中的公式. 若 $Ł_n \vdash \varphi \equiv \psi$ (等价地, $\varphi \sim \psi$), 则 $\mathrm{PQ}(Ł_n, Ł) \vdash P(\varphi) \equiv P(\psi)$, 即 $P(\varphi) \sim P(\psi)$.

证明 设 $Ł_n \vdash \varphi \equiv \psi$, 即 $Ł_n \vdash (\varphi \rightarrow \psi) \& (\psi \rightarrow \varphi)$. 由 $Ł_n \vdash (\varphi \rightarrow \psi) \& (\psi \rightarrow \varphi) \rightarrow (\varphi \rightarrow \psi)$ 和 MP 知 $Ł_n \vdash \varphi \rightarrow \psi$, 从而 $\mathrm{PQ}(Ł_n, Ł) \vdash \varphi \rightarrow \psi$. 再由推广规则知 $\mathrm{PQ}(Ł_n, Ł) \vdash P(\varphi \rightarrow \psi)$. 由 (PQ2) 和 MP 得 $\mathrm{PQ}(Ł_n, Ł) \vdash P(\varphi) \rightarrow P(\psi)$. 同理, $\mathrm{PQ}(Ł_n, Ł) \vdash P(\psi) \rightarrow P(\varphi)$. 所以 $\mathrm{PQ}(Ł_n, Ł) \vdash P(\varphi) \equiv P(\psi)$.

命题 4.1.5 HS 规则在 $\mathrm{PQ}(Ł_n, Ł)$ 中成立, 即

$$\{\varphi \rightarrow \psi, \psi \rightarrow \chi\} \vdash \varphi \rightarrow \chi, \tag{4.1.1}$$

$$\{\Phi \rightarrow \Psi, \Psi \rightarrow X\} \vdash \Phi \rightarrow X. \tag{4.1.2}$$

①公理 (Ł1)—(Ł4) 关于模态公式的一致代换实例是指公理中处处都是模态公式. 比如, $P(\varphi) \rightarrow (P(\psi) \rightarrow P(\varphi)), P(\varphi \rightarrow \psi) \rightarrow (P(\varphi \vee \chi) \rightarrow P(\varphi \rightarrow \psi))$ 等都是 (Ł1) 的一致代换实例.

证明 与 $Ł_n$ 中的 HS 规则的证明完全类似.

命题 4.1.6 以下公式都是 $\mathrm{PQ}(Ł_n, Ł)$ 中的定理:

(i) $P(\varphi\&\psi) \to P(\varphi)$; $P(\varphi\&\psi) \to P(\psi)$.

(ii) $P(\varphi)\&P(\psi) \to P(\varphi\&\psi)$.

(iii) $P(\varphi)\&P(\varphi \to \psi) \to P(\psi)$.

(iv) $P(\varphi \oplus \psi) \to P(\varphi) \oplus P(\psi)$.

(v) $P(\varphi) \oplus P(\varphi \to \psi)$.

(vi) $P(\varphi \oplus \psi) \equiv P(\varphi) \oplus P(\psi)$, 这里 $\varphi\&\psi$ 为可驳公式.

(vii) $P(\varphi \oplus \psi) \oplus P(\varphi\&\psi) \equiv P(\varphi) \oplus P(\psi)$.

(viii) $P(\varphi \oplus \psi)\&P(\varphi\&\psi) \equiv P(\varphi)\&P(\psi)$.

(ix) $P(\varphi \wedge \psi) \equiv P(\varphi)\&P(\varphi \to \psi)$.

(x) $P(\varphi \vee \psi) \oplus P(\varphi \wedge \psi) \equiv P(\varphi) \oplus P(\psi)$.

(xi) $P(\varphi \vee \psi)\&P(\varphi \wedge \psi) \equiv P(\varphi)\&P(\psi)$.

证明 (i) (1) $\varphi\&\psi \to \varphi$ ($Ł_n$中的定理),

(2) $P(\varphi\&\psi \to \varphi)$ ((1), Gen),

(3) $P(\varphi\&\psi \to \varphi) \to (P(\varphi\&\psi) \to P(\varphi))$ ((PQ2)),

(4) $P(\varphi\&\psi) \to P(\varphi)$ ((2), (3), MP).

同理可证 $P(\varphi\&\psi) \to P(\psi)$ 也是定理.

(ii) (1) $\varphi \to (\psi \to \varphi\&\psi)$ ($Ł_n$中的定理),

(2) $P(\varphi \to (\psi \to \varphi\&\psi))$ ((1), Gen),

(3) $P(\varphi) \to P(\psi \to \varphi\&\psi)$ ((2), (PQ2), MP),

(4) $P(\varphi) \to (P(\psi) \to P(\varphi\&\psi))$ ((3), (PQ2), HS),

(5) $P(\varphi)\&P(\psi) \to P(\varphi\&\psi)$ (类似于$Ł_n$中的证明).

(iii) (1) $P(\varphi)\&P(\varphi \to \psi) \to P(\varphi\&(\varphi \to \psi))$ (已证定理),

(2) $\varphi\&(\varphi \to \psi) \to \psi$ ($Ł_n$中的定理),

(3) $P(\varphi\&(\varphi \to \psi) \to \psi)$ ((2), Gen),

(4) $P(\varphi\&(\varphi \to \psi)) \to P(\psi)$ ((3), (PQ2), MP),

(5) $P(\varphi)\&P(\varphi \to \psi) \to P(\psi)$ ((1), (4), HS).

(iv) (1) $P(\neg\varphi \to \psi) \to (P(\neg\varphi) \to P(\psi))$ (PQ2),

(2) $P(\neg\varphi \to \psi) \to (\neg P(\varphi) \to P(\psi))$ ((1), (PQ1), 等价代换),

(3) $P(\varphi \oplus \psi) \to P(\varphi) \oplus P(\psi)$ ((2) 的简写).

(v) (1) $\varphi \oplus (\varphi \to \psi)$ (Ł$_n$中的定理),

(2) $P(\varphi \oplus (\varphi \to \psi))$ ((1), Gen),

(3) $P(\varphi \oplus (\varphi \to \psi)) \to P(\varphi) \oplus P(\varphi \to \psi)$ (已证定理),

(4) $P(\varphi) \oplus P(\varphi \to \psi)$ ((2), (3), MP).

(vi) (1) $\neg(\varphi \& \psi)$ (假设),

(2) $P(\neg(\varphi \& \psi))$ ((1), Gen),

(3) $\neg P(\varphi \& \psi)$ ((2), (PQ1), MP),

(4) $P(\varphi \& \psi) \equiv \overline{0}$ (类似于Ł$_n$中的证明),

(5) $P(\varphi \oplus \psi) \equiv (P(\varphi) \to \overline{0}) \to P(\psi)$ ((4), (PQ3), 等价代换),

(6) $P(\varphi \oplus \psi) \equiv \neg P(\varphi) \to P(\psi)$ ((5), 等价代换),

(7) $P(\varphi \oplus \psi) \equiv P(\varphi) \oplus P(\psi)$ ((6) 的简写).

(vii) 由 (vi) 及式 (3.2.29)– 式 (3.2.33) 得

$$
\begin{aligned}
P(\varphi) &\equiv P((\varphi \oplus \psi) \& \neg \psi) \oplus P(\varphi \& \psi), \\
P(\psi) &\equiv P((\varphi \oplus \psi) \& \neg \varphi) \oplus P(\varphi \& \psi).
\end{aligned}
$$

所以

$$
\begin{aligned}
P(\varphi) \oplus P(\psi) &\equiv P((\varphi \oplus \psi) \& \neg \psi) \oplus P((\varphi \oplus \psi) \& \neg \varphi) \oplus P(\varphi \& \psi) \oplus P(\varphi \& \psi) \\
&\equiv P(((\varphi \oplus \psi) \& \neg \psi) \oplus ((\varphi \oplus \psi) \& \neg \varphi)) \oplus P(\varphi \& \psi) \oplus P(\varphi \& \psi) \\
&\equiv P(((\varphi \oplus \psi) \& \neg \psi) \oplus ((\varphi \oplus \psi) \& \neg \varphi) \oplus (\varphi \& \psi)) \oplus P(\varphi \& \psi) \\
&\equiv P(\varphi \oplus \psi) \oplus P(\varphi \& \psi).
\end{aligned}
$$

所以 $P(\varphi) \oplus P(\psi) \equiv P(\varphi \oplus \psi) \oplus P(\varphi \& \psi)$.

(viii) 由 (vii) 得

$$
\begin{aligned}
P(\varphi) \& P(\psi) &= \neg(P(\varphi) \to \neg P(\psi)) \\
&\equiv \neg(\neg P(\neg \varphi) \to P(\neg \psi)) \\
&\equiv \neg(P(\neg \varphi) \oplus P(\neg \psi)) \\
&\equiv \neg(P(\neg \varphi \oplus \neg \psi) \oplus P(\neg \varphi \& \neg \psi)) \\
&\equiv \neg(P(\neg(\varphi \& \psi)) \oplus P(\neg(\varphi \oplus \psi))) \\
&\equiv \neg(\neg P(\varphi \& \psi) \oplus (\neg P(\varphi \oplus \psi))) \\
&\equiv P(\varphi \oplus \psi) \& P(\varphi \& \psi).
\end{aligned}
$$

(ix) 由 (viii) 及 (v) 得

$$\begin{aligned}P(\varphi\wedge\psi)&\equiv P(\varphi\&(\varphi\to\psi))\\&\equiv P(\varphi\&(\varphi\to\psi))\&P(\varphi\oplus(\varphi\to\psi))\\&\equiv P(\varphi)\&P(\varphi\to\psi).\end{aligned}$$

(x) 由 $\varphi\vee\psi\sim\neg(\neg\varphi\oplus\psi)\oplus\psi$, 而 $\neg(\neg\varphi\oplus\psi)\&\psi\sim\neg(\psi\to(\varphi\to\psi))$ 为可驳公式, 所以由 (vi) 得

$$\begin{aligned}P(\varphi\vee\psi)&\equiv P(\neg(\neg\varphi\oplus\psi)\oplus\psi)\\&\equiv P(\neg(\neg\varphi\oplus\psi))\oplus P(\psi)\\&\equiv\neg P(\varphi\to\psi)\oplus P(\psi).\end{aligned}$$

再由 (ix) 得

$$\begin{aligned}P(\varphi\vee\psi)\oplus P(\varphi\wedge\psi)&\equiv\neg P(\varphi\to\psi)\oplus P(\psi)\oplus P(\varphi\wedge\psi)\\&\equiv\neg P(\varphi\to\varphi\wedge\psi)\oplus P(\varphi\wedge\psi)\oplus P(\psi)\\&\equiv P(\varphi\vee(\varphi\wedge\psi))\oplus P(\psi)\\&\equiv P(\varphi)\oplus P(\psi).\end{aligned}$$

(xi) (x) 的直接推论, 参见 (viii) 的证明.

定理 4.1.7 设 $\delta_{(x_1,\cdots,x_m)}$ 由式 (3.2.24) 定义, $(x_1,\cdots,x_m)\in W_n^m$, 则以下公式是 PQ($\text{Ł}_n$, Ł) 中的定理:

(i) $P(\delta_{(x_1,\cdots,x_m)}\vee\delta_{(y_1,\cdots,y_m)})\equiv P(\delta_{(x_1,\cdots,x_m)})\oplus P(\delta_{(y_1,\cdots,y_m)})$, 这里要求 $(x_1,\cdots,x_m)\neq(y_1,\cdots,y_m)$, $(x_1,\cdots,x_m),(y_1,\cdots,y_m)\in W_n^m$.

(ii) $P(\vee\{\delta_{(x_1,\cdots,x_m)}\mid(x_1,\cdots,x_m)\in W_n^m\})\equiv\oplus\{P(\delta_{(x_1,\cdots,x_m)})\mid(x_1,\cdots,x_m)\in W_n^m\}$.

(iii) $\oplus\{P(\delta_{(x_1,\cdots,x_m)})\mid(x_1,\cdots,x_m)\in W_n^m\}$.

证明 (i) 设 $(x_1,\cdots,x_m),(y_1,\cdots,y_m)\in W_n^m$ 且 $(x_1,\cdots,x_m)\neq(y_1,\cdots,y_m)$, 则 $\delta_{(x_1,\cdots,x_m)}\wedge\delta_{(y_1,\cdots,y_m)}$ 为 Ł_n 中的可驳公式, 从而 $P(\delta_{(x_1,\cdots,x_m)}\wedge\delta_{(y_1,\cdots,y_m)})$ 为 PQ(Ł_n, Ł) 中的可驳公式. 所以由命题 4.1.6 (x) 知

$$\begin{aligned}&P(\delta_{(x_1,\cdots,x_m)})\oplus P(\delta_{(y_1,\cdots,y_m)})\\\equiv\ &P(\delta_{(x_1,\cdots,x_m)}\vee\delta_{(y_1,\cdots,y_m)})\oplus P(\delta_{(x_1,\cdots,x_m)}\wedge\delta_{(y_1,\cdots,y_m)})\\\equiv\ &P(\delta_{(x_1,\cdots,x_m)}\vee\delta_{(y_1,\cdots,y_m)})\oplus\overline{0}\\\equiv\ &P(\delta_{(x_1,\cdots,x_m)}\vee\delta_{(y_1,\cdots,y_m)}).\end{aligned}$$

(ii) (i) 的推论.

(iii) 因为 $\vee\{\delta_{(x_1,\cdots,x_m)} \mid (x_1,\cdots,x_m)\in W_n^m\}$ 是 $Ł_n$ 中的重言式, 从而是定理, 所以 $P(\vee\{\delta_{(x_1,\cdots,x_m)} \mid (x_1,\cdots,x_m)\in W_n^m\})$ 是 PQ($Ł_n$, Ł) 中的定理. 由 (ii) 知

$$\oplus\{P(\delta_{(x_1,\cdots,x_m)}) \mid (x_1,\cdots,x_m)\in W_n^m\}$$

是 PQ($Ł_n$, Ł) 中的定理.

4.1.2 语义理论

定义 4.1.8 系统 PQ($Ł_n$, Ł) 的语义模型是一个四元组 $(\Omega, v, \tau, \|\cdot\|_{\tau,v})$, 其中:

(i) Ω 是 $Ł_n$ 的全体赋值之集, $v\in\Omega$ 是一个赋值,

(ii) τ 是式 (3.2.1) 定义的一个概率真度函数,

(iii) $\|\cdot\|_{\tau,v}$ 是真值映射 $\|\cdot\|_{\tau,v}: F(S)\cup MF(S)\to[0,1]$:

$$\|\varphi\|_{\tau,v} = v(\varphi), \tag{4.1.3}$$

$$\|P(\varphi)\|_{\tau,v} = \tau(\varphi), \tag{4.1.4}$$

$$\|\neg\Phi\|_{\tau,v} = 1-\|\Phi\|_{\tau,v}, \tag{4.1.5}$$

$$\|\Phi\to\Psi\|_{\tau,v} = \|\Phi\|_{\tau,v}\to\|\Psi\|_{\tau,v} = (1-\|\Phi\|_{\tau,v}+\|\Psi\|_{\tau,v})\wedge 1. \tag{4.1.6}$$

注 4.1.9 (i) 由式 (4.1.3) 知, 非模态公式 φ (即 $\varphi\in F(S)$) 的真值 $\|\varphi\|_{\tau,v}$ 就是 v 在 φ 上的赋值, 与 τ 无关; 而模态公式 Φ 的真值 $\|\Phi\|_{\tau,v}$ 与 v 无关, 简记为 $\|\Phi\|_\tau$.

(ii) 由式 (4.1.4)– 式 (4.1.6) 不难验证:

$$\begin{aligned}
&\|\Phi\vee\Psi\|_\tau = \max\{\|\Phi\|_\tau, \|\Psi\|_\tau\},\\
&\|\Phi\wedge\Psi\|_\tau = \min\{\|\Phi\|_\tau, \|\Psi\|_\tau\},\\
&\|\Phi\oplus\Psi\|_\tau = \|\Phi\|_\tau\oplus\|\Psi\|_\tau = (\|\Phi\|_\tau+\|\Psi\|_\tau)\wedge 1,\\
&\|\Phi\&\Psi\|_\tau = \|\Phi\|_\tau\otimes\|\Psi\|_\tau = (\|\Phi\|_\tau+\|\Psi\|_\tau-1)\vee 0.
\end{aligned}$$

定义 4.1.10 设 $\Phi\in MF(S)$, $(\Omega, v, \tau, \|\cdot\|_{\tau,v})$ 是 PQ($Ł_n$, Ł) 的语义模型. 若 $\|\Phi\|_\tau = 1$, 则称 Φ 为 (τ,v)-**重言式**, 记为 $(\tau,v)\models\Phi$. 由于 $\|\Phi\|_\tau$ 只与 τ 有关, 所以把 $(\tau,v)\models\Phi$ 简记为 $\tau\models\Phi$, 并简称为 τ-**重言式**. 若对任一概率真度函数 τ, Φ 都是 τ-重言式, 则称 Φ 为**重言式**. 另外, 把 $Ł_n$ 中的重言式也称为 PQ($Ł_n$, Ł) 中的重言式.

例 4.1.11 (i) PQ($Ł_n$, Ł) 的公理都是重言式.

(ii) 命题 4.1.6 中的公式都是重言式.

证明 (i) PQ($Ł_n$, Ł) 中不含模态公式的公理都是 $Ł_n$ 中的公理, 从而由 $Ł_n$ 的完备性知, 它们是 $Ł_n$ 中的重言式, 所以由定义 4.1.10, 它们也是 PQ($Ł_n$, Ł) 中的重

言式. 先证 (Ł1)–(Ł4) 的一致代换实例为重言式, 以 (Ł1) 的代换实例 $\Phi \to (\Psi \to \Phi)$ 为例进行证明. 记此公式为 (Ł1)*. 任取一概率真度函数 τ, 则由式 (4.1.6) 知

$$\begin{aligned}
\|(\text{Ł}1)^*\|_\tau &= \|\Phi \to (\Psi \to \Phi)\|_\tau \\
&= \|\Phi\|_\tau \to (\|\Psi\|_\tau \to \|\Phi\|_\tau) \\
&= (1 - \|\Phi\|_\tau + (1 - \|\Psi\|_\tau + \|\Phi\|_\tau) \wedge 1) \wedge 1 \\
&= ((1 - \|\Phi\|_\tau + 1 - \|\Psi\|_\tau + \|\Phi\|_\tau) \wedge (1 - \|\Phi\|_\tau + 1)) \wedge 1 \\
&= ((2 - \|\Psi\|_\tau) \wedge (2 - \|\Phi\|_\tau)) \wedge 1 \\
&= 1.
\end{aligned}$$

下证 (PQ1) – (PQ3) 为重言式. 注意 $\|\text{PQ1}\|_\tau = 1$ iff $\|P(\neg\varphi)\|_\tau = \|\neg P(\varphi)\|_\tau$. 由式 (4.1.4)– 式 (4.1.5) 及命题 3.2.5 (vi) 知, $\|P(\neg\varphi)\|_\tau = \tau(\neg\varphi) = 1 - \tau(\varphi) = 1 - \|P(\varphi)\|_\tau = \|\neg P(\varphi)\|_\tau$, 所以 (PQ1) 是重言式.

$$\begin{aligned}
\|\text{PQ2}\|_\tau &= \|P(\varphi \to \psi)\|_\tau \to (\|P(\varphi)\|_\tau \to \|P(\psi)\|_\tau) \\
&= \tau(\varphi \to \psi) \to (\tau(\varphi) \to \tau(\psi)) \\
&= \tau(\varphi) \otimes_{\text{Ł}} \tau(\varphi \to \psi) \to \tau(\psi) \\
&= 1.
\end{aligned}$$

由命题 3.2.8 知,

$$\begin{aligned}
\|P(\varphi \oplus \psi)\|_\tau &= \tau(\varphi \oplus \psi) \\
&= (\tau(\varphi) \to \tau(\varphi \& \psi)) \to \tau(\psi) \\
&= (\|P(\varphi)\|_\tau \to \|P(\varphi \& \psi)\|_\tau) \to \|P(\psi)\|_\tau \\
&= \|(P(\varphi) \to P(\varphi \& \psi)) \to P(\psi)\|_\tau,
\end{aligned}$$

所以 $\|\text{PQ3}\|_\tau = 1$.

(ii) 由命题 3.2.5– 命题 3.2.8 中 τ 的性质可类似验证命题 4.1.6 中的公式都是 PQ(Ł$_n$, Ł) 中的重言式.

定理 4.1.12 (可靠性定理) 在 PQ(Ł$_n$, Ł) 中, 定理都是重言式, 即

$$\text{若} \vdash \Phi, \text{则} \models \Phi, \quad \Phi \in MF(S), \tag{4.1.7}$$

证明 由例 4.1.11 知 PQ(Ł$_n$, Ł) 中的公理都是重言式, 所以为证明定理 4.1.12 只需验证 MP 规则和 Gen 规则都保持重言式, 即

(i) 若 Φ 和 $\Phi \to \Psi$ 是重言式, 则 Ψ 也是重言式,

(ii) 若 φ 是重言式, 则 $P(\varphi)$ 也是重言式.

设 $\|\Phi\|_\tau = \|\Phi \to \Psi\|_\tau = 1$, 则 $\|\Phi\|_\tau \to \|\Psi\|_\tau = 1$, 所以 $\|\Psi\|_\tau \geqslant \|\Phi\|_\tau = 1$, 从而 $\|\Psi\|_\tau = 1$. 再设 φ 是重言式, 则由命题 3.2.5 (ii) 知, 对任一 τ, $\tau(\varphi) = 1$, 所以 $\|P(\varphi)\|_\tau = \tau(\varphi) = 1, v \in \Omega$. 所以 $P(\varphi)$ 为重言式.

4.1.3 完备性定理

定义 4.1.13　称理论 $\Gamma \subseteq MF(S)$ 为**模态理论**.

定义 4.1.14[68]　对任一原子模态公式 $P(\varphi)$, 取一原子命题公式 p_φ 与之对应, 记为 $p_\varphi = (P(\varphi))^*$. 定义 $(\neg\Phi)^* = \neg\Phi^*, (\Phi \to \Psi)^* = \Phi^* \to \Psi^*$.

由定义 4.1.14 知对任一模态公式 Φ, Φ^* 为 Ł 中的命题公式.

定义 4.1.15　设 Γ 是 PQ(Ł_n, Ł) 中的模态理论, 令

$$\Gamma^* = \{\Phi^* \mid \Phi \in \Gamma\},$$

$$\mathrm{PQ}^* = \{p_{\neg p} \equiv \neg p_p, p_{p\oplus q} \equiv (p_p \to p_{p\&q}) \to p_q, p_{p\to p}\}.$$

定理 4.1.16　设 Γ 是 PQ(Ł_n, Ł) 中的模态理论, $\Phi \in MF(S)$, 则

$$\Gamma \vdash_{\mathrm{PQ}} \Phi \text{ iff } \Gamma^* \cup \mathrm{PQ}^* \vdash_{\text{Ł}} \Phi^*.$$

证明　设 $\Psi_1^*, \cdots, \Psi_m^*$ 是 Φ^* 在 $\Gamma^* \cup \mathrm{PQ}^*$ 中的推演序列, 其中 $\Psi_1, \cdots, \Psi_m$ 是模态公式. 考虑公式序列 $\Psi_1, \cdots, \Psi_m$. 若 $\Psi_1, \cdots, \Psi_m \in \Gamma \cup \mathscr{A}$ ($\mathscr{A}$ 为全体公理之集), 则 $\Psi_1, \cdots, \Psi_m$ 就是 Φ 在 Γ 中的证明序列; 若存在 $i, \Psi_i \notin \Gamma \cup \mathscr{A}$, 则必有 $\Psi_i^* = p_\varphi, \text{Ł}_n \vdash \varphi$. 设 $\psi_{i_1}, \cdots, \psi_{i_k}$ 是 φ 在 Ł_n 中的证明序列, 则由 Gen 规则知, $\psi_{i_1}, \cdots, \psi_{i_k}, P(\psi_{i_1}), \cdots, P(\psi_{i_k})$ 就是 $\Psi_i = P(\varphi)$ 在 PQ(Ł_n, Ł) 中的证明序列. 设把每个这样的 Ψ_i 都用上述证明序列来替换, 把这些证明序列连起来就得到了从 Γ 到 Φ 的推演序列.

反过来, 设 $\Psi_1, \cdots, \Psi_m$ 是从 Γ 到 Φ 到推演序列, 删去其中的非模态公式并把每个模态公式 Ψ_i 替换为 Ψ_i^* 就得从 $\Gamma^* \cup \mathrm{PQ}^*$ 到 Φ^* 的推演序列.

定理 4.1.17 (完备性定理)　设 Γ 是 PQ(Ł_n, Ł) 中的有限模态理论, $\Phi \in MF(S)$, 则

$$\Gamma \vdash \Phi \text{ iff } \Gamma \models \Phi. \tag{4.1.8}$$

特别地, 当 $\Gamma = \varnothing$ 时,

$$\vdash \Phi \text{ iff } \models \Phi, \tag{4.1.9}$$

其中 $\Gamma \models \Phi$ 指: 若对任一 $\Psi \in \Gamma$, $\|\Psi\|_\tau = 1$, 则 $\|\Phi\|_\tau = 1$, τ 是 $F(S)$ 上的概率真度函数.

证明　不难验证式 (4.1.8) 的必要性成立. 下证充分性, 设 $\Gamma \models \Phi$, 假设 $\Gamma \nvdash \Phi$, 则由定理 4.1.16 知 $\Gamma^* \cup \mathrm{PQ}^* \nvdash_{\text{Ł}} \Phi^*$. 由 Γ 有限知 Γ^* 是 Ł 中的有限理论. 所以由 Ł的完备性定理知存在赋值 v 使得 $v(\Gamma^* \cup \mathrm{PQ}^*) = \{1\}$ 但 $v(\Phi^*) < 1$.

定义 $\tau : F(S) \to [0,1]$ 为 $\tau(\varphi) = v(p_\varphi)$. 下证 τ 为 $F(S)$ 上的概率真度函数.

(i) 若 $\text{Ł}_n \vdash \varphi$, 则 $\text{Ł}_n \vdash \varphi \equiv (p \to p), p \in S$, 从而由命题 4.1.4 知 $\mathrm{PQ}(\text{Ł}_n, \text{Ł}) \vdash P(\varphi) \equiv P(p \to p)$, 所以 $\Gamma \vdash P(\varphi) \equiv P(p \to p)$. 再由定理 4.1.16 知 $\Gamma^* \cup \mathrm{PQ}^* \vdash_{\text{Ł}} p_\varphi \equiv p_{p \to p}$, 所以由 $v(\Gamma^* \cup \mathrm{PQ}^*) = 1$ 知 $v(p_\varphi) = v(p_{p\to p}) = 1$.

(ii) $\tau(\neg\varphi) = v(p_{\neg\varphi}) = v(\neg p_\varphi) = 1 - v(p_\varphi) = 1 - \tau(\varphi)$.

(iii) $\tau(\varphi \oplus \psi) = v(p_{\varphi\oplus\psi}) = v((p_\varphi \to p_{\varphi\&\psi}) \to p_\psi) = (v(\varphi) \to v(\varphi\&\psi)) \to v(\psi) = (\tau(\varphi) \to \tau(\varphi\&\psi)) \to \tau(\psi) = \tau(\varphi) + \tau(\psi) - \tau(\varphi\&\psi)$.

所以由命题 3.2.32 知 τ 是 $F(S)$ 上的概率真度函数. 显然 $\|\Phi\|_\tau = v(\Phi^*) < 1$, 矛盾!

4.1.4 Pavelka 型扩张

在前面几节我们把概率真度函数的三条基本性质, 即

$$\begin{aligned}&\tau(\neg\varphi) = 1 - \tau(\varphi),\\ &\tau(\varphi \to \psi) \to (\tau(\varphi) \to \tau(\psi)) = 1,\\ &\tau(\varphi \oplus \psi) = (\tau(\varphi) \to \tau(\varphi\&\psi)) \to \tau(\psi),\end{aligned}$$

分别抽象为三条公理 (PQ1)–(PQ3) 建立了概率计量逻辑推理系统 $\mathrm{PQ}(\text{Ł}_n, \text{Ł})$. 从这三条公理出发利用 MP 规则和推广规则 Gen 可把概率真度的其他重要性质的抽象版本作为定理推出来, 如 $\tau(\varphi \oplus \psi) \oplus \tau(\varphi\&\psi) = \tau(\varphi) \oplus \tau(\psi)$ 的抽象版本 $P(\varphi \oplus \psi) \oplus P(\varphi\&\psi) \equiv P(\varphi) \oplus P(\psi)$ 是定理, 见命题 4.1.6 (vii). 但 $\mathrm{PQ}(\text{Ł}_n, \text{Ł})$ 无法表达形如 "$\tau(\varphi) \geqslant 0.5$" 的性质, 尽管该性质等价于等式 "$0.5\to \tau(\varphi) = 1$", 这是因为 0.5 不是 $\mathrm{PQ}(\text{Ł}_n, \text{Ł})$ 中的公式. 所以 $0.5 \to \tau(\varphi)$ 也就不可能是 $\mathrm{PQ}(\text{Ł}_n, \text{Ł})$ 中的定理了. 为表达 "$0.5 \to \tau(\varphi) = 1$" 这一性质, 我们必须把常值 0.5 (常记为 $\overline{0.5}$) 作为公式并把 $\overline{0.5} \to P(\varphi)$ 也作为公式, 这就得到 $\mathrm{PQ}(\text{Ł}_n, \text{Ł})$ 的 Pavelka 型扩张, 记为 $\mathrm{PQ}(\text{Ł}_n, RP\text{Ł})$.

定义 4.1.18 $\mathrm{PQ}(\text{Ł}_n, RP\text{Ł})$ 的符号表是在 $\mathrm{PQ}(\text{Ł}_n, \text{Ł})$ 的符号表的基础上再添加常值符号 $\overline{r}$, 这里 r 是 $[0,1]$ 中的任一有理数. 公式集仍分为 $F(S)$ 和 $RMF(S)$ 两部分:

(i) $F(S)$ 为系统 Ł_n 中的公式集,

(ii) $RMF(S)$ 是由 $\{P(\varphi)|\varphi \in F(S)\} \cup \{\overline{r}|r \in [0,1] \cap Q\}$ 生成的 $(\neg, \to)$ 型自由代数, 这里 $\neg$ 和 $\to$ 是 Ł 中的连接词.

定义 4.1.19 $\mathrm{PQ}(\text{Ł}_n, RP\text{Ł})$ 的公理集是由 $\mathrm{PQ}(\text{Ł}_n, \text{Ł})$ 的公理 (代换实例) 集再添加以下两条公理而得

(i) $\overline{r} \to \overline{s} \equiv \overline{\min\{1, 1 - r + s\}}$,

(ii)$\neg\overline{r} \equiv \overline{1 - r}$.

推理规则仍为 MP 规则和 Gen 规则.

定义 4.1.20 $\mathrm{PQ}(\text{Ł}_n, RP\text{Ł})$ 的语义模型是 $\mathrm{PQ}(\text{Ł}_n,\text{Ł})$ 的一个语义模型 $(\Omega, v, \tau, \|\cdot\|_{\tau,v})$ 且 $\|\cdot\|_{\tau,v}$ 满足

$$\|\overline{r}\|_{\tau,v} = r, \quad r \in [0,1] \cap Q.$$

完全类似于定理 4.1.17 的证明, 可以验证 $\mathrm{PQ}(\text{Ł}_n, RP\text{Ł})$ 的完备性.

定理 4.1.21 设 Γ 是 $\mathrm{PQ}(\text{Ł}_n, RP\text{Ł})$ 中的有限模态理论, $\Phi \in RMF(S)$, 则

$$\Gamma \vdash \Phi \text{ iff } \Gamma \models \Phi.$$

特别地, 当 $\Gamma = \varnothing$ 时,

$$\vdash \Phi \text{ iff } \models \Phi.$$

例 4.1.22 $\overline{0.5} \to P(\varphi \vee \neg\varphi)$ 是定理, $\varphi \in F(S)$.

证明 由完备性定理知只需验证 $\overline{0.5} \to P(\varphi \vee \neg\varphi)$ 是 $\mathrm{PQ}(\text{Ł}_n, RP\text{Ł})$ 中的重言式. 任取一语义模型 $(\Omega, v, \tau, \|\cdot\|_\tau)$. 由于对任一赋值 $u \in \Omega, u(\varphi \vee \neg\varphi) = u(\varphi) \vee \neg u(\varphi) = \max\{u(\varphi), 1-u(\varphi)\} \geqslant \frac{1}{2}$, 所以由式 (3.2.1) 知 $\tau(\varphi \vee \neg\varphi) \geqslant \frac{1}{2}\sum_{i=0}^{n-1}\mu\left((\varphi \vee \neg\varphi)^{-1}\left(\frac{i}{n-1}\right)\right) = \frac{1}{2}$. 从而 $\|\overline{0.5} \to P(\varphi \vee \neg\varphi)\|_\tau = 0.5 \to \tau(\varphi \vee \neg\varphi) = 1$.

系统 $\mathrm{PQ}(\text{Ł}_n, RP\text{Ł})$ 的 Pavelka 型完备性定理也成立, 即得下面的定理.

定理 4.1.23(Pavelka 型完备性定理) 设 Γ 是 $\mathrm{PQ}(\text{Ł}_n, RP\text{Ł})$ 中的模态理论, $\Phi \in RMF(S)$ 为模态公式, 则

$$|\Phi|_\Gamma = \|\Phi\|_\Gamma,$$

其中

$$|\Phi|_\Gamma = \sup\{r \in [0,1] \cap Q \mid \Gamma \vdash \overline{r} \to \Phi\},$$
$$\|\Phi\|_\Gamma = \inf\{\|\Phi\|_\tau \mid \tau\text{是}F(S)\text{上的概率真度函数}\}.$$

证明 参阅文献 [68] 中定理 8.4.9 的证明.

4.2 概率计量逻辑线性推理系统 $\mathrm{PQ}\left(\text{Ł}_2, \text{Ł}\Pi\frac{1}{2}\right)$

系统 $\mathrm{PQ}(\text{Ł}_n,\text{Ł})$ 只能表述概率真度函数恒等式性质, 其 Pavelka 型扩张 $\mathrm{PQ}(\text{Ł}_n, RP\text{Ł})$ 能表达形如 “$\tau(\varphi) \geqslant 0.5$” 的性质, 从而增强了其语言表达和逻辑推理能力. 但该扩张仍无法表述不同公式概率真度间的关系, 如 “$\tau(\varphi) \geqslant 2\tau(\psi)$”(或等价地, “$0.5\tau(\varphi) \geqslant \tau(\psi)$”).

本节将建立另一种推理系统, 记为 $\mathrm{PQ}\left(\text{Ł}_2, \text{Ł}\Pi\frac{1}{2}\right)$, 该系统的语言包括形如 “$P(\psi) \to_{\text{Ł}} \overline{0.5} \odot P(\varphi)$” 的公式 (其中 $\odot$ 解释为乘积 t-模式 (1.2.10)), 从而它可

以表述 “$0.5\tau(\varphi) \geqslant \tau(\psi)$” 这一性质. 但需要注意的是, 这里的 φ 和 ψ 都是二值命题逻辑系统 $Ł_2$ 中的公式, 即为 Boole 公式.

4.2.1 语构理论

定义 4.2.1 系统 PQ$\left(Ł_2, ŁΠ\frac{1}{2}\right)$ 的符号表包括命题符号: $p_1, p_2, \cdots$, 记为 $S = \{p_1, p_2, \cdots\}$; 常值命题符号: $\overline{0}, \overline{\frac{1}{2}}$; Boole 连接词 $\neg, \wedge$, Łukasiewicz 蕴涵连接词 $\to_Ł$ 以及乘积连接词 $\to_\Pi$ 和 $\odot$; 模态词 P 和 $\lhd$, 以及必要的标点符号. 由这些基本符号 (连接词) 可像在系统 $ŁΠ\frac{1}{2}$中那样进一步引入连接词 $\neg_Ł, \oplus, \&, \ominus, \equiv_Ł$ 以及常值符号 $\overline{r}, r \in [0,1] \cap Q$. PQ$\left(Ł_2, ŁΠ\frac{1}{2}\right)$的公式集仍分为两部分 $F(S)$ 和 $LMF(S)$, 其中 $F(S)$ 为 S 生成的 $(\neg, \wedge)$ 型自由代数, 即 $F(S)$ 为 $Ł_2$ 中的公式集, $F(S)$ 中的公式用小写希腊字母 $\varphi, \psi, \cdots$ 表示. $LMF(S)$ 由以下方式生成:

(i) $\overline{r}, P(\varphi), \overline{r} \to_Ł P(\varphi), P(\varphi) \to_Ł \overline{r} \in LMF(S)$, 称 $P(\varphi)$ 为**原子模态公式**, $r \in [0,1] \cap Q$, $\varphi \in F(S)$.

(ii) 若 $P(\varphi), P(\psi) \in LMF(S)$, 则 $\neg_Ł P(\varphi)$, $P(\varphi) \to_Ł P(\psi)$, $P(\varphi)\&P(\psi) \in LMF(S)$.

(iii) $\overline{a_0} \oplus \overline{a_1} \odot P(\varphi_1) \oplus \cdots \oplus \overline{a_n} \odot P(\varphi_n) \in LMF(S)$, $a_0, a_1, \cdots, a_n \in [0,1] \cap Q, \varphi_1, \cdots, \varphi_n \in F(S)$. 这里我们要求 $a_0 + a_1 + \cdots + a_n \in [0,1]$, $\overline{a_0} \oplus \overline{a_1} \odot P(\varphi_1) \oplus \cdots \oplus \overline{a_n} \odot P(\varphi_n)$ 是 $\overline{a_0} \oplus (\overline{a_1} \odot P(\varphi_1)) \oplus \cdots \oplus (\overline{a_n} \odot P(\varphi_n))$ 省略括号时的简写, 称为**线性模态公式**.

(iv) 若 $\overline{a_0} \oplus \overline{a_1} \odot P(\varphi_1) \oplus \cdots \oplus \overline{a_n} \odot P(\varphi_n), \overline{b_0} \oplus \overline{b_1} \odot P(\psi_1) \oplus \cdots \oplus \overline{b_m} \odot P(\psi_m) \in LMF(S)$, 则 $(\overline{b_0} \oplus \overline{b_1} \odot P(\psi_1) \oplus \cdots \oplus \overline{b_m} \odot P(\psi_m)) \to_Ł (\overline{a_0} \oplus \overline{a_1} \odot P(\varphi_1) \oplus \cdots \oplus \overline{a_n} \odot P(\varphi_n)) \in LMF(S)$, $(\overline{b_0} \oplus \overline{b_1} \odot P(\psi_1) \oplus \cdots \oplus \overline{b_m} \odot P(\psi_m)) \lhd (\overline{a_0} \oplus \overline{a_1} \odot P(\varphi_1) \oplus \cdots \oplus \overline{a_n} \odot P(\varphi_n)) \in LMF(S)$, 称这两种形式的公式为**基本线性不等式模态公式**.

(v) $LMF(S)$ 对基本线性不等式模态公式关于 Boole 连接词封闭. 称基本线性不等式模态公式及其 Boole 合成为**线性不等式模态公式**, 简称**不等式公式**. 用 $f, g, h, \cdots$ 表示不等式公式.

(vi) $LMF(S)$ 中再无其他形式的公式.

定义 4.2.2 PQ$\left(Ł_2, ŁΠ\frac{1}{2}\right)$ 的公理包括

(i) $Ł_2$ 的公理 (L1)–(L3),

(ii) $ŁΠ\frac{1}{2}$ 中定理关于原子模态公式 $P(\varphi)$ 的有效代换实例①,

(iii) $\overline{b_0} \oplus \overline{b_1} \odot P(\psi_1) \oplus \cdots \oplus \overline{b_m} \odot P(\psi_m) \lhd \overline{a_0} \oplus \overline{a_1} \odot P(\varphi_1) \oplus \cdots \oplus \overline{a_n} \odot P(\varphi_n)$, 这

里要求 $(\overline{b_0} \oplus \overline{b_1} \odot \psi_1 \oplus \cdots \oplus \overline{b_m} \odot \psi_m) \to_{\text{Ł}} (\overline{a_0} \oplus \overline{a_1} \odot \varphi_1 \oplus \cdots \oplus \overline{a_n} \odot \varphi_n)$ 为 $\text{Ł}\Pi\frac{1}{2}$ 中的定理且 $(\overline{b_0} \oplus \overline{b_1} \odot \psi_1 \oplus \cdots \oplus \overline{b_m} \odot \psi_m) \equiv_{\text{Ł}} (\overline{a_0} \oplus \overline{a_1} \odot \varphi_1 \oplus \cdots \oplus \overline{a_n} \odot \varphi_n)$ 不可满足.

(iv) 关于模态词 P 的公理:

(PQ1) $P(\neg\varphi) \equiv_{\text{Ł}} \neg_{\text{Ł}} P(\varphi)$,

(PQ2) $P(\varphi \to \psi) \to_{\text{Ł}} (P(\varphi) \to_{\text{Ł}} P(\psi))$,

(PQ3) $P(\varphi \vee \psi) \equiv_{\text{Ł}} (P(\varphi) \to_{\text{Ł}} P(\varphi \wedge \psi)) \to_{\text{Ł}} P(\psi)$.

推理规则有两条, 即关于 Boole 公式和不等式公式的 MP 规则 (由 φ 和 $\varphi \to \psi$ 得 ψ; 由 Φ 和 $\Phi \to \Psi$ 得 Ψ; 由 f 和 $f \to g$ 得 g) 和关于 Boole 公式的推广规则 Gen (由 φ 得 $P(\varphi)$).

系统 $\text{PQ}\left(\text{Ł}_2, \text{Ł}\Pi\frac{1}{2}\right)$ 中诸如证明、定理、可证等价等基本逻辑概念都可按通常的方式去定义.

命题 4.2.3 (i) 若 $\varphi \sim \psi$, 则 $\vdash P(\varphi) \equiv_{\text{Ł}} P(\psi)$.

(ii) $\vdash \overline{0} \to_{\text{Ł}} P(\varphi)$.

(iii) $\vdash P(\varphi) \to_{\text{Ł}} \overline{1}$.

(iv) $\vdash \overline{r} \odot P(T) \equiv_{\text{Ł}} \overline{r}$, 这里 T 为 Ł_2 中的定理.

(v) $\vdash \overline{1} \odot P(\varphi) \equiv_{\text{Ł}} P(\varphi)$.

证明 (i) 设 $\varphi \sim \psi$, 则 $\vdash \varphi \to \psi$ 且 $\vdash \psi \to \varphi$, 从而由 Gen 规则知 $\vdash P(\varphi \to \psi)$ 且 $P(\psi \to \varphi)$. 再由 (PQ2) 和 MP 规则知 $\vdash P(\varphi) \to_{\text{Ł}} P(\psi)$ 且 $\vdash P(\psi) \to_{\text{Ł}} P(\varphi)$, 所以 $\vdash P(\varphi) \equiv_{\text{Ł}} P(\psi)$. (ii)–(v) 分别是 $\text{Ł}\Pi\frac{1}{2}$ 中定理的有效代换实例.

命题 4.2.4 以下公式是 $\text{PQ}\left(\text{Ł}_2, \text{Ł}\Pi\frac{1}{2}\right)$ 中的定理:

(i) $P(\varphi \wedge \psi) \to_{\text{Ł}} P(\varphi)$; $P(\varphi \wedge \psi) \to_{\text{Ł}} P(\psi)$.

(ii) $P(\varphi) \& P(\psi) \to_{\text{Ł}} P(\varphi \wedge \psi)$.

(iii) $P(\varphi) \& P(\varphi \to \psi) \to_{\text{Ł}} P(\psi)$.

(iv) $P(\varphi \vee \psi) \to_{\text{Ł}} P(\varphi) \oplus P(\psi)$.

(v) $P(\varphi) \oplus P(\varphi \to \psi)$.

(vi) $P(\varphi \vee \psi) \equiv_{\text{Ł}} P(\varphi) \oplus P(\psi)$, 这里 $\varphi \wedge \psi$ 为可驳公式.

(vii) $P(\varphi \vee \psi) \oplus P(\varphi \wedge \psi) \equiv_{\text{Ł}} P(\varphi) \oplus P(\psi)$.

(viii) $P(\varphi) \equiv_{\text{Ł}} P(\varphi \wedge \psi) \oplus P(\varphi \wedge \neg\psi)$.

---

①若系统 $\text{Ł}\Pi\frac{1}{2}$ 中公式关于原子模态公式的代换实例是系统 $\text{PQ}\left(\text{Ł}_2, \text{Ł}\Pi\frac{1}{2}\right)$ 中的公式, 则称该代换实例是有效的. 例如, 定理 $\overline{1} \odot \psi \equiv_{\text{Ł}} \psi$ 的代换实例 $\overline{1} \odot P(\varphi) \equiv_{\text{Ł}} P(\varphi)$ 是有效的, 而 $\psi \wedge \neg_{\Pi}\psi \to_{\text{Ł}} \overline{0}$ 的代换实例 $P(\varphi) \wedge \neg_{\Pi} P(\varphi) \to_{\text{Ł}} \overline{0}$ 就不是有效的.

证明 类似于命题 4.1.6 的证明, 从略.

命题 4.2.5 在 $\mathrm{PQ}\left(Ł_2, ŁΠ\dfrac{1}{2}\right)$ 中如下的推理规则成立:

(i) $\{\overline{r} \to_Ł P(\varphi),\ \overline{s} \to_Ł P(\varphi \to \psi)\} \vdash \overline{(r+s-1) \vee 0} \to_Ł P(\psi)$.

(ii) $\{\overline{r} \to_Ł P(\varphi \to \psi),\ \overline{s} \to_Ł P(\psi \to \chi)\} \vdash \overline{(r+s-1) \vee 0} \to_Ł P(\varphi \to \chi)$.

证明 (i)

(1) $\overline{r} \to_Ł P(\varphi)$, (假设)

(2) $\overline{s} \to_Ł P(\varphi \to \psi)$, (假设)

(3) $(\overline{r} \to_Ł P(\varphi)) \to_Ł ((\overline{s} \to_Ł P(\varphi \to \psi))$
$\quad \to_Ł (\overline{r}\&\overline{s} \to_Ł P(\varphi)\&P(\varphi \to \psi)))$, (有效代换实例)

(4) $\overline{r}\&\overline{s} \to_Ł P(\varphi)\&P(\varphi \to \psi)$, ((1), (2), (3), MP)

(5) $\overline{(r+s-1) \vee 0} \to_Ł \overline{r}\&\overline{s}$, (定理)

(6) $\overline{(r+s-1) \vee 0} \to_Ł P(\varphi)\&P(\varphi \to \psi)$, ((4), (5), MP)

(7) $P(\varphi)\&P(\varphi \to \psi) \to_Ł P(\psi)$, (已证定理)

(8) $\overline{(r+s-1) \vee 0} \to_Ł P(\psi)$. ((6), (7), HS)

(ii) 由 $(\varphi \to \psi) \to ((\psi \to \chi) \to (\varphi \to \chi))$ 为 Ł$_2$ 中的定理以及 (PQ2) 知

$$\vdash P(\varphi \to \psi) \to_Ł (P(\psi \to \chi) \to_Ł P(\varphi \to \chi)). \tag{4.2.1}$$

由式 (4.2.1) 及 (i) 知 (ii) 成立.

定理 4.2.6 约定式 (3.1.8) 成立, 即

$$p^1 = p, \quad p^0 = \neg p, \quad p \in S.$$

对任一 $(x_1, \cdots, x_m) \in \{0,1\}^m (m \in \mathbb{N})$, 令

$$\delta_{(x_1,\cdots,x_m)} = p_1^{x_1} \wedge \cdots \wedge p_m^{x_m},$$

则以下公式是 $\mathrm{PQ}\left(Ł_2, ŁΠ\dfrac{1}{2}\right)$ 中的定理:

(i) $P(\delta_{(x_1,\cdots,x_m)} \vee \delta_{(y_1,\cdots,y_m)}) \equiv_Ł P(\delta_{(x_1,\cdots,x_m)}) \oplus P(\delta_{(y_1,\cdots,y_m)})$, 这里要求 $(x_1, \cdots, x_m) \neq (y_1, \cdots, y_m)$, $(x_1, \cdots, x_m), (y_1, \cdots, y_m) \in \{0,1\}^m$.

(ii) $P(\vee\{\delta_{(x_1,\cdots,x_m)} \mid (x_1, \cdots, x_m) \in \{0,1\}^m\}) \equiv_Ł \oplus\{P(\delta_{(x_1,\cdots,x_m)}) \mid (x_1, \cdots, x_m) \in \{0,1\}^m\}$.

(iii) $\oplus\{P(\delta_{(x_1,\cdots,x_m)}) \mid (x_1, \cdots, x_m) \in \{0,1\}^m\}$.

(iv) 设 $\varphi = \varphi(p_1, \cdots, p_m) \in F(S)$, 则

$$\vdash P(\varphi) \equiv_Ł \oplus\{P(\varphi \wedge \delta_{(x_1,\cdots,x_m)}) \mid (x_1, \cdots, x_m) \in \{0,1\}^m\}. \tag{4.2.2}$$

(v) 设 $\varphi = \varphi(p_1, \cdots, p_m) \in F(S)$, 则

$$\vdash P(\varphi) \equiv_{\text{Ł}} \oplus\{P(\delta_{(x_1,\cdots,x_m)}) \mid (x_1, \cdots, x_m) \in \overline{\varphi}^{-1}(1)\}. \tag{4.2.3}$$

证明 (i)–(iii) 的证明类似于定理 4.1.7.

先证 (iv). 设 $\varphi = \varphi(p_1, \cdots, p_m)$. 由于 $\vee\{\delta_{(x_1,\cdots,x_m)} \mid (x_1, \cdots, x_m) \in \{0,1\}^m\}$ 为定理知 φ 与 $\varphi \wedge (\vee\{\delta_{(x_1,\cdots,x_m)} \mid (x_1, \cdots, x_m) \in \{0,1\}^m\})$, 进而与 $\vee\{\varphi \wedge \delta_{(x_1,\cdots,x_m)} \mid (x_1, \cdots, x_m) \in \{0,1\}^m\}$ 可证等价, 所以由命题 4.2.3 (i) 知

$$\begin{aligned} P(\varphi) &\equiv_{\text{Ł}} P(\vee\{\varphi \wedge \delta_{(x_1,\cdots,x_m)} \mid (x_1, \cdots, x_m) \in \{0,1\}^m\}) \\ &\equiv_{\text{Ł}} \oplus\{P(\varphi \wedge \delta_{(x_1,\cdots,x_m)}) \mid (x_1, \cdots, x_m) \in \{0,1\}^m\}, \end{aligned}$$

所以式 (4.2.2) 成立.

下证 (v). 设 $\varphi = \varphi(p_1, \cdots, p_m) \in F(S)$, 则 $\vee\{\delta_{(x_1,\cdots,x_m)} \mid (x_1, \cdots, x_m) \in \overline{\varphi}^{-1}(1)\}$ 为 φ 的析取范式, 从而二者可证等价, 所以由命题 4.2.3 (i) 知

$$\vdash P(\varphi) \equiv_{\text{Ł}} P(\vee\{\delta_{(x_1,\cdots,x_m)} \mid (x_1, \cdots, x_m) \in \overline{\varphi}^{-1}\}).$$

再由 (i) 及 $\equiv_{\text{Ł}}$ 的传递性知式 (4.2.3) 成立.

4.2.2 语义理论

定义 4.2.7 $\mathrm{PQ}\left(\text{Ł}_2, \text{Ł}\Pi\frac{1}{2}\right)$ 的语义模型是一个四元组 $(\Omega, v, \tau, \|\cdot\|_{\tau,v})$, 其中

(i) Ω 是 Ł_2 的赋值之集, 即 $\Omega = \{0,1\}^\omega$, $v \in \Omega$ 是一个赋值,

(ii) τ 是式 (3.1.1) 定义的 $F(S)$ 的一个概率真度函数,

(iii) $\|\cdot\|_{\tau,v}$ 是真值映射 $\|\cdot\|_{\tau,v} : F(S) \cup LMF(S) \to [0,1]$:

$$\|\varphi\|_{\tau,v} = v(\varphi), \tag{4.2.4}$$

$$\|P(\varphi)\|_{\tau,v} = \tau(\varphi), \tag{4.2.5}$$

$$\|\neg_{\text{Ł}}\Phi\|_{\tau,v} = 1 - \|\Phi\|_{\tau,v}, \quad \Phi \in MF(S), \tag{4.2.6}$$

$$\|\Phi \to_{\text{Ł}} \Psi\|_{\tau,v} = \|\Phi\|_{\tau,v} \to_{\text{Ł}} \|\Psi\|_{\tau,v}, \quad \Phi, \Psi \in MF(S), \tag{4.2.7}$$

$$\begin{aligned} \|\overline{a_0} \oplus \overline{a_1} \odot P(\varphi_1) \oplus \cdots \oplus \overline{a_n} \odot P(\varphi_n)\|_{\tau,v} &= a_0 \oplus a_1\tau(\varphi_1) \oplus \cdots \oplus a_n\tau(\varphi_n) \\ &= (a_0 + a_1\tau(\varphi_1) + \cdots + a_n\tau(\varphi_n)) \wedge 1 \\ &= a_0 + a_1\tau(\varphi_1) + \cdots + a_n\tau(\varphi_n), \end{aligned} \tag{4.2.8}$$

$$\|\overline{b_0} \oplus \overline{b_1} \odot P(\psi_1) \oplus \cdots \oplus \overline{b_m} \odot P(\psi_m) \to_{\text{Ł}} \overline{a_0} \oplus \overline{a_1} \odot P(\varphi_1) \oplus \cdots \oplus \overline{a_n} \odot P(\varphi_n)\|_{\tau,v}$$

$$
\begin{aligned}
&=[\|\overline{b_0}\oplus\overline{b_1}\odot P(\psi_1)\oplus\cdots\oplus\overline{b_m}\odot P(\psi_m)\|_{\tau,v}\\
&\quad\to_{Ł}\|\overline{a_0}\oplus\overline{a_1}\odot P(\varphi_1)\oplus\cdots\oplus\overline{a_n}\odot P(\varphi_n)\|_{\tau,v}]\\
&=[(b_0+b_1\tau(\psi_1)+\cdots+b_m\tau(\psi_m))\wedge 1\to_{Ł}(a_0+a_1\tau(\varphi_1)+\cdots+a_n\tau(\varphi_n))\wedge 1]\\
&=[(a_0+a_1\tau(\varphi_1)+\cdots+a_n\tau(\varphi_n)-b_0-b_1\tau(\psi_1)-\cdots-b_m\tau(\psi_m)+1)\wedge 1]. \qquad (4.2.9)
\end{aligned}
$$

注意, 式 (4.2.9) 中最外层的方括号表示 [0, 1] 上的取整运算:

$$
[x]=\begin{cases}0, & x\in[0,1),\\ 1, & x=1.\end{cases}
$$

$$
\begin{aligned}
&\|\overline{b_0}\oplus\overline{b_1}\odot P(\psi_1)\oplus\cdots\oplus\overline{b_m}\odot P(\psi_m)\lhd\overline{a_0}\oplus\overline{a_1}\odot P(\varphi_1)\oplus\cdots\oplus\overline{a_n}\odot P(\varphi_n)\|_{\tau,v}\\
&=1-\|\overline{a_0}\oplus\overline{a_1}\odot P(\varphi_1)\oplus\cdots\oplus\overline{a_n}\odot P(\varphi_n)\\
&\quad\to_{Ł}\overline{b_0}\oplus\overline{b_1}\odot P(\psi_1)\oplus\cdots\oplus\overline{b_m}\odot P(\psi_m)\|_{\tau,v}. \qquad (4.2.10)
\end{aligned}
$$

设 f, g 是基本线性不等式公式,

$$
\begin{aligned}
\|\neg f\|_{\tau,v}&=1-\|f\|_{\tau,v},\\
\|f\vee g\|_{\tau,v}&=\max\{\|f\|_{\tau,v},\|g\|_{\tau,v}\},\\
\|f\wedge g\|_{\tau,v}&=\min\{\|f\|_{\tau,v},\|g\|_{\tau,v}\},\\
\|f\to g\|_{\tau,v}&=\|\neg f\vee g\|_{\tau,v}.
\end{aligned} \qquad (4.2.11)
$$

关于模态公式及线性模态公式的完备性可以仿照 4.1 节及 $ŁΠ\frac{1}{2}$ 的完备性而建立, 下面我们证明有关不等式公式的完备性定理. 由式 (4.2.8)–式 (4.2.11) 知, 不等式公式 f 的真值 $\|f\|_{\tau,v}$ 只与 τ 有关, 所以我们把语义模型 $(\Omega, v, \tau, \|\cdot\|_{\tau,v})$ 也简记为 τ, 把 $\|\cdot\|_{\tau,v}$ 简记为 $\|\cdot\|_{\tau}$.

定义 4.2.8 设 f 是不等式公式, τ 是 $F(S)$ 上的概率真度函数. 若 $\|f\|_{\tau}=1$, 则称 τ **满足** f, 记为 $\tau\models f$. 若对任一概率真度函数 τ 都有 $\tau\models f$, 则称 f 为**重言式**, 记为 $\models f$. 若存在 τ 使得 $\tau\models f$, 则称 f 是**可满足**的.

定理 4.2.9(可靠性定理)

$$
\text{若}\vdash f,\text{则}\models f. \qquad (4.2.12)
$$

证明 不难验证公理都是重言式. 又 MP 规则和 Gen 规则保持重言式, 所以定理都是重言式, 从而定理 4.2.9 成立.

4.2.3 完备性定理

定义 4.2.10 设 f 为不等式公式, 若 $\vdash\neg f$, 则称 f 是**不相容**的, 否则称 f 为**相容**的.

定理 4.2.11(完备性定理)　设 f 为不等式公式, 则

$$\vdash f \text{ iff } \models f. \tag{4.2.13}$$

为证明定理 4.2.11, 需要一个引理.

引理 4.2.12　设 f 为不等式公式. 若 f 相容, 则 f 可满足.

证明　首先, 由于不等式公式都是基本线性不等式模态公式的 Boole 合成, 所以按二值命题逻辑中求公式的析取范式的方法可将 f 化为与之可证等价的析取范式 $g_1 \vee \cdots \vee g_r$, 其中每个 g_i 是基本线性不等式模态公式或其否定的合取式. 由 f 相容知, 每个析取项 g_i 都是相容的. 又对任一概率真度函数 τ, 若 τ 满足 g_i, 则 τ 也满足 f, 所以, 不失一般性, 可设 $r=1$, 即 $f \sim g_1$.

设 $p_1,\cdots,p_m$ 是 g_1 中出现的全体命题变元. 对任一 $(x_1,\cdots,x_m)\in\{0,1\}^m$, 仍令

$$\delta_{(x_1,\cdots,x_m)} = p_1^{x_1} \wedge \cdots \wedge p_m^{x_m}.$$

为叙述方便, 我们给全体 $\delta_{(x_1,\cdots,x_m)}$ 编号, 分别记为 $\delta_1,\cdots,\delta_{2^m}$. 把 g_1 中出现的每个原子模态公式 $P(\varphi)$ 用与之可证等价的公式 $P(\delta_{i_1})\oplus\cdots\oplus P(\delta_{i_k})$(见式 (4.2.3)) 代换后所得的公式记为 f', 则 f' 的每个合取项都是如下形式的基本线性模态公式:

$$\overline{b}\oplus\overline{b_1}\odot P(\delta_1)\oplus\cdots\oplus\overline{b_{2^m}}\odot P(\delta_{2^m}) \Rightarrow \overline{a}\oplus\overline{a_1}\odot P(\delta_1)\oplus\cdots\oplus\overline{a_{2^m}}\odot P(\delta_{2^m}),$$

其中 $\Rightarrow\in\{\to_{\text{Ł}},\lhd\}$. 比如, g_1 中的线性模态公式 $\overline{0.2}\odot P(p_1\vee p_2)\oplus\overline{0.3}\odot P(\neg p_2)$ 可替换 (可证等价) 为 $\overline{0.2}\odot P(p_1\wedge p_2)\oplus\overline{0.2}\odot P(\neg p_1\wedge p_2)\oplus\overline{0.5}\odot P(p_1\wedge\neg p_2)\oplus\overline{0.3}\odot P(\neg p_1\wedge\neg p_2)$. 令

$$\begin{aligned} f'' = {} & f'\wedge(\overline{0}\to_{\text{Ł}} P(\delta_1))\wedge\cdots\wedge(\overline{0}\to_{\text{Ł}} P(\delta_{2^m}))\wedge(P(\delta_1)\oplus\cdots\oplus P(\delta_{2^m}) \\ & \to_{\text{Ł}} \overline{1})\wedge(\overline{1}\to_{\text{Ł}} P(\delta_1)\oplus\cdots\oplus P(\delta_{2^m})). \end{aligned}$$

则由命题 4.2.3 和命题 4.2.6 知 f'' 与 f' 可证等价. 因此, 为证 f 可满足, 只需证 f'' 可满足.

不妨设 f'' 是以下 $2^m+r+s+2$ 个基本线性模态公式的合取:

$$\begin{gathered} P(\delta_1)\oplus\cdots\oplus P(\delta_{2^m})\to_{\text{Ł}}\overline{1}, \\ \overline{1}\to_{\text{Ł}} P(\delta_1)\oplus\cdots\oplus P(\delta_{2^m}), \\ \overline{0}\to_{\text{Ł}} P(\delta_1), \\ \cdots\cdots \\ \overline{0}\to_{\text{Ł}} P(\delta_{2^m}), \end{gathered}$$

$$\begin{aligned}
&\overline{b_1} \oplus \overline{b_{1,1}} \odot P(\delta_1) \oplus \cdots \oplus \overline{b_{1,2^m}} \odot P(\delta_{2^m}) \to_{Ł} \overline{a_1} \oplus \overline{a_{1,1}} \odot P(\delta_1) \\
&\qquad \oplus \cdots \oplus \overline{a_{1,2^m}} \odot P(\delta_{2^m}), \\
&\qquad \cdots\cdots \\
&\overline{b_r} \oplus \overline{b_{r,1}} \odot P(\delta_1) \oplus \cdots \oplus \overline{b_{r,2^m}} \odot P(\delta_{2^m}) \to_{Ł} \overline{a_r} \oplus \overline{a_{r,1}} \\
&\qquad \odot P(\delta_1) \oplus \cdots \oplus \overline{a_{r,2^m}} \odot P(\delta_{2^m}), \\
&\overline{d_1} \oplus \overline{d_{1,1}} \odot P(\delta_1) \oplus \cdots \oplus \overline{d_{1,2^m}} \odot P(\delta_{2^m}) \lhd \overline{c_1} \oplus \overline{c_{1,1}} \odot P(\delta_1) \\
&\qquad \oplus \cdots \oplus \overline{c_{1,2^m}} \odot P(\delta_{2^m}), \\
&\qquad \cdots\cdots \\
&\overline{d_s} \oplus \overline{d_{s,1}} \odot P(\delta_1) \oplus \cdots \oplus \overline{d_{s,2^m}} \odot P(\delta_{2^m}) \lhd \overline{c_s} \oplus \overline{c_{s,1}} \odot P(\delta_1) \\
&\qquad \oplus \cdots \oplus \overline{c_{s,2^m}} \odot P(\delta_{2^m}).
\end{aligned} \tag{4.2.14}$$

由于 $\delta_1, \cdots, \delta_{2^m}$ 上的概率真度是可以任意给定的 (只要它们的和为 1 就行), 所以 f'' 可满足 iff 以下公式组成的 $ŁΠ\frac{1}{2}$ 中的理论可满足

$$\begin{aligned}
&\delta_1 \oplus \cdots \oplus \delta_{2^m} \to_{Ł} \overline{1}, \\
&\overline{1} \to_{Ł} \delta_1 \oplus \cdots \oplus \delta_{2^m}, \\
&\overline{0} \to_{Ł} \delta_1, \\
&\cdots\cdots, \\
&\overline{0} \to_{Ł} \delta_{2^m}, \\
&\overline{b_1} \oplus \overline{b_{1,1}} \odot \delta_1 \oplus \cdots \oplus \overline{b_{1,2^m}} \odot \delta_{2^m} \to_{Ł} \overline{a_1} \oplus \overline{a_{1,1}} \odot \delta_1 \oplus \cdots \oplus \overline{a_{1,2^m}} \odot \delta_{2^m}, \\
&\cdots\cdots \\
&\overline{b_r} \oplus \overline{b_{r,1}} \odot \delta_1 \oplus \cdots \oplus \overline{b_{r,2^m}} \odot \delta_{2^m} \to_{Ł} \overline{a_r} \oplus \overline{a_{r,1}} \odot \delta_1 \oplus \cdots \oplus \overline{a_{r,2^m}} \odot \delta_{2^m}, \\
&\overline{d_1} \oplus \overline{d_{1,1}} \odot \delta_1 \oplus \cdots \oplus \overline{d_{1,2^m}} \odot \delta_{2^m} \lhd \overline{c_1} \oplus \overline{c_{1,1}} \odot \delta_1 \oplus \cdots \oplus \overline{c_{1,2^m}} \odot \delta_{2^m}, \\
&\cdots\cdots \\
&\overline{d_s} \oplus \overline{d_{s,1}} \odot \delta_1 \oplus \cdots \oplus \overline{d_{s,2^m}} \odot \delta_{2^m} \lhd \overline{c_s} \oplus \overline{c_{s,1}} \odot \delta_1 \oplus \cdots \oplus \overline{c_{s,2^m}} \odot \delta_{2^m}.
\end{aligned} \tag{4.2.15}$$

假设 f'' 不可满足, 则式 (4.2.15) 中的理论不可满足. 所以 $\neg f''$ 是 $ŁΠ\frac{1}{2}$ 中重言式 (即定理) 的有效代换实例. 由 f 与 f'' 可证等价知 $\neg f$ 是定理, 这与 f 相容矛盾, 所以 f 可满足.

定理 4.2.11 的证明 设 $\models f$, 但 $\nvdash f$, 则 $\neg f$ 相容. 由引理 4.2.12 知 $\neg f$ 可满足, 这与 $\models f$ 相矛盾! 所以 $\vdash f$.

后记 4.1 节的主要结果已发表在《模式识别与人工智能》(2013, 26(6): 521–528) 上, 见文献 [121].

第 5 章　逻辑理论的相容度及程度化推理方法

一组逻辑公式称为一个逻辑理论, 简称理论. 一个理论若能推出可驳公式, 则称该理论为不相容的, 否则称为相容的. 正如在第 1 章中所说, 理论的相容性问题是逻辑系统中研究的重要问题之一, 这是因为在二值命题逻辑中不相容理论都是一样的, 所有逻辑公式都是其结论, 这一情形在 n-值乃至 $[0,1]$-值逻辑中都是如此. 但相容理论却可以很不一样, 比如, $\Gamma_1 = \{p \to p\}$, $\Gamma_2 = \{p\}$ 和 $\Gamma_3 = S$ 都是相容理论, 但 $D(\Gamma_1)$ 中只含有定理, $D(\Gamma_2)$ 中则含有真度①为 $\dfrac{1}{2}$ 的公式, 而 $D(\Gamma_3)$ 中则含有真度任意小的公式. 所以如何衡量相容理论的相容程度也是一个极受关注的问题. 关于这方面的研究成果也有很多 [28,122–125], 但仍不够完善, 尤其缺乏逻辑背景. 本章将在系统论述这些已有研究成果的基础上从逻辑角度引入理论相容度的新定义来完善这一理论. 主要以二值命题逻辑 $Ł_2$、Łukasiewicz 模糊命题逻辑 Ł、Gödel 模糊命题逻辑 G、乘积模糊命题逻辑 Π, 以及形式系统 $\mathscr{L}^*$ 中的理论为例进行研究. 此外, 在不加特别声明时, 本章主要以赋值空间上由各因子空间上的均匀概率测度生成的乘积概率测度所定义的公式的概率真度函数为工具来研究理论的相容度, 并且为统一起见, 把上述 5 个命题逻辑中的均匀概率真度函数统一记为 τ_R, 其中 $R \in \{R_{\rm B}, R_{\rm L}, R_{\rm G}, R_{\Pi}, R_0\}$. 在不致混淆时把 τ_R 简记为 τ.

本章是这样安排的: 5.1 节主要介绍文献 [122]–[125] 中已有的研究成果并分析这些方法存在的不足, 为后面提出新指标和新定义作准备; 5.2 节基于逻辑系统的演绎定理和公式的真度理论从逻辑角度引入逻辑理论的一个新极指标, 利用理论的发散度和该极指标定义理论的相容度, 并讨论该相容度与已有相容度间的关系; 5.3 节为进一步论证理论相容度定义的合理性, 提出了理论的**语义蕴涵度**概念. 从文中分析及定义方式可以看出, 语义蕴涵度概念是准确刻画相容理论相容程度的理想指标. 用语义蕴涵度取代发散度重新定义了理论的相容度, 并证明了在 $Ł_2$, Ł 和 $\mathscr{L}^*$ 等三个逻辑系统中理论的语义蕴涵度恰等于该理论的发散度, 从而证明了文献 [125] 所定义的理论相容度在这三个系统中是合理的, 能较精确地刻画理论的相容程度. 理论的语义蕴涵度除了具有较强的逻辑背景, 还具有较易推广的优点: 只需用一般的逻辑公式取代其中的可驳公式便得一种语义与语构相结合的程度化推理方法; 5.4 节介绍基于语义蕴涵度的广义 MP 问题的求解算法, 进一步为模糊推理

---

①这里的真度是指由赋值空间 Ω 上各因子空间上的均匀概率测度生成的乘积概率测度所定义的公式真度, 即所涉及的真度函数由式 (2.2.4), 或式 (2.3.2), 或式 (2.3.3) 定义.

建立逻辑基础.

5.1 研究背景

本节主要介绍关于理论相容度的已有研究成果并分析这些成果存在的不足, 为后面引入理论的新极指标和相容度作准备.

为试图刻画相容理论的相容程度, 德国逻辑学家 Gottwald 与捷克逻辑学家 Novák 在 1997 年首次提出了理论的不相容度[122]:

$$\mathrm{Incons}(\Gamma)=\sup\{a\in[0,1]\mid \Gamma\vdash_a \varphi\wedge\neg\varphi,\varphi\in F(S)\},\quad \Gamma\subseteq F(S). \tag{5.1.1}$$

并在文献 [28] 中证明了一个理论 Γ 相容的充要条件是 $\mathrm{Incons}(\Gamma)\leqslant\frac{1}{2}$, 并得出了任何试图尝试定义理论的某种相容度的努力都将是行不通的结论 (“Later on, we will see that even the attempt to introduce some kind of degrees of consistency mostly does not work”, 见文献 [28] 第 129 页). 随后王国俊教授对式 (5.1.1) 作了深层次的分析, 指出上述定义方式是不尽合理的. 事实上, 在模糊命题逻辑, 甚至是 n-值命题逻辑中, 公式 $\varphi\wedge\neg\varphi$ 在任一赋值 $v\in\Omega$ 下的真值未必为 0, 尽管 $\varphi\wedge\neg\varphi$ 看似为矛盾式, 因此式 (5.1.1) 只是依赖形如 $\varphi\wedge\neg\varphi$ 的一类特殊公式而非 Γ 的全体逻辑推论, 因而没有考虑 Γ 的全体推论的发散性. 基于上述分析, 王国俊教授在文献 [124] 中针对 Łukasiewicz 模糊命题逻辑 Ł 中的有限理论提出了理论的相容度概念.

定义 5.1.1[124] 设 Γ 是 Ł 中的非空有限理论, 定义

$$\xi(\Gamma)=\lim_{m\to\infty}\left(1-\mathrm{div}(\Gamma)\left(1-\frac{1}{2}\lceil\alpha_{m,\Gamma}\rceil\right)\right), \tag{5.1.2}$$

称 $\xi(\Gamma)$ 为 Γ 的 **ξ-相容度**, 其中

$$\mathrm{div}(\Gamma)=\sup\{\rho(\varphi,\psi)\mid\varphi,\psi\in D(\Gamma)\}, \tag{5.1.3}$$

$$\alpha_{m,\Gamma}=\frac{d(\Gamma^{(m+2)})-d(\Gamma^{(m)})}{d(\Gamma^{(m+2)})}, \tag{5.1.4}$$

$$\Gamma^{(m)}=\{\varphi\in F(S)\mid\varphi\text{为}\Gamma\text{的推演长度为}m\text{的推论}\}, \tag{5.1.5}$$

$$d(\Sigma)=\sup\{\rho(\varphi,\psi)\mid\varphi,\psi\in\Sigma\},\quad \Sigma\subseteq F(S), \tag{5.1.6}$$

$$\rho(\varphi,\psi)=1-\tau_\infty((\varphi\to\psi)\wedge(\psi\to\varphi)),\quad \varphi,\psi\in F(S), \tag{5.1.7}$$

τ_∞ 由式 (2.3.3) 定义,

$$\lceil x\rceil=\begin{cases}1, & 0<x\leqslant 1,\\ 0, & x=0,\end{cases}\qquad x\in[0,1], \tag{5.1.8}$$

且约定 $0\left(1-\frac{1}{2}\cdot\frac{0}{0}\right)=0$.

文献 [124] 给出了有限理论相容的充要条件.

命题 5.1.2[124] 设 Γ 是 Ł 中的非空有限理论, 则:

(i) Γ 是**完全相容**的, 即 Γ 只含定理, iff $\xi(\Gamma)=1$,

(ii) Γ 是不相容的 iff $\xi(\Gamma)=0$,

(iii) Γ 是相容的 iff $\frac{1}{2}\leqslant\xi(\Gamma)\leqslant 1$.

定义 5.1.1 只适用于 Ł 中的非空有限理论, 那么如何定义空理论以及无限理论的相容度是文献 [124] 提出的公开问题. 为解决该公开问题, 湖南大学的周湘南博士提出了理论的极指标概念, 并利用理论的发散度和极指标成功地解决了一般理论的相容度问题[125]. 值得指出的是, 文献 [125] 中的方法适用于任何标准完备的逻辑系统, 特别是 Ł, G, Π 和 $\mathscr{L}^*$ 中的逻辑理论.

定义 5.1.3[125] 设 Γ 是 Ł, G, Π 或 $\mathscr{L}^*$ 中的理论, $\bar{0}$ 是矛盾式, 定义

$$i_R(\Gamma)=1-\min\{\lceil d_R(\varphi,\bar{0})\rceil \mid \varphi\in D(\Gamma)\}, \tag{5.1.9}$$

其中,

$$d_R(\varphi,\bar{0})=\sup_{v\in\Omega_R}\mid v(\varphi)-v(\bar{0})\mid=\sup_{v\in\Omega_R}v(\varphi), \tag{5.1.10}$$

$\lceil\cdot\rceil$ 由式 (5.1.8) 定义, $R\in\{R_{\text{Ł}},R_{\text{G}},R_{\Pi},R_0\}$, 称 $i_R(\Gamma)$ 为 Γ 的**极指标**.

命题 5.1.4[125] 设 Γ 是 Ł, G, Π 或 $\mathscr{L}^*$ 中的理论, 则:

(i) Γ 是相容的 iff $i_R(\Gamma)=0$,

(ii) Γ 是不相容的 iff $i_R(\Gamma)=1$.

极指标 $i_R(\Gamma)$ 可进一步简化, 特别是在 Ł 中, $i_R(\Gamma)$ 可由式 (5.1.7) 中的 ρ 来定义.

命题 5.1.5 设 Γ 是 Ł, G, Π 或 $\mathscr{L}^*$ 中的理论, 则

(i)

$$i_R(\Gamma)=\max\{[1-\sup_{v\in\Omega_R}v(\varphi)]\mid\varphi\in D(\Gamma)\}, \tag{5.1.11}$$

(ii) 在 Ł 中,

$$i_{R_{\text{Ł}}}(\Gamma)=\max\{[\rho_{R_{\text{Ł}}}(\varphi,\psi)]\mid\varphi,\psi\in D(\Gamma)\}, \tag{5.1.12}$$

其中 $[x]$ 表示实数 x 的整数部分.

证明 (i) 易见 $[x]=1-\lceil 1-x\rceil$, 所以

$$\begin{aligned} i(\Gamma) &= 1-\min\{\lceil d(\varphi,\overline{0})\rceil \mid \varphi\in D(\Gamma)\} \\ &= \max\{1-\lceil d(\varphi,\overline{0})\rceil \mid \varphi\in D(\Gamma)\} \\ &= \max\{[1-d(\varphi,\overline{0})] \mid \varphi\in D(\Gamma)\} \\ &= \max\{[1-\sup_{v\in\Omega} v(\varphi)] \mid \varphi\in D(\Gamma)\}. \end{aligned}$$

(ii) 注意, $\max\{[\rho(\varphi,\psi)] \mid \varphi,\psi\in D(\Gamma)\}\in\{0,1\}$, 所以由命题 5.1.4, 为证明式 (5.1.12) 只需证:

$$\max\{[\rho(\varphi,\psi)] \mid \varphi,\psi\in D(\Gamma)\}=1 \text{ iff } \Gamma \text{ 不相容}. \tag{5.1.13}$$

首先回忆一个事实[126]: 在 Ł 中, 设 $\varphi=\varphi(p_1,\cdots,p_m),\psi=\psi(p_1,\cdots,p_m)$, 则

$$\rho(\varphi,\psi)=\int_{[0,1]^m} \mid \overline{\varphi}(x_1,\cdots,x_m)-\overline{\psi}(x_1,\cdots,x_m)\mid \mathrm{d}x_1\cdots\mathrm{d}x_m. \tag{5.1.14}$$

现设 Γ 不相容, 则 $\overline{0}\in D(\Gamma)$. 取 φ 为定理, $\psi=\overline{0}$, 则 $\rho(\varphi,\psi)=1$, 从而 $\max\{[\rho(\varphi,\psi)] \mid \varphi,\psi\in D(\Gamma)\}=1$. 反过来, 设 $\max\{[\rho(\varphi,\psi)] \mid \varphi,\psi\in D(\Gamma)\}=1$, 则存在 $\varphi,\psi\in D(\Gamma)$ 使得 $\rho(\varphi,\psi)=1$. 不失一般性, 可设 $\varphi=\varphi(p_1,\cdots,p_m),\psi=\psi(p_1,\cdots,p_m)$, 由式 (5.1.14) 知 $\int_{[0,1]^m}|\overline{\varphi}-\overline{\psi}|\mathrm{d}x_1\cdots\mathrm{d}x_m=1$. 由于 McNaughton 函数 $\overline{\varphi}$ 和 $\overline{\psi}$ 的连续性知 $|\overline{\varphi}-\overline{\psi}|$ 也是 $[0,1]^m$ 上的连续函数, 所以 $|\overline{\varphi}-\overline{\psi}|\equiv 1$. 又, $0\leqslant\overline{\varphi},\overline{\psi}\leqslant 1$, 所以必有 $\overline{\varphi}([0,1]^m)\subseteq\{0,1\},\overline{\psi}([0,1]^m)\subseteq\{0,1\}$. 由于连通集 $[0,1]^m$ 在连续映射 $\overline{\varphi}$ (或 $\overline{\psi}$) 下的像必是连通的[97], 所以 $\overline{\varphi}([0,1]^m)=\{1\}$ 或 $\overline{\varphi}([0,1]^m)=\{0\}(\overline{\psi}([0,1]^m)=\{1\}$ 或 $\overline{\psi}([0,1]^m)=\{1\})$. 不妨设 $\overline{\varphi}([0,1]^m)=\{1\}$, 则 $\overline{\psi}([0,1]^m)=\{0\}$, 这说明 ψ 为矛盾式, 所以 Γ 不相容, 式 (5.1.13) 得证, 进而式 (5.1.12) 成立.

理论 Γ 的极指标 $i_R(\Gamma)$ 与发散度 $\mathrm{div}_R(\Gamma)$ 间的关系如下.

定理 5.1.6[125] 设 Γ 是 $Ł, G, \Pi$ 或 $\mathscr{L}^*$ 中的理论, 则

(i) 若 $i_R(\Gamma)=1$, 则 $\mathrm{div}_R(\Gamma)=1$, 但反之不然.

(ii) 若 $\mathrm{div}_R(\Gamma)<1$, 则 $i_R(\Gamma)=0$, 但反之不然.

定义 5.1.7[125] 设 Γ 是 $Ł, G, \Pi$ 或 $\mathscr{L}^*$ 中的理论, 定义

$$\xi_R^*(\Gamma)=1-\frac{1}{2}\mathrm{div}_R(\Gamma)(1+i_R(\Gamma)). \tag{5.1.15}$$

称 $\xi_R^*(\Gamma)$ 为 Γ 的 **ξ^*-相容度**.

定理 5.1.8[125] 设 Γ 是 $Ł, G, \Pi$ 或 $\mathscr{L}^*$ 中的理论, 则

(i) Γ 是相容的 iff $\frac{1}{2}\leqslant\xi_R^*(\Gamma)\leqslant 1$.

(ii) Γ 是**准完全相容**的, 即 $D(\Gamma)$ 中的公式的真度均为 1, iff $\xi^*_R(\Gamma)=1$.

(iii) Γ 是相容且全发散的 iff $\xi^*_R(\Gamma)=\dfrac{1}{2}$.

(iv) Γ 是不相容的 iff $\xi^*_R(\Gamma)=0$.

式 (5.1.15) 主要是使用一般理论的极指标修正了式 (5.1.2), 但它仍使用理论的发散度指标. 至于为何使用理论的发散度, 以及发散度是否可准确刻画理论的相容程度, 文献 [124], [125] 均未作解释. 5.2 节我们通过逻辑系统的演绎定理和公式的真度理论引入一个新的极指标, 这种极指标比式 (5.1.9) 定义的极指标具有较强的逻辑背景.

5.2 一个新的极指标

5.2.1 极指标

正如前面所讲, 本节将要引入的理论的新极指标主要依赖于逻辑系统的演绎定理和公式的真度理论. 关于概率真度理论我们已在第 2, 3 章详细地讨论过, 这里不再重复. 为便于集中使用和比较, 我们把系统 $\text{Ł}_2, \text{Ł}, \text{G}, \Pi$ 和 $\mathscr{L}^*$ 的演绎定理罗列如下.

命题 5.2.1 设 $\Gamma\subseteq F(S)$ 是一个理论, $\varphi,\psi\in F(S)$ 是公式, 则:

(i) 在 Ł_2 中, 经典演绎定理成立:

$$\Gamma\cup\{\varphi\}\vdash\psi \text{ iff } \Gamma\vdash\varphi\to\psi. \tag{5.2.1}$$

(ii) 在 Ł 中, 有如下的弱演绎定理:

$$\Gamma\cup\{\varphi\}\vdash\psi \text{ iff 存在} k\in\mathbb{N},\quad \Gamma\vdash\varphi^k\to\psi. \tag{5.2.2}$$

(iii) 在 G 中, 经典演绎定理成立:

$$\Gamma\cup\{\varphi\}\vdash\psi \text{ iff } \Gamma\vdash\varphi\to\psi. \tag{5.2.3}$$

(iv) 在 Π 中, 有如同式 (5.2.2) 的弱演绎定理:

$$\Gamma\cup\{\varphi\}\vdash\psi \text{ iff 存在} k\in\mathbb{N},\quad \Gamma\vdash\varphi^k\to\psi. \tag{5.2.4}$$

(v) 在 $\mathscr{L}^*$ 中, 有如下形式的广义演绎定理:

$$\Gamma\cup\{\varphi\}\vdash\psi \text{ iff } \Gamma\vdash\varphi^2\to\psi. \tag{5.2.5}$$

注 5.2.2 (i) 在命题 5.2.1 所涉及的 5 个逻辑系统中, 可统一约定

$$\varphi^k = \underbrace{\varphi \& \cdots \& \varphi}_{k}, \quad \varphi \in F(S), k \in \mathbb{N}.$$

对应地, 可在相应的标准语义代数中定义

$$x^k = \underbrace{x \otimes \cdots \otimes x}_{k}, \quad x \in W, k \in \mathbb{N}.$$

(ii) 式 (5.2.2) 和式 (5.2.4) 中的幂指数 m 随 Γ, φ, ψ 改变而改变[127].

(iii) 由于逻辑推理都是在有限步之内完成的, 所以由命题 5.2.1 有如下事实:

$$\Gamma \vdash \varphi \text{ iff 存在 } \varphi_1, \cdots, \varphi_m \in \Gamma \text{和} k_1, \cdots, k_m \in \mathbb{N}, \text{ s.t. } \vdash \varphi_1^{k_1} \& \cdots \& \varphi_m^{k_m} \to \varphi.$$

特别地, 在 $\mathscr{L}^*$ 中,

$$\Gamma \vdash \varphi \text{ iff 存在 } \varphi_1, \cdots, \varphi_m \in \Gamma, \ \text{ s.t. } \vdash \varphi_1^2 \& \cdots \& \varphi_m^2 \to \varphi.$$

文献 [127] 分别使用演绎定理式 (5.2.1) 和式 (5.2.5) 在二值命题逻辑系统 $Ł_2$ 和形式系统 $\mathscr{L}^*$ 中定义了有限理论的相容度.

定义 5.2.3[127] 设 $\Gamma = \{\varphi_1, \cdots, \varphi_m\}$ 是 $Ł_2$ 中的有限理论, $\overline{0}$ 是矛盾式, 令

$$\Gamma \to \overline{0} = \varphi_1 \to (\varphi_2 \to (\cdots \to (\varphi_m \to \overline{0}) \cdots)),$$

且定义

$$\delta_{R_{\mathrm{B}}}(\Gamma) = 1 - \tau_{R_{\mathrm{B}}}(\Gamma \to \overline{0}). \tag{5.2.6}$$

称 $\delta_{R_{\mathrm{B}}}(\Gamma)$ 为 Γ 的 **$\boldsymbol{\delta}$-相容度**.

定义 5.2.4[127] 设 $\Gamma = \{\varphi_1, \cdots, \varphi_m\}$ 是 $\mathscr{L}^*$ 中的有限理论, $\overline{0}$ 是矛盾式, 令

$$\Gamma^2 \to \overline{0} = \varphi_1^2 \to (\varphi_2^2 \to (\cdots \to (\varphi_m^2 \to \overline{0}) \cdots)),$$

且定义

$$\delta_{R_0}(\Gamma) = 1 - \tau_{R_0}(\Gamma^2 \to \overline{0}). \tag{5.2.7}$$

称 $\delta_{R_0}(\Gamma)$ 为 Γ 的 **δ-相容度**.

下面我们把定义 5.2.3 和定义 5.2.4 的思想推广到无限理论的情形, 并且此方法也适合其他逻辑系统, 如 Ł, G 和 Π 中的无限理论.

定义 5.2.5 设 Γ 是 $Ł_2, Ł, G, \Pi$ 或 $\mathscr{L}^*$ 中的理论, $2^{(\Gamma)}$ 是 Γ 的全体有限子理论之集, $\Sigma = \{\varphi_1, \cdots, \varphi_m\} \in 2^{(\Gamma)}$, $\omega(m) = (k_1, \cdots, k_m) \in \mathbb{N}^m$, 并且约定 $\omega(0) = \varnothing$, $\overline{0}$ 是矛盾式. 令

$$\Sigma(\omega(m)) \to \overline{0} = \begin{cases} \varphi_1^{k_1} \to (\varphi_2^{k_2} \to (\cdots \to (\varphi_m^{k_m} \to \overline{0}) \cdots)), & m > 0, \\ \overline{0}, & m = 0. \end{cases} \tag{5.2.8}$$

定义

$$j_R(\Gamma) = 1 - \max\{[\tau_R(\Sigma(\omega(m)) \to \overline{0})] \mid \Sigma \in 2^{(\Gamma)}, |\Sigma| = m, \omega(m) \in \mathbb{N}^m, m \in \mathbb{N}\}. \tag{5.2.9}$$

称 $j_R(\Gamma)$ 为 Γ 的**极指标**. 在不致混淆时, 把 $j_R(\Gamma)$ 简记为 $j(\Gamma)$.

注 5.2.6 (i) 由于对任意公式 $\varphi, \psi, \chi \in F(S)$, $\varphi \to (\psi \to \chi)$ 与 $\psi \to (\varphi \to \chi)$ 可证等价, 所以, 在可证等价的意义下, $\Sigma(\omega(m)) \to \overline{0}$ 与 $\varphi_i^{k_i}$ 的次序无关.

(ii) 定义 5.2.5 适用于任一标准完备的三角模基逻辑[3,20], 特别是 $Ł_2, Ł, G, \Pi$ 和 $\mathscr{L}^*$. 例如, 设 Γ 是 $Ł_2$ 中的理论, 则称 $j_{R_B}(\Gamma)$ 为 $Ł_2$ 中 Γ 的极指标. 另外, 在具体逻辑系统中, $j_R(\Gamma)$ 可进一步简化. 例如, 在 $Ł_2$ 和 G 中 $j_R(\Gamma)$ 可简化为

$$j_R(\Gamma) = 1 - \max\{[\tau_R(\Sigma(\omega(m)) \to \overline{0})] \mid \Sigma \in 2^{(\Gamma)}, |\Sigma| = m, \omega(m) \equiv (\underbrace{1, \cdots, 1}_{m}), m \in \mathbb{N}\}.$$

在 $\mathscr{L}^*$ 中 $j(\Gamma)$ 可简化为

$$j_{R_0}(\Gamma) = 1 - \max\{[\tau_{R_0}(\Sigma(\omega(m)) \to \overline{0})] \mid \Sigma \in 2^{(\Gamma)}, |\Sigma| = m, \omega(m) \equiv (\underbrace{2, \cdots, 2}_{m}), m \in \mathbb{N}\}.$$

关于上述简化的原因, 参看下面的 (vi).

(iii) 不同逻辑系统的矛盾式 $\overline{0}$ 可以不同. 例如, $\varphi \wedge \neg\varphi$ 是 $Ł_2$ 中的矛盾式, 但不是 Ł 中的矛盾式. 为统一起见, 可取 $\overline{0} = \neg(p \to p)$ $(p \in S)$.

(iv) 在 $Ł_2, Ł, G, \Pi$ 和 $\mathscr{L}^*$ 中, 易验证对任意公式 $\varphi, \psi \in F(S)$, $\tau_R(\varphi \to \psi) \geqslant \tau_R(\psi)$, 参见命题 3.1.6 (x) 和命题 3.2.5 (xi). 设

$$\begin{aligned}
&\Sigma_1 = \{\varphi_1, \cdots, \varphi_{m_1}\}, \\
&\Sigma_2 = \{\varphi_1, \cdots, \varphi_{m_1}, \varphi_{m_1+1}, \cdots, \varphi_{m_2}\}, \\
&\omega(m_1) = (k_1, \cdots, k_{m_1}), \\
&\omega(m_2) = (k_1, \cdots, k_{m_1}, k_{m_1+1}, \cdots, k_{m_2}) \quad \text{且} \quad m_1 \leqslant m_2,
\end{aligned}$$

则

$$\tau_R(\Sigma_1(\omega(m_1)) \to \overline{0}) \leqslant \tau_R(\Sigma_2(\omega(m_2) \to \overline{0})).$$

(v) 设 $\omega(m) = (k_1, \cdots, k_m)$, $\omega'(m) = (k_1', \cdots, k_m')$ 且 $\omega(m) \leqslant \omega'(m)$, 即对任一 i $(1 \leqslant i \leqslant m)$, $k_i \leqslant k_i'$, 则由蕴涵算子和强合取连接词的性质知 $(\Sigma(\omega(m)) \to \overline{0}) \to (\Sigma(\omega'(m)) \to \overline{0})$ 是重言式, 所以 $\tau_R(\Sigma(\omega(m)) \to \overline{0}) \leqslant \tau_R(\Sigma(\omega'(m)) \to \overline{0})$.

(vi) 设 $\varphi \in F(S)$, 在 $Ł_2$ 和 G 中, 由于 φ^k 与 φ 可证等价, 所以由 (v) 知我们可以限制 $\omega(m) \equiv (\underbrace{1, \cdots, 1}_{m})$; 在 $\mathscr{L}^*$ 中, 由于 φ^k 与 φ^2 可证等价 $(k \geqslant 2)$, 我们可限制 $\omega(m) \equiv (\underbrace{2, \cdots, 2}_{m})$. 注意, 在 Ł 或 Π 中, $\omega(m)$ 的结构是无法统一的.

(vii) 由 (iv) 和 (vi) 知, $Ł_2$ 中有限理论 Γ 的极指标 $j_{R_B}(\Gamma)$ 等于 $1-[\tau_{R_B}(\Gamma \to \overline{0})]$, 而 $\mathscr{L}^*$ 中有限理论 Γ 的极指标 $j_{R_0}(\Gamma)$ 恰等于 $1-[\tau_{R_0}(\Gamma^2 \to \overline{0})]$, 这里 $\Gamma \to \overline{0}$ 和 $\Gamma^2 \to \overline{0}$ 分别由定义 5.2.3 和定义 5.2.4 给出.

定理 5.2.7 设 Γ 是一理论, 则

(i) 在 $Ł_2$ 中,

$$\Gamma \text{ 是相容的 iff } j_{R_B}(\Gamma)=1,$$
$$\Gamma \text{ 是不相容的 iff } j_{R_B}(\Gamma)=0.$$

(ii) 在 Ł 中,

$$\Gamma \text{ 是相容的 iff } j_{R_L}(\Gamma)=1,$$
$$\Gamma \text{ 是不相容的 iff } j_{R_B}(\Gamma)=0.$$

(iii) 在 G,Π 或 $\mathscr{L}^*$ 中,

$$\text{若 } \Gamma \text{ 是不相容的, 则} j_R(\Gamma)=0, \text{ 但反之不然.}$$

(iv) 在 G,Π 或 $\mathscr{L}^*$ 中,

$$\text{若} j_R(\Gamma)=1, \text{则 } \Gamma \text{ 是相容的, 但反之不然.}$$

证明 (i) 显然, (i) 中的两个论断是等价的, 所以只需证第二个. 假设 Γ 是不相容的, 则 $\overline{0}\in D(\Gamma)$. 由经典演绎定理式 (5.2.1) 知存在 Γ 中的有限个公式 $\varphi_1,\cdots,\varphi_m$ 使得 $\varphi_1\to(\varphi_2\to(\cdots\to(\varphi_m\to\overline{0})\cdots))$ 是定理. 令 $\Sigma=\{\varphi_1,\cdots,\varphi_m\}$, $\omega(m)=(\underbrace{1,\cdots,1}_{m})$, 则 $\tau(\Sigma(\omega(m))\to\overline{0})=1$, 所以 $j(\Gamma)=0$. 反过来, 设 $j(\Gamma)=0$, 则存在 Γ 的一个有限子理论 Σ(设 $\Sigma=\{\varphi_1,\cdots,\varphi_m\}$) 使得 $\tau(\Sigma(\omega(m))\to\overline{0})=1$, 其中 $\omega(m)=(\underbrace{1,\cdots,1}_{m})$. 于是 $\Sigma(\omega(m))\to\overline{0}=\varphi_1\to(\varphi_2\to(\cdots\to(\varphi_m\to\overline{0})\cdots))$ 是重言式, 再由演绎定理知 $\overline{0}\in D(\Gamma)$, 这说明 Γ 是不相容的.

(ii) 注意, 在 Ł 中, $\tau(\varphi)=1$ iff φ 是重言式, 因此 (ii) 的证明类似于 (i). 事实上, 先设 Γ 不相容, 则 $\overline{0}\in D(\Gamma)$. 由 Ł 的弱演绎定理式 (5.2.2), 存在 $\varphi_1,\cdots,\varphi_m\in\Gamma$ 和 $k_1,\cdots,k_m\in\mathbb{N}$ 使得 $\varphi_1^{k_1}\to(\varphi_2^{k_2}\to(\cdots\to(\varphi_m^{k_m}\to\overline{0})\cdots))$ 是重言式. 令 $\Sigma=\{\varphi_1,\cdots,\varphi_m\}$, 则 $\tau(\Sigma(\omega(m))\to\overline{0})=1$, 这里 $\omega(m)=(k_1,\cdots,k_m)$, 所以 $j(\Gamma)=1-1=0$. 反过来, 设 $j(\Gamma)=0$, 则存在 $\Sigma=\{\varphi_1,\cdots,\varphi_m\}\in 2^{(\Gamma)}$, $\omega(m)=(k_1,\cdots,k_m)\in\mathbb{N}^m$ 使得 $\tau(\Sigma(\omega(m))\to\overline{0})=1$. 于是 $\Sigma(\omega(m))\to\overline{0}=\varphi_1^{k_1}\to(\varphi_2^{k_1}\to(\cdots\to(\varphi_m^{k_m}\to\overline{0})\to\cdots))$ 是重言式. 再由 Ł 的标准完备性定理和弱演绎定理知 $\overline{0}\in D(\Gamma)$, 这就证明了 Γ 是不相容的.

(iii) 设 Γ 不相容, 则 $\overline{0}\in D(\Gamma)$, 于是存在 $\Sigma=\{\varphi_1,\cdots,\varphi_m\}\in 2^{(\Gamma)}$ 以及 $\omega(m)=(k_1,\cdots,k_m)\in\mathbb{N}^m$ 使得 $\Sigma(\omega(m))\to\overline{0}$ 是定理 (重言式), 所以 $j_R(\Gamma)\leqslant$

$1-[\tau_R(\Sigma(\omega(m))\to\overline{0})]=1-1=0$, 所以 $j_R(\Gamma)=0$. 但反之不然. 事实上, 在 G 和 $\mathscr{L}^*$ 中, 取 $\varphi_1,\psi_1\in F(S)$, $\Gamma_1=\{\psi_1\}$, 其中

$$\varphi_1=((p\to q)\to\neg p\vee q)\vee((q\to p)\to\neg q\vee p),\quad \psi_1=\neg\varphi_1,$$

则 φ_1 在 G 中诱导的真函数 $\overline{\varphi_1}$ 如下

$$\overline{\varphi_1}(x_1,x_2)=\begin{cases}1, & x_1\neq x_2\text{或}x_1=x_2=0,\\ x_2, & x_1=x_2\neq 0.\end{cases}$$

φ_1 在 $\mathscr{L}^*$ 中诱导的真函数 $\overline{\varphi_1}$ 如下

$$\overline{\varphi_1}(x_1,x_2)=\begin{cases}1, & x_1\neq x_2,\\ (1-x_1)\vee x_2, & x_1=x_2.\end{cases}$$

注意, 在 G 中, 有

$$\neg x=\begin{cases}1, & x=0,\\ 0, & x\neq 0,\end{cases}\quad x\in[0,1],$$

但在 $\mathscr{L}^*$ 中, $\neg x=1-x$, $x\in[0,1]$. 在 G 和 $\mathscr{L}^*$ 中, $\{(x_1,x_2)\mid\overline{\varphi_1}(x_1,x_2)\neq 1\}$ 的 Lebesgue 测度均为 0, 所以在这两个系统中均有 $\tau_R(\varphi_1)=1$, 但 φ_1 都不是重言式, 所以 ψ_1 不是矛盾式, 从而在这两个系统中 Γ_1 均是相容的. 但

$$\begin{aligned}j_R(\Gamma_1)&=1-\max\{[\tau_R(\Gamma_1(\omega(m))\to\overline{0})]\mid\omega(m)\in\mathbb{N}^m,m\in\mathbb{N}\}\\&=1-[\tau_R(\psi_1^2\to\overline{0})]\\&=1-1=0,\end{aligned}$$

其中 $R\in\{R_{\mathrm{G}},R_0\}$. 令

$$\Gamma_2=\{\psi_2\},\quad \varphi_2=\neg\psi_2,$$

其中

$$\psi_2=r\to\neg(r\to r),\quad r\in S,$$

则 ψ_2 不是 Π 中的矛盾式, 但 $\tau_{R_\Pi}(\psi_2)=0$. 不难验证 Γ_2 也是相容的, 但 $j_{R_\Pi}(\Gamma_2)=0$.

(iv) 显然, (iv) 与 (iii) 等价, 所以由 (iii) 知 (iv) 成立.

例 5.2.8 令 $\Gamma=S=\{p_1,p_2,\cdots\}$, $\Sigma=\{p_{i_1},\cdots,p_{i_m}\}\in 2^{(\Gamma)}$, 则:

(i) 在 Ł_2 中, $\tau(\Sigma(\omega(m))\to\overline{0})=\dfrac{2^m-1}{2^m}<1$, 其中 $\omega(m)=(\underbrace{1,\cdots,1}_{m})$, 所以 $j(\Gamma)=1$. 由定理 5.2.7 (i) 知 Γ 在 Ł_2 中是相容的. 这一结论是合理的、可接受的.

(ii) 在 Ł 中, 因为对任一 $\omega(m) = (k_1, \cdots, k_m) \in \mathbb{N}^m$, $p_{i_1}^{k_1} \& \cdots \& p_{i_m}^{k_m}$ 都不是矛盾式, 所以 $\tau(\Sigma(\omega(m)) \to \overline{0}) < 1$, 从而 $j(\Gamma) = 1$, 这说明 Γ 在 Ł 中也是相容的.

(iii) 在 $\mathscr{L}^*$ 中, 令 $\omega(m) = (\underbrace{2, \cdots, 2}_{m})$, 则

$$
\begin{aligned}
\tau(\Sigma(\omega(m)) \to \overline{0}) &= \tau(p_{i_1}^2 \& \cdots \& p_{i_m}^2 \to \overline{0}) \\
&= 1 - \tau(p_{i_1}^2 \& \cdots \& p_{i_m}^2) \\
&= 1 - \underbrace{\int_0^1 \cdots \int_0^1}_{m} (x_{i_1}^2 \otimes_0 \cdots \otimes_0 x_{i_m}^2) \mathrm{d}x_{i_1} \cdots \mathrm{d}x_{i_m} \\
&= 1 - \underbrace{\int_{\frac{1}{2}}^1 \cdots \int_{\frac{1}{2}}^1}_{m} (x_{i_1} \wedge \cdots \wedge x_{i_m}) \mathrm{d}x_{i_1} \cdots \mathrm{d}x_{i_m} \\
&\leqslant 1 - \underbrace{\int_{\frac{1}{2}}^1 \cdots \int_{\frac{1}{2}}^1}_{m} \frac{1}{2} \mathrm{d}x_{i_1} \cdots \mathrm{d}x_{i_m} \\
&= 1 - \frac{1}{2^{m+1}} \\
&< 1,
\end{aligned}
$$

所以 $j(\Gamma) = 1$, 从而由定理 5.2.7 (iv) 知在 $\mathscr{L}^*$ 中 Γ 也是相容的.

(iv) 在 G 中, 令 $\omega(m) = (\underbrace{1, \cdots, 1}_{m})$, 则

$$
\begin{aligned}
\tau(\Sigma(\omega(m)) \to \overline{0}) &= \tau(p_{i_1} \& \cdots \& p_{i_m} \to \overline{0}) \\
&= \underbrace{\int_0^1 \cdots \int_0^1}_{m} (x_{i_1} \wedge \cdots \wedge x_{i_m} \to 0) \mathrm{d}x_{i_1} \cdots \mathrm{d}x_{i_m} \\
&= \underbrace{\int_0^1 \cdots \int_0^1}_{m} 0 \mathrm{d}x_{i_1} \cdots \mathrm{d}x_{i_m} \\
&= 0.
\end{aligned}
$$

因此, 在 G 中同样有 $j(\Gamma) = 1$, 因而 Γ 也是相容的, 尽管 Gödel 非运算非常强, 参见 1.2.3 节.

(v) 由于 Π 中的非运算仍为 Gödel 非, 所以类似于 (iv), 仍有 $j(\Gamma) = 1$, 故 Γ 是相容的.

从定理 5.2.7 (iii) 的证明可以看出, 尽管 $\varphi_1(\psi_1)$ 和 $\varphi_2(\psi_2)$ 不是重言式 (矛盾式), 但它们却是文献 [127] 中定义的几乎重言式 (几乎矛盾式).

定义 5.2.9[127]　设 $\varphi=\varphi(p_1,\cdots,p_m)$ 是模糊逻辑系统中由原子公式 $p_1,\cdots,p_m$ 构成的公式, E 是 $[0,1]^m$ 的 Lebesgue 可测集且 $\mu(E)=1$, 这里 μ 是 $[0,1]^m$ 上的 Lebesgue 测度.

(i) 若 $\overline{\varphi}(x_1,\cdots,x_m)\equiv 1,(x_1,\cdots,x_m)\in E$, 则称 φ 为**几乎重言式**,

(ii) 若 $\overline{\varphi}(x_1,\cdots,x_m)\equiv 0,(x_1,\cdots,x_m)\in E$, 则称 φ 为**几乎矛盾式**.

注 5.2.10　(i) 类似于定义 5.2.9, 我们也可在二值命题逻辑 $Ł_2$ 中引入几乎重言式和几乎矛盾式的概念. 当然, 这时所用的测度 μ 需是 $\{0,1\}^m$ 上的均匀概率测度. 具体地讲, 称公式 $\varphi=\varphi(p_1,\cdots,p_m)$ 为 $Ł_2$ 中的几乎重言式 (几乎矛盾式) iff 存在 $\{0,1\}^m$ 的子集 E 使得 $\mu(E)=1$ 且在 E 上有 $\overline{\varphi}(x_1,\cdots,x_m)\equiv 1$ $(\overline{\varphi}(x_1,\cdots,x_m)\equiv 0)$. 注意, 在 $Ł_2$ 中, $\mu(E)=1$ iff $E=\{0,1\}^m$. 因此, 在 $Ł_2$ 中, φ 是几乎重言式 (几乎矛盾式) iff φ 是重言式 (矛盾式).

(ii) 在 Ł 中, 由于 Łukasiewicz 蕴涵算子是连续的, 所以 φ 是几乎重言式 (几乎矛盾式) iff φ 是重言式 (矛盾式).

受定义 5.2.9 的启发, 可自然地引入如下定义.

定义 5.2.11　设 Γ 是经典或模糊命题逻辑中的理论.

(i) 若存在 $\Sigma\in 2^{(\Gamma)}$, $|\Sigma|=m$ 及 $\omega(m)\in\mathbb{N}^m$ 使得 $\Sigma(\omega(m))\to\overline{0}$ 是几乎重言式, 则称 Γ 是**几乎不相容**的.

(ii) 若 Γ 不是几乎不相容的, 即对 Γ 的任何有限子集 Σ, $|\Sigma|=m$ 以及任意的 $\omega(m)\in\mathbb{N}^m$ 均有 $\tau_R(\Sigma(\omega(m))\to\overline{0})<1$, 则称 Γ 是**正规相容**的.

由定义 5.2.11、定理 5.2.7 及定义 5.2.5, 有如下定理.

定理 5.2.12　设 Γ 是一理论, $R\in\{R_{\mathrm{B}},R_{\mathrm{L}},R_{\mathrm{G}},R_{\Pi},R_0\}$.

(i) 若 Γ 是正规相容的, 则 Γ 是相容的, 反之不然. 但在 $Ł_2$ 和 Ł 中, 上述逆成立.

(ii) 若 Γ 是不相容的, 则 Γ 是几乎不相容的, 反之不然. 但在 $Ł_2$ 和 Ł 中, 上述逆成立.

(iii) Γ 是正规相容的 iff $j_R(\Gamma)=1$.

(iv) Γ 是几乎不相容的 iff $j_R(\Gamma)=0$.

证明　注意, 在 $Ł_2$ 和 Ł 中均有 $\tau_R(\varphi)=1$ iff φ 为重言式, 因此定理 5.2.12 的证明是平凡的.

下面给出理论几乎不相容的一个充要条件.

命题 5.2.13　设 Γ 是一理论, 则

(i) 在 $Ł_2$ 中, Γ 是几乎不相容的, 即不相容的, iff 存在 $\varphi_1,\cdots,\varphi_m\in\Gamma$ 使得 $\varphi_1\wedge\cdots\wedge\varphi_m$ 是几乎矛盾式, 即矛盾式.

(ii) 在 Ł中, Γ 是几乎不相容的, 即不相容的, iff 存在 $\varphi_1,\cdots,\varphi_m\in\Gamma$ 和 $k_1,\cdots,k_m\in\mathbb{N}$ 使得 $\varphi_1^{k_1}\&\cdots\&\varphi_m^{k_m}$ 是几乎矛盾式, 即矛盾式.

(iii) 在 G 中, Γ 是几乎不相容的 iff 存在 $\varphi_1,\cdots,\varphi_m\in\Gamma$ 使得 $\varphi_1\wedge\cdots\wedge\varphi_m$ 是几乎矛盾式.

(iv) 在 Π 中, Γ 是几乎不相容的 iff 存在 $\varphi_1,\cdots,\varphi_m\in\Gamma$ 和 $k_1,\cdots,k_m\in\mathbb{N}$ 使得 $\varphi_1^{k_1}\&\cdots\&\varphi_m^{k_m}$ 是几乎矛盾式.

(v) 在 $\mathscr{L}^*$ 中, Γ 是几乎不相容的 iff 存在 $\varphi_1,\cdots,\varphi_m\in\Gamma$ 使得 $\varphi_1^2\&\cdots\&\varphi_m^2$ 是几乎矛盾式.

证明 注 5.2.2(iii) 和定义 5.2.11 (i) 的直接推论.

接下来我们研究理论的极指标与发散度间的关系.

定理 5.2.14 设 Γ 是理论, $R\in\{R_{\mathrm{B}},R_{\mathrm{L}},R_{\mathrm{G}},R_{\Pi},R_0\}$.

(i) 若 $j_R(\Gamma)=0$, 则 $\mathrm{div}_R(\Gamma)=1$, 但反之不然.

(ii) 若 $\mathrm{div}_R(\Gamma)<1$, 则 $j_R(\Gamma)=1$, 但反之不然.

证明 显然, (i) 和 (ii) 是等价的, 只需证 (i). 假设 $j_R(\Gamma)=0$, 则由定理 5.2.12 知 Γ 是几乎不相容的, 所以存在 $\Sigma=\{\varphi_1,\cdots,\varphi_m\}\in 2^{(\Gamma)}$ 和 $k_1,\cdots,k_m\in\mathbb{N}$ 使得 $\varphi_1^{k_1}\&\cdots\&\varphi_m^{k_m}\to\overline{0}$ 是几乎重言式, 进而 $\varphi_1^{k_1}\&\cdots\&\varphi_m^{k_m}$ 是几乎矛盾式. 不难验证 $\varphi_1^{k_1}\&\cdots\&\varphi_m^{k_m}\in D(\Gamma)$. 令 $\varphi=\varphi_1^{k_1}\&\cdots\&\varphi_m^{k_m}$, 则

$$\begin{aligned}\mathrm{div}_R(\Gamma)&=\sup\{\rho_R(\psi,\chi)\mid\psi,\chi\in D(\Gamma)\}\geqslant\rho_R(\varphi,T)\\&=1-\tau_R(\varphi)\\&=1-0\\&=1,\end{aligned}$$

这里 T 为任一定理. 下面举反例说明 (i) 的逆不成立.

(i) 在 Ł_2 中, 令 $\Gamma=\{p_1\wedge\cdots\wedge p_m\mid p_1,\cdots,p_m\in S,m\in\mathbb{N}\}$, 则 Γ 是相容的, 因此由定理 5.2.12 (i) 和 (iii) 知 $j(\Gamma)=1$. 然而,

$$\begin{aligned}\mathrm{div}(\Gamma)&=\sup\{\rho(\varphi,\psi)\mid\varphi,\psi\in D(\Gamma)\}\\&\geqslant\sup\{\rho(\varphi,T)\mid\varphi\in D(\Gamma)\}\\&=1-\inf\{\tau(\varphi)\mid\varphi\in D(\Gamma)\}\\&\geqslant1-\inf\{\tau(p_1\wedge\cdots\wedge p_m)\mid m\in\mathbb{N}\}\\&=1-\inf\left\{\frac{1}{2^m}\mid m\in\mathbb{N}\right\}\\&=1-0=1.\end{aligned}$$

(ii) 在 Ł 中, 令 $\Gamma=\{p\}$, 其中 p 是任一原子公式. 显然 Γ 是相容的, 所以由定理 5.2.12 (i) 和 (iii) 知 $j(\Gamma)=1$. 现计算 $\tau(p^m)$:

$$\tau(p^m)=\int_0^1 x^m\mathrm{d}x$$

$$
\begin{aligned}
&= \int_0^1 (mx-(m-1)) \vee 0\mathrm{d}x \\
&= \int_0^{\frac{m-1}{m}} 0\mathrm{d}x + \int_{\frac{m-1}{m}}^1 (mx-(m-1))\mathrm{d}x \\
&= m \cdot \frac{1}{2} \cdot \left(1 - \frac{(m-1)^2}{m^2}\right) - (m-1) \cdot \left(1 - \frac{m-1}{m}\right) \\
&= \frac{1}{2m},
\end{aligned}
$$

所以 $\mathrm{div}(\Gamma) \geqslant 1 - \inf\{\tau(p^m) \mid m \in \mathbb{N}\} = 1$, 所以 $\mathrm{div}(\Gamma) = 1$.

(iii) 在 G 中, 令 $\Gamma = \{p_1 \wedge \cdots \wedge p_m \mid m \in \mathbb{N}\}$, 则

$$
\begin{aligned}
\mathrm{div}(\Gamma) &\geqslant 1 - \inf\{\tau(p_1 \wedge \cdots \wedge p_m) \mid m \in \mathbb{N}\} \\
&= 1 - \inf\{\frac{1}{m+1} \mid m \in \mathbb{N}\} \\
&= 1,
\end{aligned}
$$

显然 Γ 不是几乎不相容的.

(iv) 在 Π 中, 令 $\Gamma = \{p\}$. 因为 $\tau(p^m) = \int_0^1 x^m \mathrm{d}x = \int_0^1 x^m \mathrm{d}x = \frac{1}{m+1}$, 所以 $\mathrm{div}(\Gamma) \geqslant 1 - \inf\{\tau(p^m) \mid m \in \mathbb{N}\} = 1$, 这说明定理 5.2.14 (i) 的逆在 Π 中也不成立.

(v) 在 $\mathscr{L}^*$ 中, 取 $\Gamma = \{p_1 \wedge \cdots \wedge p_m \mid m \in \mathbb{N}\}$, 则仍有 $\mathrm{div}(\Gamma) = 1$ 且 $j(\Gamma) = 1$.

5.2.2 逻辑理论的 η-相容度及比较

基于演绎定理和公式的真度引入的逻辑理论的极指标可与发散度指标用来引入相容度的一个新定义.

定义 5.2.15 设 Γ 是理论, $R \in \{R_{\mathrm{B}}, R_{\mathrm{L}}, R_{\mathrm{G}}, R_{\Pi}, R_0\}$, 定义

$$
\eta_R(\Gamma) = 1 - \frac{1}{2}\mathrm{div}_R(\Gamma)(2 - j_R(\Gamma)). \tag{5.2.10}
$$

称 $\eta_R(\Gamma)$ 为 Γ 的 **η-相容度**. 具体地, 称 $\eta_{R_L}(\Gamma)$ 为 Ł中理论 Γ 的 η-相容度, 在 $Ł_2$, G, Π 和 $\mathscr{L}^*$ 可类似地称呼 $\eta_R(\Gamma)$.

定理 5.2.16 设 Γ 是理论, $R \in \{R_{\mathrm{B}}, R_{\mathrm{L}}, R_{\mathrm{G}}, R_{\Pi}, R_0\}$.

(i) Γ 是正规相容的 iff $\frac{1}{2} \leqslant \eta_R(\Gamma) \leqslant 1$.

(ii) Γ 是几乎不相容的 iff $\eta_R(\Gamma) = 0$.

(iii) Γ 是准完全相容的 iff $\eta_R(\Gamma) = 1$.

(iv) Γ 是正规相容和全发散的 iff $\eta_R(\Gamma) = \frac{1}{2}$.

证明 (i) 设 Γ 是正规相容的, 则由定理 5.2.12 (iii) 知 $j_R(\Gamma) = 1$, 所以 $\eta_R(\Gamma) =$

$1-\frac{1}{2}\mathrm{div}_R(\Gamma)\in\left[\frac{1}{2},1\right]$. 反过来, 设 Γ 不是正规相容的, 则由定义 5.2.11 知 Γ 是几乎不相容的. 再由定理 5.2.12 (iv) 知 $j_R(\Gamma)=0$, 从而由定理 5.2.14 知 $\mathrm{div}_R(\Gamma)=1$, 所以 $\eta_R(\Gamma)=1-\frac{1}{2}\times1\times2=0$, 矛盾!

(ii) 设 Γ 是几乎不相容的, 则 $j_R(\Gamma)=0$, $\mathrm{div}_R(\Gamma)=1$. 从而 $\eta_R(\Gamma)=1-\mathrm{div}_R(\Gamma)=0$, 所以必要性成立. 反过来, 设 $\eta_R(\Gamma)=0$, 则由式 (5.2.10) 知 $\frac{1}{2}\mathrm{div}_R(\Gamma)(2-j_R(\Gamma))=1$, 从而 $\mathrm{div}_R(\Gamma)(2-j_R(\Gamma))=2$, 所以由定理 5.2.14 (ii), 必有 $\mathrm{div}_R(\Gamma)=1$ 且 $j_R(\Gamma)=0$, 所以 Γ 是几乎不相容的.

(iii) Γ 是准完全相容的 iff $\mathrm{div}_R(\Gamma)=0$ iff $\eta_R(\Gamma)=1$.

(iv) Γ 是正规相容和全发散的 iff $j_R(\Gamma)=\mathrm{div}_R(\Gamma)=1$ iff $\eta_R(\Gamma)=\frac{1}{2}$.

由定理 5.2.16、定理 5.2.7 和定理 5.2.12 得下面的推论.

推论 5.2.17 设 Γ 是 $Ł_2$ 或 Ł 中的理论, 即 $R=R_{\mathrm{B}}$ 或 $R=R_{\mathrm{L}}$, 则:

(i) Γ 是相容的 iff $\frac{1}{2}\leqslant\eta_R(\Gamma)\leqslant1$.

(ii) Γ 是不相容的 iff $\eta_R(\Gamma)=0$.

(iii) Γ 是完全相容的 iff $\eta_R(\Gamma)=1$.

(iv) Γ 是相容和全发散的 iff $\eta_R(\Gamma)=\frac{1}{2}$.

最后我们比较 $\eta_R(\Gamma)$ 与 $\xi_R^*(\Gamma)$ 间的关系.

定理 5.2.18 设 Γ 是一理论, $R\in\{R_{\mathrm{B}},R_{\mathrm{L}},R_{\mathrm{G}},R_{\Pi},R_0\}$, 则

$$\eta_R(\Gamma)\leqslant\xi_R^*(\Gamma).$$

特别地, 在 $Ł_2$ 和 Ł 中,

$$\eta_R(\Gamma)=\xi_R^*(\Gamma).$$

证明 比较式 (5.1.15) 与式 (5.2.10) 知, $\eta_R(\Gamma)$ 与 $\xi_R^*(\Gamma)$ 的不同之处在于极指标 $j_R(\Gamma)$ 与 $i_R(\Gamma)$ 不同. 设 $j_R(\Gamma)=1$, 则 Γ 是正规相容的, 从而是相容的, 所以由命题 5.1.4 知 $i_R(\Gamma)=0$. 注意, $i_R(\Gamma),j_R(\Gamma)\in\{0,1\}$, 所以有 $i_R(\Gamma)\leqslant1-j_R(\Gamma)$, 所以有 $\eta_R(\Gamma)\leqslant\xi_R^*(\Gamma)$. 在 $Ł_2$ 和 Ł 中, $j_R(\Gamma)=1$ iff Γ 是正规相容的 iff Γ 是相容的 iff $i_R(\Gamma)=0$, 所以有 $i_R(\Gamma)=1-j_R(\Gamma)$, 所以 $\eta_R(\Gamma)=\xi_R^*(\Gamma)$.

5.3 逻辑理论的语义蕴涵度与程度化推理

5.3.1 理论的语义蕴涵度

在 5.2 节我们基于演绎定理利用公式的真度引入了一种新极指标, 因而该极指

标具有较强的逻辑背景, 并利用该极指标又给出了相容度的一个新定义, 但该相容度仍主要依赖于发散度指标. 本节我们分析使用发散度指标的合理性.

首先以 Ł中的理论为例对不相容性作进一步的分析. 设 Γ 是 Ł 中的理论且假设 Γ 是不相容的, 则矛盾式 $\overline{0}$ 是 Γ 的推论, 即 $\Gamma\vdash\overline{0}$. 由 Ł 的弱演绎定理式 (5.2.2) 及注 5.2.2 (iii) 知存在有限多个公式 $\varphi_1,\cdots,\varphi_m\in\Gamma$ 和自然数 $k_1,\cdots,k_m\in\mathbb{N}$ 使得 $\vdash\varphi_1^{k_1}\&\cdots\&\varphi_m^{k_m}\to\overline{0}$ 成立, 即公式 $\varphi^{k_1}\&\cdots\&\varphi_m^{k_m}\to\overline{0}$ 是定理. 由 Ł 的标准完备性定理知 $\varphi_1^{k_1}\&\cdots\&\varphi_m^{k_m}\to\overline{0}$ 为重言式, 所以其积分真度 $\tau(\varphi_1^{k_1}\&\cdots\&\varphi_m^{k_m}\to\overline{0})=1$. 反过来, 如果存在有限多个公式 $\varphi_1,\cdots,\varphi_m\in\Gamma$ 和自然数 $k_1,\cdots,k_m\in\mathbb{N}$ 使得公式 $\varphi_1^{k_1}\&\cdots\&\varphi_m^{k_m}\to\overline{0}$ 的积分真度 $\tau(\varphi_1^{k_1}\&\cdots\&\varphi_m^{k_m}\to\overline{0})=1$, 则由 McNaughton 函数的连续性知 $\varphi_1^{k_1}\&\cdots\&\varphi_m^{k_m}\to\overline{0}$ 是重言式. 再由 Ł 的标准完备性定理, $\varphi_1^{k_1}\&\cdots\&\varphi_m^{k_m}\to\overline{0}$ 为定理, 即 $\vdash\varphi_1^{k_1}\&\cdots\&\varphi_m^{k_m}\to\overline{0}$ 成立, 利用弱演绎定理知 $\Gamma\vdash\overline{0}$. 因此, 在 Ł 中,

$$\Gamma\vdash\overline{0}\text{ iff 存在}\varphi_1,\cdots\varphi_m,\in\Gamma,k_1,\cdots,k_m\in\mathbb{N}\text{ 使得 }\tau(\varphi_1^{k_1}\&\cdots\&\varphi_m^{k_m}\to\overline{0})=1.$$

由上述分析知, 为判定理论是否不相容, 只需计算形如 $\varphi_1^{k_1}\&\cdots\&\varphi_m^{k_m}\to\overline{0}$ 的公式的积分真度 $\tau(\varphi_1^{k_1}\&\cdots\&\varphi_m^{k_m}\to\overline{0})$ 是否为 1 即可, 这里 $\varphi_1,\cdots,\varphi_m\in\Gamma$, $k_1,\cdots,k_m\in\mathbb{N}$. 若存在这样的公式, 其积分真度为 1, 则可断定该理论是不相容的. 再者, 上述形式的公式的积分真度即使不为 1, 但真度值越大, 说明该公式越接近重言式和定理, 从而 Γ 越接近不相容. 注意, 对一给定的理论 Γ, 有无限多个形如 $\varphi_1^{k_1}\&\cdots\&\varphi_m^{k_m}\to\overline{0}$ 的公式, 即使 Γ 是有限理论. 因此, 用所有上述形式公式的积分真度的上确界来衡量理论 Γ 的不相容程度是自然且合理的. 上述分析在 $Ł_2$ 中也成立. 至于在模糊系统 G, Π 和 $\mathscr{L}^*$ 中, 由于所涉及的蕴涵算子不是连续的, 积分真度为 1 的公式未必是重言式, 所以后面得到的结论在这几个逻辑系统中不像在 $Ł_2$ 和 Ł 中那样完善, 但这一思想是自然的、合理的、重要的.

定义 5.3.1　设 Γ 是理论, $2^{(\Gamma)}$ 是 Γ 的全体有限子集之集, $\Sigma=\{\varphi_1,\cdots,\varphi_m\}\in 2^{(\Gamma)}$, $|\Sigma|=m$, $\omega(m)=(k_1,\cdots,k_m)\in\mathbb{N}^m$, 假设 $\omega(0)=\varnothing$, $\overline{0}$ 是矛盾式. 令

$$\Sigma(\omega(m))\to\overline{0}=\begin{cases}\varphi_1^{k_1}\&\cdots\&\varphi_m^{k_m}\to\overline{0}, & m>0,\\ \overline{0}, & m=0,\end{cases}\tag{5.3.1}$$

定义

$$\mathrm{Entail}_R(\Gamma)=\sup\{\tau_R(\Sigma(\omega(m))\to\overline{0})\mid\Sigma\in 2^{(\Gamma)},|\Sigma|=m,\omega(m)\in\mathbb{N}^m,m\in\mathbb{N}\},\tag{5.3.2}$$

其中 $R\in\{R_{\mathrm{B}},R_{\mathrm{L}},R_{\mathrm{G}},R_{\Pi},R_0\}$, 称 $\mathrm{Entail}_R(\Gamma)$ 为 Γ **推出矛盾式 $\overline{0}$ 的语义蕴涵度**, 简称为 Γ 的**语义蕴涵度**.

注 5.3.2　(i) 由于对任意公式 $\varphi,\psi,\chi\in F(S)$, $\varphi\to(\psi\to\chi)$ 与 $\varphi\&\psi\to\chi$ 可证等价, 所以式 (5.3.1) 与式 (5.2.8) 可证等价.

(ii) 注 5.2.6 在这里仍成立.

(iii) 设 $\Gamma=\{\varphi_1,\cdots,\varphi_m\}$ 是有限理论, 则由式 (5.3.2) 知

$$\text{Entail}_R(\Gamma)=\sup\{\tau_R(\Gamma(\omega(m))\to\overline{0})\mid\omega(m)\in\mathbb{N}^m\}.$$

特别地, 在 Ł_2 中, $\text{Entail}_{R_\text{B}}(\Gamma)=\tau_{R_\text{B}}(\Gamma\to\overline{0})=1-\delta_{R_\text{B}}(\Gamma)$; 在 $\mathscr{L}^*$ 中, $\text{Entail}_{R_0}(\Gamma)=\tau_{R_0}(\Gamma^2\to\overline{0})=1-\delta_{R_0}(\Gamma)$, 这里 $\delta_{R_\text{B}}(\Gamma)$ 和 $\delta_{R_0}(\Gamma)$ 分别由式 (5.2.6) 和式 (5.2.7) 定义.

定理 5.3.3　设 Γ 是一理论, 则:

(i) 在 Ł_2 中,

$$\text{Entail}(\Gamma)=1-\inf\{\tau(\varphi_1\wedge\cdots\wedge\varphi_m)\mid\varphi_1,\cdots,\varphi_m\in\Gamma,m\in\mathbb{N}\}.$$

(ii) 在 Ł 中,

$$\begin{aligned}\text{Entail}(\Gamma)&=1-\inf\{\tau(\varphi_1^{k_1}\&\cdots\&\varphi_m^{k_m})\mid\varphi_1,\cdots,\varphi_m\in\Gamma,k_1,\cdots,k_m\in\mathbb{N},m\in\mathbb{N}\}\\&=1-\inf\left\{\int_\Delta(\overline{\varphi_1^{k_1}}\otimes\cdots\otimes\overline{\varphi_m^{k_m}})\mathrm{d}\omega\mid\varphi_1,\cdots,\varphi_m\in\Gamma,\right.\\&\qquad\left.k_1,\cdots,k_m\in\mathbb{N},m\in\mathbb{N}\right\}.\end{aligned}$$

(iii) 在 $\mathscr{L}^*$ 中,

$$\begin{aligned}\text{Entail}(\Gamma)&=1-\inf\{\tau(\varphi_1^2\&\cdots\&\varphi_m^2)\mid\varphi_1,\cdots,\varphi_m\in\Gamma,m\in\mathbb{N}\}\\&=1-\inf\left\{\int_\Delta(\overline{\varphi_1^2}\otimes_0\cdots\otimes_0\overline{\varphi_m^2})\mathrm{d}\omega\mid\varphi_1,\cdots,\varphi_m\in\Gamma,m\in\mathbb{N}\right\}.\end{aligned}$$

证明　任取 $\Sigma=\{\varphi_1,\cdots,\varphi_m\}\in 2^{(\Gamma)}$, $\omega(m)=(k_1,\cdots,k_m)\in\mathbb{N}^m$, 则:

(i) 在 Ł_2 中,

$$\begin{aligned}\tau(\Sigma(\omega(m))\to\overline{0})&=\tau(\varphi_1^{k_1}\&\cdots\&\varphi_m^{k_m}\to\overline{0})\\&=\tau(\varphi_1\wedge\cdots\wedge\varphi_m\to\overline{0})\\&=\tau(\neg(\varphi_1\wedge\cdots\wedge\varphi_m))\\&=1-\tau(\varphi_1\wedge\cdots\wedge\varphi_m),\end{aligned}$$

所以,

$$\begin{aligned}\text{Entail}(\Gamma)&=\sup\{\tau(\Sigma(\omega(m))\to\overline{0})\mid\Sigma\in 2^{(\Gamma)},|\Sigma|=m,\omega(m)=(\underbrace{1,\cdots,1}_{m}),m\in\mathbb{N}\}\\&=\sup\{\tau((\varphi_1\wedge\cdots\wedge\varphi_m)\to\overline{0})\mid\varphi_1,\cdots,\varphi_m\in\Gamma,m\in\mathbb{N}\}\\&=\sup\{1-\tau(\varphi_1\wedge\cdots\wedge\varphi_m)\mid\varphi_1,\cdots,\varphi_m\in\Gamma,m\in\mathbb{N}\}\\&=1-\inf\{\tau(\varphi_1\wedge\cdots\wedge\varphi_m)\mid\varphi_1,\cdots,\varphi_m\in\Gamma,m\in\mathbb{N}\}.\end{aligned}$$

(ii) 在 Ł 中,

$$\begin{aligned}\tau(\Sigma(\omega(m))\to\overline{0}) &= \tau(\varphi_1^{k_1}\&\cdots\&\varphi_m^{k_m}\to\overline{0})\\ &= \int_\Delta(\overline{\varphi_1^{k_1}}\otimes\cdots\otimes\overline{\varphi_m^{k_m}}\to 0)\mathrm{d}\omega\\ &= \int_\Delta(1-\overline{\varphi_1^{k_1}}\otimes\cdots\otimes\overline{\varphi_m^{k_m}})\mathrm{d}\omega\\ &= 1-\int_\Delta(\overline{\varphi_1^{k_1}}\otimes\cdots\otimes\overline{\varphi_m^{k_m}})\mathrm{d}\omega\\ &= 1-\tau(\varphi_1^{k_1}\&\cdots\&\varphi_m^{k_m}),\end{aligned}$$

所以,

$$\begin{aligned}\mathrm{Entail}(\Gamma) &= \sup\{\tau(\Sigma(\omega(m))\to\overline{0})\mid\Sigma\in 2^{(\Gamma)},|\Sigma|=m,\omega(m)\in\mathbb{N}^m,m\in\mathbb{N}\}\\ &= \sup\{1-\tau(\varphi_1^{k_1}\&\cdots\&\varphi_m^{k_m})\mid\varphi_1,\cdots,\varphi_m\in\Gamma,\\ &\qquad k_1,\cdots,k_m\in\mathbb{N},m\in\mathbb{N}\}\\ &= 1-\inf\{\tau(\varphi_1^{k_1}\&\cdots\&\varphi_m^{k_m})\mid\varphi_1,\cdots,\varphi_m\in\Gamma,\\ &\qquad k_1,\cdots,k_m\in\mathbb{N},m\in\mathbb{N}\}\\ &= 1-\inf\left\{\int_\Delta(\overline{\varphi_1^{k_1}}\otimes\cdots\otimes\overline{\varphi_m^{k_m}})\mathrm{d}\omega\mid\varphi_1,\cdots,\varphi_m\in\Gamma,\right.\\ &\qquad\left. k_1,\cdots,k_m\in\mathbb{N},m\in\mathbb{N}\right\}.\end{aligned}$$

(iii) 在 $\mathscr{L}^*$ 中,

$$\begin{aligned}\mathrm{Entail}(\Gamma) &= \sup\{\tau(\Sigma(\omega(m))\to\overline{0})\mid\Sigma\in 2^{(\Gamma)},|\Sigma|=m,\\ &\qquad \omega(m)=(\underbrace{2,\cdots,2}_{m}),m\in\mathbb{N}\}\\ &= \sup\{\tau(\varphi_1^2\&\cdots\&\varphi_m^2\to\overline{0})\mid\varphi_1,\cdots,\varphi_m\in\Gamma,m\in\mathbb{N}\}\\ &= 1-\inf\{\tau(\varphi_1^2\&\cdots\&\varphi_m^2)\mid\varphi_1,\cdots,\varphi_m\in\Gamma,m\in\mathbb{N}\}\\ &= 1-\inf\left\{\int_\Delta(\overline{\varphi_1^2}\otimes_0\cdots\otimes_0\overline{\varphi_m^2})\mathrm{d}\omega\mid\varphi_1,\cdots,\varphi_m\in\Gamma,m\in\mathbb{N}\right\}.\end{aligned}$$

注 5.3.4　定理 5.3.3 成立的原因在于: 在 Ł_2, Ł 和 $\mathscr{L}^*$ 中, 均有 $\neg x=R(x,0)=1-x$. 因而, 定理 5.3.3 在 G 和 Π 中都不成立. 例如, 在 G 中取 $\Gamma=\{p\}$, 则

$$\mathrm{Entail}(\Gamma)=\sup\{\tau(p^m\to\overline{0})\mid m\in\mathbb{N}\}=\tau(p\to\overline{0})=\int_0^1(\neg x)\mathrm{d}x=0,$$

而

$$1-\inf\{\tau(p^m)\mid m\in\mathbb{N}\}=1-\tau(p)=1-\int_0^1 x\mathrm{d}x=\frac{1}{2}.$$

例 5.3.5 在 Ł 中计算 Entail(Γ), 其中

(i) $\Gamma = \varnothing$,

(ii) $\Gamma = \{p\}$,

(iii) $\Gamma = \{p \wedge \neg p\}$,

(iv) $\Gamma = \{p \to \neg p\}$.

解 (i) 设 $\Gamma = \varnothing$, 则对任一 $\Sigma \in 2^{(\Gamma)}$, $\Sigma = \varnothing$, $\Sigma(\omega(m)) \to \overline{0} = \overline{0}$, 所以 $\tau(\Sigma(\omega(m)) \to \overline{0}) = 0$, 从而 $\mathrm{Entail}(\Gamma) = 0$.

(ii) 设 $\Gamma = \{p\}$, 则对任一 $m \in \mathbb{N}$,

$$\begin{aligned}\tau(p^m \to \overline{0}) &= 1 - \tau(p^m)\\ &= 1 - \int_0^1 x^m \mathrm{d}x\\ &= 1 - \int_0^1 (mx - (m-1)) \vee 0 \mathrm{d}x\\ &= 1 - \int_{\frac{m-1}{m}}^1 (mx - (m-1))\mathrm{d}x\\ &= 1 - \frac{1}{2m}.\end{aligned}$$

所以

$$\mathrm{Entail}(\Gamma) = \sup\{\tau(p^m \to \overline{0}) \mid m \in \mathbb{N}\} = \sup\left\{1 - \frac{1}{2m}\middle| m \in \mathbb{N}\right\} = 1.$$

(iii) 设 $\Gamma = \{p \wedge \neg p\}$, 则 $\tau((p \wedge \neg p)^m \to \overline{0}) \geqslant \tau(p^m \to \overline{0}) = 1 - \dfrac{1}{2m}$, 所以 $\mathrm{Entail}(\Gamma) \geqslant \mathrm{Entail}(\{p\}) = 1$.

(iv) 设 $\Gamma = \{p \to \neg p\}$, 则对任一 $m \in \mathbb{N}$, $m \geqslant 2$,

$$\begin{aligned}\tau((p \to \neg p)^m \to \overline{0}) &= 1 - \int_0^1 (2(1-x) \wedge 1)^m \mathrm{d}x\\ &= 1 - \int_0^{\frac{1}{2}} \mathrm{d}x - \int_{\frac{1}{2}}^1 (2m(1-x) - (m-1)) \vee 0 \mathrm{d}x\\ &= \frac{1}{2} - \int_{\frac{1}{2}}^{\frac{m+1}{2m}} (2m(1-x) - (m-1))\mathrm{d}x\\ &= \frac{2m-1}{4m}.\end{aligned}$$

所以

$$\mathrm{Entail}(\Gamma) = \sup\left\{\frac{2m-1}{4m}\middle| m \in \mathbb{N}\right\} = \frac{1}{2}.$$

例 5.3.6 在 $\mathscr{L}^*$ 中计算 Entail(Γ), 其中

(i) $\Gamma = \varnothing$,

(ii) $\Gamma = \{p\}$,

(iii) $\Gamma = \{p \wedge \neg p\}$,

(iv) $\Gamma = \{p \to \neg p\}$.

解 (i) 设 $\Gamma = \varnothing$, 则对任一 $\Sigma \in 2^{(\Gamma)}$, $\Sigma = \varnothing$, 从而 $\Sigma(\omega(m)) \to \overline{0} = \overline{0}$, 因此, $\tau(\Sigma(\omega(m)) \to \overline{0}) = 0, \mathrm{Entail}(\Gamma) = 0$.

(ii) $\tau(p^2 \to \overline{0}) = 1 - \tau(p^2) = 1 - \int_0^1 x^2 \mathrm{d}x = 1 - \int_{\frac{1}{2}}^1 x \mathrm{d}x = \frac{5}{8}$, 从而 $\mathrm{Entail}(\Gamma) = \frac{5}{8}$.

(iii) $\tau((p \wedge \neg p)^2 \to \overline{0}) = 1 - \int_0^1 (x \wedge (1-x))^2 \mathrm{d}x = 1$, 从而 $\mathrm{Entail}(\Gamma) = 1$.

(iv) $\tau((p \to \neg p)^2 \to \overline{0}) = 1 - \int_0^1 (x \to 1-x)^2 \mathrm{d}x = 1 - \int_0^{\frac{1}{2}} \mathrm{d}x - \int_{\frac{1}{2}}^1 (1-x)^2 \mathrm{d}x = 1 - \frac{1}{2} - 0 = \frac{1}{2}$, 所以 $\mathrm{Entail}(\Gamma) = \frac{1}{2}$.

注 5.3.7 比较例 5.3.5 与文献 [45] 中的例 4 知, 对于例 5.3.5 中的理论 Γ, 均有 $\mathrm{div}(\Gamma) = \mathrm{Entail}(\Gamma)$. 一个有趣的问题是: 在一般情况下 $\mathrm{Entail}_R(\Gamma)$ 与 $\mathrm{div}_R(\Gamma)$ 的关系如何呢? 出乎意料的结论如下所示.

定理 5.3.8 在 $\text{Ł}_2, \text{Ł}$ 和 $\mathscr{L}^*$ 中均有

$$\mathrm{Entail}_R(\Gamma) = \mathrm{div}_R(\Gamma), \tag{5.3.3}$$

其中 $\Gamma \subseteq F(S)$, $R \in \{R_{\mathrm{B}}, R_{\mathrm{L}}, R_0\}$.

证明 由定理 5.3.3,

$$\begin{aligned}
\mathrm{Entail}(\Gamma) &= 1 - \inf\{\tau_R(\varphi_1^{k_1} \& \cdots \& \varphi_m^{k_m}) \mid \varphi_1, \cdots, \varphi_m \in \Gamma, k_1, \cdots, k_m \in \mathbb{N}, m \in \mathbb{N}\}, \\
\mathrm{div}_R(\Gamma) &= \sup\{\rho_R(\varphi, \psi) \mid \varphi, \psi \in D(\Gamma)\} \\
&= \sup\{1 - \xi_R(\varphi, \psi) \mid \varphi, \psi \in D(\Gamma)\} \\
&= 1 - \inf\{\xi_R(\varphi, \psi) \mid \varphi, \psi \in D(\Gamma)\}.
\end{aligned}$$

因为在 $\text{Ł}_2, \text{Ł}, \mathscr{L}^*$ 中均有 $R(x, y) \geqslant y$, 所以不难验证 $\xi_R(\varphi, \psi) \geqslant \tau_R(\varphi \wedge \psi)$. 又当 $\varphi, \psi \in D(\Gamma)$ 时必有 $\varphi \wedge \psi \in D(\Gamma)$, 这是因为 $\varphi \to (\psi \to \varphi \wedge \psi)$ 为定理, 由 MP 规则知 $\varphi \wedge \psi \in D(\Gamma)$. 由命题 5.2.1 中的演绎定理知, 存在公式 $\varphi_1, \cdots, \varphi_m \in \Gamma$ 和自然数 $k_1, \cdots, k_m \in \mathbb{N}$ 使得 $\vdash \varphi_1^{k_1} \& \cdots \& \varphi_m^{k_m} \to \varphi \wedge \psi$ 成立, 从而 $\tau_R(\varphi_1^{k_1} \& \cdots \& \varphi_m^{k_m}) \leqslant \tau_R(\varphi \wedge \psi)$. 又

$$\begin{aligned}
\tau_R(\varphi_1^{k_1} \& \cdots \& \varphi_m^{k_m}) &= \tau_R((T \to \varphi_1^{k_1} \& \cdots \& \varphi_m^{k_m}) \wedge (\varphi_1^{k_1} \& \cdots \& \varphi_m^{k_m} \to T)) \\
&= \xi_R(T, \varphi_1^{k_1} \& \cdots \& \varphi_m^{k_m}),
\end{aligned}$$

这里 T 为定理. 显然, $T \in D(\Gamma)$, $\varphi_1^{k_1} \& \cdots \& \varphi_m^{k_m} \in D(\Gamma)$. 所以

$$\begin{aligned}
\mathrm{div}_R(\Gamma) &= 1 - \inf\{\xi_R(\varphi, \psi) \mid \varphi, \psi \in D(\Gamma)\} \\
&= 1 - \inf\{\tau_R(\varphi \wedge \psi) \mid \varphi, \psi \in D(\Gamma)\} \\
&= 1 - \inf\{\tau_R(\varphi_1^{k_1} \& \cdots \& \varphi_m^{k_m}) \mid \varphi_1, \cdots, \varphi_m \in \Gamma, k_1, \cdots, k_m \in \mathbb{N}, m \in \mathbb{N}\},
\end{aligned}$$

即证得 $\mathrm{div}_R(\Gamma) = \mathrm{Entail}_R(\Gamma), R \in \{R_{\mathrm{B}}, R_{\mathrm{L}}, R_0\}$.

注意, 定理 5.3.8 在 G 和 Π 中都不成立. 比如, $\mathrm{Entail}_{R_{\mathrm{G}}}(\{p\}) = 0$, $\mathrm{div}_{R_{\mathrm{G}}}(\{p\}) = \frac{1}{2}$, $\mathrm{Entail}_{R_\Pi}(\{p\}) = 0$, $\mathrm{div}_{R_\Pi}(\{p\}) = 1$. 但下面的定理成立.

定理 5.3.9 设 $\Gamma \subseteq F(S)$, $R \in \{R_{\mathrm{B}}, R_{\mathrm{L}}, R_{\mathrm{G}}, R_\Pi, R_0\}$. 若 Γ 是不相容的, 则 $\mathrm{Entail}_R(\Gamma) = \mathrm{div}_R(\Gamma) = 1$, 但反之不然.

证明 显然. 关于 $Ł_2$, Ł 和 $\mathscr{L}^*$ 中的反例, 请参看例 5.3.5 和例 5.3.6. 在 G 和 Π 中, 取 $\Gamma = \{\neg p\}$, 不难验证 $\mathrm{Entail}_{R_{\mathrm{G}}}(\{\neg p\}) = \mathrm{Entail}_{R_\Pi}(\{\neg p\}) = 1$, 但 Γ 在这两个系统中均是相容理论.

5.3.2 理论的相容度

由 5.3.1 节开头的分析知 $\mathrm{Entail}_R(\Gamma)$ 是衡量理论 Γ 不相容程度的一个理想指标 (由定理 5.3.8 知在 $Ł_2$, Ł 和 $\mathscr{L}^*$ 中, 发散度 $\mathrm{div}_R(\Gamma)$ 也是衡量不相容程度的理想指标). 这也许暗示着我们可以直接用 $1 - \mathrm{Entail}_R(\Gamma)$ 去定义 Γ 的相容度 (记为 $\mathrm{Consist}_R(\Gamma)$), 但这一想法有一个明显的缺点, 即它不能区分满足 $\mathrm{Entail}_R(\Gamma) = 1$ 的理论与不相容的理论, 参见定理 5.3.9. 因此, 我们需设法修正这个看似合理的定义 $\mathrm{Consist}_R(\Gamma) = 1 - \mathrm{Entail}_R(\Gamma)$.

定义 5.3.10 设 Γ 是理论, $R \in \{R_{\mathrm{B}}, R_{\mathrm{L}}, R_{\mathrm{G}}, R_\Pi, R_0\}$, 定义

$$\mathrm{Consist}_R(\Gamma) = 1 - \frac{1}{2}\mathrm{Entail}_R(\Gamma)(1 + i_R(\Gamma)), \tag{5.3.4}$$

其中 $i_R(\Gamma)$ 由式 (5.1.9) 定义. 称 $\mathrm{Consist}_R(\Gamma)$ 为 Γ 的**相容度**.

定理 5.3.11 设 Γ 是理论, $R \in \{R_{\mathrm{B}}, R_{\mathrm{L}}, R_{\mathrm{G}}, R_\Pi, R_0\}$.

(i) Γ 是不相容的 iff $\mathrm{Consist}_R(\Gamma) = 0$.

(ii) Γ 是相容的 iff $\frac{1}{2} \leqslant \mathrm{Consist}_R(\Gamma) \leqslant 1$.

(iii) Γ 是相容的且 $\mathrm{Entail}_R(\Gamma) = 1$ iff $\mathrm{Consist}_R(\Gamma) = \frac{1}{2}$.

(iv) 若 Γ 是准完全相容的, 则 $\mathrm{Consist}_R(\Gamma) = 1$. 在 $Ł_2$, Ł 和 $\mathscr{L}^*$ 中, 上述逆成立. 特别地, 在 $Ł_2$ 和 Ł 中, Γ 是完全相容的 iff $\mathrm{Consist}_R(\Gamma) = 1$.

证明 类似于定理 5.2.16 的证明.

由式 (5.3.3)、式 (5.3.4) 及式 (5.1.15) 得下面的推论.

推论 5.3.12 设 Γ 是理论, $R \in \{R_{\mathrm{B}}, R_{\mathrm{L}}, R_0\}$, 则

$$\mathrm{Consist}_R(\Gamma) = \xi_R^*(\Gamma). \tag{5.3.5}$$

例 5.3.13 (i) 取 $\Gamma = S = \{p_1, p_2, \cdots\}$, 由例 5.2.8 知在 $Ł_2$, Ł, G, Π 和 $\mathscr{L}^*$ 中均有 $\mathrm{Entail}_R(\Gamma) = 1$ 且 $i_R(\Gamma) = 0$, 从而 $\mathrm{Consist}_R(\Gamma) = \frac{1}{2}$.

(ii) 由定理 5.3.9 的证明知 $\mathrm{Consist}_R(\{\neg p\}) = \dfrac{1}{2}$, $R \in \{R_{\mathrm{G}}, R_{\Pi}\}$. 正是在这一意义下, 我们说 G 和 Π 二系统不适宜建立模糊逻辑, 参阅文献 [86].

由理论相容性的定义知, 任一理论的相容性与其逻辑闭包的相容性是一致的, 即 Γ 是相容的 iff $D(\Gamma)$ 是相容的. 那么 $\mathrm{Consist}_R(\Gamma)$ 与 $\mathrm{Consist}_R(D(\Gamma))$ 之间的关系如何呢?

命题 5.3.14 设 Γ 是理论, $R \in \{R_{\mathrm{B}}, R_{\mathrm{L}}, R_{\mathrm{G}}, R_{\Pi}, R_0\}$.

(i) $i_R(\Gamma) = i_R(D(\Gamma))$.

(ii) $\mathrm{Entail}_R(\Gamma) = \mathrm{Entail}_R(D(\Gamma))$.

(iii) $\mathrm{Consist}_R(\Gamma) = \mathrm{Consist}_R(D(\Gamma))$.

证明 (i) 由命题 5.1.4 知, $i_R(\Gamma) = 0$ iff Γ 是相容的 iff $D(\Gamma)$ 是相容的 iff $i_R(D(\Gamma)) = 0$. 又 $i_R(\Gamma)$ 的值非 0 即 1, 所以式 (i) 成立.

(ii) 因为 $\Gamma \subseteq D(\Gamma)$, 所以由式 (5.3.2) 知 $\mathrm{Entail}_R(\Gamma) \leqslant \mathrm{Entail}_R(D(\Gamma))$. 任取 $\varphi_i \in D(\Gamma)$, 则 $\Gamma \vdash \varphi_i$, $i = 1, \cdots, m$. 由演绎定理及式 (5.2.1)— 式 (5.2.5) 知, 存在 $\varphi_{i_1}, \cdots, \varphi_{i_{j_i}} \in \Gamma$ 和自然数 $k_{i_1}, \cdots, k_{i_{j_i}}$ 使得 $\vdash \varphi_{i_1}^{k_{i_1}} \& \cdots \& \varphi_{i_{j_i}}^{k_{i_{j_i}}} \to \varphi_i$ 成立, 从而

$$\vdash (\varphi_{1_1}^{k_{1_1}} \& \cdots \& \varphi_{1_{j_1}}^{k_{1_{j_1}}}) \& \cdots \& (\varphi_{m_1}^{k_{m_1}} \& \cdots \& \varphi_{m_{j_m}}^{k_{m_{j_m}}}) \to (\varphi_1^{k_1} \& \cdots \& \varphi_m^{k_m}),$$

所以

$$\begin{aligned} &\tau_R(\varphi_1^{k_1} \& \cdots \& \varphi_m^{k_m} \to \overline{0}) \\ \leqslant\, &\tau_R((\varphi_{1_1}^{k_{1_1}} \& \cdots \& \varphi_{1_{j_1}}^{k_{1_{j_1}}})^{k_1} \& \cdots \& (\varphi_{m_1}^{k_{m_1}} \& \cdots \& \varphi_{m_{j_m}}^{k_{m_{j_m}}})^{k_m} \to \overline{0}), \end{aligned}$$

所以 $\mathrm{Entail}_R(\Gamma) \geqslant \mathrm{Entail}_R(D(\Gamma))$. 这就证明了 (ii).

(iii) 由 (i) 和 (ii) 便得 (iii).

注 5.3.15 (i) 我们也可用式 (5.2.9) 定义的极指标 $j_R(\Gamma)$ 和 $\mathrm{Entail}_R(\Gamma)$ 来定义 Γ 的相容度, 但 $j_R(\Gamma)$ 不能准确刻画 Γ 的相容与不相容, 我们需使用正规相容与几乎不相容的概念, 因此为简单起见, 式 (5.3.4) 选用了 $i_R(\Gamma)$.

(ii) 由式 (5.3.5) 知, 在 $Ł_2$, Ł 和 $\mathscr{L}^*$ 中, $\mathrm{Consist}_R(\Gamma) = \xi_R^*(\Gamma)$, $R \in \{R_{\mathrm{B}}, R_{\mathrm{L}}, R_0\}$. 由 5.3.1 节开始的分析知, $\mathrm{Consist}_R(\Gamma)$ 是衡量 Γ 相容程度的理想指标, 从而 $\xi_R^*(\Gamma)$ 是 $Ł_2$, Ł 和 $\mathscr{L}^*$ 中衡量 Γ 相容程度的合理指标. 此外, $\mathrm{Entail}_R(\Gamma)$ 还有易被推广, 进而诱导出一种程度化推理方法的优点. 接下来我们讨论这部分内容.

5.3.3 程度化推理方法

本节我们把理论的语义蕴涵度这一思想加以推广, 引入一种程度化推理方法. 基于此可以定义理论的广义相容度.

判断一个理论是否不相容, 实际上就是判断矛盾式 $\overline{0}$ 是否为该理论的逻辑推论. 而在逻辑推理中, 我们经常关心如下的问题: 从给定的理论出发运用推理规则可推出哪些推论? 换句话说, 怎样判断一个普通公式 φ 是否为给定理论 Γ 的逻辑推论? 即使 φ 不是 Γ 的推论, 那么在多大的程度上可把 φ 视为 Γ 的推论? 这一问题, 显然是理论不相容性的一般化. 幸运的是, 理论的语义蕴涵度思想可以用来回答上述问题.

定义 5.3.16 设 Γ 是理论, $2^{(\Gamma)}$ 是 Γ 的全体子理论之集, $\Sigma=\{\varphi_1,\cdots,\varphi_m\}\in 2^{(\Gamma)}$, $|\Sigma|=m$, $\omega(m)=(k_1,\cdots,k_m)\in\mathbb{N}^m, m\in\mathbb{N}$. 假设 $\omega(0)=\varnothing$, $\varphi\in F(S)$ 是公式, $R\in\{R_{\mathrm{B}},R_{\mathrm{L}},R_{\mathrm{G}},R_{\Pi},R_0\}$. 令

$$\Sigma(\omega(m))\to\varphi=\begin{cases}\varphi_1^{k_1}\&\cdots\&\varphi_m^{k_m}\to\varphi, & m>0,\\ \varphi, & m=0.\end{cases}\tag{5.3.6}$$

定义

$$\mathrm{Entail}_R(\Gamma,\varphi)=\sup\{\tau_R(\Sigma(\omega(m))\to\varphi)\mid \Sigma\in 2^{(\Gamma)},|\Sigma|=m,\omega(m)\in\mathbb{N}^m,m\in\mathbb{N}\}.\tag{5.3.7}$$

称 $\mathrm{Entail}_R(\Gamma,\varphi)$ 为 Γ **关于** φ **的语义蕴涵度**, 或称 φ **在** $\mathbf{Entail}_R(\Gamma,\varphi)$ **的程度上为** Γ **的逻辑推论**.

注 5.3.17 分别比较式 (5.2.8) 与式 (5.3.6), 式 (5.3.2) 与式 (5.3.7) 知, 把 $\overline{0}$ 替换为 φ 后注 5.2.6 仍成立. 特别地, $\mathrm{Entail}_R(\Gamma,\overline{0})=\mathrm{Entail}_R(\Gamma)$, $R\in\{R_{\mathrm{B}},R_{\mathrm{L}},R_{\mathrm{G}},R_{\Pi},R_0\}$.

命题 5.3.18 设 Γ 是理论, $\varphi\in F(S)$, $R\in\{R_{\mathrm{B}},R_{\mathrm{L}},R_{\mathrm{G}},R_{\Pi},R_0\}$, 则

$$\mathrm{Entail}_R(\Gamma,\varphi)=\sup\{\tau_R(\psi\to\varphi)\mid\psi\in D(\Gamma)\}.\tag{5.3.8}$$

证明 由于对任意 $\varphi_1,\cdots,\varphi_m\in\Gamma$ 以及任意自然数 $k_1,\cdots,k_m\in\mathbb{N}$, $\varphi_1^{k_1}\&\cdots\&\varphi_m^{k_m}\in D(\Gamma)$, 所以 $\mathrm{Entail}_R(\Gamma,\varphi)\leqslant\sup\{\tau_R(\psi\to\varphi)\mid\psi\in D(\Gamma)\}$. 反过来, 设 $\psi\in D(\Gamma)$, 则 $\Gamma\vdash\psi$. 由演绎定理知存在 $\varphi_1,\cdots,\varphi_m\in\Gamma$ 和自然数 $k_1,\cdots,k_m\in\mathbb{N}$ 使得 $\vdash\varphi_1^{k_1}\&\cdots\&\varphi_m^{k_m}\to\psi$ 成立, 从而 $\vdash(\psi\to\varphi)\to(\varphi_1^{k_1}\&\cdots\&\varphi_m^{k_m}\to\varphi)$, 所以 $\tau_R(\psi\to\varphi)\leqslant\tau_R(\Sigma(\omega(m))\to\varphi)$, 这里 $\omega(m)=(k_1,\cdots,k_m)$. 所以 $\sup\{\tau_R(\psi\to\varphi)\mid\psi\in D(\Gamma)\}\leqslant\mathrm{Entail}_R(\Gamma,\varphi)$, 这就证明了式 (5.3.8).

注 5.3.19 (i) 初看起来似乎式 (5.3.8) 比式 (5.3.7) 简单, 但实则不然, 因为在式 (5.3.7) 中 Σ 取自 Γ, 其成员的选取很清楚, 但式 (5.3.8) 中的公式 ψ 取自 $D(\Gamma)$, 而 $D(\Gamma)$ 中都有哪些成员远不如 Γ 中有哪些成员清楚.

(ii) 由式 (5.1.7) 定义的 $F(S)$ 上的伪距离 ρ_R 也给我们提供了一种程度化推理方法. 事实上, 设 Γ 是理论, $\varphi\in F(S)$, 则 $\rho_R(\varphi,D(\Gamma))=\inf\{\rho_R(\varphi,\psi)\mid\psi\in D(\Gamma)\}$

表示 φ 到 $D(\Gamma)$ 的距离, 从而 $1-\rho_R(\varphi, D(\Gamma))$ 可表示 φ 为 Γ 的逻辑推论的程度. 那么 $1-\rho_R(\varphi, D(\Gamma))$ 与 $\mathrm{Entail}_R(\Gamma,\varphi)$ 的关系如何呢?

命题 5.3.20　设 Γ 是理论, $\varphi\in F(S), R\in\{R_{\mathrm{B}}, R_{\mathrm{L}}, R_{\mathrm{G}}, R_{\Pi}, R_0\}$, 则

$$\mathrm{Entail}_R(\Gamma,\varphi)=1-\rho_R(\varphi, D(\Gamma)). \tag{5.3.9}$$

证明　由式 (5.3.8) 知, 为证式 (5.3.9) 只需证

$$\rho_R(\varphi, D(\Gamma))=1-\sup\{\tau_R(\psi\to\varphi)\mid\psi\in D(\Gamma)\}. \tag{5.3.10}$$

一方面,

$$\begin{aligned}\rho_R(\varphi, D(\Gamma))&=\inf\{\rho_R(\varphi,\psi)\mid\psi\in D(\Gamma)\}\\&=\inf\{1-\tau_R((\varphi\to\psi)\wedge(\psi\to\varphi))\mid\psi\in D(\Gamma)\}\\&=1-\sup\{\tau_R((\varphi\to\psi)\wedge(\psi\to\varphi))\mid\psi\in D(\Gamma)\}\\&\geqslant 1-\sup\{\tau_R(\psi\to\varphi)\mid\psi\in D(\Gamma)\}.\end{aligned}$$

另一方面, 易验证 $(\varphi\vee\psi\to\varphi)\wedge(\varphi\to\varphi\vee\psi)$ 与 $\psi\to\varphi$ 可证等价, 从而

$$\begin{aligned}\rho_R(\varphi\vee\psi,\varphi)&=1-\xi_R(\varphi\vee\psi,\varphi)\\&=1-\tau_R((\varphi\vee\psi\to\varphi)\wedge(\varphi\to\varphi\vee\psi))\\&=1-\tau_R(\psi\to\varphi).\end{aligned}$$

又当 $\psi\in D(\Gamma)$ 时, $\varphi\vee\psi\in D(\Gamma)$, 所以

$$\begin{aligned}\rho_R(\varphi, D(\Gamma))&=\inf\{\rho_R(\varphi,\psi)\mid\psi\in D(\Gamma)\}\\&\leqslant\inf\{\rho_R(\varphi,\varphi\vee\psi)\mid\psi\in D(\Gamma)\}\\&=\inf\{1-\tau_R(\psi\to\varphi)\mid\psi\in D(\Gamma)\}\\&=1-\sup\{\tau_R(\psi\to\varphi)\mid\psi\in D(\Gamma)\}.\end{aligned}$$

这就证得式 (5.3.10), 所以式 (5.3.9) 成立.

利用 Hausdorff 距离[128] 还可给出第三种程度化推理方法. 设 $\varphi\in F(S)$, 则有许多理论 Γ 使得 φ 为 Γ 的推论, 比如, 取 $\Gamma=\{\varphi\}$ 就行. 设 $\Sigma\vdash\varphi$, 即 φ 是 Σ 的推论, Σ 当然可以和已经给定的 Γ 不同, 这时 $D(\Sigma)$ 与 $D(\Gamma)$ 也就不同. 如果 $D(\Sigma)$ 与 $D(\Gamma)$ 很接近并且 φ 是 Σ 的推论, 则自然可认为 φ 是在一定程度上的 Γ 的推论. 我们先介绍 Hausdorff 距离的概念.

定义 5.3.21[128]　设 (X,ρ) 是 (伪) 度量空间, P,Q 是 X 的非空子集, 设

$$\begin{aligned}\rho(x,Q)&=\inf\{\rho(x,y)\mid y\in Q\},\\H^*(P,Q)&=\sup\{\rho(x,Q)\mid x\in P\},\\H(P,Q)&=H^*(P,Q)\vee H^*(Q,P),\end{aligned}$$

称 H 为 $\mathscr{P}(X)-\{\varnothing\}$ 上的 **Hausdorff 距离**.

不难验证 H 确为 $\mathscr{P}(X)-\{\varnothing\}$ 上的伪距离, 但不是真正的距离. 以 $X=R^2$ 为例, 由 $H(P,Q)=0$ 得不出 $P=Q$ 来, 只能得到 P 和 Q 的闭包相等.

定义 5.3.22 设 Γ 是理论, $\varphi\in F(S)$, $R\in\{R_{\mathrm{B}},R_{\mathrm{L}},R_{\mathrm{G}},R_{\Pi},R_0\}$, 定义

$$H_R(\Gamma,\varphi)=1-\inf\{H(D(\Gamma),D(\Sigma))\mid \Sigma\subseteq F(S),\Sigma\vdash\varphi\},\tag{5.3.11}$$

这里 H 表示 $\mathscr{P}(F(S))-\{\varnothing\}$ 上的 Hausdorff 距离. 称 φ **在** $H_R(\Gamma,\varphi)$ **的程度上为** Γ **的推论**.

$H_R(\Gamma,\varphi)$ 与 $\rho_R(\varphi,D(\Gamma))$ 及 $\mathrm{Entail}_R(\Gamma,\varphi)$ 间的关系如下.

命题 5.3.23 设 Γ 是理论, $\varphi\in F(S)$, $R\in\{R_{\mathrm{B}},R_{\mathrm{L}},R_{\mathrm{G}},R_{\Pi},R_0\}$.

$$H_R(\Gamma,\varphi)\leqslant \mathrm{Entail}_R(\Gamma,\varphi)=1-\rho_R(\varphi,D(\Gamma)).\tag{5.3.12}$$

证明 设 $\inf\{H(D(\Gamma),D(\Sigma))\mid \Sigma\subseteq F(S),\Sigma\vdash\varphi\}<\varepsilon$, 则存在 $\Sigma\subseteq F(S)$ 使得 $\Sigma\vdash\varphi$ 且 $H(D(\Gamma),D(\Sigma))<\varepsilon$. 由 $\varphi\in D(\Sigma)$ 知

$$\rho_R(\varphi,D(\Gamma))\leqslant H(D(\Gamma),D(\Sigma))<\varepsilon.$$

所以 $\rho_R(\varphi,D(\Gamma))\leqslant\inf\{H(D(\Gamma),D(\Sigma))\mid \Sigma\subseteq F(S),\Sigma\vdash\varphi\}$, 从而式 (5.3.12) 成立.

像式 (5.3.4) 对 $\mathrm{Entail}_R(\Gamma)$ 进行必要的修正那样, 可以把 $\mathrm{Entail}_R(\Gamma,\varphi)$ 进行相应的修正引入广义相容度概念. 先研究修正 $\mathrm{Entail}_R(\Gamma,\varphi)$ 的必要性.

定理 5.3.24 设 Γ 是理论, $\varphi\in F(S)$, 但 φ 不是定理, $R\in\{R_{\mathrm{B}},R_{\mathrm{L}},R_{\mathrm{G}},R_{\Pi},R_0\}$. 若 φ 是 Γ 的推论, 即 $\Gamma\vdash\varphi$, 则 $\mathrm{Entail}_R(\Gamma,\varphi)=1$, 但反之不然.

证明 若 φ 是矛盾式, 则由定理 5.3.9 知上述论断成立. 一般地, 设 $\varphi\in D(\Gamma)$. 则由演绎定理知存在 $\varphi_1,\cdots,\varphi_m\in\Gamma$ 和自然数 $k_1,\cdots,k_m$ 使得 $\vdash\varphi_1^{k_1}\&\cdots\&\varphi_m^{k_m}\to\varphi$ 成立, 即 $\varphi_1^{k_1}\&\cdots\&\varphi_m^{k_m}\to\varphi$ 是定理. 由标准完备性定理, $\varphi_1^{k_1}\&\cdots\&\varphi_m^{k_m}\to\varphi$ 是重言式, 所以 $\tau_R(\varphi_1^{k_1}\&\cdots\&\varphi_m^{k_m}\to\varphi)=1$, 进而 $\mathrm{Entail}_R(\Gamma,\varphi)=1$. 但 $\mathrm{Entail}_R(\Gamma,\varphi)=1$ 推不出 $\varphi\in D(\Gamma)$, 参见例 5.3.5 和例 5.3.6.

由定理 5.3.24 知, 我们不能直接用 $1-\mathrm{Entail}_R(\Gamma,\varphi)$ 表示 φ 的广义相容度 (即 φ 不是 Γ 的推论的程度), 记为 $\mathrm{Consist}_R(\Gamma,\varphi)$. 下面我们引入 Γ 关于 φ 的极指标来修正 $\mathrm{Consist}_R(\Gamma,\varphi)=1-\mathrm{Entail}_R(\Gamma,\varphi)$.

定义 5.3.25 设 Γ 是理论, $\varphi\in F(S)$, $R\in\{R_{\mathrm{B}},R_{\mathrm{L}},R_{\mathrm{G}},R_{\Pi},R_0\}$, 定义

$$i_R(\Gamma,\varphi)=1-\min\{\lceil d_R(\varphi,\psi)\rceil\mid\psi\in D(\Gamma)\},\tag{5.3.13}$$

这里 $\lceil\cdot\rceil$ 由式 (5.1.8) 定义,

$$d_R(\varphi,\psi)=\sup_{v\in\Omega_R}|v(\varphi)-v(\psi)|.$$

称 $i_R(\Gamma,\varphi)$ 为 Γ **关于** φ **的极指标**.

极指标 $i_R(\Gamma,\varphi)$ 可准确反映 φ 是否为 Γ 的推论.

定理 5.3.26 设 Γ 是理论, $R\in\{R_{\mathrm{B}},R_{\mathrm{L}},R_{\mathrm{G}},R_{\Pi},R_0\}$.

(i) $\varphi\in D(\Gamma)$ iff $i_R(\Gamma,\varphi)=1$.

(ii) $\varphi\notin D(\Gamma)$ iff $i_R(\Gamma,\varphi)=0$.

证明 显然.

定义 5.3.27 设 Γ 是理论, $\varphi\in F(S)$, $R\in\{R_{\mathrm{B}},R_{\mathrm{L}},R_{\mathrm{G}},R_{\Pi},R_0\}$, 定义

$$\mathrm{Consist}_R(\Gamma,\varphi)=1-\frac{1}{2}\mathrm{Entail}_R(\Gamma,\varphi)(1+i_R(\Gamma,\varphi)),\tag{5.3.14}$$

称 $\mathrm{Consist}_R(\Gamma,\varphi)$ 为 Γ **关于** φ **的广义相容度**.

式 (5.3.4) 是式 (5.3.14) 在 $\varphi=\overline{0}$ 时的特例.

定理 5.3.28 设 Γ 是理论, $\varphi\in F(S)$, $R\in\{R_{\mathrm{B}},R_{\mathrm{L}},R_{\mathrm{G}},R_{\Pi},R_0\}$.

(i) $\varphi\in D(\Gamma)$ iff $\mathrm{Consist}_R(\Gamma,\varphi)=0$.

(ii) $\varphi\notin D(\Gamma)$ iff $\dfrac{1}{2}\leqslant\mathrm{Consist}_R(\Gamma,\varphi)\leqslant 1-\dfrac{1}{2}\tau_R(\varphi)$.

(iii) $\varphi\notin D(\Gamma)$ 且 $\mathrm{Entail}_R(\Gamma,\varphi)=1$ iff $\mathrm{Consist}_R(\Gamma,\varphi)=\dfrac{1}{2}$.

(iv) 若 Γ 是准完全相容的且 $\varphi\notin D(\Gamma)$, 则 $\mathrm{Consist}_R(\Gamma,\varphi)=1-\dfrac{1}{2}\tau_R(\varphi)$. 特别地, 在 Ł_2 和 Ł 中, 若 Γ 是完全相容的且 $\varphi\notin D(\Gamma)$, 则 $\mathrm{Consist}_R(\Gamma,\varphi)=1-\dfrac{1}{2}\tau_R(\varphi)$.

证明 (i) 设 $\varphi\in D(\Gamma)$, 由定理 5.3.24 知 $\mathrm{Entail}_R(\Gamma,\varphi)=1$, 而由定理 5.3.26 知 $i_R(\Gamma,\varphi)=1$, 所以 $\mathrm{Consist}_R(\Gamma,\varphi)=0$. 反过来, 假设 $\mathrm{Consist}_R(\Gamma,\varphi)=0$, 则有 $\dfrac{1}{2}\mathrm{Entail}_R(\Gamma,\varphi)(1+i_R(\Gamma,\varphi))=1$. 由 $0\leqslant\tau_R(\varphi)\leqslant\mathrm{Entail}_R(\Gamma,\varphi)\leqslant 1$ 及 $i_R(\Gamma,\varphi)\in\{0,1\}$ 知必有 $\mathrm{Entail}_R(\Gamma,\varphi)=i_R(\Gamma,\varphi)=1$, 所以由定理 5.3.26, $\varphi\in D(\Gamma)$.

(ii) 设 $\varphi\notin D(\Gamma)$, 则 $i_R(\Gamma,\varphi)=0$, 从而 $\dfrac{1}{2}\leqslant\mathrm{Consist}_R(\Gamma,\varphi)=1-\dfrac{1}{2}\mathrm{Entail}_R(\Gamma,\varphi)\leqslant 1-\dfrac{1}{2}\tau_R(\varphi)$. 反过来, 设 $\varphi\in D(\Gamma)$, 则由 (i) 知, $\mathrm{Consist}_R(\Gamma,\varphi)=0$, 矛盾!

(iii) 由定理 5.3.26 (ii) 及式 (5.3.14) 知 (iii) 显然成立.

(iv) 设 Γ 是准完全相容的且 $\varphi\notin D(\Gamma)$. 任取 $\Sigma=\{\varphi_1,\cdots,\varphi_m\}\in 2^{(\Gamma)}$, 以及 $\omega(m)=(k_1,\cdots,k_m)\in\mathbb{N}^m$. 若 $R=R_{\mathrm{B}}$ 或 $R=R_{\mathrm{L}}$, 则 Γ 中的成员全是定理, 所以 $\varphi_1^{k_1}\&\cdots\&\varphi_m^{k_m}$ 也是定理, 所以 $\tau_R(\Sigma(\omega(m))\to\varphi)=\tau_R(\varphi)$. 若 $R=R_{\mathrm{G}}$, 或 $R=R_{\Pi}$ 或 $R=R_0$, 则 $\overline{\varphi_i}\equiv 1$ 在 $[0,1]^t$ 上几乎处处成立, 这里 t 为所有 φ_i 中原子公式的总个数 $(i=1,\cdots,m)$, 则对每个 φ_i, 存在 $\varDelta_i\subseteq[0,1]^t$ 使得 $\varDelta_i$ 的 Lebesgue 测度为 0 且 $\overline{\varphi_i}\equiv 1$ 在 $[0,1]^t-\varDelta_i$ 上处处成立, 从而 $\overline{\varphi_i^{k_i}}\equiv 1$ 在 $[0,1]^t-\varDelta_i$ 上也处处成立. 令

$\Delta = \bigcup_{i=1}^{m} \Delta_i$, 则 Δ 的 Lebesgue 测度仍为 0 且 $\overline{\varphi_1^{k_1} \& \cdots \& \varphi_m^{k_m}} = \overline{\varphi_1^{k_1}} \otimes \cdots \otimes \overline{\varphi_m^{k_m}} \equiv 1$ 在 $[0,1]^t$-Δ 上成立, 所以仍有 $\tau_R(\Sigma(\omega(m)) \to \varphi) = \tau_R(\varphi)$. 又 $i_R(\Gamma, \varphi) = 0$, 所以 $\mathrm{Consist}_R(\Gamma, \varphi) = 1 - \frac{1}{2}\tau_R(\varphi)$. 但 (iv) 的逆一般不成立. 比如, 在 Ł 中, 存在如下公式 φ 和 ψ[102] 使得

$$\overline{\varphi}(x) = \begin{cases} 0, & x \in \left[0, \frac{1}{3}\right], \\ 3x - 1, & x \in \left(\frac{1}{3}, \frac{2}{3}\right], \\ 1, & x \in \left(\frac{2}{3}, 1\right], \end{cases} \qquad \overline{\psi}(x) = \begin{cases} 0, & x \in \left[0, \frac{2}{3}\right], \\ 3x - 2, & x \in \left(\frac{2}{3}, 1\right], \end{cases}$$

则对任一 $k \in \mathbb{N}$, 均有 $\overline{(\neg\psi)^k \to \varphi} \equiv \overline{\varphi}$, 所以 $\tau_{R_L}((\neg\psi)^k \to \varphi) = \tau_{R_L}(\varphi)$, 但 $\neg\psi$ 不是重言式.

本节我们基于演绎定理和公式的真度定义了更为合理的逻辑理论的相容度, 给出了若干刻画条件. 我们还可进一步研究相容理论在逻辑度量空间 $(F(S), \rho)$ 中的拓扑性质, 参阅文献 [129], [130],

5.4 模糊推理的逻辑基础

命题逻辑系统 (如 $Ł_2, Ł, G, \Pi$ 和 $\mathscr{L}^*$) 中最基本的推理规则是 MP 规则, 即由 φ 和 $\varphi \to \psi$ 得 ψ. 但在实际生活中经常碰到如下更为一般的推理形式:

$$\begin{array}{lcc} \text{已知} & \varphi & \to \quad \psi \\ \text{且给定} & \varphi^* & \\ \hline \text{求} & & \psi^* \end{array} \tag{5.4.1}$$

其中 $\varphi, \varphi^*, \psi \in F(S)$. 这一推理形式称为**广义 MP 问题**[126], 即已知 $\varphi \to \psi$, 且给定一个与 φ 相接近的命题 φ^*, 求与 ψ 相接近的命题 ψ^*. 显然, 广义 MP 规则要比 MP 规则灵活得多, 因为这里的 φ^* 可以取与 φ 不同的命题, 所以使得推理有更广泛的应用.

关于广义 MP 的求解, 传统的方法是先将命题 φ, φ^* 和 ψ 分别转化为某论域 X 和 Y 上的模糊集, 并把 $\varphi \to \psi$ 转化为 $X \times Y$ 上的模糊关系, 进而广义 MP 问题就转化为求解 Y 上的满足某种规则和条件的模糊集 ψ^* 了, 这就是模糊推理研究的 FMP 问题[126,131]. 针对 FMP 问题的求解算法, 美国控制论专家 Zadeh 教授在 1973 年首次提出了 CRI 算法[132]. CRI 算法具有计算简单的优点, 是模糊推理常

采用的方法[133–140], 并被成功地应用于工业控制与家电产品的制造中[141–148]. 但值得指出的是, 模糊推理虽然在应用上是成功的, 但在理论基础上却并非无懈可击, 并没有纳入严密的逻辑系统中[149]. 为给模糊推理建立严格的逻辑基础, 王国俊教授提出了全蕴涵三 I 算法[150], 从逻辑角度修正了 CRI 算法. 随后, 王国俊教授又用广义重言式理论[54] 将三 I 算法纳入到了严格的逻辑轨道中[151]. 目前, 关于三 I 算法的研究成果已有很多, 请参看文献 [152]–[167]. 特别是文献 [167] 基于根的理论在二值命题逻辑 $Ł_2$ 中定义了广义 MP 问题的形式化三 I 解, 结果表明其求解机制与模糊推理中 FMP 问题的三 I 解的求解机制完全相同, 从而修正了 Zadeh 教授在文献 [168] 中提出的模糊逻辑的机制完全不同于传统多值逻辑的机制的错误观点, 这就进一步从语构的角度为模糊推理的三 I 算法奠定了逻辑基础. 另外, 文献 [169], [170] 基于关于公式真度的支持度理论定义了广义 MP 问题的最优解, 但其求解机制与模糊推理的三 I 算法的求解机制并未完全相同, 因为那里不但要求正向支持也要求反向支持.

本节将利用 5.3 节中的语义蕴涵度引入广义 MP 问题式 (5.4.1) 的求解算法, 其求解机制与模糊推理中的三 I 算法完全相同, 这就进一步从语构和语义相结合的角度为模糊推理奠定了逻辑基础.

定义 5.4.1 设 $\Gamma=\{\varphi^*,\varphi\to\psi\}$ 是理论, $R\in\{R_{\mathrm{B}},R_{\mathrm{L}},R_{\mathrm{G}},R_{\Pi},R_0\}$. R-逻辑系统中的广义 MP 问题式 (5.4.1) 的**基于语义蕴涵度的三 I 解**ψ^* 是满足如下条件的公式:

(i) $\mathrm{Entail}_R(\Gamma,\psi^*)=1$,

(ii) 若 $\chi^*\in F(S)$ 且 $\mathrm{Entail}_R(\Gamma,\chi^*)=1$, 则 $\mathrm{Entail}_R(\{\psi^*\},\chi^*)=1$.

注 5.4.2 (i) 定义 5.4.1 中的三 I 解 ψ^* 与文献 [169], [170] 中引入的所谓基于支持度的最优解不同, 那里要求 ψ^* 是满足 $\tau_R((\varphi\to\psi)\to(\varphi^*\to\psi^*))=1$ 且 $\tau_R((\varphi^*\to\psi^*)\to(\varphi\to\psi))$ 取最大可能值的合式公式. 我们认为 $\mathrm{Entail}_R(\Gamma,\psi^*)=1$ 比 $\tau_R((\varphi\to\psi)\to(\varphi^*\to\psi^*))=1$ 更能体现前提 φ^* 和 $\varphi\to\psi$全力支持推论 ψ^* 的思想. 此外, 定义 5.4.1 (ii) 体现了要求 ψ^* 是满足式 (i) 的 "最小" 公式的思想, 这与模糊推理中的三 I 算法的推理机制是完全吻合的.

(ii) 后面我们将看到, 在二值命题逻辑中, 定义 5.4.1 中的三 I 解与文献 [167] 中基于根的理论引入的式 (5.4.1) 的三 I 解一致.

下面研究定义 5.4.1 中三 I 解的存在性.

定理 5.4.3(三 I 解的存在性) 在 $Ł_2$, G 和 $\mathscr{L}^*$ 中, 定义 5.4.1 定义的广义 MP 问题 (5.4.1) 的三 I 解一定存在, 具体地:

(i) 在 $Ł_2$ 中, $\varphi^*\wedge(\varphi\to\psi)$ 是式 (5.4.1) 的三 I 解. 设 ψ^* 是任一三 I 解, 则

$$\psi^*\approx\varphi^*\wedge(\varphi\to\psi).$$

(ii) 在 $\mathscr{L}^*$ 中, ${\varphi^*}^2\&(\varphi\to\psi)^2$ 是式 (5.4.1) 的三 I 解. 设 ψ^* 是任一三 I 解, 则 ${\psi^*}^2$ 与 ${\varphi^*}^2\&(\varphi\to\psi)^2$ 几乎处处逻辑等价, 即 ${\psi^*}^2$ 与 ${\varphi^*}^2\&(\varphi\to\psi)^2$ 所诱导的真函数几乎处处相等.

(iii) 在 G 中, $\varphi^*\wedge(\varphi\to\psi)$ 是式 (5.4.1) 的三 I 解. 设 ψ^* 是任一三 I 解, 则 ψ^* 与 $\varphi^*\wedge(\varphi\to\psi)$ 几乎处处逻辑等价.

证明 (i) 在 $Ł_2$ 中, 由注 5.2.6 知, $\mathrm{Entail}(\Gamma,\psi^*)=1$ iff $\Gamma\vdash\psi^*$ iff $\vdash(\varphi\to\psi)\to(\varphi^*\to\psi^*)$ iff $\vdash\varphi^*\wedge(\varphi\to\psi)\to\psi^*$. 由于 $\vdash\varphi^*\wedge(\varphi\to\psi)\to\varphi^*\wedge(\varphi\to\psi)$ 显然成立, 所以 $\mathrm{Entail}(\Gamma,\varphi^*\wedge(\varphi\to\psi))=1$ 成立. 设 $\mathrm{Entail}(\Gamma,\chi^*)=1$, 则 $\vdash\varphi^*\wedge(\varphi\to\psi)\to\chi^*$ 成立, 从而 $\mathrm{Entail}(\{\varphi^*\wedge(\varphi\to\psi)\},\chi^*)=1$, 所以 $\varphi^*\wedge(\varphi\to\psi)$ 是式 (5.4.1) 的三 I 解. 由上述证明知, 式 (5.4.1) 的任一三 I 解 ψ^* 都与 $\varphi^*\wedge(\varphi\to\psi)$ 逻辑等价.

(ii) 由注 5.3.2 知在 $\mathscr{L}^*$ 中, $\mathrm{Entail}(\Gamma,\psi^*)=\tau(\Gamma^2\to\psi^*)=\tau({\varphi^*}^2\&(\varphi\to\psi)^2\to\psi^*)$. 由 ${\varphi^*}^2\&(\varphi\to\psi)^2\to{\varphi^*}^2\&(\varphi\to\psi)^2$ 是定理知 $\mathrm{Entail}(\Gamma,{\varphi^*}^2\&(\varphi\to\psi)^2)=1$. 设 $\mathrm{Entail}(\Gamma,\chi^*)=1$, 则 $\tau({\varphi^*}^2\&(\varphi\to\psi)^2\to\chi^*)=1$, 从而

$$
\begin{aligned}
\mathrm{Entail}(\{{\varphi^*}^2\&(\varphi\to\psi)^2\},\chi^*)&=\tau(({\varphi^*}^2\&(\varphi\to\psi)^2)^2\to\chi^*)\\
&=\tau({\varphi^*}^4\&(\varphi\to\psi)^4\to\chi^*)\\
&=\tau({\varphi^*}^2\&(\varphi\to\psi)^2\to\chi^*)=1,
\end{aligned}
$$

这就证明了 ${\varphi^*}^2\&(\varphi\to\psi)^2$ 是式 (5.4.1) 的三 I 解. 设 ψ^* 是式 (5.4.1) 的任一三 I 解, 则由 $\mathrm{Entail}(\Gamma,\psi^*)=1$ 知 ${\varphi^*}^2\&(\varphi\to\psi)^2\to\psi^*$ 是几乎重言式, 从而 ${\varphi^*}^2\&(\varphi\to\psi)^2\to{\psi^*}^2$ 是几乎重言式; 由 $\mathrm{Entail}(\{\psi^*\},{\varphi^*}^2\&(\varphi\to\psi)^2)=1$ 知 ${\psi^*}^2\to{\varphi^*}^2\&(\varphi\to\psi)^2$ 是几乎重言式, 所以 ${\psi^*}^2$ 与 ${\varphi^*}^2\&(\varphi\to\psi)^2$ 几乎逻辑等价.

(iii) 类似于 (ii) 的证明.

注 5.4.4 (i) 在文献 [167] 中称 $\varphi^*\wedge(\varphi\to\psi)$ 为理论 $\Gamma=\{\varphi^*,\varphi\to\psi\}$ 的根, 从而在 $Ł_2$ 中, 定义 5.4.1 引入的广义 MP 问题式 (5.4.1) 的三 I 解与文献 [167] 基于根的理论定义的三 I 解一致.

(ii) 关于系统 Ł 或 Π 中广义 MP 问题的三 I 解的存在性及其表达式, 我们尚无定论. 即使三 I 解 ψ^* 存在, ψ^* 的表达式也未必与 φ^* 及 $\varphi\to\psi$ 有关, 见下面的例子.

例 5.4.5 设 $\Gamma=\{\varphi^*,\varphi\to\psi\}$, 其中 $\varphi=\varphi^*=T$ 为 Ł 中的定理, $\psi=p$ 为原子公式, 则广义 MP 问题式 (5.4.1) 的三 I 解 ψ^* 存在且 $\psi^*=\overline{0}$.

解 由例 5.3.5 (ii), $\tau(p^k\to\overline{0})=1-\tau(p^k)=1-\dfrac{1}{2k}$, 所以 $\mathrm{Entail}(\Gamma,\overline{0})=\sup\{\tau(p^k\to\overline{0})\mid k\in\mathbb{N}\}=1$. 又 $\overline{0}$ 显然是定义 5.4.1 (ii) 意义下的最小公式, 所以 $\psi^*=\overline{0}$.

例 5.4.5 中三 I 解 ψ^* 的表达式之所以与前提 Γ 中的 φ^* 和 $\varphi\to\psi$ 无关是因

为 $\text{Entail}(\Gamma, \overline{0})$ 是上确界形式 $\sup\{\tau(p^k \to \overline{0}) \mid k \in \mathbb{N}\}$. 在实际应用中我们可取充分大的 k, 用 $\tau(p^k \to \overline{0})$ 代替 $\sup\{\tau(p^k \to \overline{0}) \mid k \in \mathbb{N}\}$. 由此, 可以引入 k- 次三 I 解.

定义 5.4.6　设 $\Gamma = \{\varphi^*, \varphi \to \psi\}$ 是 Ł 中的理论, $k \in \mathbb{N}$ 充分大. 广义 MP 问题式 (5.4.1) 的 ***k*-次三 I 解** ψ^* 是满足如下条件的合式公式:

(i) $\tau({\varphi^*}^k \& (\varphi \to \psi)^k \to \psi^*) = 1$,

(ii) 若 $\chi^* \in F(S)$ 且 $\tau({\varphi^*}^k \& (\varphi \to \psi)^k \to \chi^*) = 1$, 则 $\tau(\psi^* \to \chi^*) = 1$.

定理 5.4.7　在 Ł 中广义 MP 问题式 (5.4.1) 的 k 次三 I 解 ψ^* 存在且

$$\psi^* \approx {\varphi^*}^k \& (\varphi \to \psi)^k.$$

证明　显然.

本节通过形式化方法将模糊推理移植到了命题逻辑 $Ł_2, Ł, G, \Pi$ 和 $\mathscr{L}^*$ 中, 把 FMP 问题转化为了广义 MP 问题, 并基于语义蕴涵度的思想引入了广义 MP 问题的求解机制, 证明了 $Ł_2, G$ 和 $\mathscr{L}^*$ 中三 I 解的存在性. 完全类似地可以在这几个逻辑系统中考虑多重广义 MP 问题[126] 及其基于语义蕴涵度的三 I 解, 还可以证明在二值命题逻辑 $Ł_2$ 中多重广义 MP 问题的三 I 解和模糊推理中的 FMP 问题的三 I 解在表达形式上可达到完全统一.

后记　本章的主要内容已发表在*International Journal of Approximate Reasoning* (2006, 43(2): 117–132)、*Fuzzy Sets and Systems* (2006, 157(3): 427–443; 2006, 157(15): 2058–2073)、*Advances in Soft Computing* (2007, 43: 387–391)、*Information Sciences* (2009, 179(3): 226–247) 等杂志上, 见文献 [46],[116], [171]–[173].

第 6 章　极大相容逻辑理论的结构及其拓扑刻画

正如在第 5 章中所讲, 逻辑理论的相容性问题是逻辑系统中的重要问题, 而如何衡量相容理论的相容程度更是极受关注的问题. 第 5 章已详细地论述了这方面的已有研究成果, 并在此基础上从逻辑角度提出了更为合理的相容度指标. 但这些研究成果, 包括文献 [122]–[125] 中的研究成果, 仍不能用来刻画极大相容理论. 事实上, 待我们研究了极大相容理论的性质之后, 可证明极大相容理论的相容度均为 $\frac{1}{2}$, 但相容度为 $\frac{1}{2}$ 的理论未必是极大的. 例如, 由例 5.3.13 (i) 知, 全体原子公式之集 $S = \{p_1, p_2, \cdots\}$ 的相容度 $\mathrm{Consist}_R(\Gamma) = \frac{1}{2}$, 但 S 显然不是极大相容理论. 另外, 极大相容理论是一类非常有意思的逻辑理论, 因为每个相容理论都可扩张为一个极大相容理论. 再者, 极大相容理论在证明模态逻辑[174] 及知识推理[16] 中所涉及的逻辑系统的完备性时起着关键性作用. 因此, 如何给出相容理论极大的充分条件是亟待解决的课题, 是否存在刻画极大相容理论的极大性的有效方法呢? 在第 3 章我们通过研究 n-值 Łukasiewicz 命题逻辑系统 Ł_n(包括二值命题逻辑) 中理论的模型与赋值空间 Ω 中的拓扑闭集间的对应关系给出了极大相容理论的结构 (见式 (3.1.18) 和式 (3.2.27)), 但那里的方法不适用于刻画其他命题逻辑, 如 $\mathscr{L}^*$, NMG, Ł, G 及 Π 中的极大相容理论.

本章将系统地研究上述 5 个命题逻辑系统中极大相容理论的结构及拓扑刻画. 6.1 节先研究二值命题逻辑系统 Ł_2 中的极大相容理论的结构及拓扑刻画, 将证明每个极大相容理论必有形式: $D(\{\varphi_1, \varphi_2, \cdots\})$, 其中 $\varphi_i \in \{p_i, \neg p_i\}, i = 1, 2, \cdots, p_1, p_2, \cdots$ 是全体命题变元. 这与式 (3.1.18) 给出的极大相容理论是一致的, 但这里的方法与第 3 章中的研究方法不同. 通过在全体极大相容理论之集上引入 Stone 拓扑, 证明该拓扑空间是 Cantor 空间. 6.2 节研究形式系统 $\mathscr{L}^*$ 中极大相容理论的结构及拓扑刻画. 将证明 $\mathscr{L}^*$ 中每个极大相容理论必具有形式: $D(\{\varphi_1, \varphi_2, \cdots\})$, 其中 $\varphi_i \in \{p_i, (\neg p_i^2)\&(\neg(\neg p_i)^2), \neg p_i\}$, $i = 1, 2, \cdots$, $p_1, p_2, \cdots$ 是 $\mathscr{L}^*$ 中全体命题变元, 全体极大相容理论之集带上 Stone 拓扑也是 Cantor 空间. 为研究 $\mathscr{L}^*$ 中逻辑闭理论与 Cantor 空间中的拓扑闭集间的对应关系, 6.2 节将引入 Łukasiewicz 理论和 Boole 理论的概念, 并证明逻辑闭的 Łukasiewicz 理论与 Cantor 空间中的拓扑闭集是一一对应的; 逻辑闭的 Boole 理论与 Cantor 空间中由全体极大相容的 Boole 理论构成的子空间中的拓扑闭集是一一对应的. 6.3 节研究系统 NMG 中极大相容理论的结构及拓扑刻画, 得到了与 $\mathscr{L}^*$ 中相类似的结论. 为研究 NMG 中逻辑闭理论与全体极大相容理论之集构成的拓扑空间中的拓扑闭集间的对应关系, 又引入了 Gödel 理论的概念; 并证明了逻辑闭的 Gödel 理论与拓扑闭集是一一对应的. 6.4 节和 6.5 节分别研究模糊命题逻辑系统 Ł, G 与 Π 中极大相容理论的结构及拓扑性质. 特别地, 利用 Łukasiewicz 蕴涵算子的连续性, 在全体极大相容理论之集上引入一种模糊拓扑, 研究其性质及其截拓扑的性质.

6.1 二值命题逻辑 $Ł_2$ 中极大相容理论的结构及其拓扑刻画

$Ł_2$ 中极大相容理论的结构及拓扑刻画是王国俊教授在文献 [99] 中首次给出的, 但本节的刻画方法不同于文献 [99] 中的方法.

6.1.1 $Ł_2$ 中极大相容理论的性质及结构

由于逻辑推理都是在有限步之内完成的, 所以有如下的命题.

命题 6.1.1 设 Γ 是 $Ł_2$ 中的理论, 则 Γ 是相容的 iff Γ 的每个有限子理论 $\Sigma \subseteq \Gamma$ 是相容的.

证明 先证必要性. 设 $\Gamma \nvdash \overline{0}$, 则不存在从 Γ 到 $\overline{0}$ 的推演, 从而 Γ 的任意有限子理论是相容的. 反过来, 假设 Γ 是不相容的, 则存在 $\varphi_1, \cdots, \varphi_m \in \Gamma$ 使得 $\vdash \varphi_1 \to (\varphi_2 \to (\cdots \to (\varphi_m \to \overline{0})\cdots))$ 成立. 令 $\Sigma = \{\varphi_1, \cdots, \varphi_m\}$, 则 $\Sigma \vdash \overline{0}$, 从而 Σ 不相容, 矛盾!

例 6.1.2 全体原子公式集 $S = \{p_1, p_2, \cdots\}$ 是相容的, 因为对任一 $m \in \mathbb{N}$, $\{p_1, \cdots, p_m\}$ 是相容的.

命题 6.1.3 $Ł_2$ 中的每个相容理论都可扩张为一个极大相容理论.

证明 设 Γ 是相容理论. 为证明 Γ 可被扩张为一个极大相容理论, 我们先构造相容理论序列如下: 因为 $F(S)$ 是可数集, 所以所有公式是可列的. 设 $\varphi_1, \varphi_2, \cdots$ 是 $Ł_2$ 中的所有公式序列. 令 $\Gamma_0 = \Gamma$, 并归纳地构造相容理论序列 $\Gamma_1, \Gamma_2, \cdots$:

$$\Gamma_{i+1} = \begin{cases} \Gamma_i \cup \{\varphi_{i+1}\}, & \Gamma_i \cup \{\varphi_{i+1}\}\text{相容}, \\ \Gamma_i, & \text{否则}, \end{cases} \quad i \geqslant 0.$$

易见, 理论序列 $\Gamma_0, \Gamma_1, \Gamma_2, \cdots$ 中的每个成员都是相容的, 并且该序列按包含序是递增链. 令 $\Gamma^* = \bigcup_{i=0}^{\infty} \Gamma_i$, 则 Γ^* 的每个有限子理论都包含于某相容理论 $\Gamma_j (j \geqslant 0)$ 中, 因而由命题 6.1.1 知 Γ^* 的有限子理论都是相容的, 从而再由命题 6.1.1 知 Γ^* 是相容的. 下面证明 Γ^* 就是所求的极大相容理论. 任取 $\varphi \in F(S)$ 且 $\varphi \notin \Gamma^*$. 因为 φ 是公式, 所以 φ 必出现在公式序列 $\varphi_1, \varphi_2, \cdots$ 中, 不妨设 $\varphi = \varphi_k$. 若 $\Gamma_{k-1} \cup \{\varphi_k\}$ 是相容的, 则由相容理论序列 $\Gamma_0, \Gamma_1, \Gamma_2, \cdots$ 的构造知 $\Gamma_k = \Gamma_{k-1} \cup \{\varphi_k\}$, 从而 $\varphi_k \in \Gamma_k \subseteq \Gamma^*$, 矛

盾! 所以 $\Gamma_{k-1}\cup\{\varphi_k\}$ 必不相容, 从而 $\Gamma^*\cup\{\varphi_k\}$ 也不相容. 这就证明了 Γ^* 是极大相容理论.

下面研究 Ł$_2$ 中极大相容理论的基本性质.

命题 6.1.4 设 Γ 是 Ł$_2$ 中的极大相容理论, 则

(i) Γ 是逻辑闭的, 即 $\Gamma = D(\Gamma)$.

(ii) $\varphi\wedge\psi\in\Gamma$ iff $\varphi\in\Gamma$ 且 $\psi\in\Gamma$.

(iii) Γ 是**完全**的, 即对任意公式 $\varphi,\psi\in F(S)$, $\varphi\to\psi\in\Gamma$ 或 $\psi\to\varphi\in\Gamma$.

(iv) Γ 是**素理论**, 即 $\varphi\vee\psi\in\Gamma$ iff $\varphi\in\Gamma$ 或 $\psi\in\Gamma$.

(v) 对任一 $\varphi\in F(S)$, $\varphi\in\Gamma$ 与 $\neg\varphi\in\Gamma$ 有且仅有一个成立.

(vi) 对任一原子公式 $p\in S$, $p\in\Gamma$ 与 $\neg p\in\Gamma$ 有且仅有一个成立.

证明 (i) Γ 的极大性保证它包含 Ł$_2$ 中的所有定理. 设 $\varphi,\varphi\to\psi\in\Gamma$. 假设 $\psi\notin\Gamma$, 则由 Γ 的极大性知 $\Gamma\cup\{\psi\}$ 是不相容的. 由 Ł$_2$ 的演绎定理知存在 $\varphi_1,\cdots,\varphi_m\in\Gamma$ 使得 $\varphi_1\wedge\cdots\wedge\varphi_m\wedge\psi\to\overline{0}$ 是定理. 又由于 $\varphi\wedge(\varphi\to\psi)\to\psi$ 是定理, 所以 $\varphi_1\wedge\cdots\wedge\varphi_m\wedge\varphi\wedge(\varphi\to\psi)\to\overline{0}$ 是定理, 这说明 Γ 是不相容的, 矛盾! 所以 $\psi\in\Gamma$. 这证明了 Γ 关于 MP 规则是封闭的, 从而 Γ 是逻辑闭的, 即 $\Gamma=D(\Gamma)$.

(ii) 设 $\varphi\wedge\psi\in\Gamma$. 由 $\varphi\wedge\psi\to\varphi$ 是定理, 从而 $\varphi\wedge\psi\to\varphi\in\Gamma$. 再由 MP 规则知 $\varphi\in\Gamma$. 同理, $\psi\in\Gamma$. 反过来, 设 $\varphi\in\Gamma$ 且 $\psi\in\Gamma$. 由 $\varphi\to(\psi\to\varphi\wedge\psi)$ 作为定理含于 Γ 中, 从而运用两次 MP 规则知 $\varphi\wedge\psi\in\Gamma$.

(iii) 假设 $\varphi\to\psi\notin\Gamma$ 且 $\psi\to\varphi\notin\Gamma$, 则由 Γ 的极大性知 $\Gamma\cup\{\varphi\to\psi\}$ 与 $\Gamma\cup\{\psi\to\varphi\}$ 均不相容. 从而由 Ł$_2$ 的演绎定理知存在 $\varphi_1,\cdots,\varphi_m,\psi_1,\cdots,\psi_k\in\Gamma$ 使得 $\varphi_1\wedge\cdots\wedge\varphi_m\wedge(\varphi\to\psi)\to\overline{0}$ 和 $\psi_1\wedge\cdots\wedge\psi_k\wedge(\psi\to\varphi)\to\overline{0}$ 是定理. 令 $\chi=\varphi_1\wedge\cdots\wedge\varphi_m\wedge\psi_1\wedge\cdots\wedge\psi_k$, 则 $\chi\wedge(\varphi\to\psi)\to\overline{0}$ 和 $\chi\wedge(\psi\to\varphi)\to\overline{0}$ 均是定理. 从而 $\chi\wedge((\varphi\to\psi)\vee(\psi\to\varphi))\to\overline{0}\sim(\chi\wedge(\varphi\to\psi))\vee(\chi\wedge(\psi\to\varphi))\to\overline{0}\sim(\chi\wedge(\varphi\to\psi)\to\overline{0})\wedge(\chi\wedge(\psi\to\varphi)\to\overline{0})$ 是定理. 又, 由 $(\varphi\to\psi)\vee(\psi\to\varphi)$ 是定理知 $\chi\to\overline{0}$ 是定理. 由 (ii) 知 $\chi\in\Gamma$, 这说明 Γ 是不相容的, 矛盾! 所以必有 $\varphi\to\psi\in\Gamma$ 或 $\psi\to\varphi\in\Gamma$.

(iv) 设 $\varphi\vee\psi\in\Gamma$, 则由 $\varphi\vee\psi$ 与 $(\varphi\to\psi)\to\psi$ 可证等价知 $(\varphi\to\psi)\to\psi\in\Gamma$. 同理, $(\psi\to\varphi)\to\varphi\in\Gamma$. 由 (iii) 知 $\varphi\to\psi\in\Gamma$ 或 $\psi\to\varphi\in\Gamma$. 若 $\varphi\to\psi\in\Gamma$, 则由 MP 规则知 $\psi\in\Gamma$; 若 $\psi\to\varphi\in\Gamma$, 则 $\varphi\in\Gamma$. 所以必要性成立. 反过来, 设 $\varphi\in\Gamma$ 或 $\psi\in\Gamma$, 则由 $\varphi\to\varphi\vee\psi$, $\psi\to\varphi\vee\psi$ 是定理知 $\varphi\to\varphi\vee\psi\in\Gamma$ 且 $\psi\to\varphi\vee\psi\in\Gamma$. 从而由 MP 规则知 $\varphi\vee\psi\in\Gamma$.

(v) 由 $\varphi\vee\neg\varphi$ 是定理知 $\varphi\vee\neg\varphi\in\Gamma$. 所以由 (iv) 知 $\varphi\in\Gamma$ 或 $\neg\varphi\in\Gamma$. 又由于 $\{\varphi,\neg\varphi\}$ 是不相容的, 所以 $\varphi\in\Gamma$ 与 $\neg\varphi\in\Gamma$ 不能同时成立.

(vi) (v) 的特例.

由命题 6.1.4 可得相容理论极大的一个充要条件.

定理 6.1.5 设 Γ 是 Ł$_2$ 中的相容理论, 则 Γ 极大 iff 对任一公式 $\varphi \in F(S)$, $\varphi \in \Gamma$ 与 $\neg\varphi \in \Gamma$ 有且仅有一个成立.

证明 由命题 6.1.4 知必要性成立, 下证充分性. 设 Γ' 是真包含 Γ 的理论, 则存在公式 $\varphi \in \Gamma' - \Gamma$. 由题设, $\neg\varphi \in \Gamma$, 从而 $\neg\varphi \in \Gamma'$, 所以 $\{\varphi, \neg\varphi\} \subseteq \Gamma'$. 由于 Γ' 包含一个不相容理论 $\{\varphi, \neg\varphi\}$, 所以 Γ' 自身是不相容的. 这就证明了 Γ 是极大的.

尽管定理 6.1.5 给出了 Ł$_2$ 中极大相容理论的一个充要条件, 但我们很难判断给定的理论是否满足定理 6.1.5 中的条件, 因而很难断定其极大性. 为进一步弄清楚极大相容理论的结构, 我们再做些准备工作.

命题 6.1.6 Ł$_2$ 中的极大相容理论有模型.

证明 设 Γ 是 Ł$_2$ 中的极大相容理论. 由命题 6.1.4 (v) 知, 对任一公式 $\varphi \in F(S)$, $\varphi \in \Gamma$ 与 $\neg\varphi \in \Gamma$ 有且仅有一个成立. 定义 $v: F(S) \to \{0,1\}$:

$$v(\varphi) = \begin{cases} 1, & \varphi \in \Gamma, \\ 0, & \neg\varphi \in \Gamma, \end{cases} \quad \varphi \in F(S).$$

为证 v 是 Γ 的模型, 只需证 v 是 $F(S)$ 的赋值.

(i) $v(\varphi) = 1$ iff $\varphi \in \Gamma$ iff $\neg\varphi \notin \Gamma$ iff $v(\neg\varphi) = 0$, 所以 $v(\neg\varphi) = \neg v(\varphi)$.

(ii) $v(\varphi \to \psi) = 0$ iff $\varphi \to \psi \notin \Gamma$ iff $\neg\varphi \vee \psi \notin \Gamma$ iff $\varphi \wedge \neg\psi \in \Gamma$ iff $\varphi \in \Gamma$ 且 $\neg\psi \in \Gamma$ iff $v(\varphi) = 1$ 且 $v(\psi) = 0$ iff $v(\varphi) \to v(\psi) = 0$, 所以 $v(\varphi \to \psi) = v(\varphi) \to v(\psi)$.

由 (i) 和 (ii) 知, v 是从 $F(S)$ 到 Boole 代数 $\{0,1\}$ 的 $(\neg, \to)$ 型同态, 所以 v 是 $F(S)$ 的一个赋值.

推论 6.1.7 Ł$_2$ 中的相容理论有模型.

证明 设 Γ 是 Ł$_2$ 中的相容理论, 则由命题 6.1.3, Γ 包含于一个极大相容理论 Γ^* 中. 由命题 6.1.6 知, Γ^* 有模型 v. 由 $\Gamma \subseteq \Gamma^*$ 知, $v(\Gamma) = \{1\}$, 即 v 是 Γ 的模型.

又有模型的理论显然是相容的, 所以这便得 Ł$_2$ 中理论相容的充要条件.

推论 6.1.8 Ł$_2$ 中的理论是相容的 iff 它有模型.

由推论 6.1.8 及命题 6.1.1 便得 Ł$_2$ 中的紧致性定理.

推论 6.1.9[2](紧致性定理) Ł$_2$ 中的一个理论有模型 iff 它的每个有限子理论有模型.

由推论 6.1.7 还可证明 Ł$_2$ 中的强完备性定理, 见式 (1.1.4).

定理 6.1.10(强完备性定理) 设 Γ 是 Ł$_2$ 中的理论, $\varphi \in F(S)$, 则式 (1.1.4) 成立, 即

$$\Gamma \vdash \varphi \text{ iff } \Gamma \models \varphi.$$

证明 设 $\Gamma \vdash \varphi$. 若 Γ 不相容, 则由推论 6.1.8 知 Γ 没有模型, 从而 $\Gamma \models \varphi$ 显然成立. 下设 Γ 是相容的, 则由 Ł$_2$ 的演绎定理知, 存在 $\varphi_1, \cdots, \varphi_m \in \Gamma$ 使得

$\varphi_1 \wedge \cdots \wedge \varphi_m \to \varphi$ 是定理. 任取 Γ 的一模型 v, 则 $v(\Gamma) = \{1\}$, 从而 $v(\varphi_1) = \cdots = v(\varphi_m) = 1$. 由 $\varphi_1 \wedge \cdots \wedge \varphi_m \to \varphi$ 是定理知 $v(\varphi_1 \wedge \cdots \wedge \varphi_m \to \varphi) = 1$. 所以

$$v(\varphi) = 1 \to v(\varphi) = v(\varphi_1 \wedge \cdots \wedge \varphi_m) \to v(\varphi) = v(\varphi_1 \wedge \cdots \wedge \varphi_m \to \varphi) = 1,$$

这就证明了 $\Gamma \models \varphi$. 反过来, 设 $\Gamma \models \varphi$, 则必有 $\Gamma \cup \{\neg\varphi\}$ 是不相容的. 若不然, 由推论 6.1.7 知 $\Gamma \cup \{\neg\varphi\}$ 有模型 v. 从而 v 是 Γ 的模型但 $v(\varphi) = 1 - v(\neg\varphi) = 0$, 矛盾! 由 $\Gamma \cup \{\neg\varphi\}$ 不相容知 $\Gamma \cup \{\neg\varphi\} \vdash \overline{0}$, 再由演绎定理知 $\Gamma \vdash \neg\varphi \to \overline{0}$. 又 $\neg\varphi \to \overline{0}$ 与 φ 可证等价, 所以 $\Gamma \vdash \varphi$.

有以上预备知识, 我们现在可以给出极大相容理论结构的清楚刻画, 在列出所有极大相容理论前, 先引入一些记号.

定义 6.1.11[99] 令 $Q = \{(\alpha_1, \alpha_2, \cdots) \mid \alpha_m \in \{0,1\}, m \in \mathbb{N}\}$. 对 $\alpha = (\alpha_1, \alpha_2, \cdots) \in Q$, 定义 $S(\alpha) = \{\varphi_1, \varphi_2, \cdots\}$, 其中每个 φ_m 满足

$$\varphi_m = \begin{cases} p_m, & \alpha_m = 1, \\ \neg p_m, & \alpha_m = 0, \end{cases} \tag{6.1.1}$$

$m = 1, 2, \cdots$.

定理 6.1.12 任取 $\alpha = (\alpha_1, \alpha_2, \cdots) \in Q$, 则 $D(S(\alpha))$ 是 Ł_2 中的极大相容理论.

证明 设 $\alpha = (\alpha_1, \alpha_2, \cdots) \in Q$, $S(\alpha) = \{\varphi_1, \varphi_2, \cdots\}$, 其中每个 φ_m 由式 (6.1.1) 给出 $(m = 1, 2, \cdots)$. 由式 (6.1.1) 可以看出, $S(\alpha)$ 有一模型 v, 满足 $v(p_m) = \alpha_m$. 从而由推论 6.1.8 知 $S(\alpha)$ 是相容的, 所以 $D(S(\alpha))$ 也是相容的. 为证 $D(S(\alpha))$ 是极大的, 只需任取 $\varphi \notin D(S(\alpha))$, 证明 $D(S(\alpha)) \cup \{\varphi\}$ 是不相容的. 假设 $D(S(\alpha)) \cup \{\varphi\}$ 是相容的, 则由推论 6.1.7 知 $D(S(\alpha)) \cup \{\varphi\}$ 有模型. 任取 $D(S(\alpha)) \cup \{\varphi\}$ 的一个模型 u, 则 u 也是 $S(\alpha)$ 的模型. 由式 (6.1.1) 知 $u(p_m) = \alpha_m (m = 1, 2, \cdots)$, 所以 $u = v$. 这说明 $D(S(\alpha))$ 只有一个模型 v. 又 v 也是 $\{\varphi\}$ 的模型, 所以 $v(\varphi) = 1$. 由 v 的唯一性, $D(S(\alpha)) \models \varphi$. 再由 Ł_2 的强完备性定理知 $D(S(\alpha)) \vdash \varphi$. 又显然 $D(S(\alpha))$ 是逻辑闭的, 所以 $\varphi \in D(S(\alpha))$, 矛盾! 这就证明了 $D(S(\alpha))$ 是极大相容理论.

定理 6.1.13 设 $\alpha, \beta \in Q$, 则

$$D(S(\alpha)) \neq D(S(\beta)) \text{ iff } S(\alpha) \neq S(\beta) \text{ iff } \alpha \neq \beta.$$

证明 显然.

定理 6.1.14 设 Γ 是 Ł_2 中的极大相容理论, 则存在 $\alpha \in Q$ 使得

$$\Gamma = D(S(\alpha)).$$

证明　由命题 6.1.4 (vi), 对任一原子公式 $p_m \in S$, $p_m \in \Gamma$ 或 $\neg p_m \in \Gamma$, 相应地, 令 $\alpha_m = 1$ 或 $\alpha_m = 0, m = 1, 2, \cdots$, 则 $S(\alpha) \subseteq \Gamma$, 从而 $D(S(\alpha)) \subseteq \Gamma$. 由 $D(S(\alpha))$ 的极大性知 $\Gamma = D(S(\alpha))$.

下面我们总结 Ł$_2$ 中极大相容理论的主要结论.

定理 6.1.15　(i) 令

$$M = \{D(S(\alpha)) \mid \alpha \in Q\},$$

则 M 是 Ł$_2$ 中全体极大相容理论之集.

(ii) Ł$_2$ 中恰有 2^{ω} 个极大相容理论.

(iii) Ł$_2$ 中的相容理论 Γ 是极大的 iff $\Gamma = D(\Gamma)$ 且对任一原子公式 $p \in S, p \in \Gamma$ 与 $\neg p \in \Gamma$ 有且仅有一个成立.

(iv) Ł$_2$ 中的一个相容理论是极大的 iff 它是逻辑闭的且有唯一模型.

证明　(i)–(iii) 是定理 6.1.12– 定理 6.1.14 的直接推论, 只需证 (iv). 设 Γ 是极大相容理论, 则由定理 6.1.14 知, 存在 $\alpha \in Q$ 使得 $\Gamma = D(S(\alpha))$. 显然 $D(S(\alpha))$ 是逻辑闭的且仅有一个模型 v 满足 $v = \alpha$. 反过来, 设 $\Gamma = D(\Gamma)$ 且 Γ 有唯一模型 v. 取 $\alpha = (\alpha_1, \alpha_2, \cdots) \in Q$ 满足 $\alpha = v$, 即 $\alpha_m = v(p_m), m = 1, 2, \cdots$, 则 Γ 与 $D(S(\alpha))$ 有相同的模型 v. 所以由强完备性定理, $\Gamma = D(S(\alpha))$, 从而 Γ 是极大的.

注 6.1.16　(i) 定义 6.1.11 定义的极大相容理论 $D(S(\alpha))$ 与式 (3.1.18) 定义的 Γ_v(这里 $v = \alpha$) 在形式上不同, 但不难验证 $D(S(\alpha)) = \Gamma_v$. 事实上, 由于 $D(S(\alpha))$ 和 Γ_v 有相同的模型 v, 所以由强完备性定理知 $D(S(\alpha)) = \Gamma_v$. 由命题 6.1.4 (ii) 也可直接验证 $D(S(\alpha)) = \Gamma_v$. 因此定理 3.1.20 (i) 与定理 6.1.15 (i) 是一致的.

(ii) 由定义 6.1.11 定义的极大相容理论与文献 [99] 给出的极大相容理论在表达形式上略有不同外, 本节的证明方法与文献 [99] 中的也不同, 本节给出的结论要比文献 [99] 中的丰富得多.

(iii) 易验证任一极大相容理论 $D(S(\alpha))$ 的相容度 $\text{Consist}(D(S(\alpha))) = \dfrac{1}{2}$, 但满足 $\text{Consist}(\Gamma) = \dfrac{1}{2}$ 的理论 Γ 未必是极大的.

6.1.2　Ł$_2$ 中极大相容理论结构刻画的归纳证法

在命题 6.1.4 的基础上还可用关于公式复杂度的归纳法给出 Ł$_2$ 中极大相容理论的结构描述. 我们先给出如下的等价条件.

定理 6.1.17　设 Γ 是 Ł$_2$ 中的理论, 则以下各条等价:

(i) Γ 是极大相容理论,

(ii) 对任一公式 $\varphi \in F(S)$, $\neg\varphi \in \Gamma$ 与 $\varphi \in \Gamma$ 有且仅有一个成立,

(iii) Γ 是相容的逻辑闭理论且满足: 若 $\varphi \vee \psi \in \Gamma$ 则 $\varphi \in \Gamma$ 或 $\psi \in \Gamma$,

(iv) Γ 是相容的逻辑闭理论且满足: 对任意两个公式 $\varphi,\psi \in F(S), \varphi \to \psi \in \Gamma$ 或 $\psi \to \varphi \in \Gamma$.

证明 由命题 6.1.4 知 (i)⇒(ii), (i)⇒(iii) 及 (i)⇒(iv) 成立; 由定理 6.1.5 知 (ii)⇒(i) 也成立. 下证 (iii)⇒(ii) 及 (iii)⇔(iv).

先证 (iii)⇒(ii). 由于 Γ 是逻辑闭的及 $\varphi \vee \neg\varphi$ 是定理, 所以 $\varphi \vee \neg\varphi \in \Gamma$, 从而由题设 $\varphi \in \Gamma$ 或 $\neg\varphi \in \Gamma$. 又由 Γ 是相容的知 $\varphi \in \Gamma$ 与 $\neg\varphi \in \Gamma$ 不能同时成立, 所以 (ii) 成立.

再证 (iii)⇔(iv). 设 Γ 是相容的逻辑闭理论. 任取 $\varphi,\psi \in \Gamma$, 则由 $(\varphi \to \psi)\vee(\psi \to \varphi)$ 是定理知 $(\varphi \to \psi) \vee (\psi \to \varphi) \in \Gamma$, 从而由题设, $\varphi \to \psi \in \Gamma$ 或 $\psi \to \varphi \in \Gamma$. 这就证得了 (iii)⇒(iv). 反过来, 设 (iv) 成立. 任取 $\varphi,\psi \in \Gamma$ 且 $\varphi \vee \psi \in \Gamma$. 由 $\varphi \vee \psi \sim (\varphi \to \psi) \to \psi \sim (\psi \to \varphi) \to \varphi$ 及 Γ 是逻辑闭的知, $(\varphi \to \psi) \to \psi \in \Gamma$ 且 $(\psi \to \varphi) \to \varphi \in \Gamma$. 由题设, $\varphi \to \psi \in \Gamma$ 或 $\psi \to \varphi \in \Gamma$. 若 $\varphi \to \psi \in \Gamma$, 则由 $(\varphi \to \psi) \to \psi \in \Gamma$ 及 MP 规则知 $\psi \in \Gamma$; 若 $\psi \to \varphi \in \Gamma$, 则由 $(\psi \to \varphi) \to \varphi \in \Gamma$ 及 MP 规则知 $\varphi \in \Gamma$. 所以 (iii) 成立.

为给出 $Ł_2$ 中极大相容理论的如定理 6.1.15 (i) 所述的结构描述, 我们只需证明定理 6.1.15 (iii) 成立. 事实上, 设定理 6.1.15 (iii) 成立, 则对任一 $\alpha \in Q$, $D(S(\alpha))$ 满足条件, 从而是极大相容理论, 并且任一极大相容理论必具有形式 $D(S(\alpha))$. 再由定理 6.1.13 知 $M = \{D(S(\alpha)) \mid \alpha \in Q\}$ 是 $Ł_2$ 中全部的极大相容理论. 下证定理 6.1.15 (iii), 即证如下定理.

定理 6.1.18 设 Γ 是 $Ł_2$ 中的相容理论, 则 Γ 是极大的 iff $\Gamma = D(\Gamma)$ 且对任一原子公式 $p \in S$, $p \in \Gamma$ 与 $\neg p \in \Gamma$ 有且仅有一个成立.

证明 由命题 6.1.4 (vi) 知只需证充分性, 下面用关于 φ 的结构复杂度的归纳法证明定理 6.1.17 (ii) 成立, 即对任一 $\varphi \in F(S)$, $\varphi \in \Gamma$ 与 $\neg\varphi \in \Gamma$ 有且仅有一个成立. 又由 Γ 是相容的知, 对任一 $\varphi \in F(S)$, $\varphi \in \Gamma$ 与 $\neg\varphi \in \Gamma$ 不可能同时成立. 所以接下来我们只需证: 对任一 $\varphi \in F(S)$, $\varphi \in \Gamma$ 或 $\neg\varphi \in \Gamma$.

若 $\varphi = p, p \in S$, 则结论显然成立. 现设 φ 不是原子公式且假设结论对长度小于 φ 的公式均成立, 分下面两种情况进行讨论.

(i) 若 $\varphi = \neg\psi$, 则由假设, $\psi \in \Gamma$ 与 $\neg\psi \in \Gamma$ 有且仅有一个成立. 由 $\psi \sim \neg\neg\psi$ 及 $\Gamma = D(\Gamma)$ 知 $\varphi \notin \Gamma$ iff $\neg\psi \notin \Gamma$ iff $\psi \in \Gamma$ iff $\neg\neg\psi \in \Gamma$ iff $\neg\varphi \in \Gamma$. 所以此时结论成立.

(ii) 若 $\varphi = \psi \to \chi$, 则 ψ 与 χ 的复杂度都小于 φ, 从而由假设知结论对 ψ 和 χ 都成立. 可分两种情况进行讨论.

(1) $\neg\psi \in \Gamma$ 或 $\chi \in \Gamma$. 先设 $\neg\psi \in \Gamma$. 由 $\neg\psi \to (\psi \to \chi)$ 为定理知 $\neg\psi \to \varphi \in \Gamma$, 从而由 MP 规则知 $\varphi \in \Gamma$. 设 $\chi \in \Gamma$, 则 $\chi \to (\psi \to \chi)$ 也是定理, 所以由 MP 也有 $\varphi \in \Gamma$.

(2) $\psi \in \Gamma$ 且 $\neg\chi \in \Gamma$. 由命题 6.1.4 (ii) 知 $\psi \wedge \neg\chi \in \Gamma$. 又 $\neg\varphi = \neg(\psi \to \chi) \sim$

$\neg(\neg\psi \vee \chi) \sim \neg\neg\psi \wedge \neg\chi \sim \psi \wedge \neg\chi$. 由 Γ 是逻辑闭的知 $\neg\varphi \in \Gamma$.

这就证明了结论对任意长的公式 φ 都成立. 所以定理 6.1.17 (ii) 成立, 从而 Γ 是极大的.

6.1.3 Ł_2 中极大相容理论的拓扑刻画

文献 [99] 在 Ł_2 中全体极大相容理论之集 $M = \{D(S(\alpha)) \mid \alpha \in Q\}$ 上引入 Stone 拓扑, 证明了 M 是 Cantor 空间.

为便于读者理解后面的结论, 先回忆一些基本的拓扑概念, 详见文献 [97], [98], [175],[176]. 后面几节也将用到这些预备知识.

设 $X \neq \varnothing$, X 的一个**拓扑基**是满足以下两条的 X 的子集族 $\mathscr{B}$:

(i) 对任一 $x \in X$, 存在 $B \in \mathscr{B}$ 使得 $x \in B$,

(ii) 设 $x \in B_1 \cap B_2$ $(B_1, B_2 \in \mathscr{B})$, 则存在 $B_3 \in \mathscr{B}$ 使得 $x \in B_3 \subseteq B_1 \cap B_2$.

若 $\mathscr{B}$ 满足上述 (i) 和 (ii), 则 $\mathscr{B}$ 按如下方式可生成 X 上的唯一一个拓扑 $\mathscr{T}$:

$$\mathscr{T} = \{U \subseteq X \mid \text{对任意} x \in U, \text{存在} B \in \mathscr{B} \text{ s.t. } x \in B \subseteq U\}.$$

显然 $\mathscr{B} \subseteq \mathscr{T}$. 称 $\mathscr{T}$ 中的元素为**开集**. 若 A 是开集, 则称其补集 $X - A$ 为**闭集**. 称 $(X, \mathscr{T})$ 为**拓扑空间**. 当 $\mathscr{T}$ 已明确时, 简称 X 是一个拓扑空间.

设 X 是一个拓扑空间, 若 X 上的拓扑有一个可数基, 则称 X 是**满足第二可数公理的空间**, 简称为**第二可数空间**; 若对 X 中任意两个不同点 x_1 和 x_2, 存在不相交的开集 U_1 和 U_2 使得 $x_1 \in U_1, x_2 \in U_2$, 则称 X 是 **Hausdorff 空间**; 若 X 的每一个开覆盖有一个有限子覆盖, 则称 X 是一个**紧致空间**; 若 X 的每个可数开覆盖都有一个有限开覆盖, 则称 X 是**可数紧空间**; 若 X 的每一个开覆盖都有一个可数子覆盖, 则称 X 为 **Lindelöf 空间**. 显然, 每个第二可数空间都是 Lindelöf 空间. 若 X 不含孤立点, 则称 X 是**完全**的; 若对 X 中任意两个不同点 x 和 y, 存在既开又闭子集 C 使得 $x \in C$ 但 $y \notin C$, 则称 X 是**完全不连通**的; 若 X 有一个由既开又闭子集构成的拓扑基, 则称 X 是**零维**的. 显然, 每个零维的 Hausdorff 空间都是完全不连通的. 若 X 同胚于一个度量空间, 则称 X 是**可度量化**的.

下面再回忆 Cantor 三分集及 Cantor 空间的概念. 将单位闭区间 $[0,1]$ 三等分, 去掉中间的开区间 $\left(\frac{1}{3}, \frac{2}{3}\right)$, 剩下两个闭区间 $\left[0, \frac{1}{3}\right]$ 和 $\left[\frac{2}{3}, 1\right]$. 再把这两个闭区间各三等分, 去掉中间的两个开区间, 即 $\left(\frac{1}{9}, \frac{2}{9}\right)$, $\left(\frac{7}{9}, \frac{8}{9}\right)$. 一般地, 当进行到第 m 次时, 一共去掉了 $2^m - 1$ 个开区间, 剩下 2^m 个长度为 3^{-m} 的互不相交的闭区间, 而在第 $m+1$ 次时, 再将这 2^m 个闭区间各三等分, 并去掉中间的一个开区间, 如此继续下去, 就从 $[0,1]$ 中去掉了可数个互不相交 (而且没有公共端点) 的开区间. 在这个无穷过程中没被挖去的点之集称为 **Cantor 三分集**.

Cantor 三分集具有许多有意思的性质. 比如, 它是不可数的但其 Lebesgue 测度为 0, 还有, 它没有内点, 但是完备集等. 因为 Cantor 三分集是一族开集并的补集, 所以它是 $[0,1]$ 的闭子集, 因而是一个完备的度量空间. 关于 Cantor 三分集的详细性质请参阅文献 [98].

若拓扑空间 X 同胚于 Cantor 三分集, 则称 X 为 **Cantor 空间**. 1910 年, Brouwer 给出了 Cantor 空间的拓扑刻画[177].

引理 6.1.19[177] 一个拓扑空间是 Cantor 空间 iff 它是非空的、完全的、紧致的、完全不连通的且是可度量化的.

定义 6.1.20[99] 设 $\varphi \in F(S)$, 令

$$\mathscr{V}(\varphi) = \{D(S(\alpha)) \in M \mid \varphi \in D(S(\alpha))\},$$
$$\mathscr{B} = \{\mathscr{V}(\varphi) \mid \varphi \in F(S)\},$$

则 $\mathscr{B}$ 是 M 的拓扑基, 记 $\mathscr{T}$ 为 $\mathscr{B}$ 生成的拓扑, 称 $\mathscr{T}$ 为 M 上的 **Stone 拓扑**.

定理 6.1.21[99] 拓扑空间 $(M, \mathscr{T})$ 具有以下性质:

(i) $(M, \mathscr{T})$ 是第二可数空间, 因而是 Lindelöf 空间.

(ii) $(M, \mathscr{T})$ 是 Hausdorff 空间.

(iii) $(M, \mathscr{T})$ 中没有孤立点.

(iv) $(M, \mathscr{T})$ 是零维空间.

(v) $(M, \mathscr{T})$ 有可数局部有限基.

(vi) $(M, \mathscr{T})$ 是可度量化空间.

(vii) $(M, \mathscr{T})$ 是 Cantor 空间.

由文献 [99] 中注 1 知拓扑空间 $(M, \mathscr{T})$ 的度量为

$$d(D(S(\alpha)), D(S(\beta))) = \max\left\{\frac{1}{m}\middle|\alpha_m \neq \beta_m, m \in \mathbb{N}\right\}.$$

这与定理 3.1.20 给出的度量 ρ 是一致的. 所以 $(M, \mathscr{T})$ 与赋值空间 $\Omega = \{0,1\}^\omega$ 是同胚的. 由定理 3.1.19 知以下定理.

定理 6.1.22 Ł$_2$ 中逻辑闭理论与 $(M, \mathscr{T})$ 中的拓扑闭集是一一对应的.

6.2 形式系统 $\mathscr{L}^*$ 中极大相容理论的结构及其拓扑刻画

6.2.1 $\mathscr{L}^*$ 中极大相容理论的性质及结构

先回忆形式系统 $\mathscr{L}^*$ 中的一些基本性质, 参见 1.2.4 节.

命题 6.2.1　设 $\varphi,\psi\in F(S)$, 定义

$$\varphi\&\psi=\neg(\varphi\to\neg\psi),\quad \varphi^2=\varphi\&\varphi,\quad \varphi^m=\varphi^{m-1}\&\varphi,\quad m=3,4,\cdots,$$

则:

(i) $\neg\varphi\sim\varphi\to\bar{0}$; $\neg\neg\varphi\sim\varphi$; $\varphi\to\psi\sim\neg\psi\to\neg\varphi$.

(ii) $\neg(\varphi\vee\psi)\sim\neg\varphi\wedge\neg\psi$; $\neg(\varphi\wedge\psi)\sim\neg\varphi\vee\neg\psi$.

(iii) $\varphi\&\psi\sim\psi\&\varphi$.

(iv) $\varphi\to(\psi\to\chi)\sim\psi\to(\varphi\to\chi)\sim(\varphi\&\psi)\to\chi$.

(v) $\varphi^m\sim\varphi^2$, $m\geqslant 2$.

(vi) $(\varphi\vee\psi)^2\sim\varphi^2\vee\psi^2$; $(\varphi\wedge\psi)^2\sim\varphi^2\wedge\psi^2$.

(vii) $\vdash\varphi\&(\varphi\to\psi)\to\psi$.

(viii) $\{\varphi\to\psi,\psi\to\chi\}\vdash\varphi\to\chi$.

(ix) 若 $\vdash\varphi_1\to\psi_1$ 且 $\vdash\varphi_2\to\psi_2$, 则 $\vdash\varphi_1\&\varphi_2\to\psi_1\&\psi_2$; $\vdash\varphi_1\wedge\varphi_2\to\psi_1\wedge\psi_2$.

(x) $\vdash(\varphi^2\to(\psi\to\chi))\to((\varphi^2\to\psi)\to(\varphi^2\to\chi))$.

(xi) $\varphi\vee\psi\sim((\varphi\to\psi)\to\psi)\wedge((\psi\to\varphi)\to\varphi)$.

本节将用到 $\mathscr{L}^*$ 的广义演绎定理: $\Gamma\cup\{\varphi\}\vdash\psi$ iff $\Gamma\vdash\varphi^2\to\psi$, $\Gamma\subseteq F(S),\varphi,\psi\in F(S)$, 见式 (5.2.5). 由于推理是在有限步之内完成的, 所以,

$$\Gamma\vdash\varphi \text{ iff 存在 } \varphi_1,\cdots,\varphi_m\in\Gamma \text{ 使得} \vdash\varphi_1^2\&\cdots\&\varphi_m^2\to\varphi. \tag{6.2.1}$$

本节还将用到 $\mathscr{L}^*$ 的强完备性定理:

$$\Gamma\vdash\varphi \text{ iff } \Gamma\models\varphi,\quad \Gamma\subseteq F(S),\varphi\in F(S). \tag{6.2.2}$$

命题 6.1.1、例 6.1.2 及命题 6.1.3 在 $\mathscr{L}^*$ 中仍成立, 即得下面的命题.

命题 6.2.2　$\mathscr{L}^*$ 中的理论是相容的 iff 它的每个有限子理论是相容的.

例 6.2.3　全体原子公式之集 $S=\{p_1,p_2,\cdots\}$ 是相容的, 这是因为 $\{p_1,\cdots,p_m\}$ 是相容的, $m=1,2,\cdots$. 事实上, 假设存在 $m\in\mathbb{N}$ 使得 $\{p_1,\cdots,p_m\}$ 不相容, 则 $\vdash p_1^2\&\cdots\&p_m^2\to\bar{0}$ 成立, 从而 $p_1^2\&\cdots\&p_m^2\to\bar{0}$ 是重言式. 取赋值 v 满足 $v(p_1)=\cdots=v(p_m)=1$, 则 $1=v(p_1^2\&\cdots\&p_m^2\to\bar{0})=1\to 0=0$, 矛盾! 所以 $\{p_1,\cdots,p_m\}$ 是相容的, 从而 $\{p_1,\cdots,p_m\}$ 的任何子集都是相容的. 又 S 的任一有限子理论必包含于某 $\{p_1,\cdots,p_m\}$ 中, 从而是相容的, 所以 S 是相容的.

定义 6.2.4　设 Γ 是 $\mathscr{L}^*$ 中的相容理论. 若 Γ 不能再真包含于某相容理论中, 则称 Γ 是**极大相容理论**.

由定义 6.2.4 知, 一个相容理论 Γ 是极大的 iff 对任意 $\varphi\notin\Gamma$, $\Gamma\cup\{\varphi\}$ 是不相容的.

命题 6.2.5 $\mathscr{L}^*$ 中的每个相容理论都可扩张为一个极大相容理论.

证明 与命题 6.1.3 的证明完全类似.

$\mathscr{L}^*$ 中的极大相容理论有下列性质.

命题 6.2.6 设 Γ 是 $\mathscr{L}^*$ 中的极大相容理论, 则

(i) Γ 是逻辑闭的, 即 $\Gamma = D(\Gamma)$.

(ii) $\varphi\&\psi \in \Gamma$ iff $\varphi \wedge \psi \in \Gamma$ iff $\varphi \in \Gamma$ 且 $\psi \in \Gamma$, 特别地, $\varphi^2 \in \Gamma$ iff $\varphi \in \Gamma$.

(iii) Γ 是**完全**的, 即对任意两个公式 $\varphi, \psi \in F(S)$, $\varphi \to \psi \in \Gamma$ 或 $\psi \to \varphi \in \Gamma$.

(iv) Γ 是**素理论**, 即对任意两个公式 $\varphi, \psi \in F(S)$, $\varphi \vee \psi \in \Gamma$ iff $\varphi \in \Gamma$ 或 $\psi \in \Gamma$.

(v) 对任一公式 $\varphi \in F(S)$, $\varphi \in \Gamma$ 与 $\neg\varphi^2 \in \Gamma$ 有且仅有一个成立.

(vi) 对任一原子公式 $p \in S$, $p \in \Gamma$ 与 $\neg p^2 \in \Gamma$ 有且仅有一个成立.

(vii) 对任一公式 $\varphi \in F(S)$, $\varphi \in \Gamma, \neg\varphi \in \Gamma$ 与 $(\neg\varphi^2)\&(\neg(\neg\varphi)^2) \in \Gamma$ 有且仅有一个成立.

(viii) 对任一原子公式 $p \in S$, $p \in \Gamma$, $\neg p \in \Gamma$ 与 $(\neg p^2)\&(\neg(\neg p)^2) \in \Gamma$ 有且仅有一个成立.

证明 (i) 与命题 6.1.4 (i) 的证明类似. Γ 的极大性保证它必含 $\mathscr{L}^*$ 中的所有定理. 现设 $\varphi, \varphi \to \psi \in \Gamma$. 用反证法证 $\psi \in \Gamma$. 假设 $\psi \notin \Gamma$, 则由 Γ 的极大性知 $\Gamma \cup \{\psi\}$ 不相容, 从而 $\Gamma \cup \{\psi\} \vdash \overline{0}$. 由 $\mathscr{L}^*$ 中的广义演绎定理知存在 $\varphi_1, \cdots, \varphi_m \in \Gamma$ 使得 $\varphi_1^2\&\cdots\&\varphi_m^2\&\psi^2 \to \overline{0}$ 是定理. 由命题 6.2.1 (vii) 知 $\varphi\&(\varphi \to \psi) \to \psi$ 是定理, 从而 $\varphi^2\&(\varphi \to \psi)^2 \to \psi^2$ 是定理. 所以 $\varphi_1^2\&\cdots\&\varphi_m^2\&\varphi^2\&(\varphi \to \psi)^2 \to \overline{0}$ 是定理, 由广义演绎定理知 $\Gamma \vdash \overline{0}$, 这与 Γ 相容相矛盾! 所以 $\psi \in \Gamma$, 从而 $\Gamma = D(\Gamma)$.

(ii) 设 $\varphi\&\psi \in \Gamma$, 则由 $\varphi\&\psi \to \varphi$ 及 $\varphi\&\psi \to \psi$ 是定理和 (i) 知 $\varphi\&\psi \to \varphi \in \Gamma$, $\varphi\&\psi \to \psi \in \Gamma$, 从而由 MP 规则知 $\varphi, \psi \in \Gamma$. 反过来, 设 $\varphi \in \Gamma$ 且 $\psi \in \Gamma$. 由 $\varphi \to (\psi \to \varphi\&\psi)$ 是定理及 Γ 关于 MP 规则封闭知 $\varphi\&\psi \in \Gamma$. $\varphi \wedge \psi \in \Gamma$ iff $\varphi \in \Gamma$ 且 $\psi \in \Gamma$ 的证明与命题 6.1.4 (ii) 的证明类似.

(iii) 设 $\varphi, \psi \in F(S)$ 且 $\varphi \to \psi \notin \Gamma$, $\psi \to \varphi \notin \Gamma$, 则由 Γ 的极大性知 $\Gamma \cup \{\varphi \to \psi\}$ 与 $\Gamma \cup \{\psi \to \varphi\}$ 都不相容. 由 (i) 及 $\mathscr{L}^*$ 中的广义演绎定理知存在 $\varphi_1, \psi_1 \in \Gamma$ 使得 $\vdash \varphi_1^2\&(\varphi \to \psi)^2 \to \overline{0}$ 和 $\vdash \psi_1^2\&(\psi \to \varphi)^2 \to \overline{0}$ 成立. 从而 $(\varphi_1\&\psi_1)^2\&(\varphi \to \psi)^2 \to \overline{0}$ 和 $(\varphi_1\&\psi_1)^2\&(\psi \to \varphi)^2 \to \overline{0}$ 都是定理, 即 $\vdash (\varphi \to \psi)^2 \to ((\varphi_1\&\psi_1)^2 \to \overline{0})$ 且 $\vdash (\psi \to \varphi)^2 \to ((\varphi_1\&\psi_1)^2 \to \overline{0})$, 所以 $\vdash (\varphi \to \psi)^2 \vee (\psi \to \varphi)^2 \to ((\varphi_1\&\psi_1)^2 \to \overline{0})$ 成立. 又 $(\varphi \to \psi)^2 \vee (\psi \to \varphi)^2 \sim ((\varphi \to \psi) \vee (\psi \to \varphi))^2$ 是定理, 所以 $(\varphi_1\&\psi_1)^2 \to \overline{0}$ 是定理. 由于 $\varphi_1\&\psi_1 \in \Gamma$, 所以 Γ 不相容, 矛盾! 所以必有 $\varphi \to \psi \in \Gamma$ 或 $\psi \to \varphi \in \Gamma$, 即 Γ 是完全的.

(iv) 设 $\varphi \vee \psi \in \Gamma$. 由命题 6.2.1 (xi) 知 $(\varphi \vee \psi) \to ((\varphi \to \psi) \to \psi) \wedge ((\psi \to \varphi) \to \varphi)$ 是定理. 由 MP 规则知 $((\varphi \to \psi) \to \psi) \wedge ((\psi \to \varphi) \to \varphi) \in \Gamma$. 再由 (ii) 知 $(\varphi \to \psi) \to \psi \in \Gamma$ 且 $(\psi \to \varphi) \to \varphi \in \Gamma$. 由 (iii), 若 $\varphi \to \psi \in \Gamma$, 则由 MP 规则,

$\psi \in \Gamma$; 若 $\psi \to \varphi \in \Gamma$, 则由 MP, $\varphi \in \Gamma$. 反过来, 设 $\varphi, \psi \in \Gamma$, 则由 $\varphi \to \varphi \vee \psi$ 是定理及 MP 规则知 $\varphi \vee \psi \in \Gamma$. 所以 Γ 是素的.

(v) 显然, $\varphi \notin \Gamma$ 或 $\neg\varphi^2 \notin \Gamma$, 这是因为 $\{\varphi, \neg\varphi^2\}$ 不相容. 为证 (v), 只需再证 $\varphi \in \Gamma$ 与 $\neg\varphi^2 \in \Gamma$ 不能同时不成立. 用反证法, 设 $\varphi \notin \Gamma$ 且 $\neg\varphi^2 \notin \Gamma$, 则由 Γ 的极大性知 $\Gamma \cup \{\varphi\}$ 与 $\Gamma \cup \{\neg\varphi^2\}$ 都是不相容的. 由 (i) 及广义演绎定理知存在 $\varphi_1, \varphi_2 \in \Gamma$ 使得 $\vdash \varphi_1^2 \& \varphi^2 \to \bar{0}$, $\vdash \varphi_2^2 \& (\neg\varphi^2)^2 \to \bar{0}$ 成立, 即 $\vdash \varphi_1^2 \to \neg\varphi^2$ 及 $\vdash \varphi_2^2 \to \neg(\neg\varphi^2)^2$ 成立. 由 $\vdash \varphi_1^2 \to \neg\varphi^2$ 及命题 6.2.1 (v) 和 (ix) 知 $\vdash \varphi_1^2 \to (\neg\varphi^2)^2$, 再由命题 6.2.1 (ix) 知 $\vdash \varphi_1^2 \& \varphi_2^2 \to (\neg\varphi^2)^2 \& (\neg(\neg\varphi^2)^2)$ 成立. 不难验证 $(\neg\varphi^2)^2 \& (\neg(\neg\varphi^2)^2)$ 是矛盾式, 从而由 $\mathscr{L}^*$ 的标准完备性定理知它是可驳公式 $\bar{0}$, 这说明 $\vdash \varphi_1^2 \& \varphi_2^2 \to \bar{0}$ 成立. 由于 $\varphi_1, \varphi_2 \in \Gamma$, 所以 Γ 是不相容的, 矛盾!

(vi) 是 (v) 的特例.

(vii) 由 (v), 只需证对任一 $\varphi \in F(S)$, $\neg\varphi^2 \in \Gamma$ iff $\neg\varphi \in \Gamma$ 与 $(\neg\varphi^2) \& (\neg(\neg\varphi)^2) \in \Gamma$ 有且仅有一个成立. 设 $\neg\varphi^2 \in \Gamma$. 若 $\neg\varphi \notin \Gamma$, 则由 (v) 知 $\neg(\neg\varphi)^2 \in \Gamma$, 从而由 (ii) 知 $(\neg\varphi^2) \& (\neg(\neg\varphi)^2) \in \Gamma$. 显然, $\neg\varphi \in \Gamma$ 与 $(\neg\varphi^2) \& (\neg(\neg\varphi)^2) \in \Gamma$ 不能同时成立, 因为 $\{\neg\varphi, (\neg\varphi^2) \& (\neg(\neg\varphi)^2)\}$ 不相容, 这就证明了必要性. 反过来, 先设 $\neg\varphi \in \Gamma$. 由于 $\neg\varphi \to (\varphi \to \neg\varphi)$ 是定理, 所以由 (i) 知 $\varphi \to \neg\varphi \in \Gamma$. 显然, $\neg\varphi^2$ 与 $\varphi \to \neg\varphi$ 可证等价, 所以 $\neg\varphi^2 \in \Gamma$; 若 $(\neg\varphi^2) \& (\neg(\neg\varphi)^2) \in \Gamma$, 则由 (ii) 知 $\neg\varphi^2 \in \Gamma$. 所以充分性成立.

(viii) 是 (vii) 的特例.

由命题 6.2.6 可得 $\mathscr{L}^*$ 中相容理论极大的两个充要条件.

定理 6.2.7　设 Γ 是 $\mathscr{L}^*$ 中的相容理论, 则 Γ 是极大的 iff Γ 满足以下两条:

(i) $\Gamma = D(\Gamma)$,

(ii) 对任一 $\varphi \in F(S)$, $\varphi \in \Gamma$ 与 $\neg\varphi^2 \in \Gamma$ 有且仅有一个成立.

证明　由命题 6.2.6 (i) 和 (v), 只需证充分性. 设 Γ' 是真包含 Γ 的理论, 则存在 $\varphi \in \Gamma' - \Gamma$. 由题设, $\neg\varphi^2 \in \Gamma$, 从而 $\neg\varphi^2 \in \Gamma'$, 所以 $\{\varphi, \neg\varphi^2\} \subseteq \Gamma'$. 由于 $\{\varphi, \neg\varphi^2\}$ 已不相容, 所以 Γ' 不相容. 故 Γ 是极大相容理论.

定理 6.2.8　设 Γ 是 $\mathscr{L}^*$ 中的相容理论, 则 Γ 是极大的 iff Γ 满足以下条件:

(i) $\Gamma = D(\Gamma)$,

(ii) 对任一公式 $\varphi \in F(S)$, $\varphi \in \Gamma, \neg\varphi \in \Gamma$ 与 $(\neg\varphi^2) \& (\neg(\neg\varphi)^2) \in \Gamma$ 有且仅有一个成立.

证明　由命题 6.2.6 (vii) 的证明知, $\neg\varphi^2 \in \Gamma$ iff $\neg\varphi \in \Gamma$ 与 $(\neg\varphi^2) \& (\neg(\neg\varphi)^2) \in \Gamma$ 有且仅有一个成立, 所以由定理 6.2.7 知定理 6.2.8 成立.

类似于二值情形, 尽管定理 6.2.7 和定理 6.2.8 都给出了极大相容理论的充要条件, 但很难验证一个给定理论是否满足定理 6.2.7 或定理 6.2.8 中的两个条件. 下面我们试图寻找较简单的充要条件.

回忆在标准 R_0-代数 $[0,1]_{R_0}=([0,1],\neg,\vee,\to,0,1)$ 中

$$\neg x=1-x;\quad x\vee y=\max\{x,y\};$$

$$x\to y=\begin{cases}1, & x\leqslant y,\\ (1-x)\vee y, & x>y.\end{cases}$$

若在 $\left\{0,\frac{1}{2},1\right\}$ 也按上述方式定义 $\neg,\vee$ 和 $\to$, 则 $W_3=\left(\left\{0,\frac{1}{2},1\right\},\neg,\vee,\to\right)$ 也是 R_0-代数. 关于 R_0-代数的基本知识也可参见 7.1 节.

与蕴涵算子 $\to$ 相伴随的 R_0 t-模 $\otimes_0$ 为

$$x\otimes_0 y=\begin{cases}x\wedge y, & x+y>1,\\ 0, & x+y\leqslant 1,\end{cases}\qquad x,y\in[0,1].$$

引理 6.2.9 设 $W=([0,1],\neg,\vee,\to)$ 和 $W_3=\left(\left\{0,\frac{1}{2},1\right\},\neg,\vee,\to\right)$ 分别是标准 R_0-代数和三值 R_0-代数. 定义 $h:W\to W_3$:

$$h(x)=\begin{cases}0, & x<\frac{1}{2},\\ \frac{1}{2}, & x=\frac{1}{2},\\ 1, & x>\frac{1}{2},\end{cases}\qquad x\in[0,1],\tag{6.2.3}$$

则 h 是从 W 到 W_3 的 $(\neg,\vee,\to)$ 型满同态.

证明 易见 h 保持 $\vee$ 与 $\neg$, 下证 h 保蕴涵运算 $\to$.

设 $x\leqslant y$, 则由 h 保序知 $h(x)\leqslant h(y)$. 这时 $h(x\to y)=h(1)=1=h(x)\to h(y)$. 若 $x>y$, 则

$$h(x\to y)=h(\neg x\vee y)=\neg h(x)\vee h(y).\tag{6.2.4}$$

这时, 若 $h(x)>h(y)$, 则由式 (6.2.4) 知 $h(x\to y)=\neg h(x)\vee h(y)=h(x)\to h(y)$. 若 $h(x)=h(y)$, 则 $h(x)\to h(y)=1$. 由 $x>y$ 知这时不可能有 $h(x)=h(y)=\frac{1}{2}$.

(i) 若 $h(x)=h(y)=1$, 则由式 (6.2.4) 得 $h(x\to y)=\neg h(x)\vee h(y)=0\vee 1=1$.

(ii) 若 $h(x)=h(y)=0$, 则由式 (6.2.4) 仍有 $h(x\to y)=\neg h(x)\vee h(y)=\neg 0\vee 1=1$.

总之, $h(x\to y)=h(x)\to h(y)$, 所以 h 为 $(\neg,\vee,\to)$ 型同态.

下面的定理给出的极大相容理论是有意思的, 它的结构非常简单.

定理 6.2.10 $D(S)=D(\{p_1,p_2,\cdots\})$ 是 $\mathscr{L}^*$ 中的一个极大相容理论.

证明　由例 6.2.3 知 S 是相容的, 从而 $D(S)$ 也是相容的. 为证 $D(S)$ 是极大的, 只需证对任一 $\varphi \notin D(S)$, $D(S)\cup\{\varphi\}$ 是不相容的. 为此, 不妨设 φ 是由前 m 个原子命题公式 $p_1,\cdots,p_m$ 构成的公式, 并设 $\overline{\varphi}$ 是由 φ 诱导的真函数, 则有下面论断.

论断 1　对任一 $(x_1,\cdots,x_m)\in\left(\frac{1}{2},1\right]^m$, 都有 $\overline{\varphi}(x_1,\cdots,x_m)\leqslant\frac{1}{2}$.

用反证法. 假设存在一 m 元组 $(x_1,\cdots,x_m)\in\left(\frac{1}{2},1\right]^m$ 使得 $\overline{\varphi}(x_1,\cdots,x_m)>\frac{1}{2}$. 设 h 是由式 (6.2.3) 定义的满同态映射, 则

$$\overline{\varphi}(1,\cdots,1)=\overline{\varphi}(h(x_1),\cdots,h(x_m))=h(\overline{\varphi}(x_1,\cdots,x_m))=1.$$

任取 $D(S)$ 的一个模型 v, 则 v 也是 S 的模型, 从而对任一 $i=1,\cdots,m,v(p_i)=1$. 所以 $v(\varphi)=\overline{\varphi}(v(p_1),\cdots,v(p_m))=\overline{\varphi}(1,\cdots,1)=1$. 这说明 φ 是 $D(S)$ 的一个语义推论, 即 $D(S)\models\varphi$. 由 $\mathscr{L}^*$ 的强完备性定理式 (6.2.2) 知, $D(S)\vdash\varphi$. 又由于 $D(S)$ 是逻辑闭的, 所以有 $\varphi\in D(S)$, 矛盾! 所以论断 1 成立.

由公式 φ 及 $p_1,\cdots,p_m$ 构造公式 ψ 如下:

$$\psi=\varphi^2\&p_1^2\&\cdots\&p_m^2,$$

则有下面的论断.

论断 2　ψ 是矛盾式.

任取 $v\in\Omega$, 设 $x_i=v(p_i)$, $i=1,\cdots,m$. 若对任一 i, 都有 $x_i>\frac{1}{2}$, 则由论断 1 知 $v(\varphi)=\overline{\varphi}(v(p_1),\cdots,v(p_m))=\overline{\varphi}(x_1,\cdots,x_m)\leqslant\frac{1}{2}$. 所以 $v(\varphi^2)=v(\varphi)\otimes_0 v(\varphi)=0$, 从而 $v(\psi)=0$; 若存在 $i_0\in\{1,\cdots,m\}$ 使得 $x_{i_0}\leqslant\frac{1}{2}$, 则 $v(p_{i_0}^2)=v(p_{i_0})\otimes_0 v(p_{i_0})=0$, 从而仍有 $v(\psi)=0$. 由 v 的任意性, ψ 是矛盾式.

由论断 2 知 $D(S)\cup\{\varphi\}$ 是不相容的, 所以 $D(S)$ 是 $\mathscr{L}^*$ 中的极大相容理论.

为给出 $\mathscr{L}^*$ 中的所有极大相容理论, 我们需要以下定义. 在不致混淆时, 仍使用与 Ł_2 中相同的符号.

定义 6.2.11　令 $Q=\{(\alpha_1,\alpha_2,\cdots)\mid\alpha_m\in\left\{0,\frac{1}{2},1\right\},m\in\mathbb{N}\}$. 任取 $\alpha=(\alpha_1,\alpha_2,\cdots)\in Q$, 定义 $S(\alpha)=\{\varphi_1,\varphi_2,\cdots\}$, 其中每个 φ_m 满足:

$$\varphi_m=\begin{cases}p_m, & \alpha_m=1,\\ (\neg p_m^2)\&(\neg(\neg p_m)^2), & \alpha_m=\dfrac{1}{2},\\ \neg p_m, & \alpha_m=0,\end{cases}$$

$m=1,2,\cdots$.

例 6.2.12 (i) 设 $\alpha=(1,1,\cdots)$, 则 $S(\alpha)=S=\{p_1,p_2,\cdots\}$.

(ii) 设 $\alpha=\left(\frac{1}{2},\frac{1}{2},\cdots\right)$, 则 $S(\alpha)=\{(\neg p_1^2)\&(\neg(\neg p_1)^2),(\neg p_2^2)\&(\neg(\neg p_2)^2),\cdots\}$.

(iii) 设 $\alpha=(0,0,\cdots)$, 则 $S(\alpha)=\{\neg p_1,\neg p_2,\cdots\}$.

(iv) 设 $\alpha=\left(1,\frac{1}{2},0,1,\frac{1}{2},0,\cdots\right)$, 则

$$S(\alpha)=\{p_1,(\neg p_2^2)\&(\neg(\neg p_2)^2),\neg p_3,p_4,(\neg p_5^2)\&(\neg(\neg p_5)^2),\neg p_6,\cdots\}.$$

类似于定理 6.2.10, 我们将证明对任一 $\alpha\in Q$, $S(\alpha)$ 的逻辑闭包 $D(S(\alpha))$ 是 $\mathscr{L}^*$ 中的极大相容理论.

定理 6.2.13 设 $\alpha=(\alpha_1,\alpha_2,\cdots)\in Q$, $S(\alpha)=\{\varphi_1,\varphi_2,\cdots\}$, 则 $D(S(\alpha))$ 是 $\mathscr{L}^*$ 中的极大相容理论.

证明 首先在标准 R_0-代数 $W=([0,1],\neg,\vee,\to)$ 中验证如下的事实:

$$(\neg x^2)\otimes_0(\neg(\neg x)^2)=1 \text{ iff } x=\frac{1}{2}, \tag{6.2.5}$$

其中 $x^2=x\otimes_0 x$, $x\in[0,1]$. 设 $x=\frac{1}{2}$, 由于 $x+x=1$, 所以 $x^2=0$, $(\neg x)^2=0$, 从而 $\neg x^2=\neg(\neg x)^2=1$, 所以 $(\neg x^2)\otimes_0(\neg(\neg x)^2)=1$. 反过来, 设 $(\neg x^2)\otimes_0(\neg(\neg x)^2)=1$, 则由 $\otimes_0$ 的表达式知 $\neg x^2=1$且 $\neg(\neg x)^2=1$. 由 $\neg x^2=1$ 知 $x^2=0$, 所以 $x\leqslant\frac{1}{2}$; 由 $\neg(\neg x)^2=1$ 知 $(\neg x)^2=0$, 所以 $\neg x\leqslant\frac{1}{2}$, 从而 $x\geqslant\frac{1}{2}$. 所以 $x=\frac{1}{2}$, 这就证明了式 (6.2.5).

由式 (6.2.5) 知 $S(\alpha)$ 有唯一一个模型 v, 其中 v 满足 $v(p_i)=\alpha_i, i=1,2,\cdots$, 所以 $S(\alpha)$ 是相容的, 从而 $D(S(\alpha))$ 也是相容的. 为证 $D(S(\alpha))$ 的极大性, 取 $\varphi\in F(S)$ 但 $\varphi\notin D(S(\alpha))$. 不失一般性, 可设 φ 是由前 m 个原子公式 $p_1,\cdots,p_m$ 构成的公式. 类似于定理 6.2.10 中的论断 1, 有如下的论断.

论断 1 对任一 m 元数组 $(x_1,\cdots,x_m)\in[0,1]^m$, 其中每个 x_i 满足:

$$\begin{cases} x_i>\frac{1}{2}, & \alpha_i=1,\\ x_i=\frac{1}{2}, & \alpha_i=\frac{1}{2},\\ x_i<\frac{1}{2}, & \alpha_i=0,\end{cases}$$

即 $h(x_i)=\alpha_i$, h 由式 (6.2.3) 定义, $i=1,\cdots,m$, 则

$$\overline{\varphi}(x_1,\cdots,x_m)\leqslant\frac{1}{2}.$$

仍用反证法证明上述论断 1. 假设存在 $(x_1,\cdots,x_m)\in[0,1]^m$ 满足 $h(x_i)=\alpha_i\,(i=1,\cdots,m)$ 但 $\overline{\varphi}(x_1,\cdots,x_m)>\frac{1}{2}$. 由 $h(x_i)=\alpha_i$ 知 $\overline{\varphi}(\alpha_1,\cdots,\alpha_m)=\overline{\varphi}(h(x_1),\cdots,h(x_m))=h(\overline{\varphi}(x_1,\cdots,x_m))=1$. 任取 $D(S(\alpha))$ 的模型 v, 则 v 也是 $S(\alpha)$ 的模型. 由 $S(\alpha)$ 的模型的唯一性知 $v(p_i)=\alpha_i\,(i=1,2,\cdots)$. 所以 $v(\varphi)=\overline{\varphi}(v(p_1),\cdots,v(p_m))=\overline{\varphi}(\alpha_1,\cdots,\alpha_m)=1$, 这说明 φ 是 $D(S(\alpha))$ 的语义推论, 即 $D(S(\alpha))\models\varphi$. 再由 $\mathscr{L}^*$ 的强完备性定理, $D(S(\alpha))\vdash\varphi$. 由于 $D(S(\alpha))$ 是逻辑闭的, 所以 $\varphi\in D(S(\alpha))$, 这与假设相矛盾! 所以论断 1 成立.

由公式 φ 及 $\varphi_1,\cdots,\varphi_m$ 构造公式 ψ 如下

$$\psi=\varphi^2\&\varphi_1^2\&\cdots\&\varphi_m^2,$$

则有下面的论断.

论断 2　ψ 是矛盾式.

任取 $v\in\Omega$, 设 $x_i=v(p_i),i=1,\cdots,m$. 若对任一 i, 都有 $h(x_i)=\alpha_i$, 则由论断 1 知 $\overline{\varphi}(x_1,\cdots,x_m)\leqslant\frac{1}{2}$, 从而 $v(\varphi)=\overline{\varphi}(x_1,\cdots,x_m)\leqslant\frac{1}{2}$, 所以 $v(\varphi^2)=v(\varphi)\otimes_0 v(\varphi)=0$, 所以 $v(\psi)=0$; 若存在 x_{i_0} 使得 $h(x_{i_0})\neq\alpha_{i_0},i_0\in\{1,\cdots,m\}$. 这时分以下 4 种情况讨论.

(i) $\alpha_{i_0}=1$, 则 $x_{i_0}\leqslant\frac{1}{2}$ 且 $\varphi_{i_0}=p_{i_0}$. 从而 $v(\varphi_{i_0}^2)=v(p_{i_0}^2)=v(p_{i_0})\otimes_0 v(p_{i_0})=x_{i_0}^2=0$, 所以 $v(\psi)=0$.

(ii) $\alpha_{i_0}=\frac{1}{2}$ 且 $x_{i_0}>\frac{1}{2}$, 则 $\varphi_{i_0}=(\neg p_{i_0}^2)\&(\neg(\neg p_{i_0})^2)$, 此时 $v(\varphi_{i_0})=(\neg x_{i_0}^2)\otimes_0(\neg(\neg x_{i_0})^2)=(\neg x_{i_0})\otimes_0(\neg 0)=\neg x_{i_0}<\frac{1}{2}$, 所以 $v(\varphi_{i_0}^2)=(\neg x_{i_0})^2=0$, 从而 $v(\psi)=0$.

(iii) $\alpha_{i_0}=\frac{1}{2}$ 且 $x_{i_0}<\frac{1}{2}$, 则 $\varphi_{i_0}=(\neg p_{i_0}^2)\&(\neg(\neg p_{i_0})^2)$, 此时 $v(\varphi_{i_0})=(\neg x_{i_0}^2)\otimes_0(\neg(\neg x_{i_0})^2)=(\neg 0)\otimes_0(\neg\neg x_{i_0})=\neg\neg x_{i_0}=x_{i_0}<\frac{1}{2}$, 所以 $v(\varphi_{i_0}^2)=v(\varphi_{i_0})\otimes_0 v(\varphi_{i_0})=x_{i_0}^2=0$.

(iv) $\alpha_{i_0}=0$, 则 $x_{i_0}\geqslant\frac{1}{2}$ 且 $\varphi_{i_0}=\neg p_{i_0}$, 所以 $v(\varphi_{i_0}^2)=v(\varphi_{i_0})\otimes v(\varphi_{i_0})=v(\neg p_{i_0})\otimes_0 v(\neg p_{i_0})=(\neg x_{i_0})^2=0$.

由 (i)–(iv) 知, 当存在 x_{i_0} 使得 $h(x_{i_0})\neq\alpha_{i_0}$ 时仍有 $v(\psi)=0$. 由 v 的任意性知 ψ 是矛盾式.

由论断 2 知, $D(S(\alpha))\cup\{\varphi\}$ 是不相容的, 所以 $D(S(\alpha))$ 是极大相容理论.

下面的定理是自明的.

定理 6.2.14　设 $\alpha,\beta\in Q$, 则

$$D(S(\alpha))\neq D(S(\beta))\text{ iff }S(\alpha)\neq S(\beta)\text{ iff }\alpha\neq\beta.$$

证明 显然.

定理 6.2.15 设 Γ 是 $\mathscr{L}^*$ 中的极大相容理论, 则存在 $\alpha \in Q$ 使得

$$\Gamma = D(S(\alpha)).$$

证明 由命题 6.2.6 (viii) 知, 对任一原子公式 $p_i \in S$, p_i, $\neg p_i$ 与 $(\neg p_i^2)\&(\neg(\neg p_i)^2)$ 有且仅有一个属于 Γ, 相应地, 令 $\alpha_i = 1, \alpha_i = 0$ 和 $\alpha_i = \frac{1}{2}, i = 1, 2, \cdots$, 则 $D(S(\alpha)) \subseteq \Gamma$. 由 $D(S(\alpha))$ 的极大性知 $D(S(\alpha)) = \Gamma$.

现在我们总结有关 $\mathscr{L}^*$ 中极大相容理论的主要结论.

定理 6.2.16 (i) $M = \left\{ D(S(\alpha)) \middle| \alpha \in Q = \left\{0, \frac{1}{2}, 1\right\}^\omega \right\}$ 是 $\mathscr{L}^*$ 中的全体极大相容理论之集.

(ii) $\mathscr{L}^*$ 中的一个相容理论 Γ 是极大的 iff $\Gamma = D(\Gamma)$ 且对任一原子公式 $p \in S$, $p \in \Gamma$, $\neg p \in \Gamma$ 与 $(\neg p^2)\&(\neg(\neg p)^2) \in \Gamma$ 有且仅有一个成立.

(iii) $D(S(\alpha)) \mapsto \alpha \in \Omega_3 = \left\{0, \frac{1}{2}, 1\right\}^\omega$ 是全体极大相容理论之集到赋值集 Ω_3 间的一一对应.

(iv) $\mathscr{L}^*$ 中恰有 3^ω 个极大相容理论.

(v) $\mathscr{L}^*$ 中的一个相容理论 Γ 是极大的 iff $\Gamma = D(\Gamma)$ 且 Γ 有唯一模型.

(vi) $\mathscr{L}^*$ 中的一个相容理论 Γ 是极大的 iff $\Gamma = D(\Gamma)$ 且 Γ 在 Ω_3 中有唯一模型.

证明 (i)—(iv) 和 (vi) 是定理 6.2.13– 定理 6.2.15 的直接推论. 下证 (v). 设 Γ 是极大相容理论, 由定理 6.2.15 知存在 $\alpha \in Q$ 使得 $\Gamma = D(S(\alpha))$. 显然 $D(S(\alpha))$ 只有一个模型, 即为 α. 反过来, 设 $\Gamma = D(\Gamma)$ 且 Γ 只有一个模型 v. 由 (i) 知, 只需证 $v \in Q$, 亦即证, 对任一 $p \in S, v(p) \in \left\{0, \frac{1}{2}, 1\right\}$. 假设存在 $i_0 \in \mathbb{N}$ 使得 $v(p_{i_0}) \notin \left\{0, \frac{1}{2}, 1\right\}$. 设 h 是由式 (6.2.3) 定义的同态映射, 则 h 与 v 的复合映射 $h \circ v$ 是从 $F(S)$ 到 W_3 的 $(\neg, \vee, \to)$ 型同态, 从而是 $F(S)$ 的赋值. 任取 $\varphi \in \Gamma$, 则 $(h \circ v)(\varphi) = h(v(\varphi)) = h(1) = 1$, 所以 $h \circ v$ 也是 Γ 的模型. 由于 $(h \circ v)(p_{i_0}) = h(v(p_{i_0})) \in \left\{0, \frac{1}{2}, 1\right\}$ 而 $v(p_{i_0}) \notin \left\{0, \frac{1}{2}, 1\right\}$, 所以 $h \circ v \neq v$, 这说明 Γ 至少有两个模型, 与题设相矛盾!

由定理 6.2.16 (v) 可得 $\mathscr{L}^*$ 中的满足性定理.

定理 6.2.17 (满足性定理) 设 Γ 是 $\mathscr{L}^*$ 中的相容理论, 则 Γ 有模型, 即存在赋值 v 使得 $v(\Gamma) = \{v(\varphi) \mid \varphi \in \Gamma\} = \{1\}$.

证明 设 Γ 是 $\mathscr{L}^*$ 中的相容理论. 由命题 6.2.5 知存在包含 Γ 的极大相容理论 Γ^*. 再由定理 6.2.16 (v) 知 Γ^* 有模型 v, 从而 $v(\Gamma) \subseteq v(\Gamma^*) = \{1\}$.

在 $\mathscr{L}^*$ 中有模型的理论显然也是相容的, 这样我们就得到了相容理论的一个充要条件.

推论 6.2.18 $\mathscr{L}^*$ 中的一个理论是相容的 iff 它有模型.

由推论 6.2.18 与命题 6.2.2 便得 $\mathscr{L}^*$ 中的紧致性定理.

定理 6.2.19 (紧致性定理) 设 Γ 是 $\mathscr{L}^*$ 中的理论, 则 Γ 有模型 iff Γ 的每个有限子理论有模型.

证明 推论 6.2.18 与命题 6.2.2 的直接结论.

6.2.2 $\mathscr{L}^*$ 中极大相容理论结构刻画的归纳证法

在定理 6.2.13 中证明 $D(S(\alpha))$ 是极大相容理论时主要是使用了形式系统 $\mathscr{L}^*$ 的强完备性定理. 本节不使用 $\mathscr{L}^*$ 的强完备性定理, 而用关于公式的结构复杂度的数学归纳法而给出极大相容理论的结构刻画.

为证明 $\mathscr{L}^*$ 中的极大相容理论具有且仅有形式 $D(S(\alpha))(\alpha \in Q)$, 等价于证明定理 6.2.16 (ii), 即有以下定理.

定理 6.2.20 设 Γ 是 $\mathscr{L}^*$ 中的相容理论, 则 Γ 是极大的 iff Γ 满足以下两条:

(i) $\Gamma = D(\Gamma)$,

(ii) 对任一原子公式 $p \in S$, $p \in \Gamma$, $\neg p \in \Gamma$ 与 $(\neg p^2)\&(\neg(\neg p)^2) \in \Gamma$ 有且仅有一个成立.

证明 设 Γ 是极大的, 则由命题 6.2.6 (i) 和 (viii) 知 Γ 满足 (i) 和 (ii). 反过来, 设 $\Gamma = D(\Gamma)$ 且对任一原子公式 $p \in S$, $p \in \Gamma$, $\neg p \in \Gamma$ 与 $(\neg p^2)\&(\neg(\neg p)^2) \in \Gamma$ 有一个且仅有一个成立. 证明如下论断.

论断 对任一 $\varphi \in F(S)$, $\varphi \in \Gamma$, $\neg\varphi \in \Gamma$ 与 $(\neg\varphi^2)\&(\neg(\neg\varphi)^2) \in \Gamma$ 有且仅有一个成立.

由于 φ, $\neg\varphi$ 与 $(\neg\varphi^2)\&(\neg(\neg\varphi)^2)$ 中的任何两个公式组成的理论都是不相容的, 所以由 Γ 是相容的知, 我们只需证: 对任一 $\varphi \in F(S)$, $\varphi \in \Gamma$, $\neg\varphi \in \Gamma$ 与 $(\neg\varphi^2)\&(\neg(\neg\varphi)^2) \in \Gamma$ 有一个成立. 用关于 φ 的结构复杂度的归纳法进行证明上述论断.

基础步 设 φ 是一个原子公式, 如 p, 则论断就是假设, 所以成立.

归纳步 设 φ 是含原子公式为真子公式的复合公式, 且假设论断对复杂度比 φ 真小的公式成立. 现考虑以下 3 种情形.

情形 1: $\varphi = \neg\psi$. 对 ψ 使用归纳假设, 则 $\psi \in \Gamma, \neg\psi \in \Gamma$ 与 $(\neg\psi^2)\&(\neg(\neg\psi)^2) \in \Gamma$ 有且仅有一个成立. 注意 $\neg\neg\psi \sim \psi$, 所以此时论断成立.

情形 2: $\varphi = \psi \vee \chi$. 在这一情形又需考虑以下 5 种子情形.

子情形 2.1: $\psi\in\Gamma$ 或 $\chi\in\Gamma$. 设 $\psi\in\Gamma$, 则由 $\psi\to\psi\vee\chi$ 是定理知 $\psi\to\psi\vee\chi\in\Gamma$, 所以由 MP 规则知 $\psi\vee\chi\in\Gamma$, 即 $\varphi\in\Gamma$; 设 $\chi\in\Gamma$, 同理有 $\varphi\in\Gamma$.

子情形 2.2: $\neg\psi\in\Gamma$ 且 $\neg\chi\in\Gamma$. 首先, 由 $\neg\psi\to(\neg\chi\to\neg\psi\wedge\neg\chi)$ 是定理, 运两次 MP 规则知 $\neg\psi\wedge\neg\chi\in\Gamma$. 又由于 $\neg\varphi=\neg(\psi\vee\chi)\sim\neg\psi\wedge\neg\chi$, 所以 $\neg\varphi\in\Gamma$.

子情形 2.3: $\neg\psi\in\Gamma$ 且 $(\neg\chi^2)\&(\neg(\neg\chi)^2)\in\Gamma$. 易验证 $\neg\psi^2\in\Gamma,\neg\chi^2\in\Gamma$ 且 $\neg(\neg\chi)^2\in\Gamma$, 从而由子情形 2.2 知 $(\neg\psi^2)\wedge(\neg\chi^2)\in\Gamma$. 又因为 $\neg\varphi^2=\neg(\psi\vee\chi)^2\sim\neg(\psi^2\vee\chi^2)\sim\neg\psi^2\wedge\neg\chi^2\in\Gamma$, 所以由 Γ 关于 MP 规则封闭知 $\neg\varphi^2\in\Gamma$. 另外, $\neg(\neg\varphi)^2=\neg(\neg(\psi\vee\chi))^2\sim\neg(\neg\psi\wedge\neg\chi)^2\sim\neg((\neg\psi)^2\wedge(\neg\chi)^2)\sim(\neg(\neg\psi)^2)\vee(\neg(\neg\chi)^2)$. 由 $\neg(\neg\chi)^2\in\Gamma$ 知 $(\neg(\neg\psi)^2)\vee(\neg(\neg\chi)^2)\in\Gamma$, 从而 $\neg(\neg\varphi)^2\in\Gamma$. 所以由 $(\neg\varphi^2)\to((\neg(\neg\varphi)^2)\to(\neg\varphi^2)\&(\neg(\neg\varphi)^2))$ 是定理及 MP 规则知 $(\neg\varphi^2)\&(\neg(\neg\varphi)^2)\in\Gamma$.

子情形 2.4: $\neg\chi\in\Gamma$ 且 $(\neg\psi^2)\&(\neg(\neg\psi)^2)\in\Gamma$. 证明与子情形 2.3 类似.

子情形 2.5: $(\neg\psi^2)\&(\neg(\neg\psi)^2)\in\Gamma$ 且 $(\neg\chi^2)\&(\neg(\neg\chi)^2)\in\Gamma$, 则易证 $(\neg\psi^2)\wedge(\neg\chi^2)\in\Gamma$, $(\neg(\neg\psi)^2)\vee(\neg(\neg\chi)^2)\in\Gamma$. 由子情形 2.3 的证明知 $\neg\varphi^2\sim\neg\psi^2\wedge\neg\chi^2$, $\neg(\neg\varphi)^2\sim(\neg(\neg\psi)^2)\vee(\neg(\neg\chi)^2)$. 所以 $(\neg\varphi^2)\&(\neg(\neg\varphi)^2)\in\Gamma$.

情形 3: $\varphi=\psi\to\chi$. 在这一情形也需考虑以下 5 种情形.

子情形 3.1: $\neg\psi\in\Gamma$ 或 $\chi\in\Gamma$. 在这一子情形, 由于 $\neg\psi\to(\psi\to\chi)$ 和 $\chi\to(\psi\to\chi)$ 是定理, 所以由 Γ 关于 MP 规则封闭知 $\psi\to\chi\in\Gamma$, 即 $\varphi\in\Gamma$.

子情形 3.2: $\psi\in\Gamma$ 且 $\neg\chi\in\Gamma$. 由命题 6.2.1 (i) 知 $(\psi\to\chi)\to(\neg\chi\to\neg\psi)$ 是定理, 而 $\neg\chi\to(\psi\to\neg\varphi)\sim\neg\chi\to(\psi\to(\varphi\to\overline{0}))\sim\neg\chi\to(\varphi\to(\psi\to\overline{0}))\sim\neg\chi\to(\varphi\to\neg\psi)\sim\varphi\to(\neg\chi\to\neg\psi)=(\psi\to\chi)\to(\neg\chi\to\neg\psi)$, 所以由 Γ 关于 MP, 从而关于可证等价封闭知 $\neg\chi\to(\psi\to\neg\varphi)\in\Gamma$. 运用两次 MP 规则得 $\neg\varphi\in\Gamma$.

子情形 3.3: $\psi\in\Gamma$ 且 $(\neg\chi^2)\&(\neg(\neg\chi)^2)\in\Gamma$, 则易验证 $\psi^2\in\Gamma$, $\neg\chi^2\in\Gamma$ 且 $\neg(\neg\chi)^2\in\Gamma$. 因为 $\psi^2\&(\psi\to\chi)^2\to\chi^2$ 是定理, 所以由命题 6.2.1 (iv) 知 $\psi^2\to((\psi\to\chi)^2\to\chi^2)$ 是定理. 再由命题 6.2.1 (i) 知 $\psi^2\to(\neg\chi^2\to\neg(\psi\to\chi)^2)=\psi^2\to(\neg\chi^2\to\neg\varphi^2)$ 是定理, 所以由 MP 规则得 $\neg\varphi^2\in\Gamma$. 类似地可证 $\neg(\neg\varphi)^2\in\Gamma$. 所以 $(\neg\varphi^2)\&(\neg(\neg\varphi)^2)\in\Gamma$.

子情形 3.4: $\neg\chi\in\Gamma$ 且 $(\neg\psi^2)\&(\neg(\neg\psi)^2)\in\Gamma$, 则易证 $(\neg\chi)^2\in\Gamma$, $(\neg\psi^2)^2\in\Gamma$ 且 $(\neg(\neg\psi)^2)^2\in\Gamma$. 下证

$$(\neg\psi^2)^2\&(\neg(\neg\psi)^2)^2\&(\neg\chi)^2\to\neg\varphi^2 \tag{6.2.6}$$

和

$$(\neg\psi^2)^2\&(\neg(\neg\psi)^2)^2\&(\neg\chi)^2\to\neg(\neg\varphi)^2 \tag{6.2.7}$$

均为定理. 由 $\mathscr{L}^*$ 的标准完备性定理只需证式 (6.2.6) 和式 (6.2.7) 为重言式即可. 任取 $v\in\Omega$, 令 $x=v(\varphi)$, $y=v(\psi)$, $z=v(\chi)$, 则由 $\varphi=\psi\to\chi$ 知 $x=y\to z$. 由式

(6.2.5), 当 $y \neq \frac{1}{2}$ 时, $v((\neg\psi^2)^2\&(\neg(\neg\psi)^2)^2) = 0$, 从而

$$\begin{aligned}
&v(\text{式}(6.2.6)) = 0 \otimes_0 v((\neg\chi)^2) \to \neg v(\varphi^2) = 0 \to \neg v(\varphi^2) = 1, \\
&v(\text{式}(6.2.7)) = 0 \to v(\neg(\neg\varphi)^2) = 1.
\end{aligned}$$

当 $y = \frac{1}{2}$ 时, 由式 (6.2.5) 知

$$\begin{aligned}
v(\text{式}(6.2.6)) &= (\neg z)^2 \to \neg x^2 = (\neg z)^2 \to (x^2 \to 0) \\
&= (\neg z)^2 \to \left(\left(\frac{1}{2} \to z\right)^2 \to 0\right) = 1, \\
v(\text{式}(6.2.7)) &= (\neg z)^2 \to \neg(\neg x)^2 = 1.
\end{aligned}$$

由 v 的任意性知式 (6.2.6) 和式 (6.2.7) 都是重言式, 从而是定理. 由 Γ 关于 MP 封闭知 $\neg\varphi^2 \in \Gamma$ 且 $\neg(\neg\varphi)^2 \in \Gamma$, 所以 $(\neg\varphi^2)\&(\neg(\neg\varphi)^2) \in \Gamma$.

子情形 3.5: $(\neg\psi^2)\&(\neg(\neg\psi)^2) \in \Gamma$ 且 $(\neg\chi^2)\&(\neg(\neg\chi)^2) \in \Gamma$. 可以验证

$$(\neg\psi^2)^2\&(\neg(\neg\psi)^2)^2\&(\neg\chi^2)^2\&(\neg(\neg\chi)^2)^2 \to \varphi$$

是重言式. 事实上, 任取 $v \in \Omega$, 令 $x = v(\varphi)$, $y = v(\psi), z = v(\chi)$, 则当 $y \neq \frac{1}{2}$ 或 $z \neq \frac{1}{2}$ 时, 由式 (6.2.5) 知 $v((\neg\psi^2)^2\&(\neg(\neg\psi)^2)^2\&(\neg\chi^2)^2\&(\neg(\neg\chi)^2)^2) = 0$, 从而上述公式的真值为 1; 当 $y = z = \frac{1}{2}$ 时 $v(\varphi) = x = y \to z = 1$, 所以该公式的赋值仍为 1. 所以由 v 的任意性知该公式是重言式, 进而是定理, 所以 $\varphi \in \Gamma$.

至此, 全部归纳证明已证完毕, 所以论断对任一公式 $\varphi \in F(S)$ 都成立. 所以由定理 6.2.8 知 Γ 是极大相容理论.

6.2.3　$\mathscr{L}^*$ 中极大相容理论的拓扑刻画

本节研究 $\mathscr{L}^*$ 中极大相容理论的拓扑性质, 令

$$M = \left\{ D(S(\alpha)) \middle| \alpha \in Q = \left\{0, \frac{1}{2}, 1\right\}^\omega \right\}.$$

定理 6.2.21　设 $\varphi \in F(S)$, 令

$$\begin{aligned}
&\mathscr{V}(\varphi) = \{D(S(\alpha)) \in M \mid \varphi \in D(S(\alpha))\}, \\
&\mathscr{B} = \{\mathscr{V}(\varphi) \mid \varphi \in F(S)\},
\end{aligned}$$

则 $\mathscr{B}$ 是 M 上的拓扑基, 记 $\mathscr{T}$ 为 $\mathscr{B}$ 生成的拓扑, 称 $\mathscr{T}$ 为 M 上的 **Stone 拓扑**.

证明　(i) 任取 $D(S(\alpha)) \in M$, 并取 $\varphi \in D(S(\alpha))$, 则 $D(S(\alpha)) \in \mathscr{V}(\varphi) \in \mathscr{B}$.

(ii) 任取 $\mathscr{V}(\varphi), \mathscr{V}(\psi) \in \mathscr{B}$, 则

$$\begin{aligned}\mathscr{V}(\varphi) \cap \mathscr{V}(\psi) &= \{D(S(\alpha)) \mid \varphi \in D(S(\alpha))\} \cap \{D(S(\alpha)) \mid \psi \in D(S(\alpha))\} \\ &= \{D(S(\alpha)) \mid \varphi, \psi \in D(S(\alpha))\} \\ &= \{D(S(\alpha)) \mid \varphi \& \psi \in D(S(\alpha))\} \\ &= \mathscr{V}(\varphi \& \psi).\end{aligned}$$

由 (i) 和 (ii) 知, $\mathscr{B}$ 是 M 上 Stone 拓扑 $\mathscr{T}$ 的基.

显然, $\mathscr{V}(T) = M$, $\mathscr{V}(\overline{0}) = \varnothing$, 这里 T 为 $\mathscr{L}^*$ 中的定理.

定理 6.2.22 $(M, \mathscr{T})$ 是第二可数空间, 因而是 Lindelöf 空间.

证明 由于 $F(S)$ 是可数集, 所以 $\mathscr{B}$ 是可数基, 从而 $(M, \mathscr{T})$ 是第二可数空间.

定理 6.2.23 $(M, \mathscr{T})$ 是 Hausdorff 空间.

证明 任取 $D(S(\alpha)), D(S(\beta)) \in M$ 且 $\alpha \neq \beta$, 则由定理 6.2.14 知 $D(S(\alpha)) \neq D(S(\beta))$. 由 $D(S(\alpha))$ 和 $D(S(\beta))$ 的极大性知存在公式 $\varphi \in F(S)$ 使得

$$\varphi^2 \in D(S(\alpha)) - D(S(\beta)),$$

且

$$\neg\varphi^2 \in D(S(\beta)) - D(S(\alpha)).$$

所以,

$$D(S(\alpha)) \in \mathscr{V}(\varphi^2), \quad D(S(\beta)) \in \mathscr{V}(\neg\varphi^2),$$

即 $\mathscr{V}(\varphi^2)$ 与 $\mathscr{V}(\neg\varphi^2)$ 分别是 $D(S(\alpha))$ 与 $D(S(\beta))$ 的开邻域. 但

$$\mathscr{V}(\varphi^2) \cap \mathscr{V}(\neg\varphi^2) = \mathscr{V}(\varphi^2 \& (\neg\varphi^2)) = \mathscr{V}(\overline{0}) = \varnothing.$$

所以 $(M, \mathscr{T})$ 是 Hausdorff 的.

定理 6.2.24 $(M, \mathscr{T})$ 是紧致空间.

为证明定理 6.2.24, 需要三个引理.

引理 6.2.25 设 $\alpha = (\alpha_1, \alpha_2, \cdots) \in Q$, $S(\alpha) = \{\varphi_1, \varphi_2, \cdots\}$, 则

$$\mathscr{V}_\alpha = \{\mathscr{V}(\varphi_1^2 \& \cdots \& \varphi_m^2) \mid m \in \mathbb{N}\}$$

构成点 $D(S(\alpha))$ 的一个邻域基.

证明 设 U 是 $D(S(\alpha))$ 的任一开邻域, 则由 $\mathscr{B}$ 是 $\mathscr{T}$ 的拓扑基知存在公式 $\varphi \in F(S)$ 使得 $D(S(\alpha)) \in \mathscr{V}(\varphi) \subseteq U$, 所以 $S(\alpha) \vdash \varphi$. 由 $\mathscr{L}^*$ 的广义演绎定理式 (6.2.2) 知存在 $m \in \mathbb{N}$ 使得 $\vdash \varphi_1^2 \& \cdots \& \varphi_m^2 \to \varphi$ 成立. 设 $D(S(\beta))$ 是 $\mathscr{V}(\varphi_1^2 \& \cdots \& \varphi_m^2)$ 中的任一点, 则 $S(\beta) \vdash \varphi_1^2 \& \cdots \& \varphi_m^2$, 所以由 MP 规则知 $S(\beta) \vdash \varphi$, 从而 $\varphi \in D(S(\beta))$,

所以 $D(S(\beta)) \in \mathscr{V}(\varphi)$. 由 $D(S(\beta))$ 的任意性知 $\mathscr{V}(\varphi_1^2\&\cdots\&\varphi_m^2) \subseteq \mathscr{V}(\varphi)$. 所以 $\mathscr{V}_\alpha$ 是点 $D(S(\alpha))$ 的邻域基.

引理 6.2.26 $(M,\mathscr{T})$ 中的序列 $\{D(S(\alpha_m)) \mid m \in \mathbb{N}\}$ 收敛于 $D(S(\alpha^*))$ 的充要条件是: 对任一 $m \in \mathbb{N}$, 存在 $n \in \mathbb{N}$ 使得当 $k \geqslant n$ 时, $S(\alpha_k)$ 与 $S(\alpha^*)$ 的前 m 项依次相同.

证明 设 $S(\alpha^*) = \{\varphi_1, \varphi_2, \cdots\}$, $\{D(S(\alpha_m)) \mid m \in \mathbb{N}\}$ 收敛于 $D(S(\alpha^*))$. 由引理 6.2.25 知, 对任一自然数 $m \in \mathbb{N}$, 序列 $\{D(S(\alpha_m)) \mid m \in \mathbb{N}\}$ 最终在 $\mathscr{V}(\varphi_1^2\&\cdots\&\varphi_m^2)$ 中, 即存在 $n \in \mathbb{N}$ 使得当 $k \geqslant n$ 时, $D(S(\alpha_k)) \in \mathscr{V}(\varphi_1^2\&\cdots\&\varphi_m^2)$, 等价地, $S(\alpha_k) \vdash \varphi_1^2\&\cdots\&\varphi_m^2$. 由 $S(\alpha_k)$ 的定义知 $\varphi_1, \cdots, \varphi_m \in S(\alpha_k)$. 所以当 $k \geqslant n$ 时, $S(\alpha_k)$ 与 $S(\alpha^*)$ 的前 m 项依次相同.

反过来, 假设序列 $\{D(S(\alpha_m)) \mid m \in \mathbb{N}\}$ 不收敛于点 $D(S(\alpha)^*)$, 则由引理 6.2.25 知存在点 $D(S(\alpha^*))$ 的开邻域 $\mathscr{V}(\varphi_1^2\&\cdots\&\varphi_m^2)$ 使得对任一自然数 $n \in \mathbb{N}$, 存在自然数 $k \geqslant n$, 且 $D(S(\alpha_k)) \notin \mathscr{V}(\varphi_1^2\&\cdots\&\varphi_m^2)$. 这等价于 $S(\alpha_k) \nvdash \varphi_1^2\&\cdots\&\varphi_m^2$, 从而 $\{\varphi_1, \cdots, \varphi_m\} \nsubseteq S(\alpha_k)$, 这与题设矛盾!

引理 6.2.27[97] (i) 序列紧空间是可数紧的,

(ii) 可数紧的 Lindelöf 空间是紧的.

定理 6.2.24 的证明 设 $\{D(S(\alpha_m)) \mid m \in \mathbb{N}\}$ 是 M 中两两不同的点列. 由定义 6.2.11 知, 对任一 $m \in \mathbb{N}, \alpha_m \in Q$, 即 α_m 是一个可数无穷维的 $0 - \dfrac{1}{2} - 1$ 向量, 所以序列 $\{\alpha_m\}$ 中有子序列 $\{\alpha_{1k} \mid k \in \mathbb{N}\}$, 其中各 α_{1k} 具有相同的第 1 个坐标 $\left(\text{等于 } 0, \text{ 或 } \dfrac{1}{2}, \text{ 或 } 1\right)$; 序列 $\{\alpha_{1k} \mid k \in \mathbb{N}\}$ 又有子序列 $\{\alpha_{2k} \mid k \in \mathbb{N}\}$, 其中各 α_{2k} 具有相同的第 2 个坐标 (所以各 α_{2k} 的前 2 个坐标都相同). 如此继续下去, 可得下面的无穷多行序列, 其中第 $(k+1)$ 行是第 k 行的子序列 $(k = 1, 2, \cdots)$:

$$
\begin{array}{cccc}
\alpha_1, & \alpha_2, & \alpha_3, & \cdots, \\
\alpha_{11}, & \alpha_{12}, & \alpha_{13}, & \cdots, \\
\alpha_{21}, & \alpha_{22}, & \alpha_{23}, & \cdots, \\
\alpha_{31}, & \alpha_{32}, & \alpha_{33}, & \cdots, \\
\vdots & \vdots & \vdots & \ddots
\end{array}
$$

定义 $\alpha^* = (x_1, x_2, \cdots)$, 其中 x_k 是 α_{kk} 的第 k 个坐标, $k = 1, 2, \cdots$, 则对任一自然数 $m \in \mathbb{N}$, 令 $n = m$, 则当 $k \geqslant n$ 时, $S(\alpha_{kk})$ 与 $S(\alpha^*)$ 的前 m 项依次相同. 因此 $\{D(S(\alpha_{kk})) \mid k \in \mathbb{N}\}$ 是 $\{D(S(\alpha_m)) \mid m \in \mathbb{N}\}$ 中的收敛子序列, 这就证明了 $(M,\mathscr{T})$ 是序列紧的. 由引理 6.2.27 (i) 知 $(M,\mathscr{T})$ 是可数紧空间. 又由定理 6.2.22 知 $(M,\mathscr{T})$ 是 Lindelöf 空间. 所以由引理 6.2.27 (ii) 知 $(M,\mathscr{T})$ 是紧空间.

定理 6.2.28 $(M,\mathscr{T})$ 中没有孤立点.

证明 任取 $D(S(\alpha))\in M,\alpha=(\alpha_1,\alpha_2,\cdots)\in Q$. 定义 $\beta_m=(\beta_{m1},\beta_{m2},\cdots)\in Q$, 其中

$$\beta_{mk}=\alpha_k \text{ iff } k\neq m,$$

$k=1,2,\cdots$, 则 $\beta_m\neq\alpha$, $m=1,2,\cdots$, 从而由定理 6.2.14 知 $D(S(\beta_m))\neq D(S(\alpha))$ $(m=1,2,\cdots)$. 对任一 $m\in\mathbb{N}$, 取 $n=m+1$, 则当 $k\geqslant n$ 时 β_k 与 α 的前 m 项依次相同, 所以由引理 6.2.26 知 $\{D(S(\beta_m))\mid m\in\mathbb{N}\}$ 收敛于 $D(S(\alpha))$. 所以 $D(S(\alpha))$ 不是 $(M,\mathscr{T})$ 中的孤立点. 由 $D(S(\alpha))$ 的任意性知 $(M,\mathscr{T})$ 中没有孤立点.

定理 6.2.29 $(M,\mathscr{T})$ 是零维空间.

证明 取 $D(S(\alpha))\in M$, $S(\alpha)=\{\varphi_1,\varphi_2,\cdots\}$, 则由引理 6.2.25 知 $\mathscr{V}(\varphi_1^2\&\cdots\&\varphi_m^2)$ 是 $D(S(\alpha))$ 的开邻域. 设 $\{D((\alpha_m))\mid m\in\mathbb{N}\}$ 是 $\mathscr{V}(\varphi_1^2\&\cdots\&\varphi_m^2)$ 中收敛于 $D(S(\alpha^*))$ 的序列. 则当 k 充分大时, $S(\alpha_k)$ 与 $S(\alpha^*)$ 的前 m 项依次相同. 由 $S(\alpha_k)\vdash\varphi_1^2\&\cdots\&\varphi_m^2$ 知 $S(\alpha^*)\vdash\varphi_1^2\&\cdots\&\varphi_m^2$, 这等价于 $D(S(\alpha^*))\in\mathscr{V}(\varphi_1^2\&\cdots\&\varphi_m^2)$. 这证明了 $\mathscr{V}(\varphi_1^2\&\cdots\&\varphi_m^2)$ 是既开又闭子集. 所以由引理 6.2.25 知 $\{\mathscr{V}(\varphi_1^2\&\cdots\&\varphi_m^2)\mid S(\alpha)=(\varphi_1,\varphi_2,\cdots),m\in\mathbb{N},\alpha\in Q\}$ 是 $(M,\mathscr{T})$ 的一个由既开又闭子集构成的可数基, 所以 $(M,\mathscr{T})$ 是零维空间.

定理 6.2.30 $(M,\mathscr{T})$ 有可数局部有限基.

证明 令

$$\mathscr{B}_m=\{\mathscr{V}(\varphi_1^2\&\cdots\&\varphi_m^2)\mid\varphi_k\in\{p_k,\neg p_k,(\neg p_k^2)\&(\neg(\neg p_k)^2)\},k=1,\cdots,m\},$$

则 $\mathscr{B}_m$ 有限, 从而局部有限. 令

$$\mathscr{B}^*=\cup\{\mathscr{B}_m\mid m\in\mathbb{N}\},$$

则由引理 6.2.25 知 $\mathscr{B}^*$ 是 $(M,\mathscr{T})$ 的一个拓扑基. $\mathscr{B}^*$ 就是 $(M,\mathscr{T})$ 的可数局部有限基.

引理 6.2.31 (Nagata-Smirnov 度量化定理)[97] 拓扑空间 X 是可度量化的 iff X 是正则的且有可数局部有限基.

引理 6.2.32[129] 每个紧致的 Hausdorff 空间是正则空间.

定理 6.2.33 $(M,\mathscr{T})$ 是可度量化拓扑空间.

证明 由定理 6.2.23 和定理 6.2.24 知 $(M,\mathscr{T})$ 是紧致的 Hausdorff 空间, 从而由引理 6.2.32 知 $(M,\mathscr{T})$ 是正则空间. 再由定理 6.2.30 和引理 6.2.31 知 $(M,\mathscr{T})$ 是可度量化空间.

定理 6.2.34 $(M,\mathscr{T})$ 是 Cantor 空间.

证明 由定理 6.2.33, 定理 6.2.24, 定理 6.2.29 及定理 6.2.28 知 $(M,\mathscr{T})$ 是非空的、可度量化的、零维的、Hausdorff 的、不含孤立点的拓扑空间, 从而 $(M,\mathscr{T})$ 也是完全不连通的. 所以由引理 6.1.19 知 $(M,\mathscr{T})$ 是 Cantor 空间.

注 6.2.35 在定理 6.2.33 的证明中用到了 Nagata-Smirnov 度量化定理. 从理论上讲, 这个定理的证明虽然是构造性的, 但 $(M,\mathscr{T})$ 上的度量结构却远不清楚. 另外, 我们可以从空间 M 中的点 $D(S(\alpha))$ 完全由可数无穷维 $0-\frac{1}{2}-1$ 向量 α 所决定这一事实设法直接建立起 M 与 Cantor 三分集之间的一一对应关系. 从而 M 可以用 Cantor 三分集上的线性度量 ρ(从直线 R 上继承的度量) 作为自身的度量, 但这样得出的度量空间 (M,ρ) 与定理 6.2.21 引入的拓扑空间 $(M,\mathscr{T})$ 有什么关系却不清楚. 其实可以基于 M 中点的结构给出 M 上的另一个度量, 仍记为 ρ, 如下: 对 M 中任两点 $D(S(\alpha))$, $D(S(\beta))$,

$$\rho(D(S(\alpha)),D(S(\beta)))=\max\left\{\frac{|\alpha_i-\beta_i|}{i}\middle|i=1,2,\cdots\right\}, \tag{6.2.8}$$

$\alpha=(\alpha_1,\alpha_2,\cdots),\beta=(\beta_1,\beta_2,\cdots)\in Q$, 则容易证明 ρ 确为 M 上的度量. 下证 ρ 诱导的拓扑恰是定理 6.2.21 中的 $\mathscr{B}$ 生成的 Stone 拓扑 $\mathscr{T}$.

定理 6.2.36 $(M,\mathscr{T})$ 中的拓扑 $\mathscr{T}$ 可由式 (6.2.8) 中的 ρ 诱导出来.

证明 设 $\mathscr{T}_\rho$ 为 ρ 诱导的拓扑. 为证定理 6.2.36, 只需证 $\mathscr{B}\subseteq\mathscr{T}_\rho$ 且对任一点 $D(S(\alpha))\in M$ 以及任一实数 $\varepsilon>0$, 球形邻域 $\rho(D(S(\alpha)),\varepsilon)\in\mathscr{T}$.

(i) $\mathscr{B}\subseteq\mathscr{T}_\rho$, 即证: 对任一公式 $\varphi\in F(S)$, $\mathscr{V}(\varphi)\in\mathscr{T}_\rho$. 设 $\varphi=\varphi(p_1,\cdots,p_m)\in F(S)$, 并任取 $D(S(\alpha))\in\mathscr{V}(\varphi)$, $S(\alpha)=\{\varphi_1,\varphi_2,\cdots\}$. 取 $\varepsilon=\dfrac{1}{2m}$, 则 $\rho(D(S(\alpha)),\varepsilon)\subseteq\mathscr{V}(\varphi)$, 从而 $\mathscr{V}(\varphi)$ 是 $\mathscr{T}_\rho$ 中的开集, 即 $\mathscr{V}(\varphi)\in\mathscr{T}_\rho$. 事实上, 任取 $D(S(\beta))\in\rho(D(S(\alpha)),\varepsilon)$, 则 $\rho(D(S(\alpha)),D(S(\beta)))<\varepsilon=\dfrac{1}{2m}$. 由式 (6.2.8) 知 $\alpha_i=\beta_i$, $i=1,\cdots,m$, 所以, $\varphi_1,\cdots,\varphi_m\in S(\beta)$, 从而由 $\varphi\in D(S(\alpha))$ 及 φ 只与 $\varphi_1,\cdots,\varphi_m$ 有关得 $\varphi\in D(S(\beta))$, 即证得 $D(S(\beta))\in\mathscr{V}(\varphi)$, 所以 $\rho(D(S(\alpha)),\varepsilon)\subseteq\mathscr{V}(\varphi)$, $\mathscr{V}(\varphi)\in\mathscr{T}_\rho$.

(ii) 任取 $D(S(\alpha))$ 以及实数 $\varepsilon>0$, 证明 $\rho(D(S(\alpha)),\varepsilon)\in\mathscr{T}$. 不妨设 $\alpha=(\alpha_1,\alpha_2,\cdots)\in Q, S(\alpha)=\{\varphi_1,\varphi_2,\cdots\}$. 取自然数 $m\in\mathbb{N}$ 使得 $m=\left[\dfrac{1}{2\varepsilon}\right]+1$, 令 $\varphi=\varphi_1^2\&\cdots\&\varphi_m^2$, 并任取 $D(S(\beta))\in\rho(D(S(\alpha)),\varepsilon)$, 则由式 (6.2.8) 知 $\alpha_i=\beta_i, i=1,\cdots,m$, 所以 $\{\varphi_1,\cdots,\varphi_m\}\subseteq S(\beta)$, 所以 $\varphi\in D(S(\beta))$, 即 $D(S(\beta))\in\mathscr{V}(\varphi)$. 所以 $\rho(D(S(\alpha)),\varepsilon)$ 是 $\mathscr{T}$ 中的开集, 即 $\rho(D(S(\alpha)),\varepsilon)\in\mathscr{T}$.

由 (i) 和 (ii) 知 $\mathscr{T}=\mathscr{T}_\rho$.

6.2.4 $\mathscr{L}^*$ 中的 Łukasiewicz 理论与 Boole 理论

本节研究 $\mathscr{L}^*$ 中的逻辑闭理论与 $(M,\mathscr{T})$ 中的拓扑闭集间的对应关系.

先比较一下 Łukasiewicz 模糊命题逻辑系统 Ł 与形式系统 $\mathscr{L}^*$. 众所周知, Ł 与 $\mathscr{L}^*$ 是两个不同的模糊逻辑系统. 事实上, Ł 是基于 Łukasiewicz t-模 (见式 (1.2.6)) 的模糊命题逻辑, 而 $\mathscr{L}^*$ 是基于 R_0 t-模 (或称为幂零极小 t-模, 见式 (1.2.15)) 的模糊命题逻辑, 其中 Łukasiewicz t-模是连续的, 而 R_0 t-模只是左连续的. Ł 与 $\mathscr{L}^*$ 的不同之处还可从它们的公理集上看出: Ł 有 4 条公理模式 (Ł1)–(Ł4), 而 $\mathscr{L}^*$ 却有 10 条公理模式 (L*1)–(L*10), 见 1.2.2 节与 1.2.4 节.

容易看出, 公理 (Ł4) 就是 (L*2). 由命题 6.2.1 (iv) 知 (Ł2) 在 $\mathscr{L}^*$ 中与 (L*4) 可证等价, 从而是 $\mathscr{L}^*$ 中的定理. 显然, (Ł1) 也是 $\mathscr{L}^*$ 中的定理. 然而 (Ł3) 不是 $\mathscr{L}^*$ 中的定理, 所以从 $\mathscr{L}^*$ 的公理 (L*1)–(L*10) 出发借助 MP 规则无法推出 (Ł3). 于是, 若把 (Ł3) 作为一条新的公理添加到 $\mathscr{L}^*$ 中则可得 $\mathscr{L}^*$ 的一个非平凡扩张. 一般地, 我们考虑以 (Ł3) 为其推论的 $\mathscr{L}^*$ 中的逻辑理论 (称为 Łukasiewicz 理论), 并研究这类逻辑理论与 $(M,\mathscr{T})$ 中拓扑闭集间的对应关系. 类似地, 也将研究把二值命题逻辑中的公理 (L2) $(\varphi\to(\psi\to\chi))\to((\varphi\to\psi)\to(\varphi\to\chi))$ 作为新公理的 $\mathscr{L}^*$ 的 Boole 扩张 (理论). 注意, 其他两条公理 (L1) $\varphi\to(\psi\to\varphi)$ 和 (L3) $(\neg\varphi\to\neg\psi)\to(\psi\to\varphi)$ 都是 $\mathscr{L}^*$ 中的定理. 另外, 在 $\mathscr{L}^*$ 中能推出 (L2) 的理论一定能推出 (Ł3).

注意, 在 $\mathscr{L}^*$ 中我们仍把赋值 $v\in\Omega$ 与其在 S 上的限制映射 $v|S$ 不加区分, 即一个赋值 v 就是一个映射 $v:S\to[0,1]$, 因而 $\Omega=[0,1]^\omega$. 下面研究 $\mathscr{L}^*$ 中满足 $\Gamma\vdash$ (Ł3) 和 $\Gamma\vdash$ (L2) 的理论 Γ 的模型之性质.

命题 6.2.37 设 Γ 是 $\mathscr{L}^*$ 中的相容理论, $v\in\Omega$ 是 Γ 的模型, 即 $v(\Gamma)=\{v(\varphi)\mid\varphi\in\Gamma\}=\{1\}$, 则

(i) 若 $\Gamma\vdash$ (Ł3), 则 $v\in\Omega_3\triangleq\left\{0,\dfrac{1}{2},1\right\}^\omega$.

(ii) 若 $\Gamma\vdash$ (L2), 则 $v\in\Omega_2\triangleq\{0,1\}^\omega$.

证明 (i) 用反证法. 假设存在原子公式 $p\in S$ 使得 $v(p)=x\notin\left\{0,\dfrac{1}{2},1\right\}$, 则 $0<x<\neg x<1$ 或 $0<\neg x<x<1$. 若是前一种情形, 取 $\varphi=\neg p$, $\psi=p$, 则 $v((\varphi\to\psi)\to\psi)=(\neg x\to x)\to x=(\neg\neg x\vee x)\to x=x\to x=1$, 而 $v((\psi\to\varphi)\to\varphi)=(x\to\neg x)\to\neg x=1\to\neg x=\neg x\neq1$, 所以 $v(\text{Ł}3)\neq1$. 若是后一种情形: $0<\neg x<x<1$, 则取 $\varphi=p$, $\psi=\neg p$, 则 $v((\varphi\to\psi)\to\psi)=(x\to\neg x)\to\neg x=\neg x\to\neg x=1$, 而 $v((\psi\to\varphi)\to\varphi)=(\neg x\to x)\to x=1\to x=x\neq1$, 所以这时仍有 $v(\text{Ł}3)\neq1$, 从而 $\Gamma\not\models$ (Ł3). 由 $\mathscr{L}^*$ 的强完备性定理, $\Gamma\nvdash$ (Ł3), 与题设相矛盾! 另外, 易验证任一赋值 $v\in\Omega_3$ 都满足 (Ł3).

(ii) 仍用反证法. 假设存在原子公式 $p \in S$ 使得 $v(p) = x \notin \{0,1\}$, 则 $0 < x \leqslant \neg x < 1$ 或 $0 < \neg x < x < 1$. 对于前一种情形, 取 $\varphi = p$, $\psi = \neg p$, $\chi = \neg(p \to p)$, 从而 $v(\text{L2}) = (x \to (\neg x \to 0)) \to ((x \to \neg x) \to (x \to 0)) = (x \to x) \to (1 \to \neg x) = \neg x \neq 1$; 对于后一种情形, 可取 $\varphi = \neg p$, $\psi = p$, $\chi = \neg(p \to p)$, 则 $v(\text{L2}) = (\neg x \to (x \to 0)) \to ((\neg x \to x) \to (\neg x \to 0)) = x \neq 1$. 所以总有 $v(\text{L2}) \neq 1$, 从而 $\Gamma \not\models (\text{L2})$. 由强完备性定理 $\Gamma \nvdash (\text{L2})$, 这又与题设相矛盾.

定义 6.2.38　设 Γ 是 $\mathscr{L}^*$ 中的理论. 若 $\Gamma \vdash (\text{Ł3})$, 则称 Γ 为 **Łukasiewicz 理论**; 若 $\Gamma \vdash (\text{L2})$, 则称 Γ 为 **Boole 理论**.

注 6.2.39　(i) 由命题 6.2.37 知, $\mathscr{L}^*$ 中的 Łukasiewicz 理论其实是三值 Łukasiewicz 命题逻辑 Ł_3 中的理论, 因而称其为 Łukasiewicz 理论是合理的. 而 $\mathscr{L}^*$ 中的 Boole 理论其实是二值命题逻辑中的理论, 因而称其为 Boole 型的.

(ii) 显然, 每个 Boole 理论也是 Łukasiewicz 的.

(iii) 由定义 6.2.38, 每个不相容理论显然是 Łukasiewicz 的, 也是 Boole 的. 我们关心的是相容的 Łukasiewicz 理论和相容的 Boole 理论.

下面证明命题 6.2.37 的逆也成立, 即得如下命题.

命题 6.2.40　设 Γ 是 $\mathscr{L}^*$ 中的理论, $\Sigma = \{v \in \Omega \mid v(\Gamma) \subseteq \{1\}\}$ 是 Γ 的模型之集, 则

(i) 若 $\Sigma \subseteq \Omega_3$, 则 Γ 是 Łukasiewicz 理论.

(ii) 若 $\Sigma \subseteq \Omega_2$, 则 Γ 是 Boole 理论.

证明　不难验证 R_0-型蕴涵算子 R_0 与 Łukasiewicz 蕴涵算子 R_L 在 $\left\{0, \frac{1}{2}, 1\right\}$ 上相等, 即 $R_0(x,y) = R_L(x,y), x, y \in \left\{0, \frac{1}{2}, 1\right\}$, 这里 R_0 和 R_L 分别由式 (1.2.15) 和式 (1.2.5) 定义. 所以对任一赋值 $v \in \Sigma \subseteq \Omega_3$, 有 $v(\text{Ł3}) = 1$, 从而 $\Gamma \models (\text{Ł3})$. 由 $\mathscr{L}^*$ 的强完备性定理知 $\Gamma \vdash (\text{Ł3})$, 即 Γ 是 Łukasiewicz 理论. 类似地, 若 $\Sigma \subseteq \Omega_2$, 则 Γ 是 Boole 理论.

由命题 6.2.37 (i) 的证明可得 Łukasiewicz 理论的几个充要条件.

命题 6.2.41　设 Γ 是 $\mathscr{L}^*$ 中的理论, 令 $\neg S = \{\neg p \mid p \in S\}$, 则以下各条等价:

(i) Γ 是 Łukasiewicz 理论,

(ii) $\Gamma \vdash ((\varphi \to \psi) \to \psi) \to ((\psi \to \varphi) \to \varphi)$, $\varphi, \psi \in S \cup \neg S$,

(iii) $\Gamma \vdash ((\varphi \to \psi) \to \psi) \to (\varphi \vee \psi)$, $\varphi, \psi \in F(S)$,

(iv) $\Gamma \vdash ((\psi \to \varphi) \to \varphi) \to (\varphi \vee \psi)$, $\varphi, \psi \in S \cup \neg S$,

(v) $\Gamma \vdash (\varphi \wedge \psi) \to \varphi \& (\varphi \to \psi)$, $\varphi, \psi \in F(S)$,

(vi) $\Gamma \vdash (\varphi \wedge \psi) \to \varphi \& (\varphi \to \psi)$, $\varphi, \psi \in S \cup \neg S$.

证明　易证 Γ 满足以上每条的充要条件是 Γ 的模型 $v \in \Omega_3$, 所以由命题

6.2.37 和命题 6.2.40 知以上各条彼此等价.

为研究 Łukasiewicz 和 Boole 理论的模型的性质, 我们也需要在 $\mathscr{L}^*$ 中引入赋值集的有限分离性质的概念, 见定义 3.1.13 和定义 3.2.17.

定义 6.2.42 设 $\Sigma \subseteq \Omega_3 = \left\{0, \frac{1}{2}, 1\right\}^\omega$. 若 Σ 满足: 对任一 $u = (u_1, u_2, \cdots) \in \Omega_3 - \Sigma$, 存在 $m \in \mathbb{N}$ 使得对任意 $v = (v_1, v_2, \cdots) \in \Sigma$ 都有 $(u_1, \cdots, u_m) \neq (v_1, \cdots, v_m)$, 则称 Σ 具有**有限截断一致分离性质**, 简称**有限分离性质**.

注 6.2.43 (i) 初看起来, 定义 6.2.42 是定义 3.2.17 在 $n=3$ 时的特例. 但实际上并非这么简单, 因为这里的逻辑系统是 $\mathscr{L}^*$, 而 $\mathscr{L}^*$ 是不同于 Ł_n 的, 因此同一个向量 $v = (v_1, v_3, \cdots) \in \left\{0, \frac{1}{2}, 1\right\}^\omega$ 在分别视为 $\mathscr{L}^*$ 和 Ł_3 中的赋值时是有区别的, 它们生成公式集 $F(S)$ 上的赋值的方式不同.

(ii) 易见, $\Sigma = \varnothing$, $\Sigma = \Omega_2$ 及 $\Sigma = \Omega_3$ 都具有有限分离性质, 然而 $\Sigma = \Omega_3 - \{(1, 1, \cdots)\}$ 却不具有此性质. 我们将证明每个 Łukasiewicz 理论的模型之集都具有有限分离性质. 反过来, Ω_3 中每个具有有限分离性质的子集一定是某 Łukasiewicz 理论的模型之集.

类似于定理 3.1.14 和定理 3.2.18, 我们有如下定理.

定理 6.2.44 设 Γ 是 $\mathscr{L}^*$ 中的 Łukasiewicz 理论, $\Sigma = \{v \in \Omega \mid v(\Gamma) \subseteq \{1\}\}$, 则 $\Sigma \subseteq \Omega_3$ 具有有限分离性质.

下面证明定理 6.2.44 的逆, 即得如下定理.

定理 6.2.45 设 $\Sigma \subseteq \Omega_3$ 具有有限分离性质, 则存在 $\mathscr{L}^*$ 中的 Łukasiewicz 理论 Γ 使得 Σ 恰是 Γ 的模型之集.

证明 若 $\Sigma = \varnothing$, 取 $\Gamma = \{p, \neg p\}$, 则 Γ 是不相容理论, 从而是 Łukasiewicz 理论. 显然, Σ 是 Γ 的模型之集. 下设 $\Sigma \neq \varnothing$, 并约定

$$p^{(1)} = p, \quad p^{(\frac{1}{2})} = (\neg p^2) \& (\neg(\neg p)^2), \quad p^{(0)} = \neg p, \quad p \in S. \tag{6.2.9}$$

对任一 $m \in \mathbb{N}$, 令 $\Sigma(m) = \{(v_1, \cdots, v_m) \mid v = (v_1, v_2, \cdots) \in \Sigma\}$. 定义

$$\Gamma = \{\vee\{p_1^{(v_1)} \wedge \cdots \wedge p_m^{(v_m)} \mid (v_1, \cdots, v_m) \in \Sigma(m)\} \mid m \in \mathbb{N}\}. \tag{6.2.10}$$

注意, 由于对任一 $m \in \mathbb{N}$, $\Sigma(m)$ 是有限集, 所以 Γ 中的每个公式都是定义合理的, 从而 Γ 是 $\mathscr{L}^*$ 中的理论. 下面我们证明 Γ 是 Łukasiewicz 理论并且 Σ 是 Γ 的模型之集. 由于 $\Sigma \subseteq \Omega_3$, 所以由命题 6.2.40 (i) 知只需证 Σ 是 Γ 的模型之集, 这可分两步来完成.

(i) 对任一 $v \in \Sigma$, $v(\Gamma) = \{1\}$,

(ii) 对任一 $u \in \Omega - \Sigma$, $u(\Gamma) \neq \{1\}$, 这里 $\Omega = [0, 1]^\omega$.

先证 (i). 设 $v=(v_1,v_2,\cdots)\in\Sigma$ 并任取 $\varphi=\vee\{p_1^{(v_1)}\wedge\cdots\wedge p_m^{(v_m)}\mid(v_1,\cdots,v_m)\in\Sigma(m)\}\in\Gamma$, 则 v 的前 m 个片断 $(v_1,\cdots,v_m)\in\Sigma(m)$, 从而 $p_1^{(v_1)}\wedge\cdots\wedge p_m^{(v_m)}$ 是 φ 的析取项. 对任一 $i\ (1\leqslant i\leqslant m)$, 若 $v_i=1$, 则 $p_i^{(v_i)}=p_i$, 从而 $v(p_i^{(v_i)})=v(p_i)=v_i=1$; 若 $v_i=\dfrac{1}{2}$, 则 $p_i^{(v_i)}=(\neg p_i^2)\&(\neg(\neg p_i)^2)$, 从而 $v(p_i^{(v_i)})=(\neg v_i^2)\otimes_0(\neg(\neg v_i)^2)=1$; 若 $v_i=0$, 则 $p_i^{(v_i)}=\neg p_i$, 从而仍有 $v(p_i^{(v_i)})=v(\neg p_i)=\neg v_i=1$. 所以在任何情形都有 $v(p_i^{(v_i)})=1$. 由 i 的任意性知 $v(p_1^{(v_1)}\wedge\cdots\wedge p_m^{(v_m)})=1\wedge\cdots\wedge 1=1$, 从而 $v(\varphi)=1$. 再由 φ 的任意性知 $v(\Gamma)=\{1\}$. 这就证明了 (i).

再证 (ii). 先考虑 $u\in\Omega_3-\Sigma$ 的情形. 由 Σ 具有有限分离性质知存在 $m\in\mathbb{N}$ 使得对任一 $v=(v_1,v_2,\cdots)\in\Sigma$ 都有 $(u_1,\cdots,u_m)\neq(v_1,\cdots,v_m)$. 对任一 $v\in\Sigma$, 则存在 $i\leqslant m$ 使得 $u_i\neq v_i$. 易见

$$u(p_i^{(v_i)})=\begin{cases}u_i, & v_i=1,\\ 0, & v_i=\dfrac{1}{2},\\ 1-u_i, & v_i=0.\end{cases}$$

所以 $u(p_i^{(v_i)})\neq 1$, 从而 $u(\varphi)=u(\vee\{p_1^{(v_1)}\wedge\cdots\wedge p_m^{(v_m)}\}\mid(v_1,\cdots,v_m)\in\Sigma(m))\neq 1$. 这说明 $u(\Gamma)\neq\{1\}$. 最后考虑 $u\in\Omega-\Omega_3$ 的情形. 由 $u\notin\Omega_3$, 则存在 $m\in\mathbb{N}$ 使得 $u_m\notin\left\{0,\dfrac{1}{2},1\right\}$. 所以对任一 $v\in\Sigma$, 有 $(v_1,\cdots,v_m)\neq(u_1,\cdots,u_m)$. 类似于上面的证明有 $u(\Gamma)\neq\{1\}$.

由 (i) 和 (ii) 知 $\Sigma=\{v\in\Omega_3\mid v(\Gamma)=\{1\}\}$, 所以 Γ 是 Łukasiewicz 理论. 特别地, 若 $\Sigma\subseteq\Omega_2$, 则 Γ 是 Boole 理论.

对 Ω_3 中任一具有有限分离性质的子集 Σ, 定理 6.2.45 的证明不仅证明了存在模型之集恰是 Σ 的 Łukasiewicz 理论 Γ, 还构造性地给出了 Γ 的结构, 见式 (6.2.10). 现在的问题是: 对于给定的 Σ, 有多少这样的理论 Γ? 显然, 满足 $\Gamma\subseteq\Gamma'\subseteq D(\Gamma)$ 的理论 Γ' 都是 Łukasiewicz 的且模型之集恰是 Σ, 这里的 Γ 由式 (6.2.10) 定义. 但只有唯一一个逻辑闭的 Łukasiewicz 理论, 其模型之集恰是 Σ.

定理 6.2.46　设 Γ_1 与 Γ_2 是 $\mathscr{L}^*$ 中的两个理论, Σ_1 与 Σ_2 分别是 Γ_1 与 Γ_2 的模型之集, 则

$$D(\Gamma_1)=D(\Gamma_2)\ \text{iff}\ \Sigma_1=\Sigma_2.$$

证明　由 $\mathscr{L}^*$ 的强完备性定理知这是显然的.

由定理 6.2.44— 定理 6.2.46 知以下推论.

推论 6.2.47　$\Gamma\mapsto\Sigma=\{v\in\Omega_3\mid v(\Gamma)=\{1\}\}$ 是 $\mathscr{L}^*$ 中逻辑闭的 Łukasiewicz 理论与 Ω_3 中具有有限分离性质的子集间的一一对应.

推论 6.2.48 $\Gamma \mapsto \Sigma = \{v \in \Omega_2 \mid v(\Gamma) = \{1\}\}$ 是 $\mathscr{L}^*$ 中逻辑闭的 Boole 理论与 Ω_2 中具有有限分离性质的子集间的一一对应.

现在我们证明本节的主要结果.

定理 6.2.49 $\Gamma \mapsto \{D(S(v)) \mid \Gamma \subseteq D(S(v))\} = \{D(S(v)) \mid v \in \Sigma\}$ 是 $\mathscr{L}^*$ 中逻辑闭的 Łukasiewicz 理论与拓扑空间 $(M, \mathscr{T})$ 中的拓扑闭集间的一一对应, 其中 Σ 是 Γ 的模型之集.

证明 令

$$\mathrm{DCŁT}(\mathscr{L}^*) = \{\Gamma \mid \Gamma\text{是}\mathscr{L}^*\text{中逻辑闭的 Łukasiewicz 理论}\},$$
$$\mathrm{CLM}(\mathscr{L}^*) = \{X \subseteq M \mid X\text{是}(M, \mathscr{T})\text{中的拓扑闭集}\}.$$

定义 $f : \mathrm{DCŁT}(\mathscr{L}^*) \to \mathrm{CLM}(\mathscr{L}^*)$:

$$f(\Gamma) = \{D(S(v)) \mid v \in \Sigma\},$$

其中 $\Sigma = \{v \in \Omega \mid v(\Gamma) = \{1\}\}, \Gamma \in \mathrm{DCŁT}(\mathscr{L}^*), D(S(v)) \in M$ 由定义 6.2.11 决定. 我们先证 f 是定义合理的, 然后再证 f 确为一一映射.

(i) f 是定义合理的, 即对任一 $\Gamma \in \mathrm{DCŁT}(\mathscr{L}^*)$, $f(\Gamma) \in \mathrm{CLM}(\mathscr{L}^*)$.

任取 $\Gamma \in \mathrm{DCŁT}(\mathscr{L}^*)$, 则 $\Sigma = \{v \in \Omega \mid v(\Gamma) = \{1\}\} \subseteq \Omega_3$, 所以 $f(\Gamma)$ 中的 $D(S(v))$ 是定义好的 (注意, 由于我们把 Ω 与 $[0,1]^\omega$ 不加区分, 从而 $\Omega_3 = \left\{0, \frac{1}{2}, 1\right\}^\omega = Q$). 由定理 6.2.44 知 Σ 具有有限分离性质. 为证 $f(\Gamma)$ 是 $(M, \mathscr{T})$ 中的闭集, 由定理 6.2.36 知, 可等价地证明 $f(\Gamma)$ 是 (M, ρ) 中的闭集, 这里 ρ 由式 (6.2.8) 定义. 任取 $D(S(u)) \in M - f(\Gamma)$, 则 $u \in \Omega_3 - \Sigma$. 由 Σ 具有有限分离性质知, 存在自然数 $m \in \mathbb{N}$ 使得对任一 $v \in \Sigma$, $(u_1, \cdots, u_m) \neq (v_1, \cdots, v_m)$. 所以 $\max\left\{\frac{|u_i - v_i|}{i} \middle| i = 1, 2, \cdots\right\} \geqslant \frac{1}{2m} > 0$. 任取 $\varepsilon \left(0 < \varepsilon < \frac{1}{2m}\right)$, 则 $\rho(D(S(u)), f(\Gamma)) = \inf\{\rho(D(S(u)), D(S(v))) \mid v \in \Sigma\} = \inf\left\{\max\left\{\frac{|u_i - v_i|}{i} \middle| i = 1, 2, \cdots\right\} \middle| v \in \Sigma\right\} \geqslant \frac{1}{2m} > \varepsilon > 0$. 这就证明了 $f(\Gamma)$ 是 (M, ρ) 中的闭集, 从而 $f(\Gamma) \in \mathrm{CLM}(\mathscr{L}^*)$, f 是定义好的.

(ii) f 是单射.

任取 $\Gamma_1, \Gamma_2 \in \mathrm{DCŁT}(\mathscr{L}^*)$ 且 $\Gamma_1 \neq \Gamma_2$, 令 $\Sigma_i = \{v \in \Omega_3 \mid v(\Gamma_i) = \{1\}\} (i = 1, 2)$, 则由定理 6.2.46 知 $\Sigma_1 \neq \Sigma_2$, 从而 $f(\Gamma_1) \neq f(\Gamma_2)$.

(iii) f 是满射.

任取 $(M, \mathscr{T})$ 中的闭集 X, 令 $\Sigma = \{v \in \Omega_3 \mid D(S(v)) \in X\}$. 下证 Σ 具有有限分离性质. 事实上, 任取 $u \in \Omega_3 - \Sigma$, 则 $D(S(u)) \notin X$, 从而存在 $\varepsilon > 0$

使得 $\rho(D(S(u)),X) > \varepsilon$. 任取 $m \in \mathbb{N}$ 使得 $\dfrac{1}{2m} < \varepsilon$, 则对任一 $D(S(v)) \in X$, $\rho(D(S(u)),D(S(v))) = \max\left\{\dfrac{|u_i - v_i|}{i}\middle| i = 1,2,\cdots\right\} > \dfrac{1}{2m}$, 所以 $(u_1,\cdots,u_m) \neq (v_1,\cdots,v_m)$, 这就证明了 Σ 具有有限分离性质. 设 Γ 由式 (6.2.10) 定义, 则 $D(\Gamma) \in \mathrm{DCŁT}(\mathscr{L}^*)$ 且 $\{v \in \Omega \mid v(D(\Gamma)) = \{1\}\} = \Sigma$. 所以 $f(D(\Gamma)) = X$.

由 (i)—(iii) 知定理 6.2.49 成立.

定理 6.2.50　$\Gamma \mapsto \{D(S(v)) \mid \Gamma \subseteq D(S(v))\} = \{D(S(v)) \mid v \in \Sigma\}$ 是 $\mathscr{L}^*$ 中逻辑闭的 Boole 理论与 $(M,\mathscr{T})$ 的子空间 $M_2 = \{D(S(v)) \mid v \in \Omega_2\}$ 中的拓扑闭集间的一一对应, 其中 $\Sigma = \{v \in \Omega_2 \mid v(\Gamma) = \{1\}\}$.

由 $\mathscr{L}^*$ 的满足性定理 (即定理 6.2.17) 知 $\mathscr{L}^*$ 中的相容理论有模型, 所以空间 $(M,\mathscr{T})$ 中的单点闭集 $\{D(S(v))\}(v \in \Omega_3)$ 必对应一极大相容的 Łukasiewicz 理论. 由此得以下推论.

推论 6.2.51　在 $\mathscr{L}^*$ 中, 极大相容的 Łukasiewicz 理论是极大相容理论, 反之亦然, 即极大相容理论也是极大相容的 Łukasiewicz 理论.

在 6.1.3 节中我们证明了二值命题逻辑 $Ł_2$ 中的逻辑闭理论与其中极大相容理论之集构成的拓扑空间 $(M,\mathscr{T})$ 中的拓扑闭集是一一对应的, 而在形式系统 $\mathscr{L}^*$ 中, 只是逻辑闭的 Łukasiewicz 理论与 $\mathscr{L}^*$ 中极大相容理论之集构成的拓扑空间 $(M,\mathscr{T})$ 中的拓扑闭集是一一对应的. 而 $\mathscr{L}^*$ 中的理论一般不是 Łukasiewicz 的, 比如, $\Gamma = \{p\}$ 就不是. 那么如何刻画 $\mathscr{L}^*$ 中一般的逻辑闭理论呢? 逻辑闭理论是否与全体赋值之集 $\Omega = [0,1]^\omega$ 带上某种拓扑构成的拓扑空间中的拓扑闭集有某种联系呢? 回答上述问题的正确途径似乎应首先研究逻辑闭理论的全体模型之集的性质. 设 Γ 是 $\mathscr{L}^*$ 中的逻辑闭理论, Σ 是 Γ 的全体模型之集. 类似于定理 6.2.44, Σ 应具有如下意义下的有限分离性质: 对任一 $u \in \Omega - \Sigma$, 存在 $m \in \mathbb{N}$ 使得对任一 $v = (v_1,v_2,\cdots) \in \Sigma$, $(u_1,\cdots,u_m) \neq (v_1,\cdots,v_m)$. 然而我们并不知道具有上述有限分离性质的赋值之集是否是某逻辑理论的全体模型之集, 所以如何刻画 $\mathscr{L}^*$ 中的逻辑闭理论是有待进一步研究的课题.

6.3　系统 NMG 中极大相容理论的结构及其拓扑刻画

本节将研究系统 NMG 中极大相容理论的结构及拓扑性质. 由于诸多结论与 $\mathscr{L}^*$ 中的相应结论类似, 所以我们只罗列这些类似的结论, 不再作重复证明.

6.3.1　NMG 中极大相容理论的结构刻画

先看 NMG 中的一些基本性质.

命题 6.3.1　以下公式都是 NMG 中的定理: $\varphi,\psi,\chi \in F(S)$,

(i) $\varphi \to (\psi \to \varphi)$.

(ii) $(\varphi \to \psi) \vee (\psi \to \varphi)$.

(iii) $\varphi\&(\varphi \to \psi) \to \psi$.

(iv) $(\varphi \to \psi)\&(\psi \to \chi) \to (\varphi \to \chi)$.

(v) $\varphi \to \neg\neg\varphi$.

(vi) $(\varphi \to \psi) \to (\neg\psi \to \neg\varphi)$.

(vii) $(\varphi \to \psi) \to ((\psi \to \chi) \to (\varphi \to \chi))$.

(viii) $(\varphi^2 \to (\psi \to \chi)) \to ((\varphi^2 \to \psi) \to (\varphi^2 \to \chi))$, 其中 $\varphi^2 = \varphi\&\varphi$.

证明 以 (viii) 为例进行证明. 由 NMG 的标准完备性定理, 只需证 (viii) 是重言式. 任取 $v \in \Omega$, 令 $x = v(\varphi)$, $y = v(\psi)$, $z = v(\chi)$, 则 $x, y, z \in [0,1]$ 且 $v(\varphi^2) = v(\varphi) \otimes v(\varphi) = x \otimes x = x^2$, 这里 $\otimes$ 由式 (1.2.16) 定义. 下面只需证 $x^2 \to (y \to z) \leqslant (x^2 \to y) \to (x^2 \to z)$.

在标准 NMG-代数 $W = ([0,1], \wedge, \vee, \otimes, \to, 0, 1)$ 中, 易验证 $b \to c \leqslant (a \to b) \to (a \to c)$, $a, b, c \in [0,1]$ 且 $\to$ 关于第二变元是递增的, 所以有

$$\begin{aligned}
x^2 \to (y \to z) &\leqslant x^2 \to ((x^2 \to y) \to (x^2 \to z)) \\
&= (x^2 \to y) \to (x^2 \to (x^2 \to z)) \\
&= (x^2 \to y) \to (x^4 \to z) \\
&= (x^2 \to y) \to (x^2 \to z).
\end{aligned}$$

所以 (viii) 是重言式, 从而是定理.

由命题 6.3.1 (viii) 并用关于推演长度的归纳法可以证明 NMG 有与 $\mathscr{L}^*$ 在形式上完全一致的广义演绎定理.

定理 6.3.2 (广义演绎定理) 设 $\varphi, \psi \in F(S)$, $\Gamma \subseteq F(S)$, 则

$$\Gamma \cup \{\varphi\} \vdash \psi \text{ iff } \Gamma \vdash \varphi^2 \to \psi. \tag{6.3.1}$$

由于 NMG 中的逻辑推理也是在有限步之内进行的, 所以由式 (6.3.1) 得

$$\Gamma \vdash \varphi \text{ iff 存在 } \varphi_1, \cdots, \varphi_m \in \Gamma \text{ 使得} \vdash \varphi_1^2\& \cdots \&\varphi_m^2 \to \varphi. \tag{6.3.2}$$

命题 6.3.3 设 $\varphi, \psi, \chi \in F(S)$, 规定

$$\varphi^2 = \varphi\&\varphi, \quad \varphi^m = \varphi^{m-1}\&\varphi, \quad m = 3, 4, \cdots,$$

则:

(i) $\varphi \to (\psi \to \chi) \sim \psi \to (\varphi \to \chi) \sim \varphi\&\psi \to \chi$.

(ii) $\varphi\&\psi \sim \psi\&\varphi$.

(iii) $\varphi^m \sim \varphi^2$, $m \geqslant 2$.

(iv) $(\varphi \vee \psi)^2 \sim \varphi^2 \vee \psi^2$.

(v) $\neg(\varphi \vee \psi) \sim \neg\varphi \wedge \neg\psi$.

(vi) $\neg(\varphi \wedge \psi) \sim \neg\varphi \vee \neg\psi$.

以下命题和定义在 NMG 中也成立, 参见命题 6.2.2、命题 6.2.5 和定义 6.2.4.

命题 6.3.4　NMG 中的理论是相容的 iff 它的每个有限子理论是相容的.

定义 6.3.5　称 NMG 中的一个相容理论是**极大相容理论**, 如果它不能真包含于某相容理论中.

命题 6.3.6　NMG 中每个相容理论都包含于某一个极大相容理论中.

NMG 中的极大相容理论也具有如下性质.

命题 6.3.7　设 Γ 是 NMG 中的极大相容理论, 则:

(i) $\Gamma = D(\Gamma)$.

(ii) $\varphi \& \psi \in \Gamma$ iff $\varphi \in \Gamma$ 且 $\psi \in \Gamma$, 特别地, $\varphi^2 \in \Gamma$ iff $\varphi \in \Gamma$.

(iii) $\varphi \wedge \psi \in \Gamma$ iff $\varphi \in \Gamma$ 且 $\psi \in \Gamma$.

(iv) $\varphi \vee \psi \in \Gamma$ iff $\varphi \in \Gamma$ 或 $\psi \in \Gamma$.

(v) 对任意两个公式 $\varphi, \psi \in F(S)$, $\varphi \to \psi \in \Gamma$ 或 $\psi \to \varphi \in \Gamma$.

(vi) 对任一公式 $\varphi \in F(S)$, $\varphi \in \Gamma$ 与 $\neg\varphi^2 \in \Gamma$ 有且仅有一个成立.

(vii) 对任一公式 $\varphi \in F(S)$, $\varphi \in \Gamma$, $\neg\varphi \in \Gamma$ 与 $(\neg\varphi^2)\&(\neg(\neg\varphi)^2) \in \Gamma$ 有且仅有一个成立.

(viii) 对任一原子公式 $p \in S$, $p \in \Gamma$, $\neg p \in \Gamma$ 与 $(\neg p^2)\&(\neg(\neg p)^2) \in \Gamma$ 有且仅有一个成立.

证明　与命题 6.2.6 的证明类似.

由命题 6.3.7 也可得 NMG 中相容理论极大的两个充要条件.

定理 6.3.8　设 Γ 是 NMG 中的相容理论, 则 Γ 是极大的 iff Γ 满足以下条件:

(i) $\Gamma = D(\Gamma)$,

(ii) 对任一公式 $\varphi \in F(S)$, φ 与 $\neg\varphi^2$ 有且仅有一个属于 Γ.

定理 6.3.9　设 Γ 是 NMG 中的相容理论, 则 Γ 是极大的 iff Γ 满足:

(i) $\Gamma = D(\Gamma)$,

(ii) 对任一公式 $\varphi \in F(S)$, $\varphi, \neg\varphi$ 与 $(\neg\varphi^2)\&(\neg(\neg\varphi)^2)$ 有且仅有一个属于 Γ.

下面我们来简化定理 6.3.9 (ii). 由于 NMG 的强完备性定理尚未得到证明, 所以 6.2.1 节中基于强完备性定理的方法不适用于 NMG, 但 6.2.2 节中的归纳证法适用于 NMG.

定理 6.3.10　设 Γ 是 NMG 中的相容理论, 则 Γ 是极大的 iff Γ 满足:

(i) $\Gamma = D(\Gamma)$,

(ii) 对任一原子公式 $p \in S$, $p, \neg p$ 与 $(\neg p^2)\&(\neg(\neg p)^2)$ 有且仅有一个属于 Γ.

证明 设 Γ 是极大相容理论, 则由命题 6.3.7 (i) 和 (viii) 知必要性成立. 反过来, 设 Γ 满足 (i) 和 (ii). 由定理 6.3.9 知只需证以下论断.

论断 对任一公式 $\varphi \in F(S)$, φ, $\neg\varphi$ 与 $(\neg\varphi^2)\&(\neg(\neg\varphi)^2)$ 有且仅有一个属于 Γ. 用关于 φ 的结构复杂度进行归纳证明上述论断.

基础步: 若 $\varphi = \overline{0}$, 则 $\neg\varphi \in \Gamma$; 若 $\varphi = p$, 则由题设知论断成立.

归纳步: 设 φ 是含原子公式或常值公式 $\overline{0}$ 为真子公式的复合公式, 且假设论断对复杂度比 φ 真小的公式成立. 现需考虑以下 3 种情形.

情形 1: $\varphi = \psi\&\chi$ 且论断对 ψ 和 χ 已成立. 在这一情形又需考虑以下 5 种情形:

子情形 1.1: $\psi \in \Gamma$ 且 $\chi \in \Gamma$. 由 $\psi \to (\chi \to \varphi)$ 是定理, 所以由 (i) 知 $\psi \to (\chi \to \varphi) \in \Gamma$ 且 Γ 对 MP 规则封闭, 所以运用两次 MP 规则有 $\varphi \in \Gamma$.

子情形 1.2: $\neg\psi \in \Gamma$ 或 $\neg\chi \in \Gamma$. 不妨设 $\neg\psi \in \Gamma$, 由命题 6.3.1 (vi) 知 $(\varphi \to \psi) \to (\neg\psi \to \neg\varphi)$ 是定理, 所以由 (i) 知它包含在 Γ 中. 注意, 此时 $\varphi \to \psi$ 是定理, 也含在 Γ 中, 所以有 $\neg\varphi \in \Gamma$.

子情形 1.3: $\psi \in \Gamma$ 且 $(\neg\chi^2)\&(\neg(\neg\chi)^2) \in \Gamma$, 则由 (i) 知 $\neg\chi^2 \in \Gamma, \neg(\neg\chi)^2 \in \Gamma$. 又, 由命题 6.3.1 (i) 知 $\neg\chi^2 \to (\psi^2 \to \neg\chi^2)$ 是定理, 从而也含在 Γ 中. 再由 (i) 知 $\psi^2 \to \neg\chi^2 \in \Gamma$, 而 $\psi^2 \to \neg\chi^2$ 可证等价于 $\neg\varphi^2$, 所以 $\neg\varphi^2 \in \Gamma$.

子情形 1.4: $\chi \in \Gamma$ 且 $(\neg\psi^2)\&(\neg(\neg\psi)^2) \in \Gamma$. 证明同子情形 1.3.

子情形 1.5: $(\neg\psi^2)\&(\neg(\neg\psi)^2) \in \Gamma$ 且 $(\neg\chi^2)\&(\neg(\neg\chi)^2) \in \Gamma$. 则由 (i) 知 $\neg\psi^2$, $\neg(\neg\psi)^2$, $\neg\chi^2$, $\neg(\neg\chi)^2 \in \Gamma$. 再由 (i) 得 $(\neg\psi^2)^2$, $(\neg(\neg\psi)^2)^2$, $(\neg\chi^2)^2$, $(\neg(\neg\chi)^2)^2 \in \Gamma$. 又易验证

$$((\neg\psi^2)^2\&(\neg(\neg\psi)^2)^2\&(\neg\chi^2)^2\&(\neg(\neg\chi)^2)^2) \to \neg\varphi$$

是重言式, 从而由标准完备性定理知它是定理. 所以由 (i) 及 MP 规则知 $\neg\varphi \in \Gamma$.

情形 2: $\varphi = \psi \wedge \chi$. 证明同情形 1.

情形 3: $\varphi = \psi \to \chi$ 且论断对 ψ 和 χ 已成立. 在这一种情形也需考虑 5 种子情形.

子情形 3.1: $\chi \in \Gamma$ 或 $\neg\psi \in \Gamma$, 则由 (i) 及 $\chi \to \varphi$ 和 $\neg\psi \to \varphi$ 是定理知 $\varphi \in \Gamma$.

子情形 3.2: $\psi \in \Gamma$ 且 $\neg\chi \in \Gamma$. 由 $(\psi \to \chi) \to (\neg\chi \to \neg\psi)$, 即 $\varphi \to (\neg\chi \to (\psi \to \overline{0}))$ 是定理知 $\neg\chi \to (\psi \to (\varphi \to \overline{0}))$ 是定理, 从而含在 Γ 中. 再由 (i) 及 MP 规则知 $\neg\varphi \in \Gamma$.

子情形 3.3: $\psi \in \Gamma$ 且 $(\neg\chi^2)\&(\neg(\neg\chi)^2) \in \Gamma$. 则 $\neg\chi^2$, $\neg(\neg\chi)^2 \in \Gamma$. 由命题 6.3.1 (iii) 知 $\psi^2\&(\psi \to \chi)^2 \to \chi^2$ 是定理, 从而 $\psi^2 \to ((\psi \to \chi)^2 \to \chi^2)$ 是定理, 所以由 (i) 知 $(\psi \to \chi)^2 \to \chi^2 \in \Gamma$, 即 $\varphi^2 \to \chi^2 \in \Gamma$. 再由命题 6.3.1 (vi) 知 $(\varphi^2 \to \chi^2) \to (\neg\chi^2 \to \neg\varphi^2)$ 是定理, 所以由 (i) 及 MP 规则知 $\neg\varphi^2 \in \Gamma$. 类似可证

$\neg(\neg\varphi)^2 \in \Gamma$, 从而 $(\neg\varphi^2)\&(\neg(\neg\varphi)^2) \in \Gamma$.

子情形 3.4: $\neg\chi \in \Gamma$ 且 $(\neg\psi^2)\&(\neg(\neg\psi)^2) \in \Gamma$, 则由命题 6.3.7 (ii) 知 $\neg\psi^2, \neg(\neg\psi)^2 \in \Gamma$. 不难验证 $((\neg\psi^2)^2\&(\neg(\neg\psi)^2)^2\&(\neg\chi)^2) \to \neg\varphi^2$ 和 $((\neg\psi^2)^2\&(\neg(\neg\psi)^2)^2\&(\neg\chi)^2) \to \neg(\neg\varphi)^2$ 都是定理 (注意, 若取 $v \in \Omega$, 令 $x = v(\psi)$, 则当 $x = \frac{1}{4}$ 时, $(\neg x^2)^2 \otimes (\neg(\neg x)^2)^2 = 1$; 当 $x \neq \frac{1}{4}$ 时, $(\neg x^2)^2 \otimes (\neg(\neg x)^2)^2 = 0$). 所以 $\neg\varphi^2, \neg(\neg\varphi)^2 \in \Gamma$, 从而 $(\neg\varphi^2)\&(\neg(\neg\varphi)^2) \in \Gamma$.

子情形 3.5: $(\neg\psi^2)\&(\neg(\neg\psi)^2) \in \Gamma$ 且 $(\neg\chi^2)\&(\neg(\neg\chi)^2) \in \Gamma$. 此时可以验证

$$((\neg\psi^2)^2\&(\neg(\neg\psi)^2)^2\&(\neg\chi^2)^2\&(\neg(\neg\chi)^2)^2) \to \varphi$$

是定理, 所以 $\varphi \in \Gamma$.

由情形 1– 情形 3 知归纳证明已证完, 所以定理 6.3.10 成立.

定理 6.3.11 设 Γ 是 NMG 中的极大相容理论, 则 Γ 有唯一模型 v, 且 $v \in \Omega_3 = \left\{0, \frac{1}{4}, 1\right\}^\omega$.

证明 定义 $v : S \to \left\{0, \frac{1}{4}, 1\right\}$:

$$v(p) = \begin{cases} 1, & p \in \Gamma, \\ \frac{1}{4}, & (\neg p^2)\&(\neg(\neg p)^2) \in \Gamma, \\ 0, & \neg p \in \Gamma, \end{cases} \tag{6.3.3}$$

则由定理 6.3.10 知 v 是 Γ 的模型且是 Γ 的唯一模型.

注意, 定理 6.3.11 的逆不对, 即有唯一模型 $v \in \Omega_3$ 的理论未必是极大的. 例如, $S = \{p_1, p_2, \cdots\}$ 就只有一个模型 $v = (1, 1, \cdots)$, 但 S 不是极大的. 稍后我们利用模型的唯一性再给出极大相容理论的一个充分条件, 先看下面的例子.

例 6.3.12 (i) $D(S) = D(\{p_1, p_2, \cdots\})$ 是 NMG 中的极大相容理论.

(ii) 令 $Q = \left\{(\alpha_1, \alpha_2, \cdots) \middle| \alpha_m \in \left\{0, \frac{1}{4}, 1\right\}, m \in \mathbb{N}\right\}$, 对任一 $\alpha = (\alpha_1, \alpha_2, \cdots) \in Q$, 定义 $S(\alpha) = \{\varphi_1, \varphi_2, \cdots\}$, 其中每个 φ_m 满足

$$\varphi_m = \begin{cases} p_m, & \alpha_m = 1, \\ (\neg p_m^2)\&(\neg(\neg p_m)^2), & \alpha_m = \frac{1}{4}, \\ \neg p_m, & \alpha_m = 0, \end{cases}$$

$m = 1, 2, \cdots$, 则由定理 6.3.10, $D(S(\alpha))$ 是 NMG 中的极大相容理论.

例 6.3.12 中的极大相容理论的结构也是非常简单的, 它们与 $\mathscr{L}^*$ 中的极大相容理论在形式上是一致的, 但这里的 Q 已不再是 $\left\{0,\frac{1}{2},1\right\}^\omega$, 而是 $\left\{1,\frac{1}{4},1\right\}^\omega$. 下面的两个定理告诉我们例 6.3.12 给出了 NMG 中的所有极大相容理论.

定理 6.3.13 设 $\alpha,\beta\in Q=\left\{0,\frac{1}{4},1\right\}^\omega$, 则

$$D(S(\alpha))=D(S(\beta)) \text{ iff } \alpha=\beta.$$

证明 显然.

定理 6.3.14 设 Γ 是 NMG 中的极大相容理论, 则存在 $\alpha\in Q$ 使得 $\Gamma=D(S(\alpha))$.

证明 由定理 6.3.10 知, 对任一原子公式 $p_m\in S$, $p_m\in\Gamma$, $\neg p_m\in\Gamma$ 与 $(\neg p_m^2)\&(\neg(\neg p_m)^2)\in\Gamma$ 有且仅有一个成立. 相应地令 $\alpha_m=1$, $\alpha_m=0$ 和 $\alpha_m=\frac{1}{4}$, 则得 $\alpha=(\alpha_1,\alpha_2,\cdots)\in Q$ 且 $D(S(\alpha))\subseteq\Gamma$. 由 $D(S(\alpha))$ 的极大性知 $\Gamma=D(S(\alpha))$.

由定理 6.3.13 和定理 6.3.14 得如下定理.

定理 6.3.15 (i) $M=\left\{D(S(\alpha))\middle|\alpha\in Q=\left\{0,\frac{1}{4},1\right\}^\omega\right\}$ 是 NMG 中全体极大相容理论之集.

(ii) NMG 中恰有 3^ω 个极大相容理论.

(iii) $D(S(\alpha))\mapsto v\in\Omega_3=\left\{0,\frac{1}{4},1\right\}$ 是 M 与 Ω_3 间的一一对应, 这里 $v(p_i)=\alpha_i, i=1,2,\cdots$.

下面再给出 NMG 中极大相容理论的一个充要条件.

定理 6.3.16 设 Γ 是 NMG 中的相容理论, 则 Γ 是极大的 iff $\Gamma=D(\Gamma)$ 且 Γ 有唯一模型.

注意, 定理 6.3.16 不同于定理 6.3.15 (iii). 定理 6.3.15 (iii) 说明系统 NMG 中的极大相容理论和赋值 $v\in\Omega_3$ 是一一对应的, 每个这样的赋值也恰是它所对应的极大相容理论的模型, 而定理 6.3.16 不再要求 $v\in\Omega_3$, 但要求 $\Gamma=D(\Gamma)$. 为证明定理 6.3.16, 我们需要下面的引理.

引理 6.3.17[90] 设 $W=([0,1],\wedge,\vee,\otimes,\to,0,1)$ 和 $W_3=\left(\left\{0,\frac{1}{4},1\right\},\wedge,\vee,\otimes,\to,0,1\right)$ 分别是标准 NMG-代数和三值 NMG-代数. 定义 $h:W\to W_3$ 为

$$h(x)=\begin{cases}1, & x>\dfrac{1}{4},\\ \dfrac{1}{4}, & x=\dfrac{1}{4},\\ 0, & x<\dfrac{1}{4},\end{cases}\quad x\in[0,1], \tag{6.3.4}$$

则 h 是从 W 到 W_3 的 $(\wedge,\vee,\otimes,\to)$ 型满同态.

定理 6.3.16 的证明 由命题 6.3.7 和定理 6.3.11 知必要性成立. 设 $\Gamma=D(\Gamma)$ 且 Γ 有唯一模型 v. 由定理 6.3.15 只需证明存在 $\alpha=(\alpha_1,\alpha_2,\cdots)\in Q$ 使得对任一 $i\in\mathbb{N}, v(p_i)=\alpha_i$, 这等价于 $v(p_i)\in\left\{0,\dfrac{1}{4},1\right\}$. 用反证法证明这一事实. 假设存在 $i_0\in\mathbb{N}$ 使得 $v(p_{i_0})\notin\left\{0,\dfrac{1}{4},1\right\}$. 设 h 是式 (6.3.4) 定义的同态映射, 则 h 与 v 的复合映射 $h\circ v$ 是从 $F(S)$ 到 W 的同态, 从而是 $F(S)$ 的一个赋值. 任取 $\varphi\in\Gamma$, 则 $(h\circ v)(\varphi)=h(v(\varphi))=h(1)=1$. 由 φ 的任意性知 $h\circ v$ 是 Γ 的模型. 因为 $(h\circ v)(p_{i_0})=h(v(p_{i_0}))\in\left\{0,\dfrac{1}{4},1\right\}$, 而 $v(p_{i_0})\notin\left\{0,\dfrac{1}{4},1\right\}$, 所以 $h\circ v\neq v$. 这说明 Γ 至少有两个不同的模型, 与题设矛盾!

由定理 6.3.16 可得 NMG 的满足性定理和紧致性定理.

定理 6.3.18 (满足性定理) NMG 中的相容理论有模型.

定理 6.3.19 NMG 中理论相容的充要条件是它有模型.

定理 6.3.20 (紧致性定理) NMG 中的理论有模型 iff 它的每个有限子理论有模型.

6.3.2 NMG 中的 Gödel 理论

本节研究 NMG 中极大相容理论之集的拓扑性质并研究 NMG 中逻辑闭理论与该拓扑空间中闭集间的对应关系. 仍令 $M=\left\{D(S(\alpha))\,\middle|\,\alpha\in Q=\left\{0,\dfrac{1}{4},1\right\}^{\omega}\right\}$.

定理 6.3.21 设 $\varphi\in F(S)$, 令

$$\mathscr{V}(\varphi)=\{D(S(\alpha))\in M\mid\varphi\in D(S(\alpha))\},$$
$$\mathscr{B}=\{\mathscr{V}(\varphi)\mid\varphi\in F(S)\},$$

则 $\mathscr{B}$ 是 M 上某拓扑 (记为 $\mathscr{T}$) 的拓扑基, 称 $\mathscr{T}$ 为 M 上的 **Stone 拓扑**.

定理 6.3.22 拓扑空间 $(M,\mathscr{T})$ 具有以下性质:

(i) $(M,\mathscr{T})$ 是第二可数空间.

(ii) $(M,\mathscr{T})$ 是 Hausdorff 空间.

(iii) $(M,\mathscr{T})$ 是紧致空间.

(iv) $(M, \mathscr{T})$ 是零维空间.

(v) $(M, \mathscr{T})$ 是度量空间.

(vi) $(M, \mathscr{T})$ 中无孤立点.

(vii) $(M, \mathscr{T})$ 是 Cantor 空间.

证明 参见定理 6.2.22– 定理 6.2.34 的证明.

为研究 NMG 中逻辑闭理论与该拓扑空间中闭集间的对应关系, 我们需要引入 Gödel 理论的概念.

定义 6.3.23 设 Γ 是 NMG 中的理论, 若对任意公式 $\varphi, \varphi_i \in F(S)$ $(i = 1, \cdots, 4)$, 都有

$$\Gamma \models \bigvee_{i=1}^{3} \bigvee_{k=i+1}^{4} ((\varphi_i \to \varphi_k) \wedge (\varphi_k \to \varphi_i)), \tag{6.3.5}$$

且

$$\Gamma \models ((\varphi \to \neg\varphi) \wedge (\neg\varphi \to \varphi)) \vee (\varphi \vee \neg\varphi), \tag{6.3.6}$$

则称 Γ 为 NMG 中的 **Gödel 理论**.

命题 6.3.24 设 Γ 是 NMG 中的 Gödel 理论, v 是 Γ 的模型, 则 $v \in \Omega_3 = \left\{0, \frac{1}{4}, 1\right\}^{\omega}$.

证明 由于在标准 NMG-代数中, $(x \to y) \wedge (y \to x) = 1$ iff $x = y$. 取 $\varphi_1 = p$, $\varphi_2 = q$, $\varphi_3 = r$, $\varphi_4 = s$ 均为原子公式, 则由式 (6.3.5) 知存在 i, k 且 $i \neq k\,(i, k = 1, \cdots, 4)$ 使得 $v(\varphi_i) = v(\varphi_k)$. 所以 v 必为三值映射, 即 $v(\Gamma) \subseteq \{a, b, c\} \subseteq [0, 1]$. 又由式 (6.3.6) 知 $v((\varphi \to \neg\varphi) \wedge (\neg\varphi \to \varphi)) = 1$ 或 $v(\varphi) = 1$ 或 $v(\varphi) = 0$. 由 $v((\varphi \to \neg\varphi) \wedge (\neg\varphi \to \varphi)) = 1$ 可得 $v(\varphi) = \frac{1}{4}$, 从而 $\{a, b, c\} = \left\{0, \frac{1}{4}, 1\right\}$.

定理 6.3.25 (i) 对 NMG 中的任一逻辑闭的 Gödel 理论 Γ, 则存在 $(M, \mathscr{T})$ 中的唯一闭集 X 使得 $\Sigma = \{v \in \Omega_3 \mid D(S(v)) \in X\}$ 是 Γ 的模型之集.

(ii) 对 $(M, \mathscr{T})$ 中的任一拓扑闭集 X, 存在 NMG 中的逻辑闭的 Gödel 理论 Γ 使得 $\Sigma = \{v \in \Omega_3 \mid D(S(v)) \in X\}$ 恰是 Γ 的模型之集.

(iii) 若 NMG 中的强完备性定理成立, 则 $\Gamma \mapsto X = \{D(S(v)) \in M \mid v$ 是 Γ 的模型$\}$是 NMG 中逻辑闭的 Gödel 理论与 $(M, \mathscr{T})$ 中的拓扑闭集间的一一对应.

证明 (i) 设 Γ 是逻辑闭 Gödel 理论, Σ 是 Γ 的模型之集, 则类似于定理 6.2.44 可证 Σ 具有有限分离性质, 从而 $X = \{D(S(v)) \mid v \in \Sigma\}$ 是 $(M, \mathscr{T})$ 中的闭集.

(ii) 设 X 是 $(M, \mathscr{T})$ 中的拓扑闭集, 令 $\Sigma = \{v \mid D(S(v)) \in X\}$, 则 Σ 具有有

限分离性质. 约定:

$$p^{(1)} = p, \quad p^{(\frac{1}{4})} = (\neg p^2)\&(\neg(\neg p)^2), \quad p^{(0)} = \neg p, \quad p \in S.$$

令 $\Sigma(m) = \{(v_1, \cdots, v_m) \mid v = (v_1, v_2, \cdots) \in \Sigma\}, m \in \mathbb{N}$, 且令

$$\Gamma = D(\{\vee\{p_1^{(v_1)} \wedge \cdots \wedge p_m^{(v_m)} \mid (v_1, \cdots, v_m) \in \Sigma(m)\} \mid m \in \mathbb{N}\}),$$

则可证 Γ 是逻辑闭的 Gödel 理论且 Σ 是其全体模型之集.

(iii) 若 NMG 中的强完备性定理成立, 则可仿照定理 6.2.49 证明给定的映射是一一对应.

注意, 正是由于目前不清楚 NMG 的强完备性是否成立, 定义 6.3.23 也只是从语义角度引入 Gödel 理论的, 因此定理 6.3.25 中的结论是有条件的, 要比定理 6.2.49 中的结论弱. 但一旦证明了强完备性定理, 可得到与 $\mathscr{L}^*$ 中完全类似的结论.

6.4 Łukasiewicz 模糊命题逻辑 Ł 中极大相容理论的刻画

3.2.4 节研究了有限值 Łukasiewicz 命题逻辑 $Ł_n$ 中的极大相容理论的结构及其拓扑刻画, 但那里的方法已不适用于 $[0,1]$-值情形, Ł 中极大相容理论的结构要复杂得多.

6.4.1 Ł 中极大相容理论的性质

容易验证 Ł 中极大相容理论的下列性质.

命题 6.4.1 设 Γ 是 Ł中的极大相容理论, 则

(i) 若 $\vdash \varphi$, 则 $\varphi \in \Gamma$.

(ii) 若 $\varphi \in \Gamma$ 且 $\varphi \to \psi \in \Gamma$, 则 $\psi \in \Gamma$.

(iii) $\Gamma = D(\Gamma)$.

(iv) $\varphi\&\psi \in \Gamma$ iff $\varphi \in \Gamma$ 且 $\psi \in \Gamma$.

(v) $\varphi \in \Gamma$ iff $\varphi^m \in \Gamma$, $m \in \mathbb{N}$.

(vi) $\varphi \vee \psi \in \Gamma$ iff $\varphi \in \Gamma$ 或 $\psi \in \Gamma$.

(vii) Γ 是**完全**的, 即对任意两个公式 $\varphi, \psi \in F(S)$, $\varphi \to \psi \in \Gamma$ 或 $\psi \to \varphi \in \Gamma$.

(viii) 对任一公式 $\varphi \in F(S)$, 若 $\varphi \notin \Gamma$, 则存在 $m \in \mathbb{N}$ 使得 $\neg\varphi^m \in \Gamma$.

命题 6.4.1 (viii) 是极大相容理论的充分条件, 即得以下定理.

定理 6.4.2 设 Γ 是 Ł 中的相容理论, 则 Γ 是极大的 iff 对任一公式 $\varphi \in F(S)$, 若 $\varphi \notin \Gamma$, 则存在 $m \in \mathbb{N}$ 使得 $\neg\varphi^m \in \Gamma$.

证明 由命题 6.4.1 知必要性成立. 下证充分性. 设 Γ 是满足条件的相容理论, 取 $\varphi \notin \Gamma$, 则存在 $m \in \mathbb{N}$ 使得 $\neg\varphi^m \in \Gamma$. 由 Ł 的弱广义演绎定理式 (1.2.4) 知

$\Gamma \cup \{\varphi\} \vdash \chi$ iff 存在$\psi \in \Gamma$ 及 $k \in \mathbb{N}$ 使得 $\vdash \psi \& \varphi^k \to \chi$. 取 $n = \max\{m, k\}$, 则 $\neg\varphi^n \in \Gamma$. 由于 $(\neg\varphi^n)\&\varphi^n \to \bar{0}$ 是定理, 所以若取 $\psi = \neg\varphi^n$, 则得 $\Gamma \cup \{\varphi\} \vdash \bar{0}$, 这说明 $\Gamma \cup \{\varphi\}$ 是不相容的. 所以 Γ 是极大相容理论.

直接从定理 6.4.2 判定一给定理论是否为极大相容的是不容易的, 我们必须转换角度来研究极大相容理论. 设 $v \in \Omega = [0,1]^\omega$, 令

$$\mathrm{Ker}(v) = \{\varphi \in F(S) \mid v(\varphi) = 1\}, \tag{6.4.1}$$

称 Ker(v) 为赋值 v 的**核**.

定理 6.4.3 设 $v \in \Omega$, 则 Ker(v) 是 Ł 中的极大相容理论.

证明 由于 $v(\bar{0}) = 0$, 所以 $\bar{0} \notin \mathrm{Ker}(v)$, 从而 Ker$(v)$ 是相容理论. 任取 $\varphi \notin \mathrm{Ker}(v)$, 则 $v(\varphi) < 1$. 设 $x = v(\varphi)$, 则 $x \in [0,1)$, 从而存在 $m \in \mathbb{N}$ 使得 $x < \dfrac{m-1}{m}$. 不难验证 $v(\varphi^m) = (v(\varphi))^m = x^m = (mx - (m-1)) \vee 0 = 0$, 从而 $v(\neg\varphi^m) = 1$, 所以 $\neg\varphi^m \in \mathrm{Ker}(v)$. 由定理 6.4.2 知 Ker$(v)$ 是极大相容理论.

定理 6.4.3 表明每个 Ker(v) 都是 Ł 中的极大相容理论. 那么是否 Ł 中的每个极大相容理论都可由某赋值按式 (6.4.1) 表出? 还有, 不同赋值 v 的核是否也不相同? 如果能把这两个问题搞清楚, 那么 Ł 中的极大相容理论的结构也基本上是清楚的了, 尽管不如在 $Ł_2, \mathscr{L}^*$ 及 NMG 中那样刻画的具体. 为回答这些问题, 先作些准备工作, 其中有关 MV-代数的基本知识, 参阅后面 8.1 节或文献 [2], [81].

命题 6.4.4[2] 设 Γ 是 Ł 中的相容理论, 规定

$$\varphi \sim_\Gamma \psi \text{ iff } \Gamma \vdash \varphi \to \psi \text{ 且 } \Gamma \vdash \psi \to \varphi,$$

则 $\sim_\Gamma$ 是 $F(S)$ 上的同余关系.

(i) $F(S)$ 关于 $\sim_\Gamma$ 的商代数 $F(S)/\Gamma = (F(S)/\sim_\Gamma, \oplus, ', [\bar{0}], [\bar{1}])$ 是 MV-代数, 其中

$$[\varphi] \oplus [\psi] = [\neg\varphi \to \psi],$$
$$[\varphi]' = [\neg\varphi].$$

特别地, 当 $\Gamma = \varnothing$ 时, 把 $\sim_\Gamma$ 和 $[F]_\Gamma$ 分别简记为 $\sim$ 和 $[F]$. 并称 $[F]$ 为 Ł-Lindenbaum 代数.

(ii) 若 Γ 是完全的, 则 $[F]_\Gamma$ 是全序 MV-代数.

证明 平凡地验证即可.

定义 6.4.5[81] (i) 设 $X = [0,1]$, 在 X 上规定

$$x \oplus y = (x + y) \wedge 1, \quad x' = 1 - x, \ x, y \in [0,1],$$

则 $([0,1],\oplus,',0,1)$ 是一 MV-代数, 称为**标准 MV-代数**, 记为 $[0,1]_{\mathrm{MV}}$. 若在 X 上定义 $x\to y=x'\oplus y$, $x\otimes y=(x'\oplus y')'$, 则 $\to$ 和 $\otimes$ 分别是如式 (1.2.5) 和式 (1.2.6) 表达的 Łukasiewicz 蕴函算子和 t-模, 即

$$x\to y=(1-x+y)\wedge 1,\quad x,y\in[0,1],$$
$$x\otimes y=(x+y-1)\vee 0,\quad x,y\in[0,1].$$

(ii) 设 M 是 MV-代数, $\varnothing\neq F\subseteq M$. 若 F 满足:

(1) $1\in F$,

(2) 若 $x\in F$ 且 $x\to y\in F$, 则 $y\in F$,

则称 F 为 M 的**MP-滤子**, 简称为**滤子**. 若 $F\neq M$, 则称滤子 F 为**真滤子**. 不加特别声明时恒设 F 为真滤子.

(iii) F 是 M 的滤子 iff F 是上集且对 $\otimes$ 封闭, 这里 $x\otimes y=(x'\oplus y')'$.

引理 6.4.6[81]　设 M_1 和 M_2 是标准 MV-代数 $[0,1]_{\mathrm{MV}}$ 的两个子代数. 若存在 MV-同构 $f:M_1\to M_2$, 即 f 是双射且保持 $[0,1]_{\mathrm{MV}}$ 中的运算, 则 f 必为恒等映射, 从而 $M_1=M_2$.

利用引理 6.4.6 可以证明不同赋值的核也不同.

定理 6.4.7　设 $u,v\in\Omega$, 则

$$\mathrm{Ker}(u)=\mathrm{Ker}(v)\ \text{iff}\ u=v.$$

证明　充分性是显然的. 现设 $\mathrm{Ker}(u)=\mathrm{Ker}(v)$. 定义 $[u]:[M_1]=F(S)/\mathrm{Ker}(u)\to[0,1]_{\mathrm{MV}}$ 为 $[u]([\varphi])=u(\varphi)$ 和 $[v]:[M_2]=F(S)/\mathrm{Ker}(v)\to[0,1]_{\mathrm{MV}}$ 为 $[v]([\varphi])=v(\varphi)$, $\varphi\in F(S)$, 则 $[u]$ 和 $[v]$ 分别是从 $[M_1]$ 和 $[M_2]$ 到标准 MV-代数 $[0,1]_{\mathrm{MV}}$ 的 MV- 同态. 由于 $[u]$ 和 $[v]$ 均为单射, 所以 $M_1=[u]([M_1])$ 和 $M_2=[v]([M_2])$ 是 $[0,1]_{\mathrm{MV}}$ 的子代数. 定义 $f:M_1\to M_2$:

$$f([u]([\varphi]_{\sim_{\mathrm{Ker}(u)}}))=[v]([\varphi]_{\sim_{\mathrm{Ker}(v)}}),$$

则 f 是 MV-同构, 所以由引理 6.4.6 知 $M_1=M_2$, 从而 $u=v$.

定理 6.4.8　设 Γ 是 Ł 中的极大相容理论, 则存在唯一赋值 $v\in\Omega$ 使得 $\Gamma=\mathrm{Ker}(v)$.

证明　设 Γ 是 Ł 中的极大相容理论. 由命题 6.4.4 (ii) 及命题 6.4.1 (vii) 知 $F(S)/\Gamma$ 是全序 MV-代数, 则存在从 $F(S)/\Gamma$ 到 $[0,1]_{\mathrm{MV}}$ 的 MV-同态 μ. 定义 $v: F(S)\to[0,1]_{\mathrm{MV}}: v(\varphi)=\mu([\varphi])$, 则 v 是从 $F(S)$ 到 $[0,1]_{\mathrm{MV}}$ 的 MV- 同态, 从而是 $F(S)$ 的赋值. 由定理 6.4.3 知, $\mathrm{Ker}(v)$ 是包含 Γ 的极大相容理论, 所以 $\mathrm{Ker}(v)=\Gamma$. 再由定理 6.4.7 知这样的 v 是唯一的.

注 6.4.9 (i) 由定理 6.4.3、定理 6.4.7 及定理 6.4.8 知 $M = \{\mathrm{Ker}(v) \mid v \in \Omega\}$ 是 Ł 中的全体极大相容理论之集. 尽管 M 给出了全部的极大相容理论, 但 M 中的每个 $\mathrm{Ker}(v)$ 的具体结构远没有像 $Ł_2, \mathscr{L}^*$ 及 NMG 中 $D(S(\alpha))$ 的结构那样清楚. 注意, 由 $Ł_2$ 及 $\mathscr{L}^*$ 中的强完备性定理, 这两个系统中的极大相容理论 $D(S(\alpha))$ 也可改写为 $D(S(\alpha)) = \mathrm{Ker}(\alpha) = \{\varphi \in F(S) \mid \alpha(\varphi) = 1\}$, 其中 $\alpha \in \Omega$, $\Omega = \{0,1\}^\omega$ 或 $\Omega = \left\{0, \frac{1}{2}, 1\right\}^\omega$.

(ii) 仍可像定理 6.2.21 那样在 M 上引入拓扑 $\mathscr{T}$, 并证明 $(M, \mathscr{T})$ 是第二可数的、可度量化的、紧致的、Hausdorff 空间. 事实上, 可以证明 $(M, \mathscr{T})$ 与 $\Omega = [0,1]^\omega$ 作为通常乘积空间是同胚的. 我们不准备再重复这一内容, 在 6.4.2 节我们利用 Łukasiewicz 蕴涵算子的连续性在 M 上引入一种模糊拓扑及其截拓扑.

由定理 6.4.8 可得 Ł 中的满足性定理及紧致性定理.

推论 6.4.10 (满足性定理) Ł 中的理论是相容的 iff 它有模型.

推论 6.4.11 (紧致性定理) Ł 中的理论有模型 iff 它的每个有限子理论有模型.

利用 McNaughton 函数的连续性还可证明 Ł 具有更强形式的紧致性[178].

定义 6.4.12[178] 设 Γ 是理论, $K \subseteq [0,1]$.

(i) 若存在赋值 $v \in \Omega$ 使得 $v(\Gamma) = \{v(\varphi) \mid \varphi \in \Gamma\} \subseteq K$, 则称 Γ 是 **K-满足**的. 若 Γ 的每个有限子理论都是 K-满足的, 则称 Γ 是**有限 K-满足**的. 显然, K-满足的理论一定是有限 K-满足的.

(ii) 若在一个逻辑系统中任一理论的 K-满足性都等价于有限 K-满足性, 则称该逻辑系统是 **K-紧**的. 若对任一闭集 $K \subseteq [0,1]$, 任一理论都是 K-紧的, 则称该逻辑系统具有**强紧致性质**.

显然, 以前讲的紧性只是这里的 $\{1\}$-紧性.

定理 6.4.13[178] 对任一闭集 $K \subseteq [0,1]$, Ł 都是 K-紧的, 从而 Ł 具有强紧致性质.

证明 任取闭集 $K \subseteq [0,1]$ 及 Ł 中的理论 Γ. 设 $\varphi \in \Gamma$, 视公式 φ 为函数 $\varphi : \Omega \to [0,1] : \varphi(v) = v(\varphi), v \in \Omega$, 视 $\Omega = [0,1]^\omega$ 为通常乘积空间, 则 φ 是从空间 Ω 到 $[0,1]$ 的连续映射, 从而 $\varphi^{-1}(K)$ 是 Ω 中的闭集. 设 Γ 是有限 K-满足的, 则 $\{\varphi^{-1}(K) \mid \varphi \in \Gamma\}$ 具有有限非空性质. 所以由 Ω 是覆盖式紧空间知 $\{\varphi^{-1}(K) \mid \varphi \in \Gamma\}$ 有非空交, 即存在赋值 $v \in \Omega$ 使得 $v(\Gamma) \subseteq K$, 所以 Γ 是 K-满足的, 从而是 K-紧的. 由 Γ 及 K 的任意性知 Ł是强紧的.

注意, 若 K 不是 $[0,1]$ 中的闭集, 则 Ł 不必是 K-紧的, 参阅文献 [178] 中的定理 4.4.

6.4.2　Ł 中极大相容理论之集上的模糊拓扑

本节将利用 Łukasiewicz 蕴涵算子的连续性在 Ł 中的全体极大相容理论之集 $M=\{\mathrm{Ker}(v)\mid v\in\Omega\}$ 上建立模糊拓扑, 在 6.4.3 节建立相应的分明截拓扑, 并较细致地研究这些拓扑的结构与性质, 从而从拓扑的角度来反映出 M 的若干性质. 这一思想取自文献 [179].

定义 6.4.14　定义映射 $\xi: F(S)\to[0,1]^M$ 如下

$$\xi(\varphi)(\mathrm{Ker}(v))=v(\varphi),\quad v\in\Omega,\ \ \varphi\in F(S). \tag{6.4.2}$$

令

$$\mathscr{S}=\{\xi(\varphi)\mid\varphi\in F(S)\}, \tag{6.4.3}$$

则由 $\xi(p\to p)=1_M$ 知 $\mathscr{S}$ 是 M 上的某模糊拓扑的子基. 以下用 δ 表示 $\mathscr{S}$ 在 M 上生成的模糊拓扑 (参阅文献 [180], [181]).

定义 6.4.15　设 (X,μ) 是模糊拓扑空间, 如果 μ 有由既开又闭的模糊集组成的拓扑基, 则称 (X,μ) 为**零维**拓扑空间.

定理 6.4.16　模糊拓扑空间 (M,δ) 具有以下性质:

(i) (M,δ) 是第二可数空间.

(ii) (M,δ) 是零维空间.

(iii) (M,δ) 是良紧空间.

证明　(i) 由于 $F(S)$ 是可数集, 所以由式 (6.4.3) 知 $\mathscr{S}$ 是 δ 的可数子集, 从而 (M,δ) 是第二可数空间.

(ii) $\xi(\varphi)$ 是从 M 到 $[0,1]$ 的函数, 取 φ 为重言式, 则 $\xi(\varphi)=1_M$. 注意 $v\in\Omega$ 是同态. 所以由式 (6.4.2) 得

$$\begin{aligned}(1-\xi(\varphi))(\mathrm{Ker}(v))&=1-\xi(\varphi)(\mathrm{Ker}(v))\\&=1-v(\varphi)=v(\neg\varphi)\\&=\xi(\neg\varphi)(\mathrm{Ker}(v)).\end{aligned}$$

因为 $\xi(\neg\varphi)\in\mathscr{S}\subseteq\delta$, 所以 $1-\xi(\varphi)$ 是 M 上的模糊开集, 从而 $\xi(\varphi)$ 是 M 上的模糊闭集. 因此 $\mathscr{S}$ 是 δ 的既开又闭的子基. 又设 $\varphi,\psi\in F(S)$, 并任取 $\mathrm{Ker}(v)\in M, v\in\Omega$, 则

$$\begin{aligned}(\xi(\varphi)\wedge\xi(\psi))(\mathrm{Ker}(v))&=\xi(\varphi)(\mathrm{Ker}(v))\wedge\xi(\psi)(\mathrm{Ker}(v))\\&=v(\varphi)\wedge v(\psi)\\&=v(\varphi\wedge\psi)\\&=\xi(\varphi\wedge\psi)(\mathrm{Ker}(v)).\end{aligned}$$

所以 $\xi(\varphi)\wedge\xi(\psi)\in\mathscr{S}$. 因此, $\mathscr{S}$ 实际上是 δ 的既开又闭的基. 所以由定义 6.4.15 知 (M,δ) 是零维空间.

(iii) (M,δ) 的良紧性将作为 6.4.3 节中定理 6.4.21 的推论而给出.

注 6.4.17 (M,δ) 不是 T_{-1} 空间. 事实上, 取 $\mathrm{Ker}(v)\in M$, 且对任一 $p\in S$, $v(p)=0$, 则对任一公式 $\varphi\in F(S)$, $v(\varphi)\in\{0,1\}$, 即 $\xi(\varphi)(\mathrm{Ker}(v))=0$ 或 $\xi(\varphi)(\mathrm{Ker}(v))=1$. 取 $\alpha,\beta\in(0,1)$, 使得 $\alpha<\beta$, 则模糊点 $\mathrm{Ker}(v)_\alpha$ 与 $\mathrm{Ker}(v)_\beta$ 之间不可能有任意闭集通过, 所以 (M,δ) 不是 T_{-1} 空间[181]. 不过可以证明, 如果要求关于 T_1 分离性 (见文献 [182] 中定理 5.2.1) 的定义中被分离的两个分子的承点不同, 并称所得的分离性为次 T_1 分离性, 则可以证明 (M,δ) 为次 T_1 空间.

定理 6.4.18 (M,δ) 不是覆盖式紧空间.

证明 设 $\varphi\in F(S)$, $\alpha\in(0,1]$. 若对任一 $v\in\Omega$ 都有 $v(\varphi)\geqslant\alpha$ 且有 $v^*\in\Omega$ 使 $v^*(\varphi)=\alpha$, 则称 φ 为**可达 α-重言式**[55]. 文献 [183] 已证明在 Łukasiewicz 模糊命题逻辑系统 Ł 中, 对 $(0,1]$ 中的任一有理数 r, 都存在可达 r- 重言式. 事实上, 设 $\varphi\in F(S)$, 令

$$\varphi^1=\varphi,\quad \varphi^m=\varphi^{m-1}\&\varphi,\quad m=2,3,\cdots,$$

则可证明 $\neg\varphi\vee\varphi^m$ 是可达 $\dfrac{m}{m+1}$-重言式, 且当 $v(\varphi)=\dfrac{1}{m+1}$ 时, $v(\neg\varphi\vee\varphi^m)=\dfrac{m}{m+1}$. 作映射 $v_0:S\to[0,1]$ 为 $v_0(p_m)=\dfrac{1}{m+1}$ $(m=1,2,\cdots)$, 则 v_0 可唯一扩充为一个赋值 $v\in\Omega$. 令

$$\psi_m=\neg p_m\vee(p_m)^m\ (m=1,2,\cdots),$$

则 ψ_m 是可达 $\dfrac{m}{m+1}$-重言式, 且由 $v(p_m)=\dfrac{1}{m+1}$ 知 $v(\psi_m)=\dfrac{m}{m+1}$, 且对任一 $u\in\Omega$, $u(\psi_m)\geqslant\dfrac{1}{m+1}$. 令

$$U=\{\xi(\psi_1),\xi(\psi_2),\cdots\},$$

则由 $\xi(\psi_m)(\mathrm{Ker}(u))=u(\psi_m)\geqslant\dfrac{m}{m+1}$ 知 U 是 (M,δ) 的开覆盖. 任取 U 的有限子集, 以 $\xi(\psi_k)$ 记其中的下标最大者, 则这有限个开集在 $\mathrm{Ker}(v)$ 处的隶属度不超过 $\dfrac{k}{k+1}$, 所以它构不成 (Ω,δ) 的覆盖, 从而 (M,δ) 不是覆盖式紧空间.

6.4.3 Ł 中极大相容理论之集上的分明拓扑

从 M 上的模糊拓扑 δ 可以得出 M 上的一个分明拓扑, 即截拓扑 $\iota(\delta)$[181], 用 $\mathscr{T}$ 记此拓扑.

定理 6.4.19 $(M,\mathscr{T})$ 是第二可数的、正则的 T_1 空间, 从而是 Hausdorff 空间.

证明　(i) 由截拓扑的定义, δ 的截拓扑 $\mathscr{T}$ 由子基

$$\mathscr{S}(\delta)=\{\widetilde{G_\alpha}\mid \widetilde{G}\in\delta,\alpha\in[0,1]\} \tag{6.4.4}$$

生成. 由于 $\mathscr{S}$ 是 δ 的基, 任取 $\widetilde{G}\in\delta$, 则 $\mathscr{S}$ 有子集 $\{\xi(\varphi_i)\mid i\in I\}$ 使 $\widetilde{G}=\vee\{\xi(\varphi_i)\mid i\in I\}$. 易证 $\widetilde{G}(\mathrm{Ker}(v))>\alpha$ iff 存在$i\in I$, 使得 $\xi(\varphi_i)(\mathrm{Ker}(v))>\alpha$, 所以

$$\widetilde{G_\alpha}=\cup\{(\xi(\varphi_i))_\alpha\mid i\in I\}. \tag{6.4.5}$$

由式 (6.4.4) 和式 (6.4.5) 得

$$\mathscr{S}(\delta)=\{(\xi(\varphi))_\alpha\mid \varphi\in F(S),\alpha\in[0,1]\} \tag{6.4.6}$$

也构成 $\mathscr{T}$ 的子基. 进一步, 可以使式 (6.4.6) 中的 α 限制为仅取有理数, 所以由 $F(S)$ 为可数集知 $\mathscr{S}$ 有可数子基, 从而有可数基, 故 $(M,\mathscr{T})$ 为第二可数空间.

(ii) 设 $\mathrm{Ker}(u),\mathrm{Ker}(v)\in M$ 且 $\mathrm{Ker}(u)\neq\mathrm{Ker}(v)$, 则由定理 6.4.7 知 $u\neq v$. 从而存在原子公式 $p\in S$ 使得 $u(p)\neq v(p)$. 不妨设 $u(p)<v(p)$. 取模糊开集 $\xi(p)$ 并取实数 $\alpha\in(u(p),v(p))$, 则 $(\xi(p))_\alpha\in\mathscr{T}$ 且 $\mathrm{Ker}(v)\in(\xi(p))_\alpha$, $\mathrm{Ker}(u)\notin(\xi(p))_\alpha$. 又此时 $v(\neg p)<u(\neg p)$. 任取 $\beta\in(v(\neg p),u(\neg p))$, 则 $(\xi(\neg p))_\beta$ 是 $\mathrm{Ker}(u)$ 的不包含 $\mathrm{Ker}(v)$ 的开邻域, 所以 $(M,\mathscr{T})$ 是 T_1 空间.

(iii) 最后证明 $(M,\mathscr{T})$ 的正则分离性. 设 $\mathrm{Ker}(v)\in M$, V 是 $\mathrm{Ker}(v)$ 的任一开邻域, 则由式 (6.4.6) 是 $\mathscr{T}$ 的子基知存在 $\varphi_k\in F(S)$ 及 $\alpha_k\in[0,1]$ $(k=1,\cdots,l)$ 使得

$$\mathrm{Ker}(v)\in\cap\{(\xi(\varphi_k))_{\alpha_k}\mid k=1,\cdots,l\}\subseteq V. \tag{6.4.7}$$

这时, 由 $\mathrm{Ker}(v)\in(\xi(\varphi_k))_{\alpha_k}$ 与式 (6.4.2) 知 $v(\varphi_k)>\alpha_k$, 从而存在实数 β_k 满足

$$v(\varphi_k)>\beta_k>\alpha_k,\quad k=1,\cdots,l. \tag{6.4.8}$$

令

$$H_k=\{\mathrm{Ker}(u)\in M\mid \xi(\neg\varphi_k)(\mathrm{Ker}(u))\leqslant 1-\beta_k\},$$

则由 $\{\mathrm{Ker}(u)\in M\mid \xi(\neg\varphi_k)(\mathrm{Ker}(u))>1-\beta_k\}$ 为 $\mathscr{T}$ 中的开集知 H_k 为 $(M,\mathscr{T})$ 中的闭集 $(k=1,\cdots,l)$. 又对任一 $k=1,\cdots,l$,

$$\xi(\neg\varphi_k)(\mathrm{Ker}(u))\leqslant 1-\beta_k \text{ iff } \xi(\varphi_k)(\mathrm{Ker}(u))\geqslant\beta_k.$$

所以由式 (6.4.8) 知

$$\mathrm{Ker}(v)\in(\xi(\varphi_k))_{\beta_k}\subseteq(\xi(\varphi_k))_{\alpha_k},\quad k=1,\cdots,l. \tag{6.4.9}$$

令

$$G = \bigcap_{k=1}^{l} (\xi(\varphi_k))_{\beta_k}, \quad H = \bigcap_{k=1}^{l} H_k.$$

由 G 和 H 分别是 $(M, \mathscr{T})$ 中的开集和闭集, 且由式 (6.4.7) 与式 (6.4.9) 知

$$\mathrm{Ker}(v) \in G \subseteq H \subseteq \bigcup_{k=1}^{l} (\xi(\varphi_k))_{\alpha_k} \subseteq V.$$

这就证明了 $(M, \mathscr{T})$ 的正则分离性.

(iv) 因为 $(\Omega, \mathscr{T})$ 是正则的 T_1 空间, 所以 $(M, \mathscr{T})$ 是 Hausdorff 空间.

注 6.4.20 在分明拓扑学中, 零维空间自然是正则空间. 但从模糊拓扑空间 (X, ζ) 为零维空间推不出其截拓扑空间为零维空间. 例如, 令 $X = [0,1]$, ζ 中共有 4 个模糊开集: $0, 1, A, B$, 这里

$$A(x) = \begin{cases} 2x, & x \leqslant \dfrac{1}{2}, \\ 2 - 2x, & x > \dfrac{1}{2}, \end{cases}$$

且 $B = 1 - A$, 则 (X, ζ) 是零维模糊拓扑空间, 但其截拓扑 $\iota(\zeta)$ 由子基

$$\left\{(\alpha, 1-\alpha) \middle| \alpha \in \left(0, \frac{1}{2}\right)\right\} \cup \left\{[0, \beta) \cup (1-\beta, 1] \middle| \beta \in \left(0, \frac{1}{2}\right)\right\} \cup \{[0,1]\}$$

生成. 易证 $(X, \iota(\zeta))$ 不是零维空间, 所以定理 6.4.19 中的正则性论断不是定理 6.4.16 中 (M, δ) 的零维性的自然推论.

定理 6.4.21 $(M, \mathscr{T})$ 是紧空间.

为证明定理 6.4.21, 需要一个引理.

引理 6.4.22 设 D 是定向集, $\{\mathrm{Ker}(v_m) \mid m \in D\}$ 是 $(M, \mathscr{T})$ 中的网, 则 $\{v_m \mid m \in D\}$ 是通常乘积空间 $[0,1]^\omega$ 中的网. 如果 $\{v_m \mid m \in D\}$ 按 $[0,1]^\omega$ 的通常拓扑收敛于 $v \in \Omega = [0,1]^\omega$, 则 $\{\mathrm{Ker}(v_m) \mid m \in D\}$ 在 $(M, \mathscr{T})$ 收敛于 $\mathrm{Ker}(v) \in M$.

证明 设 $[0,1]^\omega$ 中的网 $\{v_m \mid m \in D\}$ 收敛于 v. 为证明网 $\{\mathrm{Ker}(v_m) \mid m \in D\}$ 在 $(M, \mathscr{T})$ 中收敛于 $\mathrm{Ker}(v)$, 只需对 $\mathrm{Ker}(v)$ 取自 $\mathscr{T}$ 的子基 $\mathscr{S}(\delta)$ 中的开邻域 $(\xi(\varphi))_\alpha$, 证明 $\{\mathrm{Ker}(v_m) \mid m \in D\}$ 最终在 $(\xi(\varphi))_\alpha$ 中. 设 $\varphi = \varphi(p_1, \cdots, p_s) \in F(S)$, $\overline{\varphi} = \overline{\varphi}(x_1, \cdots, x_s)$ 是 φ 诱导的 McNaughton 函数, 则 $\overline{\varphi}$ 是 s 元连续函数. 由 $\mathrm{Ker}(v) \in (\xi(\varphi))_\alpha$ 知 $v(\varphi) > \alpha$. 令 $\varepsilon = v(\varphi) - \alpha$, 则 $\varepsilon > 0$. 取正数 d 使得当 $|x_t - y_t| < d \ (t = 1, \cdots, s)$ 时

$$|\overline{\varphi}(x_1, \cdots, x_s) - \overline{\varphi}(y_1, \cdots, y_s)| < \varepsilon.$$

由 $v_m \to v$, 存在 $m_0 \in D$ 使得当 $m \in D$ 且 $m \geqslant m_0$ 时

$$|v_m(p_t) - v(p_t)| < d \ \ (t = 1, \cdots, s),$$

从而

$$|\overline{\varphi}(v_m(p_1), \cdots, v_m(p_s)) - \overline{\varphi}(v(p_1), \cdots, v(p_s))| < \varepsilon,$$

即

$$|v_m(\varphi) - v(\varphi)| < \varepsilon, \quad m \in D, m \geqslant m_0.$$

由此得 $v_m(\varphi) > v(\varphi) - \varepsilon = \alpha$, 即

$$\mathrm{Ker}(v_m) \in (\xi(\varphi))_\alpha, \quad m \in D, m \geqslant m_0,$$

这表明网 $\{\mathrm{Ker}(v_m) \mid m \in D\}$ 最终在 $(\xi(\varphi))_\alpha$ 中. 引理证毕.

定理 6.4.21 的证明　设 $\{\mathrm{Ker}(v_m) \mid m \in D\}$ 是 $(M, \mathscr{T})$ 中的网, 则 $\{v_m \mid m \in D\}$ 是方体 $[0,1]^\omega$ 中的网. 因为 $[0,1]^\omega$ 按通常乘积拓扑为紧空间, 所以 $\{v_m \mid m \in D\}$ 在 $[0,1]^\omega$ 中有收敛的子网 $\{v_{f(m)} \mid m \in D\}$. 由引理 6.4.22 知 $\{\mathrm{Ker}(v_{f(m)}) \mid m \in D\}$ 是 $\{\mathrm{Ker}(v_m) \mid m \in D\}$ 在 $(M, \mathscr{T})$ 中的收敛子网, 所以 $(M, \mathscr{T})$ 是紧空间.

由定理 6.4.19、定理 6.4.21 以及引理 6.2.31、引理 6.2.32 知以下推论.

推论 6.4.23　$(M, \mathscr{T})$ 是可度量化空间.

当模糊拓扑空间的截拓扑空间是紧空间时, Lowen 称该模糊拓扑空间为**超紧空间**[184]. 文献 [181] 又证明了超紧空间必为良紧空间, 所以由定理 6.4.21 得以下推论.

推论 6.4.24　(M, δ) 是超紧空间, 从而是良紧空间.

推论 6.4.24 补充了定理 6.4.16 (iii) 的证明.

6.5　Gödel 和乘积模糊命题逻辑中极大相容理论的刻画

为表述方便, 本节把 Gödel 模糊命题逻辑 G 和乘积模糊命题逻辑 Π 统一记为 $\mathscr{C}$.

设 Γ 是 $\mathscr{C}$ 中的理论. 类似于命题 6.4.4, 由 Γ 可诱导出 $F(S)$ 上关于 $\mathscr{C}$ 中逻辑连接词的同余关系 $\sim_\Gamma$, 由此同余关系可得 $F(S)$ 的一商代数 $F(S)/\Gamma$. 此外, 在系统 $\mathscr{C}$ 的语义代数 (即 G-代数或 Π-代数) 中也可仿照定义 6.4.5 (ii) 引入滤子的概念. 关于这些基本知识我们不再细述, 请参阅文献 [68] 和 [3].

命题 6.5.1[68]　以下公式是 $\mathscr{C}$ 中的定理:

(i) $\varphi \to \neg\neg\varphi$.

(ii) $(\varphi \to \psi) \to (\neg\psi \to \neg\varphi)$.

(iii) $(\varphi \to \neg\psi) \to (\psi \to \neg\varphi)$.

(iv) $(\varphi \to (\psi \to \chi)) \to (\psi \to (\varphi \to \chi))$.

(v) $(\varphi \to (\psi \to \chi)) \to (\varphi \& \psi \to \chi)$.

(vi) $(\varphi \& \psi \to \chi) \to (\varphi \to (\psi \to \chi))$.

$\mathscr{C}$ 中的极大相容理论也具有命题 6.4.1 所列的性质.

命题 6.5.2 设 Γ 是 $\mathscr{C}$ 中的极大相容理论, 则

(i) 若 $\vdash \varphi$, 则 $\varphi \in \Gamma$.

(ii) 若 $\varphi \in \Gamma$ 且 $\varphi \to \psi \in \Gamma$, 则 $\psi \in \Gamma$.

(iii) $\Gamma = D(\Gamma)$.

(iv) 若 $\vdash \varphi$, 则 $\neg\neg\varphi \in \Gamma$.

(v) $\varphi \& \psi \in \Gamma$ iff $\varphi \in \Gamma$ 且 $\psi \in \Gamma$.

(vi) $\varphi \in \Gamma$ iff $\varphi^m \in \Gamma$, $m \in \mathbb{N}$.

(vii) $\varphi \in \Gamma$ iff $\neg\neg\varphi \in \Gamma$.

(viii) $\varphi \vee \psi \in \Gamma$ iff $\varphi \in \Gamma$ 或 $\psi \in \Gamma$.

(ix) Γ 是**完全**的, 即对任意两个公式 $\varphi, \psi \in F(S), \varphi \to \psi \in \Gamma$ 或 $\psi \to \varphi \in \Gamma$.

(x) 对任一公式 $\varphi \in F(S)$, 若 $\varphi \notin F(S)$, 则存在 $m \in \mathbb{N}$ 使得 $\neg\varphi^m \in \Gamma$.

定理 6.4.2 给出的极大相容理论的充要条件在 $\mathscr{C}$ 中也成立.

定理 6.5.3 设 Γ 是 $\mathscr{C}$ 中的相容理论, 则 Γ 是极大 iff 对任一公式 $\varphi \in F(S)$, 若 $\varphi \notin \Gamma$, 则存在 $m \in \mathbb{N}$ 使得 $\neg\varphi^m \in \Gamma$. 特别地, 在 G 中, 参数 m 可确定为 1.

证明 类似于定理 6.4.2 的证明. 注意, 在 G 中, $\varphi^m \sim \varphi$, $m \geqslant 1$, 所以参数 m 可以确定为 1.

下面给出商代数 $F(S)/\Gamma$ 与 MV-代数间的关系.

定理 6.5.4 在 $\mathscr{C}$ 中, 令 $\Gamma = \{\varphi \Vdash \neg\neg\varphi\}$, 则 Γ 是 $\mathscr{C}$ 中相容的逻辑闭理论且 $F(S)/\Gamma$ 是 MV-代数.

证明 (i) 先设 $\vdash \varphi$, 则由命题 6.5.1 (i) 及 MP 规则知 $\vdash \neg\neg\varphi$, 所以 $\varphi \in \Gamma$. 再设 $\varphi \in \Gamma$ 且 $\varphi \to \psi \in \Gamma$, 则 $\vdash \neg\neg\varphi$ 且 $\vdash \neg\neg(\varphi \to \psi)$. 不难验证以下公式彼此可证等价:

$$\begin{aligned}
&(\varphi \to \psi) \to (\neg\psi \to \neg\varphi),\\
&\neg\psi \to ((\varphi \to \psi) \to \neg\varphi),\\
&\neg\psi \to (\neg\neg\varphi \to \neg(\varphi \to \psi)),\\
&\neg\neg\varphi \to (\neg\psi \to \neg(\varphi \to \psi)),\\
&\neg\neg\varphi \to (\neg\neg(\varphi \to \psi) \to \neg\neg\psi).
\end{aligned}$$

所以由命题 6.5.1 (ii) 知 $\vdash \neg\neg\varphi \to (\neg\neg(\varphi \to \psi) \to \neg\neg\psi)$, 运用两次 MP 规则知 $\vdash \neg\neg\psi$. 所以 $\psi \in \Gamma$, 这就证明了 $\Gamma = D(\Gamma)$, 即 Γ 是逻辑闭的. 又显然 $\overline{0} \notin \Gamma$, 所以 Γ 是相容的.

(ii) 由于 G 和 Π 都是 BL 逻辑的扩张[68], 所以 $F(S)/\Gamma$ 是 BL- 代数. 所以为证 $F(S)/\Gamma$ 是 MV- 代数, 只需证 $\neg\neg\varphi \sim_\Gamma \varphi$, $\varphi \in F(S)$. 事实上, 由命题 6.5.1 知 $\vdash \varphi \to \neg\neg\varphi$, 从而 $\vdash \neg\neg((\varphi \to \neg\neg\varphi)$, 所以 $\varphi \to \neg\neg\varphi \in \Gamma$. 下证 $\neg\neg\varphi \to \varphi \in \Gamma$. 由 G 和 Π 的标准完备性定理, 只需验证 $\neg\neg(\neg\neg\varphi \to \varphi)$ 是重言式. 任取 $v \in \Omega$, 设 $x = v(\varphi)$. 不难验证

$$\neg x = x \to 0 = \begin{cases} 1, & x = 0, \\ 0, & x \neq 0, \end{cases} \tag{6.5.1}$$

$$\neg\neg x = \begin{cases} 0, & x = 0, \\ 1, & x \neq 0, \end{cases} \tag{6.5.2}$$

所以,

$$\neg\neg x \to x = \begin{cases} 1, & x = 0, \\ x, & x \neq 0. \end{cases} \tag{6.5.3}$$

再由式 (6.5.2) 与式 (6.5.3) 得

$$\neg\neg(\neg\neg x \to x) \equiv 1, \quad x \in [0,1].$$

式 (6.5.1)— 式 (6.5.3) 中出现的 $\to$ 为 Gödel 或乘积蕴涵算子, 见式 (1.2.11) 和式 (1.2.12). 所以 $\neg\neg(\neg\neg\varphi \to \varphi)$ 是重言式, 从而是定理, 所以 $\neg\neg\varphi \to \varphi \in \Gamma$. 这就证明了 $\neg\neg\varphi \sim_\Gamma \varphi$, 所以 $\neg\neg[\varphi] = [\neg\neg\varphi] = [\varphi]$, 因此, $F(S)/\Gamma$ 是 MV-代数.

定理 6.5.5 设 Γ 是 $\mathscr{C}$ 中的极大相容理论, 则 $F(S)/\Gamma$ 是全序 MV-代数.

证明 由命题 6.5.2 (vii) 知 $\{\varphi \in F(S) \mid \vdash \neg\neg\varphi\} \subseteq \Gamma$, 所以由定理 6.5.4 知 $F(S)/\Gamma$ 是 MV- 代数. 再由命题 6.5.2 (ix) 知 $F(S)/\Gamma$ 是全序的.

为表示 $\mathscr{C}$ 中的极大相容理论, 需要引入 MV- 赋值的概念.

定义 6.5.6 设 $\sim$ 是 $\mathscr{C}$ 中的可证等价关系, $[0,1]_{\mathrm{MV}}$ 是标准 MV- 代数. 定义 $s: F(S) \to [0,1]_{\mathrm{MV}}$ 如下:

(i) 若 $\vdash \varphi$, 则 $s(\varphi) = 0$; 若 $\vdash \neg\varphi$, 则 $s(\varphi) = 0$,

(ii) 若 $\varphi \sim \psi$, 则 $s(\varphi) = s(\psi)$,

(iii) $s(\varphi \wedge \psi) = \min\{s(\varphi), s(\psi)\}$,

(iv) $s(\varphi \to \psi) = s(\varphi) \to_{\mathrm{L}} s(\psi) = (1 - s(\varphi) + s(\psi)) \wedge 1$,

则称 s 为 $F(S)$ 的 **MV-赋值**.

例如, $\mathscr{C}$ 中的 Boole 赋值 v (即 $v(\varphi) \in \{0,1\}, \varphi \in F(S)$) 是 $\mathscr{C}$ 中 $F(S)$ 的 MV-赋值. 在 $\mathscr{C}$ 中也只有 Boole 赋值是 MV-赋值. 事实上, 任取 $\varphi \in F(S)$ 且 $s(\varphi) < 1$, 则

$$0 = s(\varphi \wedge \neg\varphi) = \min\{s(\varphi), s(\neg\varphi)\} = \min\{s(\varphi), 1 - s(\varphi)\},$$

所以 $s(\varphi)=0$ 或 $s(\varphi)=1$, 所以 $s(\varphi)=0$. $\mathscr{C}$ 中的 MV-赋值与极大相容理论紧密联系. 设 s 是 MV-赋值, 令

$$\mathrm{Ker}(s)=\{\varphi\in F(S)\mid s(\varphi)=1\}. \tag{6.5.4}$$

称 $\mathrm{Ker}(s)$ 为 s 的**核**.

定理 6.5.7 设 s 是 $\mathscr{C}$ 中的 MV-赋值, 则 $\mathrm{Ker}(s)$ 是 $\mathscr{C}$ 中的极大相容理论.

证明 由定义 6.5.6 (i) 知 $\mathrm{Ker}(s)$ 是相容的. 任取 $\varphi\notin\mathrm{Ker}(s)$, 则 $s(\varphi)<1$. 若 $\mathscr{C}=G$, 则由前面的分析知必有 $s(\varphi)=0$, 所以 $s(\neg\varphi)=1-s(\varphi)=1$, 从而 $\neg\varphi\in\Gamma$. 由定理 6.5.3 知 Γ 是 G 中的极大相容理论. 现设 $\mathscr{C}=\Pi$. 由 $s(\varphi)<1$, 则存在 $m\in\mathbb{N}$ 使得 $(s(\varphi))^m=0$, 所以 $s(\varphi^m)=(s(\varphi))^m=0$, 从而 $s(\neg\varphi^m)=1$, 这说明 $\neg\varphi^m\in\Gamma$, 所以 Γ 是 Π 中的极大相容理论.

类似于定理 6.4.7 我们有如下定理.

定理 6.5.8 设 s_1 与 s_2 均是 $\mathscr{C}$ 中的 MV- 赋值, 则

$$\mathrm{Ker}(s_1)=\mathrm{Ker}(s_2)\ \text{iff}\ s_1=s_2.$$

证明 由定理 6.5.7 知 $\mathrm{Ker}(s_i)$ 是极大相容理论, 所以由定理 6.5.5 知 $[M_i]=F(S)/\mathrm{Ker}(s_i)$ 是 MV-代数 $(i=1,2)$. 其余证明与定理 6.4.7 的证明完全类似, 从略.

定理 6.5.9 设 Γ 是 $\mathscr{C}$ 中的极大相容理论, 则存在唯一 MV-赋值 s 使得

$$\Gamma=\mathrm{Ker}(s).$$

证明 设 Γ 是 $\mathscr{C}$ 中的极大相容理论, 则由定理 6.5.5 知 $F(S)/\Gamma$ 是全序 MV-代数. 从而存在从 $F(S)/\Gamma$ 到标准 MV-代数的唯一 MV-同态, 记为 μ. 定义 $s:F(S)\to[0,1]_{\mathrm{MV}}$:

$$s(\varphi)=\mu([\varphi]).$$

显然, s 是 $F(S)$ 的 MV-赋值. 由定理 6.5.7 知 $\mathrm{Ker}(s)$ 是包含 Γ 的极大相容理论, 所以由 Γ 的极大性知 $\Gamma=\mathrm{Ker}(s)$. 由定理 6.5.8 知这样的 s 是唯一的.

由于 $\mathscr{C}$ 中的 MV-赋值仅是 Boole 赋值 $v\in\Omega_2=\{0,1\}^\omega$, 所以 $\mathscr{C}$ 中全体极大相容理论之集为

$$M=\{\mathrm{Ker}(v)\mid v\in\Omega_2=\{0,1\}^\omega\}. \tag{6.5.5}$$

定理 6.5.10 在 G 中, $\mathrm{Ker}(v)=D(S(v))$, 其中 $S(v)=\{\varphi_1,\varphi_2,\cdots\}$,

$$\varphi_i=\begin{cases}p_i, & v_i=1,\\ \neg p_i, & v_i=0,\end{cases}$$

$v = (v_1, v_2, \cdots) \in \Omega_2 = \{0,1\}^\omega$. 从而 G 中的全体极大相容理论之集为

$$M = \{D(S(v)) \mid v \in \Omega_2\}.$$

证明　由 G 的强完备性定理知 $D(S(v)) = \mathrm{Ker}(v)$, 所以定理 6.5.10 成立.

注 6.5.11　(i) 尽管 G 与 Ł$_2$ 中的极大相容理论 $D(S(v))$ 在表面形式上是一致的, 但由于这两个系统的巨大差异, 对同一 $v \in \Omega_2$, 不同系统中 $D(S(v))$ 的内部结构是不同的. 例如, 在 G 中, φ 与 $\neg\neg\varphi$ 是不同的公式, 但 $\varphi \in D(S(v))$ iff $\neg\neg\varphi \in D(s(v))$. 我们用相同的符号 $D(S(v))$ 表示极大相容理论主要是为书写方便. 由于所属系统不同, 所以用相同的符号是不会引起混淆的.

(ii) 在 $\mathscr{C}$ 中, 令

$$M = \{\mathrm{Ker}(s) \mid s \text{ 是 MV-赋值}\},$$

可以定理 6.2.21 的方式在 M 上引入 Stone 拓扑 $\mathscr{T}$, 并证明 $(M, \mathscr{T})$ 是非空紧致的 Hausdorff 空间, 其中 $(M, \mathscr{T})$ 中的开集具有形式:

$$U = U(\Gamma) = \{\mathrm{Ker}(v) \in M \mid \mathrm{Ker}(v) \not\supseteq \Gamma\}.$$

类似地, $(M, \mathscr{T})$ 中的闭集具有形式:

$$C = C(\Gamma) = \{\mathrm{Ker}(v) \in M \mid \mathrm{Ker}(v) \supseteq \Gamma\},$$

这里 Γ 是 $\mathscr{C}$ 中的逻辑闭理论.

(iii) 在 G 中, $(M, \mathscr{T})$ 是 Cantor 空间.

后记　本章的主要结论已发表在*Fuzzy Sets and Systems* (2007, 158(23): 2591–2604; 2008, 159(22): 2970–2982)、《软件学报》(2009, 20(3): 515–523)、《电子学报》(2011, 39(12): 2895–2899)、《陕西师范大学学报 (自然科学版)》(2011, 39(1): 1–4) 上, 见文献 [185]–[189].

第 7 章　R_0-代数中的三值 Stone 拓扑表示定理

Stone 拓扑表示定理[190] 是数学发展史上具有深远影响的定理, 它证明了任一Boole 代数同构于其全体极大滤子构成的紧零维 Hausdorff 空间中的开闭集代数. 由此表示定理可以证明 Boole 代数中滤子与其 Stone 拓扑空间中闭集间的一一对应关系[191]. 这种揭示偏序集与拓扑空间之间联系的思想被不断地发扬光大[192,193]. 受其影响, 一些新的数学分支, 如连续格理论[194] 及 Frame 理论[195] 也因而产生. 近年来模糊逻辑有较快的发展, 一些具有蕴涵性质的格, 如 R_0-代数[196]、FI-代数[197]、格蕴涵代数[198]、BL-代数[199]、MTL-代数[200] 等也被提出. 为探求这类偏序集与拓扑空间之间的关系, 王国俊教授以 $\mathscr{L}^*$-Lindenbaum 代数为背景, 提出了蕴涵格及正则蕴涵格的概念[201], 随后给出了正则蕴涵格的模糊拓扑表示定理[202]. 该表示定理是 Stone 拓扑表示定理的的推广, 但它只能表示一类极为特殊的蕴涵格, 即正则蕴涵格, 而非正则的蕴涵格是大量存在的 (见文献 [202] 中的例 5). 因而文献 [202] 给出的模糊表示定理远不如 Boole 代数的 Stone 拓扑表示定理那么具体和深刻.

本章的思路不同于文献 [202], 而是以 R_0-代数为特款, 首先研究全体极大滤子的结构及拓扑性质, 并建立 R_0-代数中的三值 Stone 拓扑表示定理. 本章是这样安排的: 7.1 节首先回顾 R_0-代数的定义及其基本性质, 为后面的直接运用作准备; 7.2 节研究 R_0-代数中极大滤子的结构性质, 在全体极大滤子之集上建立 Stone 拓扑和三值 Stone 拓扑, 并研究其拓扑性质; 为研究 R_0-代数中元素与极大滤子构成的 (三值) Stone 拓扑空间中的既开又闭集间的对应关系; 7.3 节在 R_0- 代数中引入 Boole-skeleton 与 MV-skeleton 的概念, 并深入研究它们的性质, 从而建立 R_0-代数中的三值 Stone 拓扑表示定理, 该表示定理是 Boole 代数中 Stone 拓扑表示定理的自然推广; 7.4 节引入 Boole-滤子与 MV-滤子的概念, 并证明 MV-滤子与 Stone 空间中的拓扑闭集是一一对应的; 7.5 节将 R_0-代数中的三值 Stone 拓扑表示定理用范畴语言描述, 给出了相应的 Stone 对偶定理. 值得注意的是, 6.2 节中的结论都可作为本章的特例而导出.

7.1　R_0-代数及其基本性质

为证明形式系统 $\mathscr{L}^*$ 的代数完备性, 王国俊教授提出了 R_0-代数的概念.

定义 7.1.1[2]　设 $M=(M,\neg,\vee,\to,1)$ 是 (2,2,2, 0) 型代数, 如果 M 上有偏序 $\leqslant$ 使 $(M,\leqslant)$ 成为有界分配格, $\vee$ 是关于序 $\leqslant$ 的上确界运算, $\neg$ 是关于 $\leqslant$ 的逆序对合对应, 且对任意 $x,y,z\in M$:

(M1) $\neg x\to\neg y=y\to x$,

(M2) $1\to x=x$; $x\to x=1$,

(M3) $y\to z\leqslant(x\to y)\to(x\to z)$,

(M4) $x\to(y\to z)=y\to(x\to z)$,

(M5) $x\to(y\vee z)=(x\to y)\vee(x\to z)$; $x\to(y\wedge z)=(x\to y)\wedge(x\to z)$,

(M6) $(x\to y)\vee((x\to y)\to\neg x\vee y)=1$,

这里 1 是 $(M,\leqslant)$ 中的最大元, 则称 M 为 **R_0-代数**.

由 $\neg$ 为逆序对合对应知 De Morgan 对偶律成立, 即

$$\neg(x\vee y)=\neg x\wedge\neg y;\quad \neg(x\wedge y)=\neg x\vee\neg y.$$

注 7.1.2　(i) 定义 7.1.1 中要求 R_0-代数是分配的以及 $\neg$ 是关于序 $\leqslant$ 而言的逆序对合对应的条件是多余的, 即它们可由其他条件推出, 参阅文献 [203].

(ii) R_0-代数中的运算 $\vee$ 可由 $\neg$ 和 $\to$ 表达[80]:

$$x\vee y=\neg((((x\to(x\to y))\to x)\to x)\to\neg((x\to y)\to y)).$$

为书写简便, 我们仍把 $\vee$ 作为初始算子.

(iii) 关于 (M1)–(M6) 的简化与独立性, 请参阅文献 [20], [204].

例 7.1.3[2]　(i) 设 $B=(B,\leqslant,\vee,\wedge,',0,1)$ 是 Boole 代数, 在 B 中规定 $\neg x=x'$, $x\to y=\neg x\vee y$, $x,y\in B$, 则 B 是 R_0-代数.

(ii) 在单位区间 $[0,1]$ 上规定 $\neg x=1-x$, $x\vee y=\max\{x,y\}$, 且

$$x\to y=R_0(x,y)=\begin{cases}1, & x\leqslant y,\\ (1-x)\vee y, & x>y,\end{cases}\tag{7.1.1}$$

则 $[0,1]$ 成为 R_0-代数, 称为**标准 R_0-代数**, 记为 $W=[0,1]_{R_0}$.

(iii) 在 $W_n=\left\{0,\dfrac{1}{n-1},\cdots,\dfrac{n-2}{n-1},1\right\}$ 中按 (ii) 定义 $\neg,\vee$ 和 $\to$, 则 W_n 也是 R_0-代数.

(iv) 设 $X\neq\varnothing$, $[0,1]_{R_0}$ 是标准 R_0-代数. 在 $[0,1]_{R_0}^X$ 上按点式序定义运算 $\neg,\vee$ 及 $\to$, 则 $([0,1]_{R_0}^X,\neg,\vee,\to)$ 也成为 R_0-代数, 称为 **R_0-方体**.

命题 7.1.4[2]　设 M 是 R_0-代数, $x,y,z\in M$, 则以下性质成立:

(P1) $\neg x=x\to 0$; $\neg\neg x=x$.

(P2) $x\to y=1$ iff $x\leqslant y$.

(P3) $x \leqslant y \to z$ iff $y \leqslant x \to z$.

(P4) $x \to (y \to z) = y \to (x \to z)$.

(P5) 若 $y \leqslant z$, 则 $x \to y \leqslant x \to z$; 若 $x \leqslant y$, 则 $y \to z \leqslant x \to z$.

(P6) $(x \vee y) \to z = (x \to z) \wedge (y \to z)$; $(x \wedge y) \to z = (x \to z) \vee (y \to z)$.

(P7) $x \to y \geqslant \neg x \vee y$.

(P8) $(x \to y) \vee (y \to x) = 1$.

(P9) $x \wedge \neg x \leqslant y \vee \neg y$.

(P10) $x \to (y \to x) = 1$.

(P11) $x \to (\neg x \to y) = 1$.

(P12) $x \vee y = ((x \to y) \to y) \wedge ((y \to x) \to x)$.

(P13) $x \to y \leqslant (x \vee z) \to (y \vee z)$; $x \to y \leqslant (x \wedge z) \to (y \wedge z)$.

(P14) $x \to y \leqslant (x \to z) \vee (z \to y)$.

(P15) $x \to y = ((x \to y) \to y) \to y$.

在 R_0-代数中还可引入两个新算子 $\oplus$ 与 $\otimes$:

$$x \oplus y = \neg x \to y; \quad x \otimes y = \neg(x \to \neg y), \quad x, y \in M, \tag{7.1.2}$$

并证明如下性质.

命题 7.1.5[2] 设 M 是 R_0-代数, $\oplus$ 与 $\otimes$ 由式 (7.1.2) 定义, 则

(P16) $(M, \oplus, 0)$ 是以 0 为单位的交换半群.

(P17) $(M, \otimes, 1)$ 是以 1 为单位的交换半群.

(P18) $\oplus$ 与 $\otimes$ 都是单调递增算子.

(P19) $x \otimes y \leqslant x \wedge y \leqslant x \vee y \leqslant x \oplus y$.

(P20) $x \otimes y \leqslant z$ iff $x \leqslant y \to z$ iff $y \leqslant x \to z$.

(P21) $(x \otimes y) \to z = x \to (y \to z)$.

(P22) $x \to (y \to (x \otimes y)) = 1$.

(P23) $x \otimes \neg x = 0$, $x \oplus \neg x = 1$.

(P24) $nx = 2x$, $x^n = x^2$, 这里 $n \geqslant 2$.

$$nx = \underbrace{x \oplus \cdots \oplus x}_{n}; \quad x^n = \underbrace{x \otimes \cdots \otimes x}_{n}. \tag{7.1.3}$$

(P25) $x \otimes (y \vee z) = (x \otimes y) \vee (x \otimes z)$; $x \otimes (y \wedge z) = (x \otimes y) \wedge (x \otimes z)$.

(P26) $(x \vee y)^2 = x^2 \vee y^2$; $(x \wedge y)^2 = x^2 \wedge y^2$.

(P27) $x^2 \to (y \to z) = (x^2 \to y) \to (x^2 \to z)$.

由 (P20) 与 (P17) 知 R_0-代数都是 NM-代数[67]. 反过来, 每个 NM-代数也是 R_0-代数[72,205], 因而, R_0-代数与 NM-代数是等价的代数系统. 关于 NM-代数的研

究成果已有很多, 参阅文献 [67], [87], [200], [202], [206]–[208]. 注意, 王国俊教授提出 R_0-代数要比国外 F. Esteva 和 L. Godo 教授提出 NM-代数早了整整四年!

定义 7.1.6[2] 设 M 是 R_0-代数. 若 M 作为偏序集是全序的, 则称 M 为**全序 R_0-代数**或 **R_0-链**.

全序 R_0-代数的结构非常简单, 其中的蕴涵算子仍由式 (7.1.1) 给出, 即得如下命题.

命题 7.1.7[2] 设 M 是全序 R_0-代数, 则

$$x \to y = \begin{cases} 1, & x \leqslant y, \\ \neg x \vee y, & x > y, \end{cases} \qquad x, y \in M.$$

命题 7.1.8[2] 设 $\{M_i \mid i \in I\}$ 是一族 R_0-代数, $M = \prod_{i \in I} M_i$ 是其直积. 在 M 中点式地定义偏序 $\leqslant$ 以及 $\neg, \vee$ 和 $\to$, 则 $(M, \leqslant, \neg, \vee, \to, (1_i)_{i \in I})$ 构成 R_0-代数, 称为 $\{M_i \mid i \in I\}$ 的**乘积 R_0-代数**.

定义 7.1.9[2] 设 M 是 R_0-代数, A 是 M 的非空子集. 如果 A 对运算 $\neg, \vee$ 和 $\to$ 封闭, 则称 A 为 M 的**子 R_0-代数**.

设 A 是 M 的子 R_0-代数, 则 $A \neq \varnothing$. 任取 $x \in A$, 则 $1 = x \to x \in A$, $0 = \neg 1 \in A$. 从而 $\{0, 1\} \subseteq A$. 又 $\{0, 1\}$ 对 $\neg, \vee$ 与 $\to$ 封闭, 所以 $\{0, 1\}$ 是 M 的最小子 R_0-代数.

定义 7.1.10[2] 设 M_1 与 M_2 是 R_0-代数, $h: M_1 \to M_2$ 是映射, 如果 h 保持运算 $\neg, \vee$ 与 $\to$, 则称 h 为 **R_0- 同态**. 如果 h 还是双射, 则称 h 为 **R_0-同构**, 此时称 M_1 与 M_2 是 **R_0-同构**的.

定理 7.1.11[89] 任一可数全序 R_0-代数都同构于标准 R_0-代数 $[0, 1]_{R_0}$ 的某子 R_0-代数.

由以上准备工作, 现可给出 R_0-代数的次直积表示定理.

定理 7.1.12[2] 每个 R_0-代数都同构于一族全序 R_0-代数的乘积 R_0-代数的某子 R_0-代数.

最后, 我们还需要介绍 R_0-代数的完备性定理, 这得从 **R_0-等式**谈起.

定义 7.1.13[2] 设 $x_1, \cdots, x_n$ 是 n 个不同的符号, $X = \{x_1, \cdots, x_n\}$, $F(X)$ 是由 X 生成的 $(\neg, \vee, \to)$ 型自由代数, 这里 $\neg$ 是一元运算, $\vee$ 与 $\to$ 是二元运算. 设 $f(x_1, \cdots, x_n) \in F(X)$, 则称形如

$$f(x_1, \cdots, x_n) = 1$$

的式子为 **R_0-等式**, 这里的 $=$ 与 1 都是形式符号. 设 M 是 R_0-代数, 如果对 M 中的任意 n 个元 $y_1, \cdots, y_n$ 恒有

$$\overline{f}(y_1, \cdots, y_n) = 1_M, \quad y_1, \cdots, y_n \in M,$$

这里 1_M 是 M 中的最大元, $=$ 为等号, 且 $\overline{f}$ 作用于 $y_1,\cdots,y_n$ 的方式恰如 f 作用于 $x_1,\cdots,x_n$ 的方式, 则称 $f(x_1,\cdots,x_n)=1$ **在 M 中成立**.

显然, 若 R_0-等式在 R_0-代数 M 中成立, 则也在 M 的每个子 R_0-代数中成立.

定理 7.1.14[2] 设 R_0-代数 M_1 与 M_2 同构, 且设某 R_0-等式在 M_1 中成立, 则此 R_0-等式也在 M_2 中成立.

定理 7.1.15[2] 设 M 是全序 R_0-代数, 若某 R_0-等式在 M 中不成立, 则此 R_0-等式在标准 R_0-代数 $[0,1]_{R_0}$ 中也不成立.

由定理 7.1.15 和定理 7.1.12 便得 R_0-代数的完备性定理.

定理 7.1.16[2] (R_0-代数的完备性定理) 一个 R_0-等式在任一 R_0-代数中成立 iff 这个 R_0-等式在标准 R_0-代数 $[0,1]_{R_0}$ 中成立.

R_0-代数的完备性定理为我们判断 R_0-等式是否恒成立提供了方便, 即只需验证它在标准 R_0-代数 $[0,1]_{R_0}$ 中是否成立. 以命题 7.1.4 (P12) 为例. 设 $x,y\in[0,1]_{R_0}$, 由于 $[0,1]_{R_0}$ 是全序的, 所以不失一般性可设 $x\leqslant y$, 则 $x\vee y=\max\{x,y\}=y$. 由式 (7.1.1) 知 $(x\to y)\to y=1\to y=y$. 若 $x=y$, 则 $(y\to x)\to x=1\to x=x=y$, 此时 (P12) 成立. 下设 $x<y$, 则 $(y\to x)\to x=(1-y)\vee x\to x=((1-y)\to x)\wedge(x\to x)=(1-y)\to x\geqslant(1-(1-y))\vee x=x\vee y\geqslant y$, 所以此时 (P12) 仍成立. 这就证明了 (P12) 在 $[0,1]_{R_0}$ 中成立, 从而它在任一 R_0-代数中成立. 在后面我们也经常使用 R_0-代数的完备性定理来判断 R_0-等式是否恒成立.

最后, 由定义 7.1.1 和命题 7.1.4 (P2) 知全体 R_0-代数构成一个代数簇[209], 记为 $\mathscr{R}_0$, 称为 **R_0-代数簇**. 由命题 7.1.5 后面的注记知 R_0-代数簇与 NM-代数簇是同一代数簇. 全体 Boole 代数是 R_0-代数簇的一个子代数簇, 在本章起重要作用的 R_0-代数簇的另一个子代数簇是由三值 R_0- 链 W_3 生成的代数簇, 记为 $\mathscr{R}_{0,3}$. 由于三值 R_0- 链 W_3 也是 (全序) MV-代数, 所以此子代数簇也是 MV-代数簇的子代数簇, 事实上, 它也可由如下的 MV-代数公理来刻画:

$$(x\to y)\to y=(y\to x)\to x.$$

7.2 R_0-代数中的极大滤子及其拓扑性质

滤子是研究代数结构的最基本的工具 [210−215], 关于 R_0-代数中滤子的研究也有不少, 参阅文献 [2], [200], [207], [216]–[220]. 本节主要研究 R_0-代数中的极大滤子及其拓扑性质, 为后面引入 Boole-滤子和 MV-滤子作准备.

7.2.1 极大滤子的结构性质

定义 7.2.1[2] 设 M 是 R_0-代数, $F\subseteq M$.

(i) 如果 $1 \in F$ 且 F 对 MP 运算封闭, 即当 $x, x \to y \in F$ 时 $y \in F$, 则称 F 为 M 的 **MP-滤子**, 简称 **滤子**.

(ii) 如果 F 是滤子, 且当 $x \vee y \in F$ 时, 有 $x \in F$ 或 $y \in F$, 则称 F 为**素滤子**.

(iii) 设 F 是滤子, 若 $F \neq M$, 则称 F 为**真滤子**. 称 M 为平凡滤子. 在不加特别声明时, 本书所讲的滤子都是真的.

定义 7.2.2　设 F 是 R_0-代数 M 的滤子. 若 F 不能真包含于某真滤子中, 则称 F 为**极大滤子**.

例 7.2.3　设 M 是标准 R_0-代数 $[0,1]_{R_0}$, 则 $\left(\frac{1}{2}, 1\right]$ 是滤子, 并且是素的, 也是极大的. 又设 $\alpha \in \left(\frac{1}{2}, 1\right]$, 则 $(\alpha, 1]$ 与 $[\alpha, 1]$ 都是素滤子, 但它们都不是极大的. 不难验证 $[0,1]_{R_0}$ 中的任一滤子都具有如下形式之一:

$$(\alpha, 1], \quad [\beta, 1], \quad \left(\frac{1}{2}, 1\right], \quad \alpha, \beta \in \left(\frac{1}{2}, 1\right]. \tag{7.2.1}$$

所以式 (7.2.1) 给出了 $[0,1]_{R_0}$ 中的所有滤子, 且 $\left(\frac{1}{2}, 1\right]$ 是唯一极大滤子.

我们先研究滤子的性质.

命题 7.2.4[2]　设 M 是 R_0-代数, $F \subseteq M$.

(i) F 是滤子 iff $F \neq \varnothing$, F 是**上集**, 即当 $x \in F$, $x \leqslant y$ 时 $y \in F$, 且 F 对 $\otimes$ 运算封闭.

(ii) 滤子对交运算封闭, 且包含 1, 从而是 M 中的格滤子.

(iii) 滤子 F 是素的 iff 对 M 中任二元 x 与 y, $x \to y \in F$ 或 $y \to x \in F$.

下面再给出 R_0-代数中滤子的一些性质.

命题 7.2.5　设 M 是 R_0-代数, F 是 M 中的滤子, $x, y \in M$, 则

(i) $x, y \in F$ iff $x \otimes y \in F$ iff $x \wedge y \in F$.

(ii) $x \in F$ iff $x^2 \in F$.

(iii) 若 $x \to y \in F$ 且 $y \to z \in F$, 则 $x \to z \in F$.

(iv) $x, x \to y \in F$ iff $x \wedge y \in F$ iff $y, y \to x \in F$.

(v) $x \otimes (x \to y) \in F$ iff $x \wedge y \in F$ iff $y \otimes (y \to x) \in F$.

证明　设 $x, y \in F$.

(i) 由 $x \to (y \to (x \otimes y)) = x \to (y \to (x \wedge y)) = 1 \in F$ 及 MP 规则知 $x \otimes y \in F$, $x \wedge y \in F$. 反过来, 由 $(x \otimes y) \to x = (x \wedge y) \to x = 1$ 知 $x \in F$. 同理有 $y \in F$.

(ii) 是 (i) 的特例.

(iii) 设 $x \to y \in F$ 且 $y \to z \in F$. 由 (M3) 及 (P20) 知 $(y \to z) \otimes (x \to y) \leqslant x \to z$. 再由 (i) 及 F 是上集知 $x \to z \in F$.

(iv) 由 x 与 y 的对称性知只需证 $x, x\to y\in F$ iff $x\wedge y\in F$. 设 $x, x\to y\in F$, 则由 MP 规则知 $y\in F$, 从而由 (i) 知 $x\wedge y\in F$. 反过来, 设 $x\wedge y\in F$, 则由 $(x\wedge y)\leqslant x$, $(x\wedge y)\leqslant y\leqslant(x\to y)$ 及 F 是上集知 $x, x\to y\in F$.

(v) 由 (i) 和 (iv) 便得.

命题 7.2.6[2] 设 M 是 R_0-代数, F 是 M 中的滤子. 在 M 上定义二元关系 $\sim_F$ 如下

$$x\sim_F y \text{ iff } x\to y\in F \text{ 且 } y\to x\in F.$$

则:

(i) $\sim_F$ 是 M 上关于 $\neg, \vee$ 与 $\to$ 的同余关系, 且商代数 $M/F=M/\sim_F=\{[x]_F\mid x\in M\}$ 是 R_0-代数, 其中偏序 $\leqslant$ 与运算 $\neg, \vee, \to$ 分别由下式确定:

$$[x]_F\leqslant[y]_F \text{ iff } x\to y\in F,$$

$$\neg[x]_F=[\neg x]_F, \quad [x]_F\vee[y]_F=[x\vee y]_F,$$

$$[x]_F\to[y]_F=[x\to y]_F.$$

(ii) 若 F 是素滤子, 则 M/F 是全序 R_0-代数.

定义 7.2.7[2] 设 M 是 R_0-代数, $A\subseteq M$, 则所有包含 A 的滤子之交显然是包含 A 的最小滤子, 称为**由 A 生成的滤子**, 记作 $[A)$.

显然, $[\varnothing)=\{1\}$.

定理 7.2.8[2] 设 M 是 R_0-代数, A 是 M 的非空子集, 则

$$[A)=\{y\in M\mid \text{存在 } n\in\mathbb{N} \text{ 和 } x_1,\cdots,x_n\in A \text{ 使 } x_1\otimes\cdots\otimes x_n\leqslant y\}. \tag{7.2.2}$$

式 (7.2.2) 可进一步简化.

定理 7.2.9 设 M 是 R_0-代数, A 是 M 的非空子集, 则

$$[A)=\{y\in M\mid \text{存在 } n\in\mathbb{N} \text{ 和 } x_1,\cdots,x_n\in A \text{ 使 } x_1^2\wedge\cdots\wedge x_n^2\leqslant y\}. \tag{7.2.3}$$

从而对任一元 $x\in M$, $[x)=\uparrow x^2=\{y\in M\mid x^2\leqslant y\}$ 且对任一滤子 F, 有 $F=\bigcup\limits_{x\in F}[x)$, $[F\cup\{x\})=\uparrow(F\wedge x^2)=\uparrow\{y\wedge x^2\mid y\in F\}$.

证明 先证

$$[A)=\{y\in M\mid \text{存在 } n\in\mathbb{N} \text{ 和 } x_1,\cdots,x_n\in A \text{ 使 } x_1^2\otimes\cdots\otimes x_n^2\leqslant y\}. \tag{7.2.4}$$

记式 (7.2.4) 右侧为 F, 下证 $F=[A)$.

显然, F 是滤子. 事实上, 由 $A\neq\varnothing$ 知 $1\in F$. 由 $x^n=x^2\,(n\geqslant 2)$ 知 F 对 $\otimes$ 封闭. 又 F 显然是上集, 所以由命题 7.2.4 (i) 知 F 是滤子. 由 $x^2\leqslant x$ 知

$[A) \subseteq F$. 反过来, 设 $y \in F$, 则存在 $x_1, \cdots, x_n \in A$ 使得 $x_1^2 \otimes \cdots \otimes x_n^2 \leqslant y$. 由 $x_i \in A \subseteq [A)\,(i=1,\cdots,n)$ 及 $[A)$ 为滤子知 $x_1^2 \otimes \cdots \otimes x_n^2 \in [A)$. 再由 $[A)$ 为上集知 $y \in [A)$. 所以 $F = [A)$.

为证式 (7.2.3), 只需证

$$x^2 \otimes y^2 = x^2 \wedge y^2, \quad x, y \in M. \tag{7.2.5}$$

显然 $x^2 \otimes y^2 \leqslant x^2 \wedge y^2$. 下证 $x^2 \wedge y^2 \leqslant x^2 \otimes y^2$, 这等价于证 $(x^2 \wedge y^2) \to (x^2 \otimes y^2) = 1$. 由 R_0-代数的完备性定理, 只需证它在 $[0,1]_{R_0}$ 中成立. 若 $x \leqslant \dfrac{1}{2}$ 或 $y \leqslant \dfrac{1}{2}$, 则 $x^2 = 0$ 或 $y^2 = 0$, 从而 $x^2 \wedge y^2 = x^2 \otimes y^2 = 0$. 设 $x > \dfrac{1}{2}$ 且 $y > \dfrac{1}{2}$, 则 $x^2 = x$, $y^2 = y$, 从而 $x^2 \wedge y^2 = x \wedge y = x \otimes y = x^2 \otimes y^2$, 所以 $(x^2 \wedge y^2) \to (x^2 \otimes y^2) = 1$. 所以式 (7.2.5) 成立, 从而式 (7.2.3) 成立.

由定理 7.2.9 知, 生成滤子 $[A)$ 为真滤子的充要条件是对 A 中任意有限个元素 $x_1, \cdots, x_n$, $x_1^2 \wedge \cdots \wedge x_n^2 \neq 0$. 为便于叙述, 引入下面的定义.

定义 7.2.10 设 M 是 R_0-代数, $A \subseteq M$. 若对 A 中任意有限个元素 $x_1, \cdots, x_n \in A$ 都有 $x_1^2 \wedge \cdots \wedge x_n^2 > 0$, 则称 A 具有**有限平方交性质**.

由定义 7.2.10 知 $\varnothing$ 具有有限平方交性质. 又任一真滤子也具有有限平方交性质.

定理 7.2.11 设 M 是 R_0-代数, $A \subseteq M$, 则 $[A)$ 是真滤子 iff A 具有有限平方交性质.

证明 定理 7.2.9 与定义 7.2.10 的直接推论.

定理 7.2.12 R_0-代数中的任一真滤子都包含于某极大滤子中.

证明 设 M 是 R_0-代数, F 是 M 中的真滤子. 令 $\mathscr{F}$ 表示 M 中全体包含 F 的真滤子之集. 显然 $F \in \mathscr{F}$, 从而 $\mathscr{F} \neq \varnothing$. $\mathscr{F}$ 按包含序构成一个偏序集. 设 $\{F_i \mid i \in I\}$ 是 $\mathscr{F}$ 中的链, 易证 $\cup\{F_i \mid i \in I\}$ 是真滤子且为该链的上界. 从而 $\mathscr{F}$ 中的任一链都有上界, 所以由 Zorn 引理知 $\mathscr{F}$ 中有极大元 F^*, F^* 便是包含 F 的极大滤子.

由定理 7.2.11 和定理 7.2.12 便得 R_0-代数中的素理想定理①.

定理 7.2.13 (R_0-代数的素理想定理) 设 M 是 R_0-代数, $A \subseteq M$, 则 A 包含于一个极大滤子之中 iff A 具有有限平方交性质.

证明 设 F 是 M 中的极大滤子且 $A \subseteq F$. 任取 $x_1, \cdots, x_n \in A$, 则 $x_1^2 \wedge \cdots \wedge x_n^2 \in F$. 由于 $0 \notin F$, 所以 $x_1^2 \wedge \cdots \wedge x_n^2 > 0$, 从而 A 具有有限平方交性质.

---

①由于历史的原因, 把该定理称为素理想定理, 见文献 [101].

反过来, 设 A 具有有限平方交性质, 则由定理 7.2.11 知 $[A)$ 是真滤子. 再由定理 7.2.12 知 $[A)$ 包含于一极大滤子 F 中, 从而 $A \subseteq [A) \subseteq F$.

推论 7.2.14 R_0-代数中的极大滤子具有有限平方交性质.

推论 7.2.15 设 M 是 R_0-代数, $x \in M$, 则存在极大滤子 F 使得 $x \in F$ iff $x^2 > 0$.

推论 7.2.16 任一非平凡 R_0-代数至少有一个极大滤子.

证明 设 M 是非平凡 R_0-代数, 则 $\{0,1\} \subseteq M$, 从而 $\{1\}$ 是 M 中的真滤子. 由定理 7.2.12 知存在极大滤子 F 使 $\{1\} \subseteq F$.

例 7.2.17 (i) 任一全序 R_0-代数只有唯一一个极大滤子, 比如, 标准 R_0-代数 $[0,1]_{R_0}$ 只有极大滤子 $\left(\frac{1}{2},1\right]$.

(ii) $\mathscr{L}^*$-Lindenbaum 代数中共有 3^ω 个极大滤子:

$$\{[D(S(\alpha))] \mid D(S(\alpha)) \in M\},$$

其中 $[D(S(\alpha))] = \{[\varphi] \mid \varphi \in D(S(\alpha))\}$, M 由定理 6.2.16 (i) 给出.

命题 7.2.18 设 M 是 R_0-代数, F 是 M 中的极大滤子, 则

(i) $x, y \in F$ iff $x^2 \otimes y^2 \in F$ iff $x^2 \wedge y^2 \in F$.

(ii) 对任二元 $x, y \in M$, $x \to y \in F$ 或 $y \to x \in F$.

(iii) 对任二元 $x, y \in M$, 若 $x \vee y \in F$, 则 $x \in F$ 或 $y \in F$, 从而极大滤子是素的.

(iv) 对任一元 $x \in M$, $x \in F$ 与 $\neg x^2 \in F$ 有且仅有一个成立.

(v) 对任一元 $x \in M$, $x \in F$, $\neg x \in F$ 与 $(\neg x^2) \otimes (\neg(\neg x)^2) \in F$ 有且仅有一个成立.

证明 (i) 是显然的.

(ii) 用反证法, 假设 $x, y \in M$ 且 $x \to y \notin F$, $y \to x \notin F$. 由 F 的极大性知 $[F \cup \{x \to y\}) = [F \cup \{y \to x\}) = M$. 所以由定理 7.2.11 知 $F \cup \{x \to y\}$ 与 $F \cup \{y \to x\}$ 都不具有有限平方交性质, 所以存在 $x_1, \cdots, x_n, y_1, \cdots, y_m \in F$ 使得 $x_1^2 \wedge \cdots \wedge x_n^2 \wedge (x \to y)^2 = 0$ 且 $y_1^2 \wedge \cdots \wedge y_m^2 \wedge (y \to x)^2 = 0$. 记 $z = x_1^2 \wedge \cdots \wedge x_n^2 \wedge y_1^2 \wedge \cdots \wedge y_m^2$, 则 $z \wedge (x \to y)^2 = 0$ 且 $z \wedge (y \to x)^2 = 0$. 所以 $(z \wedge (x \to y)^2) \vee (z \wedge (y \to x)^2) = 0$, 从而 $z \wedge ((x \to y)^2 \vee (y \to x)^2) = 0$. 由 (P8) 与 (P26) 知, $(x \to y)^2 \vee (y \to x)^2 = ((x \to y) \vee (y \to x))^2 = 1^2 = 1$, 所以 $z = 0$, 这说明 F 不具有有限平方交性质. 由定理 7.2.11 知 $[F) = M$. 由 F 是滤子知 $[F) = F$, 所以 $F = M$, 矛盾!

(iii) 设 $x \vee y \in F$. 由 (P12) 知 $x \vee y = ((x \to y) \to y) \wedge ((y \to x) \to x)$. 所以由 (i) 知 $(x \to y) \to y \in F$ 且 $(y \to x) \to x \in F$. 由 (ii) 知 $x \to y \in F$ 或 $y \to x \in F$.

若 $x \to y \in F$, 则由 MP 规则知 $y \in F$; 若 $y \to x \in F$, 则 $x \in F$, 所以 F 是素的.

(iv) 设 $x \in M$. 由于 $x^2 \otimes (\neg x^2) = 0$, 所以 $x \in F$ 与 $\neg x^2 \in F$ 不可能同时成立. 为证 (iv), 只需再证 $x \in F$ 与 $\neg x^2 \in F$ 不能同时不成立. 为此设 $x \notin F$ 且 $\neg x^2 \notin F$, 则由 F 的极大性知 $F \cup \{x\}$ 与 $F \cup \{\neg x^2\}$ 均不具有有限平方交性质. 所以存在 $x_1, x_2 \in F$ 使得 $x_1^2 \wedge x^2 = 0$, $x_2^2 \wedge (\neg x^2)^2 = 0$. 由式 (7.2.5) 知 $x_1^2 \otimes x^2 \leqslant 0$, $x_2^2 \otimes (\neg x^2)^2 \leqslant 0$, 所以由 (P20) 知 $x_1^2 \leqslant x^2 \to 0$, $x_2^2 \leqslant (\neg x^2)^2 \to 0$, 即 $x_1^2 \leqslant \neg x^2, x_2^2 \leqslant \neg(\neg x^2)^2$. 所以 $x_1^2 \wedge x_2^2 = x_1^2 \otimes x_2^2 \leqslant (\neg x^2)^2 \otimes (\neg(\neg x^2)^2) = 0$. 这说明 F 不具有有限平方交性质, 矛盾!

(v) 由 (iv) 知, 为证 (v) 只需证 $\neg x^2 \in F$ iff $\neg x \in F$ 与 $(\neg x^2) \otimes (\neg(\neg x)^2) \in F$ 有且仅有一个成立. 先设 $\neg x^2 \in F$. 若 $\neg x \notin F$, 则由 (iv) 知 $\neg(\neg x)^2 \in F$, 从而 $(\neg x^2) \otimes (\neg(\neg x)^2) \in F$; 若 $(\neg x^2) \otimes (\neg(\neg x)^2) \notin F$, 则由命题 7.2.5 (i) 知必有 $\neg(\neg x)^2 \notin F$, 从而再由 (iv) 知必有 $\neg x \in F$. 若不然, 则由 (iv) 知 $\neg(\neg x)^2 \in F$, 矛盾. 又, 显然, $\neg x \in F$ 与 $(\neg x^2) \otimes (\neg(\neg x)^2) \in F$ 不能同时成立, 所以必要性成立. 反过来, 设 $\neg x \in F$ 与 $(\neg x^2) \otimes (\neg(\neg x)^2) \in F$ 有且仅有一个成立. 先设 $\neg x \in F$, 则由 $\neg x \leqslant \neg x^2$ 知 $\neg x^2 \in F$; 设 $(\neg x^2) \otimes (\neg(\neg x)^2) \in F$, 则由 (i) 知 $\neg x^2 \in F$. 这就证明了充分性.

命题 7.2.18 给出了 R_0-代数中极大滤子的基本性质, 下面我们寻求其充要条件.

定理 7.2.19 设 M 是 R_0-代数, F 是 M 中的滤子, 则 F 是极大的 iff 对任一 $x \in M$, $x \in F$ 与 $\neg x^2 \in F$ 有且仅有一个成立.

证明 由命题 7.2.18 (iv) 知必要性成立. 下证充分性. 设 F' 是真包含 F 的滤子, 则存在 $x \in F' - F$, 由题设知 $\neg x^2 \in F$, 从而 $\neg x^2 \in F'$. 由于 $x^2 \wedge (\neg x^2)^2 = 0$, 所以 F' 不具有有限平方交性质, 从而 $F' = M$. 这就证明了 F 的极大性.

定理 7.2.20 设 M 是 R_0-代数, F 是 M 中的滤子, 则 F 是极大的 iff 对任一 $x \in M$, $x \in F$, $\neg x \in F$ 与 $(\neg x^2) \otimes (\neg(\neg x)^2) \in F$ 有且仅有一个成立.

证明 由命题 7.2.18 (v) 的证明知, $\neg x^2 \in F$ iff $\neg x \in F$ 与 $(\neg x^2) \otimes (\neg(\neg x)^2) \in F$ 有且仅有一个成立, 所以由定理 7.2.19 知本定理成立.

下面研究 R_0-代数 M 中极大滤子与 R_0-同态 $h: M \to W_3 = \left(\left\{0, \frac{1}{2}, 1\right\}, \neg, \vee, \to\right)$ 间的关系.

定理 7.2.21 设 M 是 R_0-代数, F 是 M 中的极大滤子, 定义 $h: M \to \left\{0, \frac{1}{2}, 1\right\}$:

$$
h(x)=\begin{cases}1, & x\in F,\\ \dfrac{1}{2}, & (\neg x^2)\otimes(\neg(\neg x)^2)\in F,\\ 0, & \neg x\in F,\end{cases} \tag{7.2.6}
$$

则 h 是从 M 到 W_3 的 R_0-同态.

证明 由命题 7.2.18 (v) 知式 (7.2.6) 中的 h 是定义合理的. 下证 h 是 R_0-同态. 由注 7.1.2 (ii) 知, 只需证 h 保持 $\neg$ 和 $\to$, 即 $h(\neg x)=\neg h(x)$, $h(x\to y)=h(x)\to h(y)$, $x,y\in M$.

(i) $h(\neg x)=\neg h(x)$. 若 $h(x)=1$, 则由式 (7.2.6) 知 $x\in F$, 所以 $\neg\neg x\in F$, 从而 $h(\neg x)=0=\neg h(x)$; 若 $h(x)=\dfrac{1}{2}$, 则 $(\neg x^2)\otimes(\neg(\neg x)^2)\in F$. 由 $(\neg(\neg x)^2)\otimes(\neg(\neg\neg x)^2)=(\neg(\neg x)^2)\otimes(\neg x^2)=(\neg x^2)\otimes(\neg(\neg x)^2)\in F$ 知 $h(\neg x)=\dfrac{1}{2}$, 从而仍有 $h(\neg x)=\neg h(x)$; 若 $h(\neg x)=0$, 则 $\neg\neg x\in F$, 即 $x\in F$, 所以总有 $h(\neg x)=\neg h(x)$.

(ii) $h(x\to y)=h(x)\to h(y)$. 分以下 5 种情形进行讨论.

情形 1: $h(x)=0$ 或 $h(y)=1$, 即 $\neg x\in F$ 或 $y\in F$, 则由 $\neg x\to(x\to y)=1$ 知 $\neg x\leqslant x\to y$. 又 $y\leqslant x\to y$, 所以由 F 是上集知总有 $x\to y\in F$, 从而 $h(x\to y)=1=h(x)\to h(y)$.

情形 2: $h(x)=1$ 且 $h(y)=0$, 即 $x\in F$ 且 $\neg y\in F$, 则由 (M1) 知 $x\to y\leqslant\neg y\to\neg x$. 再由 (P20) 知 $\neg y\leqslant(x\to y)\to\neg x=x\to\neg(x\to y)$. 所以由 MP 规则知 $\neg(x\to y)\in F$. 所以 $h(x\to y)=0=h(x)\to h(y)$.

情形 3: $h(x)=1$ 且 $h(y)=\dfrac{1}{2}$, 即 $x\in F$ 且 $(\neg y^2)\otimes(\neg(\neg y)^2)\in F$. 由命题 7.2.5 (i) 和 (ii) 知 x^2, $\neg y^2$, $\neg(\neg y)^2\in F$. 由于

$$
\begin{aligned}
x^2\to(\neg y^2\to\neg(x\to y)^2)&=x^2\to((x\to y)^2\to y^2)\\
&=(x\to y)^2\to(x^2\to y^2)\\
&=(x\to y)^2\otimes x^2\to y^2\\
&=(x\otimes(x\to y))^2\to y^2\\
&=1,
\end{aligned}
$$

所以由 MP 规则知 $\neg(x\to y)^2\in F$. 另外, 由 $y\leqslant x\to y$ 知 $\neg(x\to y)\leqslant\neg y$, 从而 $(\neg(x\to y))^2\leqslant(\neg y)^2$, 所以 $\neg(\neg y)^2\leqslant\neg(\neg(x\to y))^2$. 由 $\neg(\neg y)^2\in F$ 知 $\neg(\neg(x\to y))^2\in F$, 从而 $h(x\to y)=\dfrac{1}{2}=h(x)\to h(y)$.

情形 4: $h(y)=0$ 且 $h(x)=\dfrac{1}{2}$, 即 $(\neg x^2)\otimes(\neg(\neg x)^2)\in F$ 且 $\neg y\in F$, 则 $(\neg y)^2$,

$\neg x^2, \neg(\neg x)^2 \in F$. 由 R_0-代数的完备性定理易验证

$$(\neg x^2)^2 \otimes (\neg(\neg x)^2)^2 \otimes (\neg y)^2 \to (\neg(x \to y)^2) = 1$$

和

$$(\neg x^2)^2 \otimes (\neg(\neg x)^2)^2 \otimes (\neg y)^2 \to (\neg(\neg(x \to y))^2) = 1.$$

所以由 MP 规则知 $\neg(x \to y)^2 \in F$ 且 $\neg(\neg(x \to y))^2 \in F$, 从而 $h(x \to y) = \dfrac{1}{2} = h(x) \to h(y)$.

情形 5: $h(x) = h(y) = \dfrac{1}{2}$, 即 $(\neg x^2) \otimes (\neg(\neg x)^2) \in F$ 且 $(\neg y^2) \otimes (\neg(\neg y)^2) \in F$. 由 R_0-代数的完备性定理可验证

$$(\neg x^2)^2 \otimes (\neg(\neg x)^2)^2 \otimes (\neg y^2)^2 \otimes (\neg(\neg y)^2)^2 \to (x \to y) = 1.$$

所以有 $x \to y \in F$, 从而 $h(x \to y) = 1 = h(x) \to h(y)$.

由情形 1–情形 5 知 $h(x \to y) = h(x) \to h(y)$. 所以式 (7.2.6) 定义的 h 是 R_0-同态.

反过来, 有如下定理.

定理 7.2.22 设 M 是 R_0-代数, $W_3 = \left(\left\{0, \dfrac{1}{2}, 1\right\}, \neg, \vee, \to\right)$是三值 R_0-链, $h: M \to W_3$ 是 R_0-同态, 则 $h^{-1}(1) = h^{-1}(\{1\}) = \{x \in M \mid h(x) = 1\}$ 是 M 中的极大滤子.

证明 由 h 是 R_0-同态及 $\{1\}$ 是 W_3 中的滤子易验证 $h^{-1}(1)$ 是 M 中的滤子. 又 $h(0) = 0$, 所以, $0 \notin h^{-1}(1)$, 从而 $h^{-1}(1)$ 是真的. 任取 $x \in M$, 则 $h(x) \vee \neg(h(x))^2 = 1$, 从而 $h(x) = 1$ 或 $h(\neg x^2) = \neg(h(x))^2 = 1$, 所以 $x \in h^{-1}(1)$ 或 $\neg x^2 \in h^{-1}(1)$. 由定理 7.2.19 知 $h^{-1}(1)$ 是极大的.

定理 7.2.21 和定理 7.2.22 还不能说明 R_0-代数 M 中的极大滤子与 R_0-同态 $h: M \to W_3$ 是一一对应的, 但这一事实确实成立.

定理 7.2.23 设 M 是 R_0-代数, F 是 M 中的极大滤子, 则存在唯一 R_0-同态 $h: M \to W_3$ 使得 $F = h^{-1}(1)$.

为证明定理 7.2.23, 先证明一个引理.

引理 7.2.24 设 M 是 R_0-代数, F 是 M 中的极大滤子, 则 M 关于 F 的商代数 M/F 是三值全序 MV-代数或其子代数.

证明 由命题 7.2.18 (iii) 知 F 是素滤子, 从而由命题 7.2.6 (ii) 知 M/F 是全序 R_0-代数. 为证明 M/F 是 MV-代数, 只需证对任二元 $x, y \in M$, $([x]_F \to [y]_F) \to [y]_F = ([y]_F \to [x]_F) \to [x]_F$. 由 $[x]_F$ 与 $[y]_F$ 的对称性, 只需证 $([x]_F \to [y]_F) \to$

$[y]_F \leqslant ([y]_F \to [x]_F) \to [x]_F$, 这等价于证明 $((x \to y) \to y) \to ((y \to x) \to x) \in F$. 先证

$$(x \vee \neg x^2) \to (((x \to y) \to y) \to ((y \to x) \to x)) = 1. \tag{7.2.7}$$

由 R_0-代数的完备性定理, 只需验证式 (7.2.7) 在 $[0,1]_{R_0}$ 中成立. 分以下 3 种情况讨论.

情形 1: $x > \dfrac{1}{2}$, 则 $x \vee \neg x^2 = x \vee \neg x = x$. 又, $x \to (((x \to y) \to y) \to ((y \to x) \to x)) = ((x \to y) \to y) \to (x \to ((y \to x) \to x)) = ((x \to y) \to y) \to 1 = 1$. 所以式 (7.2.7) 成立.

情形 2: $x \leqslant y$, 则 $x \to y = 1$, 从而 $((x \to y) \to y) \to ((y \to x) \to x) = y \to ((y \to x) \to x) = (y \to x) \to (y \to x) = 1$. 所以此时式 (7.2.7) 仍成立.

情形 3: $y < x \leqslant \dfrac{1}{2}$, 则 $x \vee \neg x^2 = 1$, $((x \to y) \to y) \to ((y \to x) \to x) = ((1-x) \to y) \to x = x \vee y \to x = x \to x = 1$. 在此情形式 (7.2.7) 成立.

综合情形 1– 情形 3 知, 式 (7.2.7) 在 $[0,1]_{R_0}$ 中成立, 从而恒成立.

由命题 7.2.18 (iv) 知对任一 $x \in M$, 都有 $x \vee \neg x^2 \in F$. 从而由 MP 规则知 $((x \to y) \to y) \to ((y \to x) \to x) \in F$, 所以 M/F 是 MV-代数. 再由命题 7.2.18 (v) 知, 对任一元 $x \in M$, $x \in F$, $\neg x \in F$ 与 $(\neg x^2) \otimes (\neg(\neg x)^2) \in F$ 有且仅有一个成立, 所以 $[x]_F = 1$ 或 $[\neg x]_F = 1$ 或 $(\neg[x]_F^2) \otimes (\neg(\neg[x]_F)^2) = 1$, 这等价于 $[x]_F = 1$ 或 $[x]_F = 0$ 或 $[x]_F = \dfrac{1}{2}$. 所以 M/F 至多是三值的.

定理 7.2.23 的证明 设 F 是 M 中的极大滤子, 则由引理 7.2.24 知 M/F 是三值全序 MV-代数 W_3 或其子代数. 定义 $h: M \to M/F$ 为 $h(x) = [x]_F$, 则 h 是从 M 到 W_3 的 R_0-同态且 $F = h^{-1}(1)$.

设 g 是从 M 到 W_3 的 R_0-同态且 $g^{-1}(1) = F$. 任取 $x \in M$, 则 $x \in F$ 或 $\neg x \in F$ 或 $(\neg x^2) \otimes (\neg(\neg x)^2) \in F$, 从而 $g(x) = 1 = h(x)$ 或 $g(\neg x) = 1 = h(\neg x)$ 或 $g((\neg x^2) \otimes (\neg(\neg x)^2)) = h((\neg x^2) \otimes (\neg(\neg x)^2))$. 易验证, 无论哪一种情形, 都有 $g(x) = h(x)$, 所以 $g = h$.

推论 7.2.25 设 M 是 R_0-代数, 则 $F \mapsto h$ 是极大滤子 F 与 R_0-同态 $h: M \to W_3$ 间的一一对应, 其中 h 由式 (7.2.6) 定义.

由推论 7.2.25, 我们以后对极大滤子 F 与其对应的 R_0-同态 h 不加区分, 都用 F 表示. 从而任一极大滤子 F 都是同态 $F: M \to W_3$ 满足 $F(\neg x) = \neg F(x)$, $F(x \to y) = F(x) \to F(y)$.

定义 7.2.26 设 F 是 R_0-代数 M 中的滤子. 若 $F: W \to W_3$ 是分明集, 即 $F(M) = \{0,1\}$, 则称 F 为**超滤子**.

可见, 超滤子一定是极大的, 但反之不然.

例 7.2.27　(i) 设 $[0,1]_{R_0}^- = \left([0,1] - \left\{\frac{1}{2}\right\}, \neg, \vee, \to\right)$, 其中 $\neg, \vee$ 与 $\to$ 与 $[0,1]_{R_0}$ 上的相应运算一致. 不难验证 $[0,1]_{R_0}^-$ 是 R_0-代数, 且 $F = \left(\frac{1}{2}, 1\right]$ 是唯一极大滤子, 所以

$$F(x) = \begin{cases} 1, & x > \frac{1}{2}, \\ 0, & x < \frac{1}{2}, \end{cases} \quad x \in [0,1] - \left\{\frac{1}{2}\right\}.$$

从而 F 是超滤子.

(ii) 在标准 R_0-代数 $[0,1]_{R_0}$ 中也只有一个极大滤子 $F = \left(\frac{1}{2}, 1\right]$, 但 F 不是超的, 因为 $F\left(\frac{1}{2}\right) = \frac{1}{2}$.

下面的定理是自明的.

定理 7.2.28　设 F 是 R_0-代数 M 中的滤子, 则 F 是超的 iff 对任一 $x \in M$, $x \in F$ 与 $\neg x \in F$ 有且仅有一个成立.

由定理 7.2.28 可知, Boole 代数中的超滤子一定极大的, 从而在 Boole 代数中, 超滤子与极大滤子是一回事.

最后再回忆文献 [200] 给出的有关极大滤子的有意思结论, 这些结果与后面我们的一些结论也紧密相关.

定义 7.2.29[200]　设 M 是 R_0-代数. 称 M 中全体极大滤子的交为 M 的**根**, 记为 $\mathrm{Rad}(M)$.

定理 7.2.30[200]　设 M 是 R_0-代数, 则 $\mathrm{Rad}(M) = \{x \in M \mid x^2 > \neg x\}$.

在全序 R_0-代数中, 由于 $x^2 > \neg x$ iff $x > \neg x$, 所以, 可得如下推论.

推论 7.2.31　设 M 是全序 R_0-代数, 则 $\mathrm{Rad}(M) = \{x \in M \mid x > \neg x\}$.

但在一般 R_0-代数中推论 7.2.31 不必成立.

例 7.2.32　设 $M = W_3 \times W_3$, 则 M 是乘积 R_0-代数. 不难验证 M 共有两个极大滤子 $F_1 = W_3 \times \{1\}$ 和 $F_2 = \{1\} \times W_3$, 从而 $\mathrm{Rad}(M) = F_1 \cap F_2 = \{(1,1)\}$. 注意, $\neg\left(\frac{1}{2}, 1\right) = \left(\neg\frac{1}{2}, \neg 1\right) = \left(\frac{1}{2}, 0\right) < \left(\frac{1}{2}, 1\right)$ 但 $\left(\frac{1}{2}, 1\right) \notin \mathrm{Rad}(M)$.

设 M 是 R_0-代数, 记 $M_+ = \{x \in M \mid x > \neg x\}$.

推论 7.2 33[200]　设 M 是 R_0-代数, 则 $\mathrm{Rad}(M) \subseteq M_+$.

推论 7.2.34[200]　设 M 是 R_0-代数, 则 M_+ 是滤子 iff $\mathrm{Rad}(M) = M_+$.

再介绍根 $\mathrm{Rad}(M)$ 的几个性质.

命题 7.2.35[200]　设 M 是 R_0-代数, F 是 M 的极大滤子, 则对 M 的任一子代数 N, $F \cap N$ 是 N 的极大滤子.

命题 7.2.36[200] 设 M 是 R_0-代数, N 是 M 的子 R_0-代数, 则 $\mathrm{Rad}(N) = \mathrm{Rad}(M) \cap N$.

命题 7.2.37[200] 设 $\{M_i \mid i \in I\}$ 是一族 R_0-代数, 则 $\mathrm{Rad}\left(\prod_{i\in I} M_i\right) = \prod_{i\in I} \mathrm{Rad}(M_i)$.

利用根 $\mathrm{Rad}(M)$ 还可对 R_0-代数进行分类并研究它们的性质, 请见文献 [200] 和 [207].

7.2.2 极大滤子之集上的 Stone 拓扑与三值 Stone 拓扑

设 M 是 R_0-代数, 令

$$\mathrm{Max}(M) = \{F \mid F \text{ 是 } M \text{ 中的极大滤子}\}.$$

本节将在 $\mathrm{Max}(M)$ 上建立两种拓扑 —— 分明的和模糊的, 并研究其拓扑性质.

首先仿照定理 6.2.21 在 $\mathrm{Max}(M)$ 上建立分明的紧 Hausdorff 拓扑.

定理 7.2.38 设 M 是 R_0-代数, $x \in M$, 令

$$\begin{aligned} \mathscr{V}(x) &= \{F \in \mathrm{Max}(M) \mid x \in F\}, \\ \mathscr{B} &= \{\mathscr{V}(x) \mid x \in M\}, \end{aligned}$$

则 $\mathscr{B}$ 是 $\mathrm{Max}(M)$ 上的拓扑基, 记 $\mathscr{T}$ 为 $\mathscr{B}$ 生成的拓扑. 称 $\mathscr{T}$ 为 $\mathrm{Max}(M)$ 上的 **Stone 拓扑**, 称 $(\mathrm{Max}(M), \mathscr{T})$ 为 M 的 **Stone 空间**.

证明 (i) 任取 $F \in \mathrm{Max}(M)$, $x \in F$, 则 $F \in \mathscr{V}(x) \in \mathscr{B}$.

(ii) 任取 $\mathscr{V}(x), \mathscr{V}(y) \in \mathscr{B}$, 则

$$\begin{aligned} \mathscr{V}(x) \cap \mathscr{V}(y) &= \{F \in \mathrm{Max}(M) \mid x, y \in F\} \\ &= \{F \in \mathrm{Max}(M) \mid x \otimes y \in F\} \\ &= \mathscr{V}(x \otimes y) \in \mathscr{B}. \end{aligned}$$

由 (i) 和 (ii) 知 $\mathscr{B}$ 是 $\mathrm{Max}(M)$ 上的 Stone 拓扑 $\mathscr{T}$ 的基.

注 7.2.39 (i) 设 M 是 R_0-代数, $x \in M$, 令

$$\begin{aligned} \mathscr{U}(x) &= \{F \in \mathrm{Max}(M) \mid x \notin F\}, \\ \mathscr{B}^* &= \{\mathscr{U}(x) \mid x \in M\}. \end{aligned}$$

由命题 7.2.18 (iv) 知对任一 $x \in M$ 及任一 $F \in \mathrm{Max}(M)$, $x \notin F$ iff $\neg x^2 \in F$. 所以,

$$\mathscr{U}(x) = \{F \in \mathrm{Max}(M) \mid x \notin F\} = \{F \in \mathrm{Max}(M) \mid \neg x^2 \in F\} = \mathscr{V}(\neg x^2),$$

从而 $\mathscr{B}^* = \mathscr{B}$.

(ii) $\mathscr{U}(1)=\mathscr{V}(0)=\varnothing$; $\mathscr{U}(0)=\mathscr{V}(1)=\mathrm{Max}(M)$; 当 $x\leqslant y$ 时, $\mathscr{U}(y)\subseteq\mathscr{U}(x),\mathscr{V}(x)\subseteq\mathscr{V}(y)$; $\mathscr{U}(x\wedge y)=\mathscr{U}(x\otimes y)=\mathscr{U}(x)\cup\mathscr{U}(y),\mathscr{V}(x\wedge y)=\mathscr{V}(x\otimes y)=\mathscr{V}(x)\cap\mathscr{V}(y)$; $\mathscr{U}(x\vee y)=\mathscr{U}(x)\cap\mathscr{U}(y),\mathscr{V}(x\vee y)=\mathscr{V}(x)\cup\mathscr{V}(y)$.

定理 7.2.40　设 M 是 R_0-代数, 则 Stone 空间 $(\mathrm{Max}(M),\mathscr{T})$ 中的任一开集都具有形式:

$$O=O(J)=\{F\in\mathrm{Max}(M)\mid F\not\supseteq J\}.\tag{7.2.8}$$

类似地, $(\mathrm{Max}(M),\mathscr{T})$ 中的任一闭集都具有形式:

$$C=C(J)=\{F\in\mathrm{Max}(M)\mid F\supseteq J\},\tag{7.2.9}$$

其中式 (7.2.8) 与式 (7.2.9) 中的 J 为 M 中的滤子.

证明　设 J 是 M 中的滤子, 由定理 7.2.9 知 $J=\bigcup\limits_{x\in J}[x)$. 于是 $O(J)=\{F\in\mathrm{Max}(M)\mid F\not\supseteq J\}=\bigcup\limits_{x\in J}\{F\in\mathrm{Max}(M)\mid F\not\supseteq[x)\}=\bigcup\limits_{x\in J}\{F\in\mathrm{Max}(M)\mid x\notin F\}=\bigcup\limits_{x\in J}\mathscr{U}(x)$. 所以由注 7.2.39 (i) 知 $O(J)$ 是 $\mathrm{Max}(M)$ 中的开集. 反过来, 设 $O=\bigcup\limits_{x\in A}\mathscr{U}(x)$ 是任一开集, 并令 $J=[A)$. 显然 $O\subseteq O(J)=\bigcup\limits_{x\in J}\mathscr{U}(x)$. 设 $F\in O(J)$, 则存在 $x\in J$ 使得 $F\in\mathscr{U}(x)$. 由 $x\in J=[A)$ 及式 (7.2.2) 知存在 $x_1,\cdots,x_n\in A$ 使 $x_1\otimes\cdots\otimes x_n\leqslant x$. 由 $x\notin F$ 知 $x_1\otimes\cdots\otimes x_n\notin F$, 即 $F\in\mathscr{U}(x_1\otimes\cdots\otimes x_n)$. 又 $\mathscr{U}(x_1\otimes\cdots\otimes x_n)=\bigcup\limits_{i=1}^{n}\mathscr{U}(x_i)$, 所以 $F\in O$, 从而 $O(J)\subseteq O$. 这就证明了任一开集都具有由式 (7.2.8) 表达的形式. 对偶地, 任一闭集都由式 (7.2.9) 给出.

定理 7.2.40 给出了 $(\mathrm{Max}(M),\mathscr{T})$ 中开闭集的表达式, 下面的定理给出了紧致子集的刻画.

定理 7.2.41　设 M 是 R_0-代数, X 是 $(\mathrm{Max}(M),\mathscr{T})$ 中的非空紧致子集, 则

$$X=\{F\in\mathrm{Max}(M)\mid\cap X\subseteq F\}.\tag{7.2.10}$$

证明　若 $X=\mathrm{Max}(M)$, 则式 (7.2.10) 显然成立. 现设 $X\neq\mathrm{Max}(M)$, 任取 $G\in\mathrm{Max}(M)-X$. 先证存在 $x\in M,x\neq 1$ 使得 $\neg x\in G$ 且对任一 $F\in X,x\in F$.

事实上, 令 $A=\{x\in M\mid\neg x\in G\}$, 则由 $0\in A$ 知 $A\neq\varnothing$. 对任一 $x\in A$, 由定理 7.2.38 知 $\mathscr{V}(x)$ 是开集, 则 $\{\mathscr{V}(x)\mid x\in A\}$ 是 X 的开覆盖. 事实上, 任取 $F\in X$, 则 F 与 G 互不包含, 从而存在 $y\in G-F$, 则由命题 7.2.18 (iv) 知 $\neg y^2\in F$. 令 $x=\neg y^2$, 则 $\neg x\in G$ 且 $x\in F$, 从而 $F\in\mathscr{V}(x)$. 所以 $\{\mathscr{V}(x)\mid x\in A\}$ 是 X 的

开覆盖. 由 X 的紧致性知存在 $x_1,\cdots,x_n\in A$ 使得 $X\subseteq\mathscr{V}(x_1)\cup\cdots\cup\mathscr{V}(x_n)$. 令 $x=x_1\vee\cdots\vee x_n$, 则 $x\in A$ 且 $X\subseteq\mathscr{V}(x)$, 即对任一 $F\in X, x\in F$. 由 $\neg x\in G$ 知 $x<1$.

再证式 (7.2.10). 显然 $X\subseteq\{F\in\mathrm{Max}(M)\mid\cap X\subseteq F\}$. 任取 $G\in\mathrm{Max}(M)-X$, 则由前半部分的证明知存在 $x\in M$ 使得 $\neg x\in G$ 且对任一 $F\in X$, $x\in F$. 所以 $x\in\cap X$ 且 $x\notin G$, 从而 $G\notin\{F\in\mathrm{Max}(M)\mid\cap X\subseteq F\}$. 这说明 $\{F\in\mathrm{Max}(M)\mid\cap X\subseteq F\}\subseteq X$, 从而式 (7.2.10) 成立.

定理 7.2.42 设 M 是 R_0-代数, 则 Stone 空间 $(\mathrm{Max}(M),\mathscr{T})$ 是零维、紧的 Hausdorff 空间.

证明 (i) 任取 $\mathscr{U}(x)\in\mathscr{B}^*$, 则由注 7.2.39 (i) 知 $\mathrm{Max}(M)-\mathscr{U}(x)=\{F\in\mathrm{Max}(M)\mid x\in F\}=\mathscr{V}(x)\in\mathscr{B}=\mathscr{B}^*$. 所以 $\mathscr{U}(x)$ 是 $\mathrm{Max}(M)$ 中的既开又闭子集, 从而 $\mathscr{B}$ 是 $\mathscr{T}$ 的由既开又闭子集组成的基. 所以 $(\mathrm{Max}(M),\mathscr{T})$ 是零维的.

(ii) 任取 $\mathrm{Max}(M)$ 中两个不同元 F_1,F_2, 则存在 $x,y\in M$ 使得 $x\in F_1$, $F_2\in\mathscr{U}(x)$ 且 $y\in F_2$, $F_1\in\mathscr{U}(y)$. 由注 7.2.39 (ii) 知,

$$\varnothing=\mathscr{U}(1)=\mathscr{U}((x\to y)\vee(y\to x))=\mathscr{U}(x\to y)\cap\mathscr{U}(y\to x).$$

由于 $x\in F_1, y\notin F_1$, 所以必有 $x\to y\notin F_1$. 否则由 $x\in F_1$ 及 MP 规则知 $y\in F_1$, 矛盾! 类似地 $y\to x\notin F_2$. 这就证明了 $F_1\in\mathscr{U}(x\to y)$, $F_2\in\mathscr{U}(y\to x)$ 但 $\mathscr{U}(x\to y)\cap\mathscr{U}(y\to x)=\varnothing$, 所以 $(\mathrm{Max}(M),\mathscr{T})$ 是 Hausdorff 的.

(iii) 设 $\{O(J_i)\mid i\in I\}$ 是 $\mathrm{Max}(M)$ 的一个开覆盖, 其中 $O(J_i)$ 由式 (7.2.8) 定义, J_i 是 M 中的滤子, $i\in I$. 由式 (7.2.8) 与式 (7.2.9), $\bigcap\limits_{i\in I}C(J_i)=\varnothing$. 由于一族闭集的交仍为闭集, 所以 $\bigcap\limits_{i\in I}C(J_i)=C(J)$, 其中 J 是由 $\{J_i\mid i\in I\}$ 生成的滤子, 即 $J=\left[\bigcup\limits_{i\in I}J_i\right)$. 由 $\bigcap\limits_{i\in I}C(J_i)=\varnothing$ 知 $J=M$(否则, 存大极大滤子 J_0 包含 J, 于是 $J_0\in C(J)$, 矛盾!). 所以 J 具有形式:

$$J=\{x\in M\mid \text{存在}x_1\in J_{i_1},\cdots,x_n\in J_{i_n}\text{使}x_1^2\wedge\cdots\wedge x_n^2\leqslant x\},$$

由 $0\in J$ 知存在 $i_1,\cdots,i_n\in I$ 使得 $0\in\left[\bigcup\limits_{k=1}^{n}J_{i_k}\right)$. 所以 $\bigcup\limits_{k=1}^{n}O(J_{i_k})=O\left(\left[\bigcup\limits_{k=1}^{n}J_{i_k}\right)\right)=M$. 这就证明了 $(\mathrm{Max}(M),\mathscr{T})$ 是紧的.

由于在紧致的 Hausdorff 空间中的紧致子集与闭集是一致的[176], 所以由定理 7.2.42 知式 (7.2.10) 实际上给出了闭集的刻画.

现在 $\mathrm{Max}(M)$ 上建立三值 Stone 拓扑.

定理 7.2.43　设 M 是 R_0-代数, 定义映射 $s: M \to \left\{0, \frac{1}{2}, 1\right\}^{\mathrm{Max}(M)}$ 如下

$$s(x)(F) = F(x), \quad x \in M. \tag{7.2.11}$$

令

$$\mathscr{S} = \{s(x) \mid x \in M\}, \tag{7.2.12}$$

则由 $s(1) = 1_{\mathrm{Max}(M)}$ 知 $\mathscr{S}$ 是 $\mathrm{Max}(M)$ 上的某三值拓扑的子基. 以下用 δ 表示 $\mathscr{S}$ 在 $\mathrm{Max}(M)$ 上生成的三值拓扑, 称为**三值 Stone 拓扑**, 称 $(\mathrm{Max}(M), \delta)$ 为 M 的**三值 Stone 空间**, 称映射 s 为**三值 Stone 映射**.

定理 7.2.44　设 M 是 R_0-代数, 则三值 Stone 空间 $(\mathrm{Max}(M), \delta)$ 是零维空间.

证明　注意, 这里把极大滤子 F 视为 R_0-同态 $F: M \to W_3$, 见定义 7.2.26 前面的注解. 任取 $s, x \in M$ 及 $F \in \mathrm{Max}(M)$,

$$(1 - s(x))(F) = 1 - s(x)(F) = 1 - F(x) = F(\neg x) = s(\neg x)(F),$$

所以 $1 - s(x) = s(\neg x)$, 从而 $1 - s(x)$ 是 $\mathrm{Max}(M)$ 上的三值开集, $s(x)$ 是 $\mathrm{Max}(M)$ 上的三值闭集. 因此 $\mathscr{S}$ 是 δ 的既开又闭的子基. 设 $x, y \in M$, 任取 $F \in \mathrm{Max}(M)$, 由 F 是同态知

$$\begin{aligned}(s(x) \wedge s(y))(F) &= s(x)(F) \wedge s(y)(F) \\ &= F(x) \wedge F(y) = F(x \wedge y) \\ &= s(x \wedge y)(F),\end{aligned}$$

所以 $s(x) \wedge s(y) \in \mathscr{S}$. 因此, $\mathscr{S}$ 实际上是 δ 的既开又闭的基. 所以 $(\mathrm{Max}(M), \delta)$ 是零维空间.

定理 7.2.45　设 M 是 R_0-代数, 则三值 Stone 空间 $(\mathrm{Max}(M), \delta)$ 是覆盖式紧空间.

证明　设 $\mathscr{U} = \{s(x) \mid x \in A\}$ 是 $\mathrm{Max}(M)$ 的任一开覆盖, $A \subseteq M$, 即 $\vee\mathscr{U} = 1$. 假设 $\mathscr{U}$ 没有有限子覆盖, 则对任意有限个元 $x_1, \cdots, x_n \in A$, $s(x_1) \vee \cdots \vee s(x_n) \neq 1$. 所以 $s(x_1 \vee \cdots \vee x_n) = s(x_1) \vee \cdots \vee s(x_n) \neq 1$. 由定理 7.2.30 知 $(x_1 \vee \cdots \vee x_n)^2 \not> \neg(x_1 \vee \cdots \vee x_n)$, 这又等价于 $(\neg x_1^2)^2 \wedge \cdots \wedge (\neg x_n^2)^2 > 0$. 令 $A' = \{\neg x^2 \mid x \in A\}$, 则 A' 具有有限平方交性质, 所以由定理 7.2.13 知 A' 可包含于一极大滤子 F 中, 从而 $F(\neg x^2) = 1$, 所以 $F(x) \leqslant \frac{1}{2}$, $x \in A$, 这与 $\vee\mathscr{U} = 1$ 相矛盾! 所以 $\mathscr{U}$ 有有限子覆盖, 因此 $(\mathrm{Max}(M), \delta)$ 是覆盖式紧的.

最后再给出后面将要用到的结论.

命题 7.2.46 设 M 是 R_0-代数, $\mathrm{Clop}(M,\delta)$ 是三值 Stone 空间 $(\mathrm{Max}(M),\delta)$ 中的全体既开又闭集之集. 设 $\mathscr{B}\subseteq \mathrm{Clop}(M,\delta)$ 且 $\mathscr{B}$ 对有限并封闭, 若 $\mathscr{B}$ 构成 δ 的基, 则 $\mathscr{B}=\mathrm{Clop}(M,\delta)$.

证明 任取 $s(x)\in \mathrm{Clop}(M,\delta)$, 则存在 $\mathscr{B}'\subseteq\mathscr{B}$ 使得 $s(x)=\vee\mathscr{B}'$. 由于 $(\mathrm{Max}(M),\delta)$ 是紧的, 从而闭集 $s(x)$ 是紧的. 所以存在有限集 $\mathscr{B}''\subseteq\mathscr{B}'$ 使 $s(x)=\vee\mathscr{B}''$. 由 $\mathscr{B}$ 对有限并封闭知 $s(x)\in\mathscr{B}$, 所以 $\mathscr{B}=\mathrm{Clop}(M,\delta)$.

由命题 7.2.46 知, $\mathscr{S}=\mathrm{Clop}(M,\delta)$.

易见, R_0-代数 M 的 Stone 空间 $(\mathrm{Max}(M),\mathscr{T})$ 与三值 Stone 空间 $(\mathrm{Max}(M),\delta)$ 的关系如下.

命题 7.2.47 $\mathscr{T}=\iota_{0.5}(\delta)$.

证明 只需回忆水平空间 $\iota_{0.5}(\delta)$ 的定义即可. $\iota_{0.5}(s(x))=\{F\in\mathrm{Max}(M)\mid s(x)(F)>0.5\}=\{F\in\mathrm{Max}(M)\mid F(x)=1\}=\{F\in\mathrm{Max}(M)\mid x\in F\}=\mathscr{V}(x)$, 而 $\iota_{0.5}(\delta)$ 是以 $\{\iota_{0.5}(s(x))\mid x\in M\}\,(=\mathscr{B})$ 为子基的拓扑. 由于 $\mathscr{B}$ 对有限交封闭, 所以 $\iota_{0.5}(\delta)=\mathscr{T}$.

至此, 对任一 R_0-代数 M, 我们已建立了 M 的 Stone 空间 $(\mathrm{Max}(M),\mathscr{T})$ 与三值 Stone 空间 $(\mathrm{Max}(M),\delta)$. 当 M 是 Boole 代数时, 由著名的 Stone 拓扑表示定理知, M 同构于 $(\mathrm{Max}(M),\mathscr{T})$ 中的开闭集 $\mathrm{Clop}(M,\mathscr{T})$ 构成的集合代数. 自然地要问: 一般 R_0-代数是否还同构其 Stone 空间 $(\mathrm{Max}(M),\mathscr{T})$ 中的开闭集代数 $\mathrm{Clop}(M,\mathscr{T})$? 答案是否定的, 比如, 考虑标准 R_0-代数 $M=[0,1]_{R_0}$. 由例 7.2.3 知 $\mathrm{Max}(M)=\left\{\left(\dfrac{1}{2},1\right]\right\}$. 所以 $\mathscr{T}=\left\{\varnothing,\left\{\left(\dfrac{1}{2},1\right]\right\}\right\}$, 从而 $\mathrm{Clop}(M,\mathscr{T})=\mathscr{T}$ 与 M 不同构. 那么 M 的哪个子代数与 $\mathrm{Clop}(M,\mathscr{T})$ 同构呢? 进一步, 三值 Stone 空间 $(\mathrm{Max}(M),\delta)$ 中的开闭集 $\mathrm{Clop}(M,\delta)$ 又如何呢? 我们将在 7.3 节解决上述问题, 从而建立 R_0-代数的三值 Stone 拓扑表示定理. 值得指出的是, 文献 [221] 也引入了所谓 R_0-代数的 Stone 空间, 但该 Stone 空间是由全体素理想之集构成的, 而 R_0-代数中的素性不同于极大性, 因此本书的 Stone 空间与文献 [221] 中的 Stone 空间毫无关系.

7.3 R_0-代数中的三值 Stone 拓扑表示定理

本节将要证明 R_0-代数的 Boole-skeleton 作为 Boole 代数同构于其 Stone 空间中的既开又闭子集之集构成的 Boole 代数; MV-skeleton 作为 MV-代数同构于三值 Stone 空间中的既开又闭子集之集构成的 MV-代数. 本节建立的 R_0-代数的 (三值) Stone 拓扑表示定理与文献 [202] 和 [221] 给出的其他形式的 Stone 拓扑表示定理不同.

7.3.1　Boole-skeleton 与 MV-skeleton

定义 7.3.1　设 M 是 R_0-代数, $x \in M$. 若 $x \vee \neg x = 1$ (或等价地, $x \wedge \neg x = 0$), 则称 x 为 M 的**Boole 元**. 记 $\mathrm{B}(M) = \{x \in M \mid x$ 是 Boole 元$\}$, 称 $\mathrm{B}(M)$ 为 M 的**Boole-skeleton**.

命题 7.3.2[203,208]　设 M 是 R_0-代数, $\mathrm{B}(M)$ 是其 Boole-skeleton, 则 $\mathrm{B}(M)$ 是 M 的子代数且为 Boole 代数. 进一步, 若 C 是 M 的子 R_0-代数且 C 是 Boole 代数, 则 C 是 $\mathrm{B}(M)$ 的子 Boole 代数.

命题 7.3.3[203]　设 M 是 R_0-代数, 则以下各条等价:

(i) $x \in \mathrm{B}(M)$,

(ii) $x \vee \neg x = 1$,

(iii) $x \wedge \neg x = 0$,

(iv) $x \oplus x = x$; $\neg x \oplus \neg x = \neg x$,

(v) $x \otimes x = x$; $\neg x \otimes \neg x = \neg x$,

(vi) 对任一 $y \in M$, $x \oplus y = x \vee y$; $\neg x \oplus y = \neg x \vee y$,

(vii) 对任一 $y \in M$, $x \otimes y = x \wedge y$; $\neg x \otimes y = \neg x \wedge y$.

再给出后面将要用到的有关 Boole 元的结论.

定理 7.3.4　设 M 是 R_0-代数, $x \in \mathrm{B}(M)$. 若 $x \neq 1$, 则存在极大滤子 $F \in \mathrm{Max}(M)$ 使得 $x \notin F$.

证明　设 $x \in \mathrm{B}(M)$ 且 $x \neq 1$. 由 R_0-代数的次直积表示定理可设 $x = (x_i)_{i \in I}$, 则对任一 $i \in I, x_i = 0_i$ 或 $x_i = 1_i$. 由 $x \neq 1$ 知存在 $i_0 \in I$ 使 $x_{i_0} = 0_{i_0}$, 从而 $\neg x_{i_0} = 1_{i_0}$, 所以 $\neg x = (\neg x_i)_{i \in I} > 0$. 再由命题 7.3.3 (v) 知 $x^2 = x$, 从而 $(\neg x)^2 = \neg x > 0$. 所以由推论 7.2.15 知存在 $F \in \mathrm{Max}(M)$ 使 $\neg x \in F$, 从而 $x \notin F$.

关于 R_0-代数中 Boole 元的其他性质, 请参阅文献 [208].

下面介绍 R_0-代数的 MV-skeleton[208].

设 M 是 R_0-代数, $x \in M$. 引入算子 $\Delta, \nabla : M \to M$ 如下

$$\Delta(x) = (\neg(\neg x)^2)^2; \quad \nabla(x) = \neg(\neg x^2)^2, \quad x \in M.$$

显然, 一个全序 R_0-代数没有 (关于 $\neg$ 的) 不动点 iff $\Delta(x) = \nabla(x)$, $x \in M$. 在标准 R_0-代数 $[0,1]_{R_0}$ 中,

$$\Delta(x) = \begin{cases} 1, x \geqslant \dfrac{1}{2}, \\ 0, x < \dfrac{1}{2}, \end{cases}$$

$$\nabla(x) = \begin{cases} 1, x > \dfrac{1}{2}, \\ 0, x \leqslant \dfrac{1}{2}. \end{cases}$$

所以 $\Delta(x) = \nabla(x)$ iff $x \neq \dfrac{1}{2}$. 一般地, 在全序 R_0-代数中也有如下命题.

命题 7.3.5[208] 设 M 是全序 R_0-代数, 则

$$\Delta(x) = \begin{cases} 1, x \geqslant \neg x, \\ 0, x < \neg x, \end{cases}$$

$$\nabla(x) = \begin{cases} 1, x > \neg x, \\ 0, x \leqslant \neg x. \end{cases}$$

由命题 7.3.5 知, 对任一 R_0-代数 M 及任一元 $x \in M$, $\Delta(x)$ 与 $\nabla(x)$ 均为 Boole 元, 即 $\Delta(x), \nabla(x) \in \mathrm{B}(M)$. 此外, 若 R_0-代数 M 满足 $\Delta(x) = \nabla(x)$, $x \in M$, 则其 Boole-skeleton $\mathrm{B}(M)$ 可由 ∇ 来生成, 即如下命题.

命题 7.3.6[208] 设 M 是 R_0-代数且满足 $\Delta(x) = \nabla(x)$, $x \in M$, 则 $\mathrm{B}(M) = \nabla(M) = \{\nabla(x) \mid x \in M\}$.

利用算子 Δ 和 ∇ 可以定义 R_0-代数的 MV-skeleton. 设 M 是 R_0-代数, 定义 $\phi: M \to M$:

$$\phi(x) = \Delta(x) \wedge (\nabla(x \vee \neg x) \vee x), \quad x \in M. \tag{7.3.1}$$

例如, 在标准 R_0-代数 $[0,1]_{R_0}$ 中:

$$\phi(x) = \begin{cases} 1, & x > \dfrac{1}{2}, \\ \dfrac{1}{2}, & x = \dfrac{1}{2}, \\ 0, & x < \dfrac{1}{2}. \end{cases}$$

此时 ϕ 恰是式 (6.2.3) 定义的 R_0-同态 h, 但 ϕ 的结构更为清楚. 对一般 R_0-代数 M, ϕ 也是 R_0-同态.

定理 7.3.7[208] 设 M 是 R_0-代数, 则由式 (7.3.1) 定义的 $\phi: M \to M$ 是 R_0-同态.

证明 文献 [208] 给出的证明相当复杂, 其证明还可大为简化. 事实上, 由 R_0-代数的次直积表示定理 (即定理 7.1.12) 知, 只需证对任一全序 R_0-代数 M, ϕ 是 R_0-同态, 即 ϕ 保持 $\neg, \vee$ 与 $\to$. 又由注 7.1.2 (ii), 只需证 ϕ 保持运算 $\neg$ 和 $\to$. 设 M 是全序 R_0-代数, 则由命题 7.3.5 知

$$\phi(x) = \begin{cases} 1, & x > \neg x, \\ x, & x = \neg x, \\ 0, & x < \neg x. \end{cases}$$

(i) $\phi(\neg x) = \neg\phi(x)$. 显然成立.

(ii) $\phi(x \to y) = \phi(x) \to \phi(y)$. 分以下 5 种情形进行讨论.

情形 1: $x < \neg x$ 或 $y > \neg y$, 则必有 $x \to y > \neg(x \to y)$, 从而 $\phi(x \to y) = 1 = \phi(x) \to \phi(y)$.

情形 2: $x > \neg x$ 且 $y < \neg y$, 则 $y < x$ 且 $\neg x \vee y < \neg(\neg x \vee y) = x \wedge \neg y$, 从而 $\phi(x \to y) = \phi(\neg x \vee y) = 0 = \phi(x) \to \phi(y)$.

情形 3: $x = \neg x$ 且 $y < \neg y$, 则 $y < x$, 从而 $x \to y = x \vee y = x$, 所以 $\phi(x \to y) = \phi(x) = x = \phi(x) \to \phi(y)$.

情形 4: $x > \neg x$ 且 $y = \neg y$, 则 $x \to y = \neg x \vee y = y$, 所以 $\phi(x \to y) = \phi(y) = y = \phi(x) \to \phi(y)$.

情形 5: $x = \neg x$ 且 $y = \neg y$, 则必有 $x = y$[222], 所以 $\phi(x \to y) = 1 = \phi(x) \to \phi(y)$.

综上知, ϕ 是 R_0-同态.

定理 7.3.8　ϕ 是幂等的, 即对任一 $x \in M$, $\phi(\phi(x)) = \phi(x)$.

证明　由定理 7.3.7 的证明知, 对任一全序 R_0-代数, ϕ 是幂等的. 从而由 R_0-代数的次直积表示定理知对任一 R_0-代数, ϕ 仍是幂等的.

下面研究 ϕ 与 R_0-代数的根 $\mathrm{Rad}(M)$ 的关系. 先证以下引理.

引理 7.3.9　设 M 是 R_0-代数, $x \in M$, 则关系 $x^2 > \neg x$ 关于直积封闭, 即 $x^2 > \neg x$ iff 对任一 $i \in I, x_i^2 > \neg x_i$, 这里 $x = (x_i)_{i \in I}$.

证明　先证在全序 R_0-代数中, $x^2 > \neg x$ iff $x > \neg x$ iff $x^2 \geqslant \neg x$.

只需证若 $x^2 \geqslant \neg x$, 则 $x^2 > \neg x$. 设 $x^2 \geqslant \neg x$, 则必有 $x > \neg x$. 否则 $x^2 = \neg(x \to \neg x) = \neg 1 = 0 = \neg x$, 所以 $x = 1$, 但 $1^2 = 1 \neq 0$. 所以 $x > \neg x$, 从而 $x^2 = x > \neg x$.

设 M 是任一 R_0-代数. 由 R_0-代数的次直积表示定理, 存在一族全序 R_0-代数 $\{M_i \mid i \in I\}$ 使得 M 是 $\prod\limits_{i \in I} M_i$ 的子 R_0-代数. 因此, 对任一 $x \in M$, 可设 $x = (x_i)_{i \in I}$, $x_i \in M_i, i \in I$, 则

$$\begin{aligned} x^2 > \neg x \quad & \text{iff} \quad \text{对任意} \ \ i \in I, x_i^2 \geqslant \neg x_i \ \ \text{且存在} \ \ i_0 \in I, x_{i_0}^2 > \neg x_{i_0} \\ & \text{iff} \quad \text{对任意} \ \ i \in I, x_i^2 > \neg x_i. \end{aligned}$$

定理 7.3.10　设 M 是 R_0-代数, 则 $\mathrm{Rad}(M) = \phi^{-1}(1) = \{x \in M \mid x^2 > \neg x\}$.

证明　由定理 7.2.30 知 $\mathrm{Rad}(M) = \{x \in M \mid x^2 > \neg x\}$, 由定理 7.3.7 的证明知在全序 R_0-代数中, $\phi^{-1}(1) = \{x \in M \mid x > \neg x\} = \{x \in M \mid x^2 > \neg x\}$. 再由引理 7.3.9 知 $x \in \phi^{-1}(1)$ iff 对任意$i \in I, x_i \in \phi^{-1}(1_i)$ iff 对任意$i \in I, x_i^2 > \neg x_i$ iff $x^2 > \neg x$. 所以 $\phi^{-1}(1) = \{x \in M \mid x^2 > \neg x\}$.

利用定理 7.3.10 可以很容易证明命题 7.2.37, 即有如下命题.

命题 7.3.11　设 $\{M_i \mid i \in I\}$ 是一族 R_0-代数, 则 $\mathrm{Rad}\left(\prod\limits_{i \in I} M_i\right) = \prod\limits_{i \in I} \mathrm{Rad}(M_i)$.

证明 由 ϕ 是由 R_0-同态知,

$$\phi^{-1}(1) = (\phi^{-1}(1_i))_{i\in I} = \prod_{i\in I} \phi^{-1}(1_i).$$

在逻辑公式集 $F(S)$ 上, 也可引入算子 Δ 与 ∇ 以及 Φ:

$$\Delta(\varphi) = (\neg(\neg\varphi)^2)^2, \quad \nabla(\varphi) = \neg(\neg\varphi^2)^2,$$
$$\Phi(\varphi) = \Delta(\varphi) \wedge (\nabla(\varphi \vee \neg\varphi) \vee \varphi), \quad \varphi \in F(S),$$

则可得一个有意思的定理. 文献 [223] 称为 Glivenko 型定理, 第 8 章和第 10 章将介绍剩余格中更为一般形式的 Glivenko 定理.

定理 7.3.12[223] 设 $\varphi \in F(S)$, 则 φ 是 Ł_3 中的定理 iff $\Phi(\varphi)$ 是 $\mathscr{L}^*$ 中的定理.

证明 由 Ł_3 和 $\mathscr{L}^*$ 的标准完备性定理, 只需证

$$\varphi \text{ 是 } \text{Ł}_3 \text{ 中的重言式 iff } \Phi(\varphi) \text{ 是 } \mathscr{L}^* \text{ 中的重言式}.$$

设 φ 是 Ł_3 中的重言式, 任取 $v \in \Omega = [0,1]^\omega$, 则由 v 为同态知 $v(\Phi(\varphi)) = \phi(v(\varphi)) = \phi(\overline{\varphi}(v(p_1), \cdots, v(p_m))) = \overline{\varphi}(\phi(v(p_1)), \cdots, \phi(v(p_m)))$. 由于 $\phi(v(p_i)) \in \left\{0, \frac{1}{2}, 1\right\}$, $i = 1, \cdots, m$, 所以由 φ 是 Ł_3 中的重言式知 $v(\Phi(\varphi)) = 1$. 由 v 的任意性知 $\Phi(\varphi)$ 是 $\mathscr{L}^*$ 中的重言式. 反过来, 设 $\Phi(\varphi)$ 是 $\mathscr{L}^*$ 中的重言式, 任取 $v \in \Omega_3 = \left\{0, \frac{1}{2}, 1\right\}^\omega$, 则 $v \in \Omega$. 假设 $v(\varphi) \neq 1$, 则 $\phi(v(\varphi)) \leqslant \frac{1}{2}$, 从而 $v(\Phi(\varphi)) = \phi(v(\varphi)) \leqslant \frac{1}{2}$, 矛盾!

定义 7.3.13 设 M 是 R_0-代数, 令

$$\mathrm{MV}(M) = \{\phi(x) \mid x \in M\},$$

则称 $\mathrm{MV}(M)$ 为 M 的 **MV-skeleton**.

由定理 7.3.8 知 $\mathrm{MV}(M)$ 恰为 ϕ 的不动点之集, 即 $\mathrm{MV}(M) = \{x \in M \mid \phi(x) = x\}$.

类似于命题 7.3.2, 对 R_0-代数的 MV-skeleton 有如下命题.

命题 7.3.14 设 M 是 R_0-代数, 则 $\mathrm{MV}(M)$ 是 M 的子 R_0-代数且为 MV-代数, 即, $\mathrm{MV}(M) \in \mathscr{R}_{0,3}$. 进一步, 若 C 是 M 的子 R_0-代数且为 MV-代数, 则 C 是 $\mathrm{MV}(M)$ 的子代数.

证明 由 ϕ 是 R_0-同态知 $\mathrm{MV}(M) = \phi(M)$ 对 M 中的运算封闭, 从而 $\mathrm{MV}(M)$ 是 M 的子 R_0-代数. 为证 $\mathrm{MV}(M)$ 是 MV-代数, 只需证对任二元 $x, y \in M$, $(\phi(x) \to$

$\phi(y)) \to \phi(y) = (\phi(y) \to \phi(x)) \to \phi(x)$. 由 ϕ 是同态知, 这等价于证 $\phi((x \to y) \to y) = \phi((y \to x) \to x)$. 由 x 和 y 的对称性, 只需证 $\phi((x \to y) \to y) \leqslant \phi((y \to x) \to x)$, 即证 $\phi(((x \to y) \to y) \to ((y \to x) \to x)) = 1$, 亦即 $((x \to y) \to y) \to ((y \to x) \to x) \in \phi^{-1}(1)$. 设 $z = ((x \to y) \to y) \to ((y \to x) \to x)$. 由定理 7.3.10, 只需证 $z^2 > \neg z$. 由引理 7.3.9, 只需证在全序 R_0-代数中有 $z^2 > \neg z$. 设 M 是全序 R_0-代数, $x, y \in M$. 若 $x \leqslant y$, 则 $z = (1 \to y) \to ((y \to x) \to x) = y \to ((y \to x) \to x) = (y \to x) \to (y \to x) = 1$, 从而 $z^2 = 1 > 0 = \neg z$. 若 $x > y$, 则 $z = (\neg x \to y) \to x$. 此时若 $y < \neg x$, 则 $z = x \vee y \to x = 1$; 若 $y \geqslant \neg x$, 则 $x > \neg x$ 且 $z = x$, 所以 $z^2 = x^2 = x > \neg x = \neg z$. 这就证明了 $\mathrm{MV}(M)$ 是 MV-代数.

设 C 是 M 的子 R_0-代数且 C 是 MV-代数. 只需证对任一 $x \in C$, $x = \phi(x)$. 由 ϕ 是同态及 R_0-代数的次直积表示定理, 只需证对任一全序 R_0-代数 C 及 $x \in C$, $x = \phi(x)$ 即可. 又易验证全序 R_0-代数 C 是 MV-代数 iff C 是 Boole 代数 $\{0, 1\}$ 或三值代数 W_3. 显然对任一 $x \in W_3$, $x = \phi(x)$. 所以命题成立.

命题 7.3.15 设 M 是 R_0-代数, 则 $\mathrm{B}(M) = \mathrm{B}(\mathrm{MV}(M))$.

证明 $\mathrm{B}(\mathrm{MV}(M)) \subseteq \mathrm{B}(M)$ 显然成立. 反过来, 设 $x \in \mathrm{B}(M)$. 由 R_0-代数的次直积表示定理可设 $x = (x_i)_{i \in I}$, 则对任一 $i \in I$, 必有 $x_i = 0_i$ 或 $x_i = 1_i$. 所以 $\phi(x) = (\phi(x_i))_{i \in I} = (x_i)_{i \in I} = x$, 所以 $x \in \mathrm{B}(\mathrm{MV}(M))$.

7.3.2 三值 Stone 拓扑表示定理

现在我们建立 R_0-代数的三值 Stone 拓扑表示定理.

定理 7.3.16 (三值 Stone 拓扑表示定理) 设 M 是 R_0-代数, $\mathrm{MV}(M)$ 是 M 的 MV-skeleton, $(\mathrm{Max}(M), \delta)$ 是 M 的三值 Stone 空间, 则 $(\mathrm{Max}(M), \delta)$ 中的全体既开又闭集之集 $\mathrm{Clop}(M, \delta)$ 按点式序构成 MV-代数且与 $\mathrm{MV}(M)$ 同构.

证明 由命题 7.2.46 知 $\mathrm{Clop}(M, \delta) = \{s(x) \mid x \in M\}$. 先证

$$\{s(x) \mid x \in M\} = \{s(x) \mid x \in \mathrm{MV}(M)\}, \tag{7.3.2}$$

且当 $x, y \in \mathrm{MV}(M)$ 时,

$$s(x) = s(y) \text{ iff } x = y. \tag{7.3.3}$$

式 (7.3.2) 等价于证明: 对任一 $x \in M$, $s(x) = s(\phi(x))$, 即对任一 $F \in \mathrm{Max}(M)$, $F(x) = F(\phi(x))$. 这又等价于证明

$$x \leftrightarrow \phi(x) \in F, \quad x \in M, \quad F \in \mathrm{Max}(M), \tag{7.3.4}$$

这里 $x \leftrightarrow y = (x \to y) \wedge (y \to x)$, $x, y \in M$. 任取 $x \in M$, 则由 ϕ 是幂等 R_0-同态知 $\phi(x \leftrightarrow \phi(x)) = \phi(x) \leftrightarrow \phi(\phi(x)) = \phi(x) \leftrightarrow \phi(x) = 1$, 所以 $x \leftrightarrow \phi(x) \in \phi^{-1}(1)$. 因此

由定理 7.3.10 和定义 7.2.29 知对任一 $F \in \mathrm{Max}(M)$, $x \leftrightarrow \phi(x) \in F$, 即式 (7.3.4) 成立, 从而式 (7.3.2) 成立.

设 $x, y \in \mathrm{MV}(M)$ 且 $s(x) = s(y)$, 则对任一 $F \in \mathrm{Max}(M)$, $x \leftrightarrow y \in F$, 从而 $x \leftrightarrow y \in \mathrm{Rad}(M) = \phi^{-1}(1)$. 所以 $\phi(x \leftrightarrow y) = 1$, 从而 $x = \phi(x) = \phi(y) = y$. 所以式 (7.3.3) 成立.

定义映射 $\theta : \mathrm{Clop}(M, \delta) \to \mathrm{MV}(M)$ 为

$$\theta(s(x)) = x, \quad x \in \mathrm{MV}(M),$$

则由式 (7.3.2) 与式 (7.3.3) 知 θ 是双射. 下证 θ 是同态.

任取 $x, y \in \mathrm{MV}(M)$, $\theta(\neg s(x)) = \theta(s(\neg x)) = \neg x = \neg\theta(s(x))$. 又易证 $s(x \to y) = s(x) \to s(y)$, 所以 $\theta(s(x) \to s(y)) = \theta(s(x \to y)) = x \to y = \theta(s(x)) \to \theta(s(y))$.

定理 7.3.17 (Stone 拓扑表示定理) 设 M 是 R_0-代数, $\mathrm{B}(M)$ 是 M 的 Boole-skeleton, $(\mathrm{Max}(M), \mathscr{T})$ 是 M 的 Stone 空间. 则 $(\mathrm{Max}(M), \mathscr{T})$ 的既开又闭集之集 $\mathrm{Clop}(M, \mathscr{T})$ 按集合包含序构成 Boole 代数且与 $\mathrm{B}(M)$ 同构.

定理 7.3.17 并不是定理 7.3.16 的特殊情形, 需要重新证明, 但思路是一致的.

定理 7.3.17 的证明 由命题 7.2.16, 仍有 $\mathrm{Clop}(M, \mathscr{T}) = \mathscr{B}$. 还是先证

$$\{\mathscr{V}(x) \mid x \in M\} = \{\mathscr{V}(x) \mid x \in \mathrm{B}(M)\}, \tag{7.3.5}$$

且当 $x, y \in \mathrm{B}(M)$ 时,

$$\mathscr{V}(x) = \mathscr{V}(y) \text{ iff } x = y. \tag{7.3.6}$$

现证式 (7.3.5). 任取 $x \in M$, $\mathscr{V}(x) = \{F \in \mathrm{Max}(M) \mid x \in F\}$. 任取 $F \in \mathscr{V}(x)$, 则 $x \in F$. 从而由命题 7.2.18 (iv) 知 $x \in F$ iff $\neg x^2 \notin F$ iff $\neg(\neg x^2)^2 = \nabla(x) \in F$, 所以 $\mathscr{V}(x) = \mathscr{V}(\nabla(x))$. 由命题 7.3.5 知 $\nabla(x) \in \mathrm{B}(M)$, 所以式 (7.3.5) 成立.

设 $x, y \in \mathrm{B}(M)$ 且 $x \neq y$, 则 $x \to y \neq 1$ 或 $y \to x \neq 1$. 不失一般性, 可设 $x \to y \neq 1$. 由命题 7.3.3 知 $x \to y = \neg x \vee y \neq 1$. 利用定理 7.3.4 知存在 $F \in \mathrm{Max}(M)$ 使 $\neg x \vee y \notin F$. 再由命题 7.2.18 (iii) 知 $\neg x \notin F$ 且 $y \notin F$, 从而 $x = \neg(\neg x)^2 \in F$ 但 $y \notin F$, 所以式 (7.3.6) 成立.

定义 $\theta : \mathrm{Clop}(M, \mathscr{T}) \to \mathrm{B}(M)$ 为

$$\theta(\mathscr{V}(x)) = x, \quad x \in \mathrm{B}(M),$$

则易证 θ 是 Boole 同构映射.

例 7.3.18 在标准 R_0-代数 $M = [0,1]_{R_0}$ 中, $\mathrm{Max}(M) = \left\{\left(\frac{1}{2}, 1\right]\right\}$, $\delta = \left\{0_{(\frac{1}{2},1]}, \frac{1}{2}_{(\frac{1}{2},1]}, 1_{(\frac{1}{2},1]}\right\}$, $\mathscr{T} = \left\{\varnothing, \left\{\left(\frac{1}{2}, 1\right]\right\}\right\}$, 从而 $\mathrm{Clop}(M, \delta) = \delta = \left\{0_{(\frac{1}{2},1]}, \frac{1}{2}_{(\frac{1}{2},1]},\right.$

$1_{(\frac{1}{2},1]}\Big\}$, $\mathrm{Clop}(M,\mathscr{T})=\mathscr{T}=\left\{\varnothing,\left\{\left(\frac{1}{2},1\right]\right\}\right\}$. 显然, $\mathrm{MV}(M)=\left\{0,\frac{1}{2},1\right\}$, $\mathrm{B}(M)=\{0,1\}$. 所以

$$\mathrm{MV}(M)\cong \mathrm{Clop}(M,\delta);\quad \mathrm{B}(M)\cong\mathrm{Clop}(M,\mathscr{T}).$$

设 M 是 Boole 代数, 则 $\mathrm{B}(M)=M$. 所以由定理 7.3.17 可得 Boole 代数的 Stone 拓扑表示定理.

推论 7.3.19[101,190]　任一 Boole 代数同构于其 Stone 空间中的开闭集代数.

注 7.3.20　前面已不止一次提到, 文献 [202], [221] 提出了不同形式的 R_0-代数的 Stone 拓扑表示定理, 但均与本节的表示定理毫无关系. 首先, 文献 [221] 中的 R_0-代数的 Stone 空间是用素理想 (滤子) 来构造的, 而 R_0-代数中的素理想未必是极大的 (见例 7.2.3), 因而与本书的 Stone 空间不同, 二者也不是同胚的, 只不过是用了同一个名字罢了. 文献 [202] 证明了 R_0-代数的模糊蕴涵空间表示定理, 但这一定理是针对正则 R_0-代数建立的, 而一般的 R_0-代数却不是正则的. 所谓**正则 R_0-代数** M 是指: 若存在 $\mathscr{S}=\{v\mid v:M\to[0,1]_{R_0}\text{是}R_0\text{-同态}\}$ 使得, 对任二元 $x,y\in M$, 当对任一 R_0-同态 $v\in\mathscr{S}$ 均有 $v(x)\leqslant v(y)$ 时有 $x\leqslant y$. 称 $\mathscr{S}$ 为 M 的**同态决定序系统**. 比如, $\mathscr{L}^*$-Lindenbaum 代数是正则 R_0-代数, $\mathscr{S}=\varOmega$ 是它的同态决定序系统; $[0,1]_{R_0}$ 也是正则的, $\mathscr{S}=\{\mathrm{id}\}$ 是其同态决定序系统, 参阅文献 [202] 中的例 5. 所以本书的 Stone 拓扑表示定理与文献 [202] 中的也不同.

利用文献 [224] 中的方法可以给出正则 R_0-代数的模糊集表示定理.

定理 7.3.21　设 $X\neq\varnothing$, $[0,1]_{R_0}$ 是标准 R_0-代数. 若 $M\subseteq[0,1]_{R_0}^X$ 满足:

(i) $1_X\in M$,

(ii) 当 $f\in M$ 时, $\neg f=1_X-f\in M$,

(iii) 当 $f,g\in M$ 时, $f\vee g, f\to g\in M$, 这里

$$(f\vee g)(x)=\max\{f(x),g(x)\},$$

$$(f\to g)(x)=R_0(f(x),g(x))=\begin{cases}1, & f(x)\leqslant g(x),\\ (1-f(x))\vee g(x), & f(x)>g(x),\end{cases}$$

则 $M=(M,\neg,\vee,\to,1_X)$ 是正则 R_0-代数. 此时, $\mathscr{S}=\{v_x\mid x\in X\}$ 是 M 的同态决定序系统, 其中 $v_x(f)=f(x), f\in M$.

反过来, 设 M 是正则 R_0-代数, $\mathscr{S}$ 是 M 的同态决定序系统, 则 M 同构于 $\overline{M}\subseteq[0,1]_{R_0}^{\mathscr{S}}$, 其中 $\overline{M}=\{\overline{x}\in[0,1]_{R_0}^{\mathscr{S}}\mid \overline{x}(v)=v(x),v\in\mathscr{S},x\in M\}$, 且 $\overline{M}$ 满足上述条件 (i)−(iii).

证明　容易验证若 $M\subseteq[0,1]_{R_0}^X$ 满足条件 (i)−(iii), 则 M 是 R_0-代数. 任取 $f,g\in M$. 假设对任一 $v_x\in\mathscr{S}$, $v_x(f)\leqslant v_x(g)$, 即 $f(x)\leqslant g(x)$. 由 $\mathscr{S}=\{v_x\mid x\in X\}$ 及 v_x 的任意性知 $f\leqslant g$. 所以 $\mathscr{S}$ 是 M 的同态决定序系统.

先验证 $\overline{M}$ 是 R_0-代数. 由 $\mathscr{S}$ 是同态决定序系统, 则 $\overline{1}(v) = v(1) = 1$, 所以 $1_{\mathscr{S}} \in \overline{M}$. 设 $\overline{x} \in \overline{M}$, 则 $(1_{\mathscr{S}} - \overline{x})(v) = 1 - \overline{x}(v) = 1 - v(x) = v(\neg x) = \overline{\neg x}(v), v \in \mathscr{S}$, 所以 $1_{\mathscr{S}} - \overline{x} \in \overline{M}$. 设 $\overline{x}, \overline{y} \in \overline{M}$, 则 $(\overline{x} \vee \overline{y})(v) = \overline{x}(v) \vee \overline{y}(v) = v(x) \vee v(y) = v(x \vee y) = \overline{x \vee y}(v), v \in \mathscr{S}$, 所以 $\overline{x} \vee \overline{y} = \overline{M}$. $(\overline{x} \to \overline{y})(v) = \overline{x}(v) \to \overline{y}(x) = v(x) \to v(y) = v(x \to y) = \overline{x \to y}(v)$, 所以 $\overline{x} \to \overline{y} \in \overline{M}$. 这就证明了 $\overline{M}$ 满足条件 (i)—(iii), 从而是一个 R_0-代数.

定义 $\theta : M \to \overline{M}$ 为

$$\theta(x) = \overline{x}, \quad x \in M.$$

先证 θ 是定义合理的, 即证当 $x = y$ 时 $\overline{x} = \overline{y}$. 事实上, 若 $x = y$, 则对任一 $v \in \mathscr{S}$, $v(x) = v(y)$, 即 $\overline{x}(v) = \overline{y}(v)$. 由 v 的任意性知 $\overline{x} = \overline{y}$. 其次, 证 θ 是单射. 设 $x, y \in M$ 且 $x \neq y$, 则由 M 的正则性知存在 $v \in \mathscr{S}, v(x) \neq v(y)$(假设对任一 $v \in \mathscr{S}, v(x) = v(y)$, 则由 M 的正则性知 $x = y$, 矛盾!), 即 $\overline{x}(v) \neq \overline{y}(v)$, 从而 $\overline{x} \neq \overline{y}$, 所以 θ 是单射. θ 显然是满射, 所以 θ 是双射. 由前面的证明知

$$\begin{aligned}
&\theta(\neg x) = \overline{\neg x} = 1_{\mathscr{S}} - \overline{x} = 1_{\mathscr{S}} - \theta(x) = \neg\theta(x), \\
&\theta(x \to y) = \overline{x \to y} = \overline{x} \to \overline{y} = \theta(x) \to \theta(y), \\
&\theta(x \vee y) = \overline{x \vee y} = \overline{x} \vee \overline{y} = \theta(x) \vee \theta(y).
\end{aligned}$$

所以 θ 是 R_0-同构.

7.4 R_0-代数中的 Boole-滤子与 MV-滤子

本节把 6.2.4 节在形式系统 $\mathscr{L}^*$ 中提出的 Boole 理论和 Łukasiewicz 理论的概念推广到 R_0-代数中, 进而提出 Boole-滤子与 MV-滤子的概念, 并最终证明 MV-滤子与 Stone 空间的拓扑闭集是一一对应的, 而 Boole-滤子则对应于由超滤子构成的子 Stone 空间中的拓扑闭集.

7.4.1 Boole-滤子

定义 7.4.1 设 M 是 R_0-代数, $F \subseteq M$. 若 F 是滤子且对任意元 $x, y, z \in M$ 均有

$$(x \to (y \to z)) \to ((x \to y) \to (x \to z)) \in F, \tag{7.4.1}$$

则称 F 为 M 的**Boole-滤子**.

定理 7.4.2 设 M 是 R_0-代数, F 是 Boole-滤子, 则 F 满足:

(i) $1 \in F$,

(ii) 若 $x \to y \in F$ 且 $x \to (y \to z) \in F$, 则 $x \to z \in F$.

证明 由 F 是滤子知定理 7.4.2 显然成立.

文献 [210], [218], [219] 称满足定理 7.4.2 (i) 和 (ii) 的 F 为**蕴涵滤子**. 我们将要证明在 R_0-代数中蕴涵滤子一定是 Boole-滤子.

定理 7.4.3　设 M 是 R_0-代数, 则 F 是 Boole-滤子 iff F 对 MP 规则封闭且对任一 $x \in M$, $x \vee \neg x \in F$.

证明　先证必要性. 由于

$$\begin{aligned}
&x \to (((x \to \neg x) \to \neg x) \to \neg(x \to \neg x)) \\
=& ((x \to \neg x) \to \neg x) \to (x \to \neg(x \to \neg x)) \\
=& ((x \to \neg x) \to \neg x) \to ((x \to \neg x) \to \neg x) \\
=& 1 \in F,
\end{aligned}$$

且

$$\begin{aligned}
&x \to ((x \to \neg x) \to \neg x) \\
=& (x \to \neg x) \to (x \to \neg x) \\
=& 1 \in F.
\end{aligned}$$

所以, 由定理 7.4.2 (ii) 知 $x \to \neg(x \to \neg x) \in F$, 从而 $(x \to \neg x) \to \neg x \in F$. 同理, $(\neg x \to x) \to x \in F$. 所以 $x \vee \neg x = ((x \to \neg x) \to \neg x) \wedge ((\neg x \to x) \to x) \in F$.

反过来证充分性. 取 $x = 1$, 则 $x \vee \neg x = 1 \in F$. 任取 $x, y, z \in M$, 则由 (M3) 知 $(y \to z) \to ((x \to y) \to (x \to z)) = 1$, 从而 $(x \to (y \to z)) \to (x \to ((x \to y) \to (x \to z))) = 1$. 所以

$$\begin{aligned}
&x \to ((x \to (y \to z)) \to ((x \to y) \to (x \to z))) \\
=& (x \to (y \to z)) \to (x \to ((x \to y) \to (x \to z))) \\
=& 1.
\end{aligned}$$

另外,

$$\begin{aligned}
&\neg x \to ((x \to (y \to z)) \to ((x \to y) \to (x \to z))) \\
=& (x \to (y \to z)) \to (\neg x \to ((x \to y) \to (x \to z))) \\
=& (x \to (y \to z)) \to ((x \to y) \to (\neg x \to (x \to z))) \\
=& (x \to (y \to z)) \to ((x \to y) \to 1) \\
=& (x \to (y \to z)) \to 1 \\
=& 1.
\end{aligned}$$

所以 $(x \vee \neg x) \to ((x \to (y \to z)) \to ((x \to y) \to (x \to z))) = 1 \in F$. 由 $x \vee \neg x \in F$ 及 MP 规则知 $(x \to (y \to z)) \to ((x \to y) \to (x \to z)) \in F$, 所以 F 是 Boole-滤子.

由定理 7.4.3 知, R_0-代数中的超滤子都是 Boole 滤子. 显然, 极大 Boole-滤子是超滤子. 由此得如下推论.

推论 7.4.4　设 M 是 R_0-代数, 则以下三条等价:

(i) F 是超滤子,

(ii) F 是极大 Boole-滤子,

(iii) F 是素 Boole-滤子.

证明 显然.

现在证明蕴涵滤子也是 Boole-滤子, 从而二者等价.

定理 7.4.5 设 M 是 R_0-代数, 则 F 是 Boole-滤子 iff F 是蕴涵滤子.

证明 由定理 7.4.2 知只需证充分性. 设 F 是蕴涵滤子. 首先注意 F 一定是滤子. 事实上, 设 $x, x \to y \in F$, 则 $1 \to x \in F$ 且 $1 \to (x \to y) \in F$, 从而 $1 \to y \in F$, 即 $y \in F$. 因此定理 7.4.3 的必要性证明对 F 仍成立, 从而对任一 $x \in M$, $x \vee \neg x \in F$. 再由定理 7.4.3 知充分性成立.

再给出 Boole-滤子的几个等价条件.

定理 7.4.6 设 M 是 R_0-代数, 则 F 是 Boole-滤子 iff 对任一 $x \in M$, $F_x = \{y \in M \mid x \to y \in F\}$ 是 M 中的滤子.

证明 设 F 是 Boole-滤子, $x \in M$. 由 $x \to 1 = 1 \in F$ 知 $1 \in F_x$. 设 y, $y \to z \in F_x$, 则 $x \to y$, $x \to (y \to z) \in F$. 由 F 是 Boole-滤子知 $x \to z \in F$, 从而 $z \in F_x$, 这就证明了 F_x 是滤子.

反过来, 设对任一 $x \in M$, F_x 是滤子. 由 $1 = x \to 1 \in F_x$ 知 $1 \in F$. 设 $x \to y$, $x \to (y \to z) \in F$, 则 y, $y \to z \in F_x$, 从而 $z \in F_x$, 所以 $x \to z \in F$. 这说明 F 是蕴涵滤子, 由定理 7.4.5 知 F 是 Boole-滤子.

定理 7.4.7 设 M 是 R_0-代数, F 是 M 中的滤子, 则以下各条等价:

(i) F 是 Boole-滤子,

(ii) M/F 是 Boole-代数,

(iii) 对任意的 $x, y, z \in M$, 若 $y \to z \in F$ 且 $x \to (\neg z \to y) \in F$, 则 $x \to z \in F$,

(iv) 对任意的 $x, y \in M$, 若 $x \to (\neg y \to y) \in F$, 则 $x \to y \in F$,

(v) 对任意的 $x, y \in M$, 若 $x^2 \to y \in F$, 则 $x \to y \in F$,

(vi) 对任意的 $x \in M$, 若 $\Delta(x) = (\neg(\neg x)^2)^2 \in F$, 则 $x \in F$,

(vii) 对任意的 $x, y, z \in M$, 若 $x \to (y \to z) \in F$, 则 $(x \to y) \to (x \to z) \in F$,

(viii) 对任意的 $x, y, z \in M$, 若 $z \in F$ 且 $z \to (x \to (x \to y)) \in F$, 则 $x \to y \in F$.

证明 (i)$\Leftrightarrow$(ii) 显然成立.

(i)$\Rightarrow$(iii). 设 $y \to z \in F$ 且 $x \to (\neg z \to y) \in F$, 则 $\neg z \to \neg y = y \to z \in F$, 且 $\neg z \to (\neg y \to \neg x) = \neg z \to (x \to y) = x \to (\neg z \to y) \in F$, 所以 $\neg z \to \neg x \in F$, 从而 $x \to z \in F$.

(iii)$\Rightarrow$(iv). 设 $x \to (\neg y \to y) \in F$. 由 $y \to y = 1 \in F$ 及 (iii) 知 $x \to y \in F$.

(iv)$\Rightarrow$(v). 设 $x^2 \to y \in F$, 即 $x \to (x \to y) \in F$. 由 $\neg y \to (\neg\neg x \to \neg x) = \neg y \to (x \to \neg x) = x \to (\neg y \to \neg x) = x \to (x \to y) \in F$ 及 (iv) 知 $\neg y \to \neg x \in F$, 从而

$x \to y = \neg y \to \neg x \in F$.

(v)⇒(vi). 设 $\Delta(x) \in F$, 则由命题 7.2.5 (ii) 知 $\neg(\neg x)^2 \in F$, 即 $\neg x \to x \in F$. 由 $\neg x \to (\neg x \to 0) = \neg x \to x \in F$ 及 (v) 知 $\neg x \to 0 = x \in F$.

(vi)⇒(iv). 设 $x \to (\neg y \to y) \in F$. 由于 $x \to y \geqslant y$, 所以 $\neg(x \to y) \to (x \to y) = x \to (\neg(x \to y) \to y) \geqslant x \to (\neg y \to y) \in F$. 所以 $\neg(x \to y) \to (x \to y) \in F$, 从而 $\Delta(x \to y) \in F$. 由 (vi) 知 $x \to y \in F$.

(v)⇒(vii). 设 $x \to (y \to z) \in F$. 由 (M3) 知 $y \to z \leqslant (x \to y) \to (x \to z)$. 所以

$$\begin{aligned} x \to (x \to ((x \to y) \to z)) &= x \to ((x \to y) \to (x \to z)) \\ &\geqslant x \to (y \to z) \in F. \end{aligned}$$

由 F 是滤子知 $x \to (x \to ((x \to y) \to z)) \in F$. 再由 (v) 知 $x \to ((x \to y) \to z) \in F$, 从而 $(x \to y) \to (x \to z) \in F$.

(vii)⇒(viii). 设 $z \in F$ 且 $z \to (x \to (x \to y)) \in F$. 由 F 是滤子知 $x \to (x \to y) \in F$. 由 (vii) 知 $(x \to x) \to (x \to y) = x \to y \in F$.

(viii)⇒(i). 设 $x \to y \in F$ 且 $x \to (y \to z) \in F$. 由 (M3) 得

$$\begin{aligned} x \to (y \to z) &= y \to (x \to z) \\ &\leqslant (x \to y) \to (x \to (x \to z)). \end{aligned}$$

所以 $(x \to y) \to (x \to (x \to z)) \in F$. 再由 $x \to y \in F$ 及 (viii) 得 $x \to z \in F$.

最后我们把文献 [210] 中关于 BL-代数中 Boole-滤子的一些性质再移植到 R_0-代数中. 由于 R_0-代数不同于 BL-代数, 所以这种移植是有意义的.

定理 7.4.8　设 M 是 R_0-代数, F 是滤子, 令

$$\neg F = \{\neg x \mid x \in F\},$$

则 $F \cup \neg F$ 是 M 的子 R_0-代数.

证明　显然 $\{0, 1\} \subseteq F \cup \neg F$. 又, $F \cap \neg F = \varnothing$. 事实上, 反设 $x \in F \cap \neg F$, 则由 $x \in \neg F$ 知 $\neg x \in F$. 由于 F 是滤子, 则 $0 = x \otimes \neg x \in F$, 这与 F 是真的相矛盾. 下证 $F \cup \neg F$ 关于 M 中的运算 $\neg, \vee$ 与 $\to$ 封闭.

(i) 设 $x \in F \cup \neg F$. 若 $x \in F$, 则由定义知 $\neg x \in \neg F$, 从而 $\neg x \in F \cup \neg F$; 若 $x \in \neg F$, 则 $\neg x \in F$, 所以总有 $\neg x \in F \cup \neg F$.

(ii) 设 $x, y \in F \cup \neg F$. 若 $x \in F$ 或 $y \in F$, 则 $x \vee y \in F$, 从而 $x \vee y \in F \cup \neg F$; 若 $x \in \neg F$ 且 $y \in \neg F$, 则 $\neg x, \neg y \in F$. 由 F 是滤子知 $\neg x \wedge \neg y \in F$, 从而 $\neg(x \vee y) = \neg x \wedge \neg y \in F$, 所以 $x \vee y \in \neg F$, 从而 $x \vee y \in F \cup \neg F$.

(iii) 设 $x, y \in F \cup \neg F$. 若 $y \in F$ 或 $x \in \neg F$, 则由 $y \to (x \to y) = 1 \in F$ 知 $x \to y \in F$; 若 $x \in F$ 且 $y \in \neg F$, 则 $\neg y \in F$, 从而 $x^2 \otimes \neg y \in F$, 即 $\neg(x^2 \to y) \in F$. 由 $\neg(x^2 \to y) \leqslant \neg(x \to y)$ 知 $\neg(x \to y) \in F$, 从而 $x \to y \in \neg F \subseteq F \cup \neg F$.

由 (i)—(iii) 知 $F \cup \neg F$ 是 M 的子 R_0-代数.

由定理 7.4.8 知, F 是 R_0-代数 $F \cup \neg F$ 的超滤子, 从而是 Boole-滤子. 事实上, 任取 $x \in F \cup \neg F$, 则 $x \in F$ 或 $x \in \neg F$, 从而 $x \in F$ 或 $\neg x \in F$. 又, $F \cap \neg F = \varnothing$. 所以 F 是 $F \cup \neg F$ 的超滤子.

定义 7.4.9 设 M 是 R_0-代数. 若存在超滤子 F 使 $M = F \cup \neg F$, 则称 M 为**二部**的.

注意, 定义 7.4.9 定义的二部性要比文献 [200], [207] 中的条件强, 那里要求 F 是极大的即可, 但在 R_0-代数中二者是等价的.

定理 7.4.10 设 M 是 R_0-代数, 则以下各条等价:

(i) M 是二部的,

(ii) 存在极大滤子 F 使 $M = F \cup \neg F$,

(iii) M 有真 Boole-滤子.

证明 (i)$\Rightarrow$(ii). 由于超滤子是极大的, 所以 (ii) 自然成立.

(ii)$\Rightarrow$(iii). 设 F 是极大滤子且 $M = F \cup \neg F$. 任取 $x \in M$, 若 $x \notin F$, 则 $x \in \neg F$, 从而 $\neg x \in F$, 所以 F 是超滤子, 从而 F 是 Boole 的.

(iii)$\Rightarrow$(i). 设 F 是 M 的真 Boole-滤子. 由 Zorn 引理, F 可扩张为一个极大滤子 F^*. 由定理 7.4.3 知, 对任一 $x \in M$, $x \vee \neg x \in F \subseteq F^*$. 再由 F^* 的极大性知 $x \in F^*$ iff $x \in \neg F^*$. 所以 F^* 是超的且 $M = F^* \cup \neg F^*$.

设 M 是 R_0-代数, 令

$$\mathrm{BF}(M) = \cap\{F \mid F \text{ 是 Boole 滤子}\},$$
$$\sup(M) = \{x \vee \neg x \mid x \in M\}.$$

定理 7.4.11 设 M 是 R_0-代数, 则 $\mathrm{BF}(M) = [\sup(M))$.

证明 显然 $\mathrm{BF}(M)$ 是 Boole-滤子且是最小的 Boole-滤子, 所以 $\mathrm{BF}(M) \subseteq [\sup(M))$. 反过来, 设 $y \in [\sup(M))$. 由式 (7.2.2) 知存在 $x_1, \cdots, x_n \in M$ 使得 $(x_1 \vee \neg x_1) \otimes \cdots \otimes (x_n \vee \neg x_n) \leqslant y$. 由 $\mathrm{BF}(M)$ 是 Boole-滤子知 $(x_1 \vee \neg x_1) \otimes \cdots \otimes (x_n \vee \neg x_n) \in \mathrm{BF}(M)$, 所以 $y \in \mathrm{BF}(M)$, 从而 $[\sup(M)) \subseteq \mathrm{BF}(M)$.

定义 7.4.12[207] 设 M 是 R_0-代数. 若对任一极大滤子 F 均有 $M = F \cup \neg F$, 则称 M 为**强二部**的.

定理 7.4.13 设 M 是 R_0-代数, 则以下各条等价:

(i) M 是强二部的,

(ii) M 中的极大滤子都是 Boole 的,

(iii) M 中的极大滤子都是超的,

(iv) $\mathrm{BF}(M) \subseteq \mathrm{Rad}(M)$,

(v) $M/\mathrm{Rad}(M)$ 是 Boole 代数,

(vi) $\mathrm{Rad}(M)$ 是 Boole-滤子,

(vii) $\mathrm{Rad}(M) = M_+$ 且 M 没有 (关于 $\neg$ 的) 不动点.

证明　显然 (ii)–(vi) 两两等价. 关于 (i), (vi) 及 (vii) 彼此间的等价性, 参阅文献 [207] 中的定理 11.

7.4.2　MV-滤子

7.4.1 节利用 Boole 代数的特征公理 $(x \to (y \to z)) \to ((x \to y) \to (x \to z))$ 在 R_0-代数中引入了 Boole-滤子. 本节将利用 MV-代数的特征公理 $((x \to y) \to y) \to ((y \to x) \to x)$ 在 R_0-代数中引入 MV-滤子并研究其性质.

定义 7.4.14　设 M 是 R_0-代数, F 是 M 中的滤子. 若对任意的 $x, y \in M$ 均有

$$((x \to y) \to y) \to ((y \to x) \to x) \in F, \tag{7.4.2}$$

则称 F 为 M 中的 **MV-滤子**.

Boole-滤子一定是 MV-滤子, 即得如下定理.

定理 7.4.15　设 M 是 R_0-代数, 若 F 是 M 中的 Boole-滤子, 则 F 是 MV-滤子.

证明　设 F 是 Boole-滤子, 则由定理 7.4.3 知对任一 $x \in M$, $x \vee \neg x \in F$. 任取 $x, y \in M$. 一方面,

$$\begin{aligned}
&x \to (((x \to y) \to y) \to ((y \to x) \to x)) \\
=&((x \to y) \to y) \to (x \to ((y \to x) \to x)) \\
=&((x \to y) \to y) \to 1 \\
=&1 \in F;
\end{aligned} \tag{7.4.3}$$

另一方面, 由 $\neg x \to y \leqslant (y \to x) \to (\neg x \to x)$ 及 (P15) 得

$$\begin{aligned}
&\neg x \to (((x \to y) \to y) \to ((y \to x) \to x)) \\
=&((x \to y) \to y) \to (\neg x \to ((y \to x) \to x)) \\
=&((x \to y) \to y) \to ((y \to x) \to (\neg x \to x)) \\
\geqslant&((x \to y) \to y) \to (\neg x \to y) \\
=&\neg x \to (((x \to y) \to y) \to y) \\
=&\neg x \to (x \to y)
\end{aligned}$$

$$=1\in F. \tag{7.4.4}$$

所以 $(x\vee\neg x)\to(((x\to y)\to y)\to((y\to x)\to x))=1\in F$. 由 $x\vee\neg x\in F$ 及 MP 规则知式 (7.4.2) 成立, 所以 F 是 MV-滤子.

定理 7.4.15 的逆不成立, 见后面的例 7.4.20.

定理 7.4.16 设 M 是 R_0-代数, F 是 M 中的滤子, 则 F 是 MV-滤子 iff 对任一 $x\in M$, $x\vee\neg x^2\in F$.

证明 先证充分性. 任取 $x,y\in M$, 由式 (7.2.7) 知 $x\vee\neg x^2\leqslant((x\to y)\to y)\to((y\to x)\to x)$, 所以由题设 $x\vee\neg x^2\in F$ 及 F 是上集知式 (7.4.2) 成立, 从而 F 是 MV-滤子.

反过来, 设 F 是 MV-滤子, 任取 $x\in M$. 由 (P12) 及 (P24) 知

$$\begin{aligned}x\vee\neg x^2&=((x\to\neg x^2)\to\neg x^2)\wedge((\neg x^2\to x)\to x)\\&=((x\to(x^2\to 0))\to\neg x^2)\wedge((\neg x^2\to x)\to x)\\&=((x^3\to 0)\to\neg x^2)\wedge((\neg x^2\to x)\to x)\\&=(\neg x^2\to\neg x^2)\wedge((\neg x^2\to x)\to x)\\&=(\neg x^2\to x)\to x.\end{aligned}$$

从而

$$\begin{aligned}x\vee\neg x^2&=(\neg x^2\to x)\to x=1\to((\neg x^2\to x)\to x)\\&=((x\to\neg x^2)\to\neg x^2)\to((\neg x^2\to x)\to x)\\&\in F.\end{aligned}$$

定理 7.4.17 设 M 是 R_0-代数, F 是滤子, 则 F 是 MV-滤子 iff 对任一 $x\in M$, $x\vee\neg x\vee((\neg x^2)\otimes(\neg(\neg x)^2))\in F$.

证明 任取 $x\in M$, 易证 $(x\vee\neg x^2)^2=(x\vee\neg x\vee((\neg x^2)\otimes(\neg(\neg x)^2)))^2$. 所以 $x\vee\neg x^2\in F$ iff $(x\vee\neg x^2)^2\in F$ iff $(x\vee\neg x\vee((\neg x^2)\otimes(\neg(\neg x)^2)))^2\in F$ iff $x\vee\neg x\vee((\neg x^2)\otimes(\neg(\neg x)^2))\in F$.

定理 7.4.18 设 M 是 R_0-代数, F 是滤子, 则 F 是 MV-滤子 iff 对任二元 $x,y\in M$,

$$(x\to y)\to y\in F \text{ iff } (y\to x)\to x\in F.$$

证明 由于 F 是滤子, 所以 F 对 MP 规则封闭, 从而必要性成立. 反过来, 任取 $x\in M$, 由定理 7.4.16 的证明知 $(x\to\neg x^2)\to\neg x^2=1\in F$. 从而由题设, $(\neg x^2\to x)\to x\in F$, 即 $x\vee\neg x^2\in F$. 由定理 7.4.16 知 F 是 MV-滤子.

由命题 7.2.18 知极大滤子一定是 MV-滤子.

推论 7.4.19 设 M 是 R_0-代数, 则 M 中的极大滤子是 MV-滤子. 从而, F 是极大滤子 iff F 是极大 MV-滤子.

例 7.4.20 (i) 由定理 7.4.16 知, 标准 R_0-代数 $[0,1]_{R_0}$ 中只有一个 MV-滤子 $\left(\frac{1}{2},1\right]$, 从而是极大的, 但 $[0,1]_{R_0}$ 没有 Boole-滤子, 因为任一滤子都不包含 $\frac{1}{2}=\frac{1}{2}\vee\neg\frac{1}{2}$.

(ii) R_0-代数 $[0,1]_{R_0}^-$(见例 7.2.27) 中也只有一个 MV-滤子 $\left(\frac{1}{2},1\right]$, 它也是 Boole 的.

(iii) 在 $\mathscr{L}^*$-Lindenbaum 代数中,

$$F \text{ 是 MV-滤子 iff } F=\{[\varphi]\mid\varphi\in\Gamma\}, \quad \Gamma \text{ 是逻辑闭的 Łukasiewicz 理论},$$
$$F \text{ 是 Boole-滤子 iff } F=\{[\varphi]\mid\varphi\in\Gamma\}, \quad \Gamma \text{ 是逻辑闭的 Boole 理论}.$$

R_0-代数中的 MV-滤子也可用 MV-代数中的另一特征公理 $x\wedge y\to x\otimes(x\to y)$ 来刻画.

定理 7.4.21 设 M 是 R_0-代数, F 是 M 中的滤子, 则 F 是 MV-滤子 iff 对任二元 $x,y\in M$, $x\wedge y\to x\otimes(x\to y)\in F$.

证明 先证充分性. 任取 $x\in M$, 下证

$$((x\wedge\neg x^2)\to(x\otimes(x\to\neg x^2)))\to(x\vee\neg x^2)=1. \tag{7.4.5}$$

由 R_0-代数的完备性定理, 为证 R_0-等式 (7.4.5) 恒成立, 只需证它在 $[0,1]_{R_0}$ 中成立即可.

设 $x\in[0,1]$. 若 $x\leqslant\frac{1}{2}$, 则 $x\vee\neg x^2=x\vee\neg 0=1$, 此时式 (7.4.5) 显然成立. 下设 $x>\frac{1}{2}$, 则 $x\wedge\neg x^2\to x\otimes(x\to\neg x^2)=\neg x\to x\otimes\neg x=x$, 此时 $x\vee\neg x^2=x$, 所以式 (7.4.5) 仍成立.

由假设及 F 是滤子知 $x\vee\neg x^2\in F$. 所以由定理 7.4.16 知 F 是 MV-滤子.

反过来, 设 F 是 MV-滤子. 任取 $x,y\in M$, 由定理 7.4.16 知 $\neg y\vee\neg(\neg y)^2\in F$. 还是先证

$$(\neg y\vee\neg(\neg y)^2)\to((x\wedge y)\to(x\otimes(x\to y)))=1. \tag{7.4.6}$$

仍只需验证式 (7.4.6) 在 $[0,1]_{R_0}$ 中成立即可. 设 $x,y\in[0,1]$. 若 $x\leqslant y$, 则 $x\wedge y\to x\otimes(x\to y)=1$, 所以式 (7.4.6) 成立; 若 $x>y\geqslant\frac{1}{2}$, 则 $x\wedge y\to x\otimes(x\to y)=y\to x\otimes y=y\to y=1$, 从而此时式 (7.4.6) 仍成立; 若 $x>y$ 且 $x>1-y$, 则仍有 $x\wedge y\to x\otimes(x\to y)=1$, 所以式 (7.4.6) 成立; 设 $y<x\leqslant 1-y$, 则必有 $y<\frac{1}{2}$, 此时 $\neg y\vee\neg(\neg y)^2=\neg y\vee y=\neg y$, 而 $x\wedge y\to x\otimes(x\to y)=y\to x\otimes\neg x=\neg y$, 所以式 (7.4.6)

成立; 若 $y < x \leqslant \frac{1}{2}$, 则仍有 $\neg y \vee \neg(\neg y)^2 = \neg y$ 和 $x \wedge y \to x \otimes (x \to y) = y \to 0 = \neg y$, 所以总有式 (7.4.6) 成立. 由 F 是滤子及题设知 $x \wedge y \to x \otimes (x \to y) \in F$, 这就证明了必要性.

注 7.4.22 (i) 定理 7.4.21 中的条件不可像定理 7.4.18 那样可分解为: 对任二元 $x, y \in M$, $x \wedge y \in F$ iff $x \otimes (x \to y) \in F$. 这是因为这一条件对任一滤子都成立, 见命题 7.2.5 (v).

(ii) 定理 7.4.18 中的条件还可换为: 对任二元 $x, y \in M$,

$$x \to y \in F \text{ iff } ((y \to x) \to x) \to y \in F.$$

定理 7.4.23 设 M 是 R_0-代数, F 是滤子, 则 F 是 MV-滤子 iff M/F 是 MV-代数.

证明 设 F 是 MV-滤子, 则 M/F 是 R_0-代数. 由 $x \vee \neg x^2 \in F$ 知 $[x]_F \vee \neg [x]_F^2 = [1]_F$, 从而由式 (7.2.7) 知 $((([x]_F \to [y]_F) \to [y]_F) \to ((([y]_F \to [x]_F) \to [x]_F) = [1]_F$, 从而 M/F 是 MV-代数.

反过来, 设 M/F 是 MV-代数, 则由 $[x]_F \vee \neg [x]_F^2 = [x \vee \neg x^2]_F = [1]_F$ 知 $x \vee \neg x^2 \in F$. 所以由定理 7.4.16 知 F 是 MV-滤子.

由推论 7.4.19 及定义 7.2.29 知, 对任一 R_0-代数 M,

$$\mathrm{Rad}(M) = \cap\{F \mid F\text{是极大 MV-滤子}\} \supseteq \cap\{F \mid F\text{是 MV-滤子}\}.$$

由定理 7.4.23、定理 7.3.10 及命题 7.3.14 知反包含也成立, 即得如下定理.

定理 7.4.24 设 M 是 R_0-代数, 则

$$\phi^{-1}(1) = \mathrm{Rad}(M) = \cap\{F \mid F\text{是 MV-滤子}\} = \{x \in M \mid x^2 > \neg x\}.$$

证明 记 $\mathrm{MVF}(M) = \cap\{F \mid F$ 是 MV-滤子$\}$. 显然 $\mathrm{MVF}(M)$ 是 M 中最小的 MV-滤子. 从而由定理 7.4.23 知 $M/\mathrm{MVF}(M)$ 是 MV-代数. 再由定理 7.3.10 和命题 7.3.14 知 $M/\phi^{-1}(1) = M/\mathrm{Rad}(M)$ 是最大的 MV-代数, 所以 $M/\mathrm{MVF}(M)$ 是 $M/\mathrm{Rad}(M)$ 的子代数, 从而 $\mathrm{Rad}(M) \subseteq \mathrm{MVF}(M)$, 所以定理 7.4.24 成立.

由定理 7.4.24 和定理 7.4.13 可得强二部 R_0-代数的充要条件.

推论 7.4.25 R_0-代数是强二部的 iff 它的每个 MV-滤子都是 Boole 的.

最后再给出 MV-滤子的一些性质, 为 7.4.3 节的主要结论做准备.

命题 7.4.26 设 F 是 R_0-代数中的 MV-滤子, 则:

(i) 对任一 $x \in M$, $x \in F$ iff $\nabla(x) \in F$,

(ii) 对任一 $x \in M - F$, 存在 $H \in \mathrm{Max}(M)$ 使得 $F \subseteq H$ 且 $x \notin H$.

证明　(i) 任取 $x \in F$, 则 $x^2 \in F$. 因为 $\nabla(x) = \neg(\neg x^2)^2 = \neg x^2 \to x^2$, 所以 $x^2 \to \nabla(x) = x^2 \to (\neg x^2 \to x^2) = 1 \in F$. 由 MP 规则, $\nabla(x) \in F$. 反过来, 设 $\nabla(x) \in F$. 因为 $(x^2 \to \neg x^2) \to \neg x^2 = (x^2 \to (x^2 \to 0)) \to \neg x^2 = (x^4 \to 0) \to \neg x^2 = (x^2 \to 0) \to \neg x^2 = \neg x^2 \to \neg x^2 = 1 \in F$, 所以由定理 7.4.18 得 $(\neg x^2 \to x^2) \to x^2 \in F$, 即 $\nabla(x) \to x^2 \in F$. 再次由 MP 规则, $x^2 \in F$, 因此由命题 7.2.5 (ii) 知 $x \in F$.

(ii) 假设 $x \notin F$, 由定理 7.2.9 知, $[F \cup \{\neg x^2\}) =\uparrow \{y^2 \wedge (\neg x^2)^2 \mid y \in F\} =\uparrow \{y^2 \otimes (\neg x^2)^2 \mid y \in F\}$. 下证以下论断.

论断　$[F \cup \{\neg x^2\})$ 是真滤子.

为此, 反设 $[F \cup \{\neg x^2\}) = M$, 则存在 $y \in F$ 使得 $y^2 \otimes (\neg x^2)^2 = 0$, 于是 $y^2 \leqslant \neg(\neg x^2)^2$, 因而 $\neg(\neg x^2)^2 \in F$, 即 $\nabla(x) \in F$. 再由 (i) 知 $x \in F$, 矛盾! 这说明 $[F \cup \{\neg x^2\})$ 是真的.

由定理 7.2.12, $[F \cup \{\neg x^2\})$ 包含于某极大滤子 H 中, 所以由命题 7.2.18(iv) 知 $x \notin H$.

7.4.3　MV-滤子与 Stone 空间中的拓扑闭集

现在我们证明 R_0-代数 M 中的 MV-滤子与其 Stone 空间 $(\mathrm{Max}(M), \mathscr{T})$ 中的拓扑闭集是一一对应的 (注意, 这里把 M 也视为一个 MV-滤子), 即如下定理.

定理 7.4.27　设 M 是 R_0-代数, $(\mathrm{Max}(M), \mathscr{T})$ 是其 Stone 空间, 则映射 $F \mapsto C(F) = \{F^* \in \mathrm{Max}(M) \mid F^* \supseteq F\}$ 是 MV-滤子与拓扑闭集间的一一对应.

证明　由式 (7.2.9) 知 $C(F)$ 是 $\mathrm{Max}(M)$ 中的闭集, 从而上述映射是定义合理的. 设 F 是 MV-滤子, 则由式 (7.2.10) 知 $F = \cap C(F)$. 事实上, 由式 (7.2.9) 与式 (7.2.10) 知 $F \subseteq \cap C(F)$. 反过来, 设 $x \in \cap C(F)$, 则对任一 $F^* \in C(F) = \{F^* \in \mathrm{Max}(M) \mid F \subseteq F^*\} = \{F^* \mid \cap C(F) \subseteq F^*\}$ 有 $x \in F^*$. 由命题 7.4.26 知 $x \in F$, 所以 $\cap C(F) \subseteq F$, 这就证明了 $F = \cap C(F)$. 从而对任二 MV-滤子 F 和 G 有

$$F = G \text{ iff } C(F) = C(G).$$

所以映射 $F \mapsto C(F)$ 是单射. 设 X 是 $(\mathrm{Max}(M), \mathscr{T})$ 中的任一闭集, 则 $\cap X$ 是 MV-滤子, 且由式 (7.2.10) 知 $X = C(\cap X)$. 所以该映射是满的, 从而是一一对应.

例 7.4.28　在标准 R_0-代数 $M = [0,1]_{R_0}$ 中, $\mathrm{Max}(M) = \left\{\left(\dfrac{1}{2}, 1\right]\right\}$, $\mathscr{T} = \left\{\varnothing, \left\{\left(\dfrac{1}{2}, 1\right]\right\}\right\} = \mathrm{Clop}(M, \mathscr{T})$, 且 M 共有两个 MV-滤子: $M = [0,1]_{R_0}$ 和 $\left(\dfrac{1}{2}, 1\right]$.

所以映射

$$\begin{array}{ccc} [0,1]_{R_0} & \mapsto & \varnothing, \\ \left(\dfrac{1}{2},1\right] & \mapsto & \left\{\left(\dfrac{1}{2},1\right]\right\} \end{array}$$

是 M 中 MV-滤子与 $\mathrm{Max}(M)$ 中拓扑闭集间的一一对应.

推论 7.4.29 设 M 是二部的 R_0-代数, 则 M 中的 Boole 滤子与超滤子构成的拓扑空间中的闭集是一一对应的.

推论 7.4.30[101] 设 M 是 Boole 代数, 则 M 中的滤子与其 Stone 空间的拓扑闭集是一一对应的.

定理 7.4.27 只是建立了 R_0-代数的 Stone 空间中的闭集与 MV-滤子间的一一对应, 至于 R_0-代数的三值 Stone 空间中闭集的对应物, 目前我们尚无定论, 是需要进一步研究的课题.

7.5 R_0-代数中的三值 Stone 对偶

本节用范畴的语言描述 R_0-代数中的三值 Stone 表示定理 (见定理 7.3.16) 与 Stone 拓扑表示定理 (见定理 7.3.17), 其中不仅把 R_0-代数中的 MV-skeleton 和 Boole-skeleton 与相应的 Stone 空间对应起来, 还要把代数间的同态映射与拓扑空间中的某种连续映射建立对应关系, 从而建立 R_0-代数中相应的 Stone 对偶定理. 有关范畴的基本知识, 参阅文献 [225].

定理 7.3.16 可重新描述如下: R_0-代数 M 的对偶三值 Stone 空间 $(\mathrm{Max}(M),\delta)$ 的对偶三值 MV-代数 $\mathrm{Clop}(M,\delta)$ 同构于 M 的 MV-skeleton $\mathrm{MV}(M)$. 对于有限的三值 Stone 空间也有上述事实的拓扑版本的对偶定理, 即如下定理.

定理 7.5.1 任一有限的三值 Stone 空间 (X,δ) 同胚于其对偶 R_0-代数 (即全体既开又闭集 $\mathrm{Clop}(X,\delta)$ 按点式序构成的 R_0-代数) 的三值 Stone 空间.

证明 设 (X,δ) 是有限的三值 Stone 空间, 并令 $M=\mathrm{Clop}(X)$. 在 M 上点式地定义运算 $\neg,\vee$ 及 $\to$ 如下:

$$(\neg\lambda)(x)=1-\lambda(x);\quad (\lambda\vee\mu)(x)=\max\{\lambda(x),\mu(x)\};$$
$$(\lambda\to\mu)(x)=\begin{cases}1, & \lambda(x)\leqslant\mu(x),\\ (1-\lambda(x))\vee\mu(x), & \text{其他}.\end{cases}\tag{7.5.1}$$

论断 1 M 是代数簇 $\mathscr{R}_{0,3}$ 中的 R_0-代数.

显然, $\neg$ 与 $\vee$ 都是定义合理的. 关于 M 对蕴涵算子 $\to$ 的封闭性, 首先注意在三值 R_0-链 $W_3=\left\{0,\dfrac{1}{2},1\right\}$ 中, $x\to y\neq(1-x)\vee y$ iff $x=y=\dfrac{1}{2}$. 由此,

$\lambda \to \mu = (1_X - \lambda) \vee \mu \vee \left\{1_x \middle| \lambda(x) = \mu(x) = \frac{1}{2}\right\}$, 这里 1_x 是 X 中单点集 $\{x\}$ 的特征函数. 于是只需证: 对任一 $x \in X$, 只要存在 $\mu \in M$ 使得 $\mu(x) = \frac{1}{2}$, 则 $1_x \in M$. 事实上, 对任一 $x \in X$, 由 X 的分离性知, 对任意 $y \in X, y \neq x$, 存在 $\mu_y \in M$ 使得 $\mu_y(x) = 1$ 且 $\mu_y(y) = 0$. 所以 $\wedge\{\mu_y \mid y \neq x\} = 1_x$. 再由 X 的有限性, $1_x \in M$. 这就证明了 M 关于蕴涵算子封闭, 从而 M 是 R_0-代数.

论断 2　(X, δ) 同胚于 $(\mathrm{Max}(M), \delta')$, 这里 δ' 是按式 (7.2.11) 与式 (7.2.12) 在 $\mathrm{Max}(M)$ 上诱导的的三值 Stone 拓扑.

定义 $t: X \to \mathrm{Max}(M)$ 如下

$$t(x) = \{\mu \in M \mid \mu(x) = 1\}, \quad x \in X. \tag{7.5.2}$$

由文献 [180] 中的命题 2.4.7, 只需验证 t 是双射, 且其 Zadeh 型扩张 $t^{\rightarrow}$ 是既开又闭的连续映射, 这里 $t^{\rightarrow}: \left\{0, \frac{1}{2}, 1\right\}^X \to \left\{0, \frac{1}{2}, 1\right\}^{\mathrm{Max}(M)}$(通常简记为 $t^{\rightarrow}: X \to \mathrm{Max}(M)$) 定义如下: 对任意的 $\mu \in \left\{0, \frac{1}{2}, 1\right\}^X$ 以及 $F \in \mathrm{Max}(M)$,

$$t^{\rightarrow}(\mu)(F) = \vee\{\mu(x) \mid t(x) = F\}. \tag{7.5.3}$$

同时, $t^{\rightarrow}$ 的逆映射 $t^{\leftarrow}: \left\{0, \frac{1}{2}, 1\right\}^{\mathrm{Max}(M)} \to \left\{0, \frac{1}{2}, 1\right\}^X$(简记为 $t^{\leftarrow}: \mathrm{Max}(M) \to X$) 按下式定义:

$$t^{\leftarrow}(\nu) = \nu \circ t, \quad \nu \in \left\{0, \frac{1}{2}, 1\right\}^{\mathrm{Max}(M)}. \tag{7.5.4}$$

论断 2 的剩余证明分以下 4 步完成.

(i) t 是定义合理的.

任取 $x \in X$ 及 $\mu \in M$, 显然, $\mu(x) = 1$, $(\neg\mu)(x) = 1$ 与 $((\neg\mu^2) \otimes (\neg(\neg\mu)^2))(x) = (\neg(\mu(x))^2) \otimes (\neg(\neg(\mu(x)))^2) = 1$ 有且仅有一个成立. 因此, μ, $\neg\mu$ 与 $(\neg\mu^2) \otimes (\neg(\neg\mu)^2)$ 有且仅有一个属于 $t(x)$, 这就证明了 $t(x)$ 是 M 中的极大滤子.

(ii) t 是单射.

任取 $x, y \in X$ 使得 $x \neq y$. 由 X 的分离性知存在开集 $\mu_1, \mu_2 \in \left\{0, \frac{1}{2}, 1\right\}^X$ 使得 $\mu_1(x) = \mu_2(y) = 1$, $\mu_1 \wedge \mu_2 = 0$. 因此, $\mu_1 \in t(x)$, $\mu_2 \in t(y)$, 但 $\mu_1 \neq \mu_2$, 所以 $t(x) \neq t(y)$.

(iii) t 是满射.

任取 $F \in \mathrm{Max}(M)$. 由于 X 是覆盖式紧空间, 而 F 是 X 中的闭集族且具有有限平方交性质 (见推论 7.2.14), 所以由文献 [181] 中的定理 6.1.5 (iii) 知 F 有非空正规交, 即 $\wedge F \neq 0_X$, $(\wedge F)^{-1}(1) \neq \varnothing$. 任取 $x \in (\wedge F)^{-1}(1)$, 则 $F \subseteq t(x)$. 由 F 的极大性, $F = t(x)$.

(iv) $t^{\rightarrow}$ 是既开又闭的连续映射.

任取 $s(\mu) \in \mathrm{Clop}(\mathrm{Max}(M))$, 其中, 对于 $\mu \in M = \mathrm{Clop}(X)$ 及 $F \in \mathrm{Max}(M)$, $s(\mu)(F) = F(\mu)$ 由式 (7.2.11) 定义. 于是, 对任一 $x \in X$,

$$\begin{aligned} t^{\leftarrow}(s(\mu))(x) &= (s(\mu) \circ t)(x) \\ &= s(\mu)(t(x)) \\ &= t(x)(\mu) \\ &= \begin{cases} 1, \ \mu \in t(x), \\ \dfrac{1}{2}, (\neg\mu^2) \otimes (\neg(\neg\mu)^2) \in t(x), \\ 0, \ \neg\mu \in t(x) \end{cases} \\ &= \mu(x). \end{aligned}$$

这就证明了 $t^{\leftarrow}(s(\mu)) = \mu$ 是既开又闭集, 因而 $t^{\rightarrow}$ 是连续的.

再任取 (X, δ) 中的既开又闭集 μ, 即 $\mu \in M = \mathrm{Clop}(X)$, 于是, 对任意的 $F \in \mathrm{Max}(M)$,

$$\begin{aligned} t^{\rightarrow}(\mu)(F) &= \vee\{\mu(x) \mid t(x) = F\} \\ &= \mu(t^{-1}(F)) \quad (t\text{是双射}) \\ &= \begin{cases} 1, & \mu \in F, \\ \dfrac{1}{2}, & (\neg\mu^2) \otimes (\neg(\neg\mu)^2) \in F, \\ 0, & \neg\mu \in F \end{cases} \\ &= F(\mu) \quad (\text{参见式 (7.2.6) 及定义 7.2.26 前的约定}) \\ &= s(\mu)(F) \quad (\text{参见式 (7.2.11)}), \end{aligned}$$

所以 $t^{\rightarrow}(\mu) = s(\mu)$, 这说明 $t^{\rightarrow}$ 把 X 中的既开又闭集映为 $\mathrm{Max}(M)$ 中的既开又闭集, 因而 $t^{\rightarrow}$ 是即开又闭映射.

以上 (i)–(iv) 条便证明了论断 2, 从而定理得证.

注 7.5.2 (i) 由定理 7.5.1 中论断 1 的证明知, 对任一 $x \in X$, 有 $1_x \in \delta$, 这意味着 X 的任意子集 A 的特征函数 1_A 都属于 δ, 这是因为 δ 关于任意并封闭. 由此, $\{1_A \mid A \subseteq X\} \subseteq \delta$. 但不同于经典 Stone 拓扑的是, δ 未必是离散的, 即 $\delta = \left\{0, \frac{1}{2}, 1\right\}^X$ 未必成立. 例如, 令 X 为任一有限集, $x_0 \in X$ 为一固定元. 令

$$\delta = \left\{1_A \mid A \subseteq X\right\} \cup \left\{\mu : X \to \left\{0, \frac{1}{2}, 1\right\} \mid \mu^{-1}\left(\frac{1}{2}\right) = \{x_0\}\right\},$$

则易验证 δ 是 X 上的一个三值 Stone 拓扑, 但它不是离散的.

(ii) 与经典拓扑的另一不同是, 三值 Stone 空间中的紧致子集未必是闭集, 这是因为有限空间的任一子集都是紧的.

目前尚不清楚定理 7.5.1 对无限的三值 Stone 空间是否成立, 主要是我们尚不能证明 $M = \mathrm{Clop}(X)$ 按点式序是否构成 R_0-代数. 因此, 为推广定理 7.5.1 至无限情形, 我们称一个三值 Stone 空间 (X, δ) 是 **R_0-型**的, 如果它有个按式 (7.5.1) 中的运算构成 R_0-代数的既开又闭的拓扑基. 由定理 7.5.1, 任一有限的三值 Stone 空间都是 R_0-型的.

定理 7.5.3　任一 R_0-型的三值 Stone 空间同胚于其对偶 R_0-代数的三值 Stone 空间.

证明　不难验证定理 7.5.1 中的论断 2 在这里仍成立, 从而定理 7.5.3 成立.

下面我们把 R_0-代数的 MV-skeleton 与其三值 Stone 空间的对偶推广到 R_0-代数间的 MV-同态与三值 Stone 空间间的 Zadeh 型连续映射间的对偶. 这里 R_0-代数 M_1 到 R_0-代数 M_2 的 **MV-同态** h 指从 M_1 到 M_2 且满足 $h((x \to y) \to y) = (h(x) \to h(y)) \to h(y)$ $(x, y \in M_1)$ 的 R_0-同态, 或等价地, h 是从 M_1 到 $\mathrm{MV}(M_2)$ 的 R_0-同态.

建立 MV-同态与 Zadeh 型连续函数间的对偶的核心思想是: 对任一 MV-同态 $h: M_1 \to M_2$, M_2 中任一极大滤子 F_2 的原像 $h^{-1}(F_2) = \{x_1 \in M_1 \mid h(x_1) \in F_2\}$ 是 M_1 中的极大滤子; 对偶地, 对 R_0-型三值 Stone 空间间的任一 Zadeh 型连续映射 $f^{\to}: (X_1, \delta_1) \to (X_2, \delta_2)$, X_2 中的既开又闭集的原像 $f^{\leftarrow}(\mu_2)$ 是 X_1 中的既开又闭集.

下面先引入一些记号, 设 M, M_1, M_2 是 R_0-代数, $(X, \delta), (X_1, \delta_1), (X_2, \delta_2)$ 是 R_0-型三值 Stone 空间. 令

$$s_M : \mathrm{MV}(M) \to \mathrm{Clop}(\mathrm{Max}(M)) \tag{7.5.5}$$

表示式 (7.2.11) 中的三值 Stone 映射, 而

$$t_X^{\to} : X \to \mathrm{Max}(\mathrm{Clop}(X)) \tag{7.5.6}$$

表示式 (7.5.3) 中的典型同胚映射.

对于 MV-同态 $h: M_1 \to M_2$, h 的对偶映射 $h^d : \mathrm{Max}(M_2) \to \mathrm{Max}(M_1)$ 定义为

$$h^d = (h^{-1})^{\to}, \tag{7.5.7}$$

其中 $h^{-1}(F_2) = \{x_1 \in M_1 \mid h(x_1) \in F_2\} \in \mathrm{Max}(M_1)$, $F_2 \in \mathrm{Max}(M_2)$.

对于 Zadeh 型连续映射 $f^{\rightarrow}: X_1 \to X_2$, $f^{\rightarrow}$ 的对偶映射 $(f^{\rightarrow})^d: \mathrm{Clop}(X_2) \to \mathrm{Clop}(X_1)$ 定义为

$$(f^{\rightarrow})^d = f^{\leftarrow}. \tag{7.5.8}$$

定理 7.5.4 设 $h: M_1 \to M_2$, $k: M_2 \to M_3$ 是 R_0-代数间的 MV-同态, 而 $f^{\rightarrow}: X_1 \to X_2$, $g^{\rightarrow}: X_2 \to X_3$ 是 R_0-型三值 Stone 空间间的 Zadeh 型连续映射, 则

(i) $h^d: \mathrm{Max}(M_2) \to \mathrm{Max}(M_1)$ 是 Zadeh 型连续映射; $(f^{\rightarrow})^d: \mathrm{Clop}(X_2) \to \mathrm{Clop}(X_1)$ 是 MV-同态,

(ii) $(\mathrm{id}_M)^d = \mathrm{id}^{\rightarrow}_{\mathrm{Max}(M)}$; $(\mathrm{id}^{\rightarrow}_X)^d = \mathrm{id}_{\mathrm{Clop}(X)}$,

(iii) $(k \circ h)^d = h^d \circ k^d$; $(g^{\rightarrow} \circ f^{\rightarrow})^d = (f^{\rightarrow})^d \circ (g^{\rightarrow})^d$,

(iv) $h^{dd} \circ s_{M_1} = s_{M_2} \circ h$; $(f^{\rightarrow})^{dd} \circ t^{\rightarrow}_{X_1} = t^{\rightarrow}_{X_2} \circ f^{\rightarrow}$, 即下面两图交换:

$$\begin{array}{ccc} \mathrm{MV}(M_1) & \xrightarrow{s_{M_1}} & \mathrm{Clop}(\mathrm{Max}(M_1)) \\ {\scriptstyle h}\downarrow & & \downarrow{\scriptstyle h^{dd}} \\ \mathrm{MV}(M_2) & \xrightarrow[s_{M_2}]{} & \mathrm{Clop}(\mathrm{Max}(M_2)) \end{array} \qquad \begin{array}{ccc} X_1 & \xrightarrow{t^{\rightarrow}_{X_1}} & \mathrm{Max}(\mathrm{Clop}(X_1)) \\ {\scriptstyle f^{\rightarrow}}\downarrow & & \downarrow{\scriptstyle (f^{\rightarrow})^{dd}} \\ X_2 & \xrightarrow[t^{\rightarrow}_{X_2}]{} & \mathrm{Max}(\mathrm{Clop}(X_2)) \end{array}$$

证明 (i) 对 $\mathrm{Max}(M_1)$ 中的任一既开又闭集 $s_{M_1}(x)$, 其中 $x \in \mathrm{MV}(M_1)$, 以及任一 $F_2 \in \mathrm{Max}(M_2)$, 有

$$\begin{aligned}(h^{-1})^{\leftarrow}(s_{M_1}(x))(F_2) &= (s_{M_1}(x) \circ h^{-1})(F_2) \\ &= s_{M_1}(x)(h^{-1}(F_2)) \\ &= h^{-1}(F_2)(x) \\ &= F_2(h(x)) \quad (\text{因为 } h \text{ 是同态}) \\ &= s_{M_2}(h(x))(F_2).\end{aligned}$$

这就证明了 $(h^{-1})^{\leftarrow}(s_{M_1}(x)) = s_{M_2}(h(x))$ 是既开又闭集, 因而 $h^d = (h^{-1})^{\rightarrow}$ 是连续映射. 回忆 $\mathrm{Clop}(X_1)$ 与 $\mathrm{Clop}(X_2)$ 按式 (7.5.1) 的运算构成代数簇 $\mathscr{R}_{0,3}$ 中的 R_0-代数. 从而, 对任意的 $\mu_2, \lambda_2 \in \mathrm{Clop}(X_2)$ 及任意的 $x_1 \in X_1$,

$$\begin{aligned}(f^{\rightarrow})^d(\neg\mu_2)(x_1) &= f^{\leftarrow}(\neg\mu_2)(x_1) = \neg\mu_2(f(x_1)) \\ &= (\neg f^{\leftarrow}(\mu_2))(x_1) \\ &= (\neg((f^{\rightarrow})^d(\mu_2)))(x_1); \\ (f^{\rightarrow})^d(\mu_2 \vee \lambda_2)(x_1) &= f^{\leftarrow}(\mu_2 \vee \lambda_2)(x_1) = (\mu_2 \vee \lambda_2)(f(x_1)) \\ &= \mu_2(f(x_1)) \vee \lambda_2(f(x_1)) \\ &= f^{\leftarrow}(\mu_2)(x_1) \vee f^{\leftarrow}(\lambda_2)(x_1) \\ &= ((f^{\rightarrow})^d(\mu_2) \vee (f^{\rightarrow})^d(\lambda_2))(x_1);\end{aligned}$$

$$
\begin{aligned}
(f^{\rightarrow})^d(\mu_2 \rightarrow \lambda_2)(x_1) &= f^{\leftarrow}(\mu_2 \rightarrow \lambda_2)(x_1) = (\mu_2 \rightarrow \lambda_2)(f(x_1)) \\
&= \mu_2(f(x_1)) \rightarrow \lambda_2(f(x_1)) \\
&= f^{\leftarrow}(\mu_2)(x_1) \rightarrow f^{\leftarrow}(\lambda_2)(x_1) \\
&= ((f^{\rightarrow})^d(\mu_2) \rightarrow (f^{\rightarrow})^d(\lambda_2))(x_1).
\end{aligned}
$$

这就证明了 $(f^{\rightarrow})^d$ 是 MV-同态.

(ii) 和 (iii) 显然成立.

(iv) 由 (i) 的证明知, $h^{dd} \circ s_{M_1} = ((h^{-1})^{\rightarrow})^d \circ s_{M_1} = (h^{-1})^{\leftarrow} \circ s_{M_1} = s_{M_2} \circ h$. 对第 2 个等式, 我们先证: 对任一 $x_1 \in X_1$,

$$
(f^{\leftarrow})^{-1}(t_{X_1}(x_1)) = t_{X_2}(f(x_1)). \tag{7.5.9}
$$

首先注意, 式 (7.5.9) 两边都是 $\mathrm{Max}(\mathrm{Clop}(X_2))$ 的极大滤子. 因此, 由它们的极大性, 接下来只需证

$$
t_{X_2}(f(x_1)) \subseteq (f^{\leftarrow})^{-1}(t_{X_1}(x_1)). \tag{7.5.10}
$$

任取 $\mu_2 \in t_{X_2}(f(x_1))$, 则 $\mu_2(f(x_1)) = 1$, 于是,

$$
f^{\leftarrow}(\mu_2)(x_1) = (\mu_2 \circ f)(x_1) = \mu_2(f(x_1)) = 1.
$$

这就证明了 $f^{\leftarrow}(\mu_2) \in t_{X_1}(x_1)$, 因而 $\mu_2 \in (f^{\leftarrow})^{-1}(t_{X_1}(x_1))$. 再由 μ_2 的任意性知式 (7.5.10) 成立, 所以式 (7.5.9) 成立.

任取 $\mu_1 \in \left\{0, \frac{1}{2}, 1\right\}^{X_1}$ 及 $F_2 \in \mathrm{Max}(\mathrm{Clop}(X_2))$, 则

$$
\begin{aligned}
((f^{\rightarrow})^{dd} \circ t_{X_1}^{\rightarrow})(\mu_1)(F_2) &= (((f^{\leftarrow})^{-1})^{\rightarrow}(t_{X_1}^{\rightarrow}(\mu_1)))(F_2) \\
&= \vee\{t_{X_1}^{\rightarrow}(\mu_1)(F_1) \mid (f^{\leftarrow})^{-1}(F_1) = F_2\} \\
&= \vee\{\mu_1(x_1) \mid t_{X_1}(x_1) = F_1, (f^{\leftarrow})^{-1}(F_1) = F_2\} \\
&= \vee\{\mu_1(x_1) \mid (f^{\leftarrow})^{-1}(t_{X_1}(x_1)) = F_2\} \\
&= \vee\{\mu_1(x_1) \mid t_{X_2}(f(x_1)) = F_2\} \quad (\text{由式 } (7.5.9)) \\
&= \vee\{\mu_1(x_1) \mid f(x_1) = x_2, t_{X_2}(x_2) = F_2\} \\
&= \vee\{f^{\rightarrow}(\mu_1)(x_2) \mid t_{X_2}(x_2) = F_2\} \\
&= t_{X_2}^{\rightarrow}(f^{\rightarrow}(\mu_1))(F_2) \\
&= (t_{X_2}^{\rightarrow} \circ f^{\rightarrow})(\mu_1)(F_2).
\end{aligned}
$$

所以, $(f^{\rightarrow})^{dd} \circ t_{X_1}^{\rightarrow} = t_{X_2}^{\rightarrow} \circ f^{\rightarrow}$.

用范畴论的语言, 定理 7.3.16、定理 7.5.3 及定理 7.5.4 说明存在从全体 R_0-代数的 MV-skeleton 以及 MV-同态构成的范畴 $\mathscr{MV}(\mathscr{R}_0)$ 到全体 R_0-型三值 Stone 空

间及 Zadeh 型连续映射构成的范畴 $\mathscr{R}_0\mathscr{T}\mathscr{S}\mathscr{S}$ 的反变函子, 以及从 $\mathscr{R}_0\mathscr{T}\mathscr{S}\mathscr{S}$ 到 $\mathscr{M}\mathscr{V}(\mathscr{R}_0)$ 的反变函子. 进一步, 这两个函子的复合自然同构于恒等函子. 综上, 范畴 $\mathscr{M}\mathscr{V}(\mathscr{R}_0)$ 与 $\mathscr{R}_0\mathscr{T}\mathscr{S}\mathscr{S}$ 对偶等价. 具体表述如下.

推论 7.5.5 定义函子 $\varphi: \mathscr{M}\mathscr{V}(\mathscr{R}_0) \to \mathscr{R}_0\mathscr{T}\mathscr{S}\mathscr{S}$ 为 $\varphi(\mathrm{MV}(M)) = (\mathrm{Max}(M), \delta)$, $\varphi(h) = h^d$, 其中 M 是 R_0-代数, h 是 MV-同态, δ 是按式 (7.2.11) 与式 (7.2.12) 诱导的 $\mathrm{Max}(M)$ 上的三值 Stone 拓扑; 定义函子 $\psi: \mathscr{R}_0\mathscr{T}\mathscr{S}\mathscr{S} \to \mathscr{M}\mathscr{V}(\mathscr{R}_0)$ 为 $\psi((X,\delta)) = \mathrm{Clop}(X)$, $\psi(f^{\rightarrow}) = (f^{\rightarrow})^d$, 其中 $(X,\delta) \in \mathscr{R}_0\mathscr{T}\mathscr{S}\mathscr{S}$, $f^{\rightarrow}$ 是 Zadeh 型连续映射, 则:

(i) φ 与 ψ 均为反变函子,

(ii) $s: I_{\mathscr{M}\mathscr{V}(\mathscr{R}_0)} \cong \psi\circ\varphi$ 与 $t^{\rightarrow}: I_{\mathscr{R}_0\mathscr{T}\mathscr{S}\mathscr{S}} \cong \varphi\circ\psi$ 是自然等价.

类似地, 可以证明由全体 R_0-代数的 Boole skeleton 及 Boole 同态构成的范畴 $\mathscr{B}\mathscr{R}_0$ 与全体 Stone 空间及连续映射构成的范畴 $\mathscr{C}\mathscr{S}\mathscr{S}$ 是对偶等价的, 即得下面的推论.

推论 7.5.6 范畴 $\mathscr{B}\mathscr{R}_0$ 与 $\mathscr{C}\mathscr{S}\mathscr{S}$ 对偶等价.

后记 本章的主要结论已发表在*Fuzzy Sets and Systems* (2011, 162(1): 1–26)、《模糊系统与数学》(2010, 24(5): 14–23) 及《山东大学学报 (理学版)》(2012, 47(4): 110–115) 上, 见文献 [226]–[228].

第8章　逻辑代数上的态理论

本书的第 1—7 章主要论述命题逻辑的语义计量化方法及其应用, 从本章开始讲述一般逻辑代数上的态理论. MV-代数上的态是由意大利学者 Mundici 在 1995 年引入的, 其目的是寻求 Łukasiewicz 命题逻辑中公式的各个真值的某种平均[106], 因而与概率计量逻辑中的程度化思想具有异曲同工之妙. 但它是从公理化角度入手的, 是经典概率论中的 Kolmogorov 公理在多值逻辑代数中的公理化推广. 在第 3 章我们已看到 Łukasiewicz 命题逻辑中公式的概率真度函数与 Lindenbaum 代数上的态算子是一一对应的, 因而态理论与概率计量逻辑是密切联系的, 前者可看成后者在语义代数上的一般化和公理化, 后者是前者的语义分析版本. 但二者又有区别, 如命题 3.2.5 (viii) 所表示的态算子的恒等式在形式系统 $\mathscr{L}^*$ 中不成立, 因而 $\mathscr{L}^*$ 中的概率真度函数不是 $\mathscr{L}^*$-Lindenbaum 代数上 Mundici 意义下的态算子. 此外, 概率计量逻辑重在基本逻辑概念的程度化, 可用来解决逻辑理论的相容度问题.

自罗马尼亚学者 Georgescu 在 2004 年引入 BL-代数上的 Bosbach 态[229] 后, 态理论在近十年内得到了迅速发展, 取得了诸多重要而深刻的结论 [106,107,230−241]. 本章将系统地梳理此方面的研究成果, 并给出相应的证明. 由于个别结论的证明超出了本书的范围, 我们仅列出相应结论及其出处, 有兴趣的读者可进一步查阅相关参考文献. 另外, 本书也只介绍交换逻辑代数上的态理论, 有关非交换逻辑代数上的态理论, 可参考文献 [242]. 本章是这样安排的: 8.1 节讲述剩余格, 包括常见的各种逻辑代数, 如 MTL-代数、BL-代数、MV-代数, 以及它们的基本代数性质; 8.2 节在剩余格上引入 Bosbach 与 Riečan 态算子, 研究它们的性质与存在性, 并应用到各逻辑代数; 8.3 节构造 MV-代数关于态算子的 Cauchy 度量完备.

8.1　剩　余　格

8.1.1　几类重要的剩余格

剩余格是由美国学者 Ward 和 Dilworth 于 1939 年为研究交换环的全体理想的格结构时首次引入的[243], 它是子结构命题逻辑的语义代数[244]. 模糊逻辑的语义代数, 如 MTL-代数、BL-代数、MV-代数、R_0-代数以及 Heyting 代数都是具有某种特殊代数结构的剩余格, 本节也将重点介绍这几类剩余格及其基本性质. 目前关于剩余格的名称不太统一, 本书指最狭义的剩余格, 即文献 [244] 中的有界的、整的 (即乘法单位为最大元)、交换剩余格, 这也是模糊逻辑领域中的普遍叫法, 参阅文献 [3], [68], [222].

定义 8.1.1 称 (2, 2, 2, 2, 0, 0)-型代数 $M = (M, \wedge, \vee, \otimes, \to, 0, 1)$ 为**剩余格**, 若以下条件成立:

(i) $(M, \wedge, \vee, 0, 1)$ 为有界格,

(ii) $(M, \otimes, 1)$ 是交换的幺半群,

(iii) 对任意的 $x, y, z \in M$, $x \otimes y \leqslant z$ iff $x \leqslant y \to z$.

例 8.1.2 (i) 设 $M = (M, \wedge, \vee, ', 0, 1)$ 为 Boole 代数 (即有补有界分配格), 规定

$$\otimes = \wedge; \quad x \to y = x' \vee y; \quad x, y \in M,$$

则 $(M, \wedge, \vee, \otimes, \to, 0, 1)$ 构成剩余格.

(ii) 前几章中的标准 MV-代数 $[0,1]_{\mathrm{MV}}$, 标准 Gödel 代数 $[0,1]_{\mathrm{G}}$, 标准乘积代数 $[0,1]_{\Pi}$, 标准 NMG-代数 $[0,1]_{\mathrm{NMG}}$ 以及标准 R_0-代数 $[0,1]_{R_0}$ 都是剩余格. 注意当初引入这些标准代数时使用的运算可能与定义 8.1.1 中的不太一致, 但定义 8.1.1 中的运算都可由原运算导出, 如在 $[0,1]_{R_0} = ([0,1], \neg, \max, \to, 0, 1)$ 中, 设 $\otimes$ 为由式 (1.2.14) 定义的 R_0 t-模, 则 $([0,1], \min, \max, \otimes, \to, 0, 1)$ 构成剩余格. 另外, 在 $[0,1]$ 中对任意的 $x, y \in [0,1]$ 定义

$$x \otimes y = \begin{cases} 0, & x, y \in \left[0, \dfrac{1}{2}\right], \\ \min\{x, y\}, & \text{其他}; \end{cases} \quad x \to y = \begin{cases} 1, & x \leqslant y, \\ \dfrac{1}{2}, & y < x \leqslant \dfrac{1}{2}, \\ y, & y < x, \dfrac{1}{2} < x, \end{cases} \tag{8.1.1}$$

则 $([0,1], \min, \max, \otimes, \to, 0, 1)$ 也构成剩余格, 记为 $[0,1]_{\mathrm{sD}}$. 一般地, 由式 (1.2.7) 与式 (1.2.8) 定义的左连续三角模 $\otimes$ 与其伴随蕴涵算子 $\to$ 都可使 $([0,1], \min, \max, \otimes, \to, 0, 1)$ 成为剩余格.

(iii) 设 $(M, \leqslant, 0, 1)$ 是完备格, 且满足第一无限分配律:

$$x \wedge \left(\bigvee_{i \in I} y_i\right) = \bigvee_{i \in I} (x \wedge y_i), \quad x, y_i \in M, \ i \in I. \tag{8.1.2}$$

在 M 中定义 $\otimes = \wedge$, $\to$ 为

$$x \to y = \vee\{z \in M \mid x \wedge z \leqslant y\}, \quad x, y \in M, \tag{8.1.3}$$

则 $(M, \wedge, \vee, \otimes, \to, 0, 1)$ 构成剩余格, 称为完备**Heyting 代数**.

(iv) 设 $R=(R,+,\cdot,0,1)$ 是带乘法单位 1 的交换环, $I(R)$ 是 R 中的全体理想按包含序所构成的完备格. 在 $I(R)$ 上定义 $\otimes$ 与 $\to$ 如下:

$$I\otimes J=\left\{\sum_{i=1}^{n}x_i\cdot y_i \mid x_i\in I, y_i\in J, i=1,\cdots,n, n\in\mathbb{N}\right\},$$

$$I\to J=\{y\in R\mid \text{对任一}x\in I, \text{都有}x\cdot y\in J\}.$$

另外, $I\wedge J=I\cap J$, $I\vee J$ 为由 $I\cup J$ 生成的理想, 则可验证 $(I(R),\wedge,\vee,\otimes,\to,\{0\},R)$ 构成剩余格, 这是剩余格的最初模型 (参阅文献 [68], [243]).

(v) 设 $M=\{0,a,b,c,d,1\}$, M 的格结构以及运算 $\otimes$, $\to$ 分别由下图及表格给出:

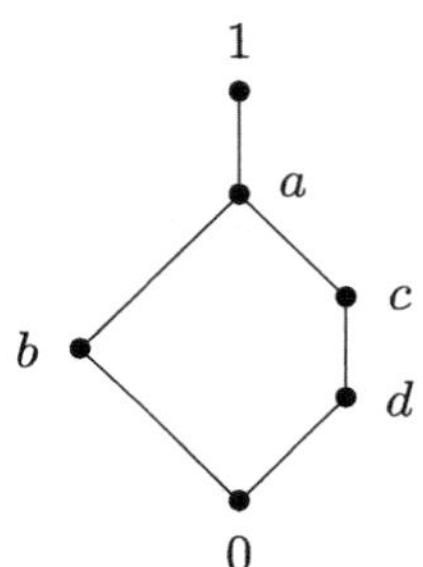

$\to$	0	a	b	c	d	1
0	1	1	1	1	1	1
a	0	1	b	c	c	1
b	c	1	1	c	c	1
c	b	1	b	1	a	1
d	b	1	b	1	1	1
1	0	a	b	c	d	1

$\otimes$	0	a	b	c	d	1
0	0	0	0	0	0	0
a	0	a	b	d	d	a
b	0	b	b	0	0	b
c	0	d	0	d	d	c
d	0	d	0	d	d	d
1	0	a	b	c	d	1

则 $(M,\wedge,\vee,\otimes,\to,0,1)$ 构成剩余格, 参阅文献 [244].

(vi) 设 $M=\{0,a,b,c,1\}$, 其中 $0<a,b<c<1$, a 与 b 不可比较, 在 M 中定义 $\otimes=\wedge$, $\to$ 由下表给出:

$\to$	0	a	b	c	1
0	1	1	1	1	1
a	b	1	b	1	1
b	0	a	1	1	1
c	0	a	b	1	1
1	0	a	b	c	1

则 $(M,\wedge,\vee,\otimes,\to,0,1)$ 构成剩余格.

由定义 8.1.1 可验证, $\otimes$ 与 $\to$ 按下式相互唯一确定:

$$\begin{aligned} x \to y &= \sup\{z \in M \mid x \otimes z \leqslant y\}, \\ x \otimes y &= \inf\{z \in M \mid x \leqslant y \to z\}, \end{aligned} \tag{8.1.4}$$

其中 $x, y \in M$.

以下设 M 为剩余格, 定义非运算 (或称为否定)$\neg: M \to M$ 为 $\neg x = x \to 0$, $x \in M$. 为书写简便, 今后约定 M 中运算的优先级依次为 $\neg$, $\otimes$, $\wedge$ (或 $\vee$), $\to$, 其中 $\wedge$ 与 $\vee$ 的优先级相同, 并且除特别声明外, 本书中的等式及不等式均指对 M 中的任意元都成立. 下面罗列剩余格的一些基本性质.

命题 8.1.3 设 $x, y, z, x_i, y_i \in M$, $i \in I$, 则以下性质成立:

(1) $0 \to x = x \to 1 = x \to x = 1$.

(2) $1 \to x = x$; $x \otimes 0 = 0$.

(3) $x \leqslant y$ iff $x \to y = 1$.

(4) 若 $x \leqslant y$, 则 $x \otimes z \leqslant y \otimes z$.

(5) 若 $x \leqslant y$, 则 $y \to z \leqslant x \to z$; $z \to x \leqslant z \to y$.

(6) $x \otimes y \leqslant x \wedge y \leqslant (x \to y) \wedge (y \to x)$.

(7) $x \otimes (x \to y) \leqslant x \wedge y$; $y \leqslant x \to x \otimes y$.

(8) $y \leqslant x \to y$.

(9) $x \to (y \to z) = x \otimes y \to z = y \to (x \to z)$.

(10) $x \leqslant y \to z$ iff $y \leqslant x \to z$.

(11) $x \vee y \leqslant (x \to y) \to y$.

(12) $x \to y = ((x \to y) \to y) \to y$.

(13) $x \to y \leqslant (y \to z) \to (x \to z)$; $x \to y \leqslant (z \to x) \to (z \to y)$.

(14) $x \to y \leqslant x \circ z \to y \circ z$, 其中 $\circ \in \{\wedge, \vee, \otimes\}$.

(15) $x \otimes \left(\bigvee_{i \in I} y_i\right) = \bigvee_{i \in I} x \otimes y_i$.

(16) $\bigvee_{i \in I} x_i \to y = \bigwedge_{i \in I} (x_i \to y)$; $x \to \bigwedge_{i \in I} y_i = \bigwedge_{i \in I} (x \to y_i)$.

(17) $x \vee y \to y = x \to y = x \to x \wedge y$.

(18) $\bigwedge_{i \in I} x_i \to y \geqslant \bigvee_{i \in I} (x_i \to y)$; $x \to \bigvee_{i \in I} y_i \geqslant \bigvee_{i \in I} (x \to y_i)$.

(19) $\neg 1 = 0$; $\neg 0 = 1$.

(20) $x \leqslant \neg\neg x$; $\neg\neg\neg x = \neg x$.

(21) $x \otimes \neg x = 0$.

(22) $x \leqslant \neg x \to y$; $\neg x \leqslant x \to y$.

(23) $x \to y \leqslant \neg y \to \neg x \leqslant \neg\neg x \to \neg\neg y$.

(24) $\neg(x \otimes y) = x \to \neg y = y \to \neg x$.

(25) $x \to \neg y = \neg\neg x \to \neg y$.

(26) $\neg x \to \neg y = \neg\neg y \to \neg\neg x = y \to \neg\neg x$.

(27) $\neg\neg(x \to \neg y) = x \to \neg y$; $\neg\neg(x \to y) \leqslant \neg\neg x \to \neg\neg y$.

(28) $\neg(x \otimes y) = \neg(\neg\neg x \otimes y) = \neg(\neg\neg x \otimes \neg\neg y)$.

(29) $x \leqslant \neg y$ iff $x \otimes y = 0$ iff $\neg\neg x \otimes y = 0$ iff $\neg\neg x \otimes \neg\neg y = 0$.

(30) $\neg(x \vee y) = \neg x \wedge \neg y$; $\neg(x \wedge y) \geqslant \neg x \vee \neg y$; $\neg\neg(x \vee y) = \neg\neg(\neg\neg x \vee \neg\neg y)$.

证明 仅证明 (27), 其他证明留给读者或参阅文献 [68], [222], [245].

由 (20) 知 $x \to \neg y \leqslant \neg\neg(x \to \neg y)$. 反过来, 由 (9) 与 (25) 得

$$\begin{aligned}\neg\neg(x \to \neg y) \to (x \to \neg y) &= x \to (\neg\neg(x \to \neg y) \to \neg y)\\ &= x \to ((x \to \neg y) \to \neg y)\\ &= (x \to \neg y) \to (x \to \neg y)\\ &= 1.\end{aligned}$$

再由 (3) 知 $\neg\neg(x \to \neg y) \leqslant x \to \neg y$, 所以 (27) 的前半部分成立. 由 (5), (20), (15) 及 (25) 得 $\neg\neg(x \to y) \leqslant \neg\neg(x \to \neg\neg y) = x \to \neg\neg y = \neg\neg x \to \neg\neg y$.

以下进一步讨论剩余格的性质. 在剩余格 M 中规定:

$$d_M(x, y) = x \leftrightarrow y = (x \to y) \wedge (y \to x), \quad x, y \in M. \tag{8.1.5}$$

当上下文中剩余格 M 已明确时, 把式 (8.1.5) 中的 d_M 简记为 d.

命题 8.1.4 在剩余格 M 中以下性质成立:

(i) $d(x, y) = x \vee y \to x \wedge y$.

(ii) $d(x, y) = d(y, x)$.

(iii) $d(1, x) = x$.

(iv) $d(x, y) = 1$ iff $x = y$.

(v) $d(x, y) \otimes d(y, z) \leqslant d(x, z)$.

(vi) $d(x_1, y_1) \wedge d(x_2, y_2) \leqslant d(x_1 \wedge x_2, y_1 \wedge y_2)$.

(vii) $d(x_1, y_1) \wedge d(x_2, y_2) \leqslant d(x_1 \vee x_2, y_1 \vee y_2)$.

(viii) $d(x_1, y_1) \otimes d(x_2, y_2) \leqslant d(x_1 \circ x_2, y_1 \circ y_2)$, 其中 $\circ \in \{\wedge, \vee, \otimes, \to, \leftrightarrow\}$.

证明 参阅文献 [68] 中定理 7.2.14 的证明.

在 M 中定义:

$$x \oplus y = \neg(\neg x \otimes \neg y), \quad x, y \in M, \tag{8.1.6}$$

并记

$$x \perp y \text{ iff } x \leqslant \neg y, \quad x, y \in M. \tag{8.1.7}$$

命题 8.1.5 在 M 中以下性质成立:

(i) $\oplus$ 是交换的, 结合的.

(ii) $x, y \leqslant x \oplus y$.

(iii) $x \oplus 0 = \neg\neg x$; $x \oplus 1 = 1$.

(iv) $x \oplus y = \neg\neg(x \oplus y) = \neg\neg x \oplus \neg\neg y = \neg x \to \neg\neg y$.

(v) $x \perp y$ iff $x \otimes y = 0$ iff $\neg\neg x \otimes \neg\neg y = 0$ iff $\neg\neg x \leqslant \neg y$.

证明 (i) 由 $\otimes$ 是交换的知 $\oplus$ 也交换. 任取 $x, y, z \in M$, 则由式 (8.1.6), 命题 8.1.3 (9), (20) 以及 (24)—(26) 得

$$\begin{aligned}(x \oplus y) \oplus z &= \neg(\neg x \otimes \neg y) \oplus z = \neg(\neg\neg(\neg x \otimes \neg y) \otimes \neg z) \\ &= \neg z \to \neg\neg\neg(\neg x \otimes \neg y) \\ &= \neg z \to \neg(\neg x \otimes \neg y) \\ &= \neg x \otimes \neg y \to \neg\neg z \\ &= \neg y \to (\neg x \to \neg\neg z) \\ &= \neg y \to (\neg z \to \neg\neg x) \\ &= \neg y \otimes \neg z \to \neg\neg x \\ &= (y \oplus z) \oplus x \\ &= x \oplus (y \oplus z).\end{aligned}$$

(ii) 由命题 8.1.3 (24), (8) 以及 (20) 得 $x \oplus y = \neg(\neg x \otimes \neg y) = \neg x \to \neg\neg y \geqslant \neg\neg y \geqslant y$; $x \oplus y = \neg(\neg x \otimes \neg y) = \neg y \to \neg\neg x \geqslant \neg\neg x \geqslant x$.

(iii) 由命题 8.1.3 (2), (24) 以及 1 为乘法单位得 $x \oplus 0 = \neg(\neg x \otimes \neg 0) = \neg(\neg x \otimes 1) = \neg\neg x$; $x \oplus 1 = \neg(\neg x \otimes \neg 1) = \neg(\neg x \otimes 0) = \neg 0 = 1$.

(iv) 由命题 8.1.3 (20), (24), (25) 与 (27) 得 $x \oplus y = \neg(\neg x \otimes \neg y) = \neg x \to \neg\neg y = \neg\neg(\neg x \to \neg\neg y) = \neg\neg(x \oplus y)$. 另外, 由命题 8.1.3 (20) 得 $x \oplus y = \neg x \to \neg\neg y = \neg(\neg\neg x) \to \neg\neg(\neg\neg y) = \neg\neg x \oplus \neg\neg y$.

(v) 由式 (8.1.7) 及命题 8.1.3 (29) 即得 (v).

定理 8.1.6[245] 设 $a \in M = (M, \wedge, \vee, \otimes, \to, 0, 1)$, 令 $[a, 1] = \{x \in M \mid a \leqslant x \leqslant 1\}$, 并在 $[a, 1]$ 中定义

$$x \otimes_a^1 y = (x \otimes y) \vee a, \quad x, y \in [a, 1], \tag{8.1.8}$$

则 $M_a^1 = ([a, 1], \wedge, \vee, \otimes_a^1, \to, a, 1)$ 也是剩余格.

证明 以下验证定义 8.1.1 (i)—(iii) 成立.

(i) 显然 $([a,1],\wedge,\vee,a,1)$ 是有界格.

(ii) 任取 $x\in[a,1]$, 则 $x\otimes_a^1 1=(x\otimes 1)\vee a=x\vee a=x$, 这说明 1 是 $\otimes_a^1$ 的单位. 任取 $x,y\in[a,1]$, 由 $\otimes$ 的交换性知, $x\otimes_a^1 y=(x\otimes y)\vee a=(y\otimes x)\vee a=y\otimes_a^1 x$, 所以 $\otimes_a^1$ 是交换的. 下证 $\otimes_a^1$ 满足结合律, 任取 $x,y,z\in[a,1]$.

$$\begin{aligned}(x\otimes_a^1 y)\otimes_a^1 z&=(((x\otimes y)\vee a)\otimes z)\vee a\\&=((x\otimes y)\otimes z\vee a\otimes z)\vee a\\&=(x\otimes y\otimes z)\vee a\vee(a\otimes z\vee a)\\&=(x\otimes y\otimes z)\vee a,\end{aligned}$$

而

$$\begin{aligned}x\otimes_a^1(y\otimes_a^1 z)&=(x\otimes((y\otimes z)\vee a))\vee a\\&=(x\otimes y\otimes z)\vee(x\otimes a)\vee a\\&=(x\otimes y\otimes z)\vee a,\end{aligned}$$

所以 $(x\otimes_a^1 y)\otimes_a^1 z=x\otimes_a^1(y\otimes_a^1 z)$.

定理 8.1.7[222,246] 在剩余格 M 中以下各条等价:

(i) **预线性**

$$(x\to y)\vee(y\to x)=1,\tag{8.1.9}$$

(ii) $x\to y\vee z=(x\to y)\vee(x\to z)$,

(iii) $x\wedge y\to z=(x\to z)\vee(y\to z)$,

(iv) $x\to z\leqslant(x\to y)\vee(y\to z)$,

(v) $(x\to y)\to z\leqslant((y\to x)\to z)\to z$.

证明 (i)$\Rightarrow$(ii). 由命题 8.1.3 (5) 知 $x\to y\vee z\geqslant(x\to y)\vee(x\to z)$. 另外, 由命题 8.1.3 (5), (13) 与 (17) 知

$$\begin{aligned}&(x\to y\vee z)\to(x\to y)\vee(x\to z)\\\geqslant&((x\to y\vee z)\to(x\to y))\vee((x\to y\vee z)\to(x\to z))\\\geqslant&(y\vee z\to y)\vee(y\vee z\to z)\\=&(z\to y)\vee(y\to z)\\=&1,\end{aligned}$$

所以由命题 8.1.3 (3) 知 $x\to y\vee z\leqslant(x\to y)\vee(x\to z)$, 从而 (ii) 得证.

(ii)$\Rightarrow$(i).

$$\begin{aligned}1&=x\vee y\to x\vee y=(x\vee y\to x)\vee(x\vee y\to y)\\&=(y\to x)\vee(x\to y).\end{aligned}$$

(i)⇒(iii). 显然 $x \wedge y \to z \geqslant (x \to z) \vee (y \to z)$. 另外, 由命题 8.1.3 (5), (13) 与 (17) 知

$$\begin{aligned}&(x \wedge y \to z) \to (x \to z) \vee (y \to z)\\ \geqslant\ & ((x \wedge y \to z) \to (x \to z)) \vee ((x \wedge y \to z) \to (y \to z))\\ \geqslant\ & (x \to x \wedge y) \vee (y \to x \wedge y)\\ =\ & (x \to y) \vee (y \to x)\\ =\ & 1,\end{aligned}$$

所以 $x \wedge y \to z \leqslant (x \to z) \vee (y \to z)$, 从而 (iii) 成立.

(iii)⇒(i).

$$\begin{aligned}1 &= x \wedge y \to x \wedge y = (x \to x \wedge y) \vee (y \to x \wedge y)\\ &= (x \to y) \vee (y \to x).\end{aligned}$$

(ii)⇒(iv). 由命题 8.1.3 (14), (5) 及 (17) 知 $x \to z \leqslant x \vee y \to z \vee y = (x \vee y \to z) \vee (x \vee y \to y) \leqslant (y \to z) \vee (x \to y)$.

(iv)⇒(i). 在 (iv) 中取 $z = x$ 得 $(x \to y) \vee (y \to x) \geqslant x \to x = 1$.

(i)⇒(v). 由命题 8.1.3 (16) 及 (6) 得

$$\begin{aligned}z &= 1 \to z = (x \to y) \vee (y \to x) \to z\\ &= ((x \to y) \to z) \wedge ((y \to x) \to z)\\ &\geqslant ((x \to y) \to z) \otimes ((y \to x) \to z),\end{aligned}$$

所以 (v) 成立.

(v)⇒(i). 设 $z \geqslant (x \to y) \vee (y \to x)$, 则

$$\begin{aligned}1 &= (x \to y) \to z \leqslant ((y \to x) \to z) \to z\\ &= 1 \to z\\ &= z,\end{aligned}$$

这说明 (i) 成立.

若剩余格 M 中的偏序为全序, 则称 M 为**全序剩余格或剩余链**. 8.1.2 节将利用剩余格中的滤子理论再给出定理 8.1.7 的一个等价条件, 即 M 可表示为一组全序剩余格的次直积, 参阅文献 [67], [222].

定义 8.1.8 称满足定理 8.1.7 中等价条件的剩余格为 **MTL-代数**.

MTL-代数是 MTL- 命题逻辑的语义代数, 是对左连续三角模的公理化. 显然, 全序剩余格都是 MTL-代数. $[0,1]$ 上的左连续三角模 $\otimes$ 及其伴随 $\to$ (见式 (1.2.7) 与式 (1.2.8)) 都可使 $([0,1], \min, \max, \otimes, \to, 0, 1)$ 成为 MTL-代数, 称为**标准 MTL-代数**, 如标准 R_0-代数与标准 MV-代数. 但例 8.1.2 (iii)–(v) 中的剩余格都不是 MTL-代数. MTL-代数除有命题 8.1.3– 命题 8.1.5 所述的性质外还有如下性质.

命题 8.1.9　设 M 是 MTL-代数, 记 $x^n = \underbrace{x \otimes \cdots \otimes x}_{n}$, $n \in \mathbb{N}$, $x \in M$.

(i) M 是分配格.

(ii) $\otimes$ 对 $\wedge$ 分配, 即对任意的 $x, y, z \in M$, $x \otimes (y \wedge z) = (x \otimes y) \wedge (x \otimes z)$.

(iii) $x^2 \wedge y^2 \leqslant x \otimes y \leqslant x^2 \vee y^2$.

(iv) $(x \vee y)^2 = x^2 \vee y^2$.

(v) 若 $x \vee y = 1$, 则 $x^n \vee y^n = 1, n \in \mathbb{N}$.

(vi) $(x \to y)^n \vee (y \to x)^n = 1, n \in \mathbb{N}$.

(vii) $\neg(x \wedge y) = \neg x \vee \neg y = \neg(\neg\neg x \wedge y) = \neg(\neg\neg x \wedge \neg\neg y)$.

(viii) $x \vee y = ((x \to y) \to y) \wedge ((y \to x) \to x)$.

证明　由题设, 定理 8.1.7, 特别是式 (8.1.9) 成立.

(i) 任取 $x, y, z \in M$, 由定理 8.1.7 (ii) 与命题 8.1.3 (14) 和 (17) 得

$$
\begin{aligned}
& x \wedge (y \vee z) \to (x \wedge y) \vee (x \wedge z) \\
= & (x \wedge (y \vee z) \to x \wedge y) \vee (x \wedge (y \vee z) \to x \wedge z) \\
\geqslant & (y \vee z \to y) \vee (y \vee z \to z) \\
= & (z \to y) \vee (y \to z) \\
= & 1,
\end{aligned}
$$

所以 $x \wedge (y \vee z) \leqslant (x \wedge y) \vee (x \wedge z)$. 又 $(x \wedge y) \vee (x \wedge z) \leqslant x \wedge (y \vee z)$ 显然成立, 所以 $x \wedge (y \vee z) = (x \wedge y) \vee (x \wedge z)$, 因而 M 是分配格.

(ii) 只需证 $(x \otimes y) \wedge (x \otimes z) \leqslant x \otimes (y \wedge z)$. 由命题 8.1.3 (18), (14) 及 (17) 得

$$
\begin{aligned}
& (x \otimes y) \wedge (x \otimes z) \to x \otimes (y \wedge z) \\
= & (x \otimes y \to x \otimes (y \wedge z)) \vee (x \otimes z \to x \otimes (y \wedge z)) \\
\geqslant & (y \to y \wedge z) \vee (z \to y \wedge z) \\
= & (y \to z) \vee (z \to y) \\
= & 1.
\end{aligned}
$$

(iii) 由定理 8.1.7 (iii) 与命题 8.1.3 (14) 得

$$
\begin{aligned}
x^2 \wedge y^2 \to x \otimes y &= (x^2 \to x \otimes y) \vee (y^2 \to x \otimes y) \\
&\geqslant (x \to y) \vee (y \to x) \\
&= 1,
\end{aligned}
$$

所以 $x^2 \wedge y^2 \leqslant x \otimes y$.

类似地, 由定理 8.1.7 (ii) 与命题 8.1.3 (14) 得

$$\begin{aligned} x \otimes y \to x^2 \vee y^2 &= (x \otimes y \to x^2) \vee (x \otimes y \to y^2) \\ &\geqslant (y \to x) \vee (x \to y) \\ &= 1, \end{aligned}$$

所以 $x \otimes y \leqslant x^2 \vee y^2$.

(iv) 由 (iii) 及命题 8.1.3 (15) 得

$$\begin{aligned} (x \vee y)^2 &= (x \vee y) \otimes (x \vee y) \\ &= x^2 \vee x \otimes y \vee y^2 \\ &= x^2 \vee y^2. \end{aligned}$$

(v) 由 (iv) 知 $1 = (x \vee y)^{2^n} = x^{2^n} \vee y^{2^n} \leqslant x^n \vee y^n$.

(vi) 由式 (8.1.9) 及 (v) 即得.

(vii) 由命题 8.1.3 (20) 知 (vii) 是定理 8.1.7 (iii) 在 $z = 0$ 时的特殊情形.

(viii) 由命题 8.1.3 (11) 知 $x \vee y \leqslant ((x \to y) \to y) \wedge ((y \to x) \to x)$. 由定理 8.1.7 (iii), (ii) 及 (i) 得

$$\begin{aligned} &((x \to y) \to y) \wedge ((y \to x) \to x) \to x \vee y \\ \geqslant &(((x \to y) \to y) \to x \vee y) \vee (((y \to x) \to x) \to x \vee y) \\ \geqslant &(((x \to y) \to y) \to y) \vee (((y \to x) \to x) \to x) \\ = &(x \to y) \vee (y \to x) \\ = &1, \end{aligned}$$

所以 $((x \to y) \to y) \wedge ((y \to x) \to x) \leqslant x \vee y$, 从而 (viii) 成立.

定义 8.1.10 称 M 为**可分剩余格**, 若对任意的 $x, y \in M$ 且 $x \leqslant y$, 则存在 $z \in M$ 使得 $x = y \otimes z$. 可分的 MTL-代数称为 **BL-代数**.

例 8.1.2 (i) 中的 Boole 代数, (ii) 中的标准 MV-代数 $[0,1]_{\mathrm{MV}}$、标准 Gödel 代数 $[0,1]_{\mathrm{G}}$、标准乘积代数 $[0,1]_{\Pi}$ 都是 BL-代数的例子, 满足式 (8.1.9) 的 Heyting 代数也是 BL-代数, 但 R_0-代数不是 BL-代数. BL-代数是 Hájek 的 BL- 逻辑的语义代数, 是对 $[0,1]$ 上所有连续三角模的公理化.

定理 8.1.11 设 M 是剩余格, 则以下条件等价:

(i) M 是可分的,

(ii)

$$x \wedge y = x \otimes (x \to y), \tag{8.1.10}$$

(iii) $x \to y \wedge z = (x \to y) \otimes (x \wedge y \to z)$.

若 M 是 MTL-代数, 则以上各条与下述 (iv) 等价:

(iv)

$$x \otimes (x \to y) = y \otimes (y \to x). \tag{8.1.11}$$

证明　(i)⇒(ii). 设 M 是可分的, $x, y \in M$, 则存在 $z \in M$ 使得 $x \wedge y = x \otimes z$. 由于 $x \wedge y \leqslant y$ 知 $z \leqslant x \to y$, 从而由命题 8.1.3 (5) 与 (7) 得

$$x \wedge y = x \otimes z \leqslant x \otimes (x \to y) \leqslant x \wedge y.$$

所以式 (8.1.10) 成立.

(ii)⇒(iii).

$$\begin{aligned}(x \to y) \otimes (x \wedge y \to z) &= (x \to y) \otimes (x \otimes (x \to y) \to z)\\ &= (x \to y) \otimes ((x \to y) \to (x \to z))\\ &= (x \to y) \wedge (x \to z)\\ &= x \to y \wedge z.\end{aligned}$$

(iii)⇒(i). 设 $x, y \in M$, $x \leqslant y$, 则由 (iii) 得 $y \otimes (y \to x) = (1 \to y) \otimes (1 \wedge y \to x) = 1 \to (y \wedge x) = x$.

现设 M 是 MTL-代数. (ii)⇒(iv) 显然成立. 设式 (8.1.11) 成立, 显然有 $x \otimes (x \to y) = y \otimes (y \to x) \leqslant x \wedge y$. 设 $z \geqslant x \otimes (x \to y) = y \otimes (y \to x)$, 则 $x \leqslant (x \to y) \to z$, $y \leqslant (y \to x) \to z$, 从而

$$\begin{aligned}x \wedge y &\leqslant ((x \to y) \to z) \wedge ((y \to x) \to z)\\ &= (x \to y) \vee (y \to x) \to z\\ &= 1 \to z\\ &= z.\end{aligned}$$

这就证得 $x \otimes (x \to y) = y \otimes (y \to x) \geqslant x \wedge y$, 所以式 (8.1.10) 成立.

命题 8.1.12　设 M 是可分剩余格, 则

(i) 若 $x^2 = x$, 则对任一 $y \in M$, $x \wedge y = x \otimes y$.

(ii) $x \otimes (y \wedge z) = (x \otimes y) \wedge (x \otimes z)$.

(iii) $x \otimes y \leqslant x^2 \vee y^2$.

(iv) $x \wedge (y \vee z) = (x \wedge y) \vee (x \wedge z)$, 从而 M 是分配格.

证明　(i) 设 $x^2 = x$, 则 $x \otimes y \leqslant x \wedge y = x \otimes (x \to y) = x \otimes (x \otimes (x \to y)) = x \otimes (x \wedge y) \leqslant x \otimes y$.

(ii)

$$\begin{aligned}(x\otimes y)\wedge(x\otimes z)&=x\otimes y\otimes(x\otimes y\to x\otimes z)\\&=x\otimes y\otimes(y\to(x\to x\otimes z))\\&=x\otimes(y\wedge(x\to x\otimes z))\\&=x\otimes(x\to x\otimes z)\otimes((x\to x\otimes z)\to y)\\&\leqslant x\otimes z\otimes(z\to y)\\&=x\otimes(y\wedge z).\end{aligned}$$

又 $x\otimes(y\wedge z)\leqslant(x\otimes y)\wedge(x\otimes z)$ 显然成立, 所以 (ii) 成立.

(iii) 任取 $x,y\in M$, 由 M 的可分性知存在 $z_1,z_2\in M$ 使得

$$x=(x\vee y)\otimes z_1;\quad y=(x\vee y)\otimes z_2.$$

由命题 8.1.3 (15), $x\vee y=(x\vee y)\otimes(z_1\vee z_2)$, 从而

$$\begin{aligned}x\otimes y&=z_1\otimes z_2\otimes(x\vee y)\otimes(x\vee y)\\&=z_1\otimes z_2\otimes(z_1\vee z_2)\otimes(x\vee y)\otimes(x\vee y)\\&\leqslant(z_1^2\vee z_2^2)\otimes(x\vee y)\otimes(x\vee y)\\&=x^2\vee y^2.\end{aligned}$$

(iv)

$$\begin{aligned}x\wedge(y\vee z)&=(y\vee z)\otimes((y\vee z)\to x)\\&=(y\vee z)\otimes((y\to x)\wedge(z\to x))\\&\leqslant(y\otimes(y\to x))\vee(z\otimes(z\to x))\\&=(x\wedge y)\vee(x\wedge z),\end{aligned}$$

所以 (iv) 成立.

由 BL-代数的定义, 前面讲到的剩余格或 MTL-代数的性质在 BL-代数中都成立. 下面再给出 BL-代数有关非运算的一些性质.

命题 8.1.13 设 M 是 BL-代数, 则

(i) $\neg(\neg\neg x\to x)=0$.

(ii) $(\neg\neg x\to x)\vee\neg\neg x=1$.

(iii) 若 $\neg\neg x\leqslant\neg\neg x\to x$, 则 $\neg\neg x=x$.

(iv) $\neg\neg(x\to y)=x\to\neg\neg y$.

(v) $\neg\neg(x\otimes y)=\neg\neg x\otimes\neg\neg y$.

(vi) $\neg\neg(x\wedge y)=\neg\neg x\wedge\neg\neg y$.

(vii) $\neg\neg(x\vee y)=\neg\neg x\vee\neg\neg y$.

(viii) 若 $\neg y\leqslant x$, 则 $x\to\neg\neg(x\otimes y)=\neg\neg y$.

证明 (i) 由命题 8.1.3 (22) 知 $\neg x \leqslant \neg\neg x \to x$, 所以再由命题 8.1.3 (3) 与 (23) 知 $\neg(\neg\neg x \to x) \leqslant \neg\neg x$. 由式 (8.1.10) 及命题 8.1.3 (24) 与 (20) 知

$$\begin{aligned}\neg(\neg\neg x \to x) &= \neg\neg x \wedge \neg(\neg\neg x \to x)\\ &= \neg\neg x \otimes (\neg\neg x \to \neg(\neg\neg x \to x))\\ &= \neg\neg x \otimes \neg(\neg\neg x \otimes (\neg\neg x \to x))\\ &= \neg\neg x \otimes \neg(\neg\neg x \wedge x)\\ &= \neg\neg x \otimes \neg x\\ &= 0.\end{aligned}$$

(ii) 由命题 8.1.3 (9), 式 (8.1.10) 以及 (i) 知

$$\begin{aligned}&(\neg\neg x \to (\neg\neg x \to x)) \to (\neg\neg x \to x)\\ =\ &\neg\neg x \otimes (\neg\neg x \to (\neg\neg x \to x)) \to x\\ =\ &(\neg\neg x \wedge (\neg\neg x \to x)) \to x\\ =\ &(\neg\neg x \to x) \otimes ((\neg\neg x \to x) \to \neg\neg x) \to x\\ =\ &(\neg\neg x \to x) \otimes (\neg x \to \neg(\neg\neg x \to x)) \to x\\ =\ &(\neg\neg x \to x) \otimes (\neg x \to 0) \to x\\ =\ &(\neg\neg x \to x) \otimes \neg\neg x \to x\\ =\ &\neg\neg x \wedge x \to x\\ =\ &1.\end{aligned}$$

另外, 由命题 8.1.3 (25) 及 (i) 得

$$\begin{aligned}&((\neg\neg x \to x) \to \neg\neg x) \to \neg\neg x\\ =\ &(\neg\neg(\neg\neg x \to x) \to \neg\neg x) \to \neg\neg x\\ =\ &(1 \to \neg\neg x) \to \neg\neg x\\ =\ &\neg\neg x \to \neg\neg x\\ =\ &1.\end{aligned}$$

所以由命题 8.1.9 (viii) 知 (ii) 成立.

(iii) 设 $\neg\neg x \leqslant \neg\neg x \to x$, 则由 (ii) 知 $\neg\neg x \to x = 1$, 从而由命题 8.1.3 (3), $\neg\neg x \leqslant x$, 所以由命题 8.1.3 (20) 知 $\neg\neg x = x$.

(iv) 由命题 8.1.3 (25) 与 (27) 知 $\neg\neg(x \to y) \leqslant \neg\neg x \to \neg\neg y = x \to \neg\neg y$. 反过来, 由命题 8.1.3 (5), (9), (23), 式 (8.1.10) 与定理 8.1.7 (iii) 得

$$\begin{aligned}(x \to \neg\neg y) \to \neg\neg(x \to y) &= \neg\neg((x \to \neg\neg y) \to \neg\neg(x \to y))\\ &\geqslant \neg\neg((x \to \neg\neg y) \to (x \to y))\\ &= \neg\neg(x \otimes (x \to \neg\neg y) \to y)\end{aligned}$$

$$
\begin{aligned}
&= \neg\neg(x \wedge \neg\neg y \to y) \\
&= \neg\neg((x \to y) \vee (\neg\neg y \to y)) \\
&\geqslant \neg\neg(\neg\neg y \to y) \\
&= 1.
\end{aligned}
$$

所以 (iv) 成立.

(v) 由 $\neg\neg(x \otimes y) \leqslant \neg\neg x$, 命题 8.1.3 (24)–(26), 命题 8.1.9 (vii) 得

$$
\begin{aligned}
\neg\neg(x \otimes y) &= \neg\neg(x \otimes y) \wedge \neg\neg x = \neg(y \to \neg x) \wedge \neg\neg x \\
&= \neg\neg x \otimes (\neg\neg x \to \neg(y \to \neg x)) \\
&= \neg\neg x \otimes (\neg\neg x \to \neg(\neg\neg y \to \neg x)) \\
&= \neg\neg x \otimes ((\neg\neg x \to \neg y) \to \neg x) \\
&= \neg\neg x \otimes \neg((\neg\neg x \to \neg y) \otimes \neg\neg x) \\
&= \neg\neg x \otimes \neg(\neg\neg x \wedge \neg y) \\
&= \neg\neg x \otimes (\neg x \vee \neg\neg y) \\
&= (\neg\neg x \otimes \neg x) \vee (\neg\neg x \otimes \neg\neg y) \\
&= \neg\neg x \otimes \neg\neg y.
\end{aligned}
$$

(vi) 由式 (8.1.10), 命题 8.1.3 (25) 与 (27) 以及命题 8.1.9 (vii) 得

$$
\begin{aligned}
\neg\neg x \wedge \neg\neg y &= \neg\neg x \otimes (\neg\neg x \to \neg\neg y) \\
&= \neg\neg x \otimes \neg\neg(\neg\neg x \to \neg\neg y) \\
&= \neg\neg x \otimes \neg\neg(x \to \neg\neg y) \\
&= \neg\neg(x \otimes (x \to \neg\neg y)) \\
&= \neg\neg(x \wedge \neg\neg y) \\
&= \neg\neg(x \wedge y).
\end{aligned}
$$

(vii) 由命题 8.1.3 (30) 与命题 8.1.9 (vii) 知 $\neg\neg(x \vee y) = \neg(\neg x \wedge \neg y) = \neg\neg x \vee \neg\neg y$.

(viii) 设 $\neg y \leqslant x$, 则由命题 8.1.3 (24) 得

$$
\begin{aligned}
x \to \neg\neg(x \otimes y) &= \neg(x \otimes y) \to \neg x = (x \to \neg y) \to \neg x \\
&= \neg((x \to \neg y) \otimes x) \\
&= \neg(x \wedge \neg y) \\
&= \neg\neg y.
\end{aligned}
$$

定义 8.1.14 称 M 为**对合剩余格**, 或 **Girard 剩余格**, 若非运算 $\neg$ 是对合运算, 即 $\neg\neg x = x$, $x \in M$.

命题 8.1.15 在对合剩余格 M 中, 下面两个等式恒成立:

(i) $x \to y = \neg(x \otimes \neg y)$.

(ii) $\neg(x \wedge y) = \neg x \vee \neg y$.

证明　(i) 由命题 8.1.3 (24) 知 $x \to y = x \to \neg\neg y = \neg(x \otimes \neg y)$.

(ii) 由命题 8.1.3 (16) 及 M 的对合性知 $\neg(\neg x \vee \neg y) = \neg\neg x \wedge \neg\neg y = x \wedge y$, 所以 $\neg(x \wedge y) = \neg\neg(\neg x \vee \neg y) = \neg x \vee \neg y$.

命题 8.1.16　在对合剩余格中以下两条等价:

(i) 式 (8.1.9) 成立,

(ii) $\otimes$ 关于 $\wedge$ 分配: $x \otimes (y \wedge z) = (x \otimes y) \wedge (x \otimes z)$.

证明　(i)⇒(ii). 见命题 8.1.9 (ii).

(ii)⇒(i). 由命题 8.1.15 得

$$\begin{aligned} x \to (y \vee z) &= \neg(x \otimes \neg(y \vee z)) \\ &= \neg(x \otimes (\neg y \wedge \neg z)) \\ &= \neg((x \otimes \neg y) \wedge (x \otimes \neg z)) \\ &= \neg(x \otimes \neg y) \vee \neg(x \otimes \neg z) \\ &= (x \to y) \vee (x \to z). \end{aligned}$$

由定理 8.1.7 知式 (8.1.9) 成立.

命题 8.1.17　在对合 MTL-代数中, 若 $x = \neg x$ 且 $y = \neg y$, 则 $x = y$.

证明　首先在对合剩余格中, $a \to b = \neg b \to \neg a$, 所以 $x \otimes (y \to x) = x \otimes (\neg x \to \neg y) = x \otimes (x \to y)$. 由式 (8.1.9) 知 $x = x \otimes ((x \to y) \vee (y \to x)) = (x \otimes (x \to y)) \vee (x \otimes (y \to x)) = x \otimes (x \to y) \leqslant y$. 同理 $y \leqslant x$, 所以 $y = x$.

称剩余格 M 中满足 $\neg x = x$ 的元 x 为 M 的**中点**, 则命题 8.1.17 说明对合 MTL-代数 (如 R_0-代数及下面介绍的 MV-代数) 至多有一个中点.

下面介绍 MV-代数. MV-代数是 Chang 于 1958 年为证明 Łukasiewicz 命题逻辑的代数完备性而提出的 (见文献 [65]). MV-代数的原始定义较为烦琐, 这里我们仅回顾其简化后的定义 (见文献 [2]).

定义 8.1.18　MV-代数是一个满足如下条件的 $(2,1,0)$-型代数 $(M, \oplus, \neg, 0)$:

(i) $(M, \oplus, 0)$ 是以 0 为单位的交换幺半群,

(ii) $x \oplus \neg 0 = \neg 0$,

(iii) $\neg\neg x = x$,

(iv) $\neg(\neg x \oplus y) \oplus y = \neg(\neg y \oplus x) \oplus x$.

MV-代数还有多种不同的等价定义, 如 Wajsberg 代数[247] 与格蕴涵代数[248]. MV-代数还范畴等价于带强单位的格序群[81]. 此外, MV-代数还有一个用剩余格语言描述的简单刻画.

定理 8.1.19 剩余格 M 是 MV-代数 iff 在 M 中下面的等式恒成立:

$$(x \to y) \to y = (y \to x) \to x. \tag{8.1.12}$$

证明 文献 [247] 已证明剩余格是 Wajsberg 代数的充要条件是式 (8.1.12) 成立, 从而命题得证, 证明的具体细节详见文献 [247], 这里只指出在 MV-代数中, 各运算间的关系如下

$$x \to y = \neg x \oplus y, \quad x \otimes y = \neg(\neg x \oplus \neg y) = \neg(x \to \neg y), \quad x \vee y = (x \to y) \to y.$$

由定理 8.1.19 还可给出 MV-代数的下述等价刻画.

定理 8.1.20 在剩余格 $M = (M, \wedge, \vee, \otimes, \to, 0, 1)$ 中以下三条等价:

(i) M 是 MV-代数,

(ii) M 是可分的对合剩余格,

(iii) M 是对合 BL-代数.

证明 (i)⇒(ii). 由式 (8.1.12) 知 $\neg\neg x = (x \to 0) \to 0 = (0 \to x) \to x = 1 \to x = x$. 设 $x \leqslant y$, 则由命题 8.1.3 (3) 与 (23) 知 $\neg y \leqslant \neg x$, 所以由式 (8.1.12) 知 $\neg x = (\neg x \to \neg y) \to \neg y = (y \to x) \to \neg y = \neg(y \otimes (y \to x))$, 所以 $x = y \otimes (y \to x)$, 这说明 M 是可分的.

(ii)⇒(iii). 由命题 8.1.12 (ii) 知在 M 中 $\otimes$ 对 $\wedge$ 分配, 再由命题 8.1.16 知式 (8.1.9) 成立, 所以 M 是对合 BL-代数.

(iii)⇒(i). 由命题 8.1.3 (30) 及题设知 $\neg(x \vee y) = \neg x \wedge \neg y = \neg y \otimes (\neg y \to \neg x) = \neg y \otimes (x \to y)$, 所以 $x \vee y = \neg(\neg y \otimes (x \to y)) = (x \to y) \to \neg\neg y = (x \to y) \to y$. 因而式 (8.1.12) 成立, 所以定理 8.1.20 得证.

剩余格中有关子代数、商代数、同态、次直积、次直嵌入映射及次直不可约剩余格等基本概念可按泛代数中的通常方式引入, 也可参考 7.1 节中 R_0-代数中的相关概念. 例如, 称 M 为次直不可约剩余格, 若对任一次直嵌入 $\varphi: M \to \prod\limits_{i \in I} M_i$ (即 φ 为单同态且对任一 $i \in I$, $\pi_i \circ \varphi$ 是满同态, π_i 为投射), 存在 $i \in I$ 使得 $\pi_i \circ \varphi: M \to M_i$ 为同构, 这里 M_i 也是剩余格, $i \in I$, 参阅文献 [209].

推论 8.1.21 设 $M = (M, \wedge, \vee, \otimes, \to, 0, 1)$ 是 BL-代数, 定义

$$\mathrm{MV}(M) = \{x \in M \mid \neg\neg x = x\}, \tag{8.1.13}$$

则作为 M 的子代数, $\mathrm{MV}(M)$ 是 MV-代数.

证明 由命题 8.1.13 (iv)−(vii) 知 $\mathrm{MV}(M)$ 对 $\to, \otimes, \wedge$ 及 $\vee$ 都封闭, 又 $0, 1 \in \mathrm{MV}(M)$, 所以 $\mathrm{MV}(M)$ 是 M 的子代数, 并且是对合的, 进而由定理 8.1.20 知它是 MV-代数.

最后再简要介绍其他相关的逻辑代数.

幂等 (即 $x \otimes x = x$) 剩余格称为 **Heyting 代数**. 在 Heyting 代数中必有 $\otimes = \wedge$. 事实上, 先设 $x \leqslant z$, 则由命题 8.1.3 (15) 知 $x \otimes z = x \otimes (x \vee z) = (x \otimes x) \vee (x \otimes z) = x \vee (x \otimes z) = x$. 任取 x, y, 则 $x \wedge y = x \otimes (x \wedge y) \leqslant x \otimes y \leqslant x \wedge y$, 所以 $x \otimes y = x \wedge y$. 另外, Heyting 代数是可分剩余格, 因为 $x \wedge y = x \wedge (x \to y)$. 使式 (8.1.9) 成立的 Heyting 代数称为 **Gödel 代数**, 所以 Gödel 代数是 BL-代数. 剩余格是 Boole 代数 iff $x \vee \neg x = 1$. 另外, 在 MTL-代数中还有 WMTL-代数以及与 R_0-代数等价的 NM-代数等, 感兴趣的读者可参阅文献 [67].

8.1.2 滤子理论

如在第 7 章所述, 滤子是研究代数结构的基本工具, 那里我们也较细致地研究了 R_0-代数中的滤子理论. 本节介绍剩余格中有关滤子的基本理论, 读者可进一步参阅文献 [210]—[215]. 本节仍设 M 是剩余格.

定义 8.1.22 设 $\varnothing \neq F \subseteq M$.

(i) 如果 $1 \in F$ 且 F 对 MP 运算封闭, 即当 $x, x \to y \in F$ 时 $y \in F$, 则称 F 为 M 中的**滤子**.

(ii) 称滤子 F 是**真滤子**, 若 $F \neq M$. 称滤子 F 是**素滤子**, 若当 $x \vee y \in F$ 时, $x \in F$ 或 $y \in F$. 称滤子 F 为**极大滤子**, 若 F 不能真包含于其他真滤子.

下面的命题是自明的.

命题 8.1.23 (i) F 是 M 中的滤子 iff F 是非空上集且对 $\otimes$ 运算封闭.

(ii) 滤子对 M 中的交运算封闭, 从而是格滤子.

(iii) 一族滤子的集合交还是滤子.

(iv) 设 F 是滤子, 则 $x, y \in F$ iff $x \otimes y \in F$ iff $x \wedge y \in F$.

(v) 设 F 是滤子, 则 $x \otimes (x \to y) \in F$ iff $x \wedge y \in F$ iff $y \otimes (y \to x) \in F$.

定义 8.1.24 设 $A \subseteq M$, 则包含 A 的所有滤子的集合交称为**由 A 生成的滤子**, 记为 $[A)$. 把 $[\{x\})$ 简记为 $[x)$.

定理 7.2.8 在这里仍然成立.

命题 8.1.25 设 $A \in M$, 则

$$[A) = \{y \in M \mid \text{存在} \;\; n \in \mathbb{N} \;\; \text{和} \;\; x_1, \cdots, x_n \in A \;\; \text{使得} \;\; x_1 \otimes \cdots \otimes x_n \leqslant y\}.$$

今后约定 $x^n = \underbrace{x \otimes \cdots \otimes x}_{n}$, $n \in \mathbb{N}$, 并且优先级高于 $\neg$. 称使得 $x^m = 0$ 的最小自然数 m 为 x 的**阶**, 记为 $\mathrm{ord}(x)$. 若这样的自然数不存在, 则记 $\mathrm{ord}(x) = \infty$.

命题 8.1.26 设 $A \subseteq M$, F 是 M 中的滤子, $x, y \in M$, 则

(i) $[F) = F = \bigcup\limits_{x \in F} [x)$.

(ii) $[F\cup\{x\})=\{y\in M\mid$ 存在 $n\in\mathbb{N}$ 及 $z\in F$ 使得 $x^n\otimes z\leqslant y\}$.

(iii) $[x)=\{y\in M\mid$ 存在 $n\in\mathbb{N}$ 使得 $y\geqslant x^n\}$.

(iv) $[x)$ 是真滤子 iff $\operatorname{ord}(x)=\infty$.

(v) $[x\wedge y)$=$[x\otimes y)$=$[x)\cap[y)$.

命题 8.1.27 (i) 任一真滤子包含于某极大滤子中.

(ii) 极大滤子是素的.

证明 (i) 由 Zorn 引理即可.

(ii) 设 F 是极大滤子, 且 $x\vee y\in F$. 假设 $x\notin F$ 且 $y\notin F$, 则由 F 的极大性知, $[F\cup\{x\})$=$[F\cup\{y\})$=M. 从而由命题 8.1.26 (ii), 存在 $z_1,z_2\in F$ 及自然数 $m,n\in\mathbb{N}$ 使得 $x^m\otimes z_1=y^n\otimes z_2=0$, 由此, $(x\vee y)^{m+n}\otimes z_1\otimes z_2=\bigvee\{x^i\otimes y^j\otimes z_1\otimes z_2\mid i+j=m+n,i,j\geqslant 0\}=0$, 这说明 $0\in F$, 从而 $F=M$, 矛盾.

定义 8.1.28 称剩余格 M 为**局部有限的**(有时也称 M 是**单剩余格**), 若对任一 $x\in M$, $x\neq 1$, 则 $\operatorname{ord}(x)<\infty$.

易见, M 是局部有限的 iff M 只有一个真滤子 $\{1\}$.

定理 8.1.29 设 F 是 M 中的真滤子, 在 M 中定义二元关系如下

$$x\sim_F y \text{ iff } (x\to y)\wedge(y\to x)\in F,\tag{8.1.14}$$

则

(i) $\sim_F$ 是 M 上的同余关系, 从而商代数 $(M/F,\wedge,\vee,\otimes,\to,[0],[1])$ 是剩余格, 其中 $M/F=M/\sim_F$, $[x]_F\circ[y]_F=[x\circ y]_F$, $\circ\in\{\wedge,\vee,\otimes,\to\}$.

(ii) F 是极大滤子 iff M/F 是局部有限剩余格.

证明 (i) 验证是平凡的. 今后, 在不致混淆时, 把 $[x]_F$ 简记为 $[x]$.

(ii) 设 F 是极大的, 任取 $[x]\neq[1]$, 则 $x\notin F$. 由 F 的极大性知存在自然数 $n\in\mathbb{N}$ 及 $y\in F$ 使得 $x^n\otimes y=0$, 从而 $y\leqslant\neg x^n$, 所以 $\neg x^n\in F$, 因此 $x^n\sim_F 0$, 这说明 $[x]^n=[x^n]=[0]$. 反过来, 设 G 是 M 中的滤子且 $G\supsetneq F$. 任取 $x\in G-F$, 则 $[x]\neq[1]$, 从而存在 $n\in\mathbb{N}$ 使得 $[x]^n=[0]$, 所以 $\neg x^n\in F$, 进而 $\neg x^n\in G$. 又 $x^n\in G$, 所以 $0\in G=M$.

定理 8.1.30 设 M 是剩余格, 则

(i) 对任一 $x\in M,x\neq 1$, 则存在 M 中的素滤子 P 使得 $x\notin P$.

(ii) 设 F 是 M 中的滤子, 则 F 是 M 中的极大滤子 iff 对任一 $x\in M-F$, 存在 $n\in\mathbb{N}$ 使得 $\neg x^n\in F$.

证明 (i) 设 $x\in M,x\neq 1$, 令 $\mathscr{F}(x)$=$\{F\mid F$ 是 M 中的滤子且 $x\notin F\}$. 由于 $\{1\}\in\mathscr{F}(x)$, 从而 $\mathscr{F}(x)$ 非空. 任取 $\mathscr{F}(x)$ 中的一个递增链 $F_1\subset F_2\subset\cdots$, 易验证 $\bigcup\limits_{i=1}^{\infty}F_i\in\mathscr{F}(x)$, 从而由 Zorn 引理知 $(\mathscr{F}(x),\subseteq)$ 有极大元 P. 下证 P 是素滤子. 假

设存在 $y_1, y_2 \in M$ 使得 $y_1 \vee y_2 \in P$ 但 $y_1 \notin P$, $y_2 \notin P$, 则由 P 的极大性知存在 $z_1, z_2 \in P$ 以及 $m_1, m_2 \in \mathbb{N}$ 使得

$$y_1^{m_1} \otimes z_1 \leqslant x; \quad y_2^{m_2} \otimes z_2 \leqslant x.$$

因而有 $(y_1 \vee y_2)^{m_1+m_2} \otimes z_1 \otimes z_2 = \bigvee\{y_1^{j_1} \otimes y_2^{j_2} \otimes z_1 \otimes z_2 \mid j_1 + j_2 = m_1 + m_2, j_1, j_2 \in \mathbb{N}\} \leqslant x$, 这说明 $x \in P$, 矛盾.

(ii) 设 F 是 M 中的极大滤子, $x \notin F$, 则由极大性知存在 $y \in F$ 及 $n \in \mathbb{N}$ 使 $x^n \otimes y = 0$, 从而 $y \leqslant \neg x^n$, 由 F 是上集知 $\neg x^n \in F$. 反过来, 设 F, G 是 M 中的滤子且 $F \subsetneq G$, 任取 $x \in G - F$, 则由题设知存在 $n \in \mathbb{N}$ 使 $\neg x^n \in F$, 从而 $\neg x^n \in G$. 又因为 $x^n \in G$, 则必有 $G = M$, 这便证得 F 是极大滤子.

定理 8.1.31　在剩余格中以下两条等价:

(i) M 满足式 (8.1.9),

(ii) M 可表示为一族全序剩余格的次直积.

证明　(ii)⇒(i). 由于全序剩余格自然满足式 (8.1.9), 所以它们的次直积按点式序也满足式 (8.1.9).

(i)⇒(ii). 设 $P(M) = \{P \mid P \text{ 是 } M \text{ 中的素滤子}\}$, 则对任一 $P \in P(M)$, 以及 x, $y \in M$ 都有 $x \to y \in P$ 或 $y \to x \in P$, 这说明商代数 M/P 是全序剩余格. 定义 $\varphi : M \to \prod\limits_{P \in P(M)} M/P$ 为

$$\varphi(x) = ([x]_P)_{P \in P(M)},$$

则由定理 8.1.30 (i) 知 φ 是嵌入, 且 $\pi_P \circ \varphi$ 是满同态, 这里 $\pi_P : \prod\limits_{G \in P(M)} M/G \to M/P$ 为投影映射, 这就证明了 M 是全序剩余格 $\{M/P \mid P \in P(M)\}$ 的次直积.

由定理 8.1.31 知, MTL-代数恰为能表示为全序剩余格的次直积的一类剩余格, BL-代数恰是能表示成可分全序剩余格 (即 BL-链) 的次直积的一类剩余格. 在第 7 章已看到的 R_0-代数的次直积定理 (见定理 7.1.12), 也可作为定理 8.1.31 的推论, 因为 R_0-代数关于素滤子的商代数仍为 R_0-代数. 同理, MV-代数、Gödel 代数以及 Boole 代数的次直积表示定理都成立, 即它们都能表示为相应全序代数的次直积. 由次直积表示定理, 一个等式是否在某代数簇中成立归结为它是否在该代数簇中的任一全序代数中成立, 这可为验证等式是否成立带来极大方便. 更进一步, 文献 [249], [250] 已分别证明一个等式在任一 MTL-代数和任一 BL-代数中成立的充要条件是该等式分别在标准 MTL-代数和标准 BL-代数中成立, 由此, 只需验证等式是否在以 $[0,1]$ 为承载集的任一 MTL-代数和 $[0,1]$ 为承载集的任一 BL-代数中成立. 此定理分别称为 MTL-代数和 BL-代数的完备性定理. R_0-代数、MV-代数、Gödel 代数以及 Boole 代数的完备性定理也均成立, 参阅文献 [2], [68].

定义 8.1.32 在剩余格 M 中, 令

$$\mathrm{Max}(M)=\{F\mid F \text{ 是 } M \text{ 中的极大滤子}\}.$$

(i) 称 $\mathrm{Rad}(M)=\cap\mathrm{Max}(M)=\cap\{F\mid F\in\mathrm{Max}(M)\}$ 为 M 的**根**.

(ii) 称 M 是**半单剩余格**, 若 $\mathrm{Rad}(M)=\{1\}$.

设 M 是局部有限剩余格, 则 $\mathrm{Max}(M)=\{\{1\}\}$, 从而 M 是半单的. 反过来, 半单剩余格可表示为局部有限剩余格的次直积, 即得如下推论.

推论 8.1.33 在剩余格中以下两条等价:

(i) M 是半单的,

(ii) M 可表示为局部有限剩余格的次直积.

证明 (i)⇒(ii). 设 M 是半单的, 则对任一 $x\in M, x\neq 1$, 存在 $F\in\mathrm{Max}(M)$ 使 $x\notin F$, 所以典型映射 $\varphi: M\to \prod\limits_{F\in\mathrm{Max}(M)} M/F$ 是嵌入且 $\pi_F\circ\varphi$ 是满射. 又由定理 8.1.29 (ii) 知 M/F 都是局部有限的, 所以 (ii) 成立.

(ii)⇒(i). 设 $\varphi: M\to\prod\limits_{i\in I}M_i$ 是次直嵌入, 其中 $M_i\,(i\in I)$ 是局部有限剩余格, 令 $F_i=(\pi_i\circ\varphi)^{-1}(1_i)$, 则 F_i 是 M 中的极大滤子, $i\in I$, 且 $\cap\{F_i\mid i\in I\}=\{1\}$. 所以, $\mathrm{Rad}(M)=\{1\}$.

定理 8.1.34 可分的局部有限剩余格是 MV-代数.

证明 设 M 是可分的局部有限剩余格. 由定理 8.1.20, 只需证 M 是对合的. 任取 $x\in M$, 若 $x=0$, 则显然有 $\neg\neg x=x$. 下设 $x\neq 0$, 则由命题 8.1.3 (20) 知 $x\leqslant\neg\neg x$ 且 $\neg\neg\neg x=x$. 由 M 的可分性知存在 y 使得 $\neg\neg x\otimes y=x$, 进而由命题 8.1.3 (24) 知 $\neg x=\neg(\neg\neg x\otimes y)=y\to\neg x$. 所以对任一 $n\in\mathbb{N}$ 都有 $\neg x=y^n\to\neg x$. 再由 M 的局部有限性知 $y=1$, 所以 $\neg\neg x=x$.

推论 8.1.35 局部有限的 BL-代数与局部有限的 MV-代数等价, 并且在同构的意义下是标准 MV-代数 $[0,1]_{\mathrm{MV}}$ 的子代数.

证明 由推论 8.1.33 与定理 8.1.34 知局部有限的 BL-代数是局部有限的 MV-代数, 再由文献 [81] 知局部有限的 MV-代数同构于 $[0,1]_{\mathrm{MV}}$ 的某子代数.

定理 8.1.36 设 M 是半单剩余格, 则以下两条等价:

(i) M 是可分的,

(ii) M 是 MV-代数.

证明 由推论 8.1.33 与定理 8.1.34 即得.

在剩余格 M 中引入以下记号:

$$D(M)=\{x\in M\mid \mathrm{ord}(x)=\infty\},$$
$$D(M)^*=\{x\in M\mid \mathrm{ord}(x)<\infty\}.$$

显然, $D(M)\cap D(M)^*=\varnothing$, $D(M)\cup D(M)^*=M$.

定义 8.1.37　称剩余格 M 是**局部**的, 若 $|\mathrm{Max}(M)|=1$.

易见局部有限剩余格和全序剩余格都是局部的, 且在局部剩余格中, $\mathrm{Rad}(M)$ 是其唯一极大滤子.

定理 8.1.38　在剩余格中以下条件等价:

(i) M 是局部的,

(ii) 对任一 $x\in M$, $\mathrm{ord}(x)<\infty$ 或 $\mathrm{ord}(\neg x)<\infty$,

(iii) $D(M)$ 是 M 中的滤子,

(iv) $D(M)$ 是 M 中唯一的极大滤子,

(v) $D(M)=\mathrm{Rad}(M)$,

(vi) 对任意 $x,y\in M$, 若 $x\otimes y\in D(M)^*$, 则 $x\in D(M)^*$ 或 $y\in D(M)^*$.

证明　(i)⇒(ii). 设 M 是局部剩余格. 假设存在 $x\in M$ 使得 $\mathrm{ord}(x)=\mathrm{ord}(\neg x)=\infty$, 则由命题 8.1.26 (iv) 知 $[x)$ 与 $[\neg x)$ 都是真滤子, 从而它们可包含于不同的极大滤子, 矛盾.

(ii)⇒(iii). 显然 $1\in D(M)$ 但 $0\notin D(M)$. 设 $x\in D(M)$, $x\leqslant y$, 则 $\infty=\mathrm{ord}(x)\leqslant\mathrm{ord}(y)$, 所以 $y\in D(M)$. 再设 $x,y\in D(M)$, 则由命题 8.1.26 (v) 知 $[x\otimes y)=[x)\cap[y)$ 是真滤子, 所以 $x\otimes y\in D(M)$. 这就证明了 $D(M)$ 是真滤子.

(iii)⇒(iv). 设 $x\notin D(M)$, $\mathrm{ord}(x)=n$, 则 $\neg x^n=1\in D(M)$, 由定理 8.1.30 (ii) 知 $D(M)$ 是极大滤子.

(iv)⇒(v)⇒(vi) 是平凡的.

(vi)⇒(i). 由于 $\neg x\otimes x=0\in D(M)^*$, 所以 (ii) 成立. 假设存在 $F,G\in\mathrm{Max}(M)$ 使得 $F\neq G$. 任取 $x\in G-F$, 则由定理 8.1.30 (ii), 存在 $n\in\mathbb{N}$ 使 $\neg x^n\in F$, 从而 $\mathrm{ord}(x^n)=\mathrm{ord}(\neg x^n)=\infty$, 矛盾.

定义 8.1.39　称剩余格 M 是**完全**的, 若对任一 $x\in M$, $\mathrm{ord}(x)<\infty$ iff $\mathrm{ord}(\neg x)=\infty$.

由定理 8.1.38 (ii) 知完全剩余格是局部的.

定理 8.1.40　设 M 是局部剩余格, 则 M 是完全的 iff $M=\mathrm{Rad}(M)\cup\neg\mathrm{Rad}(M)$, 其中 $\neg\mathrm{Rad}(M)=\{\neg x\mid x\in\mathrm{Rad}(M)\}$.

证明　设 M 是完全剩余格, 则由定理 8.1.38 知 $\mathrm{Rad}(M)=D(M)$, 又, 由定义 8.1.39 知 $\neg\mathrm{Rad}(M)=D(M)^*$, 从而必要性成立. 反过来, 任取 $x\in M$, 若 $x\in\mathrm{Rad}(M)$, 则 $\mathrm{ord}(x)=\infty$, 从而由定理 8.1.38 (ii) 知 $\mathrm{ord}(\neg x)<\infty$; 若 $x\notin\mathrm{Rad}(M)$, 则 $\neg x\in\mathrm{Rad}(M)$, 从而 $\mathrm{ord}(x)<\infty$, $\mathrm{ord}(\neg x)=\infty$, 所以 M 是完全的.

例 8.1.41　(i) 设 $M=\{0,a,b,c,1\}$, 其中 $0<a<b<c<1$, 定义运算 $\otimes$ 与 $\to$ 如下表所示:

$\otimes$	0	a	b	c	1
0	0	0	0	0	0
a	0	a	a	a	a
b	0	a	a	b	b
c	0	a	b	c	c
1	0	a	b	c	1

$\to$	0	a	b	c	1
0	1	1	1	1	1
a	0	1	1	1	1
b	0	b	1	1	1
c	0	a	b	1	1
1	0	a	b	c	1

则 $(M,\wedge,\vee,\otimes,\to)$ 是全序剩余格, 进而是局部的. $D(M)=\{a,b,c,1\}$, $D(M)^*=\{0\}$, 所以由定理 8.1.40 知 M 也是完全的.

(ii) 设 $M=\{0,a,b,c,1\}$, 其中 $0<a<b<c<1$, 定义运算 $\otimes$ 与 $\to$ 如下表所示:

$\otimes$	0	a	b	c	1
0	0	0	0	0	0
a	0	0	0	a	a
b	0	0	b	b	b
c	0	a	b	c	c
1	0	a	b	c	1

$\to$	0	a	b	c	1
0	1	1	1	1	1
a	b	1	1	1	1
b	a	a	1	1	1
c	0	a	b	1	1
1	0	a	b	c	1

则 $(M,\wedge,\vee,\otimes,\to,0,1)$ 构成全序剩余格, 也是局部的, $D(M)=\{b,c,1\}$, $D(M)^*=\{0,a\}\neq\neg D(M)$, 所以 M 不是完全的.

(iii) 设 $M=\{0,a,b,c,1\}$, 其中 $0<a<b,c<1$, b 与 c 不可比较, 运算 $\otimes$ 与 $\to$ 如下表所示:

$\otimes$	0	a	b	c	1
0	0	0	0	0	0
a	0	0	a	a	a
b	0	a	b	a	b
c	0	a	a	c	c
1	0	a	b	c	1

$\to$	0	a	b	c	1
0	1	1	1	1	1
a	a	1	1	1	1
b	0	c	1	c	1
c	0	b	b	1	1
1	0	a	b	c	1

则 $(M,\wedge,\vee,\otimes,\to,0,1)$ 是剩余格, $D(M)=\{b,c,1\}$, 但 $b\otimes c=a\notin D(M)$, 所以 M 不是局部的.

(iv) 设 M 是例 8.1.2 (v) 中的剩余格, 则 $D(M)=\{a,b,c,d,1\}$, 但 $b\otimes c=b\otimes d=0\notin D(M)$, 所以 M 也不是局部的.

最后给出 MTL-代数中 $\mathrm{Rad}(M)$ 的表达式, 其证明见文献 [200].

定理 8.1.42 设 M 是 MTL-代数, 则

$$
\begin{aligned}
\mathrm{Rad}(M)&=\{x\in M\mid \text{对任一}n\in\mathbb{N}, x^n>\neg x\}\\
&=\{x\in M\mid \text{对任一}n\in\mathbb{N}, \neg(x^n)\leqslant x\}.
\end{aligned}
$$

8.2　逻辑代数上的态算子

正如本章开始时所讲, 态算子最初是在 MV-代数上提出的. 为研究符合其他逻辑规则的多值事件的概率, 态算子随后逐步被推广到 BL-代数、MTL-代数以及剩余格上. 在 8.1 节我们已经看到 MV-代数、BL-代数以及 MTL-代数都具有剩余格结构, 因而这些代数结构上的态算子具有诸多相同的性质也就不足为奇了. 为避免相同性质的重复叙述及证明, 本节先讲一般剩余格上的态理论, 研究其基本性质, 然后再介绍特殊逻辑代数上态算子的特有性质.

8.2.1　Bosbach 态与 Riečan 态

命题 8.2.1　设 M 是剩余格, $d: M^2 \to M$ 由式 (8.1.5) 定义, $s: M \to [0,1]$ 是满足 $s(1)=1$ 的映射, 则以下各条等价:

(i) 对任意的 $x, y \in M$, $1+s(x\wedge y)=s(x\vee y)+s(d(x,y))$,

(ii) 对任意的 $x, y \in M$, $1+s(x\wedge y)=s(x)+s(x\to y)$,

(iii) 对任意的 $x, y \in M$, $s(x)+s(x\to y)=s(y)+s(y\to x)$.

证明　(i)⇒(ii). 先取 $a, b\in M$ 使 $a\leqslant b$, 则 $d(a,b)=(a\to b)\wedge(b\to a)=b\to a$, 所以由 (i) 得 $1+s(a)=s(b)+s(b\to a)$. 现任取 $x, y\in M$, 令 $a=x\wedge y$, $b=x$, 则 $1+s(x\wedge y)=s(x)+s(x\to x\wedge y)=s(x)+s(x\to y)$.

(ii)⇒(iii). 设 $x, y\in M$, 则 $s(x)+s(x\to y)=1+s(x\wedge y)=1+s(y\wedge x)=s(y)+s(y\to x)$.

(iii)⇒(i). 任取 $x, y\in M$, 则由命题 8.1.4 (i) 知 $d(x,y)=x\vee y\to x\wedge y$, 所以 $s(x\vee y)+s(d(x,y))=s(x\vee y)+s(x\vee y\to x\wedge y)=s(x\wedge y)+s(x\wedge y\to x\vee y)=s(x\wedge y)+1$.

定义 8.2.2　称映射 $s: M\to[0,1]$ 为 M 上的**Bosbach 态**, 若 $s(0)=0$, $s(1)=1$, 且 s 满足命题 8.2.1 中的等价条件.

例 8.2.3　(i) 设 M 是例 8.1.41 (i) 中的剩余格, 令 $s: M\to[0,1]$ 为 $s(0)=0, s(a)=s(b)=s(c)=s(1)=1$, 则 s 是 M 上的 Bosbach 态.

(ii) 设 M 是例 8.1.2 (v) 中的剩余格, 则可验证满足 $s(0)=0$, $s(a)=s(1)=1$, $s(c)=s(d)$, $s(b)+s(c)=1$ 的映射 $s: M\to[0,1]$ 都是 M 上的 Bosbach 态.

(iii) 设 M 是例 8.1.2 (vi) 中的剩余格, 则可验证满足 $s(0)=0$, $s(1)=s(c)=1$, $s(a)+s(b)=1$ 的映射 $s: M\to[0,1]$ 都是 M 上的 Bosbach 态.

(iv) 设 M 是 R_0-代数, $s: M\to W_3$ 是 R_0-同态 (见定理 7.2.21– 定理 7.2.23), 则 s 是 M 上的 Bosbach 态.

(v) 设 $M=[0,1]_{\mathrm{sD}}$, 见例 8.1.2 (ii) 及式 (8.1.1), 则 M 没有 Bosbach 态, 参见例 8.2.32.

命题 8.2.4 设 s 是 M 上的 Bosbach 态, 则对任意的 $x, y, z \in M$, 以下性质成立:

(1) $s(\neg x) = 1 - s(x)$.

(2) $s(\neg\neg x) = s(x)$.

(3) $s(x \to y) = s(y \to x)$ iff $s(x) = s(y)$.

(4) 若 $x \leqslant y$, 则 $1 + s(x) = s(y) + s(y \to x)$.

(5) 若 $x \leqslant y$, 则 $s(x) \leqslant s(y)$.

(6) $s(x) + s(y) = s(x \vee y) + s(x \wedge y)$.

(7) $s(x \otimes y) = 1 - s(x \to \neg y)$.

(8) $s(x \vee y) = s((x \to y) \to y)$.

(9) $s((x \to y) \to y) = s((y \to x) \to x)$.

(10) $s(\neg\neg x \to x) = 1$.

(11) $s(x \to \neg\neg y) = s(x \to y) = s(\neg\neg x \to y)$.

(12) $s(x) + s(y) = s(x \otimes y) + s(x \oplus y)$.

(13) $s(\neg x \to \neg y) = s(y \to x)$.

(14) $s((\neg x \to \neg y) \circ z) = s((y \to x) \circ z)$, $\circ \in \{\wedge, \vee, \otimes, \to\}$.

(15) $s(z \to (\neg x \to \neg y)) = s(z \to (y \to x))$.

(16) $s(\neg\neg x \circ y) = s(x \circ y)$, $\circ \in \{\wedge, \vee, \otimes\}$.

(17) $s(x \wedge y) = s(x \otimes (x \to y)) = s(y \otimes (y \to x))$.

(18) $s(x \to y \vee z) = s(x \to ((y \to z) \to z))$.

(19) $s(\neg\neg x \wedge y \to z) = s(x \wedge y \to z)$.

(20) $s((x \to y) \vee (y \to x)) = 1$.

(21) $s(x \to y \vee z) = s((x \to y) \vee (x \to z))$.

(22) $s(x \wedge y \to z) = s((x \to z) \vee (y \to z))$.

(23) $s(x \to x \otimes y) = s(\neg x \vee y)$.

证明 (1) 由命题 8.2.1 (iii) 知, $s(x) + s(\neg x) = s(0) + s(0 \to x) = 0 + 1 = 1$, 所以 $s(\neg x) = 1 - s(x)$.

(2) 由 (1) 知 $s(\neg\neg x) = 1 - s(\neg x) = s(x)$.

(3) 由命题 8.2.1 (iii) 即得.

(4) 设 $x \leqslant y$, 则由命题 8.2.1 (iii), $1 + s(x) = s(y) + s(y \to x)$.

(5) 设 $x \leqslant y$, 则由 (4) 及 $s(y \to x) \leqslant 1$ 即得 $s(x) \leqslant s(y)$.

(6) 由命题 8.2.1 (ii) 及命题 8.1.3 (17) 得 $1 + s(y) = s(x \vee y) + s(x \vee y \to y) = s(x \vee y) + s(x \to y)$. 再由命题 8.2.1 (ii) 得 $s(x) + s(y) = s(x) + s(x \to y) + s(x \vee y) - 1 = s(x \wedge y) + s(x \vee y)$.

(7) 由 (1) 及命题 8.1.3 (24) 知 $s(x \otimes y) = 1 - s(\neg(x \otimes y)) = 1 - s(x \to \neg y)$.

(8) 由命题 8.2.1 (ii) 知 $1+s(y)=1+s((x\to y)\wedge y)=s(x\to y)+s((x\to y)\to y)$. 另外, 首先 $d(x\vee y,y)=x\vee y\to y=x\to y$, 所以由命题 8.2.1 (i) 知 $1+s(y)=1+s(y\wedge(x\vee y))=s(y\vee(x\vee y))+s(d(x\vee y,y))=s(x\vee y)+s(x\to y)$, 有上述两式即得 $s(x\vee y)=s((x\to y)\to y)$.

(9) $s((x\to y)\to y)=s(x\vee y)=s(y\vee x)=s((y\to x)\to x)$.

(10) 由 (2) 及命题 8.2.1 (iii) 知 $s(\neg\neg x\to x)=s(x)+s(x\to\neg\neg x)-s(\neg\neg x)=s(1)=1$.

(11) 由命题 8.1.3 (23) 与 (25) 知 $(x\to y)\to(x\to\neg\neg y)=1$, 所以 $s((x\to y)\to(x\to\neg\neg y))=1$. 另外, 由命题 8.1.3 (13) 知 $\neg\neg y\to y\leqslant(x\to\neg\neg y)\to(x\to y)$. 再由 (5) 与 (10) 知 $s((x\to\neg\neg y)\to(x\to y))=1$. 所以由命题 8.2.1 (iii) 知 $s(x\to\neg\neg y)=s(x\to y)$. 类似可证 $s(x\to y)=s(\neg\neg x\to y)$.

(12) 由命题 8.2.1 (iii), 命题 8.1.5 (iv) 以及 (1), (7) 与 (11) 得 $s(x)+s(y)=1-s(x\to\neg y)+s(\neg y\to x)=s(x\otimes y)+s(\neg y\to\neg\neg x)=s(x\otimes y)+s(x\oplus y)$.

(13) 由命题 8.1.3 (26) 知 $\neg x\to\neg y=y\to\neg\neg x$, 所以由 (11) 知 $s(\neg x\to\neg y)=s(y\to\neg\neg x)=s(y\to x)$.

(14) 先设 $\circ\in\{\wedge,\vee,\otimes\}$. 由命题 8.1.3 (14) 与 (23) 知 $(y\to x)\to(\neg x\to\neg y)=(y\to x)\circ z\to(\neg x\to\neg y)\circ z=1$, 从而 $s((y\to x)\circ z\to(\neg x\to\neg y)\circ z)=1$. 另外, 由 (13) 及命题 8.2.1 (iii) 知 $s((\neg x\to\neg y)\to(y\to x))=s(y\to x)+s((y\to x)\to(\neg x\to\neg y))-s(\neg x\to\neg y)=1$, 从而再由 (5) 及命题 8.1.3 (14) 得 $s((\neg x\to\neg y)\circ z\to(y\to x)\circ z)\geqslant s((\neg x\to\neg y)\to(y\to x))=1$, 所以由 (3) 得 $s((\neg x\to\neg y)\circ z)=s((y\to x)\circ z)$.

再设 $\circ=\to$, 则由命题 8.1.3 (5) 及 s 的保序性, $s(((\neg x\to\neg y)\to z)\to((y\to x)\to z))\geqslant s((y\to x)\to(\neg x\to\neg y))=1$, $s(((y\to x)\to z)\to((\neg x\to\neg y)\to z))\geqslant s((\neg x\to\neg y)\to(y\to x))=1$, 所以由 (3) 知 $s((\neg x\to\neg y)\to z)=s((y\to x)\to z)$.

(15) 设 $u=z\to(\neg x\to\neg y)$, $v=z\to(y\to x)$, 则 $s(u\to v)\geqslant s((\neg x\to\neg y)\to(y\to x))=1$, $s(v\to u)\geqslant s((y\to x)\to(\neg x\to\neg y))=1$, 所以由 (3) 得 $s(u)=s(v)$.

(16) 在 (14) 中令 $y=1$, $z=y$ 即得 (16).

(17)

$$
\begin{aligned}
s(x\otimes(x\to y))&=s(x\otimes(\neg y\to\neg x))\ (\text{由 }(14))\\
&=s(\neg\neg(x\otimes(\neg y\to\neg x)))\ (\text{由 }(2))\\
&=1-s(\neg(x\otimes(\neg y\to\neg x)))\ (\text{由 }(1))\\
&=1-s((\neg y\to\neg x)\to\neg x)\ (\text{由命题 8.1.3 }(24))\\
&=1-s(\neg x\vee\neg y)\ (\text{由 }(8))\\
&=s(\neg(\neg x\vee\neg y))\ (\text{由 }(1))
\end{aligned}
$$

$$
\begin{aligned}
&= s(\neg\neg x \wedge \neg\neg y) \text{ (由命题 8.1.3 (30))}\\
&= s(x \wedge y) \text{ (由 (16))}\\
&= s(y \otimes (y \to x)).
\end{aligned}
$$

(18) 设 $u = y \vee z$, $v = (y \to z) \to z$, 则由 (8) 知 $s(u) = s(v)$, 再由 (3) 得 $s(u \to v) = s(v \to u)$. 又由命题 8.1.3 (11) 知 $u \leqslant v$, 从而 $u \to v = 1$, 所以 $1 = s(u \to v) = s(v \to u)$. 另外 $s((x \to u) \to (x \to v)) \geqslant s(u \to v) = 1$, $s((x \to v) \to (x \to u)) \geqslant s(v \to u) = 1$, 所以由 (3) 即知 $s(x \to u) = s(x \to v)$.

(19) 由 (16) 知 $s(\neg\neg x \wedge y) = s(x \wedge y)$, 又因 $x \wedge y \leqslant \neg\neg x \wedge y$, 类似于 (18) 中的证明可得 $s(\neg\neg x \wedge y \to x \wedge y) = s(x \wedge y \to \neg\neg x \wedge y) = 1$. 再由 $s((\neg\neg x \wedge y \to z) \to (x \wedge y \to z)) \geqslant s(x \wedge y \to \neg\neg x \wedge y) = 1$ 及 $s((x \wedge y \to z) \to (\neg\neg x \wedge y \to z)) \geqslant s(\neg\neg x \wedge y \to x \wedge y) = 1$ 得 $s(x \wedge y \to z) = s(\neg\neg x \wedge y \to z)$.

(20) 首先, 由命题 8.1.3 (17) 知 $x \vee y \to y = x \to y$; $x \vee y \to x = y \to x$.

$$
\begin{aligned}
&\quad\, s((x \to y) \to (y \to x))\\
&= s((x \vee y \to y) \to (x \vee y \to x))\\
&= s((\neg y \to \neg(x \vee y)) \to (\neg x \to \neg(x \vee y))) \text{ (由 (14) 与 (15))}\\
&= s(\neg x \to ((\neg y \to \neg(x \vee y)) \to \neg(x \vee y))) \text{ (由命题 8.1.3 (9))}\\
&= s(\neg x \to \neg y \vee \neg(x \vee y)) \text{ (由 (18))}\\
&= s(\neg(\neg y \vee \neg(x \vee y)) \to \neg\neg x) \text{ (由 (13))}\\
&= s(\neg\neg y \wedge \neg\neg(x \vee y) \to \neg\neg x)\\
&= s(y \wedge (x \vee y) \to x) \text{ (由 (11) 与 (19))}\\
&= s(y \to x).
\end{aligned}
$$

所以由 (3) 及 (8) 知 $1 = s((y \to x) \to ((x \to y) \to (y \to x))) = s(((x \to y) \to (y \to x)) \to (y \to x)) = s((x \to y) \vee (y \to x))$.

(21) 由命题 8.1.3 (18) 与 (3) 知 $((x \to y) \vee (x \to z)) \to (x \to y \vee z) = 1$, 所以 $s(((x \to y) \vee (x \to z)) \to (x \to y \vee z)) = 1$. 另外,

$$
\begin{aligned}
&\quad\, s((x \to y \vee z) \to ((x \to y) \vee (x \to z)))\\
&\geqslant s(((x \to y \vee z) \to (x \to y)) \vee ((x \to y \vee z) \to (x \to z))) \text{ (由 (5) 及命题 8.1.3 (18))}\\
&\geqslant s((y \vee z \to y) \vee (y \vee z \to z)) \text{ (由 (5) 及命题 8.1.3 (13))}\\
&= s((z \to y) \vee (y \to z)) \text{ (由命题 8.1.3 (17))}\\
&= 1 \text{ (由 (20))}.
\end{aligned}
$$

所以由 (3) 知 $s(x \to y \vee z) = s((x \to y) \vee (x \to z))$.

(22) 由命题 8.1.3 (18) 与 (3) 知 $((x \to z) \vee (y \to z)) \to (x \wedge y \to z) = 1$, 所以

$s(((x \to z) \vee (y \to z)) \to (x \wedge y \to z)) = 1$. 另外,

$$
\begin{aligned}
& s((x \wedge y \to z) \to (x \to z) \vee (y \to z)) \\
\geqslant\ & s(((x \wedge y \to z) \to (x \to z)) \vee ((x \wedge y \to z) \to (y \to z))) \text{ (由 (5) 及命题 8.1.3 (18))} \\
\geqslant\ & s((x \to x \wedge y) \vee (y \to x \wedge y)) \text{ (由 (5) 及命题 8.1.3 (13))} \\
=\ & s((x \to y) \vee (y \to x)) \text{ (由命题 8.1.3 (17))} \\
=\ & 1 \text{ (由 (20))}.
\end{aligned}
$$

所以由 (3) 知 $s(x \wedge y \to z) = s((x \to z) \vee (y \to z))$.

定义 8.2.5　称满足如下条件的映射 $m : M \to [0,1]$ 为 M 上的 **Riečan 态**:

(i) $m(1) = 1$,

(ii) 若 $x \perp y$, 则 $m(x \oplus y) = m(x) + m(y)$.

定义 8.2.5 中 $\oplus$ 与 $\perp$ 分别由式 (8.1.6) 与式 (8.1.7) 定义. 此定义是由 Mundici 首先在 MV-代数上引入的, 参阅文献 [106]. 当 M 是 MV-代数时, 定义 3.2.37 中的态算子是 Riečan 态.

例 8.2.6　(i) 可验证例 8.2.3 中各剩余格 M 上的 Bosbach 态都是 M 上的 Riečan 态.

(ii) 设 $M = [0,1]_{\mathrm{sD}}$, 令

$$
m(x) = \begin{cases} 1, & \dfrac{1}{2} < x \leqslant 1, \\ \dfrac{1}{2}, & 0 < x \leqslant \dfrac{1}{2}, \\ 0, & x = 0, \end{cases}
$$

则可验证 m 是 M 上的 Riečan 态, 但不是 M 上的 Bosbach 态, 因为 $m\left(\dfrac{1}{2}\right) + m\left(\dfrac{1}{2} \to \dfrac{1}{3}\right) = 2m\left(\dfrac{1}{2}\right) = 1$, 而 $m\left(\dfrac{1}{3}\right) + m\left(\dfrac{1}{3} \to \dfrac{1}{2}\right) = \dfrac{3}{2}$.

命题 8.2.7　设 m 是剩余格 M 上的 Riečan 态, 则对任意的 $x, y \in M$ 有

(i) $m(\neg x) = 1 - m(x)$.

(ii) $m(\neg\neg x) = m(x)$.

(iii) 若 $x \leqslant y$, 则 $m(y) - m(x) = 1 - m(x \oplus \neg y)$.

(iv) 若 $x \leqslant y$, 则 $m(x) \leqslant m(y)$.

证明　(i) 由命题 8.1.5 (iv) 与 (v) 知 $x \perp \neg x$ 且 $x \oplus \neg x = \neg x \to \neg\neg\neg x = \neg x \to \neg x = 1$. 所以由定义 8.2.5 知 $1 = m(1) = m(x \oplus \neg x) = m(x) + m(\neg x)$, 从而 $m(\neg x) = 1 - m(x)$.

(ii) 由 (i) 得 $m(\neg\neg x) = 1 - m(\neg x) = m(x)$.

(iii) 设 $x \leqslant y$, 则 $x \leqslant \neg\neg y$, 从而由式 (8.1.7) 知 $x \perp \neg y$, 所以由定义 8.2.5 (ii) 知 $m(x \oplus \neg y) = m(x) + 1 - m(y)$, 即得 $m(y) - m(x) = 1 - m(x \oplus \neg y)$.

(iv) 由 (iii), $m(y) - m(x) = 1 - m(x \oplus \neg y) \geqslant 0$, 所以 $m(x) \leqslant m(y)$.

下面我们研究剩余格上 Bosbach 态与 Riečan 态间的关系. 由例 8.2.6 (i) 知已有的例子中的 Bosbach 态都是 Riečan 态, 事实上, 这也是一般性的结论.

定理 8.2.8 剩余格上的 Bosbach 态都是 Riečan 态.

证明 设 s 是剩余格 M 上的 Bosbach 态, $x, y \in M$ 且 $x \perp y$, 则 $x \otimes y = 0$, 从而由命题 8.2.4 (12) 知 $m(x \oplus y) = m(x) + m(y)$.

例 8.2.6 (ii) 说明定理 8.2.8 的逆一般不成立. 下面我们研究 Riečan 态是 Bosbach 态的充分条件. 为此先做些准备工作.

设 $M = (M, \wedge, \vee, \otimes, \to, 0, 1)$ 是剩余格, 称 x 是**对合元**, 若 $\neg\neg x = x$. 记 $\mathrm{Reg}(M) = \{x \in M \mid x = \neg\neg x\}$, 由命题 8.1.3 (20) 知 $\mathrm{Reg}(M) = \{\neg x \mid x \in M\}$. 由推论 8.1.21 知, 当 M 是 BL-代数时, $\mathrm{Reg}(M) = \mathrm{MV}(M)$ (见式 (8.1.13)) 是 M 的子代数且是 MV-代数. 但在一般剩余格 M 中, 推论 8.1.21 未必成立.

由命题 8.1.3 (27) 知 $\mathrm{Reg}(M)$ 对 $\to$ 封闭. 由命题 8.1.3 (20) 与 (23) 知 $\mathrm{Reg}(M)$ 对 $\wedge$ 也封闭. 在 $\mathrm{Reg}(M)$ 中定义

$$x \vee_0 y = \neg\neg(x \vee y), \quad x \otimes_0 y = \neg\neg(x \otimes y). \tag{8.2.1}$$

定理 8.2.9 $(\mathrm{Reg}(M), \wedge, \vee_0, \otimes_0, \to, 0, 1)$ 是对合剩余格.

证明 首先由式 (8.2.1) 及命题 8.1.3 (27) 知 $\mathrm{Reg}(M)$ 关于运算 $\wedge, \vee_0, \otimes_0, \to$ 及 $0, 1$ 封闭. 本定理的证明分为以下 3 个论断来完成.

论断 1 $(\mathrm{Reg}(M), \wedge, \vee_0, \otimes_0, \to, 0, 1)$ 是有界格.

首先, $\wedge$ 仍是 $\mathrm{Reg}(M)$ 中的下确界运算. 任取 $x, y \in \mathrm{Reg}(M)$, 则 $x \vee_0 y = \neg\neg(x \vee y) \geqslant \neg\neg x = x$, $\neg\neg y = y$, 所以 $x \vee_0 y$ 是 x, y 在 $\mathrm{Reg}(M)$ 的一个上界. 任取 $z \in \mathrm{Reg}(M)$ 使 $z \geqslant x, y$, 则 z 也是 x, y 在 M 中的一个上界, 从而 $z \geqslant x \vee y$, 进而 $z = \neg\neg z \geqslant \neg\neg(x \vee y) = x \vee_0 y$, 这说明由式 (8.2.1) 定义的 $\vee_0$ 是 $\mathrm{Reg}(M)$ 按 M 中的偏序的上确界运算. 由于 $\mathrm{Reg}(M) \subseteq M$, 0 与 1 分别是 M 中的最小元与最大元, 所以 0 与 1 也分别是 $\mathrm{Reg}(M)$ 中的最小元与最大元.

论断 2 $(\mathrm{Reg}(M), \otimes_0, 1)$ 是交换幺半群.

由命题 8.1.3 (28) 以及 $\otimes$ 的结合性知, 对任意的 $x, y, z \in \mathrm{Reg}(M)$,

$$\begin{aligned}(x \otimes_0 y) \otimes_0 z &= \neg\neg(\neg\neg(x \otimes y) \otimes z) = \neg\neg((x \otimes y) \otimes z) \\ &= \neg\neg(x \otimes (y \otimes z)) = \neg\neg(x \otimes \neg\neg(y \otimes z)) \\ &= \neg\neg(x \otimes (y \otimes_0 z)) = x \otimes_0 (y \otimes_0 z).\end{aligned}$$

由 $\otimes$ 的交换性质知 $x \otimes_0 y = \neg\neg(x \otimes y) = \neg\neg(y \otimes x) = y \otimes_0 x$. 最后, $1 \otimes_0 x = \neg\neg(1 \otimes x) = \neg\neg x = x$. 这就证得论断 2.

论断 3　$x \otimes_0 y \leqslant z$ iff $x \leqslant y \to z,\ x, y, z \in \mathrm{Reg}(M)$.

设 $x, y, z \in \mathrm{Reg}(M)$, $x \otimes_0 y \leqslant z$, 即 $\neg\neg(x \otimes y) \leqslant z$, 从而由命题 8.1.3 (23) 与 (24) 知 $\neg z \leqslant \neg(x \otimes y) = x \to \neg y$, 再由命题 8.1.3 (9) 与 (26) 知 $x \leqslant \neg z \to \neg y = \neg\neg y \to \neg\neg z = y \to z$. 反向推理也成立.

在剩余格 M 中, 再令

$$D_0(M) = \{x \in M \mid \neg\neg x = 1\}, \tag{8.2.2}$$

则由命题 8.1.3 (25) 与 (27) 可验证 $D_0(M)$ 是 M 中的滤子.

定理 8.2.10　设 M 是剩余格, 则以下各条等价:

(i) $M/D_0(M)$ 是对合剩余格,

(ii) 对任一 $x \in M$, $\neg\neg(\neg\neg x \to x) = 1$,

(iii) 对任意的 $x, y \in M$, $\neg\neg(x \to y) = x \to \neg\neg y$,

(iv) $\neg\neg: M \to \mathrm{Reg}(M)$ 是从 M 到 $\mathrm{Reg}(M)$ 的满剩余格同态, 此时 $\mathrm{Reg}(M)$ 同构于 $M/D_0(M)$.

证明　(i)$\Leftrightarrow$(ii). 显然 (ii) 等价于 $\neg\neg x \to x \in D_0(M)$, 又因为 $x \to \neg\neg x = 1 \in D_0(M)$, 所以 (ii) 等价于 $\neg\neg x \sim_{D_0(M)} x$, 这等价于 (i).

(ii)$\Rightarrow$(iii). 任取 $x, y \in M$, 由命题 8.1.3 (27) 知 $\neg\neg(x \to y) \leqslant x \to \neg\neg y = \neg\neg x \to \neg\neg y$. 反过来, 由 (ii) 及命题 8.1.3 (13), (20), (5) 与 (27) 得

$$\begin{aligned}
1 &= \neg\neg(\neg\neg y \to y) \\
&\leqslant \neg\neg((x \to \neg\neg y) \to (x \to y)) \\
&\leqslant \neg\neg((x \to \neg\neg y) \to \neg\neg(x \to y)) \\
&= (x \to \neg\neg y) \to \neg\neg(x \to y),
\end{aligned}$$

这就证明了 $x \to \neg\neg y \leqslant \neg\neg(x \to y)$. 所以 (iii) 成立.

(iii)$\Rightarrow$(iv). 由 (iii) 及命题 8.1.3 (25) 知 $\neg\neg(x \to y) = x \to \neg\neg y = \neg\neg x \to \neg\neg y$, 所以 $\neg\neg$ 保持 $\to$. 由命题 8.1.3 (28) 知 $\neg\neg(x \otimes y) = \neg\neg(\neg\neg x \otimes \neg\neg y) = \neg\neg x \otimes_0 \neg\neg y$, 所以 $\neg\neg$ 也保运算 $\otimes$. 由命题 8.1.3 (3), (20) 与 (23) 知 $\neg\neg(x \wedge y) \leqslant \neg\neg(\neg\neg x \wedge y)$. 反过来, 由 (iii) 及命题 8.1.3 (14) 与 (23) 知, $\neg\neg(\neg\neg x \wedge y) \to \neg\neg(x \wedge y) = \neg\neg(\neg\neg x \wedge y \to x \wedge y) \geqslant \neg\neg(\neg\neg x \to x) = \neg\neg x \to \neg\neg x = 1$, 从而 $\neg\neg(\neg\neg x \wedge y) \leqslant \neg\neg(x \wedge y)$, 所以 $\neg\neg(\neg\neg x \wedge y) = \neg\neg(x \wedge y)$. 由此, $\neg\neg(x \wedge y) = \neg\neg(\neg\neg x \wedge y) = \neg\neg(\neg\neg x \wedge \neg\neg y) = \neg\neg x \wedge \neg\neg y$, 所以 $\neg\neg$ 保持 $\wedge$. 由命题 8.1.3 (30) 知 $\neg\neg$ 保持 $\vee$. 显然, $\neg\neg 0 = 0, \neg\neg 1 = 1$, 且 $\neg\neg$ 是满的. 所以 $\neg\neg$ 是从 M 到 $\mathrm{Reg}(M)$ 的满同态. 此时, $\neg\neg x = \neg\neg y$ iff $\neg\neg(x \to y) = \neg\neg(y \to x) = 1$ iff $x \to y,\ y \to x \in D_0(M)$ iff $x \sim_{D_0(M)} y$, 从而 $x \mapsto [x]_{D_0(M)}$ 是 $\mathrm{Reg}(M)$ 与 $M/D_0(M)$ 间的同构.

(iv) $\Rightarrow$(ii). 由 $\neg\neg$ 是同态知 $\neg\neg(\neg\neg x \to x) = \neg\neg\neg\neg x \to \neg\neg x = \neg\neg x \to \neg\neg x = 1$, 所以 (ii) 成立.

定义 8.2.11 称满足定理 8.2.10 中等价条件的剩余格是 **Glivenko** 的.

经典的 Glivenko 定理证明了一个逻辑公式 φ 是经典二值命题逻辑中的定理的充要条件是其双重否定 $\neg\neg\varphi$ 是直觉命题逻辑中的定理. 它的代数版本可以描述为 Heyting 代数 M 中的所有对合元之集 $\text{Reg}(M)$ 构成 Boole 代数, 且 $\neg\neg : M \to \text{Reg}(M)$ 是满同态. 定理 8.2.10 是经典 Glivenko 定理在剩余格中的代数化推广, 在 10.3 节与 10.4 节我们也将进一步讨论分别基于相对否定与核算子的 Glivenko 定理.

例 8.2.12 (i) 对合剩余格是 Glivenko 的, 因为定理 8.2.10 (ii) 显然成立, 从而 MV-代数、R_0-代数等都是 Glivenko 的.

(ii) 可分剩余格是 Glivenko 的, 因为可验证命题 8.1.13 (i) 在可分剩余格中仍成立, 从而 BL-代数与 Heyting 代数都是 Glivenko 的. 另外, 例 8.1.2 (vi) 是可分剩余格, 从而也是 Glivenko 的.

(iii) 可验证例 8.1.2 (v) 中的剩余格 M 也是 Glivenko 的, 但它不是可分的, 也不是对合的.

(iv) 例 8.1.2 (ii) 中的 $[0,1]_{\text{sD}}$ 不是 Glivenko 的, 因为 $\neg\neg\left(\neg\neg\frac{1}{4} \to \frac{1}{4}\right) = \frac{1}{2} \neq 1$.

定理 8.2.13 Glivenko 剩余格上的 Bosbach 态与 Riečan 态等价.

证明 由定理 8.2.8, 只需证明 Glivenko 剩余格上的 Riečan 态是 Bosbach 态. 为此, 设 M 是 Glivenko 剩余格, m 是 M 上的 Riečan 态. 任取 $x, y \in M$, 由 $x \wedge y \leqslant x \leqslant \neg\neg x$, 式 (8.1.7) 及定理 8.2.10 (iii) 知 $(x \wedge y) \perp \neg x$ 且 $(x \wedge y) \oplus \neg x = \neg\neg x \to \neg\neg(x \wedge y) = \neg\neg(x \to x \wedge y) = \neg\neg(x \to y)$. 所以由命题 8.2.7 (i), (ii) 及定义 8.2.5 知 $m(x) + m(x \to y) = m(x) + m(\neg\neg(x \to y)) = m(x) + m((x \wedge y) \oplus \neg x) = m(x) + m(\neg x) + m(x \wedge y) = 1 + m(x \wedge y)$. 由命题 8.2.1 (ii) 知 m 是 M 上的 Bosbach 态.

定理 8.2.13 推广了文献 [229] 和 [232] 中已有的结论. 另外, 由例 8.2.6 (ii) 知非 Glivenko 剩余格上的 Riečan 态未必是 Bosbach 态. 今后, 把 Glivenko 剩余格上的 Bosbach 态与 Riečan 态不加区分, 统称为态算子.

下面再进一步研究 Bosbach 态的性质. 设 M 是剩余格, s 是 M 上的 Bosbach 态, 定义

$$\text{Ker}(s) = \{x \in M \mid s(x) = 1\}, \tag{8.2.3}$$

称 $\text{Ker}(s)$ 为 s 的**核**.

在剩余格 M 中也可按定义 7.4.14 引入 MV-滤子的概念. 称 M 中的滤子 F 为 **MV-滤子**, 若式 (7.4.2) 成立, 即对任意的 $x, y \in M$,

$$((x \to y) \to y) \to ((y \to x) \to x) \in F. \tag{8.2.4}$$

定理 8.2.14 设 s 是剩余格 M 上的 Bosbach 态, 则 $\mathrm{Ker}(s)$ 是 M 中的 MV-滤子.

证明 显然 $1 \in \mathrm{Ker}(s)$. 设 $x, x \to y \in \mathrm{Ker}(s)$, 即 $s(x) = s(x \to y) = 1$. 由命题 8.2.1 (iii), $s(y) + s(y \to x) = s(x) + s(x \to y) = 1 + 1 = 2$, 所以必有 $s(y) = s(y \to x) = 1$, 所以 $y \in \mathrm{Ker}(s)$, 这就证得 $\mathrm{Ker}(s)$ 是 M 中的滤子. 任取 $x, y \in M$, 由命题 8.2.4 (8) 知 $s(x \vee y) = s((x \to y) \to y)$. 再由命题 8.1.3 (11) 与 (17), 命题 8.2.4 (5) 及命题 8.2.1 (iii) 得

$$
\begin{aligned}
&s(((x \to y) \to y) \to ((y \to x) \to x)) \\
= &s(((x \to y) \to y) \to ((x \to y) \to y) \wedge ((y \to x) \to x)) \\
= &s(((x \to y) \to y) \wedge ((y \to x) \to x)) \\
&+ s(((x \to y) \to y) \wedge ((y \to x) \to x) \to ((x \to y) \to y)) \\
&- s((x \to y) \to y) \\
\geqslant &s(x \vee y) + 1 - s((x \to y) \to y) \\
= &1.
\end{aligned}
$$

这说明 $((x \to y) \to y) \to ((y \to x) \to x) \in \mathrm{Ker}(s)$, 所以 $\mathrm{Ker}(s)$ 是 MV-滤子.

命题 8.2.15 设 s 是剩余格 M 上的 Bosbach 态, $\mathrm{Ker}(s)$ 由式 (8.2.3) 定义, $x, y \in M$, 则以下各条件等价:

(i) $[x]_{\mathrm{Ker}(s)} = [y]_{\mathrm{Ker}(s)}$,

(ii) $s(x \vee y) = s(x \wedge y)$,

(iii) $s(x) = s(y) = s(x \vee y)$,

(iv) $s(x) = s(y) = s(x \wedge y)$.

证明 (i)$\Rightarrow$(ii). 设 $[x] = [y]$, 则 $x \to y, y \to x \in \mathrm{Ker}(s)$, 从而 $s(y \to x) = s(x \to y) = 1$. 由 $y \to x \leqslant (x \to y) \to (y \to x)$ 及 s 的单调性知 $s((x \to y) \to (y \to x)) = 1$. 由命题 8.2.1 (ii) 知 $s(d(x, y)) = s((x \to y) \wedge (y \to x)) = s(x \to y) + s((x \to y) \to (y \to x)) - 1 = 1$, 再由命题 8.2.1 (i) 知 $s(x \vee y) = 1 + s(x \wedge y) - s(d(x, y)) = s(x \wedge y)$.

(ii)$\Rightarrow$(iii). 由 s 的单调性知 $s(x \wedge y) \leqslant s(x)$, $s(y) \leqslant s(x \vee y)$, 所以 (iii) 成立.

(iii)$\Rightarrow$(iv). 由命题 8.2.1 (iii), $s(x \to y) = s(x \vee y \to y) = s(y) + s(y \to x \vee y) - s(x \vee y) = 1$. 再由命题 8.2.1 (ii), $s(x) = s(x \wedge y)$, 所以 (iv) 成立.

(iv)$\Rightarrow$(i). 由命题 8.2.1 (ii) 知 $s(x \to y) = s(y \to x) = 1$, 所以 (i) 成立.

定理 8.2.16 设 s 是剩余格 M 上的 Bosbach 态, 则:

(i) $M/\mathrm{Ker}(s)$ 是 MV-代数,

(ii) 定义 $\widetilde{s} : M/\mathrm{Ker}(s) \to [0, 1]$ 为 $\widetilde{s}([x]) = s(x)$, $x \in M$, 则 $\widetilde{s}$ 是 $M/\mathrm{Ker}(s)$ 上的态算子.

证明 (i) 由定理 8.1.29 知 $M/\mathrm{Ker}(s)$ 是剩余格. 由命题 8.2.14 知 $\mathrm{Ker}(s)$ 是 MV-滤子, 从而对任意的 $x, y \in M$, $(x \to y) \to y \sim_{\mathrm{Ker}(s)} (y \to x) \to x$, 所以, 在

$M/\mathrm{Ker}(s)$ 中, $([x] \to [y]) \to [y] = [(x \to y) \to y]_{\mathrm{Ker}(s)} = [(y \to x) \to x]_{\mathrm{Ker}(s)} = ([y] \to [x]) \to [x]$. 再由定理 8.1.19 知 $M/\mathrm{Ker}(s)$ 是 MV-代数.

(ii) $\widetilde{s}([0]) = s(0) = 0$, $\widetilde{s}([1]) = s(1) = 1$. 首先, 若 $[x] \leqslant [y]$, 则存在 $z \in [x]$ 使得 $z \leqslant y$. 事实上, 取 $z = x \wedge y$ 即可. 现任取 $x, y \in M$ 使 $[x] \perp [y]$, 由命题 8.1.5 (v) 知 $\neg\neg[x] \leqslant \neg[y]$, 进而 $[\neg\neg x] \leqslant [\neg y]$, 所以存在 $z \in [x]$ 使 $z \leqslant \neg y$, 由式 (8.1.7) 知 $z \perp y$. 由定理 8.2.8 知 s 也是 M 上的 Riečan 态, 所以, 由命题 8.2.15 得, $\widetilde{s}([x] \oplus [y]) = \widetilde{s}([z] \oplus [y]) = \widetilde{s}([z \oplus y]) = s(z \oplus y) = s(z) + s(y) = s(x) + s(y) = \widetilde{s}([x]) + \widetilde{s}([y])$, 这证得 $\widetilde{s}$ 是 $M/\mathrm{Ker}(s)$ 上的 Riečan 态. 由于 MV-代数是 Glivenko 的, 所以由定理 8.2.13 知 $\widetilde{s}$ 是 Bosbach 态.

8.2.2 赋值态

本节研究一种特殊的态算子 —— 赋值态.

定义 8.2.17 设 M 是剩余格, $[0,1]_{\mathrm{MV}}$ 是标准 MV-代数. 称映射 $v : M \to [0,1]_{\mathrm{MV}}$ 为 M 上的**赋值态**, 若对任意的 $x, y \in M$,

(i) $v(x \to y) = v(x) \to v(y)$,

(ii) $v(x \wedge y) = \min\{v(x), v(y)\}$,

(iii) $v(1) = 1$, $v(0) = 0$.

命题 8.2.18 设 v, v_1, v_2 是剩余格 M 上的赋值态, $\lambda \in [0,1]$, 则

(i) v 是 M 上的 Bosbach 态.

(ii) 对任意的 $x, y \in M$, $v(x \otimes y) = v(x) \otimes v(y)$.

(iii) $v(x \vee y) = \max\{v(x), v(y)\}$.

(iv) 设 $s = \lambda v_1 + (1-\lambda) v_2$, 则 s 是 M 上的 Bosbach 态.

证明 (i) 任取 $x, y \in M$, 则 $v(x) + v(x \to y) = v(x) + v(x) \to v(y) = v(x) + \min\{1 - v(x) + v(y), 1\} = \min\{1 + v(y), 1 + v(x)\}$. 同理, $v(y) + v(y \to x) = \min\{1 + v(x), 1 + v(y)\}$. 所以由命题 8.2.1 (iii) 及定义 8.2.2 知 v 是 M 上的 Bosbach 态.

(ii) 由 (i) 及命题 8.2.4 (1) 与 (7) 知 $v(x \otimes y) = 1 - v(x \to \neg y) = 1 - (v(x) \to v(\neg y)) = 1 - \min\{1 - v(x) + v(\neg y), 1\} = \max\{v(x) + v(y) - 1, 0\} = v(x) \otimes v(y)$.

(iii) 由命题 8.2.4 (8) 知 $v(x \vee y) = v((x \to y) \to y) = (v(x) \to v(y)) \to v(y) = v(x) \vee v(y) = \max\{v(x), v(y)\}$.

(iv) 由 (i) 知

$$
\begin{aligned}
s(x) + s(x \to y) &= \lambda v_1(x) + (1-\lambda) v_2(x) + \lambda v_1(x \to y) + (1-\lambda) v_2(x \to y) \\
&= \lambda(v_1(x) + v_1(x \to y)) + (1-\lambda)(v_2(x) + v_2(x \to y)) \\
&= \lambda(v_1(y) + v_1(y \to x)) + (1-\lambda)(v_2(y) + v_2(y \to x)) \\
&= s(y) + s(y \to x).
\end{aligned}
$$

由命题 8.2.18 知剩余格 M 上的赋值态实为从 M 到标准 MV-代数 $[0,1]_{\rm MV}$ 的同态. 特别是当 M 为 Łukasiewicz 命题逻辑中的 Lindenbaum 代数时, 赋值态就是公式集上的一个赋值, 这正是赋值态命名的来源.

定理 8.2.19[106] 局部有限的 MV-代数有唯一一个 Bosbach 态, 即到 $[0,1]_{\rm MV}$ 的嵌入映射.

证明 本定理的证明涉及格序群上的态算子, 在此不再详述, 感兴趣的读者可参阅文献 [106], [128].

定理 8.2.20 设 s 是剩余格 M 上的 Bosbach 态, 则 s 是 M 上的赋值态 iff $\mathrm{Ker}(s)$ 是 M 中的极大滤子.

证明 设 s 是 M 上的赋值态, 由命题 8.2.14 知 $\mathrm{Ker}(s)$ 是 M 中的滤子. 下证 $\mathrm{Ker}(s)$ 是极大的, 为此取 $x\notin \mathrm{Ker}(s)$, 则 $s(x)<1$. 由于 $[0,1]_{\rm MV}$ 是局部有限的, 所以存在 $n\in N$ 使得 $0=(s(x))^n=\underbrace{s(x)\otimes\cdots\otimes s(x)}_{n}=s(x^n)$, 进而 $s(\neg x^n)=1-s(x^n)=1$, 所以 $\neg x^n\in \mathrm{Ker}(s)$. 由定理 8.1.30 (ii) 知 $\mathrm{Ker}(s)$ 是 M 中的极大滤子. 反过来, 定义 $\widetilde{M}=M/\mathrm{Ker}(s), \widetilde{s}:\widetilde{M}\to[0,1]$ 为 $\widetilde{s}([x])=s(x)$, 则由定理 8.2.16 知 $\widetilde{s}$ 是 MV-代数 $\widetilde{M}$ 上的态算子. 因为 $x\mapsto[x]$ 为满射, 所以 $\mathrm{Ker}(\widetilde{s})=\{[1]\}$ 是 $\widetilde{M}$ 中的极大滤子. 事实上, 设 F 是 $\widetilde{M}$ 中的真滤子, 令 $H=\{x\in M\mid [x]\in F\}$, 则 H 是 M 中包含 $\mathrm{Ker}(s)$ 的滤子. 由 $\mathrm{Ker}(s)$ 的极大性知 $F=\{[1]\}$, 从而 $\widetilde{M}$ 是局部有限的 MV-代数. 由定理 8.2.19 知 $\widetilde{s}$ 是赋值态. 所以, $s(x\to y)=\widetilde{s}([x\to y])=\widetilde{s}([x]\to[y])=\widetilde{s}([x])\to\widetilde{s}([y])=s(x)\to s(y)$, 类似可证 $s(x\wedge y)=s(x)\wedge s(y)$. 这就证明了 s 是 M 上的赋值态.

定理 8.2.21 设 v_1,v_2 均是剩余格 M 上的赋值态, 则

$$\mathrm{Ker}(v_1)=\mathrm{Ker}(v_2) \text{ iff } v_1=v_2.$$

证明 充分性显然成立. 下设 $\mathrm{Ker}(v_1)=\mathrm{Ker}(v_2)$. 令 $\widetilde{M_i}=M/\mathrm{Ker}(v_i)$, $\widetilde{v_i}:\widetilde{M_i}\to[0,1]_{\rm MV}$ 为 $\widetilde{v_i}([x])=v_i(x)$, $x\in M$, $i=1,2$. 则 $\widetilde{v_1}$ 与 $\widetilde{v_2}$ 是 MV-代数 $\widetilde{M_1}$ 与 $\widetilde{M_2}$ 上的赋值态. 由定理 8.2.20 与定理 8.1.29 (ii) 知 $\widetilde{M_1}$, $\widetilde{M_2}$ 都是局部有限的, 从而由推论 8.1.35 知 $\widetilde{M_1}$, $\widetilde{M_2}$ 在同构意义下是 $[0,1]_{\rm MV}$ 的子代数. 定义 $f:\widetilde{M_1}\to\widetilde{M_2}$ 为 $f(\widetilde{v_1})([x])=\widetilde{v_2}([x]), x\in M$, 则可验证 f 是 MV-同构. 由引理 6.4.6 知 $\widetilde{M_1}=\widetilde{M_2}$, 所以 $v_1=v_2$.

定理 8.2.22 设 M 是可分剩余格, F 是 M 中的极大滤子, 则存在 M 上唯一的赋值态 v 使得 $\mathrm{Ker}(v)=F$.

证明 设 F 是 M 中的极大滤子, 则由定理 8.1.29 (ii) 与定理 8.1.34 知 M/F 是局部有限的 MV-代数. 由定理 8.2.19 知 M/F 只有一个赋值态 μ, 定义 $v:M\to[0,1]_{\rm MV}$ 为 $v(x)=\mu([x])$, $x\in M$, 则 v 是 M 上的赋值态. 由定理 8.2.20 知 $\mathrm{Ker}(v)$

是 M 中包含 F 的极大滤子, 所以 $\mathrm{Ker}(v)=F$. 由定理 8.2.21 知这样的赋值态是唯一的.

推论 8.2.23 可分剩余格中的赋值态与极大滤子一一对应.

例 8.2.24 设 M 是例 8.1.2 (vi) 中的剩余格, 则 M 是可分的. $F_1=\{a,c,1\}$ 与 $F_2=\{b,c,1\}$ 是 M 中的所有极大滤子, 从而 v_1,v_2 是 M 中相应的两个赋值态, 其中 $v_1(a)=v_1(c)=v_1(1)=1$, $v_1(0)=v_1(b)=0$; $v_2(b)=v_2(c)=v_2(1)=1$, $v_2(0)=v_2(a)=0$. 例 8.2.3 (iii) 给出的 M 上的 Bosbach 态都是 v_1,v_2 的凸组合, 即 $s=\lambda v_1+(1-\lambda)v_2$, $\lambda\in[0,1]$.

8.2.3 Bosbach 态与 Riečan 态的存在性

本节研究剩余格上 Bosbach 态与 Riečan 态的存在性条件.

定理 8.2.25 (i) 任一 MV-代数都有态算子.

(ii) 任一可分剩余格, 从而任一 BL-代数与 Heyting 代数都有态算子.

证明 (i) 由定理 8.2.19 知任一局部有限的 MV-代数都有态算子. 下设 M 是任一 MV-代数, 则由 Zorn 引理知 M 有极大滤子 F. 再由定理 8.1.29 (ii) 知 M/F 是局部有限的 MV-代数, 从而有态算子, 设为 v. 令 $s(x)=v([x]_F)$, 则 s 是 M 上的态算子.

(ii) 由 Zorn 引理, 可分剩余格也有极大滤子, 从而由推论 8.2.23 知可分剩余格有赋值态算子.

文献 [107] 和 [234] 给出了半单 MV-代数上的态算子的积分表示, 但其证明略微有点难度, 所需知识也超出了本书范围, 所以这里不再细述, 有兴趣的读者可详阅上述文献.

由定理 8.2.25 可给出一般剩余格上 Bosbach 态存在的一个充要条件.

定理 8.2.26 设 M 是剩余格, 则 M 有 Bosbach 态 iff M 有 MV-滤子.

证明 设 s 是 M 上的 Bosbach 态, 则由命题 8.2.14 知 $\mathrm{Ker}(s)$ 是 M 中的 MV-滤子. 反过来, 设 F 是 M 中的 MV-滤子, 则类似于定理 8.2.16 (i) 的证明可验证 M/F 是 MV-代数, 从而由定理 8.2.25 (i) 知 M/F 上有 Bosbach 态 s. 令 $\widetilde{s}(x)=s([x]_F)$, $x\in M$. 任取 $x,y\in M$, 则 $\widetilde{s}(x)+\widetilde{s}(x\to y)=s([x])+s([x\to y])=s([x])+s([x]\to[y])=s([y])+s([y]\to[x])=s([y])+s([y\to x])=\widetilde{s}(y)+\widetilde{s}(y\to x)$, 所以 $\widetilde{s}$ 是 M 上的 Bosbach 态.

推论 8.2.27 剩余格 M 有赋值态 iff M 有极大 MV-滤子, 即使式 (8.2.4) 成立的极大滤子.

推论 8.2.28 设 M 是局部剩余格, 则 M 有赋值态 iff $D(M)$ 是 MV-滤子.

定理 8.2.29 完全剩余格有唯一一个 Bosbach 态.

证明 设 M 是完全剩余格, 则 M 是局部的, 从而由定理 8.1.38 知 $D(M)=$

$\mathrm{Rad}(M)$ 是 M 中唯一极大滤子, 且 $M=\mathrm{Rad}(M)\cup\neg\mathrm{Rad}(M)$. 定义 $v: M\to[0,1]_{\mathrm{MV}}$ 为

$$v(x)=\begin{cases}1, & x\in\mathrm{Rad}(M),\\ 0, & x\in\neg\mathrm{Rad}(M).\end{cases}$$

下面证明 v 是 M 上的一个赋值态. 显然 $v(1)=1, v(0)=1$. 现任取 $x,y\in M$.

(i) 若 $x,y\in\mathrm{Rad}(M)$, 由 $\mathrm{Rad}(M)$ 是滤子知 $x\wedge y$, $x\to y\in\mathrm{Rad}(M)$, 所以 $v(x\wedge y)=1=\min\{v(x),v(y)\}, v(x\to y)=1=v(x)\to v(y)$.

(ii) 若 $x,y\in\neg\mathrm{Rad}(M)$, 则 $\neg x,\neg y,\neg(x\wedge y)\in\mathrm{Rad}(M)$ (由命题 8.1.3 (30) 知 $\neg(x\wedge y)\geqslant\neg x\vee\neg y$), 所以 $x\wedge y\in\neg\mathrm{Rad}(M)$, 这说明 $v(x\wedge y)=0=\min\{v(x),v(y)\}$. 又因 $\neg x\leqslant x\to y$, 所以 $x\to y\in\mathrm{Rad}(M)$, 因此 $v(x\to y)=1=v(x)\to v(y)$.

(iii) 若 $x\in\mathrm{Rad}(M), y\in\neg\mathrm{Rad}(M)$, 则 $\neg(x\wedge y)\in\mathrm{Rad}(M)$, 从而 $x\wedge y\in\neg\mathrm{Rad}(M)$, 所以 $v(x\wedge y)=0=\min\{v(x),v(y)\}$. 由 $x\leqslant y\to x$ 知 $y\to x\in\mathrm{Rad}(M)$. 由 $\mathrm{Rad}(M)$ 是滤子知 $x\otimes\neg y\in\mathrm{Rad}(M)$, 从而 $x\to\neg\neg y=\neg(x\otimes\neg y)\notin\mathrm{Rad}(M)$, 所以 $x\to y\notin\mathrm{Rad}(M)$. 因而 $v(y\to x)=1=v(y)\to v(x)$, $v(x\to y)=0=v(x)\to v(y)$.

设 s 是 M 上的任一 Bosbach 态, 则由命题 8.2.14 知 $\mathrm{Ker}(s)$ 是 M 中的真滤子, 从而 $\mathrm{Ker}(s)=\mathrm{Rad}(M)$. 任取 $x\notin\mathrm{Ker}(s)$, 则 $x\in\neg\mathrm{Rad}(M)$, 从而 $\neg x\in\mathrm{Rad}(M)=\mathrm{Ker}(s)$, 所以 $s(x)=1-s(\neg x)=0$. 因此 $s=v$.

下面研究剩余格 $M=(M,\wedge,\vee,\otimes,\to,0,1)$ 上的 Riečan 态与 $\mathrm{Reg}(M)=(\mathrm{Reg}(M),\wedge,\vee_0,\otimes_0,\to,0,1)$ 上的 Riečan 态间的关系.

定理 8.2.30　剩余格 M 上的 Riečan 态由其在 $\mathrm{Reg}(M)$ 上的限制唯一决定. 具体为: 若 m 是 M 上的 Riečan 态, 则 $m|_{\mathrm{Reg}(M)}$ 是 $\mathrm{Reg}(M)$ 上的 Riečan 态; 反过来, 若 m 是 $\mathrm{Reg}(M)$ 上的 Riečan 态, 则 $\widetilde{m}$ 是 m 在 M 上的唯一扩张, 这里 $\widetilde{m}(x)=m(\neg\neg x), x\in M$.

证明　M 上的 Riečan 态在 $\mathrm{Reg}(M)$ 上的限制是 Riečan 态的验证是平凡的, 证明留给读者. 设 m 是 $\mathrm{Reg}(M)$ 上的 Riečan 态. 因为 $0,1\in\mathrm{Reg}(M)$, 所以 $\widetilde{m}(0)=m(\neg\neg 0)=m(0)=0$, $\widetilde{m}(1)=m(\neg\neg 1)=m(1)=1$. 任取 $x,y\in M$ 使得 $x\perp y$, 则 $\neg\neg x$, $\neg\neg y$, $x\oplus y=\neg\neg(x\oplus y)=\neg\neg x\oplus\neg\neg y\in\mathrm{Reg}(M)$, 且 $\neg\neg x\perp\neg\neg y$, 所以 $\widetilde{m}(x\oplus y)=m(\neg\neg(x\oplus y))=m(\neg\neg x\oplus\neg\neg y)=m(\neg\neg(\neg\neg x\oplus\neg\neg y))=m(\neg\neg x\oplus_0\neg\neg y)=m(\neg\neg x)+m(\neg\neg y)=\widetilde{m}(x)+\widetilde{m}(y)$, 这就证得 $\widetilde{m}$ 是 M 上的 Riečan 态. 再证其唯一性. 设 $\widetilde{m'}$ 是 m 的任一扩张, 则由命题 8.2.7 (ii), 对任一 $x\in M$, $\widetilde{m'}(x)=\widetilde{m'}(\neg\neg x)=m(\neg\neg x)=\widetilde{m}(x)$.

推论 8.2.31　Glivenko 剩余格上的 Bosbach 态由其在 $\mathrm{Reg}(M)$ 上的限制唯一确定.

例 8.2.32　重新考虑例 8.2.3 中的剩余格及其上的 Bosbach 态与 Riečan 态.

(i) 设 M 是例 8.1.41 (i) 中的剩余格, 则由 $\to$ 表格的第一列可看出, 对任一 $x \in M$, $\neg\neg(\neg\neg x \to x) = 1$, 所以由定理 8.2.10 (ii) 知 M 是 Glivenko 的, 从而由定理 8.2.13 知 M 上的 Riečan 态与 Bosbach 态等价. 又 $\mathrm{Reg}(M) = \{0, 1\}$, 而 $\mathrm{Reg}(M)$ 只有一个态算子 $s(1) = 1$, $s(0) = 0$, 从而 M 只有一个态算子: $s(0) = 0$, $s(a) = s(b) = s(c) = 1$.

(ii) 设 M 是例 8.1.2 (v) 中的剩余格, 则 M 是 Glivenko 的, 且 $\mathrm{Reg}(M) = \{0, b, c, 1\}$. 因为 Boole 代数 $\mathrm{Reg}(M)$ 上的态算子都满足 $s(0) = 0$, $s(1) = 1$, $s(b) + s(c) = 1$, 所以满足 $s(0) = 0$, $s(a) = s(1) = 1$, $s(c) = s(d)$, $s(b) + s(c) = 1$ 的态算子是 M 上的所有态算子.

(iii) 设 M 是例 8.1.2 (vi) 中的剩余格, 则 M 是可分剩余格, 从而也是 Glivenko 的. 又因为 $\mathrm{Reg}(M) = \{0, a, b, 1\}$, 所以 $s(0) = 0$, $s(1) = s(c) = 1$, $s(a) + s(b) = 1$ 给出了 M 上的所有态算子.

(iv) 设 M 是 R_0-代数, 则同态 $s : M \to W_3$ 是 M 上的所有赋值态, $s : M \to [0, 1]$ 是 M 上的 Bosbach 态 iff $\mathrm{Ker}(s)$ 是 M 中的 MV-滤子.

(v) 设 $M = [0, 1]_{\mathrm{sD}}$, 则 M 不是 Glivenko 的, $\mathrm{Reg}(M) = \left\{0, \frac{1}{2}, 1\right\}$. 因 $\mathrm{Reg}(M)$ 只有一个 Bosbach 态, 即恒等映射, 故 M 只有一个 Riečan 态 m:

$$m(x) = \begin{cases} 1, & \frac{1}{2} < x \leqslant 1, \\ \frac{1}{2}, & 0 < x \leqslant \frac{1}{2}, \\ 0, & x = 0, \end{cases}$$

但没有 Bosbach 态, 见例 8.2.6 (ii).

最后再给出由剩余格 M 上的 Bosbach 态构造定理 8.1.6 中的区间剩余格 $M_a^1 = ([a, 1], \wedge, \vee, \otimes_a^1, \to, a, 1)$ 上 Bosbach 态的方法.

定理 8.2.33 设 s 是剩余格 M 上的 Bosbach 态, $a \in M$. 若 $s(a) \neq 1$, 则 s_a^1 也是 M_a^1 上的 Bosbach 态, 其中 $s_a^1(x) = \dfrac{s(x) - s(a)}{1 - s(a)}$, $x \in [a, 1]$.

证明 任取 $x, y \in [a, 1]$, 则

$$\begin{aligned} s_a^1(x) + s_a^1(x \to y) &= \frac{s(x) - s(a)}{1 - s(a)} + \frac{s(x \to y) - s(a)}{1 - s(a)} \\ &= \frac{s(x) + s(x \to y) - 2s(a)}{1 - s(a)} \\ &= \frac{s(y) + s(y \to x) - 2s(a)}{1 - s(a)} \\ &= s_a^1(y) + s_a^1(y \to x). \end{aligned}$$

另外, 显然 $s_a^1(a)=0, s_a^1(1)=1$, 所以 s_a^1 是 M_a^1 上的 Bosbach 态.

8.2.4 半可分剩余格上的 Bosbach 态与 Riečan 态

定理 8.2.30 证明了剩余格 M 上的 Riečan 态与 $\mathrm{Reg}(M)$ 上的 Riečan 态间的一一对应. 本节研究 $\mathrm{Reg}(M)$ 构成 MV-代数的充要条件, 进而给出有 Riečan 态的一类剩余格. 本节主要结论取自文献 [235].

设 $M=(M,\wedge,\vee,\otimes,\to,0,1)$ 是剩余格, $\mathrm{Reg}(M)=(\mathrm{Reg}(M),\wedge,\vee_0,\otimes_0,\to,0,1)$ 是 M 中对合元构成的剩余格.

定理 8.2.34 在剩余格 M 中以下四条等价:

(i) $(\mathrm{Reg}(M),\wedge,\vee_0,\otimes_0,\to,0,1)$ 是 MV-代数,

(ii) 对任意的 $x,y\in M$, $(\neg x\to\neg y)\to\neg y=(\neg y\to\neg x)\to\neg x$,

(iii) 对任意的 $x,y\in M$, $((\neg x\to\neg y)\to\neg y)\to\neg x=\neg y\to\neg x$,

(iv) 对任意的 $x,y\in M$, $\neg(\neg x\wedge\neg y)=\neg(\neg x\otimes(\neg x\to\neg y))$.

证明 因为 $\mathrm{Reg}(M)=\{\neg x\mid x\in M\}$, 所以由定理 8.1.19 知 (i) 与 (ii) 等价.

(ii)⇔(iii). 由命题 8.1.3 (11) 知 $\neg y\leqslant(\neg x\to\neg y)\to\neg y$, 再由命题 8.1.3 (5) 知 $((\neg x\to\neg y)\to\neg y)\to\neg x\leqslant\neg y\to\neg x$. 另外, 由 (ii) 及命题 8.1.3 (10) 知 $\neg y\to\neg x\leqslant((\neg x\to\neg y)\to\neg y)\to\neg x$, 所以 (iii) 成立. 反过来, 由 $\neg y\to\neg x\leqslant((\neg x\to\neg y)\to\neg y)\to\neg x$ 及命题 8.1.3 (10) 知 $(\neg x\to\neg y)\to\neg y\leqslant(\neg y\to\neg x)\to\neg x$. 由 x,y 的任意性知 (ii) 成立.

(ii)⇒(iv). 由 (i) 与 (ii) 的等价性知 $\neg\neg(\neg x\vee\neg y)=\neg x\vee_0\neg y=(\neg x\to\neg y)\to\neg y$, $x,y\in M$. 所以由 (ii) 及命题 8.1.3 (20), (24)—(26) 与 (30) 得

$$\begin{aligned}\neg(\neg x\otimes(\neg x\to\neg y))&=(\neg x\to\neg y)\to\neg\neg x\\&=(\neg\neg y\to\neg\neg x)\to\neg\neg x\\&=\neg\neg(\neg\neg x\vee\neg\neg y)\\&=\neg(\neg\neg\neg x\wedge\neg\neg\neg y)\\&=\neg(\neg x\wedge\neg y)\\&=\neg(\neg y\wedge\neg x)\\&=\neg(\neg y\otimes(\neg y\to\neg x)).\end{aligned}$$

(iv)⇒(ii). 由 (iv) 及命题 8.1.3 (20) 与 (24)–(26) 得

$$\begin{aligned}(\neg y\to\neg x)\to\neg x&=(\neg\neg x\to\neg\neg y)\to\neg\neg\neg x\\&=\neg(\neg\neg x\otimes(\neg\neg x\to\neg\neg y))\\&=\neg(\neg\neg x\wedge\neg\neg y)\\&=\neg(\neg\neg y\wedge\neg\neg x)\\&=(\neg x\to\neg y)\to\neg y.\end{aligned}$$

定义 8.2.35 称满足定理 8.2.34 中等价条件的剩余格是**半可分**的.

例 8.2.36 (i) 可分剩余格, 包括 BL-代数、Heyting 代数与 MV-代数, 是半可分的.

(ii) $[0,1]_{\mathrm{sD}}$ 是半可分的.

(iii) $[0,1]_{R_0}$ 与 $[0,1]_{\mathrm{NMG}}$ 都不是半可分的, 因为 $\mathrm{Reg}([0,1]_{R_0}) = [0,1]_{R_0}$ 不是 MV-代数, $\mathrm{Reg}([0,1]_{\mathrm{NMG}}) = \left[0,\frac{1}{2}\right) \cup \{1\}$ 也不是 MV-代数.

定理 8.2.37 半可分剩余格 M 上的 Riečan 态由其在 MV-代数 $\mathrm{Reg}(M)$ 上的限制唯一确定.

证明 定理 8.2.30 的特殊情形.

推论 8.2.38 半可分剩余格有 Riečan 态.

推论 8.2.39 可分剩余格 M 上的 Bosbach 态由其在 MV-代数 $\mathrm{Reg}(M)$ 上的限制唯一确定.

注 8.2.40 (i) 半可分剩余格可能不存在 Bosbach 态, 如 $[0,1]_{\mathrm{sD}}$ 是半可分的, 但没有 Bosbach 态.

(ii) 剩余格的半可分性与 Glivenko 性质没有必然联系, 如例 8.1.2 (v) 中的剩余格既是 Glivenko 的, 也是半可分的; R_0-代数是 Glivenko 的, 但不是半可分的; 而 $[0,1]_{\mathrm{sD}}$ 是半可分的, 但不是 Glivenko 的.

8.3 MV-代数关于态算子的 Cauchy 度量完备化

本节利用 MV-代数上的态算子构造 MV-代数的 Cauchy 度量完备化, 第 10 章将考虑一般剩余格关于其上的 Bosbach 态的 Cauchy 相似完备化. 本节主要结论取自文献 [238].

设 $M = (M, \oplus, \neg, 0)$ 是 MV-代数, 则 M 上各运算间的关系如下:

$$
\begin{aligned}
&x \to y = \neg x \oplus y, \\
&x \oplus y = \neg x \to y, \\
&x \otimes y = \neg(\neg x \oplus \neg y) = \neg(x \to \neg y), \\
&x \vee y = (x \to y) \to y, \\
&x \wedge y = \neg(\neg x \vee \neg y) = x \otimes (x \to y), \\
&d(x,y) = (x \to y) \wedge (y \to x) = (x \to y) \otimes (y \to x).
\end{aligned}
$$

下面的命题罗列了 MV-代数的一些特有性质, 参阅文献 [81] 和 [247].

命题 8.3.1 设 $x, y_i \in M, i \in I$, 则:

(i) $x \oplus \bigvee_{i\in I} y_i = \bigvee_{i\in I}(x \oplus y_i)$; $x \oplus \bigwedge_{i\in I} y_i = \bigwedge_{i\in I}(x \oplus y_i)$.

(ii) $x \otimes \bigvee_{i\in I} y_i = \bigvee_{i\in I}(x \otimes y_i)$; $x \otimes \bigwedge_{i\in I} y_i = \bigwedge_{i\in I}(x \otimes y_i)$.

(iii) $\neg\left(\bigvee_{i\in I} y_i\right) = \bigwedge_{i\in I} \neg y_i$; $\neg\left(\bigwedge_{i\in I} y_i\right) = \bigvee_{i\in I} \neg y_i$.

(iv) $x \vee \left(\bigwedge_{i\in I} y_i\right) = \bigwedge_{i\in I}(x \vee y_i)$; $x \wedge \left(\bigvee_{i\in I} y_i\right) = \bigvee_{i\in I}(x \wedge y_i)$.

(v) $x \to \bigvee_{i\in I} y_i = \bigvee_{i\in I}(x \to y_i)$.

(vi) $\bigwedge_{i\in I} y_i \to x = \bigvee_{i\in I}(y_i \to x)$.

以上各等式均指其中一侧存在时, 另一侧也存在, 且两侧相等.

称 M 是 **σ-完备**的, 若其承载格 $(M, \wedge, \vee, 0, 1)$ 是 σ-完备格. 再引入一些记号: 设 $x \in M$, $\{x_n\}_{n\in\mathbb{N}} \subseteq M$ 是 M 中的序列, 以下把序列 $\{x_n\}_{n\in\mathbb{N}}$ 简记为 $\{x_n\}$.

$\{x_n\}\uparrow$ 表示 $\{x_n\}$ 是递增序列, 即 $x_1 \leqslant x_2 \leqslant \cdots \leqslant x_n \leqslant \cdots$.

$\{x_n\}\uparrow x$ 表示 $\{x_n\}\uparrow$ 且 $\bigvee_{n\in\mathbb{N}} x_n = x$.

对偶地定义 $\{x_n\}\downarrow$ 及 $\{x_n\}\downarrow x$.

称 $\{x_n\}$ **d-收敛**于 x, 记为 $x_n \xrightarrow{d} x$, 若存在序列 $\{y_n\} \subseteq M$ 使得 $\{y_n\}\uparrow 1$ 且对任一 $n \in \mathbb{N}$, $y_n \leqslant d(x_n, x)$.

可验证若 $\{x_n\}\uparrow x$, 则 $x_n \xrightarrow{d} x$. 事实上, 令 $y_n = x \to x_n$, 则 $\{y_n\}\uparrow$, 由命题 8.3.1 (v) 知 $\{y_n\}\uparrow 1$. 显然对任一 $n \in \mathbb{N}$, $y_n = d(x_n, x)$, 所以 $x_n \xrightarrow{d} x$. 对偶地可证当 $\{x_n\}\downarrow x$ 时也有 $x_n \xrightarrow{d} x$.

若 $M = [0,1]_{\mathrm{MV}}$, 则易验证 $d(x,y) = 1 - |x-y|$, 从而 $x_n \xrightarrow{d} x$ 等价于数学分析中的实数数列收敛.

8.3.1　态算子诱导的度量

设 M 是 MV-代数, s 是 M 上的态算子 (Bosbach 态 =Riečan 态), 定义 $\rho_s : M^2 \to [0,1]$ 为

$$\rho_s(x,y) = 1 - s(d(x,y)), \quad x, y \in M. \tag{8.3.1}$$

命题 8.3.2　设 $x, y, a, b \in M$, 则

(i) ρ_s 是 M 上的伪度量.

(ii) ρ_s 是 M 上的度量 iff s 是忠实的, 即 $\mathrm{Ker}(s) = \{1\}$.

(iii) $\rho_s(x,y) = \rho_s(\neg x, \neg y)$.

(iv) $\rho_s(x \oplus y, a \oplus b) \leqslant \rho_s(x,a) + \rho_s(y,b)$.

(v) $1 - d(s(x), s(y)) = |s(x) - s(y)| \leqslant \rho_s(x,y)$.

(vi) 若 $x \leqslant y$, 则 $\rho_s(x,y) = s(y) - s(x)$.

证明 (i) 仅证明三角不等式 $\rho_s(x,y) + \rho_s(y,z) \geqslant \rho_s(x,z)$. 事实上, 由命题 8.2.4 (12) 与命题 8.1.4 (v) 得

$$\begin{aligned}\rho_s(x,y) + \rho_s(y,z) &= 2 - (s(d(x,y)) + s(d(y,z)))\\ &= 2 - (s(d(x,y) \otimes d(y,z)) + s(d(x,y) \oplus d(y,z)))\\ &\geqslant 1 - s(d(x,y) \otimes d(y,z))\\ &\geqslant 1 - s(d(x,z))\\ &= \rho_s(x,z).\end{aligned}$$

(ii) 设 ρ_s 是度量, 任取 $x \in M$ 使 $s(x) = 1$, 则 $s(x) = s(d(1,x)) = 1 - \rho_s(1,x) = 1$. 所以 $\rho_s(1,x) = 0$, 从而 $x = 1$. 反过来, 设 $\rho_s(x,y) = 0$, 则 $s(d(x,y)) = 1$, 由 s 是忠实的知 $d(x,y) = 1$, 从而 $x = y$.

(iii) 显然.

(iv)

$$\begin{aligned}\rho_s(x \oplus y, a \oplus b) &= 1 - s(d(x \oplus y, a \oplus b))\\ &= 1 - s(d(\neg x \to y, \neg a \to b))\\ &\leqslant 1 - s(d(\neg x, \neg a) \otimes d(y,b)) \ (\text{由命题 } 8.1.4\ (\text{viii}))\\ &= 1 - s(d(x,a) \otimes d(y,b))\\ &\leqslant 1 - (s(d(x,a)) + s(d(y,b)) - 1) \ (\text{由命题 } 8.2.4\ (12))\\ &= \rho_s(x,a) + \rho_s(y,b)).\end{aligned}$$

(v)

$$\begin{aligned}\rho_s(x,y) &= 1 - s(d(x,y))\\ &= 1 - s((x \to y) \wedge (y \to x))\\ &= 1 - s((x \to y) \otimes (y \to x))\\ &= 1 - (s(x \to y) + s(y \to x) - s((x \to y) \oplus (y \to x)))\\ &= 2 - s(x \to y) - s(y \to x)\\ &= s(x) + s(y) - 2s(x \wedge y) \ (\text{由命题 } 8.2.1\ (\text{ii}))\\ &\geqslant |s(x) - s(y)| \ (\text{由命题 } 8.2.4\ (5)).\end{aligned}$$

(vi) 设 $x \leqslant y$, 则 $d(x,y) = y \to x$, 从而由命题 8.2.1 (ii) 知 $\rho_s(x,y) = 1 - s(d(x,y)) = 1 - s(y \to x) = s(y) - s(x \wedge y) = s(y) - s(x)$.

由命题 8.3.2 (i) 知 (M, ρ_s) 是伪度量空间. 记 $x_n \xrightarrow{\rho_s} x$, 若 $\lim\limits_{n\to\infty} \rho_s(x_n, x) = 0$. 关于 ρ_s-收敛的连续性称为 **ρ_s-连续**. (M, ρ_s) 中的 Cauchy 列称为 **ρ_s-Cauchy 列**. 称

空间 (M,ρ_s) 是 **ρ_s-Cauchy 完备**的, 若 (M,ρ_s) 中的 ρ_s-Cauchy 列都 ρ_s-收敛于 M 中的点.

命题 8.3.3　M 中的运算 $\neg,\oplus,\wedge,\vee,\otimes,\to$ 等都是 ρ_s-连续的.

证明　由命题 8.3.2 (iii) 及 (iv) 知 $\neg$ 与 $\oplus$ 分别是 ρ_s-连续的. 又其他运算 $\wedge,\vee,\otimes$ 与 $\to$ 都可由 $\neg$ 与 $\oplus$ 来表达, 所以它们也都是 ρ_s-连续的.

命题 8.3.4　态算子 $s: M\to[0,1]$ 是 ρ_s-连续的, 即当在 M 中 $x_n\xrightarrow{\rho_s}x$ 时, 在 $[0,1]$ 中有 $s(x_n)\to s(x)$ (指通常意义下的收敛).

证明　设 $x_n\xrightarrow{\rho_s}x$, 即在 $[0,1]$ 中有 $\rho_s(x_n,x)\to 0$, 所以由命题 8.3.2 (v) 知 $|s(x_n)-s(x)|\leqslant\rho_s(x_n,x)\to 0$.

称态算子 s 在点 x **处连续**, 若当在 M 中 $\{x_n\}\uparrow x$ 时, 在 $[0,1]_{\mathrm{MV}}$ 中有 $\{s(x_n)\}\uparrow s(x)$. 称 s 在 M 上连续, 若 s 在 M 中处处连续.

命题 8.3.5　设 M 是 σ-完备的 MV-代数, $x\in M$, 则 s 在 x 处连续 iff s 在点 x 处 d-连续, 即当 $x_n\xrightarrow{d}x$ 时, 在 [0,1] 中有 $s(x_n)\to s(x)$ (指通常意义下的收敛).

证明　设 s 在 x 处连续, $x_n\xrightarrow{d}x$, 则存在 $\{y_n\}\subseteq M$ 使 $\{y_n\}\uparrow 1$, 且对任一 $n\in\mathbb{N}$, $y_n\leqslant d(x_n,x)$. 由 s 的连续性及命题 8.2.4 (5) 知 $\{s(y_n)\}\uparrow 1$ 且对任一 $n\in\mathbb{N}$, $s(y_n)\leqslant s(d(x_n,x))$. 又由命题 8.3.2 (v) 知 $s(d(x_n,x))=1-\rho_s(x_n,x)\leqslant d(s(x_n),s(x))=1-|s(x_n)-s(x)|$, 所以 $|s(x_n)-s(x)|\to 0$, 即 $s(x_n)\to s(x)$.

反过来, 设 $\{x_n\}\uparrow x$, 令 $y_n=x\to x_n$, 则由命题 8.3.1 (v) 知 $\{y_n\}\uparrow 1$, 且对任一 $n\in\mathbb{N}$, $y_n=d(x_n,x)$, 这说明 $x_n\xrightarrow{d}x$. 所以由题设及命题 8.2.4 (5) 知 $\{s(x_n)\}\uparrow s(x)$, 这就证明了 s 的连续性.

对于 σ-完备的 MV-代数上的连续赋值态, M 中序列的 ρ_s-收敛性可用上下极限来刻画.

命题 8.3.6　设 M 是 σ-完备的 MV-代数, s 是 M 上的连续赋值态, 对 M 中的序列 $\{x_n\}$, 定义:

$$
\begin{aligned}
&a_n=\bigwedge_{k\geqslant n}x_k;\quad b_n=\bigvee_{k\geqslant n}x_k,\quad n\in\mathbb{N},\\
&a=\bigvee_{n}a_n=\liminf x_n;\quad b=\bigwedge_{n}b_n=\limsup x_n,
\end{aligned}
\tag{8.3.2}
$$

则以下性质成立:

(i) $\{x_n\}$ 是 ρ_s-Cauchy 列 iff $\rho_s(a_n,b_n)\to 0$.

(ii) $a_n\xrightarrow{\rho_s}a$; $b_n\xrightarrow{\rho_s}b$.

(iii) $x_n\xrightarrow{\rho_s}x$ iff $\rho_s(a,x)=\rho_s(b,x)=0$ iff $a_n\xrightarrow{\rho_s}x$, $b_n\xrightarrow{\rho_s}x$.

证明　注意, 连续的赋值态保序列的任意并. 易见, $\{a_n\}\uparrow$, $\{b_n\}\downarrow$ 且对任一 $n\in\mathbb{N}$, $a_n\leqslant a\leqslant b\leqslant b_n$. 由命题 8.3.1 可验证对任一 $n\in\mathbb{N}$, 以下等式及不等式成立:

(1) $d(a_n, b_n) = \bigwedge\limits_{k,l \geqslant n} d(x_k, x_l)$.

(2) $d(a, b) \geqslant \bigvee\limits_{n \in \mathbb{N}} d(a_n, b_n)$.

(3) $d(x_n, a) \geqslant d(a_n, b_n)$.

(4) $d(x_n, x_m) \geqslant d(a_n, b_n) \otimes d(a_m, b_m)$.

从而,

(i) 由 (1) 与 (4) 可得 (i).

(ii) 因为 $\bigvee\limits_n d(a_n, a) = \bigvee\limits_n (a \to a_n) = a \to \bigvee\limits_n a_n = 1$, 所以 $\bigvee\limits_n d(s(a_n), s(a)) = \bigvee\limits_n s(d(a_n, a)) = 1$, 从而 $a_n \xrightarrow{\rho_s} a$. 同理可证 $b_n \xrightarrow{\rho_s} b$.

(iii) 由 (i), (ii), (2) 与 (3) 即得.

下面建立 M 中 d-收敛与 ρ_s-收敛间的关系.

命题 8.3.7　设 s 是处处连续的态算子, $\{x_n\} \subseteq M$, $x \in M$. 若 $x_n \xrightarrow{d} x$, 则 $x_n \xrightarrow{\rho_s} x$.

证明　设 $x_n \xrightarrow{d} x$, 则存在 $\{y_n\} \subseteq M$ 使得 $\{y_n\} \uparrow 1$ 且对任一 $n \in \mathbb{N}$, $y_n \leqslant d(x_n, x)$. 因此 $\rho(x_n, x) = 1 - s(d(x_n, x)) \leqslant 1 - s(y_n)$. 因为 s 连续, 在 $[0,1]_{\mathrm{MV}}$ 中有 $\{s(y_n)\} \uparrow 1$. 于是在 $[0,1]$ 中有 $\rho_s(x_n, x) \to 0$, 即 $x_n \xrightarrow{\rho_s} x$.

接下来我们研究 MV-代数的 σ-完备性与 ρ_s-Cauchy 完备性间的关系, 这里 s 是任意态算子.

定理 8.3.8　设 M 是 MV-代数, $s: M \to [0,1]$ 是任意态算子, 则

(i) 若 M 是 σ-完备的, s 是连续的赋值态, 则 M 是 ρ_s-Cauchy 完备的.

(ii) 若 s 是忠实的态算子, M 是 ρ_s-Cauchy 完备的, 则 M 是 σ-完备的且 s 处处连续.

证明　(i) 设 $\{x_n\}$ 是 M 中的 ρ_s-Cauchy 列, $\{a_n\}$ 与 $\{b_n\}$ 是按式 (8.3.2) 由 $\{x_n\}$ 诱导的序列, 则由命题 8.3.6 (i) 知 $\rho_s(a_n, b_n) \to 0$. 因为 $\rho_s(x_n, a) \leqslant \rho_s(a_n, b_n)$, 所以 $\rho_s(x_n, a) \to 0$, 即 $x_n \xrightarrow{\rho_s} a$.

(ii) 设 s 是忠实的, 则 (M, ρ_s) 是度量空间. 设 $\{x_n\} \subseteq M$, 且 $\{x_n\} \uparrow$, 下证 $\bigvee\limits_n x_n$ 在 M 中存在. 因为在 $[0,1]$ 中 $\{s(x_n)\}$ 递增有上界, 所以它在通常意义下收敛, 因而它是 $[0,1]$ 中通常意义下的 Cauchy 列. 由命题 8.3.2 (vi), $\{x_n\}$ 是 M 中的 ρ_s-Cauchy 列. 由题设, 存在 $x \in M$ 使得 $x_n \xrightarrow{\rho_s} x$. 任取 $k \in \mathbb{N}$, 则由命题 8.3.3 知 $x_k \vee x_n \xrightarrow{\rho_s} x_k \vee x$. 又当 $n \geqslant k$ 时 $x_k \vee x_n = x_n$, 所以 $x_n \xrightarrow{\rho_s} x_k \vee x$. 由于 (M, ρ_s) 是度量空间, 进而是 Hausdorff 的, 所以 $x_k \vee x = x$, 这说明 x 是 $\{x_n\}$ 的上界. 设

y 是 $\{x_n\}$ 的任一上界, 则 $x_n \to y = 1$, $n \in \mathbb{N}$, 从而 $(x_n \to y) \xrightarrow{\rho_s} 1$. 由命题 8.3.3, $(x_n \to y) \xrightarrow{\rho_s} (x \to y)$. 因为 s 是忠实的, 所以 $x \to y = 1$, 从而 $x \leqslant y$, 这就证得 $x = \bigvee_n x_n$, 所以 M 是 σ-完备的.

为证 s 是连续的, 先证当 $\{x_n\} \uparrow 1$ 时 $x_n \xrightarrow{\rho_s} 1$. 为此, 设 $\{x_n\} \subseteq M$, $\{x_n\} \uparrow 1$, 则由 s 的单调递增性知 $\{s(x_n)\}$ 是 $[0,1]$ 中的单调递增有界数列, 从而是 $[0,1]$ 中通常意义下的 Cauchy 列. 由命题 8.3.2 (vi) 知 $\{x_n\}$ 是 M 中的 ρ_s-Cauchy 列. 由题设, 存在 $x \in M$ 使 $x_n \xrightarrow{\rho_s} x$. 任取 $k \in \mathbb{N}$, 由命题 8.3.3 知 $x_n \vee x_k \xrightarrow{\rho_s} x \vee x_k$. 又当 $n \geqslant k$ 时 $x_n \vee x_k = x_n$, 所以 $x \vee x_k = x$, $k \in \mathbb{N}$. 由 $\{x_n\} \uparrow 1$ 知 $x = 1$, 这证明了 $x_n \xrightarrow{\rho_s} 1$. 现任取 $\{x_n\} \subseteq M$ 使 $\{x_n\} \uparrow x$, 则由上述证明知 $\{d(x_n, x) = (x \to x_n)\} \uparrow 1$, 所以 $d(x_n, x) \xrightarrow{\rho_s} 1$. 由命题 8.3.4 知, 在 $[0,1]$ 中有 $s(d(x_n, x)) \to 1$, 从而 $s(x_n) \uparrow s(x)$, 所以 s 是连续的.

设 M_1, M_2 均是 MV-代数, s_1, s_2 分别是 M_1 与 M_2 上的态算子, $f: M_1 \to M_2$ 是 MV-同态. 称 f 是**保态**的, 若 $s_2 \circ f = s_1$. 称 f 是**保距**的, 若 $\rho_{s_1}(x, y) = \rho_{s_2}(f(x), f(y))$, $x, y \in M_1$.

命题 8.3.9 设 M_1, M_2 是 MV-代数, $f: M_1 \to M_2$ 是 MV-同态, 则 f 保态 iff f 保距.

证明 设 f 保态, 则对任意 $x, y \in M$, $\rho_{s_2}(f(x), f(y)) = 1 - s_2(d_{M_2}(f(x), f(y))) = 1 - s_2(f(d_{M_1}(x, y))) = 1 - s_1(d_{M_1}(x, y)) = \rho_{s_1}(x, y)$, 所以 f 是保距的. 反过来, 设 f 保距, 则对任意 $x \in M_1$, $(s_2 \circ f)(x) = s_2(f(x)) = s_2(d_{M_2}(f(x), f(1))) = 1 - \rho_{s_2}(f(x), f(1)) = 1 - \rho_{s_1}(x, 1) = s_1(x)$, 这说明 $s_2 \circ f = s_1$, 所以 f 保态.

命题 8.3.10 设 M_1 是 ρ_{s_1}-Cauchy 完备的, M_2 是 ρ_{s_2}-Cauchy 完备的, s_1, s_2 是忠实的态算子, $f: M_1 \to M_2$ 是 MV-同态. 若 f 是度量空间 (M_1, ρ_{s_1}) 与 (M_2, ρ_{s_2}) 间的连续映射, 则 f 保可数并.

证明 设 $\{x_n\} \subseteq M_1$ 且 $\bigvee_n x_n = x$, $x \in M_1$, 令 $y_n = x_1 \vee \cdots \vee x_n$, $n \in \mathbb{N}$, 则在 M_1 中有 $\{y_n\} \uparrow x$, 从而 $y_n \xrightarrow{d} x$. 由定理 8.3.8 (ii) 知 s_1 是连续的, 再由命题 8.3.7 知 $y_n \xrightarrow{\rho_{s_1}} x$, 所以 $f(y_n) \xrightarrow{\rho_{s_2}} f(x)$. 显然 $f(x)$ 是 $\{f(y_n)\}$ 的上界. 任取 $\{f(y_n)\}$ 在 M_2 中的一个上界 z, 则由命题 8.3.3 知 $1 = (f(y_n) \to z) \xrightarrow{\rho_{s_2}} (f(x) \to z))$. 因为 s_2 是忠实的, 所以 $f(x) \to z = 1$, 从而 $f(x) \leqslant z$, 这就证得 $f(x) = \bigvee_n f(x_n)$.

8.3.2 Cauchy 度量完备

本节我们构造 MV-代数关于其上的态算子的 Cauchy 度量完备. 由于 (M, ρ_s) 是伪度量空间, 所以可以按照度量空间通常的 Cauchy 完备化方法进行构造. 今后

把 M 中的序列 $\{x_n\}$ 记为 $\underline{x}$, 即 $\underline{x}=\{x_n\}_{n\in\mathbb{N}}=\{x_n\}$.

命题 8.3.11 设 $\underline{x}=\{x_n\}$, $\underline{y}=\{y_n\}$ 是 M 中的 ρ_s-Cauchy 列, 则 $\{\rho_s(x_n,y_n)\}$ 是 [0, 1] 中通常收敛意义下的 Cauchy 列, 从而收敛.

证明 赋予态算子 s 的取值域 $[0,1]$ 以 MV-代数结构, 即考虑 $[0,1]_{\mathrm{MV}}$. 由命题 8.2.4 (12) 知, 对任意的 $x,y\in M$, $s(x\otimes y)\geqslant(s(x)+s(y)-1)\vee 0=s(x)\otimes s(y)$. 由命题 8.2.1 (ii) 知 $s(x\to y)\leqslant(1-s(x)+s(y))\wedge 1=s(x)\to s(y)$. 由命题 8.1.4 (v) 知 $d(x_n,x_m)\otimes d(y_n,y_m)\otimes d(x_n,y_n)\leqslant d(x_m,y_n)\otimes d(y_n,y_m)\leqslant d(x_m,y_m)$, 从而 $d(x_n,x_m)\otimes d(y_n,y_m)\leqslant d(x_n,y_n)\to d(x_m,y_m)$. 同理, $d(x_n,x_m)\otimes d(y_n,y_m)\leqslant d(x_m,y_m)\to d(x_n,y_n)$. 由于 s 递增, $s(d(x_n,x_m))\otimes s(d(y_n,y_m))\leqslant s(d(x_n,x_m)\otimes d(y_n,y_m))\leqslant s(d(x_n,y_n)\to d(x_m,y_m))\leqslant s(d(x_n,y_n))\to s(d(x_m,y_m))$. 类似地, $s(d(x_n,x_m))\otimes s(d(y_n,y_m))\leqslant s(d(x_m,y_m))\to s(d(x_n,y_n))$.

由此,

$$
\begin{aligned}
|\rho_s(x_n,y_n)-\rho_s(x_m,y_m)| &= |s(d(x_n,y_n))-s(d(x_m,y_m))|\\
&= 1-d(s(d_M(x_n,y_n)),s(d_M(x_m,y_m)))\\
&\leqslant 1-s(d_M(x_n,x_m))\otimes s(d_M(y_n,y_m))\\
&= \rho_s(x_n,x_m)\oplus\rho_s(y_n,y_m)\\
&= (\rho_s(x_n,x_m)+\rho_s(y_n,y_m))\wedge 1\\
&\to 0\ \ (n,m\to+\infty).
\end{aligned}
$$

设 $\mathscr{C}_s(M)$ 表示 M 中全体 ρ_s-Cauchy 列之集, 任取 $\underline{x}=\{x_n\}$, $\underline{y}=\{y_n\}\in\mathscr{C}_s(M)$, 定义

$$\underline{x}\oplus\underline{y}=\{x_n\oplus y_n\};\quad \neg\underline{x}=\{\neg x_n\},$$

则可验证 $(\mathscr{C}_s(M),\oplus,\neg,\underline{0},\underline{1})$ 构成 MV-代数, 其中 $\underline{0}=\{0\}_{n\in\mathbb{N}}$, $\underline{1}=\{1\}_{n\in\mathbb{N}}$. 规定

$$\underline{x}\sim\underline{y}\ \text{iff}\ \lim_{n\to\infty}\rho_s(x_n,y_n)=0, \tag{8.3.3}$$

则 $\sim$ 是 $\mathscr{C}_s(M)$ 上的同余关系. 记 $\widetilde{\underline{x}}$ 表示 $\underline{x}$ 所在的同余类, $\widetilde{M}_s=\{\widetilde{\underline{x}}\mid\underline{x}\in\mathscr{C}_s(M)\}$, 则 $(\widetilde{M}_s,\oplus,\neg,\widetilde{\underline{0}},\widetilde{\underline{1}})$ 也是 MV-代数, 其中 $\widetilde{\underline{x}}\oplus\widetilde{\underline{y}}=\widetilde{\underline{x}\oplus\underline{y}}$, $\neg\widetilde{\underline{x}}=\widetilde{\neg\underline{x}}$. ρ_s 在 $\widetilde{M}_s$ 上可诱导如下度量:

$$\widetilde{\rho}_s(\widetilde{\underline{x}},\widetilde{\underline{y}})=\lim_{n\to\infty}\rho_s(x_n,y_n),\quad \widetilde{\underline{x}},\widetilde{\underline{y}}\in\widetilde{M}_s. \tag{8.3.4}$$

设 $\underline{x}=\{x_n\}\in\mathscr{C}_s(M)$, 则由命题 8.3.2 (v) 知 $\{s(x_n)\}$ 是 $[0,1]$ 中通常意义下的 Cauchy 列, 从而收敛, 因此 s 也可诱导 $\widetilde{M}_s$ 上的一个态算子 $\widetilde{s}$:

$$\widetilde{s}(\widetilde{\underline{x}})=\lim_{n\to\infty}s(x_n),\quad \widetilde{\underline{x}}\in\widetilde{M}_s. \tag{8.3.5}$$

定义 $\varphi_s:M\to\widetilde{M}_s$ 为 $\varphi_s(x)=\widetilde{\underline{x}}$, $x\in M$, 这里 $\underline{x}$ 为常数列 $\{x\}_{n\in\mathbb{N}}$.

由通常度量空间的 Cauchy 完备构造知, $(\widetilde{M}_s, \widetilde{\rho}_s)$ 是 $\widetilde{\rho}_s$-Cauchy 完备度量空间, φ_s 是保态的 MV-同态, $\varphi_s(M)$ 是 $\widetilde{M}_s$ 的稠密子集.

定理 8.3.12 设 $\widetilde{M}_s$, $\widetilde{\rho}_s$, $\widetilde{s}$ 分别由式 (8.3.3)–式 (8.3.5) 定义, 则:

(i) $\widetilde{s}$ 是连续的忠实态.

(ii) φ_s 是满足 $\widetilde{s}\circ\varphi_s = s$ 的 MV-同态.

(iii) φ_s 是 MV-嵌入 iff s 是忠实的.

(iv) $\widetilde{\rho}_s = \rho_{\widetilde{s}}$.

(v) φ_s 是连续的, 即若在 M 中 $x_n \xrightarrow{\rho_s} x$, 则在 $\widetilde{M}_s$ 中有 $\varphi_s(x_n) \xrightarrow{\rho_{\widetilde{s}}} \varphi_s(x)$.

(vi) $\widetilde{M}_s$ 是 σ-完备的 MV-代数.

(vii) 对任一 MV-代数 C, 使得 C 是 ρ_m-Cauchy 完备的忠实态 m, 以及任一保态的 MV-同态 $f: M \to C$, 存在唯一的保态 MV-嵌入 $\widetilde{f}: \widetilde{M}_s \to C$ 使得 $\widetilde{f}\circ\varphi_s = f$.

证明 (i) 显然 $\widetilde{s}(\widetilde{\underline{1}}) = \lim\limits_{n\to\infty} s(1) = 1$. 任取 $\underline{x} = \{x_n\}$, $\underline{y} = \{y_n\} \in \mathscr{C}_s(M)$ 使得 $\widetilde{\underline{x}} \otimes \widetilde{\underline{y}} = \widetilde{\underline{0}}$, 则 $\widetilde{s}(\widetilde{\underline{x}} \otimes \widetilde{\underline{y}}) = 0$, 从而

$$
\begin{aligned}
\widetilde{s}(\widetilde{\underline{x}} \oplus \widetilde{\underline{y}}) &= \widetilde{s}(\widetilde{\underline{x} \oplus \underline{y}}) = \widetilde{s}(\widetilde{\{x_n \oplus y_n\}}) \\
&= \lim_{n\to\infty} s(x_n \oplus y_n) \\
&= \lim_{n\to\infty} (s(x_n) + s(y_n) - s(x_n \otimes y_n)) \\
&= \widetilde{s}(\widetilde{\underline{x}}) + \widetilde{s}(\widetilde{\underline{y}}) - \widetilde{s}(\widetilde{\underline{x}} \otimes \widetilde{\underline{y}}) \\
&= \widetilde{s}(\widetilde{\underline{x}}) + \widetilde{s}(\widetilde{\underline{y}}).
\end{aligned}
$$

所以 $\widetilde{s}$ 是 $\widetilde{M}_s$ 上的态算子. 设 $\widetilde{s}(\widetilde{\underline{x}}) = 1$, 则 $\lim\limits_{n\to\infty} s(x_n) = 1$, 所以 $\lim\limits_{n\to\infty} \rho_s(x_n, 1) = \lim\limits_{n\to\infty} (1 - s(x_n)) = 0$, 这里说明 $\underline{x} \sim \underline{1}$, 所以 $\widetilde{\underline{x}} = \widetilde{\underline{1}}$, 这就证明了 $\widetilde{s}$ 是忠实的. $\widetilde{s}$ 的连续性可从 (iv) 以及 $\widetilde{M}_s$ 的 $\widetilde{\rho}_s$-Cauchy 完备性利用定理 8.3.8 (ii) 推得.

(ii) φ_s 是 MV-同态是显然的. 任取 $x \in M$, $\widetilde{s}(\varphi_s(x)) = \lim\limits_{n\to\infty} s(x) = s(x)$, 所以 $\widetilde{s}\circ\varphi_s = s$.

(iii) 设 φ_s 是 MV-嵌入, $s(x) = 1$, 则 $\rho_s(x, 1) = 1 - s(d(x, 1)) = 1 - s(x) = 0$, 所以 $\varphi_s(x) = \widetilde{\{x\}} = \widetilde{\{1\}}$, 从而 $x = 1$, s 是忠实的. 反过来, 设 $\varphi_s(x) = \widetilde{\underline{1}}$, 则 $\widetilde{\underline{x}} = \widetilde{\underline{1}}$, 所以 $\rho_s(x, 1) = 0$, 从而 $s(x) = 1$. 由 s 的忠实性知 $x = 1$, 所以 φ_s 是嵌入.

(iv) 任取 $\widetilde{\underline{x}} = \widetilde{\{x_n\}}$, $\widetilde{\underline{y}} = \widetilde{\{y_n\}} \in \widetilde{M}_s$, 则

$$
\rho_{\widetilde{s}}(\widetilde{\underline{x}}, \widetilde{\underline{y}}) = 1 - \widetilde{s}(d_{\widetilde{M}_s}(\widetilde{\underline{x}}, \widetilde{\underline{y}})) = 1 - \lim_{n\to\infty} s(d_M(x_n, y_n)) = \lim_{n\to\infty} \rho_s(x_n, y_n) = \widetilde{\rho}_s(\widetilde{\underline{x}}, \widetilde{\underline{y}}).
$$

(v) 设 $x_n \xrightarrow{\rho_s} x$, 则 $\lim\limits_{n\to\infty} \rho_s(x_n, x) = 0$. 因为

$$
\rho_{\widetilde{s}}(\varphi_s(x_n), \varphi_s(x)) = 1 - \widetilde{s}(d_{\widetilde{M}_s}(\widetilde{\underline{x_n}}, \widetilde{\underline{x}})) = 1 - s(d_M(x_n, x)) = \rho_s(x_n, x),
$$

所以 $\varphi_s(x_n) \xrightarrow{\rho_{\widetilde{s}}} \varphi_s(x)$.

(vi) 由 (iv) 知 $\widetilde{M}$ 是 $\rho_{\widetilde{s}}$-完备的. 又由 (i) 知 $\widetilde{s}$ 是忠实的, 所以由定理 8.3.8 (ii) 知 $\widetilde{M}$ 是 σ-完备的, $\widetilde{s}$ 是处处连续的.

(vii) 设 C 是任一 MV-代数, $m: C \to [0,1]$ 是 C 上任一忠实态使得 C 是 ρ_m-完备的, $f: M \to C$ 是保态的 MV-同态. 由命题 8.3.9 知 f 保距. 设 $\underline{x} = \{x_n\}$ 是 M 中的 ρ_s-Cauchy 列, 则 $\{f(x_n)\}$ 是 C 中的 ρ_m-Cauchy 列. 因为 C 是 ρ_m-完备的, 所以存在 $c \in C$ 使得 $f(x_n) \overset{\rho_m}{\to} c$. 定义 $\widetilde{f}(\underline{\widetilde{x}}) = c$, 则由度量完备的泛性质可验证 $\widetilde{f}$ 是满足 $\widetilde{f} \circ \varphi_s = f$ 的唯一保距映射. 由于 C 中的 MV-代数运算都是 ρ_m-连续的, 所以 $\widetilde{f}$ 是 MV-同态. 再设 $\widetilde{f}(\underline{\widetilde{x}}) = 1$, 则 $f(x_n) \overset{\rho_m}{\to} 1$. 由 f 是保距的, $\widetilde{s}(\underline{\widetilde{x}}) = \lim\limits_{n\to\infty} s(x_n) = \lim\limits_{n\to\infty}(1-\rho_s(x_n,1)) = \lim\limits_{n\to\infty}(1-\rho_m(f(x_n),f(1))) = 1$. 由于 $\widetilde{s}$ 是忠实的, 所以 $\underline{\widetilde{x}} = \widetilde{1}$, 这就证明了 $\widetilde{f}$ 是嵌入映射.

定义 8.3.13 称 MV-代数 $\widetilde{M}_s$ 为 M 的 ***s*-Cauchy 度量完备**.

由定理 8.3.12 (vii) 知, 在保态的 MV-同构的意义下, MV-代数的 s-Cauchy 度量完备是唯一的.

注 8.3.14 由定理 8.3.8 (ii) 与命题 8.3.10 知, 在定理 8.3.12 (vii) 的题设下, C 是 σ-完备的 MV-代数, m 是连续的忠实态, $\widetilde{f}$ 保可数并.

下面给出 MV-代数关于赋值态 s 的 s-Cauchy 度量完备的刻画.

定理 8.3.15 设 M 是 MV-代数, s 是 M 上的态算子, $\widetilde{M}_s$ 是 M 上 s-Cauchy 度量完备, 则以下各条等价:

(i) s 是赋值态,

(ii) $\widetilde{M}_s$ 是局部有限的,

(iii) $\widetilde{M}_s$ 是全序的.

证明 (i)⇒(ii). 由题设 $\widetilde{s}$ 是赋值态, 又 $\widetilde{s}$ 是忠实的, 所以 $\widetilde{s}$ 实为 MV-嵌入, 因此 $\widetilde{M}_s$ 为标准 MV-代数 $[0,1]_{\mathrm{MV}}$ 的子代数, 进而是局部有限的.

(ii)⇒(iii). 显然.

(iii)⇒(i). 由于全序剩余格上的 Bosbach 态都是赋值态知 $\widetilde{s}$ 是赋值态, 从而由 MV-代数运算的连续性知 s 是赋值态.

第 9 章 逻辑代数上的内部态理论

第 8 章介绍了逻辑代数上的态理论, 但逻辑代数 M 带上其上的态算子 s 不再是一个泛代数, 因为 s 在单位区间 $[0,1]$ 中而非 M 中取值. 所以逻辑代数带上其态算子不能再构成 Blok 与 Pigozzi 可代数化逻辑[251] 意义下的逻辑代数. 另外, 类似于第 4 章的做法也可把逻辑代数中的态算子抽象为模态词, 把态算子定义中的等式抽象为模态公理, 进而建立相应的逻辑推理系统, 但此类模态化的推理系统不能表达形如 $\varphi \to P(\varphi)$ 的公式. 为提供从代数及逻辑两角度处理态算子的统一方法, Flaminio 与 Montagna 于 2009 年在 MV-代数上提出了内部态算子, 并建立了相应的概率模糊逻辑[252]. 内部态理论现已被推广到其他逻辑代数上, 参阅文献 [253]–[258]. 鉴于第 10 章介绍的广义态理论是内部态理论的进一步推广, 那里允许广义态算子的定义域与取值域可以为任意两个剩余格, 本章仅以 MV-代数与 BL-代数为例介绍内部态理论, 关于一般逻辑代数上的内部态理论可参照第 10 章中的广义态理论, 或参阅相关的文献.

9.1 MV-代数上的内部态理论

本节设 $M = (M, \oplus, \neg, 0)$ 是 MV-代数, 并引入运算 $\ominus$: $x \ominus y = \neg(x \to y)$. MV-代数上的其他运算及性质参阅 8.3 节.

9.1.1 MV-代数上的内部态算子

定义 9.1.1 称 M 上的自映射 σ 为 M 上的**内部态算子**, 若对任意的 $x, y \in M$,

(i) $\sigma(0) = 0$,

(ii) $\sigma(\neg x) = \neg(\sigma(x))$,

(iii) $\sigma(x \oplus y) = \sigma(x) \oplus \sigma(y \ominus (x \otimes y))$,

(iv) $\sigma(\sigma(x) \oplus \sigma(y)) = \sigma(x) \oplus \sigma(y)$.

设 σ 是 M 上的内部态算子, 称 (M, σ) 为**内态 MV-代数**, 简称 **SMV-代数**. 全体 SMV-代数构成一个代数簇.

例 9.1.2 (i) 设 σ 是 M 上的恒等变换, 则 (M, σ) 是一个 SMV-代数. 在此意义下, 任一 MV-代数都是 SMV-代数.

(ii) 设 σ 是 M 上的幂等自同态, 则 (M, σ) 也是 SMV-代数.

(iii) 设 σ 是标准 MV-代数上的内部态算子, 则 σ 必为恒等变换.

(iv) 设 M 是全体从 $[0,1]^n$ 到 $[0,1]$ 的实系数分段线性的连续函数之集, 在 M 上点式定义 $[0,1]_{\mathrm{MV}}$ 中的运算 $\oplus$ 与 $\neg$, 则 $(M, \oplus, \neg, 0, 1)$ 构成 MV-代数, 其中 0 与 1 为常值函数. 对任一 $f \in M$, 定义

$$\sigma(f) = \int_{[0,1]^n} f(x_1, \cdots, x_n)\mathrm{d}x_1 \cdots \mathrm{d}x_n,$$

则 (M, σ) 构成 SMV-代数.

命题 9.1.3 在 SMV-代数 (M, σ) 中以下性质成立:

(i) $\sigma(1) = 1$.

(ii) 若 $x \leqslant y$, 则 $\sigma(x) \leqslant \sigma(y)$.

(iii) $\sigma(x \oplus y) \leqslant \sigma(x) \oplus \sigma(y)$, 且当 $x \otimes y = 0$ 时等号成立.

(iv) $\sigma(x \ominus y) \geqslant \sigma(x) \ominus \sigma(y)$, 且当 $y \leqslant x$ 时等号成立.

(v) $\sigma(d(x,y)) \leqslant d(\sigma(x), \sigma(y))$.

(vi) $\sigma(x) \otimes \sigma(y) \leqslant \sigma(x \otimes y)$.

(vii) 若 $x \oplus y = 1$, 则 $\sigma(x \otimes y) = \sigma(x) \otimes \sigma(y)$.

(viii) $\sigma(\sigma(x)) = \sigma(x)$.

(ix) $\sigma(M) = \{\sigma(x) \mid x \in M\}$ 构成 M 的子代数.

(x) 若 $\sigma(M) = M$, 则 σ 为恒等变换.

(xi) 若 σ 是忠实的, 则当 $x < y$ 时 $\sigma(x) < \sigma(y)$.

(xii) 若 σ 是忠实的, 则对任一 $x \in M$, 要么 $x = \sigma(x)$, 要么 x 与 $\sigma(x)$ 不可比较.

证明 (i) 由定义 9.1.1 (i) 与 (ii) 知 $\sigma(1) = \neg\sigma(0) = 1$.

(ii) 设 $x \leqslant y$, 则 $y = x \oplus (y \ominus x)$, 从而 $\sigma(y) = \sigma(x \oplus (y \ominus x))$. 又因为 $x \otimes (y \ominus x) = 0$, 所以由定义 9.1.1 (iii) 知 $\sigma(y) = \sigma(x) \oplus \sigma(y \ominus x) \geqslant \sigma(x)$.

(iii) 由 (ii) 知 $\sigma(y) \geqslant \sigma(y \ominus (x \otimes y))$, 从而 $\sigma(x \oplus y) = \sigma(x) \oplus \sigma(y \ominus (x \otimes y)) \leqslant \sigma(x) \oplus \sigma(y)$. 若 $x \otimes y = 0$, 则 $\sigma(x \oplus y) = \sigma(x) \oplus \sigma(y \ominus (x \otimes y)) = \sigma(x) \oplus \sigma(y)$.

(iv) 由 (iii) 及定义 9.1.1 (ii) 知 $\sigma(x \ominus y) = \sigma(\neg(\neg x \oplus y)) = \neg\sigma(\neg x \oplus y) \geqslant \neg(\neg\sigma(x) \oplus \sigma(y)) = \sigma(x) \ominus \sigma(y)$. 进一步, 若 $y \leqslant x$, 则 $\neg x \otimes y = 0$, 从而由定义 9.1.1 (iii) 知 $\sigma(x \ominus y) = \sigma(\neg(\neg x \oplus y)) = \neg\sigma(\neg x \oplus y) = \neg(\sigma(\neg x) \oplus \sigma(y)) = \sigma(x) \ominus \sigma(y)$.

(v) 注意 $(x \ominus y) \otimes (y \ominus x) = \neg(x \to y) \otimes \neg(y \to x) = \neg((x \to y) \oplus (y \to x)) \leqslant \neg((x \to y) \vee (y \to x)) = 0$. 由 (iv) 与 (iii) 知

$$\begin{aligned}
\sigma(d(x,y)) &= \sigma((x\to y)\wedge(y\to x))\\
&= \sigma((x\to y)\otimes(y\to x))\\
&= \neg\sigma(\neg((x\to y)\otimes(y\to x)))\\
&= \neg\sigma((x\ominus y)\oplus(y\ominus x))\\
&= \neg(\sigma(x\ominus y)\oplus\sigma(y\ominus x))\\
&\leqslant \neg((\sigma(x)\ominus\sigma(y))\oplus(\sigma(y)\ominus\sigma(x)))\\
&= (\sigma(x)\to\sigma(y))\otimes(\sigma(y)\to\sigma(x))\\
&= d(\sigma(x),\sigma(y)).
\end{aligned}$$

(vi) $x\otimes y=\neg(x\to\neg y)=x\ominus\neg y$, 所以由 (iv) 及定义 9.1.1 (ii) 知 $\sigma(x\otimes y)=\sigma(x\ominus\neg y)\geqslant\sigma(x)\ominus\sigma(\neg y)=\sigma(x)\otimes\sigma(y)$.

(vii) 设 $x\oplus y=1$, 则 $\neg x\otimes\neg y=0$, 从而由 (iii) 知 $\sigma(x\otimes y)=\neg\sigma(\neg x\oplus\neg y)=\neg(\sigma(\neg x)\oplus\sigma(\neg y))=\sigma(x)\otimes\sigma(y)$.

(viii) 由定义 9.1.1 (i) 与 (iv) 知 $\sigma(\sigma(x))=\sigma(\sigma(x)\oplus\sigma(0))=\sigma(x)\oplus\sigma(0)=\sigma(x)$.

(ix) 由 (viii) 知 $\sigma(M)$ 为 σ 的全体不动点之集. 由 (i) 及定义 9.1.1 (i) 知 $0,1\in\sigma(M)$. 由定义 9.1.1 (iv) 知 $\sigma(M)$ 对 $\oplus$ 封闭. 由 (viii) 及定义 9.1.1 (ii) 知 $\sigma(\neg\sigma(x))=\sigma(\sigma(\neg x))=\sigma(\neg x)=\neg\sigma(x)$, 所以 $\sigma(M)$ 对 $\neg$ 也封闭. 这就证得 $\sigma(M)$ 是 M 的子代数.

(x) 设 $M=\sigma(M)$, 则对任一 $x\in M$, 存在 $y\in M$ 使得 $x=\sigma(y)$, 从而 $\sigma(x)=\sigma(\sigma(y))=\sigma(y)=x$.

(xi) 设 σ 是忠实的, $x,y\in M$ 且 $x<y$, 则 $\neg x\oplus y=1$. 假设 $\sigma(x)=\sigma(y)$, 则由 (vii) 知 $\sigma(\neg x\otimes y)=\neg\sigma(x)\otimes\sigma(y)=0$, 所以 $\sigma(y\to x)=\neg\sigma(\neg x\otimes y)=1$. 因为 σ 是忠实的, 所以 $y\to x=1$, 从而 $y\leqslant x$, 矛盾!

(xii) 设 σ 是忠实的, $x<\sigma(x)$, 则由 (xi) 知 $\sigma(x)<\sigma(\sigma(x))=\sigma(x)$, 矛盾. 类似地, $\sigma(x)<x$ 也不可能成立, 所以 $x=\sigma(x)$ 或者 x 与 $\sigma(x)$ 不可比较.

9.1.2　次直不可约 SMV-代数

先回忆泛代数中有关次直不可约代数的两个基本结论: 非平凡代数 A 次直不可约的充要条件是它有一个最小的非对角线的同余关系; 任一代数都同构于次直不可约代数的次直积, 参阅文献 [209].

下设 (M,σ) 是 SMV-代数. 称 M 中的滤子 F 为 (M,σ) 的 **σ-滤子**, 若 F 对 σ 封闭, 即当 $x\in F$ 时有 $\sigma(x)\in F$.

设 F 是 (M,σ) 中的 σ-滤子, 定义

$$\sim_F=\{(x,y)\in M^2\mid d(x,y)\in F\}.$$

反过来, 对于 (M,σ) 中的任一同余关系 $\sim$, 定义

$$F_{\sim}=\{x\in M\mid (x,1)\in\sim\}.$$

定理 9.1.4 映射 $F\mapsto\sim_F$ 与 $\sim\mapsto F_{\sim}$ 是 SMV-代数 (M,σ) 中全体 σ-滤子构成的格与全体同余关系构成的格间的互逆同构.

证明 仅证明 F 是 σ-滤子 iff $\sim_F$ 是 (M,σ) 中的同余关系. 其他验证工作留给读者. 因为 $\sigma(1)=1$, 所以 1 的 $\sim$- 同余类 $F_{\sim}$ 是 σ-滤子. 反过来, 设 F 是 (M,σ) 中的 σ-滤子, $x\sim_F y$, 则 $d(x,y)\in F$, 从而 $\sigma(d(x,y))\in F$. 由命题 9.1.3 (v) 知 $\sigma(d(x,y))\leqslant d(\sigma(x),\sigma(y))$. 因为 F 是上集, 所以 $d(\sigma(x),\sigma(y))\in F$, 从而 $\sigma(x)\sim_F\sigma(y)$, 这说明 $\sim_F$ 保持 σ.

命题 9.1.5 设 (M,σ) 是 SMV-代数, $\sigma(x)\in\sigma(M)$, $x\in M$, 则由 $\sigma(x)$ 生成的 σ-滤子 $[\sigma(x))_\sigma=\{y\in M\mid\exists\, n\in\mathbb{N}$ 使得 $y\geqslant(\sigma(x))^n\}$.

证明 令 $F=\{y\in M\mid\exists\, n\in\mathbb{N}$ 使 $y\geqslant\sigma(x)^n\}$. 显然, $\sigma(x)\in F$, 且 F 是上集. 设 $y,z\in F$, 则存在 $m,n\in\mathbb{N}$ 使得 $y\geqslant\sigma(x)^m$, $z\geqslant\sigma(x)^n$, 从而 $y\otimes z\geqslant\sigma(x)^m\otimes\sigma(x)^n=\sigma(x)^{m+n}$, 所以 $y\otimes z\in F$, 这就证得 F 是 M 中的滤子. 设 $y\in F$, 则存在 $n\in\mathbb{N}$ 使得 $y\geqslant\sigma(x)^n$, 从而由命题 9.1.3 (vi), $\sigma(y)\geqslant\sigma(\sigma(x)^n)\geqslant\sigma(\sigma(x))^n=\sigma(x)^n$, 所以 $\sigma(y)\in F$, 因此 F 是 σ-滤子. 另外, 由 σ-滤子的定义知任一包含 $\sigma(x)$ 的 σ-滤子必包含 F, 从而 $[\sigma(x))_\sigma=F$.

定理 9.1.6 (i) 若 (M,σ) 是次直不可约 SMV-代数, 则 $\sigma(M)$ 是全序 MV-代数,

(ii) 设 σ 是忠实的, 则 (M,σ) 次直不可约 iff $\sigma(M)$ 是次直不可约 MV-代数.

证明 (i) 设 (M,σ) 是次直不可约的 SMV-代数, 则它有最小的非平凡 σ-滤子, 设为 F. 任取 $x\in F\setminus\{1\}$. 假设 $\sigma(M)$ 不是全序的, 则存在 $\sigma(a),\sigma(b)\in\sigma(M)$ 使得 $\sigma(a)$ 与 $\sigma(b)$ 不可比较, 从而分别由 $\sigma(a)\to\sigma(b)$ 与 $\sigma(b)\to\sigma(a)$ 生成的 σ-滤子 $[\sigma(a)\to\sigma(b))_\sigma$ 与 $[\sigma(b)\to\sigma(a))_\sigma$ 都是非平凡的, 因而都包含 F, 特别地, $x\in[\sigma(a)\to\sigma(b))_\sigma$, $x\in[\sigma(b)\to\sigma(a))_\sigma$. 因为 $\sigma(a)\to\sigma(b)$, $\sigma(b)\to\sigma(a)\in\sigma(M)$, 所以由命题 9.1.5 知存在 $n\in\mathbb{N}$ 使得 $x\geqslant(\sigma(a)\to\sigma(b))^n$ 且 $x\geqslant(\sigma(b)\to\sigma(a))^n$. 所以由命题 8.1.9 (vi) 知

$$x\geqslant(\sigma(a)\to\sigma(b))^n\vee(\sigma(b)\to\sigma(a))^n=1.$$

这与 $x\neq 1$ 矛盾.

(ii) 设 σ 是忠实的, (M,σ) 是次直不可约的. 设 F 是 (M,σ) 中的任一非平凡的 σ-滤子, 则由 σ 是忠实的知 $F\cap\sigma(M)$ 是 $\sigma(M)$ 中的非平凡滤子. 又 $\sigma(M)$ 中的任一滤子也是 (M,σ) 中的 σ-滤子. 现设 F 是 (M,σ) 中的最小非平凡 σ-滤子, 则 $F\cap\sigma(M)$ 是 $\sigma(M)$ 中的最小非平凡滤子. 事实上, 假设 G 是 $\sigma(M)$ 中任一非平凡

滤子, 则由 G 生成的 (M,σ) 中的 σ-滤子 $[G)_\sigma$ 也包含 F, 且 $G=[G)_\sigma\cap\sigma(M)\supseteq F\cap\sigma(M)$. 所以 $F\cap\sigma(M)$ 是 $\sigma(M)$ 中的最小非平凡滤子, 从而 $\sigma(M)$ 是次直不可约的.

反过来, 设 F 是 $\sigma(M)$ 中的最小非平凡滤子, 则由 F 在 (M,σ) 中生成的 σ-滤子 $[F)_\sigma$ 也是 (M,σ) 中的最小非平凡 σ-滤子. 事实上, 设 G 是 (M,σ) 中的任一非平凡 σ-滤子, 则 $G\cap\sigma(M)\supseteq F=[F)_\sigma\cap\sigma(M)$, 从而 $F\subseteq G$, 进而 $[F)_\sigma\subseteq G$, 所以 $[F)_\sigma$ 是 (M,σ) 中的最小非平凡 σ-滤子, 因此 (M,σ) 是次直不可约的.

9.1.3　SMV-代数与 MV-代数上的态算子

本节建立 MV-代数上的内部态算子与态算子之间的联系. 具体地, 对于给定的 SMV-代数 (M,σ), 可构造出 M 上的一个态算子. 反过来, 由 MV-代数 M 上的态算子我们将构造一个 SMV-代数 (T,σ) 使得 M 是 T 的一个子代数.

先设 (M,σ) 是 SMV-代数, 则由命题 9.1.3 (ix) 知 $(\sigma(M),\oplus,\neg,0)$ 是 MV-代数, 其中, $\oplus$ 与 $\neg$ 表示 M 中的相应运算在 $\sigma(M)$ 上的限制. 设 F 是 $\sigma(M)$ 中的一个极大滤子, 则由定理 8.1.29 (ii) 知商代数 $\sigma(M)/F$ 是局部有限的 MV-代数, 从而它可嵌入到 $[0,1]_{\mathrm{MV}}$ 中. 令 $i:\sigma(M)/F\hookrightarrow[0,1]_{\mathrm{MV}}$ 为嵌入映射, $\eta_F:\sigma(M)\to\sigma(M)/F$ 为典型同态. 令 $s=i\circ\eta_F\circ\sigma:M\to[0,1]_{\mathrm{MV}}$.

定理 9.1.7　设 (M,σ) 是 SMV-代数, F 是 $\sigma(M)$ 中的极大滤子, s 如上定义, 则 s 是 M 上的一个态算子.

证明　因为 $\sigma(1)=1$, 映射 i 与 η_F 都保持 1, 所以 $s(1)=1$. 任取 $x,y\in M$ 使得 $x\otimes y=0$, 则由命题 9.1.3 (iii) 知 $\sigma(x\oplus y)=\sigma(x)\oplus\sigma(y)$. 由命题 9.1.3 (vi) 知 $\sigma(x)\otimes\sigma(y)=0$, 从而 $s(x)\otimes s(y)=0$. 因而 $s(x\oplus y)=s(x)\oplus s(y)=s(x)+s(y)-s(x)\otimes s(y)=s(x)+s(y)$.

反过来, 为从带态算子的 MV-代数构造 SMV-代数, 需先回忆 MV-代数的张量积[259]. 设 A,B 是 MV-代数, $A\times B$ 为它们的笛卡儿乘积.

定义 9.1.8　从 $A\times B$ 到 MV-代数 C 的一个**双同态** β 是满足如下条件的映射 $\beta:A\times B\to C$: 对任意的 $a,a_1,a_2\in A;b,b_1,b_2\in B$,

(i) $\beta(1,1)=1$,

(ii) $\beta(a,0)=0=\beta(0,b)$,

(iii) $\beta(a,b_1\vee b_2)=\beta(a,b_1)\vee\beta(a,b_2)$; $\beta(a_1\vee a_2,b)=\beta(a_1,b)\vee\beta(a_2,b)$,

(iv) $\beta(a,b_1\wedge b_2)=\beta(a,b_1)\wedge\beta(a,b_2)$; $\beta(a_1\wedge a_2,b)=\beta(a_1,b)\wedge\beta(a_2,b)$,

(v) 当 $b_1\otimes b_2=0$ 时, $\beta(a,b_1)\otimes\beta(a,b_2)=0$; $\beta(a,b_1\oplus b_2)=\beta(a,b_1)\oplus\beta(a,b_2)$. 对称地, 当 $a_1\otimes a_2=0$ 时, $\beta(a_1,b)\otimes\beta(a_2,b)=0$; $\beta(a_1\oplus a_2,b)=\beta(a_1,b)\oplus\beta(a_2,b)$.

定义 9.1.9　称满足如下条件的 MV-代数, 记为 $A*B$, 为 A 与 B 的**张量积**:

(i) 存在双同态 $\beta:A\times B\to A*B$,

(ii) β 具有泛性质, 即对任一 MV-代数 C 及双同态 $\beta' : A \times B \to C$, 存在唯一 MV-同态 $\lambda : A * B \to C$ 使 $\beta' = \lambda \circ \beta$.

下设 M 是 MV-代数, 考虑标准 MV-代数 $[0,1]_{\mathrm{MV}}$ 与 M 的张量积 $T = [0,1]_{\mathrm{MV}} * M$. 对 $\alpha \in [0,1]_{\mathrm{MV}}$ 及 $x \in M$, 记 $\beta(\alpha, x) = \alpha * x$.

命题 9.1.10 设 $T = [0,1]_{\mathrm{MV}} * M$, $\alpha, \alpha_1, \alpha_2 \in [0,1]$; $x, x_1, x_2 \in M$, 则以下性质成立:

(i) $(\alpha_1 \oplus \alpha_2) * 1 = (\alpha_1 * 1) \oplus (\alpha_2 * 1)$; $1 * (x_1 \oplus x_2) = (1 * x_1) \oplus (1 * x_2)$,

(ii) $\neg(\alpha * 1) = (1 - \alpha) * 1$; $\neg(1 * x) = 1 * (\neg x)$,

(iii) 映射 $\alpha \mapsto \alpha * 1$ 与 $x \mapsto 1 * x$ 分别是 $[0,1]_{\mathrm{MV}}$ 与 M 到 T 的嵌入,

(iv) 当 $\alpha_1 \otimes \alpha_2 = 0$ 时 $(\alpha_1 \oplus \alpha_2) * x = (\alpha_1 * x) \oplus (\alpha_2 * x)$; 当 $x_1 \otimes x_2 = 0$ 时 $\alpha * (x_1 \oplus x_2) = (\alpha * x_1) \oplus (\alpha * x_2)$,

(v) $\alpha * (x_1 \ominus x_2) = (\alpha * x_1) \ominus (\alpha * x_2)$; $(\alpha_1 \ominus \alpha_2) * x = (\alpha_1 * x) \ominus (\alpha_2 * x)$,

(vi) $1 * 1 = 1$; $0 * x = \alpha * 0 = 0$.

定理 9.1.11 设 $s : M \to [0,1]$ 是 M 上的态算子, $T = [0,1]_{\mathrm{MV}} * M$, 定义 $\sigma : T \to T$ 为

$$\sigma(\alpha * x) = \alpha \cdot s(x), \quad \alpha * x \in T,$$

则 (T, σ) 是一个 SMV-代数.

证明 参阅文献 [252] 中的定理 5.3 的证明以及 MV-代数与带强单位的格序群范畴等价的相关知识.

9.1.4 概率模糊逻辑

本节仿照第 4 章的做法, 通过把 MV-代数上的内部态算子抽象为模态词, 把内部态算子的基本恒等式抽象为模态公式的公理, 建立模态化的推理系统, 记为 SFP(Ł, Ł), 达到从代数与逻辑两角度处理内部态理论的目的, 同时也为内部态理论奠定逻辑基础.

定义 9.1.12 系统 SFP(Ł, Ł) 的符号表包括命题符号: $p_1, p_2, \cdots$, 其全体之集仍记为 S, 即 $S = \{p_1, p_2, \cdots\}$; Łukasiewicz 逻辑连接词 $\neg, \to, \oplus, \otimes, \ominus$ 与 $\equiv$; 模态词 P 以及必要的标点符号: , , (,). SFP(Ł, Ł) 的公式集由以下方式生成:

(i) $F(S)$ 中的公式都是 SFP(Ł, Ł) 的公式, 其中 $F(S)$ 是 Ł 中的公式集,

(ii) 设 $\varphi \in F(S)$, 则 $P(\varphi)$ 也是 SFP(Ł, Ł) 中的公式,

(iii) $F(S) \cup \{P(\varphi) \mid \varphi \in F(S)\}$ 中的元经 $\neg, \to, \oplus, \otimes, \ominus, P$ 连接的合式公式也是 SFP(Ł, Ł) 中的公式,

(iv) SFP(Ł, Ł) 中再无其他形式的公式.

定义 9.1.13 SFP(Ł, Ł) 的公理有:

(i) Ł 中的公理 (Ł1)–(Ł4),

(ii) 关于 P 的公理:

(SFP1) $P(\neg\varphi) \equiv \neg P(\varphi)$,

(SFP2) $P(\varphi \oplus \psi) \equiv (P(\varphi) \oplus P(\psi \ominus (\varphi \otimes \psi)))$,

(SFP3) $P(P(\varphi) \oplus P(\psi)) \equiv (P(\varphi) \oplus P(\psi))$.

SFP(Ł, Ł) 的推理规则为 MP 规则: 由 φ 与 $\varphi \to \psi$ 得 ψ; 以及 Gen 规则: 由 φ 得 $P(\varphi)$.

定义 9.1.14　SMV-代数是 SFP(Ł, Ł) 的语义代数. 设 (M, σ) 是 SMV-代数, 映射 $v: S \to M$ 称为**赋值**. v 可以自然的方式扩张到全体公式集上, 如

$$v(\varphi \to \psi) = v(\varphi) \to v(\psi) = \neg v(\varphi) \oplus v(\psi),$$

$$v(P(\varphi)) = \sigma(v(\varphi)).$$

定理 9.1.15　设 $\Gamma \cup \{\varphi\}$ 是 SFP(Ł, Ł) 中的理论, 则以下各条等价:

(i) $\Gamma \vdash \varphi$,

(ii) 对任一 SMV-代数 (M, σ) 及任一赋值 $v: S \to M$, 若 $v(\Gamma) = \{1\}$, 则 $v(\varphi) = 1$,

(iii) 对任一使得 $\sigma(M)$ 为全序 MV-代数的 SMV-代数 (M, σ) 及任一赋值 $v: S \to M$, 若 $v(\Gamma) = \{1\}$, 则 $v(\varphi) = 1$.

证明　(i)⇒(iii). 用关于从 Γ 到 φ 的推演长度的归纳法即可证明.

(iii)⇒(ii). 反证法, 假设存在 SMV-代数 (M, σ) 及赋值 v 使得 $v(\Gamma) = \{1\}$, 但 $v(\varphi) < 1$. 把 (M, σ) 表示成一组次直不可约 SMV-代数 $\{(M_i, \sigma_i)\}_{i \in I}$ 的次直积, 则由定理 9.1.6 (i) 知每个 $\sigma_i(M_i)$ 都是全序 MV-代数. 但由题设, 存在 $i \in I$ 使 $(v(\varphi))_i < 1$, 而对任一 $\psi \in \Gamma, (v(\psi))_i = 1$. 对任一 $p \in S$, 令 $v_i(p) = (v(p))_i$, 则 v_i 是在 (M_i, σ_i) 中取值的赋值, 但 $v_i(\Gamma) = \{1\}, v_i(\varphi) = 1$, 矛盾!

(ii)⇒(i). 仍用反证法, 假设 Γ 推不出 φ. 考虑 SFP(Ł, Ł) 中关于 Γ 的 Lindenbaum 代数 $(M_\Gamma, \sigma_\Gamma)$, 即 M_Γ 为全体公式关于 Γ 可证等价关系的同余类, $\sigma_\Gamma([\varphi]_\Gamma) = [\sigma(\varphi)]_\Gamma$, 则易验证 $(M_\Gamma, \sigma_\Gamma)$ 是 SMV-代数. 由于 Γ 推不出 φ, 所以 $[\varphi]_\Gamma < 1$, 但对任一 $\psi \in \Gamma$, $[\psi]_\Gamma = 1$. 设 v 为典型同态, 则 v 是在 $(M_\Gamma, \sigma_\Gamma)$ 中取值的赋值, 但与 (ii) 矛盾!

9.2　BL-代数上的内部态理论

本节将 MV-代数上的内部态理论推广到 BL-代数中, 研究其基本性质. 其他逻辑代数上的内部态理论可仿此建立, 或参阅第 10 章中的广义态理论.

9.2.1 BL-代数上的内部态算子

设 M 是 BL-代数, 在 M 中也引入 $\ominus: x \ominus y = x \otimes \neg y,\ x, y \in M$.

定义 9.2.1 称自映射 $\sigma: M \to M$ 为 M 上的**内部态算子**, 若对任意的 $x, y \in M$,

(i) $\sigma(0) = 0$,

(ii) $\sigma(x \to y) = \sigma(x) \to \sigma(x \wedge y)$,

(iii) $\sigma(x \otimes y) = \sigma(x) \otimes \sigma(x \to x \otimes y)$,

(iv) $\sigma(\sigma(x) \otimes \sigma(y)) = \sigma(x) \otimes \sigma(y)$,

(v) $\sigma(\sigma(x) \to \sigma(y)) = \sigma(x) \to \sigma(y)$,

称 (M, σ) 为**内态 BL-代数**, 简称**SBL-代数**.

例 9.2.2 (i) (M, id_M) 是 SBL-代数.

(ii) 在笛卡儿乘积 BL-代数 $M \times M$ 上定义 $\sigma_1(x, y) = (x, x)$ 和 $\sigma_2(x, y) = (y, y)$, $(x, y) \in M \times M$, 则 σ_1 与 σ_2 都是 $M \times M$ 上的幂等自同态, 进而是内部态算子. 进一步, $(x, y) \mapsto (y, x)$ 是 SBL-代数 $(M \times M, \sigma_1)$ 与 $(M \times M, \sigma_2)$ 间的同构.

(iii) 设 $M = \{0, a, b, 1\}$, 其中 $0 < a < b < 1$, 其中 $\otimes$ 与 $\to$ 运算由下表给出:

$\otimes$	0	a	b	1
0	0	0	0	0
a	0	0	a	a
b	0	a	b	b
1	0	a	b	1

$\to$	0	a	b	1
0	1	1	1	1
a	a	1	1	1
b	0	a	1	1
1	0	a	b	1

则 $(M, \min, \max, \otimes, \to, 0, 1)$ 是 BL-代数, 但不是 MV-代数. 若定义 $\sigma(0) = 0, \sigma(a) = a$, $\sigma(b) = \sigma(1) = 1$, 则可验证 σ 为 M 上的内部态算子, 从而 (M, σ) 是 SBL-代数. 进一步可验证等式 $\sigma(x \otimes y) = \sigma(x) \otimes \sigma(y)$, $\sigma(x \to y) = \sigma(x) \to \sigma(y)$ 在 M 中成立, 所以 σ 是 M 上的自同态, 且 $\sigma(A) = \{0, a, 1\}$.

命题 9.2.3 在 SBL-代数 (M, σ) 中, 对任意的 $x, y \in M$ 以下成立:

(1) $\sigma(1) = 1$.

(2) $\sigma(\neg x) = \neg \sigma(x)$.

(3) 若 $x \leqslant y$, 则 $\sigma(x) \leqslant \sigma(y)$.

(4) $\sigma(x) \otimes \sigma(y) \leqslant \sigma(x \otimes y)$.

(5) $\sigma(x) \ominus \sigma(y) \leqslant \sigma(x \ominus y)$, 且当 $x \leqslant y$ 时等号成立.

(6) $\sigma(x \wedge y) = \sigma(x) \otimes \sigma(x \to y)$.

(7) $\sigma(x \to y) \leqslant \sigma(x) \to \sigma(y)$, 且当 x 与 y 可比较时等号成立.

(8) $\sigma(d(x, y)) \leqslant d(\sigma(x, y))$.

(9) $\sigma(x \oplus y) \leqslant \sigma(x) \oplus \sigma(y)$, 且当 $x \oplus y = 1$ 时 $\sigma(x) \oplus \sigma(y) = \sigma(x \oplus y) = 1$.

(10) $\sigma(\sigma(x))=\sigma(x)$.

(11) $\sigma(M)$ 是 M 的子代数.

(12) $\sigma(M)=\{x\in M\mid x=\sigma(x)\}$.

(13) 若 $\mathrm{ord}(x)<\infty$, 则 $\mathrm{ord}(\sigma(x))\leqslant \mathrm{ord}(x)$, 且 $\sigma(x)\notin \mathrm{Rad}(M)$.

(14) $\sigma(x\to y)=\sigma(x)\to\sigma(y)$ iff $\sigma(y\to x)=\sigma(y)\to\sigma(x)$.

(15) 若 $\sigma(M)=M$, 则 σ 是 M 上的恒等算子.

(16) 若 σ 是忠实的, 则当 $x<y$ 时 $\sigma(x)<\sigma(y)$.

(17) 若 σ 是忠实的, 则 $\sigma(x)=x$ 或 $\sigma(x)$ 与 x 不可比较.

(18) 若 M 是全序 BL-代数, σ 是忠实的, 则 σ 为恒等算子.

证明 (1) 由定义 9.2.1 (ii) 知 $\sigma(1)=\sigma(x\to x)=\sigma(x)\to\sigma(x\wedge x)=1$.

(2) 由定义 9.2.1 (i) 与 (ii) 得 $\sigma(\neg x)=\sigma(x\to 0)=\sigma(x)\to\sigma(0\wedge x)=\neg\sigma(x)$.

(3) 设 $x\leqslant y$, 则 $x=y\otimes(y\to x)$, 从而由定义 9.2.1 (iii) 知 $\sigma(x)=\sigma(y\otimes(y\to x))=\sigma(y)\otimes\sigma(y\to y\otimes(y\to x))\leqslant\sigma(y)$.

(4) 由 (3) 以及命题 8.1.3 (7) 知 $\sigma(y)\leqslant\sigma(x\to x\otimes y)$, 从而由定义 9.2.1 (iii), $\sigma(x\otimes y)=\sigma(x)\otimes\sigma(x\to x\otimes y)\geqslant\sigma(x)\otimes\sigma(y)$.

(5) 因为 $x\ominus y=x\otimes\neg y$, 所以 $\sigma(x\ominus y)=\sigma(x\otimes\neg y)=\sigma(x)\otimes\sigma(x\to x\otimes\neg y)\geqslant\sigma(x)\otimes\sigma(\neg y)=\sigma(x)\otimes\neg\sigma(y)=\sigma(x)\ominus\sigma(y)$. 现设 $x\leqslant y$, 则 $x\leqslant\neg\neg y$, 从而由命题 8.1.3 (29) 知 $x\otimes\neg y=0$, 即 $x\ominus y$=0, 所以等号成立.

(6) 由式 (8.1.10), 定义 9.2.1 (iii) 以及命题 8.1.3 (17) 知 $\sigma(x\wedge y)=\sigma(x\otimes(x\to y))=\sigma(x)\otimes\sigma(x\to x\otimes(x\to y))=\sigma(x)\otimes\sigma(x\to x\wedge y)=\sigma(x)\otimes\sigma(x\to y)$.

(7) 由 (3) 及定义 9.2.1 (ii) 知 $\sigma(x\to y)=\sigma(x)\to\sigma(x\wedge y)\leqslant\sigma(x)\to\sigma(y)$. 当 $x\leqslant y$ 时, $\sigma(x)\leqslant\sigma(y)$, 所以 $\sigma(x\to y)=1=\sigma(x)\to\sigma(y)$. 当 $y\leqslant x$ 时 $\sigma(x\to y)=\sigma(x)\to\sigma(x\wedge y)=\sigma(x)\to\sigma(y)$.

(8) 由 (4) 及 (7) 得 $\sigma(d(x,y))=\sigma((x\to y)\wedge(y\to x))=\sigma((x\to y)\otimes(y\to x))\leqslant(\sigma(x)\to\sigma(y))\otimes(\sigma(y)\to\sigma(x))=(\sigma(x)\to\sigma(y))\wedge(\sigma(y)\to\sigma(x))=d(\sigma(x),\sigma(y))$.

(9) 由式 (8.1.6) 知 $x\oplus y=\neg(\neg x\otimes\neg y)$, 所以由 (2) 及 (4) 得 $\sigma(x\oplus y)=\neg\sigma(\neg x\otimes\neg y)\leqslant\neg(\sigma(\neg x)\otimes\sigma(\neg y))=\neg(\neg\sigma(x)\otimes\neg\sigma(y))=\sigma(x)\oplus\sigma(y)$. 当 $x\oplus y=1$ 时等号显然成立.

(10) 由 (1) 及定义 9.2.1 (iv) 知 $\sigma(\sigma(x))=\sigma(\sigma(x)\otimes\sigma(1))=\sigma(x)\otimes\sigma(1)=\sigma(x)$.

(11) 由 (1) 及定义 9.2.1 (i), (iv) 与 (v) 知 $\sigma(M)$ 对运算 $\otimes,\to,\wedge$ 与 $\vee$ 封闭, 所以 $\sigma(M)$ 是 M 的子代数.

(12) 显然成立.

(13) 设 $n=\mathrm{ord}(x)$, 则 $x^n=0$, 从而由 (4) 知 $0=\sigma(x^n)\geqslant\sigma(x)^n$, 所以 $\mathrm{ord}(\sigma(x))\leqslant n$. 由定理 8.1.42 知任一有限阶的元都不属于 $\mathrm{Rad}(M)$.

(14) 设 $\sigma(x \to y) = \sigma(x) \to \sigma(y)$, 则由 (6) 及定义 9.2.1 (ii) 得 $\sigma(y \to x) = \sigma(y) \to \sigma(x \wedge y) = \sigma(y) \to \sigma(x) \otimes \sigma(x \to y) = \sigma(y) \to \sigma(x) \otimes (\sigma(x) \to \sigma(y)) = \sigma(y) \to \sigma(x) \wedge \sigma(y) = \sigma(y) \to \sigma(x)$. 由 x 与 y 的对称性知反蕴涵也成立.

(15) 任取 $x \in M$, 则存在 $y \in M$ 使 $x = \sigma(y)$, 从而 $\sigma(x) = \sigma(\sigma(y)) = \sigma(y) = x$.

(16) 设 $x < y$, $\sigma(x) = \sigma(y)$, 则由定义 9.2.1 (ii), $\sigma(y \to x) = \sigma(y) \to \sigma(x) = 1$, 从而 $y \leqslant x$, 矛盾.

(17) 设 $x \neq \sigma(x)$, 若 $x < \sigma(x)$ 或 $\sigma(x) < x$, 则由 (16) 知 $\sigma(x) < \sigma(\sigma(x)) = \sigma(x)$, 或 $\sigma(x) = \sigma(\sigma(x)) > \sigma(x)$, 矛盾.

(18) (17) 的直接推论.

命题 8.2.4 (7)–(23) 在这里也成立.

命题 9.2.4 在 SBL-代数 (M, σ) 中, 对任意的 $x, y \in M$, 下面等式成立:

(19) $\sigma(x \vee y) = \sigma((x \to y) \to y)$.

(20) $\sigma((x \to y) \to y) = \sigma((y \to x) \to x)$.

(21) $\sigma(\neg\neg x \to x) = 1$.

(22) $\sigma(x \to \neg\neg y) = \sigma(x \to y) = \sigma(\neg\neg x \to y)$.

(23) $\sigma((\neg x \to \neg y) \circ z) = \sigma((y \to x) \circ z)$, 其中 $\circ \in \{\wedge, \vee, \otimes, \to\}$.

(24) $\sigma(z \to (\neg x \to \neg y)) = s(z \to (y \to x))$.

(25) $\sigma(\neg\neg x \circ y) = \sigma(x \circ y)$, 其中 $\circ \in \{\wedge, \vee, \otimes\}$.

(26) $\sigma(x \wedge y) = \sigma(x \otimes (x \to y)) = \sigma(y \otimes (y \to x))$.

(27) $\sigma(x \to y \vee z) = s(x \to ((y \to z) \to z))$.

(28) $\sigma(\neg\neg x \wedge y \to z) = \sigma(x \wedge y \to z)$.

(29) $\sigma((x \to y) \vee (y \to x)) = 1$.

(30) $\sigma(x \to y \vee z) = \sigma((x \to y) \vee (x \to z))$.

(31) $\sigma(x \wedge y \to z) = \sigma((x \to z) \vee (y \to z))$.

(32) $\sigma(x \to x \otimes y) = \sigma(\neg x \vee y)$.

(33) 设 $E = F$ 是 MV-等式, 则 $\sigma(E) = \sigma(F)$.

证明 留给读者自行验证, 另外我们将在第 10 章证明这些等式对 II-型 Bosbach 态也成立.

文献 [255], [256] 称满足定义 9.2.1 (i), (ii), (iv), (v) 及如下等式

$$\sigma(x \otimes y) = \sigma(x) \otimes \sigma(\neg x \vee y) \tag{9.2.1}$$

的自映射 $\sigma : M \to M$ 为 M 上的**强内部态算子**.

下面的命题将证明强内部态算子与内部态算子等价, 从而解决了文献 [255] 和 [256] 中的公开问题.

命题 9.2.5　设 M 是 BL-代数, 则 σ 是 M 上的强内部态算子 iff σ 是 M 上的内部态算子.

证明　先设 σ 是 M 上的强内部态算子, 则由式 (9.2.1) 知 $\sigma(x\wedge y) = \sigma(x\otimes(x \to y)) = \sigma(x) \otimes \sigma(\neg x \vee (x \to y)) = \sigma(x) \otimes \sigma(x \to y)$. 由此, $\sigma(x \otimes y) = \sigma(x \wedge (x \otimes y)) = \sigma(x) \otimes \sigma(x \to x \otimes y)$.

反过来, 设 σ 是 M 上的内部态算子, 则由命题 9.2.4 (32) 知 $\sigma(x \otimes y) = \sigma(x) \otimes \sigma(x \to x \otimes y) = \sigma(x) \otimes \sigma(\neg x \vee y)$, 即得式 (9.2.1).

命题 9.2.6　设 (M, σ) 是 SBL-代数, 则:

(i) 任取 $x, y \in M$, 则 $\sigma(x \to y) = \sigma(x) \to \sigma(y)$ iff $\sigma(x \wedge y) = \sigma(x) \wedge \sigma(y)$.

(ii) $\sigma(x \to y) = \sigma(x) \to \sigma(y)$ 对任意的 $x, y \in M$ 成立 iff $\sigma(x \vee y) = \sigma(x) \vee \sigma(y)$ 对所有的 $x, y \in M$ 成立.

(iii) 若 $\sigma(x \to y) = \sigma(x) \to \sigma(y)$ 对任意的 $x, y \in M$ 都成立, 则 $\sigma(x \otimes y) = \sigma(x) \otimes \sigma(y)$ 对所有的 $x, y \in M$ 也成立, 从而 σ 是 M 上的自同态.

证明　(i) 任取 $x, y \in M$, 并设 $\sigma(x \to y) = \sigma(x) \to \sigma(y)$, 则由命题 9.2.3 (6) 知 $\sigma(x \wedge y) = \sigma(x) \otimes \sigma(x \to y) = \sigma(x) \otimes (\sigma(x) \to \sigma(y)) = \sigma(x) \wedge \sigma(y)$. 反过来, 设 $\sigma(x \wedge y) = \sigma(x) \wedge \sigma(y)$, 则 $\sigma(x \to y) = \sigma(x) \to \sigma(x \wedge y) = \sigma(x) \to \sigma(x) \wedge \sigma(y) = \sigma(x) \to \sigma(y)$.

(ii) 由命题 8.1.9 (viii) 知在 BL-代数中, $x \vee y = ((x \to y) \to y) \wedge (y \to x \to x)$. 先证必要性, 由 (i) 知 $\sigma(x \vee y) = \sigma((x \to y) \to y) \wedge \sigma(y \to x \to x) = ((\sigma(x) \to \sigma(y)) \to \sigma(y)) \wedge ((\sigma(y) \to \sigma(x)) \to \sigma(x)) = \sigma(x) \vee \sigma(y)$. 再证充分性. 由 $x \vee y \to y = x \to y$ 及定义 9.2.1 (ii) 知 $\sigma(x \to y) = \sigma(x \vee y \to y) = \sigma(x \vee y) \to \sigma(y) = \sigma(x) \vee \sigma(y) \to \sigma(y) = \sigma(x) \to \sigma(y)$.

(iii) $\sigma(x \otimes y) \to \sigma(z) = \sigma(x \otimes y \to z) = \sigma(x \to (y \to z)) = \sigma(x) \to (\sigma(y) \to \sigma(z)) = \sigma(x) \otimes \sigma(y) \to \sigma(z) = \sigma(\sigma(x) \otimes \sigma(y)) \to \sigma(z) = \sigma(\sigma(x) \otimes \sigma(y) \to z)$. 令 $z = \sigma(x) \otimes \sigma(y)$, 则由上式得 $\sigma(x \otimes y) \to \sigma(x) \otimes \sigma(y) = 1$, 从而 $\sigma(x \otimes y) \leqslant \sigma(x) \otimes \sigma(y)$. 由命题 9.2.3 (4) 知 $\sigma(x) \otimes \sigma(y) \leqslant \sigma(x \otimes y)$, 所以 $\sigma(x) \otimes \sigma(y) = \sigma(x \otimes y)$.

下面的命题说明当 M 是 MV-代数时, 定义 9.2.1 意义下的内部态算子与定义 9.1.1 中的内部态算子等价.

先简单回忆一下 MV-代数与 BL-代数的关系. 设 $M = (M, \oplus, \neg, 0, 1)$ 是 MV-代数, 定义 $x \otimes y = \neg(\neg x \oplus \neg y)$, $x \to y = \neg x \oplus y$, $x \vee y = (x \to y) \to y = (x \otimes \neg y) \oplus y$, $x \wedge y = \neg(\neg x \vee \neg y) = (x \oplus \neg y) \otimes y$, $x, y \in M$, 则 $(M, \wedge, \vee, \otimes, \to, 0, 1)$ 是 BL-代数. 反过来, 设 $(M, \wedge, \vee, \otimes, \to, 0, 1)$ 是对合 BL-代数, 即满足 $\neg\neg x = x$, 定义 $x \oplus y = \neg x \to y$, 则 $(M, \oplus, \neg, 0, 1)$ 是 MV-代数. 另外, 在 MV-代数中, $x \ominus y = \neg(x \to y) = \neg(\neg x \oplus y) = x \otimes \neg y$, 参见命题 8.1.20.

定理 9.2.7 设 M 是 MV-代数, $\sigma: M \to M$ 是自映射. 则 σ 是定义 9.1.1 意义下的内部态算子 iff σ 是定义 9.2.1 中的内部态算子.

证明 设 σ 是定义 9.1.1 意义下的内部态算子, 则

(i) 由定义 9.1.1 (i) 知 $\sigma(0)=0$.

(ii) $\sigma(x \to y)=\sigma(\neg x \oplus y)=\sigma(\neg x)\oplus\sigma(y\ominus(\neg x\otimes y))=\neg\sigma(x)\oplus\sigma(y\otimes\neg(\neg x\otimes y))=\neg\sigma(x)\oplus\sigma(y\otimes(x\oplus\neg y))=\neg\sigma(x)\oplus\sigma(x\wedge y)=\sigma(x)\to\sigma(x\wedge y)$.

(iii) $\sigma(x\otimes y)=\neg\sigma(\neg x\oplus\neg y)=\neg(\sigma(\neg x)\oplus\sigma(\neg y\ominus(\neg x\otimes\neg y)))=\neg(\neg\sigma(x)\oplus\sigma(\neg y\otimes(x\oplus y)))=\neg(\neg\sigma(x)\oplus\sigma(x\wedge\neg y))=\sigma(x)\otimes\sigma(\neg x\vee y)=\sigma(x)\otimes\sigma(x\to x\otimes y)$.

(iv) $\sigma(\sigma(x)\otimes\sigma(y))=\neg\sigma(\neg(\sigma(x)\otimes\sigma(y)))=\neg\sigma(\sigma(\neg x)\oplus\sigma(\neg y))=\neg(\sigma(\neg x)\oplus\sigma(\neg y))=\sigma(x)\otimes\sigma(y)$.

(v) $\sigma(\sigma(x)\to\sigma(y))=\sigma(\neg\sigma(x)\oplus\sigma(y))=\sigma(\sigma(\neg x)\oplus\sigma(y))=\sigma(\neg x)\oplus\sigma(y)=\neg\sigma(x)\oplus\sigma(y)=\sigma(x)\to\sigma(y)$.

反过来, 设 σ 是定义 9.2.1 意义下的内部态算子. 由定义 9.2.1 (i) 及命题 9.2.3 (2) 知定义 9.1.1 (i) 与 (ii) 成立. 下证定义 9.1.1 (iii) 与 (iv). 先证

$$\sigma(\neg x\otimes(x\oplus y))=\sigma(y\otimes\neg(x\otimes y)). \tag{9.2.2}$$

事实上, $\neg x\otimes(x\oplus y)=\neg x\otimes(\neg x\to y)=\neg x\wedge y=y\otimes(y\to\neg x)=y\otimes\neg(x\otimes y)$, 所以式 (9.2.2) 成立. 由定义 9.2.1 (iii) 及式 (9.2.2) 得

$$\begin{aligned}\sigma(x\oplus y)&=\neg\sigma(\neg x\otimes\neg y)\\&=\neg(\sigma(\neg x)\otimes\sigma(\neg x\to\neg x\otimes\neg y))\\&=\sigma(x)\oplus\sigma(\neg(\neg x\to\neg x\otimes\neg y))\\&=\sigma(x)\oplus\sigma(\neg x\otimes(x\oplus y))\\&=\sigma(x)\oplus\sigma(y\otimes\neg(x\otimes y))\\&=\sigma(x)\oplus\sigma(y\ominus(x\otimes y)).\end{aligned}$$

最后证定义 9.1.1 (iv). 由定义 9.2.1 (iv) 知 $\sigma(\sigma(x)\oplus\sigma(y))=\neg\sigma(\sigma(\neg x)\otimes\sigma(\neg y))=\neg(\sigma(\neg x)\otimes\sigma(\neg y))=\sigma(x)\oplus\sigma(y)$.

设 M 是 BL-代数, 由推论 8.1.21 知式 (8.1.13) 定义的 $\mathrm{MV}(M)$ 作为 M 的子代数是 MV-代数. 下面的定理建立了 M 上的内部态算子与 $\mathrm{MV}(M)$ 上内部态算子间的联系.

定理 9.2.8 (i) 设 σ 是 M 上的内部态算子, 则 $\sigma|_{\mathrm{MV}(M)}$ 是 $\mathrm{MV}(M)$ 上的内部态算子.

(ii) 设 σ 是 $\mathrm{MV}(M)$ 上的内部态算子, 则其扩张 $\widetilde{\sigma}$, $\widetilde{\sigma}(x)=\sigma(\neg\neg x), x\in M$, 是 M 上的内部态算子.

证明 (i) 记 $\widehat{\sigma} = \sigma|_{\mathrm{MV}(M)}$, 则 $\widehat{\sigma}$ 在 $\mathrm{MV}(M)$ 上满足定义 9.2.1 (i)–(v), 所以由定理 9.2.7 知 $\widehat{\sigma}$ 是 MV-代数 $\mathrm{MV}(M)$ 上的内部态算子.

(ii) 设 σ 是 MV-代数 $\mathrm{MV}(M)$ 上的内部态算子, 则由定理 9.2.7 知 σ 在 $\mathrm{MV}(M)$ 上满足定义 9.2.1 中的所有条件. 下证 $\widetilde{\sigma}$ 也满足定义 9.2.1 中的所有条件, 任取 $x, y \in M$.

(1) $\widetilde{\sigma}(0) = \sigma(\neg\neg 0) = \sigma(0) = 0$.

(2) 由命题 8.1.13 (iv), 命题 8.1.3 (25) 及命题 9.2.4 (25) 得 $\widetilde{\sigma}(x \to y) = \sigma(\neg\neg(x \to y)) = \sigma(\neg\neg x \to \neg\neg y) = \sigma(\neg\neg x) \to \sigma(\neg\neg x \wedge \neg\neg y) = \widetilde{\sigma}(x) \to \sigma(\neg\neg(x \wedge y)) = \widetilde{\sigma}(x) \to \widetilde{\sigma}(x \wedge y)$.

(3) $\widetilde{\sigma}(x \otimes y) = \sigma(\neg\neg(x \otimes y)) = \sigma(\neg\neg x \otimes \neg\neg y) = \sigma(\neg\neg x) \otimes \sigma(\neg\neg x \to \neg\neg x \otimes \neg\neg y) = \widetilde{\sigma}(x) \otimes \sigma(x \to \neg\neg(x \otimes y)) = \widetilde{\sigma}(x) \otimes \sigma(\neg\neg(x \to x \otimes y)) = \widetilde{\sigma}(x) \otimes \widetilde{\sigma}(x \to x \otimes y)$.

(4) $\widetilde{\sigma}(\widetilde{\sigma}(x) \otimes \widetilde{\sigma}(y)) = \sigma(\neg\neg(\sigma(\neg\neg x) \otimes \sigma(\neg\neg y))) = \sigma(\sigma(\neg\neg x) \otimes \sigma(\neg\neg y)) = \sigma(\neg\neg x) \otimes \sigma(\neg\neg y) = \widetilde{\sigma}(x) \otimes \widetilde{\sigma}(y)$.

(5) $\widetilde{\sigma}(\widetilde{\sigma}(x) \to \widetilde{\sigma}(y)) = \sigma(\neg\neg(\sigma(\neg\neg x) \to \sigma(\neg\neg y))) = \sigma(\sigma(\neg\neg x) \to \sigma(\neg\neg y)) = \sigma(\neg\neg x) \to \sigma(\neg\neg y) = \widetilde{\sigma}(x) \to \widetilde{\sigma}(y)$.

9.2.2 SBL-代数中的 σ-滤子

本节研究 SBL-代数中的滤子、σ-滤子、极大 σ-滤子以及同余关系.

定义 9.2.9 设 (M, σ) 是 SBL-代数, M 中的滤子 F 称为 (M, σ) 中的 **σ-滤子**, 若 F 对 σ 封闭, 即当 $x \in F$ 时 $\sigma(x) \in F$. 称 σ-滤子 F 是**极大 σ-滤子**, 若 F 不能真包含于其他 σ- 滤子. 今后记 $\mathrm{Rad}_\sigma(M)$ 为 (M, σ) 中全体极大 σ-滤子的交.

令 $\mathrm{Ker}(\sigma) = \{x \in M \mid \sigma(x) = 1\}$, 则 $\mathrm{Ker}(\sigma)$ 是 (M, σ) 中的 σ-滤子.

设 F 是 (M, σ) 中的 σ-滤子, 定义 $x \sim_F y$ iff $d(x, y) \in F$, 则可验证 $\sim_F$ 是 (M, σ) 中的同余关系. 反过来, 设 $\sim$ 是 (M, σ) 中的同余关系, 令 $F_\sim = \{x \in M \mid x \sim 1\}$, 则 $F_\sim$ 是 (M, σ) 中的 σ-滤子. 进一步可验证 $\sim_{F_\sim} = \sim, F = F_{\sim_F}$, 从而 SBL-代数中的 σ-滤子与同余关系一一对应.

不同于 BL-代数, 次直不可约 SBL-代数未必是全序的.

例 9.2.10 (i) 设 M 是局部有限 BL-代数, 等价地, M 只有两个平凡滤子 $\{1\}$ 与 M. 在 $M \times M$ 上, 令 $\sigma_1(x, y) = (x, x)$ 与 $\sigma_2(x, y) = (y, y)$, 则 σ_1 与 σ_2 是 $M \times M$ 上的两个内部态算子, 且是自同态. 易见, $\mathrm{Ker}(\sigma_1) = \{1\} \times M$, $\mathrm{Ker}(\sigma_2) = M \times \{1\}$, 且它们分别是 $(M \times M, \sigma_1)$ 与 $(M \times M, \sigma_2)$ 中的最小 σ-滤子, 所以 $(M \times M, \sigma_1)$ 与 $(M \times M, \sigma_2)$ 都是次直不可约 SBL-代数, 但都不是全序的.

(ii) 设 M 是全序 BL-代数, L 是次直不可约 BL-代数, 记 F_L 为 L 中的最小非平凡滤子, 设 $h : M \to L$ 为 BL- 单同态. 在 $M \times L$ 上定义 $\sigma_h(x, y) = (x, h(x))$, $(x, y) \in M \times L$, 则 $(M \times L, \sigma_h)$ 也是次直不可约的, 非全序的 SBL-代数, $F = \{1\} \times F_L$

是 $(M\times L,\sigma_h)$ 中的最小非平凡 σ_h-滤子, $\mathrm{Ker}(\sigma_h)=\{1\}\times L$.

命题 9.2.11 设 (M,σ) 是 SBL-代数.

(i) $A\subseteq M$, 则由 A 生成的 σ-滤子, 记为 $[A)_\sigma$, 为

$$[A)_\sigma=\{x\in M\mid x\geqslant(x_1\otimes\sigma(x_1))^{n_1}\otimes\cdots\otimes(x_k\otimes\sigma(x_k))^{n_k},x_i\in A,n_i,k\in\mathbb{N}\}.$$

(ii) 若 F 是 (M,σ) 中的 σ-滤子, $x\in M$, 则

$$[F\cup\{x\})_\sigma=\{y\in M\mid y\geqslant z\otimes(x\otimes\sigma(x))^n,z\in F,n\in\mathbb{N}\}.$$

(iii) 设 F 是 σ-滤子, 则 F 是极大 σ-滤子 iff 对任一 $x\in M-F$, 存在 $n\in\mathbb{N}$ 使得 $\neg(\sigma(x))^n\in F$.

证明 (i) 与 (ii) 的证明留给读者.

(iii) 设 F 是极大 σ-滤子, $x\notin F$, 则 $[F\cup\{x\})_\sigma=M$, 从而存在 $y\in F$ 及 $n\in\mathbb{N}$ 使得 $0=y\otimes(x\otimes\sigma(x))^n$. 两边作用 σ, 并由命题 9.2.3 (4) 知, $0=\sigma(y\otimes(x\otimes\sigma(x))^n)\geqslant\sigma(y)\otimes\sigma(x)^{2n}$, 由此知 $\sigma(y)\leqslant\neg\sigma(x)^{2n}\in F$. 反过来, 任取 $x\in M-F$, 则由题设存在 $n\in\mathbb{N}$ 使得 $0=\neg(\sigma(x))^n\otimes\sigma(x)^n\in[F\cup\{x\})_\sigma$, 所以 F 是极大的.

定理 9.2.12 (i) 设 (M,σ) 是次直不可约 SBL-代数, 则 $\sigma(M)$ 是全序的.

(ii) 若 $\mathrm{Ker}(\sigma)=\{1\}$, 即 σ 是忠实的, 则 (M,σ) 是次直不可约的 iff $\sigma(M)$ 是次直不可约 BL-代数.

证明 (i) 设 F 是 (M,σ) 中的最小非平凡 σ-滤子, $x\in F\setminus\{1\}$. 假设 $\sigma(M)$ 不是全序的, 则存在 $\sigma(a),\sigma(b)\in\sigma(M)$ 使得 $\sigma(a)\to\sigma(b)\neq1$, $\sigma(b)\to\sigma(a)\neq1$, 所以 $[\sigma(a)\to\sigma(b))_\sigma$ 与 $[\sigma(b)\to\sigma(a))_\sigma$ 都是非平凡的 σ-滤子, 进而都包含 F. 特别地, $x\in[\sigma(a)\to\sigma(b))_\sigma,x\in[\sigma(b)\to\sigma(a))_\sigma$. 由于 $\sigma(a)\to\sigma(b)$, $\sigma(b)\to\sigma(a)\in\sigma(M)$, 所以由命题 9.2.11 (i) 知存在 $n\in\mathbb{N}$ 使得 $x\geqslant(\sigma(a)\to\sigma(b))^n$, $x\geqslant(\sigma(b)\to\sigma(a))^n$. 由命题 8.1.9 (vi) 知 $x\geqslant(\sigma(a)\to\sigma(b))^n\vee(\sigma(b)\to\sigma(a))^n=1$, 矛盾!

(ii) 完全类似于定理 9.1.6 (ii) 的证明.

命题 9.2.13 (i) 设 L 是 SBL-代数 (M,σ) 的 SBL- 子代数. 若 F 是 M 中的极大 σ-滤子, 则 $G=F\cap L$ 是 L 中的极大 σ-滤子. 反过来, 若 G 是 L 中的极大 σ-滤子, 则存在 M 中的极大 σ-滤子 F 使得 $G=F\cap L$.

(ii) 设 F 是 (M,σ) 中的 (极大) σ-滤子, 则 $\sigma(F)=\{\sigma(x)\mid x\in F\}$ 是 $\sigma(M)$ 中的 (极大) σ-滤子, 且 $\sigma(F)=F\cap\sigma(M)$.

(iii) 设 F 是 $\sigma(M)$ 中的 (极大) σ-滤子, 则 $\sigma^{-1}(F)=\{x\in M\mid\sigma(x)\in F\}$ 是 (M,σ) 中的 (极大) σ-滤子, 且 $\sigma^{-1}(F)\cap\sigma(M)=F$.

证明 (i) 设 F 是 M 中的极大 σ-滤子, 则 $G=F\cap L$ 是 L 中的 σ-滤子. 任取 $x\in L-G$, 则 $x\notin F$, 从而由 F 的极大性及命题 9.2.11 (iii), 存在 $n\in\mathbb{N}$ 使得

$\neg\sigma(x)^n \in F$. 因为 $\neg\sigma(x)^n \in L$, 所以 $\neg\sigma(x)^n \in G$. 再由命题 9.2.11 (iii) 知 G 是 L 中的极大 σ-滤子. 反过来, 设 G 是 L 中的极大 σ-滤子, 设 $[G)_\sigma$ 为 G 生成的 (M,σ) 中的 σ-滤子, 则 $[G)_\sigma = \uparrow G = \{x \in M \mid 存在\ y \in G, x \geqslant y\}$. 设 F 是 (M,σ) 中包含 $[G)_\sigma$ 的极大 σ-滤子, 则 $F \cap L \supseteq [G)_\sigma \cap L = G$. 由 G 的极大性知 $F \cap L = G$.

(ii) 设 F 是 $\sigma(M)$ 中的 σ-滤子, 则 $\sigma(F) = F \cap \sigma(M)$, 从而 $\sigma(F)$ 是 $\sigma(M)$ 中的 σ-滤子. 设 F 是极大 σ-滤子, $\sigma(x) \notin \sigma(F)$, 则 $\sigma(x) \notin F$, 由 F 的极大性及命题 9.2.11 (iii), 存在 $n \in \mathbb{N}$ 使得 $\neg(\sigma(x))^n \in F$. 由命题 9.2.3 (2) 及定义 9.2.1 (iv) 知 $\sigma(\neg(\sigma(x))^n) = \neg\sigma(\sigma(x)^n) = \neg\sigma(x)^n$, 所以 $\neg(\sigma(x))^n \in \sigma(F)$. 再由命题 9.2.11 (iii) 知 $\sigma(F)$ 是 $\sigma(M)$ 中的极大 σ-滤子.

(iii) 利用 σ 的基本性质即可验证 $\sigma^{-1}(F)$ 是 (M,σ) 中的 σ-滤子, 且 $\sigma^{-1}(F) \cap \sigma(M) = F$. 再设 F 是极大的, $x \notin \sigma^{-1}(F)$, 则 $\sigma(x) \notin F$. 由 F 的极大性及命题 9.2.11 (iii) 知, 存在 $n \in \mathbb{N}$ 使得 $\neg(\sigma(x))^n \in F$, 所以 $\neg(\sigma(x))^n \in \sigma^{-1}(F)$, 这就证得 $\sigma^{-1}(F)$ 是极大的 σ-滤子.

定理 9.2.14 设 (M,σ) 是 SBL-代数, 则

$$\sigma(\mathrm{Rad}(M)) = \mathrm{Rad}(\sigma(M)) = \sigma(\mathrm{Rad}_\sigma(M)).$$

证明 由定理 8.1.42 知 $\mathrm{Rad}(M) = \{x \in M \mid 对任一 n \in \mathbb{N}, \neg x^n \leqslant x\}$, $\mathrm{Rad}(\sigma(M)) = \{x \in \sigma(M) \mid 对任一 n \in \mathbb{N}, \neg x^n \leqslant x\}$. 先证第一个等式.

显然 $\mathrm{Rad}(\sigma(M)) \subseteq \mathrm{Rad}(M)$, 从而 $\mathrm{Rad}(\sigma(M)) \subseteq \sigma(\mathrm{Rad}(M))$. 反过来, 任取 $x \in \mathrm{Rad}(M)$, 则对任一 $n \in \mathbb{N}, \neg x^n \leqslant x$, 从而 $\sigma(x) \geqslant \sigma(\neg x^n) = \neg\sigma(x^n)$. 由式 (9.2.1) 知 $\sigma(x^2) = \sigma(x \otimes x) = \sigma(x) \otimes \sigma(\neg x \vee x) = \sigma(x)^2$; $\sigma(x^3) = \sigma(x^2 \otimes x) = \sigma(x^2) \otimes \sigma(\neg x^2 \vee x) = \sigma(x)^2 \otimes \sigma(x) = \sigma(x)^3$, 以此类推, $\sigma(x^n) = \sigma(x)^n$. 所以 $\sigma(x) \geqslant \neg(\sigma(x))^n, n \in \mathbb{N}$, 从而 $\sigma(x) \in \mathrm{Rad}(\sigma(M))$. 这就证明了 $\sigma(\mathrm{Rad}(M)) \subseteq \mathrm{Rad}(\sigma(M))$, 所以 $\sigma(\mathrm{Rad}(M)) = \mathrm{Rad}(\sigma(M))$. 再证 $\mathrm{Rad}(\sigma(M)) = \sigma(\mathrm{Rad}_\sigma(M))$.

任取 $x \in \mathrm{Rad}_\sigma(M)$, 则对 (M,σ) 中的任一极大 σ-滤子 F, $x \in F$, 从而 $\sigma(x) \in \sigma(F) = F \cap \sigma(M)$ 且 $\sigma(F)$ 是 $\sigma(M)$ 中的极大 σ-滤子 (见命题 9.2.13 (ii)). 设 G 是 $\sigma(M)$ 中的极大 σ-滤子, 由命题 9.2.13 (iii) 知 $\sigma^{-1}(G)$ 是 (M,σ) 中的极大 σ-滤子, 所以 $x \in \sigma^{-1}(G)$, 进而, $\sigma(x) \in \sigma(\sigma^{-1}(G)) = G$, 所以 $\sigma(x) \in \mathrm{Rad}(\sigma(M))$. 这说明 $\sigma(\mathrm{Rad}_\sigma(M)) \subseteq \mathrm{Rad}(\sigma(M))$. 反过来, 设 $x \in \mathrm{Rad}(\sigma(M))$, 则对 $\sigma(M)$ 中的任一极大 σ-滤子 G, $x \in G$. 由命题 9.2.13 (iii) 知 $\sigma^{-1}(G)$ 是 (M,σ) 中的极大 σ-滤子. 设 $\sigma(y) = x$, 则 $y \in \sigma^{-1}(G)$. 任取 (M,σ) 中的极大 σ-滤子 F, 则 $\sigma(F)$ 是 $\sigma(M)$ 中的极大 σ-滤子, 所以 $x = \sigma(y) \in \sigma(F)$, 从而 $y \in \sigma^{-1}(\sigma(F)) = F$. 所以 $y \in \mathrm{Rad}_\sigma(M)$, 进而 $x \in \sigma(\mathrm{Rad}_\sigma(M))$, 这就证明了 $\mathrm{Rad}(\sigma(M)) \subseteq \sigma(\mathrm{Rad}_\sigma(M))$.

9.2.3 SBL-代数上的态算子

本节研究 BL-代数上的态算子与内部态算子间的联系. 回忆定理 8.2.13, BL-代数上的 Bosbach 态与 Riečan 态等价, 统称为态算子.

命题 9.2.15 设 (M,σ) 是 SBL-代数, s 是 $\sigma(M)$ 上的态算子, 则 $s_\sigma(x) = s(\sigma(x))$, $x \in M$, 是 M 上的态算子.

证明 只需证 s_σ 是 M 上的 Riečan 态. 设 $x \perp y$, 则由命题 8.1.5 (v) 知 $\neg\neg x \leqslant \neg y$, $\neg\neg y \leqslant \neg x$. 由 σ 的单调性, $\sigma(\neg\neg x) \leqslant \sigma(\neg y)$, 等价地, $\neg\neg\sigma(x) \leqslant \neg\sigma(y)$, 所以 $\sigma(x)\perp\sigma(y)$, 且 $\sigma(x) \oplus \sigma(y) = \neg\sigma(y) \to \neg\neg\sigma(x) = \sigma(\neg y) \to \sigma(\neg\neg x) = \sigma(\neg y \to \neg\neg x) = \sigma(x \oplus y)$. 所以, $s_\sigma(x \oplus y) = s(\sigma(x \oplus y)) = s(\sigma(x) \oplus \sigma(y)) = s(\sigma(x)) + s(\sigma(y)) = s_\sigma(x) + s_\sigma(y)$. 又显然 $s_\sigma(1) = s(\sigma(1)) = s(1) = 1$. 这就证得 s_σ 是 M 上的 Riečan 态.

定义 9.2.16 设 (M,σ) 是 SBL-代数, s 是 M 上的态算子. 称 s 为 M 上的 **σ-和谐态**, 若当 $\sigma(x) = \sigma(y)$ 时, 有 $s(x) = s(y)$, $x, y \in M$.

定理 9.2.17 设 (M,σ) 是 SBL-代数, 则 M 上的 σ-和谐态与 $\sigma(M)$ 上的态算子一一对应.

证明 首先由定理 8.2.25 (ii) 知 $\sigma(M)$ 上有态算子. 设 s 是 M 上的 σ-和谐态, 令 $\varphi(s)(\sigma(x)) = s(x), x \in M$. 由 s 是 σ-和谐态知 φ 定义合理. 下证 $\varphi(s)$ 是 $\sigma(M)$ 上的态算子.

$\varphi(s)(\sigma(1)) = s(1) = 1$. 任取 $x, y \in M$ 使 $\sigma(x)\perp\sigma(y)$, 则 $\neg\neg\sigma(y) \leqslant \neg\sigma(x)$, 从而 $\neg\neg s(\sigma(y)) \leqslant \neg s(\sigma(x))$, 即 $s(\sigma(y)) \leqslant 1 - s(\sigma(x))$. 所以 $\varphi(s)(\sigma(x) \oplus \sigma(y)) = \varphi(s)(\sigma(\sigma(x) \oplus \sigma(y))) = s(\sigma(x) \oplus \sigma(y)) = s(\sigma(x)) + s(\sigma(y)) = \varphi(s)(\sigma(x)) + \varphi(s)(\sigma(y))$, 这就证得 $\varphi(s)$ 是 $\sigma(M)$ 上的 Riečan 态.

反过来, 设 s 是 $\sigma(M)$ 上的态算子, 令 $\psi(s)(x) = s_\sigma(x) = s(\sigma(x))$, $x \in M$. 易验证 $\psi(s)$ 是 M 上的 Riečan 态. 若 $\sigma(x) = \sigma(y)$, 则 $\psi(s)(x) = s(\sigma(x)) = s(\sigma(y)) = \psi(s)(y)$, 从而 $\psi(s)$ 是 σ-和谐的.

最后证 φ 是双射. 先设 s, t 是 M 上的 σ-和谐态且 $\varphi(s) = \varphi(t)$, 则 $\varphi(s)(\sigma(x)) = \varphi(t)(\sigma(x))$, 即 $s(x) = t(x), x \in M$, 所以 $s = t$. 再设 s 是 $\sigma(M)$ 上的态算子, 则 $\varphi(\psi(s))(\sigma(x)) = \psi(s)(x) = s(\sigma(x))$, 所以 $\varphi(\psi(s)) = s$, 这说明 φ 是满射. 所以 φ 是 M 上的 σ-和谐态与 $\sigma(M)$ 上的态算子间的一一对应.

第 10 章 剩余格上的广义态理论

态算子是经典概率论中的 Kolmogorov 公理在多值逻辑代数中的形式化推广，是多值概率论的基本模型. 第 8 章系统地介绍了此方面的主要成果, 研究了符合不同逻辑规则的多值事件的概率. 细心的读者也许已发现, 不同逻辑代数上的态算子的取值域 $[0,1]$ 具有标准 MV-代数的代数结构, 10.1 节开始也将详细说明这一点. 由此, 第 8 章中的态理论要求不同逻辑系统中的事件的概率具有相同的 MV-代数结构, 而第 9 章介绍的内部态理论则要求多值事件的概率值具有与事件相同的代数结构. 本章将在第 8 章与第 9 章的基础上更进一步, 允许态算子的定义域与取值域可以为任意两个剩余格, 建立符合一般逻辑规则的广义态理论.

广义态理论是由罗马尼亚学者 Georgescu 与 Mureşan 在文献 [260] 中提出的, 本书作者在文献 [261] 中解决了文献 [260] 中的若干公开问题, 并通过引入相对否定的概念, 建立了基于相对否定的广义态理论. 在文献 [262] 中又将广义态理论推广到了带核算子的剩余格中. 以上这些成果已被美国学者 Ciungu 等推广到非交换剩余格中, 参阅文献 [242], [263], [264]. 本章仅介绍交换剩余格中的广义态理论, 对非交换情形感兴趣的读者可参阅上述文献. 10.1 节介绍三类广义态算子: I-型 Bosbach 态、II-型 Bosbach 态和广义 Riečan 态, 以及它们的基本性质; 10.2 节介绍剩余格中的相似收敛与广义态算子的连续性, 进而构造剩余格关于保序 I-型 Bosbach 态的 Cauchy 相似完备; 10.3 节介绍基于相对否定的广义态理论; 10.4 节介绍基于核算子的广义态理论; 10.5 节介绍有关广义态理论的逻辑基础的思考.

10.1 广义态算子

本节通过 $[0,1]_{\mathrm{MV}}$ 中的运算将命题 8.2.1 中的 Bosbach 态算子的等价条件进一步归类, 然后将 Bosbach 态算子的取值域 $[0,1]$ 替换为一般剩余格, 引入两类广义 Bosbach 态算子及广义 Riečan 态算子, 并研究它们的基本性质.

10.1.1 广义 Bosbach 态

为便于叙述与使用, 在此重述命题 8.2.1, 并列出 Bosbach 态算子的基本性质.

命题 10.1.1 设 M 是剩余格, $s : M \to [0,1]$ 是满足 $s(0) = 0$, $s(1) = 1$ 的映射, 则以下各条等价:

(i) 对任意的 $x, y \in M$, $1 + s(x \wedge y) = s(x \vee y) + s(d_M(x,y))$,

(ii) 对任意的 $x, y \in M$, $1 + s(x \wedge y) = s(x) + s(x \to y)$,

(iii) 对任意的 $x, y \in M$, $s(x) + s(x \to y) = s(y) + s(y \to x)$.

引理 10.1.2 设 s 是剩余格 M 上的 Bosbach 态, 则对任意的 $x, y \in M$,

(i) $s(\neg x) = 1 - s(x)$,

(ii) s 保序, 即当 $x \leqslant y$ 时 $s(x) \leqslant s(y)$,

(iii) $s(x) + s(y) = s(x \vee y) + s(x \wedge y)$.

设 M 是剩余格, s 是 M 上的 Bosbach 态, 并赋予单位区间 [0, 1] 以标准 MV-代数结构, 即考虑 Bosbach 态 s 的取值域为 $[0,1]_{\mathrm{MV}}$. 由 s 的保序性, 以及 $[0,1]_{\mathrm{MV}}$ 中 $\to$ 的表达式 ($x \to y = \min\{1 - x + y, 1\}$, 见式 (1.2.5)) 得

(i) $1 - s(x \vee y) + s(x \wedge y) = s(x \vee y) \to s(x \wedge y)$(因为 $s(x \wedge y) \leqslant s(x \vee y)$),

(ii) $1 - s(d_M(x,y)) + s(x \wedge y) = s(d_M(x,y)) \to s(x \wedge y)$(因为 $s(x \wedge y) \leqslant s(d_M(x,y))$),

(iii) $1 - s(x) + s(x \wedge y) = s(x) \to s(x \wedge y)$ (因为 $s(x \wedge y) \leqslant s(x)$),

(iv) $1 - s(x \to y) + s(x \wedge y) = s(x \to y) \to s(x \wedge y)$(因为 $s(x \wedge y) \leqslant s(x \to y)$),

(v) $1 - s(x \to y) + s(y) = s(x \to y) \to s(y)$ (因为 $s(y) \leqslant s(x \to y)$).

由此, 命题 10.1.1 (i) 与下面两条中的任一条等价:

($1'$) 对任意的 $x, y \in M$, $s(d_M(x,y)) = s(x \vee y) \to s(x \wedge y)$,

($1''$) 对任意的 $x, y \in M$, $s(x \vee y) = s(d_M(x,y)) \to s(x \wedge y)$.

命题 10.1.1 (ii) 与下面两条中的任一条等价:

($2'$) 对任意的 $x, y \in M$, $s(x \to y) = s(x) \to s(x \wedge y)$,

($2''$) 对任意的 $x, y \in M$, $s(x) = s(x \to y) \to s(x \wedge y)$.

命题 10.1.1 (iii) 与下面的条件等价:

($3'$) 对任意的 $x, y \in M$, $s(x \to y) \to s(y) = s(y \to x) \to s(x)$.

若用一般剩余格取代标准 MV-代数 $[0,1]_{\mathrm{MV}}$ 作为 Bosbach 态的取值域时, 上述 ($1'$), ($1''$), ($2'$), ($2''$) 及 ($3'$) 中的任一等式便提供了定义 Bosbach 态的一种新方法. 在引入此情形中的 Bosbach 态之前, 先对这些条件再作些比较.

以下设 $M = (M, \wedge, \vee, \otimes, \to, 0, 1)$ 与 $L = (L, \wedge, \vee, \otimes, \to, 0, 1)$ 为任意剩余格, $s : M \to L$ 是任一映射.

命题 10.1.3 设 $s(0) = 0$, $s(1) = 1$, 则以下各条等价:

(i) 对任意的 $x, y \in M$, $s(d_M(x,y)) = s(x \vee y) \to s(x \wedge y)$,

(ii) 对任意的 $x, y \in M$ 使 $y \leqslant x$, $s(x \to y) = s(x) \to s(y)$,

(iii) 对任意的 $x, y \in M$, $s(x \to y) = s(x) \to s(x \wedge y)$,

(iv) 对任意的 $x, y \in M$, $s(x \to y) = s(x \vee y) \to s(y)$.

证明 任取 $x, y \in M$.

(i)⇒(ii). 设 $y \leqslant x$, 则由命题 8.1.4 (i) 知 $d_M(x,y) = x \to y$, 从而 $s(x \to y) = s(d_M(x,y)) = s(x \vee y) \to s(x \wedge y) = s(x) \to s(y)$.

(ii)⇒(i). 由命题 8.1.4 (i), $d_M(x,y) = x \vee y \to x \wedge y$. 又 $x \wedge y \leqslant x \vee y$, 所以由 (ii) 知 $s(d_M(x,y)) = s(x \vee y \to x \wedge y) = s(x \vee y) \to s(x \wedge y)$.

(ii)⇒(iii). 由命题 8.1.3 (17) 知 $x \to x \wedge y = x \to y$, 且 $x \wedge y \leqslant y$, 所以由 (ii) 知 $s(x \to y) = s(x \to x \wedge y) = s(x) \to s(x \wedge y)$.

(iii)⇒(ii). 平凡.

(ii)⇔(iv). 类似于 (ii)⇔(iii).

命题 10.1.4　设 $s(0) = 0$, $s(1) = 1$, 则以下各条等价:

(i) 对任意的 $x, y \in M$, $s(x \vee y) = s(d_M(x,y)) \to s(x \wedge y)$,

(ii) 对任意的 $x, y \in M$, $s(x) = s(x \to y) \to s(x \wedge y)$,

(iii) 对任意的 $x, y \in M$ 且 $y \leqslant x$, $s(x) = s(x \to y) \to s(y)$,

(iv) 对任意的 $x, y \in M$, $s(x \vee y) = s(x \to y) \to s(y)$,

(v) 对任意的 $x, y \in M$, $s(x \to y) \to s(y) = s(y \to x) \to s(x)$.

证明　(i)⇒(iii). 设 $y \leqslant x$, 则 $x \vee y = x$, $d_M(x,y) = x \to y$, $x \wedge y = y$, 从而 (iii) 是 (i) 的特殊情形.

(iii)⇒(i). 由命题 8.1.4 (i), $d_M(x,y) = x \vee y \to x \wedge y$. 又因为 $x \wedge y \leqslant x \vee y$, 所以由 (iii) 得 $s(x \vee y) = s(x \vee y \to x \wedge y) \to s(x \wedge y) = s(d_M(x,y)) \to s(x \wedge y)$, 即为 (i).

(ii)⇒(iii). 平凡.

(iii)⇒(ii). 由命题 8.1.3 (17), $x \to y = x \to x \wedge y$, 且 $x \wedge y \leqslant x$, 所以由 (iii) 知 $s(x) = s(x \to x \wedge y) \to s(x \wedge y) = s(x \to y) \to s(x \wedge y)$.

(iii)⇔(iv). 类似于 (iii)⇔(ii).

(iv)⇒(v). $s(x \to y) \to s(y) = s(x \vee y) = s(y \vee x) = s(y \to x) \to s(x)$.

(v)⇒(iii). 设 $y \leqslant x$, 则 $s(x) = 1 \to s(x) = s(1) \to s(x) = s(y \to x) \to s(x) = s(x \to y) \to s(y)$.

定义 10.1.5　称满足命题 10.1.3 中的等价条件的 s 为 **I-型广义 Bosbach 态**, 简称 **I-型态**; 称满足命题 10.1.4 中的等价条件的 s 为 **II-型广义 Bosbach 态**, 简称 **II-型态**.

例 10.1.6　(i) 设 $s: M \to L$ 是剩余格同态, 则 s 是保序的 I-型态. 恒等映射 $\mathrm{id}_M: M \to M$ 是 II-型态 iff M 是 MV-代数 (由定理 8.1.19 及命题 10.1.4 (v)).

(ii) 设 $L = [0,1]_{\mathrm{MV}}$, 则 M 上的 Bosbach 态既是保序的 I-型态, 又是 II-型态. 反之亦然, 即 M 上的保序 I-型态、II-型态都退化为 M 上的 Bosbach 态.

(iii) 设 M 是 BL-代数, s 是 M 上的内部态, 则由定义 9.2.1 (ii) 及命题 9.2.3 (3) 知 s 是 M 上的保序 I-型态.

(iv) 设 M 是 Heyting 代数, $a \in M$. 定义 $s_a : M \to M$ 为 $s_a(x) = a \to x$, $x \in M$, 则对任意的 $x, y \in M$, $s_a(x) \to s_a(x \wedge y) = (a \to x) \to (a \to x \wedge y) = a \wedge (a \to x) \to x \wedge y = a \wedge x \to x \wedge y = (a \wedge x \to x) \wedge (a \wedge x \to y) = a \wedge x \to y = a \to (x \to y) = s_a(x \to y)$. 所以 s_a 是 M 上的保序 I-型态.

(v) 设 $(M, \leqslant, 0, 1)$ 是有界链, 对 $x, y \in M$, 规定 $x \wedge y = \min\{x, y\}$, $x \vee y = \max\{x, y\}$,

$$x \to y = \begin{cases} 1, & x \leqslant y, \\ y, & x > y, \end{cases}$$

则 $(M, \wedge, \vee, \wedge, \to, 0, 1)$ 构成 Heyting 代数. 取 $a \in M \setminus \{0\}$, 令 $[0, a) = \{x \in M \mid x < a\}$, $f : [0, a) \to M$ 是严格单调递增映射且 $f(0) = 0$. 考虑函数 $f_a : M \to M$:

$$f_a(x) = \begin{cases} f(x), & x < a, \\ 1, & x \geqslant a, \end{cases}$$

则 f_a 是保序 I-型态. 事实上, f_a 显然保序. 任取 $x, y \in M$ 使 $y \leqslant x$, 我们验证 $f_a(x \to y) = f_a(x) \to f_a(y)$. 上式显然对 $x = y$ 成立, 下设 $y < x$. 因为 $x \to y = y$, 只需验证 $f_a(y) = f_a(x) \to f_a(y)$. 考虑以下情形:

若 $y < x < a$, 则 $f_a(x) \to f_a(y) = f(x) \to f(y) = f(y) = f_a(y)$;

若 $y < a \leqslant x$, 则 $f_a(x) \to f_a(y) = 1 \to f_a(y) = f_a(y)$;

若 $a \leqslant y < x$, 则 $f_a(x) \to f_a(y) = 1 \to 1 = 1 = f_a(y)$.

再设 M 是完备格, $s : M \to M$ 是保序 I-型态. 记 $a = \inf\{x \in M \mid s(x) = 1\}$, 则对 $0 \leqslant y < x < a$, 有 $s(y) = s(x) \to s(y)$, 且 $s(y) < 1$, 由此 $s(y) < s(x)$. 所以 $f = s|_{[0,a)} : [0, a) \to M$ 严格保序, 且 $s = f_a$.

(vi) 设 $(M, \wedge, \vee, \wedge, \to, 0, 1)$ 是 (v) 所述的 Heyting 代数, $s : M \to M$ 是 II-型态. 则对任意的 $x, y \in M$ 且 $y < x$, 由命题 10.1.4 (iii) 得 $s(x) = s(x \to y) \to s(y) = s(y) \to s(y) = 1$, 所以

$$s(x) = \begin{cases} 0, & x = 0, \\ 1, & x > 0. \end{cases}$$

(vii) 设 M_1, M_2 是剩余格, $s : M_2 \to L$ 是映射, $f : M_1 \to M_2$ 是剩余格同态. 若 s 是 I-型态, 则 $s \circ f : M_1 \to L$ 是 I-型态. 若 s 是保序的 I-型态且 f 保序, 则 $s \circ f$ 也保序. 若 s 是 II-型态, 则 $s \circ f$ 也是 II-型态.

命题 10.1.7 设 $s : M \to L$ 是 I-型态, 则对任意的 $x, y \in M$,

(i) $s(\neg x) = \neg s(x)$.

(ii) $s(x \vee y) \to s(x) = s(y) \to s(x \wedge y)$.

(iii) $s((x \to y) \to y) = s(x \to y) \to s(y)$.

(iv) $s((x \to y) \to y) = (s(x \vee y) \to s(y)) \to s(y)$.

(v) $s(x \vee y) \to s(x) \wedge s(y) = s(x) \vee s(y) \to s(x \wedge y)$.

(vi) $s(x) \otimes s(x \to x \otimes y) \leqslant s(x \otimes y)$.

证明　(i) 由命题 10.1.3 (iii), $s(\neg x) = s(x \to 0) = s(x) \to s(0) = s(x) \to 0 = \neg s(x)$.

(ii) 由命题 10.1.3 (iii) 与 (iv) 知 $s(x \vee y) \to s(x) = s(x \vee y \to x) = s(y \to x) = s(y) \to s(x \wedge y)$.

(iii) 由 $y \leqslant x \to y$ 及命题 10.1.3 (ii) 知 $s((x \to y) \to y) = s(x \to y) \to s(y)$.

(iv) 由 (iii) 及命题 10.1.3 (iv) 即得.

(v) 由 (ii) 及命题 8.1.3 (17) 得 $s(x \vee y) \to s(x) \wedge s(y) = (s(x \vee y) \to s(x)) \wedge (s(x \vee y) \to s(y)) = (s(y) \to s(x \wedge y)) \wedge (s(x) \to s(x \wedge y)) = s(x) \vee s(y) \to s(x \wedge y)$.

(vi) 由命题 8.1.3 (6) 与 (4) 以及命题 10.1.3 (ii) 知 $s(x \to x \otimes y) = s(x) \to s(x \otimes y)$, 从而 $s(x) \otimes s(x \to x \otimes y) = s(x) \otimes (s(x) \to s(x \otimes y)) \leqslant s(x \otimes y)$.

命题 10.1.8　设 $s: M \to L$ 是保序 I-型态, 则对任意的 $x, y, a, b \in M$,

(i) $s(x) \otimes s(y) \leqslant s(x \otimes y)$.

(ii) $s(x) \ominus s(y) \leqslant s(x \ominus y)$.

(iii) $s(x \to y) \leqslant s(x) \to s(y)$.

(iv) $s(x \to y) \otimes s(y \to x) \leqslant d_L(s(x), s(y))$.

(v) $s(d_M(x, y)) \leqslant d_L(s(x), s(y))$.

(vi) $s(d_M(a, x)) \otimes s(d_M(b, y)) \leqslant d_L(s(d_M(a, b)), s(d_M(x, y)))$.

证明　(i) 由 $x \leqslant y \to x \otimes y$ 及 s 的保序性知 $s(x) \leqslant s(y \to x \otimes y)$. 再由 $x \otimes y \leqslant y$ 及命题 10.1.3 (ii) 得 $s(y \to x \otimes y) = s(y) \to s(x \otimes y)$. 所以 $s(x) \otimes s(y) \leqslant s(x \otimes y)$.

(ii) 由 (i) 及命题 10.1.7 (i) 得 $s(x) \ominus s(y) = s(x) \otimes \neg s(y) = s(x) \otimes s(\neg y) \leqslant s(x \otimes \neg y) = s(x \ominus y)$.

(iii) $s(x \to y) = s(x) \to s(x \wedge y) \leqslant s(x) \to s(y)$.

(iv) 由 (iii), $s(x \to y) \otimes s(y \to x) \leqslant (s(x) \to s(y)) \otimes (s(y) \to s(x)) \leqslant (s(x) \to s(y)) \wedge (s(y) \to s(x)) = d_L(s(x), s(y))$.

(v) 由 (iii) 及 s 的保序性, $s(d_M(x, y)) \leqslant s(x \to y) \wedge s(y \to x) \leqslant (s(x) \to s(y)) \wedge (s(y) \to s(x)) = d_L(s(x), s(y))$.

(vi) 由 (i), (v) 及命题 8.1.4 (viii), $s(d_M(a, x)) \otimes s(d_M(b, y)) \leqslant s(d_M(a, x) \otimes d_M(b, y)) \leqslant s(d_M(d_M(a, b), d_M(x, y))) \leqslant d_L(s(d_M(a, b)), s(d_M(x, y)))$.

先证明 II-型态是保序的 I-型态, 再研究 II-型态的性质.

定理 10.1.9　II-型态是保序的 I-型态.

证明　设 $s: M \to L$ 是 II-型态, $x, y \in M$. 由命题 8.1.3 (12) 知 $s(((x \to y) \to y) \to y) = s(x \to y)$. 由于 $y \leqslant (x \to y) \to y$, 所以由命题 10.1.4 (iii) 与 (iv) 得

$s((x \to y) \to y) = s(((x \to y) \to y) \to y) \to s(y) = s(x \to y) \to s(y) = s(x \vee y)$. 再由 $y \leqslant x \to y$ 及命题 10.1.4 (iii) 与 (iv) 得 $s(x \to y) = s((x \to y) \to y) \to s(y) = s(x \vee y) \to s(y)$. 所以由命题 10.1.3 (iv) 知 s 是 I-型态. 由命题 10.1.4 (iii) 知当 $y \leqslant x$ 时 $s(x) = s(x \to y) \to s(y) \geqslant s(y)$, 故 II-型态都保序.

由定理 10.1.9 知命题 10.1.3、命题 10.1.4、命题 10.1.7 及命题 10.1.8 对 II-型态都成立.

定理 10.1.10 设 $s: M \to L$ 是 II-型态, 则对任意的 $x, y \in M$,

$$s((x \to y) \to y) = s((y \to x) \to x) = s(x \vee y). \tag{10.1.1}$$

证明 由定理 10.1.9 的证明知 $s((x \to y) \to y) = s(x \vee y) = s(y \vee x) = s((y \to x) \to x)$.

删去式 (10.1.1) 两侧的 s 及不必要的括号, 即得 MV-等式 (8.1.12), 即 $(x \to y) \to y = (y \to x) \to x$. 于是一个自然的问题: 对于任一 MV-等式 $\sigma = \tau$, $s(\sigma) = s(\tau)$ 是否仍成立, 其中 s 是 II-型态? 答案是肯定的, 因为由定理 8.1.19 知式 (8.1.12) 是 MV-代数在剩余格中的特征刻画条件, 所以完全仿照从式 (8.1.12) 证明等式 $\sigma = \tau$ 的演绎步骤可证明 $s(\sigma) = s(\tau)$. 下面我们仅证明对一些基本 MV-等式 $\sigma = \tau$, 有 $s(\sigma) = s(\tau)$. 这些等式对剩余格上的 Bosbach 态及 BL-代数上的内部态算子都成立, 参见命题 8.2.4 与命题 9.2.4.

命题 10.1.11 设 $s: M \to L$ 是 II-型态, $x, y, z \in M$, 则

(1) $s(\neg\neg x) = s(x)$.

(2) $s(\neg\neg x \to x) = 1$.

(3) $s(x \to \neg\neg y) = s(x \to y) = s(\neg\neg x \to y)$.

(4) $s(x \to y) = s(\neg y \to \neg x) = s(\neg\neg x \to \neg\neg y)$.

(5) $s(x \to x \otimes y) = s(\neg x \vee y)$.

(6) $s((\neg x \to \neg y) \circ z) = s((y \to x) \circ z)$, 其中 $\circ \in \{\wedge, \vee, \otimes, \to\}$.

(7) $s(z \to (\neg x \to \neg y)) = s(z \to (y \to x))$.

(8) $s(\neg\neg x \circ y) = s(x \circ y)$, 其中 $\circ \in \{\wedge, \vee, \otimes\}$.

(9) $s(x \wedge y) = s(x \otimes (x \to y)) = s(y \otimes (y \to x))$.

(10) $s(x \to y \vee z) = s(x \to ((y \to z) \to z))$.

(11) $s(\neg\neg x \wedge y \to z) = s(x \wedge y \to z)$.

(12) $s((x \to y) \vee (y \to x)) = 1$.

(13) $s(x \to y \vee z) = s((x \to y) \vee (x \to z))$.

(14) $s(x \wedge y \to z) = s((y \to z) \vee (x \to z))$.

证明 (1) 在式 (10.1.1) 令 $y = 0$, 即得 $s(\neg\neg x) = s(x)$.

(2) 由 $x \leqslant \neg\neg x$ 及命题 10.1.3 (ii) 得 $s(\neg\neg x \to x) = s(\neg\neg x) \to s(x) = 1$.

(3) 由 $x \to y \leqslant x \to \neg\neg y$ 及 s 的保序性知 $s(x \to y) \leqslant s(x \to \neg\neg y)$. 由命题 8.1.3 (13) 知 $\neg\neg y \to y \leqslant (x \to \neg\neg y) \to (x \to y)$, 所以 $s(x \to \neg\neg y) \to s(x \to y) = s((x \to \neg\neg y) \to (x \to y)) \geqslant s(\neg\neg y \to y) = 1$, 从而 $s(x \to \neg\neg y) \leqslant s(x \to y)$. 所以 (3) 中的第 1 个等式成立. 类似地可证第 2 个等式.

(4) 由命题 8.1.3 (26) 知 $x \to \neg\neg y = \neg y \to \neg x$, 所以由 (3) 得 $s(x \to y) = s(x \to \neg\neg y) = s(\neg y \to \neg x) = s(\neg\neg x \to \neg\neg y)$.

(5) 由式 (10.1.1) 及 (4) 得 $s(\neg x \vee y) = s((\neg x \to y) \to y) = s((y \to \neg x) \to \neg x) = s(\neg(x \otimes y) \to \neg x) = s(x \to x \otimes y)$.

(6) 设 $\circ \in \{\wedge, \vee, \otimes\}$. 由命题 8.1.3 (23) 与 (14) 及 s 的保序性知 $s((y \to x) \circ z) \leqslant s((\neg x \to \neg y) \circ z)$. 由命题 8.1.3 (14) 知 $(\neg x \to \neg y) \to (y \to x) \leqslant (\neg x \to \neg y) \circ z \to (y \to x) \circ z$. 于是由 (4), 命题 8.1.3 (23), 命题 10.1.3 (ii) 及 s 的保序性,

$$
\begin{aligned}
1 &= s(\neg x \to \neg y) \to s(y \to x) \\
&= s((\neg x \to \neg y) \to (y \to x)) \\
&\leqslant s((\neg x \to \neg y) \circ z \to (y \to x) \circ z) \\
&= s((\neg x \to \neg y) \circ z) \to s((y \to x) \circ z).
\end{aligned}
$$

这说明 $s((\neg x \to \neg y) \circ z) \leqslant s((y \to x) \circ z)$, 所以式 (6) 对 $\circ \in \{\wedge, \vee, \otimes\}$ 成立.

下设 $\circ = \to$. 显然 $s((\neg x \to \neg y) \to z) \leqslant s((y \to x) \to z)$. 由命题 8.1.3 (13) 得 $(\neg x \to \neg y) \to (y \to x) \leqslant ((y \to x) \to z) \to ((\neg x \to \neg y) \to z)$. 余下的证明类似于 $\circ \in \{\wedge, \vee, \otimes\}$ 的情形.

(7) 利用不等式 $y \to x \leqslant \neg x \to \neg y$; $(\neg x \to \neg y) \to (y \to x) \leqslant (z \to (\neg x \to \neg y)) \to (z \to (y \to x))$ 以及 $z \to (y \to x) \leqslant z \to (\neg x \to \neg y)$ 可仿照 (6) 证明 (7).

(8) 利用不等式 $x \leqslant \neg\neg x$; $\neg\neg x \to x \leqslant \neg\neg x \circ y \to x \circ y$ 以及 $x \circ y \leqslant \neg\neg x \circ y$, $\circ \in \{\wedge, \vee, \otimes\}$, 可仿照 (6) 证明 (8).

(9) 首先由命题 10.1.3 (ii) 知 $s(\neg x) = \neg s(x)$. 于是

$$
\begin{aligned}
s(x \otimes (x \to y)) &= s(x \otimes (\neg y \to \neg x)) \ (\text{由}(6)) \\
&= s(\neg\neg(x \otimes (\neg y \to \neg x))) \ (\text{由}(1)) \\
&= \neg s(\neg(x \otimes (\neg y \to \neg x))) \\
&= \neg s((\neg y \to \neg x) \to \neg x) \ (\text{由命题 } 8.1.3\ (24)) \\
&= \neg s(\neg x \vee \neg y) \ (\text{由式}(10.1.1)) \\
&= s(\neg(\neg x \vee \neg y)) \\
&= s(\neg\neg x \wedge \neg\neg y) \ (\text{由命题 } 8.1.3\ (30)) \\
&= s(x \wedge y) \ (\text{由}(8)).
\end{aligned}
$$

(10) 利用不等式 $y \vee z \leqslant (y \to z) \to z$; $((y \to z) \to z) \to y \vee z \leqslant (x \to ((y \to z) \to z)) \to (x \to y \vee z)$ 及 $x \to y \vee z \leqslant x \to ((y \to z) \to z)$, 可仿照 (6) 证明 (10).

(11) 由 (8) 知 $s(\neg\neg x \wedge y) = s(x \wedge y)$. 利用不等式 $x \wedge y \leqslant \neg\neg x \wedge y$; $\neg\neg x \wedge y \to x \wedge y \leqslant (x \wedge y \to z) \to (\neg\neg x \wedge y \to z)$ 以及 $\neg\neg x \wedge y \to z \leqslant x \wedge y \to z$ 可完成余下的证明.

(12) 由命题 8.1.3 (17) 知 $x \vee y \to y = x \to y$; $x \vee y \to x = y \to x$. 于是

$$
\begin{aligned}
&s((y \to x) \to (x \to y)) \\
=\ &s((x \vee y \to x) \to (x \vee y \to y)) \\
=\ &s((\neg x \to \neg(x \vee y)) \to (\neg y \to \neg(x \vee y))) \ (\text{由}(6)\text{与}(7)) \\
=\ &s(\neg y \to ((\neg x \to \neg(x \vee y)) \to \neg(x \vee y))) \ (\text{由命题 } 8.1.3\ (9)) \\
=\ &s(\neg y \to \neg x \vee \neg(x \vee y)) \ (\text{由}(10)) \\
=\ &s(\neg y \to \neg x) \\
=\ &s(x \to y) \ (\text{由}(4)).
\end{aligned}
$$

由此, $1 = s((y \to x) \to (x \to y)) \to s(x \to y) = s(((y \to x) \to (x \to y)) \to (x \to y)) = s((x \to y) \vee (y \to x))$.

(13) 由 $(x \to y) \vee (x \to z) \leqslant x \to y \vee z$ 知 $s((x \to y) \vee (x \to z)) \leqslant s(x \to y \vee z)$. 另外,

$$
\begin{aligned}
&s(x \to y \vee z) \to s((x \to y) \vee (x \to z)) \\
=\ &s((x \to y \vee z) \to (x \to y) \vee (x \to z)) \ (\text{由命题 } 10.1.3\ (\text{ii})) \\
\geqslant\ &s(((x \to y \vee z) \to (x \to y)) \vee ((x \to y \vee z) \to (x \to z))) \ (\text{由 } s \text{ 的保序性}) \\
\geqslant\ &s((y \vee z \to y) \vee (y \vee z \to z)) \ (\text{由 } s \text{ 的保序性}) \\
=\ &s((z \to y) \vee (y \to z)) \\
=\ &1 \ (\text{由}(12)).
\end{aligned}
$$

这又证明了 $s(x \to y \vee z) \leqslant s((x \to y) \vee (x \to z))$. 所以 (13) 成立.

(14) 由 $(x \to z) \vee (y \to z) \leqslant x \wedge y \to z$ 知 $s((x \to z) \vee (y \to z)) \leqslant s(x \wedge y \to z)$. 另外,

$$
\begin{aligned}
&s(x \wedge y \to z) \to s((x \to z) \vee (y \to z)) \\
=\ &s((x \wedge y \to z) \to (x \to z) \vee (y \to z)) \ (\text{由命题 } 10.1.3\ (\text{iii})) \\
\geqslant\ &s(((x \wedge y \to z) \to (x \to z)) \vee ((x \wedge y \to z) \to (y \to z))) \ (\text{由 } s \text{ 的保序性}) \\
\geqslant\ &s((x \to x \wedge y) \vee (y \to x \wedge y)) \ (\text{由 } s \text{ 的保序性}) \\
=\ &s((x \to y) \vee (y \to x)) \\
=\ &1 \ (\text{由}(12)).
\end{aligned}
$$

由式 (10.1.1) 及命题 10.1.11 知, II-型态 $s: M \to L$ 可诱导 M 上的一个关系 $\backsim_s$ 如下

$$
x \backsim_s y \text{ iff } s(x) = s(y). \tag{10.1.2}
$$

显然 $\backsim_s$ 是 M 上的等价关系. 尚不清楚 $\backsim_s$ 是否为同余关系, 但可以证明当 M 是全序的剩余格时 $\backsim_s$ 是 M 上的同余关系. 为此, 先证如下引理.

引理 10.1.12　设 $s: M \to L$ 是 II-型态, 若 s 保持 $\to$, 即对任意的 $x, y \in M$ 有 $s(x \to y) = s(x) \to s(y)$, 则 $\backsim_s$ 是 M 上的同余关系.

证明　设 $x \backsim_s y, a \backsim_s b$, 则 $s(x) = s(y), s(a) = s(b)$. 下证 $\backsim_s$ 保持运算 $\wedge, \vee, \otimes$ 与 $\to$, 即 $a \circ x \backsim_s b \circ y$, 其中 $\circ \in \{\wedge, \vee, \otimes, \to\}$.

(i) 由题设 $s(a \to x) = s(a) \to s(x) = s(b) \to s(y) = s(b \to y)$, 从而 $a \to x \backsim_s b \to y$.

(ii) 由式 (10.1.1) 及题设, $s(a \vee x) = s((a \to x) \to x) = (s(a) \to s(x)) \to s(x) = (s(b) \to s(y)) \to s(y) = s((b \to y) \to y) = s(b \vee y)$, 从而 $a \vee x \backsim_s b \vee y$.

(iii) 因为 $s(\neg x) = \neg s(x) = \neg s(y) = s(\neg y)$, 所以 $\neg x \backsim_s \neg y$. 再由 (i) 得 $a \to \neg x \backsim_s b \to \neg y$. 由命题 10.1.11 (1) 及命题 8.1.3 (24) 知 $s(a \otimes x) = s(\neg\neg(a \otimes x)) = \neg s(\neg(a \otimes x)) = \neg s(a \to \neg x) = \neg s(b \to \neg y) = s(b \otimes y)$, 所以 $a \otimes x \backsim_s b \otimes y$.

(iv) 由 (iii), (i) 及命题 10.1.11 (9) 得 $a \wedge x \backsim_s a \otimes (a \to x) \backsim_s b \otimes (b \to y) \backsim_s b \wedge y$.

命题 10.1.13　设 M 是全序剩余格, $s: M \to L$ 是 II-型态, 则 $\backsim_s$ 是 M 上的同余关系, 且商代数 $M/\backsim_s$ 是 MV-代数.

证明　设 M 是全序剩余格, $x, y \in M$. 若 $x \leqslant y$, 则由 s 的保序性知 $s(x) \leqslant s(y)$, 从而 $s(x \to y) = s(1) = 1 = s(x) \to s(y)$. 若 $y \leqslant x$, 则由命题 10.1.3 (ii), $s(x \to y) = s(x) \to s(y)$. 这就证明了 $s(x \to y) = s(x) \to s(y)$ 对任意 $x, y \in M$ 都成立, 所以由引理 10.1.12 知 $\backsim_s$ 是 M 上的同余关系. 式 (10.1.1) 使 $M/\backsim_s$ 成为 MV-代数.

对于 II-型态 $s: M \to L$, 令 $\mathrm{Ker}(s) = \{x \in M \mid s(x) = 1\}$, 我们引入 M 上的另一个关系, 且总为同余关系, 相应的商代数也是 MV-代数.

命题 10.1.14　对任一 II-型态 $s: M \to L$, $\mathrm{Ker}(s)$ 是 M 中的 MV-滤子, 即式 (8.2.4) 成立.

证明　首先易验证 $\mathrm{Ker}(s)$ 是 M 中的滤子. 任取 $x, y \in M$, 则由命题 8.1.3 (11), $x \vee y \leqslant ((x \to y) \to y) \wedge ((y \to x) \to x)$. 于是由命题 10.1.3 (iii), s 的保序性及式 (10.1.1),

$$
\begin{aligned}
& s(((x \to y) \to y) \to ((y \to x) \to x)) \\
= {} & s((x \to y) \to y) \to s(((x \to y) \to y) \wedge ((y \to x) \to x)) \\
\geqslant {} & s((x \to y) \to y) \to s(x \vee y) \\
= {} & 1,
\end{aligned}
$$

所以 $((x \to y) \to y) \to ((y \to x) \to x) \in \mathrm{Ker}(s)$, 从而 $\mathrm{Ker}(s)$ 是 MV-滤子.

推论 10.1.15 设 $s: M \to L$ 是 II-型态, 则 s 按式 (8.1.14) 诱导的关系 $\sim_{\mathrm{Ker}(s)}$ 是 M 上的同余关系, 且商代数 $M/\mathrm{Ker}(s)$ 是 MV-代数.

命题 10.1.16 设 M 是全序剩余格, $s: M \to L$ 是 II-型态, 则 $\sim_s = \sim_{\mathrm{Ker}(s)}$, 从而商代数 $M/\sim_s$ 与 $M/\mathrm{Ker}(s)$ 是同一 MV-代数.

证明 设 M 是全序剩余格, 则由命题 10.1.13 的证明知 $s(x \to y) = s(x) \to s(y)$ 对任意的 $x, y \in M$ 都成立, 从而 $x \sim_s y$ iff $s(x) = s(y)$ iff $s(x \to y) = s(y \to x) = 1$ iff $x \sim_{\mathrm{Ker}(s)} y$, 所以 $\sim_s = \sim_{\mathrm{Ker}(s)}$.

例 10.1.17 设 $M = L$ 为例 8.1.2 (v) 中的剩余格, 则可验证从 M 到 M 的 I-型态由下表给出:

x	0	a	b	c	d	1
$s_1(x)$	0	a	0	1	a	1
$s_2(x)$	0	a	b	c	d	1
$s_3(x)$	0	1	0	1	1	1
$s_4(x)$	0	1	b	c	c	1
$s_5(x)$	0	1	c	b	b	1
$s_6(x)$	0	1	1	0	0	1

其中 s_3, s_4, s_5, s_6 为从 M 到 M 的 II-型态. 另外注意 s_1 不保序, 因为 $c < a$ 但 $s_1(c) = 1 > a = s_1(a)$.

命题 10.1.18 设 M 与 L 均为可分剩余格, $s: M \to L$ 是保序 I-型态, 则对任意的 $x, y \in M$,

(i) $s(x \otimes y) = s(x) \otimes s(x \to x \otimes y)$.

(ii) $s(x \wedge y) = s(x) \otimes s(x \to y)$.

证明 (i) 由命题 10.1.3 (ii), 式 (8.1.10) 以及 s 的保序性知 $s(x) \otimes s(x \to x \otimes y) = s(x) \otimes (s(x) \to s(x \otimes y)) = s(x) \wedge s(x \otimes y) = s(x \otimes y)$.

(ii) 由 (i) 及式 (8.1.10) 得 $s(x \wedge y) = s(x \otimes (x \to y)) = s(x) \otimes s(x \to x \otimes (x \to y)) = s(x) \otimes s(x \to x \wedge y) = s(x) \otimes s(x \to y)$.

引理 10.1.19 设 M 是剩余格, L 是 MV-代数, $s: M \to L$ 为保序 I-型态, 则式 (10.1.1) 成立.

证明 由命题 10.1.3 (iv), 定理 8.1.19 以及 s 的保序性得 $s((x \to y) \to y) = s((x \to y) \vee y) \to s(y) = s(x \to y) \to s(y) = (s(x \vee y) \to s(y)) \to s(y) = s(x \vee y) \vee s(y) = s(x \vee y)$.

定理 10.1.20 设 M 是剩余格, L 是 MV-代数, $s: M \to L$ 为保序 I-型态 iff s 为 II-型态.

证明 由定理 10.1.9, 只需证必要性. 设 s 为保序的 I-型态, 则由命题 10.1.7

(iii) 以及引理 10.1.19, $s(x \to y) \to s(y) = s((x \to y) \to y) = s(x \vee y) = s(y \vee x) = s((y \to x) \to x) = s(y \to x) \to s(x)$. 所以由命题 10.1.4 (v) 知 s 为 II-型态.

推论 10.1.21 设 M 是剩余格, 则以下两条等价:

(i) M 是 MV-代数,

(ii) 任一保序 I-型态 $s: M \to M$ 是 II-型态.

证明 (i)⇒(ii). 由定理 10.1.20 即得.

(ii)⇒(i). 恒等映射 id : $M \to M$ 为保序 I-型态, 从而为 II-型态, 所以由式 (10.1.1) 知式 (8.1.12) 成立, 所以 M 是 MV-代数.

定理 10.1.22 设 M 为 MV-代数, L 为剩余格, 映射 $s: M \to L$ 满足 $s(0) = 1$, $s(1) = 1$. 则以下两条等价:

(i) s 是保序 I-型态,

(ii) 对任意的 $x, y \in M$,

(a) $s(\neg x) = \neg s(x)$,

(b) $s(x \to y) \to (s(x) \to s(y)) = 1$,

(c) $s(x \oplus y) = (s(x) \to s(x \otimes y)) \to s(y)$.

证明 (i)⇒(ii). 设 $s: M \to L$ 是保序 I-型态. (a) 是命题 10.1.7 (i); 由命题 10.1.3 (iii), $s(x \to y) = s(x) \to s(x \wedge y) \leqslant s(x) \to s(y)$, 所以 (b) 成立. 下证 (c).

首先, 在 MV-代数 M 中有 $(x \to x \otimes y) \to y = (\neg x \vee y) \to y = \neg x \to y = x \oplus y$. 由于 $x \otimes y \leqslant x$ 及 $y \leqslant x \to x \otimes y$, 所以由命题 10.1.3 (ii) 知 $s(x \oplus y) = s((x \to x \otimes y) \to y) = (s(x) \to s(x \otimes y)) \to s(y)$.

(ii)⇒(i). 设 s 满足条件 (a), (b) 与 (c). 由 (b) 知 s 是保序的. 设 $x, y \in M$, $y \leqslant x$, 则 $\neg x \otimes y = \neg(y \to \neg\neg x) = 0$, 从而由 (a) 与 (c) 得 $s(x \to y) = s(\neg x \oplus y) = (s(\neg x) \to s(\neg x \otimes y)) \to s(y) = (\neg s(x) \to 0) \to s(y) = s(\neg\neg x) \to s(y) = s(x) \to s(y)$. 所以 s 是保序 I-型态.

10.1.2 保序 I-型态的核

设 $s: M \to L$ 是保序 I-型态, 令 $\mathrm{Ker}(s) = \{x \in M \mid s(x) = 1\}$. 10.1.1 节已看到对于 II-型态 s, $\mathrm{Ker}(s)$ 是 M 中的 MV-滤子. 本节研究保序 I-型态 s 的核 $\mathrm{Ker}(s)$ 及其商剩余格 $M/\mathrm{Ker}(s)$ 的性质. 我们也将引入赋值态的概念, 用以刻画 $\mathrm{Ker}(s)$ 及 $M/\mathrm{Ker}(s)$.

引理 10.1.23 $\mathrm{Ker}(s)$ 是 M 中的滤子.

证明 显然, $1 \in \mathrm{Ker}(s)$, $0 \notin \mathrm{Ker}(s)$, 设 $x, y \in M$ 使得 x, $x \to y \in \mathrm{Ker}(s)$, 即 $s(x) = s(x \to y) = 1$. 由命题 10.1.3 (iii) 及 s 的保序性, $1 = s(x \to y) = s(x) \to s(x \wedge y) \leqslant s(x) \to s(y)$, 所以 $s(y) \geqslant s(x) = 1$, 从而 $y \in \mathrm{Ker}(s)$.

记 $[x]_{\mathrm{Ker}(s)}$ 表示 x 关于 $\mathrm{Ker}(s)$ 按式 (8.1.14) 诱导的同余关系的同余类, 即 $[x]_{\mathrm{Ker}(s)} = \{y \in M \mid d_M(x,y) \in \mathrm{Ker}(s)\}$.

引理 10.1.24 若 $[x]_{\mathrm{Ker}(s)} = [y]_{\mathrm{Ker}(s)}$, 则 $s(x) = s(y) = s(x \vee y) = s(x \wedge y)$.

证明 设 $x, y \in M$ 使 $[x]_{\mathrm{Ker}(s)} = [y]_{\mathrm{Ker}(s)}$, 则 $d_M(x,y) \in \mathrm{Ker}(s)$, 即 $s(d_M(x,y)) = 1$. 由命题 10.1.3 (i) 得 $1 = s(d_M(x,y)) = s(x \vee y) \to s(x \wedge y)$, 从而 $s(x \vee y) \leqslant s(x \wedge y)$. 由 s 的保序性知 $s(x \wedge y) \leqslant s(x)$, $s(y) \leqslant s(x \vee y) \leqslant s(x \wedge y)$, 所以 $s(x) = s(y) = s(x \vee y) = s(x \wedge y)$.

命题 10.1.25 设 $s : M \to L$ 是保序 I-型态, $x, y \in M$, 则以下各条等价:

(i) $[x]_{\mathrm{Ker}(s)} = [y]_{\mathrm{Ker}(s)}$,

(ii) $s(x \vee y) = s(x \wedge y)$,

(iii) $s(x) = s(y) = s(x \vee y)$,

(iv) $s(x) = s(y) = s(x \wedge y)$.

证明 由引理 10.1.24 知, (i)⇒(ii), (iii), (iv) 均成立. 由 s 的保序性知 (ii)⇒(iii), (iv) 也成立.

(iii)⇒(iv). 由命题 10.1.7 (ii) 知 $1 = s(x \vee y) \to s(x) = s(y) \to s(x \wedge y)$, 于是 $s(y) \leqslant s(x \wedge y)$. 由 s 的保序性, $s(x \wedge y) \leqslant s(y)$, 所以 $s(x \wedge y) = s(y)$.

(iv)⇒(iii). 由命题 10.1.7 (ii), $s(x \vee y) \to s(x) = s(y) \to s(x \wedge y) = 1$, 所以 $s(x \vee y) \leqslant s(x)$. 再由 s 的保序性即得 $s(x) = s(x \vee y)$.

(iii)⇒(i). 由命题 10.1.3 (iv), $s(x \to y) = s(x \vee y) \to s(y) = 1$, 所以 $x \to y \in \mathrm{Ker}(s)$. 同理, $y \to x \in \mathrm{Ker}(s)$. 因此, $[x]_{\mathrm{Ker}(s)} = [y]_{\mathrm{Ker}(s)}$.

设 $s : M \to L$ 是保序 I-型态, 考虑商剩余格 $M/\mathrm{Ker}(s)$. 定义 $\widetilde{s} : M/\mathrm{Ker}(s) \to L$ 为 $\widetilde{s}([x]_{\mathrm{Ker}(s)}) = s(x)$, $x \in M$, 则易见 $\widetilde{s}$ 是保序 I-型态. 当 M 是 II-型态时, $\widetilde{s}$ 也是 II-型态.

命题 10.1.26 设 L 是对合剩余格, $s : M \to L$ 是保序 I-型态, 则 $M/\mathrm{Ker}(s)$ 是对合的.

证明 由命题 10.1.7 (i) 知 $s(\neg\neg x) = \neg\neg s(x) = s(x)$. 由命题 8.1.3 (20), $x \vee \neg\neg x = \neg\neg x$, 所以 $s(x) = s(\neg\neg x) = s(x \vee \neg\neg x)$. 由命题 10.1.25 (iii) 知 $[\neg\neg x]_{\mathrm{Ker}(s)} = [x]_{\mathrm{Ker}(s)}$.

推论 10.1.27 设 M 是可分剩余格, L 是对合剩余格, $s : M \to L$ 是保序 I-型态, 则 $M/\mathrm{Ker}(s)$ 是 MV-代数.

证明 由 M 的可分性知 $M/\mathrm{Ker}(s)$ 是可分的. 由命题 10.1.26 知 $M/\mathrm{Ker}(s)$ 是对合的. 所以由定理 8.1.20 知 $M/\mathrm{Ker}(s)$ 是 MV-代数.

命题 10.1.28 设 M 是 MTL-代数, L 为 MV-代数, $s : M \to L$ 是保序 I-型态, 则商剩余格 $M/\mathrm{Ker}(s)$ 是 MV-代数.

证明 设 $x, y \in M$, 由引理 10.1.19, $s(x \vee y) = s((x \to y) \to y) = s((y \to x) \to x)$. 令 $a = (x \to y) \to y$, $b = (y \to x) \to x$, 则由命题 8.1.9 (viii), $x \vee y = a \wedge b$. 由此, $s(a) = s(b) = s(a \wedge b)$. 由命题 10.1.25 (iv), $[a]_{\mathrm{Ker}(s)} = [b]_{\mathrm{Ker}(s)}$. 所以 $M/\mathrm{Ker}(s)$ 是 MV-代数.

命题 10.1.29 $s : M \to L$ 为 II-型态, 则 $M/\mathrm{Ker}(s)$ 是对合剩余格.

证明 由命题 10.1.11 (1) 知 $s(\neg\neg x) = s(x)$. 余下证明类似于命题 10.1.26 的证明.

设 $s : M \to L$ 是任一映射, 考虑以下性质:

(α) 对任意的 $x, y \in M$, $s(x \vee y) = s(x) \vee s(y)$.

(β) 对任意的 $x, y \in M$, $s(x \wedge y) = s(x) \wedge s(y)$.

(γ) 对任意的 $x, y \in M$, $s(x \to y) = s(x) \to s(y)$.

(δ) 对任意的 $x, y \in M$, $s(x \otimes y) = s(x) \otimes s(y)$.

引理 10.1.30 设 $s : M \to L$ 是保序 I-型态, 则 (α) 蕴涵 (γ); (β) 蕴涵 (γ).

证明 (α)⇒(γ). 由命题 10.1.3 (iv) 及命题 8.1.3 (17) 知 $s(x \to y) = s(x \vee y) \to s(y) = s(x) \vee s(y) \to s(y) = s(x) \to s(y)$.

(β) ⇒ (γ). 由命题 10.1.3 (iii) 及命题 8.1.3 (17) 知 $s(x \to y) = s(x) \to s(x \wedge y) = s(x) \to s(x) \wedge s(y) = s(x) \to s(y)$.

引理 10.1.31 设 L 是对合剩余格, $s : M \to L$ 是保序 I-型态, 则 (β) 蕴涵 (α).

证明 设 $x, y \in M$, 则由命题 10.1.7 (i) 及命题 8.1.3 (17) 与 (30) 知 $\neg s(x \vee y) = s(\neg(x \vee y)) = s(\neg x \wedge \neg y) = s(\neg x) \wedge s(\neg y) = \neg s(x) \wedge \neg s(y) = \neg(s(x) \vee s(y))$. 由此得 $\neg\neg s(x \vee y) = \neg\neg(s(x) \vee s(y))$, 即 $s(x \vee y) = s(x) \vee s(y)$, 因为 L 是对合的.

命题 10.1.32 设 L 是 MV-代数, $s : M \to L$ 为保序 I-型态, 则 (α) 与 (γ) 等价.

证明 由引理 10.1.30 知 (α) 蕴涵 (γ).

(γ)⇒(α). 设 $x, y \in M$, 则由引理 10.1.19 及定理 8.1.19, $s(x \vee y) = s((x \to y) \to y) = (s(x) \to s(y)) \to s(y) = s(x) \vee s(y)$.

引理 10.1.33 设 $s : M \to L$ 是保序 I-型态, 则:

(i) 若 (γ) 成立, 则对任意的 $x, y \in M$, $\neg s(x \otimes y) = \neg(s(x) \otimes s(y))$.

(ii) 若 L 是对合的, 则 (γ) 蕴涵 (δ).

证明 (i) 设 $x, y \in M$, 则由命题 8.1.3 (24), $\neg(x \otimes y) = x \to \neg y$. 于是由命题 10.1.7 (i), $\neg s(x \otimes y) = s(\neg(x \otimes y)) = s(x \to \neg y) = s(x) \to s(\neg y) = s(x) \to \neg s(y) = \neg(s(x) \otimes s(y))$.

(ii) 由 (i) 及 L 的对合性, $s(x \otimes y) = \neg\neg s(x \otimes y) = \neg\neg(s(x) \otimes s(y)) = s(x) \otimes s(y)$.

推论 10.1.34 设 M 是可分剩余格, L 是 MV-代数, $s : M \to L$ 是保序 I-型态, 则 (α), (β) 与 (γ) 两两等价.

证明 由命题 10.1.32, (α)⇔(γ). 由引理 10.1.30, (β)⇒(γ). 下证 (γ)⇒(β). 任取 $x, y \in M$, 则由引理 10.1.33 (ii) 知 $s(x \wedge y) = s(x \otimes (x \to y)) = s(x) \otimes s(x \to y) = s(x) \otimes (s(x) \to s(y)) = s(x) \wedge s(y)$.

定义 10.1.35 称映射 $s : M \to L$ 为**赋值态**, 如果 s 满足条件 (α), (β), (γ), $s(0) = 0$, $s(1) = 1$.

注 10.1.36 (i) 赋值态是保序 I-型态.

(ii) 当 $L = [0,1]_{\mathrm{MV}}$ 时, 定义 10.1.35 中的赋值态与定义 8.2.17 中的赋值态等价.

命题 10.1.37 设 $s : M \to L$ 是保序 I-型态, 若 $M/\mathrm{Ker}(s)$ 是全序的, 则 s 是赋值态.

证明 设 $x, y \in M$, 则 $[x]_{\mathrm{Ker}(s)} \leqslant [y]_{\mathrm{Ker}(s)}$ 或 $[y]_{\mathrm{Ker}(s)} \leqslant [x]_{\mathrm{Ker}(s)}$. 不妨设 $[x]_{\mathrm{Ker}(s)} \leqslant [y]_{\mathrm{Ker}(s)}$, 则 $[x \to y]_{\mathrm{Ker}(s)} = [1]_{\mathrm{Ker}(s)}$, 即 $x \to y \in \mathrm{Ker}(s)$, 亦即 $s(x \to y) = 1$. 由命题 10.1.3 (iii) 与 (iv), $1 = s(x \to y) = s(x) \to s(x \wedge y) = s(x \vee y) \to s(y)$, 所以 $s(x) \leqslant s(x \wedge y)$, $s(x \vee y) \leqslant s(y)$. 由 s 的保序性, $s(x) = s(x \wedge y) \leqslant s(x \vee y) = s(y)$, 于是 $s(x \vee y) = s(x) \vee s(y)$, $s(x \wedge y) = s(x) \wedge s(y)$. 由引理 10.1.30 知 $s(x \to y) = s(x) \to s(y)$. 所以 s 是赋值态.

推论 10.1.38 设 $s : M \to L$ 是保序 I-型态, 若 $M/\mathrm{Ker}(s)$ 是 MV-代数, $\mathrm{Ker}(s)$ 是 M 中的极大滤子, 则 s 是赋值态.

证明 由定理 8.1.29 (ii) 知 $M/\mathrm{Ker}(s)$ 是局部有限 MV-代数, 从而是 $[0,1]_{\mathrm{MV}}$ 的子代数, 因而是全序的. 再由命题 10.1.37 知 s 是赋值态.

命题 10.1.39 设 L 是全序剩余格, $s : M \to L$ 是赋值态, 则 $M/\mathrm{Ker}(s)$ 也是全序的.

证明 设 $x, y \in M$, 则 $s(x) \leqslant s(y)$ 或 $s(y) \leqslant s(x)$, 于是 $s(x \to y) = s(x) \to s(y) = 1$ 或 $s(y \to x) = s(y) \to s(x) = 1$, 所以 $[x]_{\mathrm{Ker}(s)} \leqslant [y]_{\mathrm{Ker}(s)}$ 或 $[y]_{\mathrm{Ker}(s)} \leqslant [x]_{\mathrm{Ker}(s)}$.

推论 10.1.40 设 L 是全序剩余格, $s : M \to L$ 是保序 I-型态, 则 s 是赋值态 iff 商剩余格 $M/\mathrm{Ker}(s)$ 是全序的.

证明 命题 10.1.37 与命题 10.1.39 的直接推论.

推论 10.1.41 设 L 是全序剩余格, $s : M \to L$ 是赋值态, 则 $\mathrm{Ker}(s)$ 是 M 中的素滤子.

证明 设 $x \vee y \in \mathrm{Ker}(s)$, 即 $s(x \vee y) = 1$. 由命题 10.3.39 知 $M/\mathrm{Ker}(s)$ 是全序的. 不妨设 $[x]_{\mathrm{Ker}(s)} \leqslant [y]_{\mathrm{Ker}(s)}$, 则 $[x \to y]_{\mathrm{Ker}(s)} = [1]_{\mathrm{Ker}(s)}$, 从而 $s(x \to y) = 1$. 所

以 $s(x \vee y) \to s(y) = s(x \vee y \to y) = s(x \to y) = 1$, 所以 $s(y) = 1$, 即 $y \in \mathrm{Ker}(s)$. 这就说明 $\mathrm{Ker}(s)$ 是素滤子.

推论 10.1.42 设 M 是 MTL-代数, L 是全序剩余格, $s: M \to L$ 是保序 I-型态, 则 s 是赋值态 iff $\mathrm{Ker}(s)$ 是素滤子.

证明 在 MTL-代数中, 由式 (8.1.9) 易验证命题 7.2.4 (iii) 仍成立, 即 M 中的滤子 F 是素的 iff 对任意的 $x, y \in M$, $x \to y \in F$ 或 $y \to x \in F$ iff M/F 是全序的. 所以由推论 10.1.40 知推论 10.1.42 成立.

命题 10.1.43 设 L 是局部有限剩余格, $s: M \to L$ 是赋值态, 则 $\mathrm{Ker}(s)$ 是 M 中的极大滤子.

证明 任取 $x \in M - \mathrm{Ker}(s)$, 则 $s(x) < 1$. 由 L 的局部有限性知, 存在 $n \in \mathbb{N}$ 使得 $(s(x))^n = 0$. 由 s 保运算 $\otimes$ 得 $s(\neg x^n) = \neg s(x^n) = \neg(s(x))^n = 1$, 从而 $\neg x^n \in \mathrm{Ker}(s)$. 由定理 8.1.30 (ii) 知 $\mathrm{Ker}(s)$ 是 M 中的极大滤子.

注 10.1.44 由于 $[0,1]_{\mathrm{MV}}$ 是局部有限的, 所以 M 上的 Bosbach 态 $s: M \to [0,1]$ 是赋值态 iff $\mathrm{Ker}(s)$ 是 M 中的极大滤子, 即定理 8.2.20 成立.

10.1.3 广义 Riečan 态

本节将剩余格上的 Riečan 态的取值域推广到一般的剩余格, 引入广义 Riečan 态, 并研究其基本性质. 下设 M 与 L 是任意剩余格, 并回忆运算 $\oplus$ 与符号 $\perp$, 见式 (8.1.6) 与式 (8.1.7).

定义 10.1.45 称映射 $m: M \to L$ 为**广义 Riečan 态**, 若对任意的 $x, y \in M$, 以下条件成立:

(i) $m(1) = 1$,

(ii) 若 $x \perp y$, 则 $m(x) \perp m(y)$, 且 $m(x \oplus y) = m(x) \oplus m(y)$.

命题 10.1.46 设 $m: M \to L$ 是广义 Riečan 态, 则对任意的 $x \in M$,

(i) $m(\neg\neg x) = \neg\neg m(x)$.

(ii) $\neg\neg m(\neg x) = \neg m(x)$.

(iii) $m(\neg x) = \neg m(x)$.

证明 (i) 任取 $x \in M$, 则 $0 \leqslant \neg x$, 从而 $0 \perp x$, 则 $0 \perp m(x)$, 且 $m(x \oplus 0) = m(x) \oplus 0$, 即 $m(\neg\neg x) = \neg\neg m(x)$.

(ii) 因为 $x \perp \neg x$, 所以 $m(x) \perp m(\neg x)$, 从而由命题 8.1.5 (v) 知 $\neg\neg m(\neg x) \leqslant \neg m(x)$. 另外, 由 $x \oplus \neg x = 1$ 及 $m(x \oplus \neg x) = m(x) \oplus m(\neg x)$ 得 $1 = m(x) \oplus m(\neg x) = \neg m(x) \to \neg\neg m(\neg x)$, 于是 $\neg m(x) \leqslant \neg\neg m(\neg x)$, 所以 $\neg\neg m(\neg x) = \neg m(x)$.

(iii) 由 (i) 与 (ii) 得 $m(\neg x) = m(\neg\neg\neg x) = \neg\neg m(\neg x) = \neg m(x)$.

下面的定理说明当 $L = [0,1]_{\mathrm{MV}}$ 时, 广义 Riečan 态退化为定义 8.2.5 中的 Riečan 态.

定理 10.1.47 设 $m: M \to [0,1]$ 为映射, 并赋予 [0,1] 以标准 MV-代数结构, 则 m 是广义 Riečan 态 iff m 是 Riečan 态.

证明 设 $m: M \to [0,1]$ 是 Riečan 态, 则 $m(1)=1$. 任取 $x, y \in M$ 使 $x \perp y$, 则由命题 8.1.5 (v) 知 $\neg\neg x \leqslant \neg y$. 由命题 8.2.7 (ii) 与 (iv) 得 $\neg\neg m(x) = m(x) = m(\neg\neg x) \leqslant m(\neg y) = 1 - m(y) = \neg m(y)$, 所以 $m(x) \perp m(y)$, 且 $m(x \oplus y) = m(x) + m(y) = m(x) \oplus m(y)$, 所以 m 是广义 Riečan 态. 反过来, 设 $m: M \to [0,1]_{\mathrm{MV}}$ 是广义 Riečan 态. 若 $x \perp y$, 则 $m(x) \perp m(y)$, 即 $m(x) + m(y) \leqslant 1$, 且 $m(x \oplus y) = m(x) \oplus m(y) = m(x) + m(y)$, 所以 m 是 Riečan 态.

定理 10.1.48 保序 I-型态 $s: M \to L$ 是广义 Riečan 态.

证明 设 $s: M \to L$ 是保序 I-型态, $x, y \in M$ 且 $x \perp y$, 则 $\neg\neg x \leqslant \neg y$, 从而由命题 10.1.7 (i) 及 s 的保序性知 $\neg\neg s(x) = s(\neg\neg x) \leqslant s(\neg y) = \neg s(y)$, 所以 $s(x) \perp s(y)$. 再由命题 10.1.3 (ii) 及命题 10.1.7 (i) 得 $s(x \oplus y) = s(\neg y \to \neg\neg x) = s(\neg y) \to s(\neg\neg x) = \neg s(y) \to \neg\neg s(x) = s(x) \oplus s(y)$, 所以 s 是广义 Riečan 态.

定理 10.1.49 设 M 是 Glivenko 剩余格, L 是对合剩余格, 则广义 Riečan 态 $m: M \to L$ 是保序 I-型态.

证明 设 $m: M \to L$ 是广义 Riečan 态, $x, y \in M$ 且 $y \leqslant x$. 下证 $m(x \to y) = m(x) \to m(y)$. 由 $y \leqslant x$ 知 $y \leqslant \neg\neg x$, 从而 $y \perp \neg x$, 所以 $m(y) \perp m(\neg x)$. 由命题 8.1.5 (iv) 及命题 8.1.3 (26), $\neg x \oplus y = \neg y \to \neg\neg\neg x = \neg y \to \neg x = x \to \neg\neg y$. 因为 M 是 Glivenko 的, 所以由命题 8.2.10 (iii), $\neg\neg(x \to y) = x \to \neg\neg y = \neg x \oplus y$. 由命题 10.1.46 (i) 及 L 的对合性, $m(x \to y) = \neg\neg m(x \to y) = m(\neg\neg(x \to y)) = m(\neg x \oplus y) = m(\neg x) \oplus m(y) = \neg m(x) \oplus m(y) = m(x) \to m(y)$. 这就证明了 m 是保序 I-型态.

注 10.1.50 设 M 是 Glivenko 剩余格, L 是对合剩余格, 由定理 10.1.48 与定理 10.1.49 知, $s: M \to L$ 是保序 I-型态 iff s 是广义 Riečan 态. 特别地, 当 M 是 Glivenko 剩余格, $L = [0,1]_{\mathrm{MV}}$ 时, M 上的 Bosbach 态与 Riečan 态等价, 即得定理 8.2.13.

定理 10.1.51 设 M 是对合剩余格, 则广义 Riečan 态 $s: M \to L$ 是保序 I-型态.

证明 设 M 与 s 如题设, 取 $x, y \in M$ 使得 $y \leqslant x$. 因为 M 是对合的, 所以 $y = \neg\neg y$, $x = \neg\neg x$, 从而 $\neg\neg y \leqslant \neg\neg x$, 所以 $y \perp \neg x$, 于是 $s(\neg x \oplus y) = s(\neg x) \oplus s(y)$, 即 $s(\neg\neg x \to \neg\neg y) = \neg s(\neg x) \to \neg\neg s(y)$. 由 M 的对合性及命题 10.1.46 (iii) 知 $s(x \to y) = s(x) \to s(y)$. 所以由命题 10.1.3 (ii) 知 s 是 I-型态. 下证 s 的保序性. 由 $y \perp \neg x$ 知 $s(y) \perp s(\neg x)$, 从而 $\neg\neg s(y) \leqslant \neg s(\neg x)$, 所以 $s(\neg\neg y) \leqslant s(\neg\neg x)$, 即 $s(y) \leqslant s(x)$.

例 10.1.52 设 M 是例 8.1.2 (v) 中的剩余格, 则广义 Riečan 态 $m: M \to M$

由下表给出:

x	0	a	b	c	d	1
$s_1(x)$	0	a	0	1	a	1
$m_1(x)$	0	a	0	1	1	1
$m_2(x)$	0	a	b	c	c	1
$s_2(x)$	0	a	b	c	d	1
$m_3(x)$	0	a	c	b	b	1
$m_4(x)$	0	a	1	0	0	1
$m_5(x)$	0	1	0	1	a	1
$s_3(x)$	0	1	0	1	1	1
$s_4(x)$	0	1	b	c	c	1
$m_6(x)$	0	1	b	c	d	1
$s_5(x)$	0	1	c	b	b	1
$s_6(x)$	0	1	1	0	0	1

例 10.1.17 已指出 $s_1, \cdots, s_6$ 是 I-型态, $s_3, \cdots, s_6$ 是 II-型态, 它们都是广义 Riečan 态, 但 $m_1, \cdots, m_6$ 都不是 I-型态, 也不是 II-型态.

10.2　剩余格关于保序 I-型态的 Cauchy 相似完备化

8.3 节通过 MV-代数中的相似运算 d_M 以及 $[0,1]_{\mathrm{MV}}$ 中的标准否定 $\neg x = 1 - x$ 建立了 MV-代数上由态算子 s 诱导的伪度量 ρ_s (见式 (8.3.1)), 并讨论了 MV-代数的 s-Cauchy 度量完备化. 本节将 8.3 节中的思想推广到剩余格上的保序 I-型 Bosbach 态情形. 但由于保序 I-型态算子的取值域也是一般的剩余格, 而其上的否定 $\neg x$ 未必是标准否定 $1 - x$, 因而本节利用保序 I-型态算子 $s: M \to L$ 只能诱导 M 上的一个相似关系 $\rho_s(x, y) = s(d_M(x, y))$ (区别于式 (8.3.1) 中的 ρ_s). 但取值域 L 上的相似运算 d_L 仍可诱导出 M 上的一种 ρ_s- 相似收敛, 然后利用 ρ_s-Cauchy 列构造 M 的 s-Cauchy 相似完备.

10.2.1　相似收敛

先介绍剩余格中相似收敛的一些基本术语、记号及结论, 详见文献 [265].

设 $L = (L, \wedge, \vee, \otimes, \to, 0, 1)$ 是剩余格, $\{z_n\}_{n\in\mathbb{N}} \subseteq L$, 简记为 $\{z_n\}$, 是 L 中的序列. 仍采用 8.3 节中的记号, 用 $\{z_n\} \uparrow$ 表示 $\{z_n\}$ 是递增序列; 用 $\{z_n\} \uparrow z$ 表示 $\{z_n\} \uparrow$ 且 $\bigvee\limits_{n\in\mathbb{N}} z_n = z$. 对偶地定义 $\{z_n\} \downarrow$, 以及 $\{z_n\} \downarrow z$. 另外, $d_L(x, y) = x \leftrightarrow y = (x \to y) \wedge (y \to x)$, $x, y \in L$, 由式 (8.1.5) 定义.

称序列 $\{x_n\} \subseteq L$ **d-收敛, 或相似收敛**, 于 $x \in L$, 记为 $x_n \xrightarrow{d} x$ 或 $\lim\limits_{n\to\infty} x_n = x$, 若存在序列 $\{z_n\} \subseteq L$, 使得 $\{z_n\} \uparrow 1$, 且对任一 $n \in \mathbb{N}$, $z_n \leqslant d_L(x_n, x)$. 称 x 为序列 $\{x_n\}$ 的**极限**, 若 $\lim\limits_{n\to\infty} x_n = x$. 由极限定义及命题 8.1.4 (iii) 知 $\lim\limits_{n\to\infty} x_n = x$ iff $\lim\limits_{n\to\infty} d_L(x_n, x) = 1$.

命题 10.2.1 若 $\lim\limits_{n\to\infty} x_n = x$ 且 $\lim\limits_{n\to\infty} x_n = y$, 则 $x = y$.

证明 由题设知存在 L 中的序列 $\{u_n\}, \{v_n\}$ 使得 $\{u_n\} \uparrow 1$, $\{v_n\} \uparrow 1$ 且对任一 $n \in \mathbb{N}$,

$$u_n \leqslant d_L(x_n, x); \quad v_n \leqslant d_L(x_n, y). \tag{10.2.1}$$

令 $z_n = u_n \otimes v_n$, 则 $\{z_n\} \uparrow$, 且对任一 $k \in \mathbb{N}$, $\bigvee\limits_{n\in\mathbb{N}} z_n = \bigvee\limits_{n\in\mathbb{N}} (u_n \otimes v_n) \geqslant \bigvee\limits_{n\in\mathbb{N}} (u_n \otimes v_k) = \left(\bigvee\limits_{n\in\mathbb{N}} u_n\right) \otimes v_k = v_k$, 从而 $\bigvee\limits_{n\in\mathbb{N}} z_n \geqslant \bigvee\limits_{k\in\mathbb{N}} v_k = 1$, 所以 $\{z_n\} \uparrow 1$.

由式 (10.2.1) 及命题 8.1.4 (v) 知对任一 $n \in \mathbb{N}$, $z_n = u_n \otimes v_n \leqslant d_L(x_n, x) \otimes d_L(x_n, y) \leqslant d_L(x, y)$. 所以 $d_L(x, y) = 1$, 从而由命题 8.1.4 (iv) 得 $x = y$.

引理 10.2.2 设 $\{x_n\}, \{y_n\} \subseteq L$, $\lim\limits_{n\to\infty} x_n = x$, $\lim\limits_{n\to\infty} y_n = y$, $x, y \in L$. 若对任一 $n \in \mathbb{N}$, $x_n \leqslant y_n$, 则 $x \leqslant y$.

证明 由题设, 存在 $\{u_n\}, \{v_n\} \subseteq L$ 使得 $\{u_n\} \uparrow 1$, $\{v_n\} \uparrow 1$, 且对任一 $n \in \mathbb{N}$, $u_n \leqslant d_L(x_n, x)$, $v_n \leqslant d_L(y_n, y)$. 令 $z_n = u_n \otimes v_n$, 则 $\{z_n\} \uparrow 1$, 且由命题 8.1.4 (viii) 知 $z_n = u_n \otimes v_n \leqslant d_L(x_n, x) \otimes d_L(y_n, y) \leqslant d_L(x_n \to y_n, x \to y) = d_L(1, x \to y) = x \to y$. 所以 $x \to y \geqslant \bigvee\limits_{n\in\mathbb{N}} z_n = 1$, 从而 $x \leqslant y$.

定理 10.2.3 设 $\{x_n\}, \{y_n\} \subseteq L, x, y \in L$, 且 $\lim\limits_{n\to\infty} x_n = x$, $\lim\limits_{n\to\infty} y_n = y$, 则 $\lim\limits_{n\to\infty} (x_n \circ y_n) = x \circ y$, 其中 $\circ \in \{\wedge, \vee, \otimes, \to, \leftrightarrow\}$, 即 L 中的运算都是 **d-连续**的.

证明 由命题 8.1.4 (viii) 及命题 10.2.1 的证明知

$$d_L(x_n \circ y_n, x \circ y) \geqslant d_L(x_n, x) \otimes d_L(y_n, y) \xrightarrow{d} 1.$$

所以由引理 10.2.2 知 $\lim\limits_{n\to\infty} d_L(x_n \circ y_n, x \circ y) = 1$, 从而 $\lim\limits_{n\to\infty} (x_n \circ y_n) = x \circ y$.

称 L 中的序列 $\{x_n\}$ 为 **d-Cauchy 列**, 若 $\lim\limits_{n,m\to\infty} d_L(x_n, x_m) = 1$, 其中 $\lim\limits_{n,m\to\infty} d_L(x_n, x_m) = \lim\limits_{n\to\infty} \lim\limits_{m\to\infty} d_L(x_n, x_m)$.

命题 10.2.4 L 中的序列 $\{x_n\}$ 是 d-Cauchy 列 iff 存在序列 $\{z_n\} \subseteq L$ 使得 $\{z_n\} \uparrow 1$, 且对任意的 $n, p \in \mathbb{N}$, $z_n \leqslant d_L(x_n, x_{n+p})$.

证明 设 $\{x_n\}$ 是 L 中的 d-Cauchy 列, 令 $y_n = \lim\limits_{m\to\infty} d_L(x_n, x_m)$, 则 $\lim\limits_{n\to\infty} y_n = 1$. 由 $y_n = \lim\limits_{m\to\infty} d_L(x_n, x_m)$ 知存在 $\{u_m\} \subseteq L$ 使得 $\{u_m\} \uparrow 1$ 且对任一 $m \in \mathbb{N}$,

$$u_m \leqslant d_L(y_n, d_L(x_n, x_m)) \leqslant y_n \to d_L(x_n, x_m). \tag{10.2.2}$$

由 $\lim\limits_{n\to\infty} y_n = 1$ 知, 存在 $\{v_n\} \subseteq L$ 使得 $\{v_n\} \uparrow 1$ 且对任一 $n \in \mathbb{N}$,

$$v_n \leqslant d_L(y_n, 1) = y_n. \tag{10.2.3}$$

对任一 $n, p \in \mathbb{N}$, 令 $z_n = u_n \otimes v_n$, 则由命题 10.2.1 中的证明知 $\{z_n\} \uparrow 1$. 另外, 由式 (10.2.2) 与式 (10.2.3), $z_n = u_n \otimes v_n \leqslant u_{n+p} \otimes y_n \leqslant d_L(x_n, x_{n+p})$.

反过来, 设 $\{x_n\}$ 满足题设, 则

$$\begin{aligned}
\lim_{n,m\to\infty} d_L(x_n, x_m) &= \lim_{n\to\infty} \lim_{m\to\infty} d_L(x_n, x_m) \\
&= \lim_{n\to\infty} \lim_{p\to\infty} d_L(x_n, x_{n+p}) \\
&= \lim_{n\to\infty} d_L(x_n, x_{n+p}) \\
&= 1.
\end{aligned}$$

命题 10.2.5 L 中的 d-收敛序列都是 d-Cauchy 列.

证明 设 $\lim\limits_{n\to\infty} x_n = x$, 则由命题 8.1.4 (v) 及定理 10.2.3 知

$$\begin{aligned}
\lim_{n,m\to\infty} d_L(x_n, x_m) &\geqslant \lim_{n,m\to\infty} (d_L(x_n, x) \otimes d_L(x_m, x)) \\
&= \lim_{n\to\infty} d_L(x_n, x) \otimes \lim_{m\to\infty} d_L(x_m, x) \\
&= 1.
\end{aligned}$$

所以 d-收敛序列都是 d-Cauchy 列.

称剩余格 L 是 ***d*-Cauchy 完备**的, 若 L 中的 d-Cauchy 列都 d-收敛.

注 10.2.6 由于在一般剩余格中命题 8.3.1 (v) 与 (vi) 不再成立, 所以不同于 8.3 节中 MV-代数时的情形, 在剩余格中由 $\{x_n\} \uparrow x$ 或 $\{x_n\} \downarrow x$ 推不出 $\lim\limits_{n\to\infty} x_n = x$. 比如, 在标准 R_0-代数 $[0,1]_{R_0}$ 中, 取 $x = \dfrac{1}{2}$, $x_n = \dfrac{1}{2} - \dfrac{1}{n+1}$, $n \in \mathbb{N}$, 则 $\{x_n\} \uparrow x$, 但$d(x_n, x) = (x \to x_n) \wedge (x_n \to x) = x \to x_n = \max\{1-x, x_n\} = \max\{x, x_n\} = x = \dfrac{1}{2} \neq 1$. 再取 $y_n = \dfrac{1}{2} + \dfrac{1}{n+1}$, $n \in \mathbb{N}$, 则 $\{y_n\} \downarrow x$ 但 $d(y_n, x) = \dfrac{1}{2} \neq 1$.

设 X 是非空集合, 称映射 $E: X^2 \to L$ 为 X 上的 ***L*-相似关系**, 若对任意的 $x, y, z \in X$, $E(x,x) = 1$, $E(x,y) = E(y,x)$, 且 $E(x,y) \otimes E(y,z) \leqslant E(x,z)$. 称 X 上的 L-相似关系 E 为 ***L*-等式**, 若当 $E(x,y) = 1$ 时 $x = y$. 例如, 由式 (8.1.5) 定义的相似关系 $d_L: L^2 \to L$ 是 L 上的 L-等式.

设 $E: X^2 \to L$ 是 X 上的 L-相似关系, 称 X 中的序列 $\{x_n\}$ **E-收敛**于 x, 记为 $x_n \xrightarrow{E} x$, 若 $\lim\limits_{n\to\infty} E(x_n, x) = 1$. 称 $\{x_n\}$ 是 **E-Cauchy 列**, 若 $\lim\limits_{n,m\to\infty} E(x_n, x_m) = 1$. 称 X 是 **E-Cauchy 完备**的, 若 X 中的 E-Cauchy 列都 E-收敛.

命题 10.2.7 设 $E: X^2 \to L$ 是 L-等式, $\{x_n\} \subseteq X$, $x, y \in X$. 若 $x_n \xrightarrow{E} x$, 且 $x_n \xrightarrow{E} y$, 则 $x = y$.

证明 设 $x_n \xrightarrow{E} x$, $x_n \xrightarrow{E} y$, 则 $\lim\limits_{n\to\infty} E(x_n, x) = \lim\limits_{n\to\infty} E(x_n, y) = 1$. 由定理 10.2.3 知

$$E(x, y) \geqslant (E(x, x_n) \otimes E(x_n, y)) \xrightarrow{d} 1,$$

所以 $E(x, y) = 1$. 由 E 是 L-等式知 $x = y$.

命题 10.2.8 设 $E: X^2 \to L$ 是 L-等式, 则 X 中的 E-收敛序列是 E-Cauchy 列.

证明 设 $\{x_n\} \subseteq L$, $x \in X$ 使得 $x_n \xrightarrow{E} x$, 即 $\lim\limits_{n\to\infty} E(x_n, x) = 1$, 则由引理 10.2.2 与定理 10.2.3 知

$$\begin{aligned}\lim_{n,m\to\infty} E(x_n, x_m) &\geqslant \lim_{n,m\to\infty} (E(x_n, x) \otimes E(x_m, x)) \\ &= (\lim_{n\to\infty} E(x_n, x)) \otimes (\lim_{m\to\infty} E(x_m, x)) \\ &= 1 \otimes 1 = 1,\end{aligned}$$

所以 $\{x_n\}$ 是 E-Cauchy 列.

10.2.2 保序 I-型态的连续性

设 M 与 L 是剩余格, $s: M \to L$ 是保序 I-型态, 定义 $\rho_s: M^2 \to L$ 为

$$\rho_s(x, y) = s(d_M(x, y)), \quad x, y \in M. \tag{10.2.4}$$

请读者注意, 即使当 M 为 MV-代数, $L = [0,1]_{\mathrm{MV}}$ 时, 这里式 (10.2.4) 中的 ρ_s 与式 (8.3.1) 中的 ρ_s 的和为 1, 因而是不同的.

引理 10.2.9 设 $x, y, a, b \in M$, 则

(i) $\rho_s(x, y) \leqslant \rho_s(\neg x, \neg y)$.

(ii) $\rho_s(a, b) \otimes \rho_s(x, y) \leqslant \rho_s(a \circ x, b \circ y)$, 其中 $\circ \in \{\wedge, \vee, \otimes, \to, \leftrightarrow\}$.

(iii) $\rho_s(x, y) \leqslant d_L(s(x), s(y))$.

(iv) 若 x 与 y 可比较, 则 $\rho_s(x, y) = d_L(s(x), s(y))$.

(v) $\rho_s(a, x) \otimes \rho_s(b, y) \leqslant d_L(\rho_s(a, b), \rho_s(x, y))$.

证明 请读者参阅命题 8.1.4, 命题 10.1.7 与命题 10.1.8 给予证明.

引理 10.2.10 ρ_s 是 M 上的 L-相似关系. 当 s 是忠实的时, ρ_s 是 M 上的 L-等式.

证明　显然, $\rho_s(x,x)=1$, $\rho_s(x,y)=\rho_s(y,x)$. 由命题 10.1.8 (i), 命题 8.1.4 (v) 以及 s 的保序性知 $\rho_s(x,y)\otimes\rho_s(y,z)=s(d_M(x,y))\otimes s(d_M(y,z))\leqslant s(d_M(x,y)\otimes d_M(y,z))\leqslant s(d_M(x,z))=\rho_s(x,z)$. 再设 s 是忠实的保序 I-型态, $\rho_s(x,y)=1$, 即 $s(d_M(x,y))=1$, 从而 $d_M(x,y)=1$, 所以 $x=y$.

定理 10.2.11　设 $s:M\to L$ 是忠实的保序 I-型态, $\{x_n\}$, $\{y_n\}\subseteq M$, x, $y\in M$. 若 $x_n\overset{\rho_s}{\to}x$, $y_n\overset{\rho_s}{\to}y$, 则 $x_n\circ y_n\overset{\rho_s}{\to}x\circ y$, 其中 $\circ\in\{\wedge,\vee,\otimes,\to,\leftrightarrow\}$. 由此, $\neg x_n\overset{\rho_s}{\to}\neg x$, 且当对任意的 $n\in\mathbb{N}$, $x_n\leqslant y_n$ 时 $x\leqslant y$.

证明　应用定理 10.2.3 与引理 10.2.9 即可.

定义 10.2.12　设 $s:M\to L$ 是任一映射, $x\in M$. 称 s

(i) 在 x 处**↑-连续**, 若对任一满足 $\{x_n\}\uparrow x$ 的序列 $\{x_n\}\subseteq M$, $\lim\limits_{n\to\infty}s(x_n)=s(x)$.

(ii) 在 x 处**↓-连续**, 若对任一满足 $\{x_n\}\downarrow x$ 的序列 $\{x_n\}\subseteq M$, $\lim\limits_{n\to\infty}s(x_n)=s(x)$.

(iii) 在 x 处**连续**, 若 s 在 x 处既 ↑-连续又 ↓-连续.

(iv) ↑-连续 (↓-连续, 连续), 若 s 在 M 中的任一点处 ↑-连续 (↓- 连续, 连续).

命题 10.2.13　设 L 是对合剩余格, $s:M\to L$ 是 I-型态, $x\in M$. 若 s 在 x 处 ↓-连续, 则 s 在 x 处也 ↑-连续, 从而若 s ↓-连续, 则 s ↑-连续.

证明　设 s 在 x 处 ↓-连续, 任取 $\{x_n\}\subseteq M$ 使 $\{x_n\}\uparrow x$, 即 $\{x_n\}\uparrow$ 且 $\bigvee\limits_{n\in\mathbb{N}}x_n=x$. 由命题 8.1.3 (30) 知 $\{\neg x_n\}\downarrow\neg x$, 从而 $\lim\limits_{n\to\infty}s(\neg x_n)=s(\neg x)$. 由定理 10.2.3、命题 10.1.7 (i) 及 L 的对合性, $\lim\limits_{n\to\infty}s(x_n)=\neg\neg\lim\limits_{n\to\infty}s(x_n)=\lim\limits_{n\to\infty}\neg s(\neg x_n)=\neg s(\neg x)=s(\neg\neg x)=s(x)$, 所以 s 在 x 处 ↑-连续.

命题 10.2.14　设 $s:M\to L$ 是 II-型态, $x\in M$. 若 s 在 x 处 ↓-连续, 则 s 在 x 处也 ↑-连续. 由此, 若 s ↓-连续, 则它也 ↑-连续.

证明　设 s 在 x 处 ↓-连续, 任取 $\{x_n\}\subseteq M$ 使 $\{x_n\}\uparrow x$, 即 $\{x_n\}\uparrow$ 且 $\bigvee\limits_{n\in\mathbb{N}}x_n=x$. 由命题 8.1.3 (30) 知 $\{\neg x_n\}\downarrow\neg x$, 从而 $\lim\limits_{n\to\infty}s(\neg x_n)=s(\neg x)$. 由命题 10.1.11 (1)、命题 10.1.7 (i) 及定理 10.2.3 得, $\lim\limits_{n\to\infty}s(x_n)=\lim\limits_{n\to\infty}s(\neg\neg x_n)=\lim\limits_{n\to\infty}\neg s(\neg x_n)=\neg\lim\limits_{n\to\infty}s(\neg x_n)=\neg s(\neg x)=s(\neg\neg x)=s(x)$, 所以 s 在 x 处 ↑-连续.

命题 10.2.15　设 M 是 MV-代数, $s:M\to L$ 是保序 I-型态, 考虑以下情形:

(i) s 在 1 处 ↑-连续,

(ii) s 处处 ↑-连续,

(iii) s 在 0 处 ↓-连续,

(iv) s 处处 ↓-连续,

(v) s 处处连续,

则 (ii)⇔(i)⇒(iv)⇒(iii). 进一步若 L 是对合的, 则 (i)−(v) 两两等价.

证明 (i)⇔(ii). 只需证 (i)⇒(ii). 设 s 在 1 处 ↑-连续, 取 $x \in M$ 及 $\{x_n\} \subseteq M$ 使 $\{x_n\} \uparrow x$, 则对任一 $n \in \mathbb{N}, x_n \leqslant x$, 从而 $d_M(x_n, x) = x \to x_n$. 由命题 8.3.1 (v), $\bigvee\limits_{n\in\mathbb{N}} d_M(x_n, x) = \bigvee\limits_{n\in\mathbb{N}} (x \to x_n) = x \to \bigvee\limits_{n\in\mathbb{N}} x_n = x \to x = 1$. 又显然 $\{d_M(x_n, x)\} \uparrow$, 所以 $\{d_M(x_n, x)\} \uparrow 1$. 由题设, $\lim\limits_{n\to\infty} s(d(x_n, x)) = 1$. 再由定理 10.2.3, $x_n \leqslant x$ 及引理 10.2.9 (iv) 得

$$\begin{aligned} d_L(\lim_{n\to\infty} s(x_n), s(x)) &= \lim_{n\to\infty} d_L(s(x_n), s(x)) \\ &= \lim_{n\to\infty} s(d_M(x_n, x)) \\ &= 1, \end{aligned}$$

所以 $\lim\limits_{n\to\infty} s(x_n) = s(x)$, 从而 s 在 x 处 ↑-连续.

(i)⇒(iv). 设 s 在 1 处 ↑-连续, 取 $x \in M$ 及 $\{x_n\} \subseteq M$ 使 $\{x_n\} \downarrow x$, 则对任一 $n \in \mathbb{N}$, $x_n \geqslant x$, 于是 $d_M(x_n, x) = x_n \to x$. 由命题 8.1.3 (5), $\{d_M(x_n, x)\} \uparrow$. 由命题 8.3.1 (vi), $\bigvee\limits_{n\in\mathbb{N}} d_M(x_n, x) = \bigvee\limits_{n\in\mathbb{N}} (x_n \to x) = \left(\bigwedge\limits_{n\in\mathbb{N}} x_n\right) \to x = x \to x = 1$. 所以 $\{d_M(x_n, x)\} \uparrow 1$. 由题设, $\lim\limits_{n\to\infty} s(d_M(x_n, x)) = 1$. 由定理 10.2.3, $x_n \geqslant x$ 及引理 10.2.9 (iv) 得 $d_L((\lim\limits_{n\to\infty} s(x_n)), s(x)) = \lim\limits_{n\to\infty} d_L(s(x_n), s(x)) = \lim\limits_{n\to\infty} s(d_M(x_n, x)) = s(1) = 1$, 所以 $\lim\limits_{n\to\infty} s(x_n) = s(x)$, 从而 s 在 x 处 ↓-连续.

下设 L 是对合的, 只需再证 (iii)⇒(i). 设 s 在 0 处 ↓-连续, 并任取 $\{x_n\} \subseteq M$ 使 $\{x_n\} \uparrow 1$, 则由命题 8.1.3 (30), $\{\neg x_n\} \downarrow 0$, 从而 $\lim\limits_{n\to\infty} s(\neg x_n) = s(0) = 0$. 由命题 10.1.7 (i) 及定理 10.2.3 得 $\lim\limits_{n\to\infty} s(x_n) = \lim\limits_{n\to\infty} \neg\neg s(x_n) = \neg \lim\limits_{n\to\infty} s(\neg x_n) = \neg s(0) = \neg 0 = 1 = s(1)$, 所以 s 在 1 处 ↑-连续.

设 $E: M^2 \to L$ 是 L-相似关系, $s: M \to L$ 是映射. 称 s 在 $x \in M$ 处 **E-连续**, 若对任一序列 $\{x_n\} \subseteq M$, 当 $x_n \xrightarrow{E} x$ 时, $\lim\limits_{n\to\infty} s(x_n) = s(x)$. 称 s **处处 E-连续**, 若 s 在 M 中任一点 x 处 E-连续.

定理 10.2.16 保序 I-型态 $s: M \to L$ 是 ρ_s-连续的.

证明 设 $s: M \to L$ 是保序 I-型态, $x \in M$ 及 $\{x_n\} \subseteq M$ 使得 $x_n \xrightarrow{\rho_s} x$, 即 $\lim\limits_{n\to\infty} \rho_s(x_n, x) = 1$. 由引理 10.2.9 (iii), 对任一 $n \in \mathbb{N}$, $\rho_s(x_n, x) \leqslant d_L(s(x_n), s(x))$. 由定理 10.2.3 知 $1 = \lim\limits_{n\to\infty} d_L(s(x_n), s(x)) = d_L(\lim\limits_{n\to\infty} s(x_n), s(x))$, 所以 $\lim\limits_{n\to\infty} s(x_n) = s(x)$, 从而 s 在 x 处 ρ_s-连续.

称剩余格是 **σ-完备**的, 若 M 中的任一序列 $\{x_n\}$ 在 M 中既有上确界又有下确界. 由于对 M 中的任一序列 $\{x_n\}$, $\left\{\bigvee\limits_{k=1}^{n} x_k\right\}_{n\in\mathbb{N}}$ 是 M 中的递增序列, $\left\{\bigwedge\limits_{k=1}^{n} x_k\right\}_{n\in\mathbb{N}}$

是 M 中的递减序列, 且 $\bigvee\limits_{n\in\mathbb{N}}\bigvee\limits_{k=1}^{n}x_k=\bigvee\limits_{n\in\mathbb{N}}x_n$, $\bigwedge\limits_{n\in\mathbb{N}}\bigwedge\limits_{k=1}^{n}x_k=\bigwedge\limits_{n\in\mathbb{N}}x_n$, 可验证, M 是 σ-完备的 iff M 中的任一递增列有上确界且任一递减序列有下确界.

定理 10.2.17　设 L 是 σ-完备的 MV-代数, $s: M\to L$ 是忠实的保序 I-型态 (由定理 10.1.20, 等价于忠实的 II-型态), M 是 ρ_s-Cauchy 完备的, 则 M 是 σ-完备的, 且 s 在 1 处 $\uparrow$-连续.

证明　由引理 10.2.10 知 ρ_s 是 M 上的 L-等式. 任取 M 中的递增序列 $\{x_n\}$, 由 s 的保序性知, $\{s(x_n)\}$ 是 L 中的递增序列. 因为 L 是 σ-完备的, 所以 $\bigvee\limits_{n\in\mathbb{N}}s(x_n)$ 在 L 中存在, 从而 $\{s(x_n)\}\uparrow\bigvee\limits_{n\in\mathbb{N}}s(x_n)$. 由命题 8.3.1 (v) 知 $\{s(x_n)\}$ 在 L 中 d-收敛于 $\bigvee\limits_{n\in\mathbb{N}}s(x_n)$, 从而, $\lim\limits_{n\to\infty}s(x_n)=\bigvee\limits_{n\in\mathbb{N}}s(x_n)$, 从而 $\{s(x_n)\}$ 是 L 中的 d-Cauchy 列. 由引理 10.2.9 (iv), 对任意 $n,m\in\mathbb{N}$, $\rho_s(x_n,x_m)=d_L(s(x_n),s(x_m))$, 从而 $\lim\limits_{n,m\to\infty}\rho_s(x_n,x_m)=\lim\limits_{n,m\to\infty}d_L(s(x_n),s(x_m))=1$, 所以 $\{x_n\}$ 是 M 中的 ρ_s-Cauchy 列. 由 M 的 ρ_s-Cauchy 完备性, 存在 $x\in M$ 使 $x_n\xrightarrow{\rho_s}x$. 任取定 $k\in\mathbb{N}$, 由定理 10.2.11, $x_n\vee x_k\xrightarrow{\rho_s}x\vee x_k$. 由序列 $\{x_n\}$ 的递增性知, 当 $n\geqslant k$ 时 $x_n\vee x_k=x_n$, 所以 $x_n\xrightarrow{\rho_s}x\vee x_k$. 再由命题 10.2.7 知 $x\vee x_k=x$, 所以对任一 $k\in\mathbb{N}, x_k\leqslant x$, 即 x 是 $\{x_n\}$ 的一个上界. 任取 $\{x_n\}$ 在 M 中的一上界 y, 由定理 10.2.11, $x_n\vee y\xrightarrow{\rho_s}x\vee y$, 即 $y\xrightarrow{\rho_s}x\vee y$, 所以 $x\vee y=y$, 从而 $x\leqslant y$. 所以 $\bigvee\limits_{n\in\mathbb{N}}x_n=x$. 类似可证明 M 中的任一递减序列在 M 中有下确界, 所以 M 是 σ-完备的.

接下来证明 s 在 1 处 $\uparrow$-连续. 任取 $\{x_n\}\subseteq M$ 使 $\{x_n\}\uparrow 1$. 由前面的证明知存在 $x\in M$ 使 $x_n\xrightarrow{\rho_s}x$ 且 x 是 $\{x_n\}$ 的上界, 所以 $1=\bigvee\limits_{n\in\mathbb{N}}x_n\leqslant x$, 因此 $x=1$. 所以 $x_n\xrightarrow{\rho_s}1$, 即 $\lim\limits_{n\to\infty}\rho_s(x_n,1)=1$. 又 $\rho_s(x_n,1)=s(d_M(x_n,1))=s(x_n)$, 所以 $\lim\limits_{n\to\infty}s(x_n)=1=s(1)$, 这说明 s 在 1 处 $\uparrow$-连续.

在定理 10.2.17 的题设下, 进一步若 M 是 MV-代数, 则由命题 10.2.15 知 s 处处连续, 所以定理 8.3.8 是定理 10.2.17 的特例.

10.2.3　s-Cauchy 相似完备

设 M 与 L 是剩余格且 L 是 d-Cauchy 完备的, $s: M\to L$ 是保序 I-型态, ρ_s 是 M 上按式 (10.2.4) 定义的 L-相似关系. 本节将构造 M 的 s-Cauchy 相似完备.

令 $\mathscr{C}_s(M)$ 为 M 中的 ρ_s-Cauchy 列之集, 在 $\mathscr{C}_s(M)$ 上定义运算 $\circ\in\{\wedge,\vee,\otimes,$

$\to, \leftrightarrow\}$ 如下

$$\underline{x} \circ \underline{y} = \{x_n \circ y_n\},$$

其中 $\underline{x} = \{x_n\}, \underline{y} = \{y_n\} \in \mathscr{C}_s(M)$. 由引理 10.2.9 及定理 10.2.3 知 $\mathscr{C}_s(M)$ 对上述运算 $\circ$ 封闭, 所以 $(\mathscr{C}_s(M), \wedge, \vee, \otimes, \to, \underline{0}, \underline{1})$ 构成剩余格, 其中 $\underline{0} = \{0\}_{n\in\mathbb{N}}, \underline{1} = \{1\}_{n\in\mathbb{N}}$ 为常值序列.

设 $\underline{x} = \{x_n\}, \underline{y} = \{y_n\} \in \mathscr{C}_s(M)$, 由引理 10.2.9 (v) 及定理 10.2.3 知,

$$\begin{aligned}\lim_{n,m\to\infty} d_L(\rho_s(x_n, y_n), \rho_s(x_m, y_m)) &\geqslant \lim_{n,m\to\infty} (\rho_s(x_n, x_m) \otimes \rho_s(y_n, y_m)) \\ &= (\lim_{n,m\to\infty} \rho_s(x_n, x_m)) \otimes (\lim_{n,m\to\infty} \rho_s(y_n, y_m)) \\ &= 1,\end{aligned}$$

所以 $\{\rho_s(x_n, y_n)\}$ 是 L 中的 d-Cauchy 列. 由于 L 是 d-Cauchy 完备的, 所以 $\{\rho_s(x_n, y_n)\}$ 在 L 中 d-收敛.

在 $\mathscr{C}_s(M)$ 上定义二元关系 $\sim$:

$$\underline{x} \sim \underline{y} \text{ iff } \lim_{n,m\to\infty} \rho_s(x_n, y_n) = 1, \tag{10.2.5}$$

其中 $\underline{x} = \{x_n\}, \underline{y} = \{y_n\} \in \mathscr{C}_s(M)$. 由定理 10.2.3 知 $\sim$ 是 $\mathscr{C}_s(M)$ 上的等价关系. 可进一步证明 $\sim$ 是同余关系. 事实上, 令 $\circ \in \{\wedge, \vee, \otimes, \to, \leftrightarrow\}$, 设 $\underline{x} = \{x_n\}, \underline{y} = \{y_n\}, \underline{x'} = \{x'_n\}, \underline{y'} = \{y'_n\}$ 且 $\underline{x} \sim \underline{x'}, \underline{y} \sim \underline{y'}$, 则 $\lim\limits_{n\to\infty} \rho_s(x_n, x'_n) = \lim\limits_{n\to\infty} \rho_s(y_n, y'_n) = 1$. 由引理 10.2.9 (ii) 及定理 10.2.3, $\lim\limits_{n\to\infty} \rho_s(x_n \circ y_n, x'_n \circ y'_n) = 1$, 即得 $\underline{x} \circ \underline{y} \sim \underline{x'} \circ \underline{y'}$, 所以 $\sim$ 是 $\mathscr{C}_s(M)$ 上的同余关系.

令 $\widetilde{M}_s = \mathscr{C}_s(M)/\sim$, 以 $\widetilde{\underline{x}}$ 记 $\underline{x} = \{x_n\}$ 关于 $\sim$ 所在的同余类, 定义

$$\widetilde{\underline{x}} \circ \widetilde{\underline{y}} = \widetilde{\underline{x} \circ \underline{y}}, \tag{10.2.6}$$

$\underline{x} = \{x_n\}, \underline{y} = \{y_n\} \in \mathscr{C}_s(M), \circ \in \{\wedge, \vee, \otimes, \to, \leftrightarrow\}$, 则 $(\widetilde{M}_s, \wedge, \vee, \otimes, \to, \widetilde{\underline{0}}, \widetilde{\underline{1}})$ 为剩余格.

引理 10.2.18 若 L 是对合剩余格, 则 $\widetilde{M}_s$ 也是对合的.

证明 由命题 8.1.3 (20), 命题 10.1.3 (ii), 命题 10.1.7 (i) 以及 L 的对合性, $s(\neg\neg x \to x) = s(\neg\neg x) \to s(x) = \neg\neg s(x) \to s(x) = s(x) \to s(x) = 1$, 所以, $\rho_s(x, \neg\neg x) = s(d_M(x, \neg\neg x)) = s(\neg\neg x \to x) = 1$. 任取 $\underline{x} = \{x_n\} \in \mathscr{C}_s(M)$, 考虑 $\neg\neg\underline{x} = \{\neg\neg x_n\} \in \mathscr{C}_s(M)$. 由前面的证明, 对任一 $n \in \mathbb{N}$, $\rho_s(x_n, \neg\neg x_n) = 1$, 所以 $\neg\neg\underline{x} \sim \underline{x}$, 从而 $\widetilde{\neg\neg\underline{x}} = \widetilde{\underline{x}}$, 即 $\neg\neg\widetilde{\underline{x}} = \widetilde{\neg\neg\underline{x}} = \widetilde{\underline{x}}$.

引理 10.2.19 设 $\underline{x} = \{x_n\}, \underline{y} = \{y_n\}, \underline{x'} = \{x'_n\}, \underline{y'} = \{y'_n\} \in \mathscr{C}_s(M)$, 若 $\underline{x} \sim \underline{x'}, \underline{y} \sim \underline{y'}$, 则 $\lim\limits_{n\to\infty} \rho_s(x_n \circ y_n) = \lim\limits_{n\to\infty} \rho_s(x'_n \circ y'_n)$.

证明　由 ρ_s 是 M 上的 L-相似关系得 $\rho_s(x_n,x'_n)\otimes\rho_s(x_n,y_n)\otimes\rho_s(y_n,y'_n)\leqslant\rho_s(x'_n,y'_n)$, $n\in\mathbb{N}$. 由定理 10.2.3 得 $1\otimes\lim\limits_{n\to\infty}\rho_s(x_n,y_n)\otimes 1=\lim\limits_{n\to\infty}\rho_s(x_n,x'_n)\otimes\lim\limits_{n\to\infty}\rho_s(x_n,y_n)\otimes\lim\limits_{n\to\infty}\rho_s(y_n,y'_n)=\lim\limits_{n\to\infty}(\rho_s(x_n,x'_n)\otimes\rho_s(x_n,y_n)\otimes\rho_s(y_n,y'_n))\leqslant\lim\limits_{n\to\infty}(\rho_s(x'_n,y'_n)$, 所以

$$\lim_{n\to\infty}\rho_s(x_n,y_n)\leqslant\lim_{n\to\infty}\rho_s(x'_n,y'_n).$$

类似可证反向不等式.

由引理 10.2.19, ρ_s 可诱导 $\widetilde{M}_s$ 上的 L- 关系 $\widetilde{\rho}_s:\widetilde{M}_s\times\widetilde{M}_s\to L$ 如下:

$$\widetilde{\rho}_s(\widetilde{\underline{x}},\widetilde{\underline{y}})=\lim_{n\to\infty}\rho_s(x_n,y_n),\tag{10.2.7}$$

其中 $\underline{x}=\{x_n\}$, $\underline{y}=\{y_n\}\in\mathscr{C}_s(M)$.

命题 10.2.20　$\widetilde{\rho}_s$ 是 $\widetilde{M}_s$ 上的 L-相似关系.

证明　显然, $\widetilde{\rho}_s$ 是自反的和对称的. 下证 $\widetilde{\rho}_s$ 的传递性. 取 $\underline{x}=\{x_n\}$, $\underline{y}=\{y_n\}$, $\underline{z}=\{z_n\}\in\mathscr{C}_s(M)$, 由 ρ_s 是 M 上的 L-相似关系得, 对任一 $n\in\mathbb{N}$, $\rho_s(x_n,y_n)\otimes\rho_s(y_n,z_n)\leqslant\rho_s(x_n,z_n)$. 由定理 10.2.3 及引理 10.2.2 知,

$$\begin{aligned}\widetilde{\rho}_s(\widetilde{\underline{x}},\widetilde{\underline{y}})\otimes\widetilde{\rho}_s(\widetilde{\underline{y}},\widetilde{\underline{z}})&=\lim_{n\to\infty}\rho_s(x_n,y_n)\otimes\lim_{n\to\infty}\rho_s(y_n,z_n)\\&=\lim_{n\to\infty}(\rho_s(x_n,y_n)\otimes\rho_s(y_n,z_n))\\&\leqslant\lim_{n\to\infty}\rho_s(x_n,z_n)\\&=\widetilde{\rho}_s(\widetilde{\underline{x}},\widetilde{\underline{y}}).\end{aligned}$$

引理 10.2.21　设 $\underline{x}=\{x_n\}$, $\underline{y}=\{y_n\}\in\mathscr{C}_s(M)$, 若 $\underline{x}\sim\underline{y}$, 则 $\lim\limits_{n\to\infty}s(x_n)=\lim\limits_{n\to\infty}s(y_n)$.

证明　由引理 10.2.9 (iii), $\rho_s(x_n,y_n)\leqslant d_L(s(x_n),s(y_n))$, $n\in\mathbb{N}$. 由定理 10.2.3 及题设 $\lim\limits_{n\to\infty}\rho_s(x_n,y_n)=1$ 得 $d_L(\lim\limits_{n\to\infty}s(x_n),\lim\limits_{n\to\infty}s(y_n))=\lim\limits_{n\to\infty}d_L(s(x_n),s(y_n))=1$, 所以 $\lim\limits_{n\to\infty}s(x_n)=\lim\limits_{n\to\infty}s(y_n)$.

由引理 10.2.21 知, 我们可定义映射 $\widetilde{s}:\widetilde{M}_s\to L$ 为

$$\widetilde{s}(\widetilde{\underline{x}})=\lim_{n\to\infty}s(x_n),\tag{10.2.8}$$

其中 $\underline{x}=\{x_n\}\in\mathscr{C}_s(M)$.

命题 10.2.22　$\widetilde{s}$ 是忠实的保序 I-型态.

证明　显然 $\widetilde{s}(\widetilde{\underline{0}})=0$, $\widetilde{s}(\widetilde{\underline{1}})=1$. 由引理 10.2.2, $\widetilde{s}$ 保序. 设 $\underline{x}=\{x_n\}$, $\underline{y}=\{y_n\}\in$

$\mathscr{C}_s(M)$, 则由命题 10.1.3 (iii) 及定理 10.2.3 得

$$\begin{aligned}\widetilde{s}(\widetilde{\underline{x}} \to \widetilde{\underline{y}}) &= \widetilde{s}(\widetilde{\underline{x} \to \underline{y}}) = \widetilde{s}(\widetilde{\{x_n \to y_n\}}) \\ &= \lim_{n\to\infty} s(x_n \to y_n) = \lim_{n\to\infty} (s(x_n) \to s(x_n \wedge y_n)) \\ &= \lim_{n\to\infty} s(x_n) \to \lim_{n\to\infty} s(x_n \wedge y_n) = \widetilde{s}(\widetilde{\underline{x}}) \to \widetilde{s}(\widetilde{\underline{x} \wedge \underline{y}}) \\ &= \widetilde{s}(\widetilde{\underline{x}}) \to \widetilde{s}(\widetilde{\underline{x}} \wedge \widetilde{\underline{y}}),\end{aligned}$$

所以 $\widetilde{s}$ 是 I-型态. 再设 $\widetilde{s}(\widetilde{\underline{x}}) = 1$, 则 $\lim\limits_{n\to\infty} \rho_s(x_n, 1) = \lim\limits_{n\to\infty} s(x_n) = \widetilde{s}(\widetilde{\underline{x}}) = 1$, 所以 $\underline{x} \sim 1$, 即 $\widetilde{\underline{x}} = \widetilde{1}$, 因此 $\widetilde{s}$ 是忠实的.

设 $x \in M$, 记 $\underline{x} = \{x\}_{n\in\mathbb{N}}$ 为常值数列, 则 $\underline{x} \in \mathscr{C}_s(M)$. 定义 $\varphi_s : M \to \widetilde{M}_s$ 为

$$\varphi_s(x) = \widetilde{\underline{x}}, \quad x \in M, \tag{10.2.9}$$

则易见 φ_s 为剩余格同态.

下面总结本节的主要结论.

定理 10.2.23 设 M 与 L 为剩余格, 且 L 是 d-Cauchy 完备的, $s : M \to L$ 是保序 I-型态, 则

(i) $\widetilde{M}_s$ 是剩余格, 且当 L 是对合的时 $\widetilde{M}_s$ 也是对合的.

(ii) $\widetilde{s}$ 是忠实的保序 I-型态.

(iii) φ_s 是剩余格同态, 且 $\widetilde{s} \circ \varphi_s = s$.

(iv) φ_s 是单同态 iff s 是忠实的.

(v) $\widetilde{\rho}_s = \rho_{\widetilde{s}}$.

(vi) 对 $\{x_n\} \subseteq M$, $x \in M$, 当 $x_n \xrightarrow{\rho_s} x$ 时 $\varphi_s(x_n) \xrightarrow{\widetilde{\rho}_s} \varphi_s(x)$.

(vii) 对任一剩余格 C, 任一使得 C ρ_m-Cauchy 完备的忠实的保序 I-型态 $m : C \to L$ 以及任一满足 $m \circ f = s$ 的剩余格同态 $f : M \to C$, 存在剩余格同态 $\widetilde{f} : \widetilde{M}_s \to C$ 使得 $m \circ \widetilde{f} = \widetilde{s}$ 且 $\widetilde{f} \circ \varphi_s = f$.

证明 (i) 见式 (10.2.6) 及引理 10.2.18.

(ii) 见命题 10.2.22.

(iii) 只验证 $\widetilde{s} \circ \varphi_s = s$. 任取 $x \in M$, $(\widetilde{s} \circ \varphi_s)(x) = \widetilde{s}(\widetilde{\underline{x}}) = \lim\limits_{n\to\infty} s(x) = s(x)$.

(iv) 设 $x \in M$, 则常值序列 $\underline{x} = \{x\}_{n\in\mathbb{N}} \in \mathscr{C}_s(M)$. 因为 $\varphi_s(x) = \widetilde{1}$ iff $\widetilde{\underline{x}} = \widetilde{1}$ iff $\lim\limits_{n\to\infty} \rho_s(x, 1) = 1$ iff $\lim\limits_{n\to\infty} s(x) = 1$ iff $s(x) = 1$, 所以 φ_s 是单射 iff s 是忠实的.

(v) 设 $\underline{x} = \{x_n\}$, $\underline{y} = \{y_n\} \in \mathscr{C}_s(M)$, 则 $\rho_{\widetilde{s}}(\widetilde{\underline{x}}, \widetilde{\underline{y}}) = \widetilde{s}(d_{\widetilde{M}_s}(\widetilde{\underline{x}}, \widetilde{\underline{y}})) = \widetilde{s}(\widetilde{\{d_M(x_n, y_n)\}}) = \lim\limits_{n\to\infty} s(d_M(x_n, y_n)) = \lim\limits_{n\to\infty} \rho_s(x_n, y_n) = \widetilde{\rho}_s(\widetilde{\underline{x}}, \widetilde{\underline{y}})$.

(vi) 设 $\{x_n\} \in \mathscr{C}_s(M)$, $x \in M$ 使得 $x_n \xrightarrow{\rho_s} x$, 即 $\lim\limits_{n\to\infty} \rho_s(x_n, x) = 1$. 记 $\underline{x} =$

$\{x\}_{k\in\mathbb{N}}$, $\underline{x_n}=\{x_n\}_{k\in\mathbb{N}}$ 为常值数列. 对任一 $n\in\mathbb{N}$,

$$\begin{aligned}\widetilde{\rho}_s(\varphi_s(x_n),\varphi_s(x))&=\rho_{\widetilde{s}}(\varphi_s(x_n),\varphi_s(x))\\&=\widetilde{s}(d_{\widetilde{M}_s}(\varphi_s(x_n),\varphi_s(x)))\\&=\widetilde{s}(d_{\widetilde{M}_s}(\widetilde{\underline{x_n},\underline{x}}))\\&=\widetilde{s}(\{d_M(x_n,x)\}_{k\in\mathbb{N}})\\&=\lim_{k\to\infty}s(d_M(x_n,x))\\&=s(d_M(x_n,x))\\&=\rho_s(x_n,x),\end{aligned}$$

所以 $\lim\limits_{n\to\infty}\widetilde{\rho}_s(\varphi_s(x_n),\varphi_s(x))=\lim\limits_{n\to\infty}\rho_s(x_n,x)=1$, 从而 $\varphi_s(x_n)\overset{\widetilde{\rho}_s}{\to}\varphi_s(x)$.

(vii) 设 C, m 与 f 如题设, 由引理 10.2.10 知 ρ_m 是 C 上的 L-等式. 记 $\approx$ 为由 m 按式 (10.2.5) 诱导的 $\mathscr{C}_m(C)$ 上的同余关系.

设 $\{x_n\}\in\mathscr{C}_s(M)$, 则 $\lim\limits_{n,k\to\infty}\rho_s(x_n,x_k)=1$. 对任意的 $n,k\in\mathbb{N}$, 由 f 是剩余格同态知 $\rho_m(f(x_n),f(x_k))=m(d_C(f(x_n),f(x_k)))=m(f(d_M(x_n,x_k)))=s(d_M(x_n,x_k))=\rho_s(x_n,x_k)$, 于是 $\lim\limits_{n,k\to\infty}\rho_m(f(x_n),f(x_k))=\lim\limits_{n,k\to\infty}\rho_s(x_n,x_k)=1$, 所以 $\{f(x_n)\}_{n\in\mathbb{N}}\in\mathscr{C}_m(C)$. 由于 C 是 ρ_m-Cauchy 完备的, 所以存在 $c\in C$ 使得 $f(x_n)\overset{\rho_m}{\to}c$. 由命题 10.2.7 知这样的 c 是唯一的. 令 $\widetilde{f}(\widetilde{\{x_n\}})=c$.

先证 $\widetilde{f}$ 定义合理. 任取 $\{x_n\}$, $\{y_n\}\in\mathscr{C}_s(M)$ 使得 $\{x_n\}\sim\{y_n\}$, 则由前面的证明, 存在 $c,d\in C$ 使得 $f(x_n)\overset{\rho_m}{\to}c$, $f(y_n)\overset{\rho_m}{\to}d$, 等价地, $\lim\limits_{n\to\infty}\rho_m(f(x_n),c)=\lim\limits_{k\to\infty}\rho_m(f(y_n),d)=1$, 所以 $\{f(x_n)\}_{n\in\mathbb{N}}\approx\{c\}_{n\in\mathbb{N}}$, $\{f(y_n)\}_{n\in\mathbb{N}}\approx\{d\}_{n\in\mathbb{N}}$. 对 $\{x_n\}\sim\{y_n\}$ 应用引理 10.2.21, $\lim\limits_{n\to\infty}s(x_n)=\lim\limits_{n\to\infty}s(y_n)$, 从而 $\lim\limits_{n\to\infty}m(f(x_n))=\lim\limits_{n\to\infty}m(f(y_n))$. 再由 f 是同态得

$$\begin{aligned}\lim_{n\to\infty}\rho_m(f(x_n),f(y_n))&=\lim_{n\to\infty}m(d_C(f(x_n),f(y_n)))\\&=\lim_{n\to\infty}m(f(d_M(x_n,y_n)))\\&=\lim_{n\to\infty}s(d_M(x_n,y_n))\\&=\lim_{n\to\infty}\rho_s(x_n,y_n)\\&=1,\end{aligned}$$

所以 $\{f(x_n)\}\approx\{f(y_n)\}$. 由 $\approx$ 的对称性及传递性, $\{c\}_{n\in\mathbb{N}}\approx\{d\}_{n\in\mathbb{N}}$, 于是 $m(d_C(c,d))=\rho_m(c,d)=\lim\limits_{n\to\infty}\rho_m(c,d)=1$. 因为 m 是忠实的, 所以 $d_C(c,d)=1$, 从而 $c=d$, 这就证明了 $\widetilde{f}$ 是定义合理的.

再证 $\widetilde{f}$ 是剩余格同态. 显然 $\widetilde{f}(\widetilde{\underline{0}})=0$, $\widetilde{f}(\widetilde{\underline{1}})=1$. 设 $\circ\in\{\wedge,\vee,\otimes,\to\}$, $\{x_n\},\{y_n\}\in\mathscr{C}_s(M)$, 由前面的证明, 存在唯一 $c,d\in C$ 使得 $f(x_n)\overset{\rho_m}{\to}c$, $f(y_n)\overset{\rho_m}{\to}d$,

从而 $\widetilde{f}(\widetilde{\{x_n\}})=c$, $\widetilde{f}(\widetilde{\{y_n\}})=d$. 由定理 10.2.11 及 f 为剩余格同态得 $f(x_n\circ y_n)=f(x_n)\circ f(y_n)\overset{\rho_m}{\to}c\circ d$, 于是 $\widetilde{f}(\widetilde{\{x_n\}}\circ\widetilde{\{y_n\}})=\widetilde{f}(\widetilde{\{x_n\circ y_n\}})=c\circ d=\widetilde{f}(\widetilde{\{x_n\}})\circ\widetilde{f}(\widetilde{\{y_n\}})$. 这就证明了 $\widetilde{f}$ 是剩余格同态.

最后证 $\widetilde{f}\circ\varphi_s=f$ 与 $m\circ\widetilde{f}=\widetilde{s}$. 任取 $x\in M$, 则常值序列 $\{f(x)\}\overset{\rho_m}{\to}f(x)\in C$, 于是 $\widetilde{f}(\varphi_s(x))=\widetilde{f}(\widetilde{\{x\}})=f(x)$, 所以 $\widetilde{f}\circ\varphi_s=f$. 设 $\{x_n\}\in\mathscr{C}_s(M)$, 如前, 存在 $c\in C$ 使得 $f(x_n)\overset{\rho_m}{\to}c$, 所以 $\widetilde{f}(\widetilde{\{x_n\}})=c$. 由前面的证明, $\{f(x_n)\}_{n\in\mathbb{N}}\approx\{c\}_{n\in\mathbb{N}}$, 由引理 10.2.21 知 $\widetilde{s}(\widetilde{\{x_n\}})=\lim\limits_{n\to\infty}s(x_n)=\lim\limits_{n\to\infty}m(f(x_n))=\lim\limits_{n\to\infty}m(c)=m(c)=m(\widetilde{f}(\widetilde{\{x_n\}}))$, 所以 $m\circ\widetilde{f}=\widetilde{s}$.

称 $\widetilde{M}_s$ 为 M 的 **s-Cauchy 相似完备**. 定理 10.2.23 (vii) 中的 $\widetilde{f}$ 是唯一的, 先证如下引理.

引理 10.2.24 设 M_1, M_2 与 L 是剩余格, $s_1: M_1\to L$, $s_2: M_2\to L$ 是保序 I-型态, $f: M_1\to M_2$ 是剩余格同态, 则 $s_2\circ f=s_1$ iff f 保持相似关系, 即 $\rho_{s_1}(x,y)=\rho_{s_2}(f(x),f(y))$, $x,y\in M_1$.

证明 设 $s_2\circ f=s_1$, $x,y\in M_1$. 由 f 是同态得 $\rho_{s_1}(x,y)=s_1(d_{M_1}(x,y))=(s_2\circ f)(d_{M_1}(x,y))=s_2(f(d_{M_1}(x,y)))=s_2(d_{M_2}(f(x),f(y)))=\rho_{s_2}(f(x),f(y))$.

反过来, 取 $x\in M_1$. 由题设,

$$\begin{aligned}(s_2\circ f)(x)&=s_2(f(x))=s_2(f(d_{M_1}(x,1)))\\&=s_2(d_{M_2}(f(x),f(1)))=\rho_{s_2}(f(x),f(1))\\&=\rho_{s_1}(x,1)=s_1(d_{M_1}(x,1))\\&=s_1(x),\end{aligned}$$

所以 $s_2\circ f=s_1$.

定理 10.2.25 设 M 与 L 为剩余格且 L 是 d-Cauchy 完备的, $s: M\to L$ 是保序 I-型态, 则 M 的 s-Cauchy 完备在保相似关系的剩余格同态的意义下是唯一的, 即定理 10.2.23 中的 $\widetilde{f}$ 是唯一的.

证明 假设 $\widetilde{f'}$ 也满足定理 10.2.23 (vii) 中的条件, 任取 $\{x_n\}\in\mathscr{C}_s(M)$, 下证 $\widetilde{f}(\widetilde{\{x_n\}})=\widetilde{f'}(\widetilde{\{x_n\}})$. 由 $\widetilde{f}$ 的定义及命题 10.2.7, 等价地证明 $f(x_n)\overset{\rho_m}{\to}\widetilde{f'}(\widetilde{\{x_n\}})$. 事实上, 由 $m\circ\widetilde{f}=\widetilde{s}$, 引理 10.2.24 及式 (10.2.7), $\rho_m(f(x_n),\widetilde{f'}(\widetilde{\{x_n\}}))=\rho_m((\widetilde{f'}\circ\varphi_s)(x_n),\widetilde{f'}(\widetilde{\{x_n\}}))=\widetilde{\rho}_s(\varphi_s(x_n),\widetilde{\{x_n\}})=\lim\limits_{k\to\infty}\rho_s(x_n,x_k)$. 因为 $\{x_n\}\in\mathscr{C}_s(M)$ 是 M 中的 ρ_s-Cauchy 列, 所以, $\lim\limits_{n\to\infty}\rho_m(f(x_n),\widetilde{f'}(\widetilde{\{x_n\}}))=\lim\limits_{n,k\to\infty}\rho_s(x_n,x_k)=1$. 因此, $\widetilde{f'}=\widetilde{f}$.

最后分析当 $L=[0,1]_{\mathrm{MV}}$ 时 $\widetilde{M}_s$ 的构造. 此时, 保序 I-型态 $s: M\to L$ 退化为 M 上的 Bosbach 态. 此外, 因为在 $L=[0,1]_{\mathrm{MV}}$ 中, $d_L(x,y)=1-|x-y|$, 所以 L 中的数列 $\{x_n\}_{n\in\mathbb{N}}$ 是 d-Cauchy 列 iff 它是完备度量空间 $([0,1],\tau)$ $(\tau(x,y)=|x-y|)$

中通常意义下的 Cauchy 列.

对于 Bosbach 态 $s: M \to [0,1]_{\mathrm{MV}}$, 令 $\delta_s: M^2 \to [0,1]$ 为

$$\delta_s(x,y) = 1 - \rho_s(x,y), \tag{10.2.10}$$

$x, y \in M$, 其中 ρ_s 由式 (10.2.4) 定义, 则可验证 δ_s 是 M 上的伪度量, 且 δ_s 是度量 iff s 是忠实的, 从而 (M, δ_s) 构成伪度量空间, 于是按照度量空间的完备化方法可构造 (M, δ_s) 的度量完备, 参阅 8.3 节 (当 M 为 MV-代数时式 (10.2.10) 中的 δ_s 恰为式 (8.3.1) 中的 ρ_s). 下面将看到按照本节构造的 $\widetilde{M}_s$ 实为 (M, δ_s) 的度量完备.

首先, (M, δ_s) 中的序列 $\{x_n\}$ 收敛于 $x \in M$ iff $\lim\limits_{n\to\infty} \delta_s(x_n, x) = 0$ iff $\lim\limits_{n\to\infty} \rho_s(x_n, x) = 1$ iff $x_n \xrightarrow{\rho_s} x$. 同样地, (M, δ_s) 中的序列 $\{x_n\}$ 是通常意义下的 Cauchy 列 iff $\lim\limits_{n,m\to\infty} \delta_s(x_n, x_m) = 0$ iff $\lim\limits_{n,m\to\infty} \rho_s(x_n, x_m) = 1$ iff $\{x_n\}$ 是 ρ_s-Cauchy 列. 由此, (M, δ_s) 是通常意义下 Cauchy 完备的伪度量空间 iff M 是 ρ_s-Cauchy 完备的, $\mathscr{C}_s(M)$ 是伪度量空间 (M, δ_s) 中的全体通常意义下的 Cauchy 列之集, 且 $\{x_n\} \sim \{y_n\}$ iff $\lim\limits_{n\to\infty} \rho_s(x_n, y_n) = 1$ iff $\lim\limits_{n\to\infty} \delta_s(x_n, y_n) = 0$.

定义 $\widetilde{\delta}_s: \widetilde{M}_s \times \widetilde{M}_s \to [0,1]$ 为 $\widetilde{\delta}_s(\underset{\sim}{x}, \underset{\sim}{y}) = \lim\limits_{n\to\infty} \delta_s(x_n, y_n) = 1 - \lim\limits_{n\to\infty} \rho_s(x_n, y_n) = 1 - \widetilde{\rho}_s(\underset{\sim}{x}, \underset{\sim}{y})$, 其中 $\underset{\sim}{x} = \{x_n\}$, $\underset{\sim}{y} = \{y_n\} \in \mathscr{C}_s(M)$. 由 $\widetilde{\rho}_s$ 的定义合理性知 $\widetilde{\delta}_s$ 也是定义合理的. 由定理 10.2.23 (v) 知 $\widetilde{\delta}_s = 1 - \widetilde{\rho}_s = 1 - \rho_{\widetilde{s}} = \delta_{\widetilde{s}}$. 由定理 10.2.23 (ii) 知 $\widetilde{s}$ 是忠实的 Bosbach 态, 所以 $\widetilde{\delta}_s = \delta_{\widetilde{s}}$ 是 $\widetilde{M}_s$ 上的度量. 由以上分析知, $(\widetilde{M}_s, \widetilde{\delta}_s)$ 是 (M, δ_s) 的度量完备. 另外, 由度量完备的构造知 $(\widetilde{M}_s, \widetilde{\delta}_s)$ 在保距剩余格同态意义下是唯一的.

总结以上分析如下.

定理 10.2.26　$(\widetilde{M}_s, \widetilde{\delta}_s)$ 是 (M, δ_s) 的度量完备, 且对任一剩余格 C, 对任一使得 (C, δ_m) 成为通常意义下 Cauchy 完备的度量空间的 Bosbach 态 $m: C \to [0,1]$, 以及任一满足 $m \circ f = s$ 的剩余格同态 $f: M \to C$, 则存在唯一的剩余格同态 $\widetilde{f}: \widetilde{M}_s \to C$ 使得 $m \circ \widetilde{f} = \widetilde{s}$ 且 $\widetilde{f} \circ \varphi_s = f$.

命题 10.2.27　$\widetilde{M}_s$ 是 $\rho_{\widetilde{s}}$-Cauchy 完备的、σ-完备的和对合的, $\widetilde{s}$ 在 1 处 $\uparrow$-连续. 另外, 当 M 为 MV-代数时 $\widetilde{s}$ 处处连续.

证明　由于 $(\widetilde{M}_s, \delta_{\widetilde{s}})$ 是 Cauchy 完备的的度量空间, 所以 $\widetilde{s}$ 是忠实的 Bosbach 态, $\widetilde{M}_s$ 是 $\rho_{\widetilde{s}}$-Cauchy 完备的. 由于 [0, 1] 在自然序下是 σ-完备的, 所以由定理 10.2.17 知 $\widetilde{M}_s$ 是 σ-完备的. 由 $[0,1]_{\mathrm{MV}}$ 是对合的, 所以由引理 10.2.18 知 $\widetilde{M}_s$ 是对合的.

当 M 为 MV-代数时, $\widetilde{M}_s$ 实为 8.3 节中构造的 $\widetilde{M}_s$. 由命题 10.2.15 知 $\widetilde{s}$ 处处连续.

10.3 基于相对否定的广义态理论

10.3.1 相对否定

注意到剩余格中的否定运算 $\neg$ 可以由蕴涵 $\to$ 来表达, 即 $\neg x = x \to 0$, 因而否定运算的基本性质都可由蕴涵算子来表达, 如 $\neg\neg\neg x = \neg x$ 是恒等式 $((x \to y) \to y) \to y = x \to y$ 在 $y = 0$ 时的特例. 受此启发, 本节引入相对否定的概念, 并将广义态理论推广到相对否定情形. 设 M 是剩余格, $a \in M$ 是任一固定元.

定义 10.3.1 定义 $\neg_a : M \to M$ 为

$$\neg_a x = x \to a, \quad x \in M. \tag{10.3.1}$$

称 $\neg_a$ 为 M 中**相对于 a 的相对否定**, 简称 **a-相对否定**, 称 a 为**相对元**.

在剩余格中约定 $\neg_a$ 的运算优先级高于 $\vee, \wedge$ 与 $\otimes$, 并把 $\neg_0$ 仍记为 $\neg$.

命题 10.3.2 设 $x, y, z \in M$, 则:

(1) $\neg_a 1 = a$; 当 $x \leqslant a$ 时 $\neg_a x = 1$.

(2) $x \leqslant \neg_a y$ iff $x \otimes y \leqslant a$.

(3) $x \otimes \neg_a x \leqslant a$.

(4) $x \leqslant \neg_a\neg_a x$; $\neg_a\neg_a\neg_a x = \neg_a x$.

(5) $x \to y \leqslant \neg_a y \to \neg_a x \leqslant \neg_a\neg_a x \to \neg_a\neg_a y$.

(6) $\neg_a(x \otimes y) = x \to \neg_a y = y \to \neg_a x$.

(7) $\neg_a\neg_a x \to \neg_a y = x \to \neg_a y$.

(8) $\neg_a\neg_a x \to \neg_a\neg_a y = \neg_a y \to \neg_a x$.

(9) $\neg_a\neg_a(x \to \neg_a\neg_a y) = x \to \neg_a\neg_a y$.

(10) $\neg_a\neg_a(x \to y) \leqslant \neg_a\neg_a x \to \neg_a\neg_a y$.

(11) $\neg_a((\neg_a\neg_a x) \otimes y) = \neg_a(x \otimes y)$.

(12) 当 M 是 MTL-代数时 $\neg_a((\neg_a\neg_a x) \wedge y) = \neg_a(x \wedge y)$; $\neg_a\neg_a(x \vee y) = \neg_a\neg_a x \vee \neg_a\neg_a y$.

(13) 当 M 是 MTL-代数时 $\neg_a(\neg_a x \to \neg_a\neg_a(\neg_a y \vee \neg_a z)) = \neg_a(\neg_a x \to \neg_a y \vee \neg_a z)$.

(14) $\neg_a(x \vee y) = \neg_a x \wedge \neg_a y = \neg_a(\neg_a\neg_a x \vee y)$.

(15) $\neg_a\neg_a(x \wedge y) \leqslant \neg_a\neg_a(\neg_a\neg_a x \wedge \neg_a\neg_a y) = \neg_a\neg_a x \wedge \neg_a\neg_a y$.

(16) $\neg_a\neg_a x \leqslant \neg_a x \to \neg_a y$.

证明 仅证明 (9)–(13), 其他证明留给读者.

(9) 由 (4), $x \to \neg_a\neg_a y \leqslant \neg_a\neg_a(x \to \neg_a\neg_a y)$. 反过来, 由 (7) 及命题 8.1.3 (9) 得

$$\begin{aligned}&\neg_a\neg_a(x\to\neg_a\neg_a y)\to(x\to\neg_a\neg_a y)\\=\;&x\to(\neg_a\neg_a(x\to\neg_a\neg_a y)\to\neg_a\neg_a y)\\=\;&x\to((x\to\neg_a\neg_a y)\to\neg_a\neg_a y)\\=\;&(x\to\neg_a\neg_a y)\to(x\to\neg_a\neg_a y)\\=\;&1.\end{aligned}$$

所以 $\neg_a\neg_a(x\to\neg_a\neg_a y)\leqslant x\to\neg_a\neg_a y$.

(10) 由 (5), (9) 与 (7) 得 $\neg_a\neg_a(x\to y)\leqslant\neg_a\neg_a(\neg_a\neg_a x\to\neg_a\neg_a y)=\neg_a\neg_a x\to\neg_a\neg_a y=x\to\neg_a\neg_a y$.

(11) 由本命题 (4), 命题 8.1.3 (9) 与 (12), $\neg_a(\neg_a\neg_a x\otimes y)=y\otimes((x\to a)\to a)\to a=y\to(((x\to a)\to a)\to a)=y\to(x\to a)=(x\otimes y)\to a=\neg_a(x\otimes y)$.

(12) 由定理 8.1.7 (iii) 及本命题 (4), $\neg_a((\neg_a\neg_a x)\wedge y)=(\neg_a\neg_a\neg_a x)\vee\neg_a y=\neg_a x\vee\neg_a y=\neg_a(x\wedge y)$. 由命题 8.1.3 (16) 与定理 8.1.7 (iii) 知, $\neg_a\neg_a(x\vee y)=\neg_a(\neg_a x\wedge\neg_a y)=\neg_a\neg_a x\vee\neg_a\neg_a y$.

(13) 由命题 8.1.3 (16), 定理 8.1.7 (iii) 及本命题 (4), $\neg_a\neg_a(\neg_a y\vee\neg_a z))=\neg_a\neg_a\neg_a y\vee\neg_a\neg_a\neg_a z=\neg_a y\vee\neg_a z$, 所以 (13) 成立.

接下来我们研究相对否定情形下剩余格的 Glivenko 性及半可分性.

设 $a\in M$ 是 M 中的相对元, $x\in M$. 称 x 为 **a-对合**的, 若 $\neg_a\neg_a x=x$. 称剩余格 M 是 **a-对合**的, 若它的所有元都是 a-对合的. 显然, 这里的相对对合是第 8 章中对合概念的推广. 令 $\mathrm{Reg}_a(M)=\{x\in M\mid\neg_a\neg_a x=x\}$. 今后仍把 $\mathrm{Reg}_0(M)$ 记为 $\mathrm{Reg}(M)$. 又, $\mathrm{Reg}_a(M)=\{\neg_a x\in M\mid x\in M\}$, 且 a 是 $\mathrm{Reg}_a(M)$ 中的最小元. 由命题 10.3.2 (7) 与 (9) 知 $\mathrm{Reg}_a(M)$ 对 $\to$ 封闭. 由命题 10.3.2 (15) 知 $\mathrm{Reg}_a(M)$ 对 $\wedge$ 也封闭. 设 $x,y\in\mathrm{Reg}_a(M)$, 定义 $x\vee_a y=\neg_a\neg_a(x\vee y)$, $x\otimes_a y=\neg_a\neg_a(x\otimes y)$.

命题 10.3.3　$(\mathrm{Reg}_a(M),\wedge,\vee_a,\otimes_a,\to,a,1)$ 是 a-对合剩余格.

证明　由 $\mathrm{Reg}_a(M)$ 对 $\wedge$ 的封闭性知 $\wedge$ 仍是 $\mathrm{Reg}_a(M)$ 中的下确界运算. 设 $x,y\in\mathrm{Reg}_a(M)$, 下证 $x\vee_a y=\neg_a\neg_a(x\vee y)$ 是 x 与 y 在 $\mathrm{Reg}_a(M)$ 中的上确界. 由命题 10.3.2 (4), $x\vee_a y$ 是 $\{x,y\}$ 的上界. 设 $z\in\mathrm{Reg}_a(M)$ 是 $\{x,y\}$ 的任一上界, 则 z 也是 $\{x,y\}$ 在 M 中的上界. 于是 $z=\neg_a\neg_a z\geqslant\neg_a\neg_a(x\vee y)=x\vee_a y$. 这就证明了 $x\vee_a y=\neg_a\neg_a(x\vee y)$ 是 x 与 y 在 $\mathrm{Reg}_a(M)$ 中的上确界. 所以, $(\mathrm{Reg}_a(M),\wedge,\vee_a,a,1)$ 是有界格, 其中 a 与 1 分别是最小元与最大元. 由命题 10.3.2 (11) 及 $\otimes$ 的结合性,

$$\begin{aligned}(x\otimes_a y)\otimes_a z&=\neg_a\neg_a(\neg_a\neg_a(x\otimes y)\otimes z)\\&=\neg_a\neg_a((x\otimes y)\otimes z)=\neg_a\neg_a(x\otimes(y\otimes z))\\&=\neg_a\neg_a(x\otimes\neg_a\neg_a(y\otimes z))=\neg_a\neg_a(x\otimes(y\otimes_a z))\\&=x\otimes_a(y\otimes_a z).\end{aligned}$$

所以 $\otimes_a$ 是结合的. 又 $x \otimes_a y = \neg_a\neg_a(x \otimes y) = \neg_a\neg_a(y \otimes x) = y \otimes_a x$, 所以 $\otimes_a$ 也是交换的. 由 $1 \otimes_a x = \neg_a\neg_a(1 \otimes x) = \neg_a\neg_a x = x$ 知 1 也是 $\otimes_a$ 的单位元. 所以, $(\mathrm{Reg}_a(M), \otimes_a, 1)$ 是交换幺半群. 最后再证伴随律: $x \otimes_a y \leqslant z$ iff $x \leqslant y \to z$, $x, y, z \in \mathrm{Reg}_a(M)$. 先设 $x \otimes_a y \leqslant z$. 由 $x \otimes y \leqslant \neg_a\neg_a(x \otimes y) = x \otimes_a y \leqslant z$ 知 $x \otimes y \leqslant z$, 于是 $x \leqslant y \to z$. 反过来, 设 $x \leqslant y \to z$, 则 $x \otimes y \leqslant z$, 从而 $x \otimes_a y = \neg_a\neg_a(x \otimes y) \leqslant \neg_a\neg_a z = z$. 所以, $(\mathrm{Reg}_a(M), \wedge, \vee_a, \otimes_a, \to, a, 1)$ 是 a-对合剩余格.

注意, 由于 a 是剩余格 $\mathrm{Reg}_a(M)$ 的最小元, 所以 $\mathrm{Reg}_a(M)$ 中的经典否定即为 $\neg_a$, 于是 $\mathrm{Reg}_a(M)$ 实为定义 8.1.14 意义下的对合剩余格.

类似于式 (8.2.2) 定义 $D_a(M) = \{x \in M \mid \neg_a\neg_a x = 1\}$. 由命题 10.3.2 (10) 知 $D_a(M)$ 也是 M 中的滤子. 下面我们把定理 8.2.10 所述的 Glivenko 定理推广到相对否定情形.

定理 10.3.4 设 $a \in M$, 则以下各条等价:

(i) $M/D_a(M)$ 是 $[a]_{D_a(M)}$-对合剩余格,

(ii) 对任一 $x \in M$, $\neg_a\neg_a(\neg_a\neg_a x \to x) = 1$,

(iii) 对任意的 $x, y \in M$, $\neg_a\neg_a(x \to y) = x \to \neg_a\neg_a y$,

(iv) $x \mapsto \neg_a\neg_a x$ 是从 M 到 $(\mathrm{Reg}_a(M), \wedge, \vee_a, \otimes_a, \to, a, 1)$ 的满同态. 此时, $\mathrm{Reg}_a(M)$ 与 $M/D_a(M)$ 同构.

证明 显然, (i) 等价于 $\neg_a\neg_a x \to x \in D_a(M)$, $x \in M$, 所以 (i) 与 (ii) 等价.

(ii)⇒(iii). 任取 $x, y \in M$. 由命题 10.3.2 (7) 与 (10), $\neg_a\neg_a(x \to y) \leqslant x \to \neg_a\neg_a y$. 反过来, 由 (ii) 及命题 10.3.2 (5), (8) 与 (9),

$$\begin{aligned}
1 &= \neg_a\neg_a(\neg_a\neg_a y \to y) \\
&\leqslant \neg_a\neg_a((x \to \neg_a\neg_a y) \to (x \to y)) \\
&\leqslant \neg_a\neg_a((x \to \neg_a\neg_a y) \to \neg_a\neg_a(x \to y)) \\
&= (x \to \neg_a\neg_a y) \to \neg_a\neg_a(x \to y).
\end{aligned}$$

所以, $x \to \neg_a\neg_a y \leqslant \neg_a\neg_a(x \to y)$.

(iii)⇒(ii). $\neg_a\neg_a(\neg_a\neg_a x \to x) = \neg_a\neg_a x \to \neg_a\neg_a x = 1$.

(iii)⇒(iv). 任取 $x, y \in M$. 由 (iii) 及命题 10.3.2 (7), $\neg_a\neg_a(x \to y) = x \to \neg_a\neg_a y = \neg_a\neg_a x \to \neg_a\neg_a y$, $x, y \in M$. 这说明 $\neg_a\neg_a$ 保持 $\to$. 由命题 10.3.2 (11) 得 $\neg_a\neg_a(x \otimes y) = \neg_a\neg_a((\neg_a\neg_a x) \otimes (\neg_a\neg_a y)) = (\neg_a\neg_a x) \otimes_a (\neg_a\neg_a y)$, 从而 $\neg_a\neg_a$ 保持 $\otimes$ 运算. 为证 $\neg_a\neg_a$ 保持 $\wedge$, 先证 $\neg_a\neg_a(\neg_a\neg_a x \wedge y) = \neg_a\neg_a(x \wedge y)$. 事实上, 由命题 10.3.2 (4) 与 (5), $\neg_a\neg_a(x \wedge y) \leqslant \neg_a\neg_a(\neg_a\neg_a x \wedge y)$. 反过来, 由 (iii) 及命题 10.3.2 (7) 与 (9) 得

$$\begin{aligned}\neg_a\neg_a(\neg_a\neg_a x\wedge y)\to\neg_a\neg_a(x\wedge y)&=\neg_a\neg_a(\neg_a\neg_a x\wedge y\to x\wedge y)\\&\geqslant\neg_a\neg_a(\neg_a\neg_a x\to x)\\&=\neg_a\neg_a x\to\neg_a\neg_a x\\&=1,\end{aligned}$$

这说明 $\neg_a\neg_a(\neg_a\neg_a x\wedge y)\leqslant\neg_a\neg_a(x\wedge y)$, 所以, $\neg_a\neg_a(\neg_a\neg_a x\wedge y)=\neg_a\neg_a(x\wedge y)$. 由此, $\neg_a\neg_a(x\wedge y)=\neg_a\neg_a(\neg_a\neg_a x\wedge y)=\neg_a\neg_a(\neg_a\neg_a x\wedge\neg_a\neg_a y)=(\neg_a\neg_a x)\wedge(\neg_a\neg_a y)$, 这就证明了 $\neg_a\neg_a$ 保持 $\wedge$. 由命题 10.3.2 (14) 知 $\neg_a\neg_a(x\vee y)=\neg_a\neg_a(\neg_a\neg_a x\vee y)=\neg_a\neg_a(\neg_a\neg_a x\vee\neg_a\neg_a y)=\neg_a\neg_a x\vee_a\neg_a\neg_a y$, 这说明 $\neg_a\neg_a$ 保持 $\vee$. 又显然 $\neg_a\neg_a 0=a$, $\neg_a\neg_a 1=1$, 并且 $\neg_a\neg_a$ 是满射. 所以, $\neg_a\neg_a$ 是满同态.

由于 $\neg_a\neg_a$ 是满同态, 所以, $\neg_a\neg_a(x\to y)=\neg_a\neg_a x\to\neg_a\neg_a y$. 因此, $\neg_a\neg_a x=\neg_a\neg_a y$ iff $\neg_a\neg_a(x\to y)=\neg_a\neg_a(y\to x)=1$ iff $x\to y,\ y\to x\in D_a(M)$ iff $x\sim_{D_a(M)}y$. 这就证明了 $x\mapsto[x]_{D_a(M)}$ 是 $\mathrm{Reg}_a(M)$ 与 $M/D_a(M)$ 间的同构.

(iv)⇒(iii). 由题设及命题 10.3.2 (7), $\neg_a\neg_a(x\to y)=\neg_a\neg_a x\to\neg_a\neg_a y=x\to\neg_a\neg_a y$, $x,y\in M$. 所以 (iii) 成立.

称剩余格 M 是 **a-相对 Glivenko** 的, 若 M 满足定理 10.3.4 中的等价条件. 显然, 任一剩余格具有 1-相对 Glivenko 性质. 设 M 具有 a-相对 Glivenko 性质, 在定理 10.3.4 (ii) 中令 $x=0$, 则 $\neg a\to a=a$. 另外注意, 即使在 a-相对 Glivenko 剩余格 M 中, $\mathrm{Reg}_a(M)$ 中的运算 $\vee_a$ 及 $\otimes_a$ 未必是 M 中的对应运算 $\vee$ 及 $\otimes$ 在 $\mathrm{Reg}_a(M)$ 上的限制, 参见例 10.3.6. 但在 MTL-代数中有如下命题.

命题 10.3.5 设 M 是 MTL-代数, $a\in M$, 则在 $\mathrm{Reg}_a(M)$ 中有 $\vee_a=\vee$, 但 $\otimes_a\neq\otimes$.

证明 设 $x,y\in\mathrm{Reg}_a(M)$, 则由命题 10.3.2 (12) 知 $x\vee y=\neg_a\neg_a x\vee\neg_a\neg_a y=\neg_a\neg_a(x\vee y)=x\vee_a y$, 所以 $\vee_a=\vee$. 关于 $\otimes_a\neq\otimes$ 的例子参见下面例 10.3.6 (ii).

例 10.3.6 (i) 设 M 是例 8.1.2 (v) 中的剩余格, 则可验证 M 中的相对否定以及双重相对否定运算如下表所示:

	0	a	b	c	d	1
$\neg_0$	1	0	c	b	b	0
$\neg_a$	1	1	1	1	1	a
$\neg_b$	1	b	1	b	b	b
$\neg_c$	1	c	c	1	1	c
$\neg_d$	1	c	c	a	1	d
$\neg_1$	1	1	1	1	1	1

	0	a	b	c	d	1
$\neg_0\neg_0$	0	1	b	c	c	1
$\neg_a\neg_a$	a	a	a	a	a	1
$\neg_b\neg_b$	b	1	b	1	1	1
$\neg_c\neg_c$	c	1	1	c	c	1
$\neg_d\neg_d$	d	a	a	c	d	1
$\neg_1\neg_1$	1	1	1	1	1	1

由上表, $\mathrm{Reg}_0(M)=\{0,b,c,1\}$, $\mathrm{Reg}_a(M)=\{a,1\}$, $\mathrm{Reg}_b(M)=\{b,1\}$, $\mathrm{Reg}_c(M)=\{c,1\}$, $\mathrm{Reg}_d(M)=\{a,c,d,1\}$ 及 $\mathrm{Reg}_1(M)=\{1\}$.

M 中 $\neg_x\neg_x(\neg_x\neg_x y\to y)$ 的计算由下表给出:

y	0	a	b	c	d	1
$\neg_0\neg_0(\neg_0\neg_0 y\to y)$	1	1	1	1	1	1
$\neg_a\neg_a(\neg_a\neg_a y\to y)$	a	*	*	*	*	*
$\neg_b\neg_b(\neg_b\neg_b y\to y)$	1	1	1	1	1	1
$\neg_c\neg_c(\neg_c\neg_c y\to y)$	1	1	1	1	1	1
$\neg_d\neg_d(\neg_d\neg_d y\to y)$	a	*	*	*	*	*
$\neg_1\neg_1(\neg_1\neg_1 y\to y)$	1	1	1	1	1	1

由上表, M 具有 x-相对 Glivenko 性质, 其中 $x\in\{0,b,c,1\}$. 此外, 尽管 M 具有 (0-相对) Glivenko 性质, 但 $\mathrm{Reg}_0(M)$ 中的运算 $\vee_0$ 不是 $\vee$ 的限制, 因为在 $\mathrm{Reg}_0(M)$ 中有 $b\vee_0 c=1$, 而在 M 中 $b\vee c=a\neq 1$.

(ii) 设 $\alpha\in(0,1]$, 并在 $[0,1]$ 上定义: $x\vee y=\max\{x,y\}$, $x\wedge y=\min\{x,y\}$ 以及

$$x\otimes y=\begin{cases}0, & x+y\leqslant\alpha,\\ \min\{x,y\}, & \text{其他};\end{cases}\qquad x\to y=\begin{cases}1, & x\leqslant y,\\ (\alpha-x)\vee y, & \text{其他},\end{cases}$$

则 $([0,1],\wedge,\vee,\otimes,\to,0,1)$ 是 MTL-代数, 记为 $[0,1]_\alpha$. 易见, $[0,1]_1=[0,1]_{R_0}$, $[0,1]_{\frac{1}{2}}=[0,1]_{\mathrm{NMG}}$. 设 $a\in\left[0,\dfrac{\alpha}{2}\right)$, 则可验证 $\mathrm{Reg}_a([0,1]_\alpha)=[a,\alpha-a)\cup\{1\}$, 且对任意的 $x\in[0,1]_\alpha$, $\neg_a\neg_a(\neg_a\neg_a x\to x)=1$. 因此, 对 $a\in\left[0,\dfrac{\alpha}{2}\right)$, $[0,1]_\alpha$ 具有 a-相对 Glivenko 性质. 注意, 若取 $x=y=\dfrac{\alpha}{2}\in\mathrm{Reg}_a([0,1]_\alpha)$ (此时要求 $a\neq 0$), 则 $x\otimes_a y=\neg_a\neg_a(x\otimes y)=\neg_a\neg_a 0=a\neq 0=x\otimes y$. 这说明在 $\mathrm{Reg}_a([0,1]_\alpha)$ 中 $\otimes_a\neq\otimes$.

(iii) 在标准 MV-代数 $[0,1]_{\mathrm{MV}}$ 中, $\mathrm{Reg}_a([0,1]_{\mathrm{MV}})=[a,1]$, $a\in[0,1]$, 于是 $[0,1]_{\mathrm{MV}}$ 具有 a-相对 Glivenko 性质 iff $a\in\{0,1\}$.

(iv) 设 $M=[0,1]_{\mathrm{sD}}$, 则 M 只有平凡的 1-相对 Glivenko 性质. 事实上, 假设 M 具有 a-相对 Glivenko 性质, 则由定理 10.3.4 后面的注解知 $\neg a\to a=a$. 简单的计算可得 $a\in\{0,1\}$. 例 8.2.12 (iv) 已证 M 也不具有 (0-相对) Glivenko 性质. 此外可验证:

$$\mathrm{Reg}_a(M)=\begin{cases}\left\{a,\dfrac{1}{2},1\right\}, & a\in\left[0,\dfrac{1}{2}\right),\\ \{a,1\}, & a\in\left[\dfrac{1}{2},1\right].\end{cases}$$

注 10.3.7 定理 8.1.6 与命题 10.3.3 分别给出了从已知剩余格 M 构造新剩余格 M_a^1 与 $\mathrm{Reg}_a(M)$ 的方法. 二者一般是不同的, 如在例 10.3.6 (i) 中, $a\otimes_b d=\neg_b\neg_b(a\otimes d)=\neg_b\neg_b d=1$, 而 $a\otimes_b^1 d=(a\otimes d)\vee b=d\vee b=a$. 但当 M 是 MV-代数时, 对任一 $a\in M$, $M_a^1=\mathrm{Reg}_a(M)$, 并且对应的运算也是一致的. 事实上, 显然

$\mathrm{Reg}_a(M) = \{\neg_a x \mid x \in M\} \subseteq [a,1]$. 反过来, 设 $x \in [a,1]$, 则 $\neg_a\neg_a x = (x \to a) \to a = x \vee a = x$, 所以 $[a,1] \subseteq \mathrm{Reg}_a(M)$. 由于 $x \otimes_a y = \neg_a\neg_a(x \otimes y) = (x \otimes y \to a) \to a = (x \otimes y) \vee a = x \otimes_a^1 y$, 所以 $\otimes_a = \otimes_a^1$. 由命题 10.3.5 知 $\vee_a = \vee$.

由命题 10.3.3 知 $(\mathrm{Reg}_a(M), \wedge, \vee_a, \otimes_a, \to, a, 1)$ 是对合剩余格. 下面研究 $\mathrm{Reg}_a(M)$ 分别为对合 MTL-代数、MV-代数以及 Boole 代数等的充要条件, 这些结果推广了文献 [222], [235], [246] 中的相关结论.

定理 10.3.8 设 $a \in M$, 则以下各条等价:

(i) $(\mathrm{Reg}_a(M), \wedge, \vee_a, \otimes_a, \to, a, 1)$ 是对合 MTL-代数,

(ii) 对任意的 $x, y \in M$, $\neg_a((\neg_a x \to \neg_a y) \vee (\neg_a y \to \neg_a x)) = a$,

(iii) 对任意的 $x, y, z \in M$, $(\neg_a x \to \neg_a y) \to \neg_a z \leqslant ((\neg_a y \to \neg_a x) \to \neg_a z) \to \neg_a z$,

(iv) 对任意的 $x, y, z \in M$, $\neg_a(\neg_a x \to (\neg_a y \vee \neg_a z)) = \neg_a((\neg_a x \to \neg_a y) \vee (\neg_a x \to \neg_a z))$,

(v) 对任意的 $x, y, z \in M$, $\neg_a((\neg_a x \wedge \neg_a y) \to \neg_a z) = \neg_a((\neg_a x \to \neg_a z) \vee (\neg_a y \to \neg_a z))$,

(vi) 对任意的 $x, y \in M$, $\neg_a((\neg_a x \to \neg_a y) \vee (\neg_a y \to \neg_a z)) \leqslant \neg_a(\neg_a x \to \neg_a z)$.

证明 (i)⇔(ii). 由 MTL-代数的定义, $\mathrm{Reg}_a(M)$ 是对合 MTL-代数 iff 对任意的 $x, y \in M$, $(\neg_a x \to \neg_a y) \vee_a (\neg_a y \to \neg_a x) = 1$ iff 对任意的 $x, y \in M$, $\neg_a\neg_a((\neg_a x \to \neg_a y) \vee (\neg_a y \to \neg_a x)) = 1$ iff 对任意的 $x, y \in M$, $\neg_a((\neg_a x \to \neg_a y) \vee (\neg_a y \to \neg_a x)) = a$.

(ii)⇔(iii). 设 (ii) 成立, 则对任意的 $x, y, z \in M$,

$$
\begin{aligned}
\neg_a z &= 1 \to \neg_a z \\
&= ((\neg_a x \to \neg_a y) \vee_a (\neg_a y \to \neg_a x)) \to \neg_a z \\
&= ((\neg_a x \to \neg_a y) \to \neg_a z) \wedge ((\neg_a y \to \neg_a x) \to \neg_a z) \\
&\geqslant ((\neg_a x \to \neg_a y) \to \neg_a z) \otimes_a ((\neg_a y \to \neg_a x) \to \neg_a z).
\end{aligned}
$$

由 $\otimes_a$ 与 $\to$ 间的伴随性即得 (iii).

反过来, 设 $\neg_a z$ 是 $\{\neg_a x \to \neg_a y, \neg_a y \to \neg_a x\}$ 在 $\mathrm{Reg}_a(M)$ 中的上界, 则由 (iii), $1 = (\neg_a x \to \neg_a y) \to \neg_a z \leqslant ((\neg_a y \to \neg_a x) \to \neg_a z) \to \neg_a z = 1 \to \neg_a z = \neg_a z$, 从而, $\neg_a z = 1$. 所以 (ii) 成立.

(ii)⇔(iv). 先设 (ii) 成立, 则由命题 10.3.2 (13) 与 (9) 得

$$
\begin{aligned}
&\neg_a\neg_a(\neg_a x \to \neg_a y \vee \neg_a z) \to \neg_a\neg_a((\neg_a x \to \neg_a y) \vee (\neg_a x \to \neg_a z)) \\
= &\neg_a\neg_a(\neg_a x \to \neg_a\neg_a(\neg_a y \vee \neg_a z)) \to \neg_a\neg_a((\neg_a x \to \neg_a y) \vee (\neg_a x \to \neg_a z))
\end{aligned}
$$

$$\begin{aligned}
&= (\neg_a x \to \neg_a\neg_a(\neg_a y \vee \neg_a z)) \to (\neg_a x \to \neg_a y) \vee_a (\neg_a x \to \neg_a z)\\
&= (\neg_a x \to \neg_a y \vee_a \neg_a z) \to (\neg_a x \to \neg_a y) \vee_a (\neg_a x \to \neg_a z)\\
&\geqslant ((\neg_a x \to \neg_a y \vee_a \neg_a z) \to (\neg_a x \to \neg_a y))\\
&\quad \vee_a ((\neg_a x \to \neg_a y \vee_a \neg_a z) \to (\neg_a x \to \neg_a z))\\
&\geqslant (\neg_a y \vee_a \neg_a z \to \neg_a y) \vee_a (\neg_a y \vee_a \neg_a z \to \neg_a z)\\
&= (\neg_a z \to \neg_a y) \vee_a (\neg_a y \to \neg_a z)\\
&= 1.
\end{aligned}$$

所以, $\neg_a\neg_a(\neg_a x \to \neg_a y \vee \neg_a z) \leqslant \neg_a\neg_a((\neg_a x \to \neg_a y) \vee (\neg_a x \to \neg_a z))$, 从而, $\neg_a((\neg_a x \to \neg_a y) \vee (\neg_a x \to \neg_a z)) \leqslant \neg_a(\neg_a x \to \neg_a y \vee \neg_a z)$. 由命题 8.1.3 (18) 及命题 10.3.2 (5) 知反向不等式成立.

反过来, 设 (iv) 成立. 由前面的证明,

$$\begin{aligned}
1 &= \neg_a x \vee_a \neg_a y \to \neg_a x \vee_a \neg_a y\\
&= (\neg_a x \vee_a \neg_a y \to \neg_a x) \vee_a (\neg_a x \vee_a \neg_a y \to \neg_a y)\\
&= (\neg_a y \to \neg_a x) \vee_a (\neg_a x \to \neg_a y)\\
&= \neg_a\neg_a((\neg_a y \to \neg_a x) \vee (\neg_a x \to \neg_a y)).
\end{aligned}$$

这就证明了 (ii).

(ii)$\Leftrightarrow$(v). 设 (ii) 成立. 由命题 10.3.2 (9) 与 (7),

$$\begin{aligned}
&\neg_a\neg_a(\neg_a x \wedge \neg_a y \to \neg_a z) \to \neg_a\neg_a((\neg_a x \to \neg_a z) \vee (\neg_a y \to \neg_a z))\\
&= (\neg_a\neg_a(\neg_a x \wedge \neg_a y) \to \neg_a z) \to (\neg_a x \to \neg_a z) \vee_a (\neg_a y \to \neg_a z)\\
&= (\neg_a x \wedge \neg_a y \to \neg_a z) \to (\neg_a x \to \neg_a z) \vee_a (\neg_a y \to \neg_a z)\\
&\geqslant ((\neg_a x \wedge \neg_a y \to \neg_a z) \to (\neg_a x \to \neg_a z))\\
&\quad \vee_a ((\neg_a x \wedge \neg_a y \to \neg_a z) \to (\neg_a y \to \neg_a z))\\
&\geqslant (\neg_a x \to \neg_a x \wedge \neg_a y) \vee_a (\neg_a y \to \neg_a x \wedge \neg_a y)\\
&= (\neg_a x \to \neg_a y) \vee_a (\neg_a y \to \neg_a x)\\
&= 1.
\end{aligned}$$

所以, $\neg_a\neg_a(\neg_a x \wedge \neg_a y \to \neg_a z) \leqslant \neg_a\neg_a((\neg_a x \to \neg_a z) \vee (\neg_a y \to \neg_a z))$, 于是, $\neg_a(\neg_a x \wedge \neg_a y \to \neg_a z) \geqslant \neg_a((\neg_a x \to \neg_a z) \vee (\neg_a y \to \neg_a z))$. 由命题 8.1.3 (18) 及命题 10.3.2 (5) 即得反向不等式.

反过来, 设 (v) 成立, 则

$$\begin{aligned}
1 &= \neg_a x \wedge \neg_a y \to \neg_a x \wedge \neg_a y\\
&= (\neg_a x \to \neg_a x \wedge \neg_a y) \vee_a (\neg_a y \to \neg_a x \wedge \neg_a y)\\
&= (\neg_a x \to \neg_a y) \vee_a (\neg_a y \to \neg_a x).
\end{aligned}$$

因此, (ii) 成立.

(ii)⇔(vi). 设 (ii) 成立, 则由 (iv) 及命题 10.3.2 (7),

$$\begin{aligned}
&\neg_a\neg_a(\neg_a x \to \neg_a z) = \neg_a x \to \neg_a z \\
\leqslant\ & \neg_a x \vee_a \neg_a y \to \neg_a z \vee_a \neg_a y \\
=\ & (\neg_a x \vee_a \neg_a y \to \neg_a y) \vee_a (\neg_a x \vee_a \neg_a y \to \neg_a z) \\
\leqslant\ & (\neg_a x \to \neg_a y) \vee_a (\neg_a y \to \neg_a z) \\
=\ & \neg_a\neg_a((\neg_a x \to \neg_a y) \vee (\neg_a y \to \neg_a z)).
\end{aligned}$$

所以, 由命题 10.3.2 (5), $\neg_a((\neg_a x \to \neg_a y) \vee (\neg_a y \to \neg_a z)) \leqslant \neg_a(\neg_a x \to \neg_a z)$. 在 (vi) 中令 $z = x$ 即得 (ii).

定理 10.3.9　设 $a \in M$, 则以下各条等价:

(i) $(\mathrm{Reg}_a(M), \wedge, \vee_a, \otimes_a, \to, a, 1)$ 是 MV-代数,

(ii) 对任意的 $x, y \in M$, $(\neg_a x \to \neg_a y) \to \neg_a y = (\neg_a y \to \neg_a x) \to \neg_a x$,

(iii) 对任意的 $x, y \in M$, $((\neg_a x \to \neg_a y) \to \neg_a y) \to \neg_a x = \neg_a y \to \neg_a x$,

(iv) 对任意的 $x, y \in M$, $\neg_a(\neg_a x \wedge \neg_a y) = \neg_a(\neg_a x \otimes (\neg_a x \to \neg_a y))$.

证明　(i) 与 (ii) 的等价性由 $\mathrm{Reg}_a(M)$ 对蕴涵算子 $\to$ 的封闭性以及定理 8.1.19 即得. (ii) 与 (iii) 间的等价性由伴随律以及 $\to$ 关于左侧变元的递减性即可证得. 下证 (ii) 与 (iv) 的等价性.

先设 (ii) 成立. 由 $\otimes$ 的单调性及其与 $\to$ 间的伴随律, $\neg_a x \otimes (\neg_a x \to \neg_a y) \leqslant \neg_a x$, $\neg_a y$, 从而 $\neg_a x \otimes (\neg_a x \to \neg_a y) \leqslant \neg_a x \wedge \neg_a y$, 所以 $\neg_a(\neg_a x \wedge \neg_a y) \leqslant \neg_a(\neg_a x \otimes (\neg_a x \to \neg_a y))$. 由 (i) 与 (ii) 的等价性, $\neg_a\neg_a x \vee_a \neg_a\neg_a y = (\neg_a\neg_a y \to \neg_a\neg_a x) \to \neg_a\neg_a x$. 由命题 10.3.2 (4) 与 (14), $\neg_a(\neg_a x \wedge \neg_a y) = \neg_a(\neg_a\neg_a\neg_a x \wedge \neg_a\neg_a\neg_a y) = \neg_a\neg_a(\neg_a\neg_a x \vee \neg_a\neg_a y)$. 因为在 $\mathrm{Reg}_a(M)$ 中 $\neg_a\neg_a x, \neg_a\neg_a y \leqslant \neg_a\neg_a(\neg_a\neg_a x \vee \neg_a\neg_a y)$, 所以 $\neg_a\neg_a x \vee_a \neg_a\neg_a y \leqslant \neg_a\neg_a(\neg_a\neg_a x \vee \neg_a\neg_a y)$, 即 $\neg_a\neg_a x \vee_a \neg_a\neg_a y \leqslant \neg_a(\neg_a x \wedge \neg_a y)$. 由命题 10.3.2 (8) 及命题 8.1.3 (28),

$$\begin{aligned}
\neg_a(\neg_a x \otimes (\neg_a x \to \neg_a y)) &= \neg_a(\neg_a x \otimes (\neg_a\neg_a y \to \neg_a\neg_a x)) \\
&= (\neg_a\neg_a y \to \neg_a\neg_a x) \to \neg_a\neg_a x \\
&= \neg_a\neg_a x \vee_a \neg_a\neg_a y \\
&\leqslant \neg_a(\neg_a x \wedge \neg_a y).
\end{aligned}$$

这就证明了 (iv).

反过来, 设 (iv) 成立. 由命题 10.3.2 (8) 与 (4) 知

$$\begin{aligned}
\neg_a(\neg_a\neg_a x \wedge \neg_a\neg_a y) &= \neg_a((\neg_a\neg_a x \to \neg_a\neg_a y) \otimes \neg_a\neg_a x) \\
&= (\neg_a\neg_a x \to \neg_a\neg_a y) \to \neg_a\neg_a\neg_a x \\
&= (\neg_a y \to \neg_a x) \to \neg_a x.
\end{aligned}$$

同理可证 $\neg_a(\neg_a\neg_a y \wedge \neg_a\neg_a x) = (\neg_a x \to \neg_a y) \to \neg_a y$. 所以 (ii) 成立.

定理 10.3.9 推广了定理 8.2.34. 对应于半可分概念, 称满足定理 10.3.9 中等价条件的剩余格为 a-**相对半可分**的. 于是, 定理 10.3.9 可重述为: 剩余格 M 是 a-相对半可分的 iff $\mathrm{Reg}_a(M)$ 是 MV-代数. 例如, 例 10.3.6 (i) 中的剩余格 M 是 x-相对半可分的, 因为 $\mathrm{Reg}_x(M)$ 是 MV-代数 (实为 Boole 代数), $x \in M - \{1, d\}$. 再如, $[0,1]_{\mathrm{sD}}$ 对任意的 $x \in [0,1]$ 都是 x-相对半可分的.

定理 10.3.10 设 $a \in M$, 则以下各条等价:

(i) $(\mathrm{Reg}_a(M), \wedge, \vee_a, \otimes_a, \to, a, 1)$ 是 Boole 代数,

(ii) 对任意的 $x \in M$, $\neg_a(\neg_a x \vee x) = a$,

(iii) 对任意的 $x, y, z \in M$, $(\neg_a x \to (\neg_a y \to \neg_a z)) \to ((\neg_a x \to \neg_a y) \to (\neg_a x \to \neg_a z)) = 1$,

(iv) 对任意的 $x \in M$, $x \to \neg_a x = \neg_a x$,

(v) 对任意的 $x, y \in M$, $(\neg_a x \to \neg_a y) \to \neg_a x = \neg_a x$.

证明 (i)$\Leftrightarrow$(ii). 由于剩余格是 Boole 代数 iff 它满足方程 $x \vee (x \to 0) = 1$, 由此, $\mathrm{Reg}_a(M)$ 是 Boole 代数 iff 对任意的 $x \in M$, $\neg_a x \vee_a \neg_a\neg_a x = 1$ iff $\neg_a\neg_a(\neg_a x \vee \neg_a\neg_a x) = 1$ iff 对任意的 $x \in M$, $\neg_a(\neg_a x \vee \neg_a\neg_a x) = a$ iff 对任意的 $x \in M$, $\neg_a\neg_a x \wedge \neg_a x = a$ iff 对任意的 $x \in M$, $\neg_a(x \vee \neg_a x) = \neg_a(\neg_a x \vee x) = a$.

(ii)$\Leftrightarrow$(iii). 先设 (ii) 成立. 由 (i)$\Leftrightarrow$(ii) 的证明, 对任意的 $x \in M$, $\neg_a x \vee_a \neg_a\neg_a x = 1$. 考虑下面的两个公式:

$$
\begin{aligned}
&\neg_a x \to ((\neg_a x \to (\neg_a y \to \neg_a z)) \to ((\neg_a x \to \neg_a y) \to (\neg_a x \to \neg_a z)))\\
&= (\neg_a x \to (\neg_a y \to \neg_a z)) \to (\neg_a x \to ((\neg_a x \to \neg_a y) \to (\neg_a x \to \neg_a z)))\\
&\geqslant (\neg_a y \to \neg_a z) \to ((\neg_a x \to \neg_a y) \to (\neg_a x \to \neg_a z))\\
&= 1,
\end{aligned}
$$

另外 (注意, 由命题 10.3.2 (16) 得 $\neg_a\neg_a x \to (\neg_a x \to \neg_a z) = 1)$),

$$
\begin{aligned}
&\neg_a\neg_a x \to ((\neg_a x \to (\neg_a y \to \neg_a z)) \to ((\neg_a x \to \neg_a y) \to (\neg_a x \to \neg_a z)))\\
&= (\neg_a x \to (\neg_a y \to \neg_a z)) \to (\neg_a\neg_a x \to ((\neg_a x \to \neg_a y) \to (\neg_a x \to \neg_a z)))\\
&= (\neg_a x \to (\neg_a y \to \neg_a z)) \to ((\neg_a x \to \neg_a y) \to (\neg_a\neg_a x \to (\neg_a x \to \neg_a z)))\\
&= (\neg_a x \to (\neg_a y \to \neg_a z)) \to ((\neg_a x \to \neg_a y) \to 1)\\
&= (\neg_a x \to (\neg_a y \to \neg_a z)) \to 1\\
&= 1.
\end{aligned}
$$

由此,

$$
\begin{aligned}
&(\neg_a x \to (\neg_a y \to \neg_a z)) \to ((\neg_a x \to \neg_a y) \to (\neg_a x \to \neg_a z))\\
&= 1 \to ((\neg_a x \to (\neg_a y \to \neg_a z)) \to ((\neg_a x \to \neg_a y) \to (\neg_a x \to \neg_a z)))
\end{aligned}
$$

$$
\begin{aligned}
&= (\neg_a x \vee_a \neg_a\neg_a x) \to ((\neg_a x \to (\neg_a y \to \neg_a z)) \\
&\quad \to ((\neg_a x \to \neg_a y) \to (\neg_a x \to \neg_a z))) \\
&= (\neg_a x \to ((\neg_a x \to (\neg_a y \to \neg_a z)) \to ((\neg_a x \to \neg_a y) \to (\neg_a x \to \neg_a z)))) \\
&\quad \wedge(\neg_a\neg_a x \to ((\neg_a x \to (\neg_a y \to \neg_a z)) \to ((\neg_a x \to \neg_a y) \to (\neg_a x \to \neg_a z)))) \\
&= 1 \wedge 1 \\
&= 1.
\end{aligned}
$$

反过来, 设 (iii) 成立. 先考虑如下的公式:

$$
\begin{aligned}
&\neg_a x \to (((\neg_a x \to \neg_a\neg_a x) \to \neg_a\neg_a x) \to \neg_a(\neg_a x \to \neg_a\neg_a x)) \\
=& ((\neg_a x \to \neg_a\neg_a x) \to \neg_a\neg_a x) \to (\neg_a x \to \neg_a(\neg_a x \to \neg_a\neg_a x)) \\
=& ((\neg_a x \to \neg_a\neg_a x) \to \neg_a\neg_a x) \to ((\neg_a x \to \neg_a\neg_a x) \to \neg_a\neg_a x) \\
=& 1,
\end{aligned}
$$

以及 $\neg_a x \to ((\neg_a x \to \neg_a\neg_a x) \to \neg_a\neg_a x) = (\neg_a x \to \neg_a\neg_a x) \to (\neg_a x \to \neg_a\neg_a x) = 1$.

令 $b = \neg_a x$, $c = (\neg_a x \to \neg_a\neg_a x) \to \neg_a\neg_a x$, $d = \neg_a(\neg_a x \to \neg_a\neg_a x)$. 由命题 10.3.2 (4) 与 (9) 知 $b, c, d \in \mathrm{Reg}_a(M)$. 于是由 (iii) 及上面两个公式, $b \to d = 1$, 即 $\neg_a x \to \neg_a(\neg_a x \to \neg_a\neg_a x) = 1$. 从而, $(\neg_a x \to \neg_a\neg_a x) \to \neg_a\neg_a x = 1$. 类似地可证 $(\neg_a\neg_a x \to \neg_a x) \to \neg_a x = 1$. 所以, $\neg_a x \vee_a \neg_a\neg_a x = ((\neg_a x \to \neg_a\neg_a x) \to \neg_a\neg_a x) \wedge ((\neg_a\neg_a x \to \neg_a x) \to \neg_a x) = 1 \wedge 1 = 1$. 这就证明了 (ii).

(ii)⇒(iv). 设 (ii) 成立, 则 $\neg_a x \vee_a \neg_a\neg_a x = 1$, 从而由命题 8.1.3 (16) 以及命题 10.3.2 (4) 与 (7) 得

$$
\begin{aligned}
\neg_a x = 1 \to \neg_a x &= (\neg_a x \vee_a \neg_a\neg_a x) \to \neg_a x \\
&= \neg_a\neg_a x \to \neg_a x = \neg_a\neg_a x \to \neg_a\neg_a(\neg_a x) \\
&= x \to \neg_a\neg_a\neg_a x \\
&= x \to \neg_a x.
\end{aligned}
$$

(iv)⇒(v). 由命题 10.3.2 (16) 以及命题 8.1.3 (5) 知 $(\neg_a x \to \neg_a y) \to \neg_a x \leqslant \neg_a\neg_a x \to \neg_a x = \neg_a x$. 显然, $\neg_a x \leqslant (\neg_a x \to \neg_a y) \to \neg_a x$. 这就证明了 $(\neg_a x \to \neg_a y) \to \neg_a x = \neg_a x$.

(v)⇒(ii). 设 (v) 成立, 则

$$
\begin{aligned}
&(\neg_a y \to \neg_a x) \to \neg_a x \\
=& (\neg_a y \to \neg_a x) \to ((\neg_a x \to \neg_a y) \to \neg_a x) \\
=& (\neg_a x \to \neg_a y) \to ((\neg_a y \to \neg_a x) \to \neg_a x) \\
\geqslant& (\neg_a x \to \neg_a y) \to \neg_a y.
\end{aligned}
$$

对偶地, $(\neg_a x \to \neg_a y) \to \neg_a y \geqslant (\neg_a y \to \neg_a x) \to \neg_a x$. 从而, $(\neg_a x \to \neg_a y) \to \neg_a y =$

$(\neg_a y \to \neg_a x) \to \neg_a x$, 即得定理 10.3.9 (ii), 所以 $\mathrm{Reg}_a(M)$ 是 MV-代数. 进而,

$$\begin{aligned}&\neg_a x \vee_a \neg_a\neg_a x = (\neg_a\neg_a x \to \neg_a x) \to \neg_a x\\ &= ((\neg_a x \to \neg_a 1) \to \neg_a x) \to \neg_a x = \neg_a x \to \neg_a x\\ &= 1,\end{aligned}$$

这等价于 (ii).

10.3.2 相对广义态算子

设 M 与 L 是任意剩余格, 本节先研究剩余格 M 与 $\mathrm{Reg}_a(M)$ 上的广义 Bosbach 态间的联系, 然后再将广义 Riečan 态推广到相对否定情形.

命题 10.3.11 设 $a \in M$, 则:

(i) 若 $s: M \to L$ 是满足 $s(a) = 0$ 的 I-型态 (II-型态), 则 $s|_{\mathrm{Reg}_a(M)}: \mathrm{Reg}_a(M) \to L$ 也是 I-型态 (II-型态).

(ii) 设 M 具有 a-相对 Glivenko 性质, $s: \mathrm{Reg}_a(M) \to L$ 是 I-型态 (II-型态), 则 s 在 M 上的扩张 $\widetilde{s}: M \to L$ (定义为 $\widetilde{s}(x) = s(\neg_a\neg_a x)$, $x \in M$), 是 I-型态 (II-型态).

证明 (i) 显然.

(ii) 任取 $x, y \in M$, 并设 s 是 II-型态, 则

$$\begin{aligned}\widetilde{s}(x \to y) \to \widetilde{s}(y) &= s(\neg_a\neg_a(x \to y)) \to s(\neg_a\neg_a y)\\ &= s(\neg_a\neg_a x \to \neg_a\neg_a y) \to s(\neg_a\neg_a y)\\ &= s(\neg_a\neg_a y \to \neg_a\neg_a x) \to s(\neg_a\neg_a x)\\ &= s(\neg_a\neg_a(y \to x)) \to s(\neg_a\neg_a x)\\ &= \widetilde{s}(y \to x) \to \widetilde{s}(x).\end{aligned}$$

由命题 10.1.4 (v) 知 $\widetilde{s}$ 是 II-型态.

再设 s 是 I-型态且设 $x \leqslant y$. 下证 $\widetilde{s}$ 满足命题 10.1.3 (ii). 由命题 10.3.2 (5), $\neg_a\neg_a x \leqslant \neg_a\neg_a y$. 对 s 应用命题 10.1.3 (ii) 得 $s(\neg_a\neg_a y \to \neg_a\neg_a x) = s(\neg_a\neg_a y) \to s(\neg_a\neg_a x)$. 因为 M 具有 a-相对 Glivenko 性质, 所以由定理 10.3.4 及命题 10.3.2 (7), $\neg_a\neg_a y \to \neg_a\neg_a x = \neg_a\neg_a(y \to x)$. 于是, $\widetilde{s}(y \to x) = \widetilde{s}(y) \to \widetilde{s}(x)$, 所以 $\widetilde{s}$ 是 I-型态.

当 $L = [0,1]_{\mathrm{MV}}$ 时, I-型态与 II-型态都退化为 M 上的 Bosbach 态. 此时, 定理 8.2.33 中构造 M_a^1 上的 Bosbach 态的方法在 $\mathrm{Reg}_a(M)$ 中仍成立.

命题 10.3.12 设 $a \in M$, $s: M \to [0,1]$ 是 M 上的 Bosbach 态使得 $s(a) \neq 1$, 则 s_a 定义为 $s_a(\neg_a x) = \dfrac{s(\neg_a x) - s(a)}{1 - s(a)}$, $x \in M$, 是 $\mathrm{Reg}_a(M)$ 上的 Bosbach 态.

证明 任取 $x, y \in M$, 则

$$\begin{aligned}
s_a(\neg_a x \to \neg_a y) \to s_a(\neg_a y) &= 1 - s_a(\neg_a x \to \neg_a y) + s_a(\neg_a y) \\
&= 1 - \frac{s(\neg_a x \to \neg_a y) - s(a)}{1 - s(a)} + \frac{s(\neg_a y) - s(a)}{1 - s(a)} \\
&= \frac{1 - s(\neg_a x \to \neg_a y) + s(\neg_a y) - s(a)}{1 - s(a)} \\
&= \frac{(s(\neg_a x \to \neg_a y) \to s(\neg_a y)) - s(a)}{1 - s(a)} \\
&= \frac{(s(\neg_a y \to \neg_a x) \to s(\neg_a x)) - s(a)}{1 - s(a)} \\
&= s_a(\neg_a y \to \neg_a x) \to s_a(\neg_a x).
\end{aligned}$$

这说明 s_a 是 $\mathrm{Reg}_a(M)$ 上的 II-型态, 从而是 Bosbach 态.

利用相对否定 $\neg_a$, 可进一步推广广义 Riečan 态. 为此, 先在剩余格 M 引入关于 $a \in M$ 的二元运算 $\oplus_a$: $x \oplus_a y = \neg_a x \to \neg_a \neg_a y$, $x, y \in M$. 显然, $\oplus_0$ 为式 (8.1.6) 中的 $\oplus$. 由命题 10.3.2, 以下有关 $\oplus_a$ 的性质是自明的.

命题 10.3.13 设 $x, y, z \in M$, 则:

(i) $x \oplus_a y = y \oplus_a x = \neg_a y \to \neg_a \neg_a x$.

(ii) 当 $y \leqslant a$ 时 $x \oplus_a y = \neg_a \neg_a x$.

(iii) $x \oplus_a \neg_a x = 1$; $x \oplus_a 1 = 1$.

(iv) 若 $x \leqslant y$, 则 $x \oplus_a z \leqslant y \oplus_a z$.

(v) $x \vee y \leqslant \neg_a \neg_a x \vee \neg_a \neg_a y \leqslant x \oplus_a y$.

(vi) $x \oplus_a y = \neg_a \neg_a (x \oplus_a y) = \neg_a \neg_a x \oplus_a \neg_a \neg_a y$.

仿照式 (8.1.7), 引入记号 $x \perp_a y$ iff $x \leqslant \neg_a y$. 当 $a = 0$ 时把 $x \perp_0 y$ 简记为 $x \perp y$. 由命题 10.3.2 (2), (4) 与 (5) 知 $x \perp_a y$ iff $x \otimes y \leqslant a$ iff $x \leqslant \neg_a y$ iff $y \leqslant \neg_a x$ iff $\neg_a \neg_a x \leqslant \neg_a y$ iff $\neg_a \neg_a x \perp_a \neg_a \neg_a y$.

定义 10.3.14 设 M 与 L 为剩余格, $a \in M$. 称 $m_a : M \to L$ 为 **a-相对广义 Riečan 态** (当 a 在上下文中已明确时把 m_a 简记为 m), 若对任意的 $x, y \in M$:

(i) $m(0) = 0$; $m(1) = 1$.

(ii) 若 $x \perp_a y$, 则 $m(x) \perp_{m(a)} m(y)$ 且 $m(x \oplus_a y) = m(x) \oplus_{m(a)} m(y)$.

显然, 当 $a = 0$ 时 a-相对广义 Riečan 退化为定义 10.1.45 中的广义 Riečan 态.

命题 10.3.15 设 $a \in M$, $m : M \to L$ 是 a-相对广义 Riečan 态, 则对任意的 $x, y \in M$,

(i) $m(\neg_a \neg_a x) = \neg_{m(a)} \neg_{m(a)} m(x)$.

(ii) $\neg_{m(a)} \neg_{m(a)} m(\neg_a x) = \neg_{m(a)} m(x)$.

(iii) $m(\neg_a x) = \neg_{m(a)} m(x)$.

(iv) 若 $x \leqslant a$, 则 $m(x) \leqslant m(a)$.

(v) 若 $x \leqslant y$, 则 $\neg_{m(a)} m(y) \leqslant \neg_{m(a)} m(x)$.

证明 任取 $x \in M$.

(i) 由于 $a \leqslant \neg_a x$, 所以 $a \perp_a x$, 从而由定义, $m(\neg_a \neg_a x) = m(a \oplus_a x) = m(a) \oplus_{m(a)} m(x) = \neg_{m(a)} \neg_{m(a)} m(x)$.

(ii) 由 $x \leqslant \neg_a \neg_a x$ 得 $x \perp_a \neg_a x$ 且 $m(x) \perp_{m(a)} m(\neg_a x)$, 于是, $\neg_{m(a)} \neg_{m(a)} m(\neg_a x) \leqslant \neg_{m(a)} m(x)$. 反过来, 由命题 10.3.13 (iii), $1 = m(1) = m(x \oplus_a \neg_a x) = m(x) \oplus_{m(a)} m(\neg_a x) = \neg_{m(a)} m(x) \to \neg_{m(a)} \neg_{m(a)} m(\neg_a x)$. 从而, $\neg_{m(a)} m(x) \leqslant \neg_{m(a)} \neg_{m(a)} m(\neg_a x)$. 所以 (ii) 成立.

(iii) 由 (i) 与 (ii), $\neg_{m(a)} m(x) = \neg_{m(a)} \neg_{m(a)} m(\neg_a x) = m(\neg_a \neg_a \neg_a x) = m(\neg_a x)$.

(iv) 设 $x \leqslant a$, 则 $1 = m(1) = m(\neg_a x) = \neg_{m(a)} m(x) = m(x) \to m(a)$. 这说明 $m(x) \leqslant m(a)$.

(v) 设 $x \leqslant y$, 则 $x \perp_a \neg_a y$, 进而, $m(x) \perp_{m(a)} m(\neg_a y)$. 所以由 (ii) 得 $\neg_{m(a)} m(y) = \neg_{m(a)} \neg_{m(a)} m(\neg_a y) \leqslant \neg_{m(a)} m(x)$.

接下来研究满足 $s(a) = 0$ 的 I-型态 $s : M \to L$ 与 a-相对广义 Riečan 态间的联系, 这些结果进一步推广了定理 10.1.48 与定理 10.1.49.

定理 10.3.16 满足 $s(a) = 0$ 的保序 I-型态 $s : M \to L$ 是 a-相对广义 Riečan 态.

证明 设 $a \in M$, $s : M \to L$ 是满足 $s(a) = 0$ 的保序 I-型态. 任取 $x, y \in M$ 使得 $x \perp_a y$, 即 $\neg_a \neg_a x \leqslant \neg_a y$. 由 s 的保序性知, $s(x \wedge a) = s(y \wedge a) = 0$, $s(\neg_a \neg_a x) \leqslant s(\neg_a y)$. 另外, 由命题 10.1.3 (ii) 与 (iii) 知 $s(\neg_a \neg_a x) = s((x \to a) \to a) = s(x \to a) \to s(a) = (s(x) \to s(x \wedge a)) \to s(a) = \neg\neg s(x) = \neg_{s(a)} \neg_{s(a)} s(x)$. 类似地, $s(\neg_a y) = \neg_{s(a)} s(y)$. 从而, $\neg_{s(a)} \neg_{s(a)} s(x) \leqslant \neg_{s(a)} s(y)$, 即得 $s(x) \perp_{s(a)} s(y)$.

由命题 10.3.2 (4) 及命题 10.1.3 (ii), $s(x \oplus_a y) = s(\neg_a y \to \neg_a \neg_a x) = s(\neg_a y) \to s(\neg_a \neg_a x) = \neg_{s(a)} s(y) \to \neg_{s(a)} \neg_{s(a)} s(x) = s(x) \oplus_{s(a)} s(y)$. 所以, s 是 a-相对广义 Riečan 态.

注意, 定理 10.3.16 的逆未必成立, 见后面的例 10.3.19 (i). 下面给出定理 10.3.16 的逆成立的一个充分条件.

定理 10.3.17 设 $a \in M$, $m : M \to L$ 是满足 $m(a) = 0$ 的 a-相对广义 Riečan 态. 若 M 具有 a-相对 Glivenko 性质, 并且 L 是对合剩余格, 则 m 是保序 I-型态.

证明 设 $m : M \to L$ 是满足 $m(a) = 0$ 的 a-相对广义 Riečan 态, $x, y \in M$ 且 $y \leqslant x$. 下证 $m(x \to y) = m(x) \to m(y)$.

由 $y \leqslant x$ 知 $y \perp_a \neg_a x$, 于是, $m(y) \perp_{m(a)} m(\neg_a x)$, 即 $m(y) \perp m(\neg_a x)$. 因为 M 具有 a-相对 Glivenko 性质, 由命题 10.3.13 (i), 定理 10.3.4 (iii) 以及命题 10.3.2 (7) 知 $y \oplus_a \neg_a x = \neg_a \neg_a x \to \neg_a \neg_a y = x \to \neg_a \neg_a y = \neg_a \neg_a (x \to y)$. 再由 L 的对合性,

命题 10.3.15 (i) 与 (iii),

$$
\begin{aligned}
& m(x \to y) = \neg\neg m(x \to y) \\
&= \neg_{m(a)}\neg_{m(a)} m(x \to y) = m(\neg_a\neg_a(x \to y)) \\
&= m(y \oplus_a \neg_a x) = m(y) \oplus_{m(a)} m(\neg_a x) \\
&= m(y) \oplus m(\neg_a x) = m(y) \oplus \neg m(x) \\
&= m(x) \to m(y).
\end{aligned}
$$

所以 m 是保序 I-型态.

下面的定理推广了定理 8.2.37.

定理 10.3.18　设 $a \in M$, M 是 a-相对半可分剩余格, L 是对合剩余格, 则满足 $m(a) = 0$ 的 a-相对广义 Riečan 态 $m : M \to L$ 由其在 MV-代数 $\mathrm{Reg}_a(M)$ 上的限制 $m|_{\mathrm{Reg}_a(M)}$ 唯一确定.

证明　设 $m : M \to L$ 是满足 $m(a) = 0$ 的 a-相对广义 Riečan 态, 则其在 $\mathrm{Reg}_a(M)$ 上的限制 $m|_{\mathrm{Reg}_a(M)}$ 显然是 a-相对广义 Riečan 态. 由于 a 是 $\mathrm{Reg}_a(M)$ 的最小元, $m|_{\mathrm{Reg}_a(M)}$ 实为定义 10.1.45 意义下的广义 Riečan 态.

反过来, 设 $m : \mathrm{Reg}_a(M) \to L$ 是 $\mathrm{Reg}_a(M)$ 上的广义 Riečan 态. 由于 a 是 $\mathrm{Reg}_a(M)$ 中的最小元, 所以由命题 10.1.46 (iii) 知 $m(a) = 0$. 定义 $\widetilde{m} : M \to L$ 为 $\widetilde{m}(x) = m(\neg_a\neg_a x)$, $x \in M$. 下证 $\widetilde{m}$ 是 M 上的 a-相对广义 Riečan 态. 事实上, 由 $1 \in \mathrm{Reg}_a(M)$ 及 $m(1) = 1$ 知 $\widetilde{m}(1) = m(\neg_a\neg_a 1) = m(1) = 1$, $\widetilde{m}(0) = m(\neg_a\neg_a 0) = m(a) = 0$. 这证明了定义 10.3.14 (i). 此外, $\widetilde{m}(a) = m(\neg_a\neg_a a) = m(a) = 0$. 任取 $x, y \in M$ 使得 $x \perp_a y$, 则 $\neg_a\neg_a x \perp_a \neg_a\neg_a y$. 注意, 由于 $\neg_a\neg_a x, \neg_a\neg_a y \in \mathrm{Reg}_a(M)$ 以及 a 是 $\mathrm{Reg}_a(M)$ 中的最小元, 所以 $\neg_a\neg_a x \perp_a \neg_a\neg_a y$ 在 $\mathrm{Reg}_a(M)$ 中实际表示 $\neg_a\neg_a x \perp \neg_a\neg_a y$. 由命题 10.3.13 (vi) 知 $x \oplus_a y = \neg_a\neg_a x \oplus_a \neg_a\neg_a y = \neg_a\neg_a x \oplus \neg_a\neg_a y \in \mathrm{Reg}_a(M)$. 所以, $m(\neg_a\neg_a x) \perp m(\neg_a\neg_a y)$, 这意味着 $\widetilde{m}(x) \perp \widetilde{m}(y)$, 即 $\widetilde{m}(x) \perp_{\widetilde{m}(a)} \widetilde{m}(y)$, 且

$$
\begin{aligned}
& \widetilde{m}(x \oplus_a y) = m(\neg_a\neg_a(x \oplus_a y)) \\
&= m(x \oplus_a y) = m(\neg_a\neg_a x \oplus \neg_a\neg_a y) \\
&= m(\neg_a\neg_a x) \oplus m(\neg_a\neg_a y) = \widetilde{m}(x) \oplus \widetilde{m}(y) \\
&= \widetilde{m}(x) \oplus_{\widetilde{m}(a)} \widetilde{m}(y).
\end{aligned}
$$

这就证明了 $\widetilde{m}$ 是 M 上的 a-相对广义 Riečan 态, 且满足 $\widetilde{m}(a) = 0$.

最后, 假设 $\widetilde{m}' : M \to L$ 是 $m : \mathrm{Reg}_a(M) \to L$ 在 M 上的任一扩张. 注意, 此时仍有 $\widetilde{m}'(a) = m(a) = 0$. 由命题 10.3.15 (i) 及 L 的对合性知, 对任一 $x \in M$, $\widetilde{m}'(x) = \widetilde{m}'(\neg_a\neg_a x) = m(\neg_a\neg_a x) = \widetilde{m}(x)$. 所以 $\widetilde{m}$ 是 m 在 M 上的唯一 a-相对广义 Riečan 态扩张.

例 10.3.19　设 M 是例 8.1.2 (v) 中的剩余格.

(i) 找出所有 x-相对广义 Riečan 态 $m_x: M \to M$, $x \in M$.

由例 10.1.52 知, 0-相对广义 Riečan 态 $m_0: M \to M$ 如下表所示:

x	0	a	b	c	d	1
$m_{0,1}(x)$	0	a	0	1	$\{a,1\}$①	1
$m_{0,2}(x)$	0	a	b	c	$\{c,d\}$	1
$m_{0,3}(x)$	0	a	c	b	b	1
$m_{0,4}(x)$	0	a	1	0	0	1
$m_{0,5}(x)$	0	1	0	1	$\{a,1\}$	1
$m_{0,6}(x)$	0	1	b	c	$\{c,d\}$	1
$m_{0,7}(x)$	0	1	c	b	b	1
$m_{0,8}(x)$	0	1	1	0	0	1

例 10.1.52 已指出, 在全体 0-相对广义 Riečan 态中, 满足 $m_{0,1}(d)=a$ 的 $m_{0,1}$, 满足 $m_{0,2}(d)=d$ 的 $m_{0,2}$, 满足 $m_{0,5}(d)=1$ 的 $m_{0,5}$, 满足 $m_{0,6}(d)=c$ 的 $m_{0,6}$, $m_{0,7}$ 以及 $m_{0,8}$ 是从 M 到 M 的所有 I-型态, 并且除第一个外都是保序的.

b-相对广义 Riečan 态 $m_b: M \to M$ 如下

x	0	a	b	c	d	1
$m_{b,1}(x)$	0	$\{a,1\}$	0	$\{a,1\}$	$\{a,1\}$	1
$m_{b,2}(x)$	0	1	d	1	1	1
$m_{b,3}(x)$	0	$\{a,b,1\}$	c	$\{a,b,1\}$	$\{a,b,1\}$	1
$m_{b,4}(x)$	0	$\{a,c,d,1\}$	b	$\{a,c,d,1\}$	$\{a,c,d,1\}$	1
$m_{b,5}(x)$	0	1	a	1	1	1
$m_{b,6}(x)$	0	M	1	M	M	1

c-相对广义 Riečan 态 $m_c: M \to M$ 如下

x	0	a	b	c	d	1
$m_{c,1}(x)$	0	1	1	0	0	1
$m_{c,2}(x)$	0	1	1	d	$\{0,d\}$	1
$m_{c,3}(x)$	0	$\{a,b,1\}$	$\{a,b,1\}$	c	$\{0,c,d\}$	1
$m_{c,4}(x)$	0	$\{a,c,d,1\}$	$\{a,c,d,1\}$	b	$\{0,b\}$	1
$m_{c,5}(x)$	0	1	1	a	$M-\{1\}$	1
$m_{c,6}(x)$	0	M	M	1	M	1

d-相对广义 Riečan 态 $m_d: M \to M$ 如下

①为节约空间把例 10.1.52 中的广义 Riečan 态作了分类, 如 $m_{0,1}$ 实际代表了两个广义 Riečan 态, 其中 $m_{0,1}(d)$ 分别取 a 与 1. 后面的其他表格把相应的相对广义 Riečan 态也作了分类.

x	0	a	b	c	d	1
$m_{d,1}(x)$	0	1	$\{a,1\}$	0	0	1
$m_{d,2}(x)$	0	1	1	d	d	1
$m_{d,3}(x)$	0	a	$\{a,b\}$	c	d	1
$m_{d,4}(x)$	0	1	$\{a,b,1\}$	c	c	1
$m_{d,5}(x)$	0	c	$\{0,c,d\}$	1	c	1
$m_{d,6}(x)$	0	1	$\{a,c,d,1\}$	b	b	1
$m_{d,7}(x)$	0	1	1	a	a	1
$m_{d,8}(x)$	0	1	M	1	1	1

a-相对广义 Riečan 态 $m_a: M \to M$ 如下

x	0	a	b	c	d	1
$m_{a,1}(x)$	0	0	0	0	0	1
$m_{a,2}(x)$	0	d	$\{0,d\}$	$\{0,d\}$	$\{0,d\}$	1
$m_{a,3}(x)$	0	c	$\{0,c,d\}$	$\{0,c,d\}$	$\{0,c,d\}$	1
$m_{a,4}(x)$	0	b	$\{0,b\}$	$\{0,b\}$	$\{0,b\}$	1
$m_{a,5}(x)$	0	a	$M-\{1\}$	$M-\{1\}$	$M-\{1\}$	1
$m_{a,6}(x)$	0	1	M	M	M	1

易验证满足 $m(0)=0$, $m(1)=1$ 的映射 $m: M \to M$ 都是 1-相对广义 Riečan 态.

第一个表格及其后的注解说明任一保序 I-型态是 0-相对广义 Riečan 态; 比较前两个表格, 满足 $m_{0,5}(d)=1$ 的 $m_{0,5}$ 是类 $m_{b,1}$ 中的 b-相对广义 Riečan 态; 比较第一、第三及第四个表格, 保序 I-型态 $m_{0,8}$ 既是 c-相对广义 Riečan 态, 又是 d-相对广义 Riečan 态. 这就再次验证了定理 10.3.16.

(ii) 设 $L=[0,1]_{\mathrm{MV}}$ 是标准 MV-代数. 在定理 10.3.10 前面已指出, 对任意的 $x \in M-\{d,1\}$, M 是 x-相对半可分的. 对 $x \in M-\{d,1\}$, 满足 $m_x(x)=0$ 的 x-相对广义 Riečan 态 $m_x: M \to L$ 刻画如下.

m_0 是 0-相对广义 Riečan 态 iff $m_0(0)=0$, $m_0(1)=m_0(a)=1$, $m_0(c)=m_0(d)$, $m_0(b)+m_0(c)=1$.

m_a 是满足 $m_a(a)=0$ 的 a-相对广义 Riečan 态 iff

$$m_a(y)=\begin{cases} 1, & y=1, \\ 0, & 其他, \end{cases} \quad y \in M;$$

m_b 是满足 $m_b(b)=0$ 的 b-相对广义 Riečan 态 iff

$$m_b(y)=\begin{cases} 0, & y \in \{0,b\}, \\ 1, & 其他, \end{cases} \quad y \in M;$$

m_c 满足 $m_c(c)=0$ 的 c-相对广义 Riečan 态 iff

$$m_c(y)=\begin{cases}0, & y\in\{0,c,d\},\\ 1, & \text{其他},\end{cases}\qquad y\in M.$$

易见, 对 $x\in M-\{d,1\}$, 满足 $m_x(x)=0$ 的 x-相对广义 Riečan 态 $m_x:M\to L$ 是其在 Boole 代数 $\mathrm{Reg}_x(M)$ 上的限制 $m_x|_{\mathrm{Reg}_x(M)}$ 通过 $m_x(y)=m_x|_{\mathrm{Reg}_x(M)}(\neg_x\neg_x y)$ 而得的扩张. 反过来, Boole 代数 $\mathrm{Reg}_x(M)$ 上的态算子 m_x 通过 $\widetilde{m}_x(y)=m_x(\neg_x\neg_x y)$ 都可唯一地扩张为 M 上满足 $\widetilde{m}_x(x)=0$ 的 x-相对广义 Riečan 态 $\widetilde{m}_x$. 此例验证了定理 10.3.18.

(iii) 仍设 $L=[0,1]_{\mathrm{MV}}$. 由例 10.3.6 (i) 知, M 具有 x-相对 Glivenko 性质, 其中 $x\in\{0,b,c\}$. 又因为 L 是对合的, 所以由定理 10.3.17, 对 $x\in\{0,b,c\}$, (ii) 中满足 $m_x(x)=0$ 的 x-相对广义 Riečan 态 m_x 都是保序 I-型态.

例 10.3.20 设 $M=[0,1]_{\mathrm{sD}}$, $L=[0,1]_{\mathrm{MV}}$, 则对任一 $a\in[0,1]$, M 都是 a-相对半可分的.

(i) 当 $a\in\left[0,\dfrac{1}{2}\right)$ 时,

$$m(x)=\begin{cases}0, & x=a,\\ \dfrac{1}{2}, & x=\dfrac{1}{2},\\ 1, & x=1,\end{cases}\qquad x\in\left\{a,\frac{1}{2},1\right\}$$

是 $\mathrm{Reg}_a(M)=\left\{a,\dfrac{1}{2},1\right\}$ 上的唯一 (Riečan) 态算子. 于是, 由定理 10.3.18, m 在 M 上的扩张 $\widetilde{m}$:

$$\widetilde{m}(x)=m(\neg_a\neg_a x)=\begin{cases}0, & x\leqslant a,\\ \dfrac{1}{2}, & a<x\leqslant\dfrac{1}{2},\\ 1, & \dfrac{1}{2}<x\leqslant 1,\end{cases}\qquad x\in[0,1]$$

是 M 上满足 $\widetilde{m}(a)=0$ 的唯一 a-相对广义 Riečan 态.

(ii) 当 $a\in\left[\dfrac{1}{2},1\right]$ 时, 映射

$$m(x)=\begin{cases}0, & x\leqslant a,\\ 1, & a<x\leqslant 1,\end{cases}\qquad x\in[0,1]$$

是 M 上满足 $m(a)=0$ 的唯一 a-相对广义 Riečan 态.

10.4　基于核算子的广义态理论

10.3 节中的相对否定 $\neg_a\neg_a$ 是文献 [244] 引入的一种核算子, 有关剩余格上的核算子的基本知识也可参阅文献 [266]. 本节进一步将广义态理论推广到带有核算子的剩余格中.

10.4.1　核算子

设 $M=(M,\wedge,\vee,\otimes,\rightarrow,0,1)$ 是剩余格. 称自映射 $\mu: M\rightarrow M$ 为 M 上的**闭包算子**, 若 μ 是增值的、保序的及幂等的, 即对任意的 $x,y\in M$, (i) $x\leqslant\mu(x)$; (ii) 当 $x\leqslant y$ 时 $\mu(x)\leqslant\mu(y)$; (iii) $\mu(\mu(x))=\mu(x)$.

称 M 上的闭包算子 μ 为**核算子**, 若对任意的 $x,y\in M$, $\mu(x)\otimes\mu(y)\leqslant\mu(x\otimes y)$. 显然, M 上的恒等映射 id_M 是 M 上的核算子. 对任一 $a\in M$, 由命题 10.3.2 (4), (5) 与 (11) 知相对否定 $\neg_a\neg_a$ 也是 M 上的核算子. 后面的例 10.4.6 将说明对给定的剩余格 M, 核算子可能不限于以上两种形式. 下面先研究核算子的性质及刻画.

命题 10.4.1　设 μ 是 M 上的核算子, $x,y\in M$.

(i) $\mu(x\rightarrow y)\leqslant\mu(x)\rightarrow\mu(y)=x\rightarrow\mu(y)$.

(ii) $\mu(x\rightarrow\mu(y))=x\rightarrow\mu(y)$.

(iii) $\mu(x\otimes y)=\mu(\mu(x)\otimes y)=\mu(\mu(x)\otimes\mu(y))$.

(iv) $\mu(x\wedge y)\leqslant\mu(\mu(x)\wedge\mu(y))=\mu(x)\wedge\mu(y)$.

(v) $\mu(x\vee y)=\mu(\mu(x)\vee\mu(y))$.

证明　(i) 由核算子的定义及命题 8.1.3 (7), $\mu(x\rightarrow y)\otimes\mu(x)\leqslant\mu(x\otimes(x\rightarrow y))\leqslant\mu(y)$, 所以 $\mu(x\rightarrow y)\leqslant\mu(x)\rightarrow\mu(y)$. 由此, $x\rightarrow\mu(y)\leqslant\mu(x\rightarrow\mu(y))\leqslant\mu(x)\rightarrow\mu(y)$. 由 $x\leqslant\mu(x)$ 知反向不等式 $\mu(x)\rightarrow\mu(y)\leqslant x\rightarrow\mu(y)$ 成立. 这就证得 $\mu(x)\rightarrow\mu(y)=x\rightarrow\mu(y)$.

(ii) 由 (i) 知 $\mu(x\rightarrow\mu(y))\leqslant\mu(x)\rightarrow\mu(\mu(x))=x\rightarrow\mu(y)$. 由 μ 的增值性知反向不等式显然成立.

(iii) 由核算子的定义, $\mu(x)\otimes\mu(y)\leqslant\mu(x\otimes y)\leqslant\mu(\mu(x)\otimes y)\leqslant\mu(\mu(x)\otimes\mu(y))$. 对上述不等式再同时作用 μ, 由 μ 的保序性及幂等性即得 (iii).

(iv) 由 μ 是闭包算子即可证得 (iv) 和 (v) 成立.

命题 10.4.2　设 μ 是 M 上的闭包算子, 令 $\mathrm{Reg}_\mu(M)=\{x\in M\mid\mu(x)=x\}$, 则以下各条等价:

(i) μ 是核算子,

(ii) 对任意的 $x,y\in M$, $\mu(\mu(x)\otimes\mu(y))=\mu(x\otimes y)$,

(iii) 对任意的 $x\in M$ 及 $y\in\mathrm{Reg}_\mu(M)$, $x\rightarrow y\in\mathrm{Reg}_\mu(M)$.

证明 (i)⇒(ii). 命题 10.4.1 (iii).

(ii)⇒(iii). 由 $y \in \mathrm{Reg}_\mu(M)$ 知 $\mu(y) = y$. 所以, 由 μ 的增值性及保序性, (ii) 与命题 8.1.3 (7), $\mu(x \to y) \otimes x \leqslant \mu(\mu(x \to y) \otimes \mu(x)) = \mu((x \to y) \otimes x) \leqslant \mu(y) = y$, 由此, $\mu(x \to y) \leqslant x \to y$. 由 μ 的增值性知反向不等式显然成立, 所以 $\mu(x \to y) = x \to y$, 从而 $x \to y \in \mathrm{Reg}_\mu(M)$.

(iii)⇒(i). 由 μ 的增值性, $x \otimes y \leqslant \mu(x \otimes y)$, 从而 $x \leqslant y \to \mu(x \otimes y)$, 再由 μ 的保序性及 (iii), $\mu(x) \leqslant y \to \mu(x \otimes y)$. 由命题 8.1.3 (10), $y \leqslant \mu(x) \to \mu(x \otimes y)$, 再由 μ 的保序性及 (iii), $\mu(y) \leqslant \mu(x) \to \mu(x \otimes y)$, 所以 $\mu(x) \otimes \mu(y) \leqslant \mu(x \otimes y)$, 这就证明了 μ 是核算子.

命题 10.4.3 M 上的自映射 μ 是核算子 iff 对任意的 $x, y \in M$, $\mu(x) \to \mu(y) = x \to \mu(y)$.

证明 由命题 10.4.1 (i) 知必要性成立, 下证充分性. 由 $x \to \mu(x) = \mu(x) \to \mu(x) = 1$ 知 $x \leqslant \mu(x)$, 所以 μ 是增值的. 设 $x \leqslant y$, 则由题设及命题 8.1.3 (5) 知 $\mu(x) \to \mu(y) = x \to \mu(y) \geqslant y \to \mu(y) = 1$, 所以 $\mu(x) \leqslant \mu(y)$, 从而 μ 是保序的. 由 $\mu(\mu(x)) \to \mu(x) = \mu(x) \to \mu(x) = 1$ 知 $\mu(\mu(x)) \leqslant \mu(x)$, 再由 μ 的增值性知 $\mu(\mu(x)) = \mu(x)$, 这说明 μ 是幂等的, 所以 μ 是 M 上的闭包算子. 最后, 由命题 8.1.3 (9), 题设及 μ 的增值性得 $\mu(x) \otimes \mu(y) \to \mu(x \otimes y) = \mu(x) \to (\mu(y) \to \mu(x \otimes y)) = x \to (y \to \mu(x \otimes y)) = x \otimes y \to \mu(x \otimes y) = 1$, 所以 $\mu(x) \otimes \mu(y) \leqslant \mu(x \otimes y)$, 因此 μ 是核算子.

下设 μ 是剩余格 M 上的核算子, 在 $\mathrm{Reg}_\mu(M)$ 上定义 $x \vee_\mu y = \mu(x \vee y)$, $x \otimes_\mu y = \mu(x \otimes y)$, $x, y \in \mathrm{Reg}_\mu(M)$. 另外, 由命题 10.4.1 (i) 与 (ii) 知 $\mathrm{Reg}_\mu(M)$ 对 $\to$ 封闭. 由命题 10.4.1 (iv) 知 $\mathrm{Reg}_\mu(M)$ 对 $\wedge$ 也封闭. 当 $\mu = \neg_a \neg_a$ 时 $\mathrm{Reg}_\mu(M)$ 就是 10.3 节中的 $\mathrm{Reg}_a(M)$, $a \in M$. 下面的结论推广了命题 10.3.3 和定理 10.3.4.

定理 10.4.4 $(\mathrm{Reg}_\mu(M), \wedge, \vee_\mu, \otimes_\mu, \to, \mu(0), 1)$ 是剩余格.

证明 显然, $\wedge$ 仍是 $\mathrm{Reg}_\mu(M)$ 中的下确界运算. 任取 $x, y \in \mathrm{Reg}_\mu(M)$, $x \vee_\mu y$ 显然是 x, y 在 $\mathrm{Reg}_\mu(M)$ 中的上界. 设 $z \in \mathrm{Reg}_\mu(M)$ 是 x, y 在 $\mathrm{Reg}_\mu(M)$ 中的任一上界, 则 z 也是 x, y 在 M 中的上界, 从而 $z \geqslant x \vee y$, 由 μ 的保序性知 $z = \mu(z) \geqslant \mu(x \vee y) = x \vee_\mu y$. 这就证明了 $\vee_\mu$ 是 $\mathrm{Reg}_\mu(M)$ 中的上确界运算. 所以 $(\mathrm{Reg}_\mu(M), \wedge, \vee_\mu, \mu(0), 1)$ 是有界格. 由 $\otimes$ 的交换性易见 $\otimes_\mu$ 也交换. 由命题 10.4.1 (iii) 及 $\otimes$ 的结合性知, 对任意的 $x, y, z \in \mathrm{Reg}_\mu(M)$, $(x \otimes_\mu y) \otimes_\mu z = \mu(\mu(x \otimes y) \otimes z) = \mu((x \otimes y) \otimes z) = \mu(x \otimes (y \otimes z)) = x \otimes_\mu (y \otimes_\mu z)$. 显然, 1 是 $\otimes_\mu$ 的单位. 最后,

$$
\begin{aligned}
x \otimes_\mu y \leqslant z \text{ iff } & \mu(x \otimes y) \leqslant z \\
\text{iff } & x \otimes y \leqslant z \ (\text{由 } x \otimes y \leqslant \mu(x \otimes y) \text{ 及 } z = \mu(z))
\end{aligned}
$$

$$\text{iff } y \leqslant x \to z$$
$$\text{iff } x \leqslant y \to z.$$

记 $D_\mu(M) = \{x \in M \mid \mu(x) = 1\}$, 则仍可验证 $D_\mu(M)$ 是 M 中的滤子, 事实上, 设 $x, x \to y \in D_\mu(M)$, 则由 $\mu(y) \geqslant \mu(x \otimes (x \to y)) \geqslant \mu(x) \otimes \mu(x \to y) = 1$ 知 $y \in D_\mu(M)$. $D_\mu(M)$ 按式 (8.1.14) 诱导的 M 上的同余关系记为 $\sim_\mu$, $M/D_\mu(M)$ 表示 M 关于 $\sim_\mu$ 的商代数. 定义 $[\mu] : M/D_\mu(M) \to M/D_\mu(M)$ 为 $[\mu]([x]) = [\mu(x)]$, $x \in M$, 则由命题 10.4.3 知 $[\mu]$ 是 $M/D_\mu(M)$ 上的核算子.

定理 10.4.5 设 μ 是 M 上的核算子, 则以下各条等价:

(i) $\mathrm{Reg}_{[\mu]}(M/D_\mu(M)) = M/D_\mu(M)$,

(ii) 对任一 $x \in M$, $\mu(\mu(x) \to x) = 1$,

(iii) 对任意的 $x, y \in M$, $\mu(x \to y) = x \to \mu(y)$,

(iv) μ 是从 M 到 $\mathrm{Reg}_\mu(M)$ 的满同态, 此时, $\mathrm{Reg}_\mu(M)$ 同构于 $M/D_\mu(M)$.

证明 显然, (i) 等价于对任一 $x \in M$, $\mu(x) \to x \in D_\mu(M)$. 所以, (i) 与 (ii) 等价.

(ii)⇒(iii). 任取 $x, y \in M$, 由命题 10.4.1 (i) 与 (ii), $\mu(x \to y) \leqslant \mu(x) \to \mu(y) = x \to \mu(y)$. 反过来, 由本定理 (ii), μ 的保序性及命题 10.4.1 (ii),

$$\begin{aligned} 1 &= \mu(\mu(y) \to y) \\ &\leqslant \mu((x \to \mu(y)) \to (x \to y)) \\ &\leqslant \mu((x \to \mu(y)) \to \mu(x \to y)) \\ &= (x \to \mu(y)) \to \mu(x \to y). \end{aligned}$$

这说明 $x \to \mu(y) \leqslant \mu(x \to y)$.

(iii)⇒(ii). $\mu(\mu(x) \to x) = \mu(x) \to \mu(x) = 1$.

(iii)⇒(iv). 任取 $x, y \in M$. 由本定理 (iii) 及命题 10.4.1 (i), $\mu(x \to y) = x \to \mu(y) = \mu(x) \to \mu(y)$, 所以 μ 保持 $\to$. 由命题 10.4.1 (iii), $\mu(x \otimes y) = \mu(\mu(x) \otimes \mu(y)) = \mu(x) \otimes_\mu \mu(y)$, 这说明 μ 保持 $\otimes$. 由命题 8.1.3 (14), $\mu(x) \to x \leqslant \mu(x) \wedge y \to x \wedge y$. 于是由 (iii) 及 μ 的保序性,

$$\begin{aligned} 1 &= \mu(x) \to \mu(x) = \mu(\mu(x) \to x) \\ &\leqslant \mu(\mu(x) \wedge y \to x \wedge y) \\ &= \mu(\mu(x) \wedge y)) \to \mu(x \wedge y). \end{aligned}$$

所以 $\mu(\mu(x) \wedge y)) \leqslant \mu(x \wedge y)$. 反向不等式显然成立. 所以 $\mu(\mu(x) \wedge y) = \mu(x \wedge y)$, 从而由命题 10.4.1 (iv) 知 $\mu(x \wedge y) = \mu(\mu(x) \wedge y) = \mu(\mu(x) \wedge \mu(y)) = \mu(x) \wedge \mu(y)$. 由命题 10.4.1 (v) 知 $\mu(x \vee y) = \mu(\mu(x) \vee \mu(y)) = \mu(x) \vee_\mu \mu(y)$, 这说明 μ 保持 $\vee$. 所

以 μ 是剩余格同态, 且是满的. 最后, $\mu(x)=\mu(y)$ iff $\mu(x\to y)=\mu(y\to x)=1$ iff $x\to y,\ y\to x\in D_\mu(M)$ iff $x\sim_\mu y$. 所以 $x\mapsto[x]_{D_\mu(M)}$ 是 $\mathrm{Reg}_\mu(M)$ 与 $M/D_\mu(M)$ 间的同构.

据作者所知, 定理 10.4.5 是 Glivenko 定理目前最广泛的代数形式. 今后称剩余格 M 具有 **μ-相对 Glivenko 性质**, 若 M 上的核算子 μ 满足定理 10.4.5 中的等价条件. 当 $\mu=\neg_a\neg_a$ 时, μ-相对 Glivenko 性质就是 10.3 节讲的 a-相对 Glivenko 性质.

例 10.4.6 (i) 考虑例 8.1.2 (v) 中的剩余格 M. 可验证 M 上的所有核算子由下表给出, 其中 μ_x 表示相对双重否定 $\neg_x\neg_x$, $x\in M$:

	μ_0	μ_a	μ_b	μ_c	μ_d	μ_1	id_M	μ_2	μ_3	μ_4	μ_5
0	0	a	b	c	d	1	0	0	b	c	b
a	1	a	1	1	a	1	a	a	a	a	a
b	b	a	b	1	a	1	b	b	b	a	a
c	c	a	1	c	c	1	c	c	a	c	a
d	c	a	1	c	d	1	d	c	a	c	a
1	1	1	1	1	1	1	1	1	1	1	1

把 $\mathrm{Reg}_{\mu_i}(M)$ 简记为 $\mathrm{Reg}_i(M)$, 其中 $i\in\{0,a,b,c,d,1,2,3,4,5,\mathrm{id}_M\}$. 容易验证, $\mathrm{Reg}_0(M)=\{0,b,c,1\}$, $\mathrm{Reg}_a(M)=\{a,1\}$, $\mathrm{Reg}_b(M)=\{b,1\}$, $\mathrm{Reg}_c(M)=\{c,1\}$, $\mathrm{Reg}_d(M)=\{a,c,d,1\}$, $\mathrm{Reg}_1(M)=\{1\}$, $\mathrm{Reg}_2(M)=\{0,a,b,c,1\}$, $\mathrm{Reg}_3(M)=\{a,b,1\}$, $\mathrm{Reg}_4(M)=\{a,c,1\}$, $\mathrm{Reg}_5(M)=\{a,1\}$ 以及 $\mathrm{Reg}_{\mathrm{id}_M}(M)=M$. 由定理 10.4.4, 上述各 $\mathrm{Reg}_i(M)$ 都是剩余格. 由例 10.3.6 (i) 知 M 是 x-相对半可分的, 其中 $x\in\{0,a,b,c,1\}$.

设 $\alpha_i(x)=\mu_i(\mu_i(x)\to x)$, 其中 $i\in\{0,a,b,c,d,1,2,3,4,5,\mathrm{id}_M\}$, $\alpha_i(x)$ 的计算如下表:

	α_0	α_a	α_b	α_c	α_d	α_1	α_{id_M}	α_2	α_3	α_4	α_5
0	1	a	1	1	a	1	1	$*$	a	a	a
a	1	$*$	1	1	$*$	1	1	$*$	$*$	$*$	$*$
b	1	$*$	1	1	$*$	1	1	$*$	$*$	$*$	$*$
c	1	$*$	1	1	$*$	1	1	$*$	$*$	$*$	$*$
d	1	$*$	1	1	$*$	1	1	a	$*$	$*$	$*$
1	1	$*$	1	1	$*$	1	1	$*$	$*$	$*$	$*$

由上表, M 具有 x-相对 Glivenko 性质, 其中 $x\in\{0,b,c,1,\mathrm{id}_M\}$.

(ii) 设 $M=[0,1]_{R_0}$ 为标准 R_0-代数, μ 是 M 上的核算子, 则 M 是 μ-相对 Glivenko 的 iff 存在 $a\in\left[0,\dfrac{1}{2}\right)\cup\{1\}$ 使得 $\mu=\neg_a\neg_a$.

证明 简单的计算可验证充分性. 事实上, M 显然是 $\neg_1\neg_1$-相对 Glivenko 的.

下设 $a \in \left[0, \frac{1}{2}\right)$, 则可验证

$$\neg_a \neg_a x = \begin{cases} 1, & x \geqslant 1-a, \\ x, & a < x < 1-a, \\ a, & x \leqslant a, \end{cases} \tag{10.4.1}$$

于是, 对任一 $x \in [0,1]$, $\neg_a \neg_a(\neg_a \neg_a x \to x) = 1$. 所以 M 具有 a-相对 Glivenko 性质, $a \in \left[0, \frac{1}{2}\right)$.

反过来, 设 M 是 μ-相对 Glivenko 的. 首先, 对 $x \in \left[\frac{1}{2}, 1\right]$, 由定理 10.4.5, $\mu(\mu(x) \to x) = 1$. 若 $x < \mu(x)$, 则 $1 - \mu(x) < 1 - x \leqslant x$, $\mu(x) = \mu((1-\mu(x)) \vee x) = \mu(\mu(x) \to x) = 1$. 于是, 对 $x \in \left[\frac{1}{2}, 1\right]$, 或者 $\mu(x) = x$ 或者 $\mu(x) = 1$. 特别地, $\mu\left(\frac{1}{2}\right) = \frac{1}{2}$ 或 $\mu\left(\frac{1}{2}\right) = 1$.

情形 1 $\mu\left(\frac{1}{2}\right) = 1$. 由 μ 的保序性, 对任一 $x \geqslant \frac{1}{2}$ 有 $\mu(x) = 1$. 设 $x \in \left[0, \frac{1}{2}\right)$. 由 μ 是同态及 $\frac{1}{2} \to x = \frac{1}{2}$ 知, $\mu(x) = 1 \to \mu(x) = \mu\left(\frac{1}{2}\right) \to \mu(x) = \mu\left(\frac{1}{2} \to x\right) = \mu\left(\frac{1}{2}\right) = 1$. 所以, 此时有 $\mu = \neg_1 \neg_1$.

情形 2 $\mu\left(\frac{1}{2}\right) = \frac{1}{2}$. 设 $x < \frac{1}{2}$, 则 $\frac{1}{2} \to x = \frac{1}{2}$, 从而 $\frac{1}{2} = \mu\left(\frac{1}{2}\right) = \mu\left(\frac{1}{2} \to x\right) = \mu\left(\frac{1}{2}\right) \to \mu(x) = \frac{1}{2} \to \mu(x)$, 于是 $\mu(x) < \frac{1}{2}$. 设 $\mu(x) > x$, 由定理 10.4.5 (ii) 与 (iii) 知, $1 = \mu(\mu(x) \to x) = \mu((1-\mu(x)) \vee x) = \mu(1-\mu(x)) = \mu(\mu(x) \to 0) = \mu(x) \to \mu(0)$, 于是 $\mu(x) = \mu(0)$. 这说明, 对任一 $x \in \left[0, \frac{1}{2}\right)$, $\mu(x) = x$ 或者 $\mu(x) = \mu(0) < \frac{1}{2}$. 令 $x_0 = \inf\{x \in [0,1] \mid \mu(x) = 1\}$, 则 $x_0 > \frac{1}{2}$, 并且有如下论断.

论断 1 $\mu(0) = 1 - x_0$.

首先注意 $\mu(x_0) = 1$, 因为 μ 是闭包算子. 于是, $(1 - x_0) \to \mu(0) = \mu((1-x_0) \to 0) = \mu(x_0) = 1$, 所以 $1 - x_0 \leqslant \mu(0)$. 另外, $\mu(1-\mu(0)) = \mu(\mu(0) \to 0) = \mu(0) \to \mu(0) = 1$, 所以 $1 - \mu(0) \geqslant x_0$, 即 $1 - x_0 \geqslant \mu(0)$. 这就证明了论断 1.

其次, 再证论断 2.

论断 2

$$\mu(x)=\begin{cases}\mu(0), & x\leqslant 1-x_0,\\ x, & 1-x_0<x<x_0,\end{cases}\qquad x\in[0,x_0).$$

当 $x\leqslant 1-x_0$ 时, 由 μ 的保序性, $\mu(x)\leqslant\mu(1-x_0)=\mu(0)\leqslant\mu(x)$, 所以 $\mu(x)=\mu(0)$. 当 $x\geqslant\dfrac{1}{2}$ 时显然 $\mu(x)=x$, 因为 $x_0=\min\{x\in[0,1]\mid\mu(x)=1\}$. 现设 $1-x_0<x<\dfrac{1}{2}$, 则由 $\dfrac{1}{2}>\mu(x)=\mu(x_0\to x)=x_0\to\mu(x)$ 知 $1-x_0\leqslant\mu(x)<x_0$. 倘若 $\mu(x)=1-x_0$, 则 $\mu(x)=\mu(\mu(x))=\mu(1-x_0)=\mu(0)$, 于是, $\mu(1-x)=\mu(x)\to\mu(0)=1$, 与 x_0 的定义矛盾. 结合论断 1, 我们证明了 $\mu(0)<\mu(x)<x_0$. 所以, $\mu(x)=x$.

综上, 在情形 2 证明了

$$\mu(x)=\begin{cases}1, & x\geqslant x_0,\\ x, & 1-x_0<x<x_0,\\ 1-x_0, & x\leqslant 1-x_0,\end{cases}\qquad x\in[0,1].$$

令 $a=1-x_0$, 则 $a\in\left[0,\dfrac{1}{2}\right)$, 再由式 (10.4.1) 知 $\mu=\neg_a\neg_a$.

(iii) 设 M 是 R_0-代数, 则 M 是 μ-相对 Glivenko 的 iff $\mu=\neg_a\neg_a$, 其中 $(\neg a)^2=\neg a$. 感兴趣的读者可详阅文献 [267].

(iv) 设 $M=[0,1]_{\mathrm{sD}}$, 则 M 是 μ-相对 Glivenko 的 iff μ 具有如下形式:

$$\mu_0=\neg_1\neg_1,$$

或

$$\mu_a(x)=\begin{cases}x, & x\leqslant a,\\ 1, & x>a,\end{cases}\qquad x\in[0,1],$$

其中 $a\in\left[\dfrac{1}{2},1\right]$. 相应地, $\mathrm{Reg}_{\mu_0}(M)=\{1\}$, $\mathrm{Reg}_{\mu_a}(M)=[0,a]\cup\{1\}$, 其中 $a\in\left[\dfrac{1}{2},1\right]$. 注意, 对 $a\in\left[\dfrac{1}{2},1\right]$, 上述 μ_a 不具有相对双重否定的形式.

作为本节的结束, 我们讨论带有核算子 μ 的剩余格 M 及 $\mathrm{Reg}_\mu(M)$ 上的滤子间的联系.

引理 10.4.7 设 μ 是 M 上的核算子, J 是 $\mathrm{Reg}_\mu(M)$ 中的 (素) 滤子, 则 $F=\{x\in M\mid\mu(x)\in J\}$ 是 M 中的 (素) 滤子. 若 $\mu(0)=0$, 则当 J 是极大滤子时 F 也是极大滤子.

证明 显然, $1 \in F$. 设 $x, x \to y \in F$, 则 $\mu(x), \mu(x \to y) \in J$. 由命题 10.4.1 (i) 及 J 是上集知 $\mu(x) \to \mu(y) \in J$, 所以 $\mu(y) \in J$. 于是 $y \in F$, 从而 F 是 M 中的滤子.

再设 J 是素的, $x, y \in M$, 且 $x \vee y \in F$, 则 $\mu(x) \vee_\mu \mu(y) = \mu(x \vee y) \in J$. 由 J 的素性知 $\mu(x) \in J$ 或 $\mu(y) \in J$, 这说明 $x \in F$ 或者 $y \in F$. 所以 F 是素的.

进一步假设 $\mu(0) = 0$ 且 J 是极大滤子. 首先注意, F 是真滤子. 任取 $x \in M - F$, 则 $\mu(x) \notin J$. 由 J 的极大性知 $[J \cup \{\mu(x)\}) = \mathrm{Reg}_\mu(M)$. 于是 $0 = \mu(0) \in [J \cup \{\mu(x)\})$, 所以存在 $j \in J$ 及 $n \in \mathbb{N}$ 使得 $j \otimes_\mu (\mu(x))^{\overline{n}} = 0$, 这里 $(\mu(x))^{\overline{n}} = \underbrace{\mu(x) \otimes_\mu \cdots \otimes_\mu \mu(x)}_{n}$. 由 μ 的定义, $j \otimes x^n \leqslant \mu(j \otimes x^n) = \mu(j) \otimes_\mu (\mu(x))^{\overline{n}} = j \otimes_\mu (\mu(x))^{\overline{n}} = 0$. 又 $J \subseteq F$, 所以 $j \in F$, 从而 $[F \cup \{x\}) = M$. 由 x 的任意性, F 是极大的.

引理 10.4.8 设 μ 是 M 上的核算子且 $\mu(0) = 0$, F 是 M 中的 (极大) 滤子, 则 $J = \mathrm{Reg}_\mu(M) \cap F$ 是 $\mathrm{Reg}_\mu(M)$ 中的 (极大) 滤子.

证明 设 F 是 M 中的滤子. 显然, $1 \in J$. 设 $x, y \in \mathrm{Reg}_\mu(M)$ 使得 $x, x \to y \in J$. 则 $x, x \to y \in F$, 这蕴涵着 $y \in F$. 由于 $y \in \mathrm{Reg}_\mu(M)$, 所以 $y \in J$, 从而 J 是 $\mathrm{Reg}_\mu(M)$ 中的滤子.

再设 F 是极大滤子. 注意, J 是 $\mathrm{Reg}_\mu(M)$ 中的真滤子. 反设 J 不是极大的, 则存在真滤子 J' 使得 $J \subseteq J'$ 但 $J \neq J'$. 令 $F' = \{x \in M \mid \mu(x) \in J'\}$, 则由引理 10.4.7, F' 是 M 中的滤子, 并且 $F \subseteq F'$, $F \neq F'$, 这说明 F 不是极大的, 矛盾.

由引理 10.4.7 和引理 10.4.8 可得以下定理.

定理 10.4.9 设 μ 是 M 上满足 $\mu(0) = 0$ 的核算子, 则 M 中的极大滤子与 $\mathrm{Reg}_\mu(M)$ 中的极大滤子一一对应.

证明 设 $\mathrm{Max}(M)$ 与 $\mathrm{Max}(\mathrm{Reg}_\mu(M))$ 分别表示 M 与 $\mathrm{Reg}_\mu(M)$ 中的极大滤子之集. 定义 $h : \mathrm{Max}(\mathrm{Reg}_\mu(M)) \to \mathrm{Max}(M)$ 为

$$h(J) = \{x \in M \mid \mu(x) \in J\}, \quad J \in \mathrm{Max}(\mathrm{Reg}_\mu(M)).$$

由引理 10.4.7 知 h 定义合理. 下证 h 是双射. 先证 h 是满射, 为此任取 $F \in \mathrm{Max}(M)$. 由引理 10.4.8, $\mathrm{Reg}_\mu(M) \cap F$ 是 $\mathrm{Reg}_\mu(M)$ 中的极大滤子. 设 $F' = h(\mathrm{Reg}_\mu(M) \cap F) = \{x \in M \mid \mu(x) \in \mathrm{Reg}_\mu(M) \cap F\}$. 任取 $x \in F$, 由 $x \leqslant \mu(x)$ 知 $\mu(x) \in F$. 于是 $\mu(x) \in \mathrm{Reg}_\mu(M) \cap F$, 这蕴涵着 $x \in F'$. 所以 $F \subseteq F'$, 再由 F 的极大性知 $F = F'$, 这就证得 h 是满射. 再设 $h(J_1) = h(J_2)$, $J_1, J_2 \in \mathrm{Max}(\mathrm{Reg}_\mu(M))$, 这意味着 $\{x \in M \mid \mu(x) \in J_1\} = \{x \in M \mid \mu(x) \in J_2\}$. 明显地, $J_1 = J_2$, 所以 h 也是单射.

对于 M 上的一般核算子 μ (未必满足 $\mu(0) = 0$), 则 $\mathrm{Reg}_\mu(M)$ 上的极大滤子对应于 M 中关于不含 $\mu(0)$ 而极大的素滤子, 称为 **μ-相对极大滤子**. 类似于定理

10.4.9, 有如下定理.

定理 10.4.10 设 μ 是 M 上的核算子, 则 M 中的 μ-相对极大滤子与 $\mathrm{Reg}_\mu(M)$ 中的极大滤子一一对应.

10.4.2 基于核算子的广义态算子

本节研究带核算子 μ 的剩余格 M 与 $\mathrm{Reg}_\mu(M)$ 上的广义态算子间的联系.

以下设 M 与 L 是剩余格, μ 是 M 上的核算子, $s: M \to L$ 是广义态算子 (I-型态, 或 II-型态, 或广义 Riečan 态). 称 s 是**μ-和谐**的, 若对任一 $x \in M$ 满足 $s(x) = s(\mu(x))$. 若 s 是 μ-和谐态, 则 $s(\mu(0)) = s(0) = 0$.

定理 10.4.11 设 M 具有 μ-相对 Glivenko 性质, μ-和谐 I-型态 (或 II-型态) $s: M \to L$ 由其在 $\mathrm{Reg}_\mu(M)$ 上的限制 $s|_{\mathrm{Reg}_\mu(M)}: \mathrm{Reg}_\mu(M) \to L$ 唯一确定.

证明 设 $s: M \to L$ 是 μ-和谐 I-型态 (或 II-型态), 则 $s|_{\mathrm{Reg}_\mu(M)}$ 显然是 $\mathrm{Reg}_\mu(M)$ 上的 I-型态 (或 II-型态).

反过来, 设 $s: \mathrm{Reg}_\mu(M) \to L$ 是 $\mathrm{Reg}_\mu(M)$ 上的 I-型态 (或 II-型态). 定义 $\widetilde{s}_\mu: M \to L$ 为 $\widetilde{s}_\mu(x) = s(\mu(x))$, $x \in M$. 需证 $\widetilde{s}_\mu$ 为 M 上对应的 μ-和谐 I-型态或 II-型态. 显然, $\widetilde{s}_\mu(0) = s(\mu(0)) = 0$, $\widetilde{s}_\mu(1) = s(\mu(1)) = s(1) = 1$. 任取 $x, y \in M$, 由于 M 具有 μ-相对 Glivenko 性质, 所以 $\mu(x \to y) = \mu(x) \to \mu(y)$.

先设 s 是 I-型态, 并设 $y \leqslant x$, 则 $\mu(y) \leqslant \mu(x)$, $\widetilde{s}_\mu(x \to y) = s(\mu(x \to y)) = s(\mu(x) \to \mu(y)) = s(\mu(x)) \to s(\mu(y)) = \widetilde{s}_\mu(x) \to \widetilde{s}_\mu(y)$. 由命题 10.1.3 (ii) 知 $\widetilde{s}_\mu$ 是 I-型态. $\widetilde{s}_\mu$ 显然是 μ-和谐的.

再设 s 是 II-型态, 则

$$
\begin{aligned}
\widetilde{s}_\mu(x \to y) \to \widetilde{s}_\mu(y) &= s(\mu(x \to y)) \to s(\mu(y)) \\
&= s(\mu(x) \to \mu(y)) \to s(\mu(y)) \\
&= s(\mu(y) \to \mu(x)) \to s(\mu(x)) \\
&= \widetilde{s}_\mu(y \to x) \to \widetilde{s}_\mu(x).
\end{aligned}
$$

由命题 10.1.4 (v), $\widetilde{s}_\mu$ 是 II-型态.

最后证 s 的 μ-和谐扩张的唯一性. 设 $\widetilde{s}'_\mu: M \to L$ 是 s 的任一 μ-和谐扩张. 对任一 $x \in M$, $\widetilde{s}'_\mu(x) = \widetilde{s}'_\mu(\mu(x)) = s(\mu(x)) = \widetilde{s}_\mu(x)$. 所以, $\widetilde{s}'_\mu = \widetilde{s}_\mu$.

设 $\mu = \neg_a\neg_a$ 是 M 上的相对双重否定, $a \in M$, $s: M \to L$ 是 II-型态且满足 $s(a) = 0$, 则 $s(\neg_a\neg_a x) = s(x \to a) \to s(a) = (s(x) \to s(a \wedge x)) \to 0 = \neg\neg s(x) = s(\neg\neg x) = s(x)$, $x \in M$, 这说明 s 与 $\neg_a\neg_a$ 相和谐. 由此, 即可加强命题 10.3.11 如下所述.

推论 10.4.12 设 $a \in M$ 是相对元, M 具有 a-相对 Glivenko 性质, 则满足 $s(a) = 0$ 的 II-型态 $s: M \to L$ 由其在 $\mathrm{Reg}_a(M)$ 上的限制唯一确定.

当 L 对合时, 推论 10.4.12 对 I-型态也成立.

推论 10.4.13　设 $a\in M$, M 具有 a-相对 Glivenko 性质, 则满足 $s(a)=0$ 的 I-型态 $s:M\to L$ 由其在 $\mathrm{Reg}_a(M)$ 上的限制唯一确定.

最后再把定理 10.3.18 推广到一般情形.

定理 10.4.14　设 $a\in M$, 则 M 上的 $\neg_a\neg_a$-和谐 a-相对广义 Riečan 态由其在 $\mathrm{Reg}_a(M)$ 上的限制唯一确定.

证明　设 $m:M\to L$ 是 $\neg_a\neg_a$-和谐 a-相对广义 Riečan 态, 则 $m(a)=m(\neg_a\neg_a 0)=m(0)=0$, 关于 $m|_{\mathrm{Reg}_a(M)}$ 是广义 Riečan 态的验证是平凡的.

反过来, 设 $m:\mathrm{Reg}_a(M)\to L$ 是 $\mathrm{Reg}_a(M)$ 上的广义 Riečan 态. 由于 a 是 $\mathrm{Reg}_a(M)$ 中的最小元, 所以 $m(a)=0$. 定义扩张 $\widetilde{m}:M\to L$ 为 $\widetilde{m}(x)=m(\neg_a\neg_a x)$, $x\in M$. 显然 $\widetilde{m}$ 与 $\neg_a\neg_a$ 相和谐. 下证 $\widetilde{m}$ 是 M 上的 a-相对广义 Riečan 态. 事实上, 因为 $1\in\mathrm{Reg}_a(M)$, $m(1)=1$, 所以 $\widetilde{m}(1)=m(\neg_a\neg_a 1)=m(1)=1$, $\widetilde{m}(0)=m(\neg_a\neg_a 0)=m(a)=0$. 此外, $\widetilde{m}(a)=m(\neg_a\neg_a a)=m(a)=0$. 任取 $x,y\in M$ 使得 $x\perp_a y$. 由命题 10.3.13 后的注解知, $\neg_a\neg_a x\perp_a\neg_a\neg_a y$. 注意, 由于 $\neg_a\neg_a x$, $\neg_a\neg_a y\in\mathrm{Reg}_a(M)$ 以及 a 是最小元, $\neg_a\neg_a x\perp_a\neg_a\neg_a y$ 实际上在 $\mathrm{Reg}_a(M)$ 中表示 $\neg_a\neg_a x\perp\neg_a\neg_a y$. 又由命题 10.3.13 (vi) 知 $x\oplus_a y=\neg_a\neg_a x\oplus_a\neg_a\neg_a y=\neg_a\neg_a x\oplus\neg_a\neg_a y\in\mathrm{Reg}_a(M)$. 从而, $m(\neg_a\neg_a x)\perp m(\neg_a\neg_a y)$, 这说明 $\widetilde{m}(x)\perp\widetilde{m}(y)$, 即 $\widetilde{m}(x)\perp_{\widetilde{m}(a)}\widetilde{m}(y)$, 且

$$
\begin{aligned}
&\widetilde{m}(x\oplus_a y)\\
=&\ m(\neg_a\neg_a(x\oplus_a y))\\
=&\ m(x\oplus_a y)=m(\neg_a\neg_a x\oplus\neg_a\neg_a y)\\
=&\ m(\neg_a\neg_a x)\oplus m(\neg_a\neg_a y)\\
=&\ \widetilde{m}(x)\oplus\widetilde{m}(y)\\
=&\ \widetilde{m}(x)\oplus_{\widetilde{m}(a)}\widetilde{m}(y).
\end{aligned}
$$

这就证明了 $\widetilde{m}$ 是 $\neg_a\neg_a$-和谐 a-相对广义 Riečan 态.

最后, 设 $\widetilde{m}':M\to L$ 是 m 的任一 $\neg_a\neg_a$-和谐扩张, 则 $\widetilde{m}'(x)=\widetilde{m}'(\neg_a\neg_a x)=m(\neg_a\neg_a x)=\widetilde{m}(x)$, $x\in M$. 这说明 $\widetilde{m}$ 是在 $\mathrm{Reg}_a(M)$ 上的限制 m 的唯一 $\neg_a\neg_a$-和谐扩张.

例 10.4.15　(i) 设 M 是例 8.1.2 (v) 中的剩余格. 由例 10.4.6 (i) 知 M 具有 x-相对 Glivenko 性质, 其中 $x\in\{0,b,c,1,\mathrm{id}_M\}$.

由例 10.1.17 知下表中的 $\widetilde{s}_1$–$\widetilde{s}_6$ 为 M 到 M 的 I-型态, $\widetilde{s}_3$–$\widetilde{s}_6$ 为 M 到 M 的 II-型态.

x	0	a	b	c	d	1
$\widetilde{s}_1(x)$	0	a	0	1	a	1
$\widetilde{s}_2(x)$	0	a	b	c	d	1
$\widetilde{s}_3(x)$	0	1	0	1	1	1
$\widetilde{s}_4(x)$	0	1	b	c	c	1
$\widetilde{s}_5(x)$	0	1	c	b	b	1
$\widetilde{s}_6(x)$	0	1	1	0	0	1

易见, (a) $\widetilde{s}_1$–$\widetilde{s}_6$ 都与 $\mu = \mathrm{id}_M$ 相和谐. 显然它们都由各自在 $\mathrm{Reg}_{\mathrm{id}_M}(M) = M$ 上的限制 (即自身) 所唯一确定.

(b) 对 $i = 3, 4, 5, 6$, $\widetilde{s}_i$ 与 $\neg_0\neg_0$ 相和谐, 分别是如下 $s_i : \mathrm{Reg}_0(M) = \{0, b, c, 1\} \to M$ 的唯一扩张.

x	0	b	c	1
$s_3(x)$	0	0	1	1
$s_4(x)$	0	b	c	1
$s_5(x)$	0	c	b	1
$s_6(x)$	0	1	0	1

(c) 只有 $\widetilde{s}_3$ 与 $\neg_b\neg_b$ 相和谐, 且是 $s_b : \mathrm{Reg}_b(M) = \{b, 1\} \to M$ 的扩张, 这里 $s_b(b) = 0$, $s_b(1) = 1$.

(d) 只有 $\widetilde{s}_6$ 与 $\neg_c\neg_c$ 相和谐, 并由 $s_c : \mathrm{Reg}_c(M) = \{c, 1\} \to M$ 扩张而得, 这里 $s_c(c) = 0$, $s_c(1) = 1$.

因为对每个 $x \in \{0, a, b, c\}$, $\mathrm{Reg}_x(M)$ 是 Boole 代数, 其上的广义 Riečan 态退化为 II-型态. 因此, $\widetilde{s}_3$–$\widetilde{s}_6$ 也是 $\neg_0\neg_0$-和谐的 0-相对广义 Riečan 态; $\widetilde{s}_3$ 是唯一一个 $\neg_b\neg_b$-和谐 b-相对广义 Riečan 态; $\widetilde{s}_6$ 是唯一一个 $\neg_c\neg_c$-和谐 c-相对广义 Riečan 态. 唯一 $\neg_a\neg_a$-和谐 a-相对广义 Riečan 态是 $m_a : M \to M$, 其中 $m_a(1) = 1$, $m_a(x) = 0$, $x \in M - \{1\}$.

(ii) 设 $M = [0,1]_{R_0}$, $a \in M$, $L = [0,1]_{\mathrm{MV}}$.

当 $a < \dfrac{1}{2}$ 时, $\mathrm{Reg}_a(M) = [a, 1-a) \cup \{1\}$ 只有一个 (Riečan=Bosbach) 态算子 $m_a : \mathrm{Reg}_a(M) \to L$, 其中

$$m_a(x) = \begin{cases} 1, & \dfrac{1}{2} < x < 1-a, \text{或} x = 1, \\ \dfrac{1}{2}, & x = \dfrac{1}{2}, \\ 0, & a \leqslant x < \dfrac{1}{2}, \end{cases} \qquad x \in \mathrm{Reg}_a(M).$$

因此, m_a 的扩张 $\widetilde{m}_a$, 其中

$$\widetilde{m}_a(x) = m_a(\neg_a\neg_a x) = \begin{cases} 1, & x > \dfrac{1}{2}, \\ \dfrac{1}{2}, & x = \dfrac{1}{2}, \\ 0, & x < \dfrac{1}{2}, \end{cases} \quad x \in M$$

是唯一 $\neg_a\neg_a$-和谐 a-相对广义 Riečan 态. 因为 M 是 a-相对 Glivenko 的, 由推论 10.4.12, $\widetilde{m}_a$ 是满足 $\widetilde{m}_a(a) = 0$ 的唯一 Bosbach 态. 事实上, $\widetilde{m}_a$ 是 M 上唯一 (Riečan=Bosbach) 态算子.

当 $a \geqslant \dfrac{1}{2}$ 时, $\mathrm{Reg}_a(M) = \{a, 1\}$, 于是, $m_a : M \to L$, 其中

$$m_a(x) = \begin{cases} 1, & a < x \leqslant 1, \\ 0, & 0 \leqslant x \leqslant a, \end{cases} \quad x \in M$$

是唯一 $\neg_a\neg_a$-和谐 a-相对广义 Riečan 态.

10.5 广义态算子的逻辑基础初探

本节将仿照 9.1.4 节中的做法把广义态算子与模态化的逻辑系统建立联系, 对广义态算子的逻辑基础做些初步探讨, 列出有待进一步研究的问题.

下设 $\mathscr{C}_1$ 与 $\mathscr{C}_2$ 是 MTL- 逻辑的模式扩张[67]. 本节建立的概率逻辑 $\mathrm{SFP}(\mathscr{C}_1, \mathscr{C}_2)$ 基于如下假设:

全体多值事件满足逻辑 $\mathscr{C}_1$, 多值事件的概率满足逻辑 $\mathscr{C}_2$.

$\mathrm{SFP}(\mathscr{C}_1, \mathscr{C}_2)$ 的符号表包括命题变元集 $S = \{p_1, p_2, \cdots\}$; 常值变元 $\bar{0}$; 逻辑连接词 $\wedge$, $\vee$, &, $\to$ 以及模态词 P. $\mathrm{SFP}(\mathscr{C}_1, \mathscr{C}_1)$ 的公式集由两部分组成:

非模态公式集即为 $\mathscr{C}_1$ 中的命题公式集 $F(S)$(非模态公式记为 $\varphi, \psi, \cdots$);

$P(\varphi)$ 是原子模态公式, $\varphi \in F(S)$. 模态公式集 $MF(S)$ 由原子模态公式及常值变元 $\bar{0}$ 经 $\wedge$, $\vee$, & 与 $\to$ 连接而成的合式公式.

$\mathrm{SFP}(\mathscr{C}_1, \mathscr{C}_2)$ 的公理为:

$\mathscr{C}_1$ 中关于命题公式的公理,

$\mathscr{C}_2$ 中关于模态公式的公理,

关于模态词 P 的公理为:

(A1) $P(\varphi \to \psi) \to (P(\varphi) \to P(\psi))$,

(A2) $P(\varphi \to \psi) \to (P(\varphi) \to P(\varphi \wedge \psi))$.

$\mathrm{SFP}(\mathscr{C}_1, \mathscr{C}_2)$ 有两个推理规则:

关于非模态及模态公式的 MP 规则,

Gen 规则: 由 φ 得 $P(\varphi)$.

令 $\mathscr{C}_1 = \mathscr{C}_2 = \text{Ł}$, 则 $\text{SFP}(\mathscr{C}_1, \mathscr{C}_2)$ 退化为 9.1.4 节中的 $\text{SFP}(\text{Ł}, \text{Ł})$.

问题 10.5.1 如何定义 $\text{SFP}(\mathscr{C}_1, \mathscr{C}_2)$ 的语义理论, 并证明其完备性是有待进一步探讨的问题.

参考文献

[1] Hamilton A G. Logic for Mathematicians. London: Cambridge University Press, 1978.

[2] 王国俊. 数理逻辑引论与归结原理. 2 版. 北京: 科学出版社, 2006.

[3] Gottwald S. A Treatise on Many-Valued Logics. Baldock: Research Studies Press, 2001.

[4] 胡世华, 陆钟万. 数理逻辑基础. 北京: 科学出版社, 1983.

[5] 王元元. 计算机科学中的逻辑学. 北京: 科学出版社, 1989.

[6] Görz G, Hölldobler S. Advances in Artificial Intelligence. New York: Springer-Verlag, 1986.

[7] 陆汝钤. 人工智能. 北京: 科学出版社, 1988.

[8] 石纯一, 黄昌宁, 王家钦. 人工智能原理. 北京: 清华大学出版社, 1993.

[9] Lloyd W. Foundations of Logic Programming. New York: Springer-Verlag, 1987.

[10] Schuwann J M. Automated Theorem Proving in Software Engineering. Berlin: Springer-Verlag, 2001.

[11] Chang C L, Lee R C. Symbolic Logic and Mechanical Theorem Proving. New York: Academic Press, 1987.

[12] 刘叙华. 基于归结方法的自动推理. 北京: 科学出版社, 1994.

[13] 邱玉辉, 张为群. 自动推理导论. 成都: 电子科技大学出版社, 1992.

[14] Antoniou G. Nonmonotonic Reasoning. Cambridge: MIT Press, 1997.

[15] 陆汝钤, 应明生. 知识推理的一个模型. 中国科学, E 辑, 1998, 28(4): 363–369.

[16] Fagin R, Halpern J Y, Moses Y, Vardi M Y. Reasoning about Knowledge. London: MIT Press, 1996.

[17] 曹芝兰, 卫春芳. 现代计算机基础应用与提高. 北京: 科学出版社, 2002.

[18] Zadeh L A. Fuzzy sets. Information and Control, 1965, 8(3): 338–353.

[19] Łukasiewicz J. On three-valued logic. Ruch Filozoficzny, 1920, 5: 170–171.

[20] 裴道武. 基于三角模的模糊逻辑理论及其应用. 北京: 科学出版社, 2013.

[21] 张小红. 模糊逻辑及其代数分析. 北京: 科学出版社, 2008.

[22] Elkan C H. The paradoxical success of fuzzy logic . IEEE Expert, 1994, 9(4): 2–49.

[23] 吴望名. 关于模糊逻辑的一场争论. 模糊系统与数学, 1995, 9(2): 1–9.

[24] Yen J. Fuzzy logic a modern perspective. IEEE Transactions on Knowledge and Data Engineering, 1999, 11(1): 153–165.

[25] Hájek P, Paris J, Shepherdson J. The liar paradox and fuzzy logic. Journal of Symbolic Logic, 2000, 65(1): 339–346.

[26] Dubois D, Prade H. Possibility theory, probability theory and multiple-valued logics: a clarification. Annals of Mathematics and Artificial Intelligence, 2001, 32(1-4): 35–66.

[27] Pavelka J. On fuzzy logic, I-III. Zeitschrift für Mathematische Logik und Grundlagen der Mathematik, 1979, 25(2): 45–52; 119–134; 447–464.

[28] Novák V, Perfilieva I, Močkoř J. Mathematical Principles of Fuzzy Logic. Boston: Kluwer Academic Publishers, 1999.

[29] Ramsey F P. Truth and probability//Braithwaite R B. The Foundations of Mathematics and Other Logical Essays, Ch. VII. New York: Harcourt, Brace and Company, 1931: 158–198.

[30] Hailperin T. Probability logic. Notre Dame Journal of Formal Logic, 1984, 25(3): 198–212.

[31] Nilsson N J. Probabilistic logic. Artificial Intelligence, 1986, 28(1): 71–87.

[32] Nilsson N J. Probabilistic logic revisited. Artificial Intelligence, 1993, 59(1): 39–42.

[33] Fagin R, Halpern J Y, Megiddo N. A logic for reasoning about probabilities. Information and Computation, 1990, 87(1-2): 78–128.

[34] Frisch A M, Haddawy P. Anytime deduction for probabilistic logic. Artificial Intelligence, 1994, 69(1-2): 93–122.

[35] Gerla G. Inferences in probability logic. Artificial Intelligence, 1994, 70(1-2): 33–52.

[36] Hailperin T. Sentential Probability Logic. London: Associated University Press, 1996.

[37] Adam E W. A Primer of Probability Logic. Stanford: CSLI Publications, 1998.

[38] Halpern J Y. An analysis of first-order logics of probability. Artificial Intelligence, 1990, 46(3): 311–350.

[39] Hájek P, Godo L, Esteva F. Fuzzy logic and probability//Besnard P, Hanks S.eds. Proceedings of Uncertainty in Artificial Intelligence UAI'95. San Francisco: Morgan Kaufmann, 1995: 237–244.

[40] Esteva F, Godo L, Hájek P. Reasoning about probability using fuzzy logic. Neural Network World, 2000, 10(5): 811–824.

[41] Flaminio T, Godo L. A logic for reasoning about the probability of fuzzy events. Fuzzy Sets and Systems, 2007, 158(6): 625–638.

[42] Hájek P. Complexity of fuzzy probability logics II. Fuzzy Sets and Systems, 2007, 158(23): 2605–2611.

[43] 王国俊, 傅丽, 宋建社. 二值命题逻辑中命题的真度理论. 中国科学, E 辑, 2001, 31(11): 998–1008.

[44] 王国俊, 李壁镜. Łukasiewicz n-值命题逻辑中公式的真度理论和极限定理. 中国科学, E 辑, 2005, 35(6): 561–569.
[45] Wang G J, Leung Y. Integrated semantics and logic metric spaces. Fuzzy Sets and Systems, 2003, 136(1): 71–91.
[46] Zhou H J, Wang G J, Zhou W. Consistency degrees of theories and methods of graded reasoning in n-valued R_0-logic (NM-logic). International Journal of Approximate Reasoning, 2006, 43(2): 117–132.
[47] 李骏, 黎锁平, 夏亚峰. n-值 Łukasiewicz 逻辑中命题的真度理论. 数学学报, 2004, 47(4): 769–780.
[48] 李骏, 王国俊. 逻辑系统 L_n^* 中命题的真度理论. 中国科学, E 辑, 2006, 36(6): 631–643.
[49] 王国俊. 适用于多种蕴涵算子的赋值空间上的测度与积分理论. 中国科学, E 辑, 2001, 31(1): 42–50.
[50] 王国俊, 宋庆燕, 宋玉靖. Boole 代数上的度量结构及其在命题逻辑中的应用. 数学学报, 2004, 47(2): 318–326.
[51] Wang G J, Hui X J, Song J S. The R_0-type fuzzy logic metric space and an algorithm for solving fuzzy modus ponens. Computers and Mathematics with Applications, 2008, 55(9): 1974–1987.
[52] 王国俊. 计量逻辑学 (I). 工程数学学报, 2006, 23(2): 191–215.
[53] Wang G J, Zhou H J. Introduction to Mathematical Logic and Resolution Principle. Beijing: Science Press, Oxford: Alpha Science International Limited, 2009.
[54] 王国俊. 修正的 Kleene 系统中的 Σ-(α-重言式) 理论. 中国科学, E 辑, 1998, 28(2): 146–152.
[55] 吴洪博. 修正的 Kleene 系统中的广义重言式理论. 中国科学, E 辑, 2002, 32(2): 224–229.
[56] Horčík R. Residuated fuzzy logics with additional connectives and their validation sets. Fuzzy Sets and Systems, 2004, 143(1): 75–87.
[57] 惠小静, 王国俊. 经典推理模式的随机化研究及其应用. 中国科学, E 辑, 2007, 37(6): 801–812.
[58] Halmos P R. Measure Theory. New York: Springer, 1974.
[59] 周红军. 概率计量逻辑. 陕西师范大学博士学位论文, 2009.
[60] Lynch J. Probabilities of first-order sentences about unary functions. Transactions of the American Mathematical Society, 1985, 287(2): 543–568.
[61] Wang G J, Qin X Y, Zhou X N. An intrinsic fuzzy set on the universe of discourse of predicate formulas. Fuzzy Sets and Systems, 2006, 157(24): 3145–3158.
[62] 王国俊. 一类一阶逻辑公式中的公理化真度理论及其应用. 中国科学: 信息科学, 2012, 42(5): 648–662.
[63] 王国俊, 段巧林. 模态逻辑中的 (n) 真度理论与和谐定理. 中国科学 F 辑: 信息科学, 2009, 39(2): 234–245.

[64] Wajsberg M. Beiträge zum Metaaussagenkalkül. Monatshefte Mathematik Physik, 1935, 42: 221–242.

[65] Chang C C. Algebraic analysis of many-valued logics. Transactions of the American Mathematical Society, 1958, 88(2): 476–490.

[66] Dummett M. A propositional calculus with denumerable matrix. Journal of Symbolic Logic, 1959, 24(2): 97–106.

[67] Esteva F, Godo L. Monoidal t-norm based logic: toward a logic for left-continuous t-norms. Fuzzy Sets and Systems, 2001, 124(3): 271–288.

[68] Hájek P. Metamathematics of Fuzzy Logic. Dordrecht: Kluwer Academic Publishers, 1998.

[69] Hájek P, Godo L, Esteva F. A complete many-valued logic with product-conjunction. Archive for Mathematical Logic, 1996, 35(3): 191–208.

[70] Cintula P, Hájek P, Horčk R. Formal systems of fuzzy logic and their fragments. Annals of Pure and Applied Logic, 2007, 150(1–3): 40–65.

[71] Wang S M, Wang M Y. Disjunctive elimination rule and its application in MTL. Fuzzy Sets and Systems, 2006, 157(24): 3169–3176.

[72] Pei D W. On equivalent forms of fuzzy logic systems NM and IMTL. Fuzzy Sets and Systems, 2003, 138(1): 187–195.

[73] Wang S M, Wang B S, Pei D W. A fuzzy logic for an ordinal sum t-norm. Fuzzy Sets and Systems, 2005, 149(2): 297–307.

[74] Esteva F, Godo L, Montagna F. The ŁΠ and Ł$\Pi\frac{1}{2}$ logics: two complete fuzzy systems joining Łukasiewicz and product logics. Archive for Mathematical Logic, 2001, 40(1): 36–37.

[75] 王国俊. 模糊命题演算的一种形式演绎系统. 科学通报, 1997, 42(10): 1041–1045.

[76] Xu Y, Ruan D, Qin K Y, Liu J. Lattice-Valued Logic. Berlin: Springer-Verlag, 2003.

[77] 裴道武, 王国俊. 形式系统 $\mathscr{L}^*$ 的完备性及其应用. 中国科学, E 辑, 2002, 32(1): 56–64.

[78] 裴道武, 王国俊. 形式系统 $\mathscr{L}^*$ 的扩张 $\mathscr{L}_n^*$ 及其完备性. 中国科学, E 辑, 2003, 33(4): 350–356.

[79] 裴道武, 王三民. 形式系统 $\mathscr{L}^*(n)$ 的完备性. 高校应用数学学报, A 辑, 2001, 16(3): 253–262.

[80] Wang S M, Wang B S, Wang G J. A triangular-norm-based propositional fuzzy logic. Fuzzy Sets and Systems, 2003, 136(1): 55–70.

[81] Cignoli R, D'ottavianio I M L, Mundici D. Algebraic Foundations of Many-Valued Reasoning. Dordrecht: Kluwer Academic Publishers, 2000.

[82] Tuziak R. An axiomatization of the finite-valued Łukasiewicz calculus. Studia Logica, 1988, 47(1): 49–55.

[83] Pogorzelski W A. The deduction theorem for Łukasiewicz many-valued propositional calculus. Studia Logica, 1964, 15(1): 7–23.

[84] McNaughton R. A theorem about infinite-valued sentential logic. Journal of Symbolic Logic, 1951, 16(1): 1–13.

[85] Klement E P, Mesiar R, Pap E. Triangular Norms. Dordrecht: Kluwer Academic Publishers, 2000.

[86] 王伟, 王国俊. 论 Gödel 蕴涵算子不宜用于建立模糊逻辑系统. 模糊系统与数学, 2005, 19(2): 14–18.

[87] Gispert J. Axiomatic extensions of the nilpotent minimum logic. Reports on Mathematical Logic, 2003, 37: 113–123.

[88] Fodor J. Nilpotent minimum and related connectives for fuzzy logic//Proceedings of FUZZ-IEEE. IEEE Press, 1995, 2077–2082.

[89] 韩诚, 周红军. 关于形式系统 $\mathscr{L}^*$(强) 完备性证明的注记. 陕西师范大学学报 (自然科学版), 2005, 33(2): 9–12.

[90] 王国俊, 兰蓉. 系统 H_α 中的广义重言式理论. 陕西师范大学学报 (自然科学版), 2003, 31(2): 1–11.

[91] Esteva F, Gispert J, Godo L, Montagna F. On the standard and rational completeness of some axiomatic extensions of the monoidal t-norm logic. Studia Logica, 2002, 71(2): 199–226.

[92] Gardana A G, Noguera C, Esteva F. On the scope of some formulas defining additive connectives in fuzzy logics. Fuzzy Sets and Systems, 2005, 154(1): 56–75.

[93] Aguzzoli S, Gerla B. Normal forms and free algebras for some extensions of MTL. Fuzzy Sets and Systems, 2008, 159(10): 1131–1152.

[94] Wang S M, Wang B S, Wang X Y. A characterization of truth functions in the nilpotent minimum logic. Fuzzy Sets and Systems, 2004, 145(2): 253–266.

[95] Li C, Liu H W, Wang G J. Correction and improvement on several results in quantitative logic. Information Sciences, 2014, 278: 555–558.

[96] Cohn D L. Measure Theory. Boston: Birkhäuser, 1980.

[97] Munkres J R. Topology. Beijing: China Machine Press, 2004.

[98] Mill J V. Infinite Dimensional Topology. Amsterdam: Elsevier Science Publishers, 1988.

[99] 王国俊, 王伟, 宋建社. 命题逻辑中极大和谐理论之集上的拓扑与 Cantor 三分集. 陕西师范大学学报 (自然科学版), 2007, 35(2): 1–5.

[100] 张东晓, 李立峰. 二值命题逻辑公式的语构程度化方法. 电子学报, 2008, 36(2): 325–330.

[101] Monk J D, Bonnet R. Handbook of Boolean Algebras. Amsterdam: North-Holland, 1988.

[102] Aguzzoli S. The complexity of McNaughton functions of one variable. Advances in Applied Mathematics, 1998, 21(1): 58–77.

[103] Di Nola A, Lettieri A. On normal forms in Łukasiewicz logic. Archive for Mathematical Logic, 2004, 43(6): 795–823.

[104] Aguzzoli S, Gerla B. Probability measures in the logic of nilpotent minimum. Studia Logica, 2010, 94(2): 151–176.

[105] Paris J B. A note on the Dutch Book method. Proceedings of the Second International Symposium on Imprecise Probabilities and their Applications (ISIPTA'01). New York: Ithaca, 2001.

[106] Mundici D. Averaging the truth-value in Łukasiewicz logic. Studia Logica, 1995, 55(1): 113–127.

[107] Kroupa T. Every state on semisimple MV-algebra is integral. Fuzzy Sets and Systems, 2006, 157(20): 2771–2782.

[108] Shafer R G. A Mathematical Theory of Evidence. Princeton: Princeton University Press, 1976.

[109] Dubois D, Prade H. Possibility Theory. New York: Plenum Press, 1988.

[110] Liu B D. Uncertainty Theory. Berlin: Springer-Verlag, 2007.

[111] Wang Z, Klir G J. Generalized Measure Theory. New York: Springer, 2009.

[112] Fagin R, Halpern J Y. Uncertainty, belief and probability. Computational Intelligence, 1991, 7(3): 160–173.

[113] Zhou C L. Probability logic of finitely additive beliefs. Journal of Logic, Language and Information, 2010, 19(3): 247–282.

[114] Denneberg D. Non-Additive Measure and Integral. Boston: Kluwer Academic Publishers, 1994.

[115] Kroupa T. Extension of belief functions to infinite-valued events. Soft Computing, 2012, 16(11): 1851–1861.

[116] Wang G J, Zhou H J. Quantitative logic. Information Sciences, 2009, 179(3): 226–247.

[117] 周红军, 王国俊. Borel 型概率计量逻辑. 中国科学: 信息科学, 2011, 41(11): 1328–1342.

[118] Zhou H J, Wang G J. Borel probabilistic and quantitative logic. Science China: Information Sciences, 2011, 54(9): 1843–1854.

[119] 周红军. Łukasiewicz 命题逻辑中命题的 Borel 概率真度理论和极限定理. 软件学报, 2012, 23(9): 2235–2247.

[120] 周红军, 折延宏. Łukasiewicz 命题逻辑中命题的 Choquet 积分真度理论. 电子学报, 2013, 41(12): 2327–2333.

[121] 周红军. 基于 n-值 Łukasiewicz 命题逻辑的概率计量化推理系统. 模式识别与人工智能, 2013, 26(6): 521–528.

[122] Gottwald S, Novák V. On the consistency of fuzzy theories//Proceedings of 7th IFSA World Congress. Prague: Academia, 1997: 168–171.

[123] 王国俊, 任燕. Łukasiewicz 命题集的发散性与相容性. 工程数学学报, 2003, 20(3): 13–18.

[124] Wang G J, Zhang W X. Consistency degrees of finite theories in Łukasiewicz propositional logic. Fuzzy Sets and Systems, 2005, 149(2): 275–284.

[125] Zhou X N, Wang G J. Consistency degrees of theories in some systems of propositional fuzzy logic. Fuzzy Sets and Systems, 2005, 152(3): 321–331.

[126] 王国俊. 非经典数理逻辑与近似推理. 2 版. 北京: 科学出版社, 2008.

[127] Wang G J. Comparison of deduction theorems in diverse logic systems. New Mathematics and Natural Computation, 2005, 1(1): 65–77.

[128] Schweizer B, Sklar A. Probabilistic Metric Spaces. Amsterdam: Elsevier Science Publishers, 1983.

[129] Wang G J, She Y H. A topological characterization of logic theories in propositional logic. Mathematical Logic Quarterly, 2006, 52(5): 470–477.

[130] 王国俊, 折延宏. 二值命题逻辑中理论的发散性、相容性及其拓扑刻画. 数学学报, 2007, 50(4): 1–10.

[131] 吴望名. 模糊推理的原理和方法. 贵阳：贵州科技出版社，1994.

[132] Zadeh L A. Outline of a new approach to the analysis of complex systems and decision processes. IEEE Transactions on Systems, Man, and Cybernetics, 1973, 3(1): 28–44.

[133] Ying M S. Reasonableness of the compositional rule of inference. Fuzzy Sets and Systems, 1990, 36(2): 305–310.

[134] Fullér R, Zimmermann H J. On computation of the compositional rule of inference under triangular norms. Fuzzy Sets and Systems, 1992, 51(3): 267–275.

[135] Nakanishi H, Turksen I B, Sugeno M. A review and comparison of six reasoning methods. Fuzzy Sets and Systems, 1993, 57(3): 257–294.

[136] Hong D H, Hwang S Y. On the compositional rule of inference under triangular norms. Fuzzy Sets and Systems, 1994, 66(1): 25–38.

[137] Jenei S. Continuity in Zadeh's compositional rule of inference. Fuzzy Sets and Systems, 1999, 104(2): 333–339.

[138] Bouchon-Meunier B, Mesiar R, Marsala C, Rifqi M. Compositional rule of inference as analogical scheme. Fuzzy Sets and Systems, 2003, 138(1): 53–65.

[139] Novák V, Lehmke S. Logical structure of fuzzy IF-THEN rules. Fuzzy Sets and Systems, 2006, 157(15): 2003–2029.

[140] Mizumoto M. Fuzzy reasoning under new compositional rules of inference. IEEE Transactions on Fuzzy Systems, 2008, 16(5): 1180–1187.

[141] Cai K Y, Zhang L. Fuzzy reasoning as a control problem. IEEE Transactions on Fuzzy Systems, 2008, 16(3): 600–614.

[142] Ying M S. Perturbation of fuzzy reasoning. IEEE Transactions on Fuzzy Systems, 1999, 7(5): 625–629.

[143] Li Y M, Li D, Pedrycz W, Wu J. An approach to measure the robustness of fuzzy reasoning. International Journal of Intelligent Systems, 2005, 20(4): 393–413.

[144] Cai K Y. Robustness of fuzzy reasoning and δ-equalities of fuzzy sets. IEEE Transactions on Fuzzy Systems, 2001, 9(5): 738–750.

[145] Li H X, Zhang L, Cai K Y, Chen G Q. An improved robust fuzzy-PID controller with optimal fuzzy reasoning. IEEE Transactions on Systems, Man, and Cybernetics, 2005, 35(6): 1283–1394.

[146] 李洪兴. 模糊控制的插值机理. 中国科学, E 辑, 1998, 28(3): 259–267.

[147] Hirota K. History of industrial applications of fuzzy logic in Japan//Yen J, Langari R, Zadeh L A, ed. Industrial Applications of Fuzzy Logic and Intelligent Systems. Piscataway: IEEE Press, 1995: 43–54.

[148] Yasunobu S, Miyamoto S. Automatic train operation by fuzzy predictive control// Sugeno M, ed. Industrial Applications of Fuzzy Control. Amsterdam: Elsevier Science Publishers, 1985.

[149] Berenji H R, Yager R R, Zadeh L A, et al. Responses to Elkan. IEEE Expert, 1994, 9(4): 9–49.

[150] 王国俊. 模糊推理的全蕴涵三 I 算法. 中国科学, E 辑, 1999, 29(1): 43–53.

[151] Wang G J. On the logic foundation of fuzzy reasoning. Information Sciences, 1999, 117(1): 47–88.

[152] 王国俊. 三 I 算法与区值模糊推理. 中国科学, E 辑, 2000, 30(4): 331–340.

[153] 宋士吉, 吴澄. 模糊推理的反向三 I 算法. 中国科学, E 辑, 2002, 32(2): 230–246.

[154] Pei D W. On the strict logic foundation of fuzzy reasoning. Soft Computing, 2004, 8(8): 539–545.

[155] Wang G J. Formalized theory of general fuzzy reasoning. Information Sciences, 2004, 160(3): 251–266.

[156] Wang G J, Fu L. Unified forms of triple I method. Computers and Mathematics with Applications, 2005, 49(5-6): 923–932.

[157] 侯健, 尤飞, 李洪兴. 由三 I 算法构造的一些模糊控制器及其响应能力. 自然科学进展，2005, 15(1): 29–37.

[158] 秦克云, 裴峥. 模糊推理的三 I 算法. 模糊系统与系统, 2005, 19(3): 1–5.

[159] 彭家寅. 基于某些常见蕴涵算子的模糊推理三 I 约束算法. 自然科学进展, 2005, 15(5): 539–546.

[160] Zhao Z H, Li Y J. Reverse triple I method of fuzzy reasoning for the implication operator R_{L}. Computers and Mathematics with Applications, 2007, 53(7): 1020–1028.

[161] Liu H W, Wang G J. Triple I method based on pointwise sustaining degrees. Computers and Mathematics with Applications, 2008, 55(11): 2680–2688.

[162] Pei D W. Unified full implication algorithms of fuzzy reasoning. Information Sciences, 2008, 178(2): 520–530.

[163] Tang Y M, Yang X Z. Symmetric implicational method of fuzzy reasoning. International Journal of Approximate Reasoning, 2013, 54(8): 1034–1048.

[164] Luo M X, Yao N. Triple I algorithms based on Schweizer-Sklar operators in fuzzy reasoning. International Journal of Approximate Reasoning, 2013, 54(5): 640–652.

[165] Dai S S, Pei D W, Guo D H. Robustness analysis of full implication inference method. International Journal of Approximate Reasoning, 2013, 54(5): 653–666.

[166] Zheng M C, Shi Z K, Liu Y. Triple I method of approximate reasoning on Atanassov's intuitionistic fuzzy sets. International Journal of Approximate Reasoning, 2014, 55(6): 1369–1382.

[167] Wang G J, Wang H. Non-fuzzy versions of fuzzy reasoning in classical logical logics. Information Sciences, 2001, 138(3): 211–236.

[168] Zadeh L A. Fuzzy logic and the calculi of fuzzy rules, fuzzy graphs, and fuzzy probabilities. Computers and Mathematics with Applications, 1999, 37(11-12): 35.

[169] 李骏, 王国俊. 基于支持度理论的广义 Modus Ponens 问题的最优解. 软件学报, 2007, 18(11): 2712–2718.

[170] 李骏，王国俊. 基于支持度理论的广义 MP 问题的形式化解. 电子学报, 2008, 36(11): 2910–2194.

[171] Zhou H J, Wang G J. A new theory consistency index based on deduction theorems in several logic systems. Fuzzy Sets and Systems, 2006, 157(3): 427–443.

[172] Zhou H J, Wang G J. Generalized consistency degrees of theories w.r.t. formulas in several standard complete logic systems. Fuzzy Sets and Systems, 2006, 157(15): 2058–2073.

[173] Zhou H J, Wang G J. Graded reasoning in n-valued Łukasiewicz propositional logic. Advances in Soft Computing, 2007, 43: 387–391.

[174] Blackburn P, Rijke M, Venema Y. Modal Logic. Cambridge: Cambridge University Press, 2001.

[175] Kelley J L. General Topology. Berlin: Springer-Verlag, 1955.

[176] 熊金城. 点集拓扑讲义. 北京：高等教育出版社, 2002.

[177] Brouwer L E J. On the structure of perfect sets of points//Proceeding of Akademica, Amsterdam, 1910, 12: 785–794.

[178] Cintula P, Navara M. Compactness of fuzzy logics. Fuzzy Sets and Systems, 2004, 143(1): 59–73.

[179] 王国俊. Łukasiewicz 语义集上的紧 Hausdorff 拓扑. 数学学报, 2002, 45(5): 919–924.

[180] Liu Y M, Luo M K. Fuzzy Topology. Singapore: World Scientific, 1997.

[181] 王国俊. L-fuzzy 拓扑空间论. 西安: 陕西师范大学出版社，1988.
[182] Wang G J. A new fuzzy compactness defined by fuzzy nets. Journal of Mathematical Analysis and Applications, 1983, 94(1): 1–23.
[183] 杨晓斌, 张文修. Łukasiewicz 逻辑系统中的广义重言式理论. 陕西师范大学学报 (自然科学版), 1998, 26(4): 6–9.
[184] Lowen R. A comparison of different compactness notions in fuzzy topological spaces. Journal of Mathematical Analysis and Applications, 1978, 64(3): 446–454.
[185] Zhou H J, Wang G J. Characterizations of maximal consistent theories in the formal deductive system $\mathscr{L}^*$(NM-logic) and Cantor Space. Fuzzy Sets and Systems, 2007, 158(23): 2591–2604.
[186] Zhou H J, Wang G J. Three and two-valued Łukasiewicz theories in the formal deductive system $\mathscr{L}^*$(NM-logic). Fuzzy Sets and Systems, 2008, 159(22): 2970–2982.
[187] 周红军, 王国俊. 逻辑系统 NMG 的满足性和紧致性. 软件学报, 2009, 20(3): 515–523.
[188] 周红军. 形式系统 $\mathscr{L}^*$ 中极大相容逻辑理论的拓扑刻画. 电子学报, 2011, 39(12): 2895–2899.
[189] 周红军. Łukasiewicz 模糊命题逻辑中极大相容理论的结构和拓扑刻画. 陕西师范大学学报 (自然科学版), 2011, 39(1): 1–4.
[190] Stone M H. The theory of representation for Boolean algebras. Transactions of the American Mathematical Society, 1936, 40(1): 37–111.
[191] Sikorski R. Boolean Algebras. Berlin: Springer-Verlag, 1964.
[192] 刘应明, 张德学. 不分明拓扑中的 Stone 表示定理. 中国科学, A 辑, 2003, 33(3): 236–247.
[193] Belluce L P. Semisimple algebras of infinite valued logic and bold fuzzy set theory. Canadian Journal of Mathematics, 1986, 38(6): 1356–1379.
[194] Gierz G, Hofmann K H, Keimei K, Lawson J D, Mislove M W, Scott D S. Continuous Lattices and Domains. Cambridge: Cambridge University Press, 2003.
[195] 郑崇友, 樊磊, 崔宏斌. Frame 与连续格. 北京: 首都师范大学出版社, 1994.
[196] 王国俊. 模糊推理的逻辑基础//第四届全国计算机应用联合会议文集. 北京：电子工业出版社, 1997: 1108–1113.
[197] 吴望名. Fuzzy 蕴涵代数. 模糊系统与数学, 1990, 4(1): 56–64.
[198] 徐扬. 格蕴涵代数. 西南交通大学学报, 1993, 28(1): 20–27.
[199] Turunen E. BL-algebras of basic fuzzy logic. Mathware and Soft Computing, 1999, 6(1): 49–61.
[200] Noguera C, Esteva F, Gispert J. On some varieties of MTL-algebras. Logic Journal of IGPL, 2005, 13(4): 443–466.
[201] 王国俊. 蕴涵格与 Stone 表现定理的推广. 科学通报, 1998, 43(10): 1033–1036.
[202] 王国俊. 蕴涵格及其 Fuzzy 拓扑表现定理. 数学学报, 1999, 42(1): 133–140.
[203] 覃锋. 模糊逻辑中若干问题的研究. 四川大学博士学位论文, 2004.

[204] Pei D W. Simplification and independence of axioms of fuzzy logic systems IMTL and NM. Fuzzy Sets and Systems, 2005, 152(2): 303–320.

[205] Liu L Z, Li K T. Involutive monoidal t-norm-based logic and R_0-logic. International Journal of Intelligent Systems, 2004, 19(6): 491–497.

[206] Cignoli R, Torrens A. Free algebras in varieties of Glivenko MTL-algebras satisfying the equation $2(x^2) = (2x)^2$. Studia Logica, 2006, 83(1-3): 157–181.

[207] Noguera C, Esteva F, Gispert J. Perfect and bipartie IMTL-algebras and disconnected rotations of prelinear semigroups. Archive for Mathematical Logic, 2005, 44(7): 869–886.

[208] Busaniche M. Free nilpotent minimum algebras. Mathematical Logic Quarterly, 2006, 52(3): 219–236.

[209] Burris S, Sankappanavar H P. A Course in Universal Algebra. Berlin: Springer-Verlag, 1981.

[210] Turunen E. Boolean deductive systems of BL-algebras. Archive for Mathematical Logic, 2001, 40(6): 467–473.

[211] Jun Y B, Xu Y, Zhang X H. Fuzzy filters of MTL-algebras. Information Sciences, 2005, 175(1-2): 120–138.

[212] Liu L Z, Li K T. Fuzzy filters of BL-algebras. Information Sciences, 2005, 173(1-3): 141–154.

[213] Zhu Y Q, Xu Y. On filter theory of residuated lattices. Information Sciences, 2010, 180: 3614–3632.

[214] Ma Z M, Hu B Q. Characterizations and new subclasses of I-filters in residuated lattices. Fuzzy Sets and Systems, 2014, 247: 92–107.

[215] Víta M. Why are papers about filters on residuated structures (usually) trivial? Information Sciences, 2014, 276: 387–391.

[216] 任芳. R_0-代数上的同余关系. 模糊系统与数学, 2001, 18(1): 73–77.

[217] 程国胜. R_0-代数中的滤子与理想. 模糊系统与数学, 2001, 15(1): 58–61.

[218] 张小红，薛占熬，马盈仓. R_0-代数 (NM-代数) 的布尔 MP-滤子与布尔 MP- 理想. 工程数学学报, 2005, 22(2): 287–294.

[219] Liu L Z, Li K T. Fuzzy implicative and Boolean filters of R_0-algebras. Information Sciences, 2005, 171(1-3): 61–71.

[220] 罗清君. R_0-代数中素滤子的拓扑性质. 数学学报, 2008, 51(4): 795–802.

[221] 覃锋, 刘智斌. R_0-代数中的 Stone 表现定理. 模糊系统与数学, 2004, 18(3): 29–33.

[222] Höhle U. Commutative, residuated ℓ-monoids//Höhle U, Klement P. eds. Non-classical Logics and Their Applications to Fuzzy Subsets. Dordrecht: Kluwer Academic Publishers, 1995: 53–106.

[223] Cignoli R, Torrens A. Glivenko like theorems in natural expansions of BCK-logic. Mathematical Logic Quarterly, 2004, 50(2): 111–125.

[224] Dvurečenskij A. Fuzzy set representations of some quantum structures. Fuzzy Sets and Systems, 1999, 101(1): 67–78.

[225] Mac Lane S. Categories for the Working Mathematician. 2nd ed. New York: Springer-Verlag, 1998.

[226] Zhou H J, Zhao B. Stone-like representation theorems and three-valued filters in R_0-algebras (nilpotent minimum algebras). Fuzzy Sets and Systems, 2011, 162(1): 1–26.

[227] 周红军. R_0-代数的 Stone 拓扑表示定理. 模糊系统与数学, 2010, 24(5): 14–23.

[228] 周红军. R_0-代数上的滤子拓扑空间. 山东大学学报 (理学版), 2012, 47(4): 110–115.

[229] Georgescu G. Bosbach states on fuzzy structures. Soft Computing, 2004, 8(3): 217–230.

[230] Riečan B. On the probability on BL-algebras. Acta Mathematical Nitra, 2000, 4: 3–13.

[231] Dvurečenskij A, Rachůnek J. Probabilistic averaging in bounded commutative residuated ℓ-monoids. Discrete Mathematics, 2006, 306(13): 1317–1326.

[232] Dvurečenskij A, Rachůnek J. On Riečan and Bosbach states for bounded non-commutative ℓ-monoids. Mathematica Slovaca, 2006, 56(5): 487–500.

[233] Kroupa T. Representation and extension of states on MV-algebras. Archive for mathematical Logic, 2006, 45(4): 381–392.

[234] Panti G. Invariant measures in free MV-algebras. Communication in Algebra, 2008, 36(8): 2849–2861.

[235] Turunen E, Mertnen J. States on semi-divisible residuated lattices. Soft Computing, 2008, 12(4): 353–357.

[236] Ciungu L C. Bosbach and Riečan states on residuated lattices. Journal of Applied Functional Analysis, 2008, 3(2): 175–188.

[237] Ciungu L C. On the existence of states on fuzzy structures. Southeast Asian Bulletin of Mathematics, 2009, 33(6): 1041–1062.

[238] Leuştean I. Metric Completions of MV-algebras: an approach to stochastic independence. Journal of Logic and Computation, 2011, 21(3): 493–508.

[239] Dvurečenskij A. On states on MV-algebras and their application. Journal of Logic and Computation, 2011, 21(3): 407–427.

[240] Liu L Z. States on finite monoidal t-norm based algebras. Information Sciences, 2011, 181(7): 1369–1383.

[241] Liu L Z. On the existence of states on MTL-algebras. Information Sciences, 2013, 220: 559–567.

[242] Ciungu L C. Non-commutative Multiple-Valued Logic Algebras. New York: Springer, 2014.

[243] Ward M, Dilworth R P. Residuated lattices. Transactions of the American Mathematical Society, 1939, 45(3): 335–354.

[244] Galatos N, Jipsen P, Kowalski T, Ono H. Residuated Lattices: An Algebraic Glimpse at Substructural Logics. Amsterdam: Elsevier, 2007.

[245] Ciungu L C. Classes of residuated lattices. Annals of University of Craiova: Mathematics and Computer Sciences, 2006, 33: 189–207.

[246] Abdel-Hamid A A, Morsi N N. Representation of prelinear residuated algebras. International Journal of Computational Cognition, 2007, 5(3): 1–8.

[247] Turunen E. Mathematics Behind Fuzzy Logic. Heidelberg: Springer-Verlag, 1999.

[248] 王国俊. MV-代数、BL-代数、R_0-代数与多值逻辑. 模糊系统与数学, 2002, 16(2): 1–15.

[249] Jenei S, Montagna F. A proof of standard completeness for Esteva and Godo's logic MTL. Studia Logica, 2002, 70(2): 183–192.

[250] Cignoli R, Esteva F, Godo L, Torrens A. Basic fuzzy logic is the logic of continuous t-norms and their residua. Soft Computing, 2000, 4(2): 106–112.

[251] Blok W J, Pigozzi D. Algebraizable logics. Memoirs of the American Mathematical Society, 1989, 77: 396.

[252] Flaminio T, Montagna F. MV-algebras with internal states and probabilistic fuzzy logics. International Journal of Approximate Reasoning, 2009, 50(1): 138–152.

[253] Di Nola A, Dvurečenskij A. State-morphism MV-algebras. Annals of Pure and Applied Logic, 2009, 161(2): 161–173.

[254] Dvurečenskij A, Kowalski T, Montagna F. State morphism MV-algebras. International Journal of Approximate Reasoning, 2011, 52(8): 1215–1228.

[255] Ciungu L C, Dvurečenskij A, Hyčko M. State BL-algebras. Soft Computing, 2011, 15(4): 619–634.

[256] Dvurečenskij A, Rachůnek J, Šalounovă D. State operators on generalizations of fuzzy structures. Fuzzy Sets and Systems, 2012, 187(1): 58–76.

[257] Botur M, Dvurečenskij A. State-morphism algebras-general approach. Fuzzy Sets and Systems, 2013, 218: 90–102.

[258] Borzooei R A, Dvurečenskij A, Zahiri O. State BCK-algebras and state-morphism BCK-algebras. Fuzzy Sets and Systems, 2014, 244: 86–105.

[259] Mundici D. Tensor products and the Loomis-Sikorski theorem for MV-algebras. Advances in Applied Mathematics, 1999, 22(2): 227–248.

[260] Georgescu G, Mureşan C. Generalized Bosbach states, 2010, http://arxiv.org/abs/1007.2575.

[261] Zhou H J, Zhao B. Generalized Bosbach and Riečan states based on relative negations in residuated lattices. Fuzzy Sets and Systems, 2012, 187(1): 33–57.

[262] Zhao B, Zhou H J. Generalized Bosbach and Riečan states on nucleus-based-Glivenko residuated lattices. Archive for Mathematical Logic, 2013, 52(7-8): 689–706.

[263] Ciungu L C, Georgescu G, Mureşan C. Generalized Bosbach states: part I. Archive for Mathematical Logic, 2013, 52(3-4): 335–376.

[264] Ciungu L C, Georgescu G, Mureşan C. Generalized Bosbach states: part II. Archive for Mathematical Logic, 2013, 52(7-8): 707–732.

[265] Georgescu G, Popescu A. Similarity convergence in residuated lattices. Logic Journal of IGPL, 2005, 13(4): 389–413.

[266] Han S W, Zhao B. Nuclei and conuclei on residuated lattices. Fuzzy Sets and Systems, 2011, 172(1): 51–70.

[267] Zhou H J, Zhao B. Characterizations of endomorphic nuclei on R_0-algebras (nilpotent minimum algebras). Journal of Multiple-Valued Logic and Soft Computing, 2014, 22(1-2): 123–132.

索　　引

其　他